プロが教える！

After Effects
アニメーション制作講座

CC 対応

YOUGOOD 月足直人
なべデザイン 田邊裕貴

はじめに

本書を読んでいただく方は大きく2つに分かれるかと思います。一方は「自身で描いたイラストをアニメーションさせたい方」。もう一方は「アニメの作り方がわからない、絵も描けない。でも映像需要が多いためなんとか学びたい方」。私自身は後者でした。絵も描けず、イラストアニメが作れませんでした。そのため、断る仕事も多くありました。

このような悩みを持つ方は意外に多く、今回自分を含め、誰でもカンタンにアニメが作れる方法はないかと考え、共同作者の田邊氏と一緒に初心者目線に立って、ひとつずつアニメの基本を学べる本を書きました。私自身もこの本を通じてアニメを作ることができるようになったと感じます。

とにかく最初は本の通りに模倣して、同じものを作ってください。そして慣れたら「自分ならもっとこうする」など工夫してみてください。アニメーションが作れる喜びが実感でき、今後の映像表現の幅が広がっていきます。

月足 直人

「いつかはAfter Effectsでアニメーションを作りたいな～」と思っているけど、“きっかけ”がない人も多いのではないでしょうか？ 私もその一人でした。

当時After Effectsは少し触った程度で、「いつかもっと勉強したいな…」と思っていました。幸いにも、その後にアニメーションのお仕事をいただき、実際に手を動かしながら学ぶことができました。実際のお仕事の中で学ぶという機会はなかなかないと思われます。

「その他に“きっかけ”って何かないかな～」と考えた時、“クオリティが高く、SNSで見せたくなる制作物を作ること”が一番かなと思いました。

今回はクオリティを高めつつ、そこまで難しい機能を使っていないけれど、イイ感じに見えるような作例を意識しました。Illustratorで素材を提供するものがほとんどなので、Illustratorデータに自分でアレンジを加えてSNS投稿してもらってもかまいません！

この本が、皆さんのAfter Effectsを始める“きっかけ”になれば幸いです。

田邊 裕貴

CONTENTS

アニメーションの勉強始めます！
アニメーションの勉強始めます！
アニメーションの勉強始めます！
アニメーションの勉強始めます！
アニメーションの勉強始めます！

Book
Book
Book
アニメーションの作り方がわかる
Book
アニメーションの作り方がわかる
Book

アニメーション制作を学ぼう！
アニメーション制作を学ぼう！
アニメーション制作を学ぼう！
アニメーション制作を学ぼう！

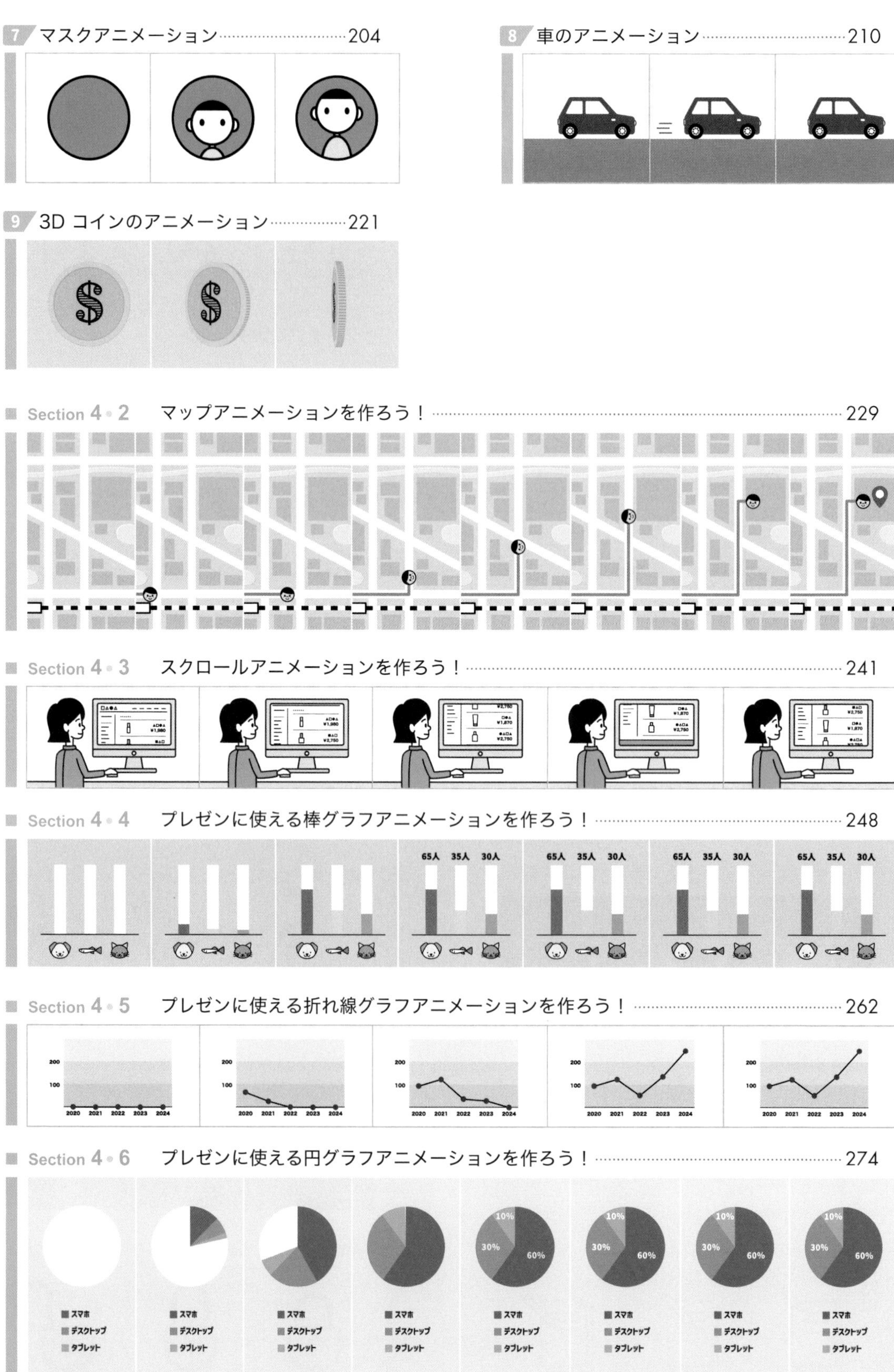
65人 35人 30人
2020 2021 2022 2023 2024
200
100
10%
30%
60%
スマホ
デスクトップ
タブレット

フォントの使い方

1 【Adobe Creatice Cloud】を起動して、【フォント】をクリックします。

2 【別のフォントを参照】ボタンをクリックします。

3 ブラウザが表示されるので、【Adobe Creatice Cloud】にログインして【Adobe Fonts】より使用するフォントの【ファミリーを表示】をクリックします。

4 アクティベートします。

5 フォントが使用できるようになります。

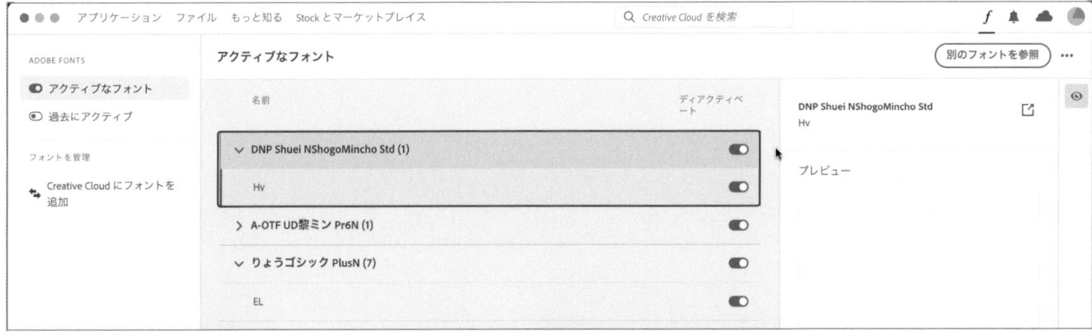

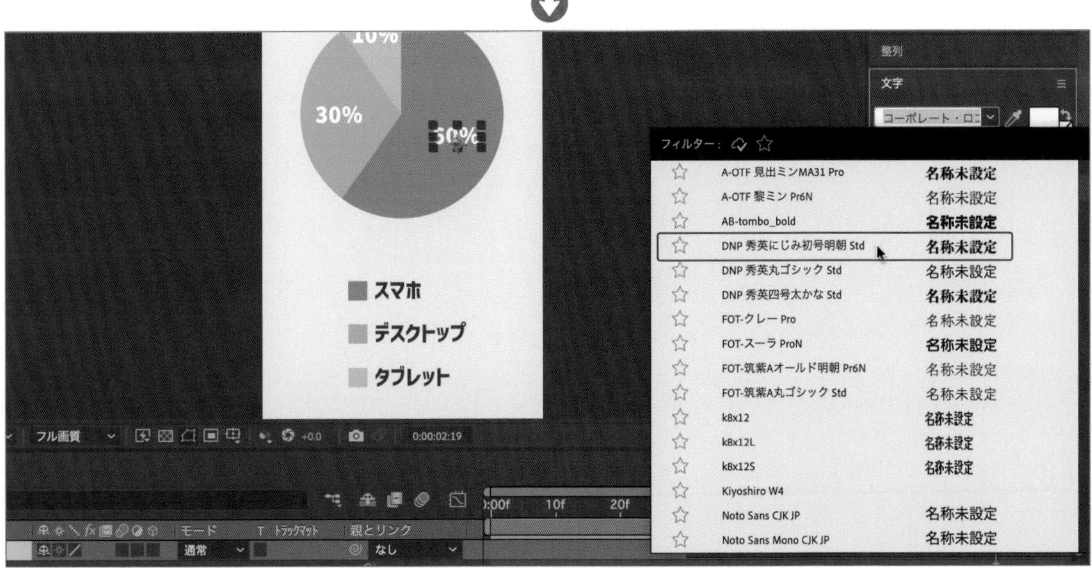

本書の使い方

本書は、After Effectsのビギナーからステップアップを目指すユーザーを対象にしています。
作例の制作を実際に進めることで、After Effectsの操作やテクニックをマスターすることができます。

■対応バージョンについて

本書は、After Effects CCによる操作で解説を進めています。CCにはバージョンがありますが、原稿執筆時点の最新バージョン「2022」を使用しています。

異なるバージョンを使用している場合、搭載されていない機能も本書の解説に含まれていることがあります。あらかじめご了承ください。

■インターフェイスとキーボードショートカットについて

解説に使用している画面はmacOSの制作環境によるものですが、基本的にはWindowsと同じです。

またキーボードショートカットの記載は、本文中に【macOS／Windows】の順で記載していますので、ご自分の使用されている環境に合わせて、読み進めてください。

また、巻末に掲載している「主に使用するショートカットキー」（410ページ）も合わせてお役立てください。

Chapter

1

― 入門編 ―

After Effectsの基本操作

ここでは、After Effectsに関する基本操作やインターフェイス、ファイルの読み込む方法などについて解説します。また、キーフレームアニメーションの作り方も紹介します。

Section 1

1

After Effectsと映像のしくみ

ここでは、最初にAfter Effectsの特徴を解説します。また、各種のSNSで使用される映像サイズも解説します。

After Effectsとは

【After Effects】は、映像のデジタル合成やモーション・グラフィックスなどを目的とした映像を加工するアプリです。最近のモーション・グラフィックスを活用したCMや映画、イラストアニメなどは、After Effectsで作るプロクリエイターがほとんどです。

動画の編集には向かない

After Effectsは複雑なアニメーションや精密な合成など、負荷の高い処理をプレビューできるように最適化されたアプリです。そのため、タイムラインの動画を演算処理しながらプレビュー再生するので時間がかかり、長時間のカット編集には向いていません。

実写の長尺のカット編集などは代表的な動画編集アプリ**【Premiere Pro】**を使うことが主流です。Premiere Proでは、動画のプレビューをリアルタイムで行うことができ、ストレスなく編集を進められます。

ただし、Premiere ProはAfter Effectsのような高度なモーショングラフィックスなどの作成には向いていません。

実際のプロの現場では、After Effectsで高度なカットを1カットずつ作り上げて、Premiere Proに挿入し、映像と音声を調整する制作体制が一般的です。

Premiere Pro

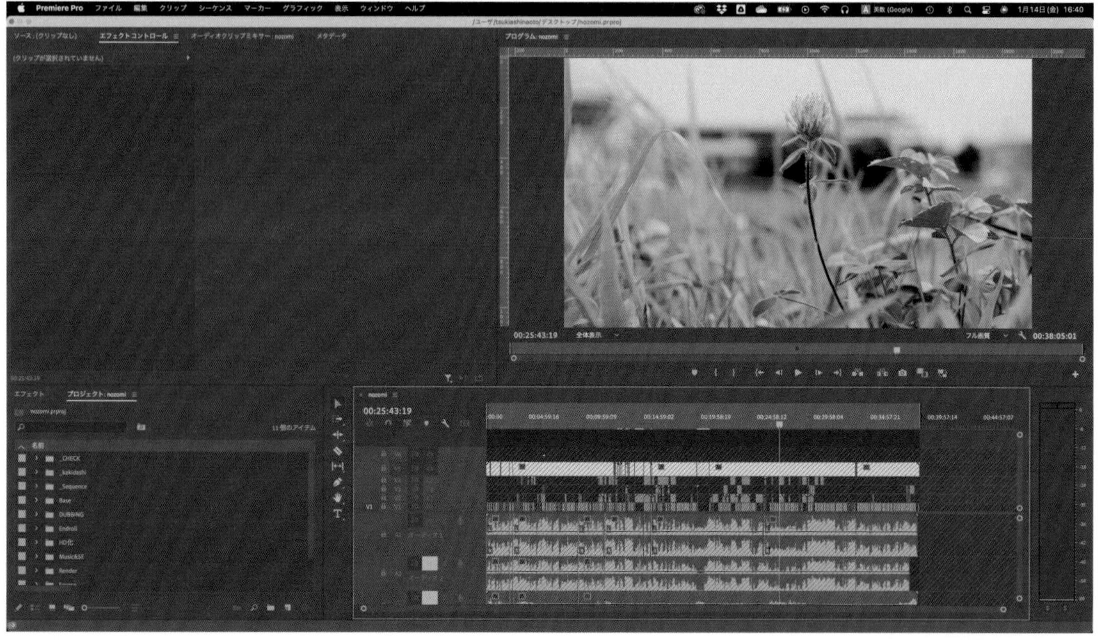

After Effects

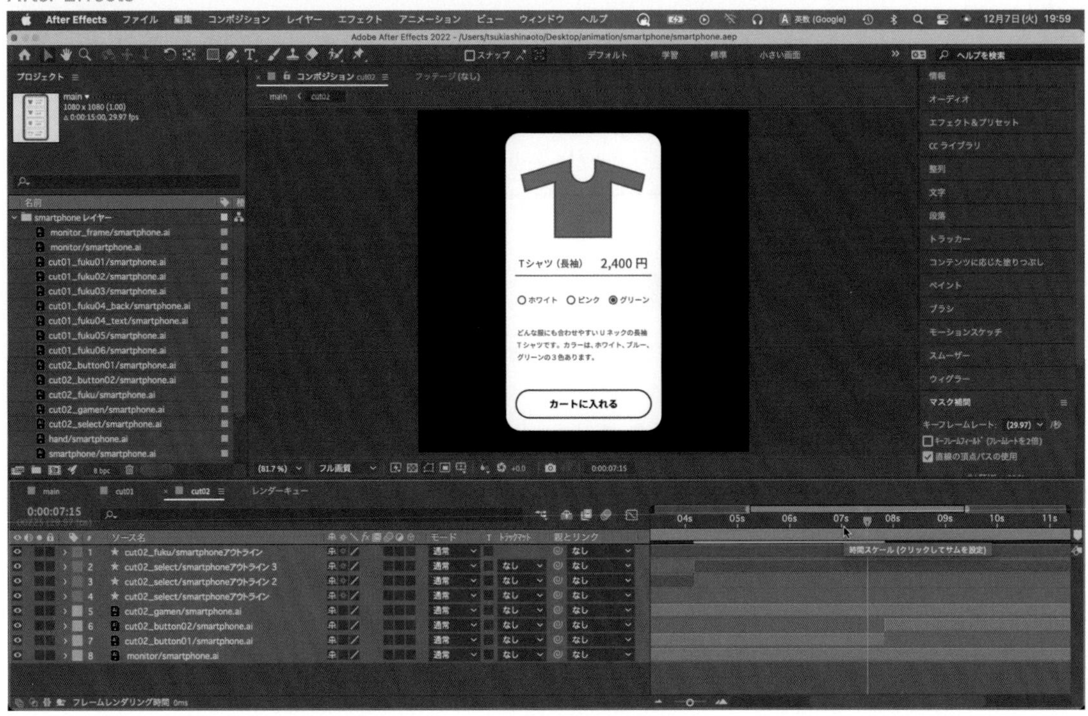

⠿ After Effectsはアニメ制作に向いている

After Effectsを使用すると、静止画像のイラストを動かすことができます。

Adobeのイラスト制作アプリ【**Illustrator**】や画像加工アプリ【**Photoshop**】と相性がよく、静止画像をまるで生きているようなアニメーションに変化させることができます。

静止画像（ai素材）

After Effectsで3Dに変換して回転させることができる

∷ 映像のサイズ

数年前まではテレビで見る横型の映像が主流でしたが、SNSの普及により縦型の動画や正方形の動画が増えてきました。本書では、さまざまなサイズのアニメ制作を行っていきます。

大きなサイズで作るほうがきれいな画質になりますが、その分パソコンに負荷がかかりますので、ご注意ください。YouTubeやTikTok、Instagramなどの動画を作る際は、フルHDでも画質は十分にきれいです。

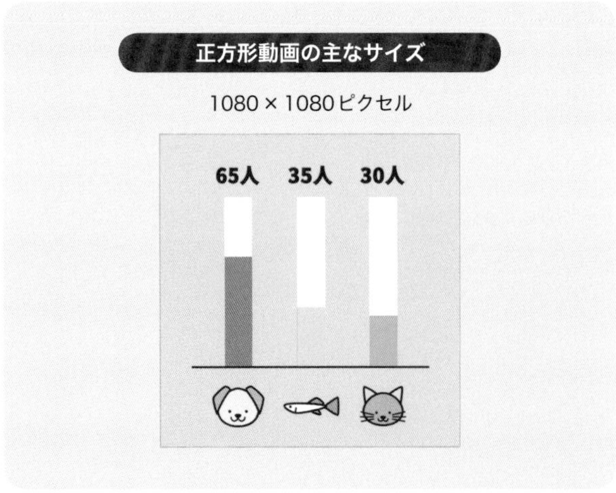

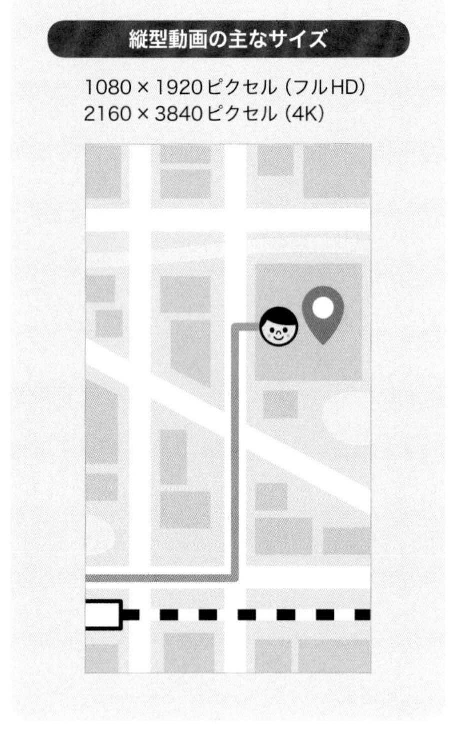

∷ 映像のフレーム

本書で作成する一般的な基本動画は、**【29.97】**フレームを設定します。映像はパラパラ漫画のような静止画の連なりでできています。29.97フレームの場合は、1秒間に30枚の静止画像が連なっています。

映画などは**【23.976】**フレームを設定します。
1秒間に24枚の静止画像が連なっています。間延び感が出て、映像に情緒が生まれると言われています。

【59.94】フレームは1秒間に60枚の静止画像が連なっています。
「ぬるぬる動画」と言われるなめらかな映像になりますが、パソコンでの編集負荷が強くなるのでご注意ください。

Section 1 2

起動とインターフェイス

ここでは、After Effectsの起動方法とインターフェイスについて解説します。

After Effectsを起動する

After Effectsのアプリケーションアイコンをダブルクリックすると、**【After Effectsについて】**画面が表示されます。

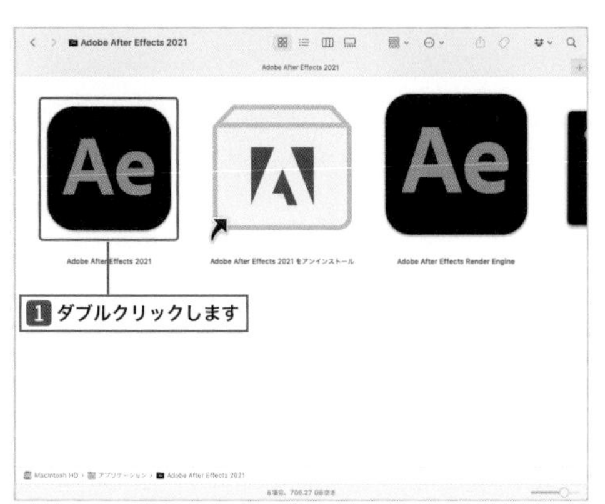

アプリが起動すると**【ホーム画面】**が表示されるので、**【新規プロジェクト】**ボタンをクリックするか、画面の上部にある**【ファイル】**メニューの**【新規】**から**【新規プロジェクト】**（option/Alt + command/Ctrl + N キー）を選択します。

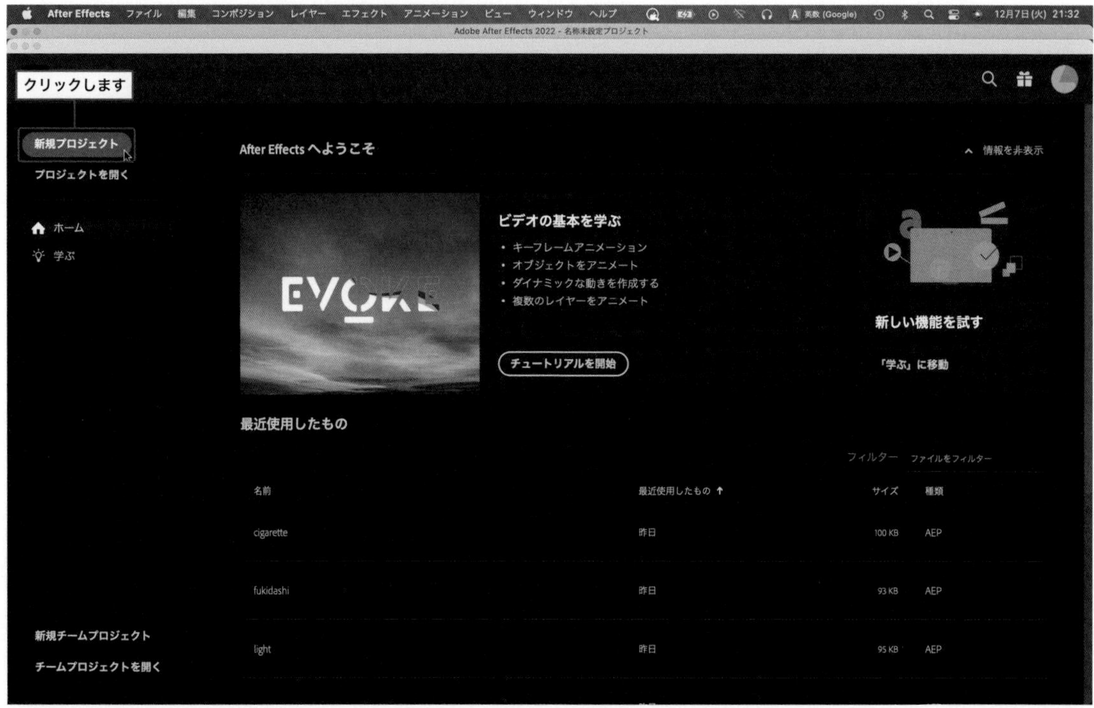

アプリケーションの起動画面が表示されます。

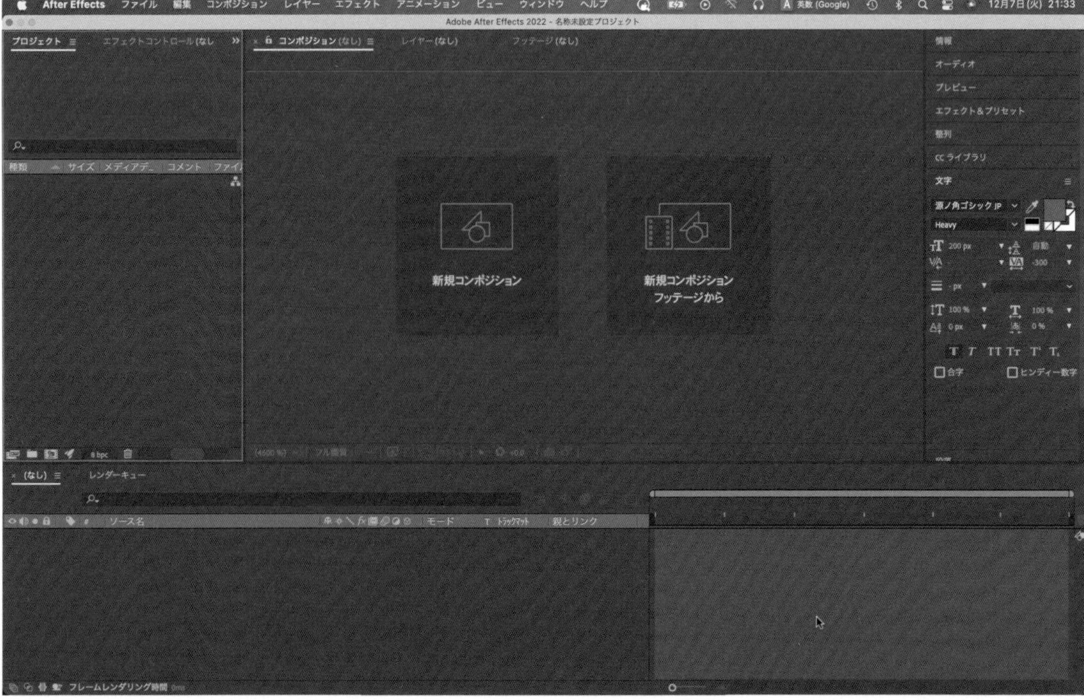

∷ After Effectsのインターフェイス

画面の上部にある**【ウィンドウ】**メニューの**【ワークスペース】**から**【すべてのパネル】**を選択します。

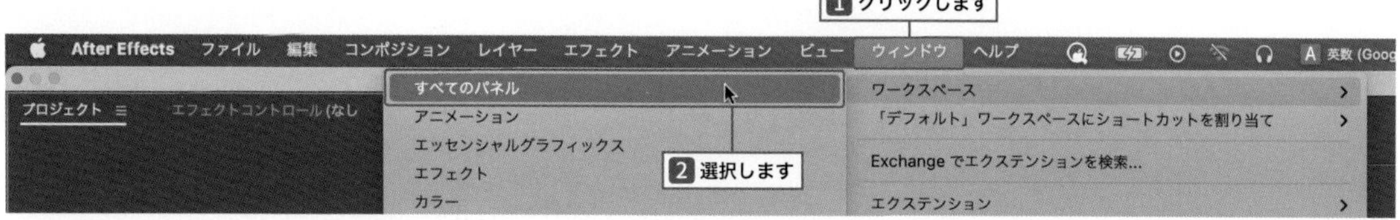

After Effectsのすべてのパネルが表示されるインターフェイスになります（各部の名称については、23ページ参照）。本書では、こちらの**【すべてのパネル】**を表示するワークスペースのレイアウトで作業を進めます。

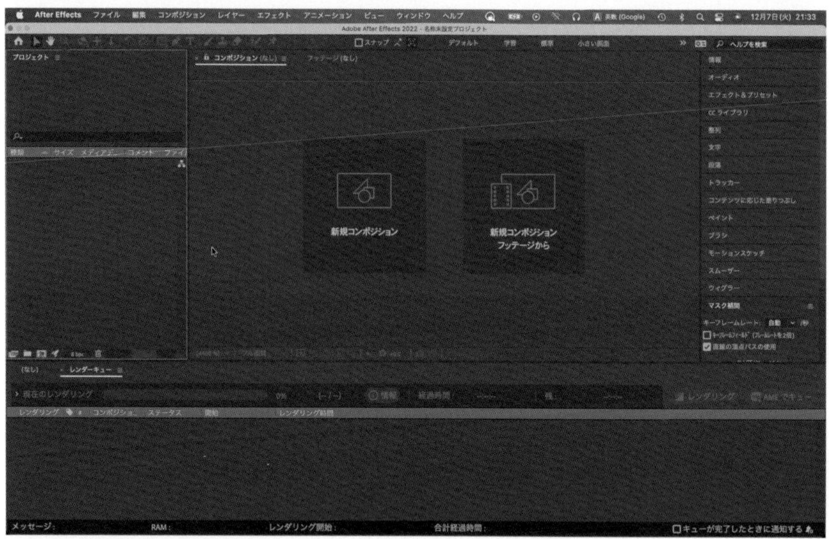

パネルを拡大／縮小する

現在選択しているアクティブなパネルは、上下左右の端が青く表示されます。
このとき、パネルの端をドラッグすると、拡大／縮小できます。

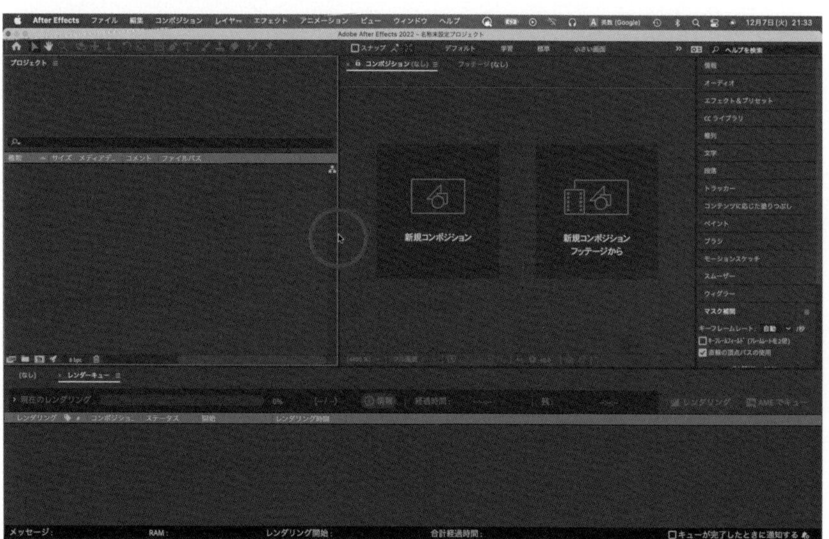

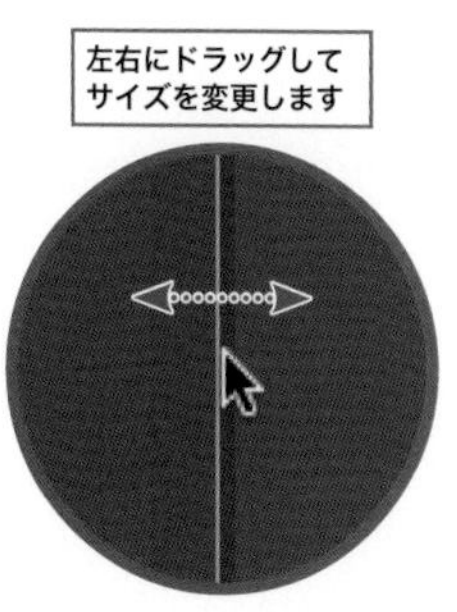

パネルを閉じる

使用しないパネルは、≡をクリックして**【パネルを閉じる】**を選択すると、非表示になります。

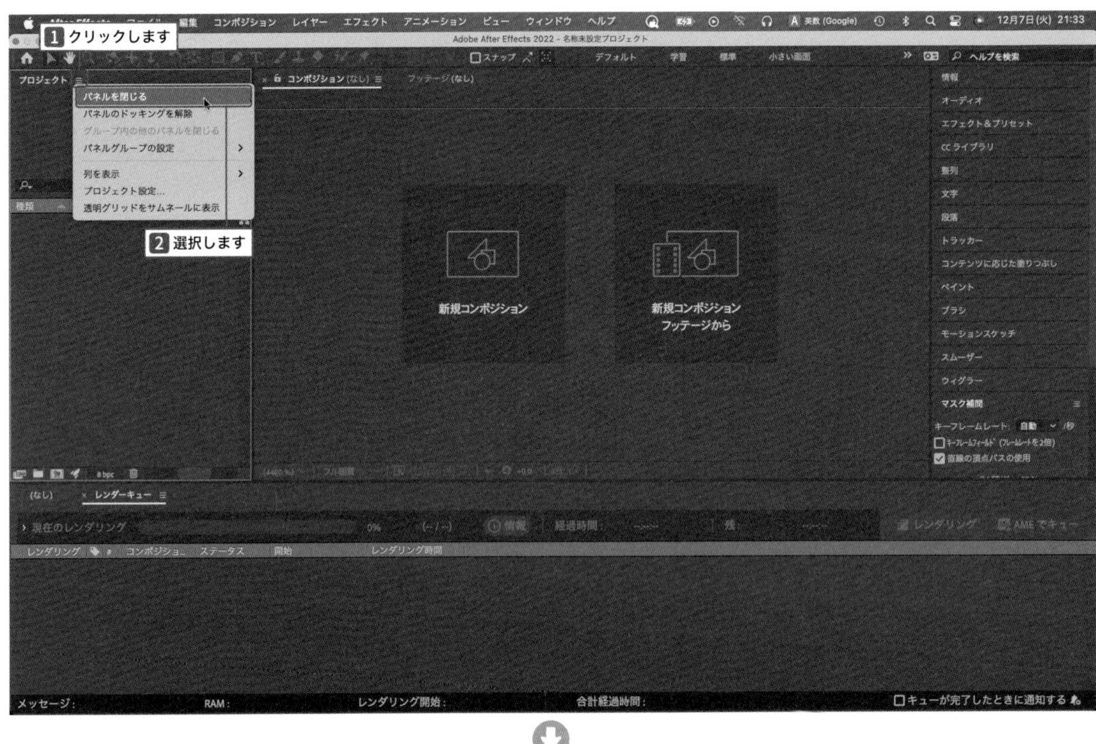

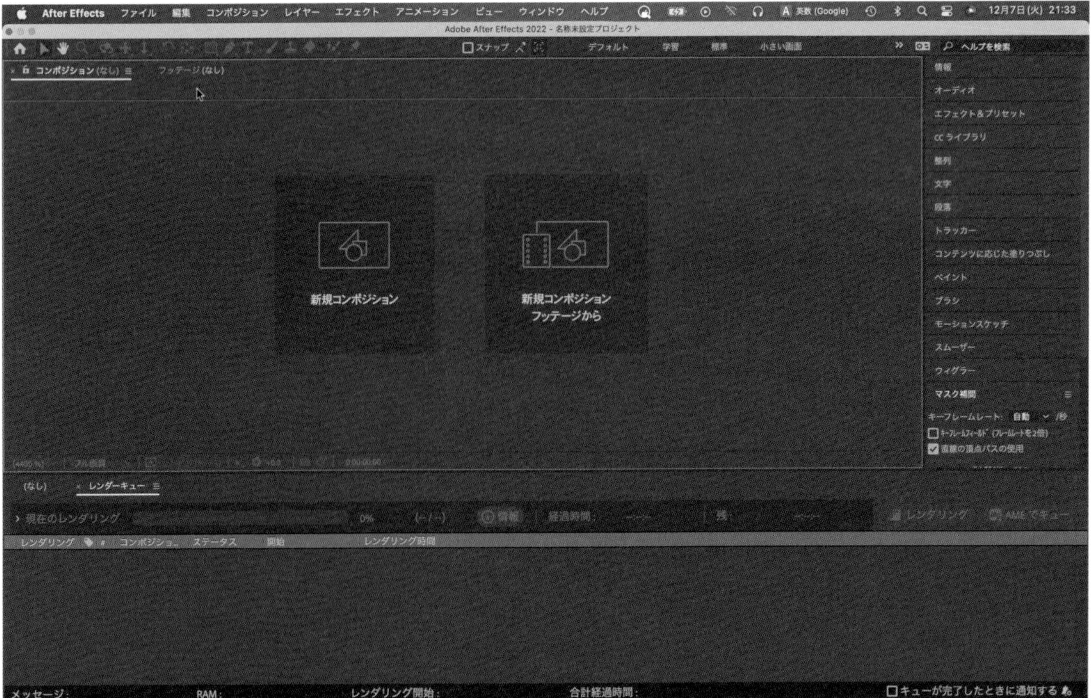

パネルを再表示する

パネルを再表示したい場合は、**【ウィンドウ】**メニューから非表示になっているパネルを選択します。

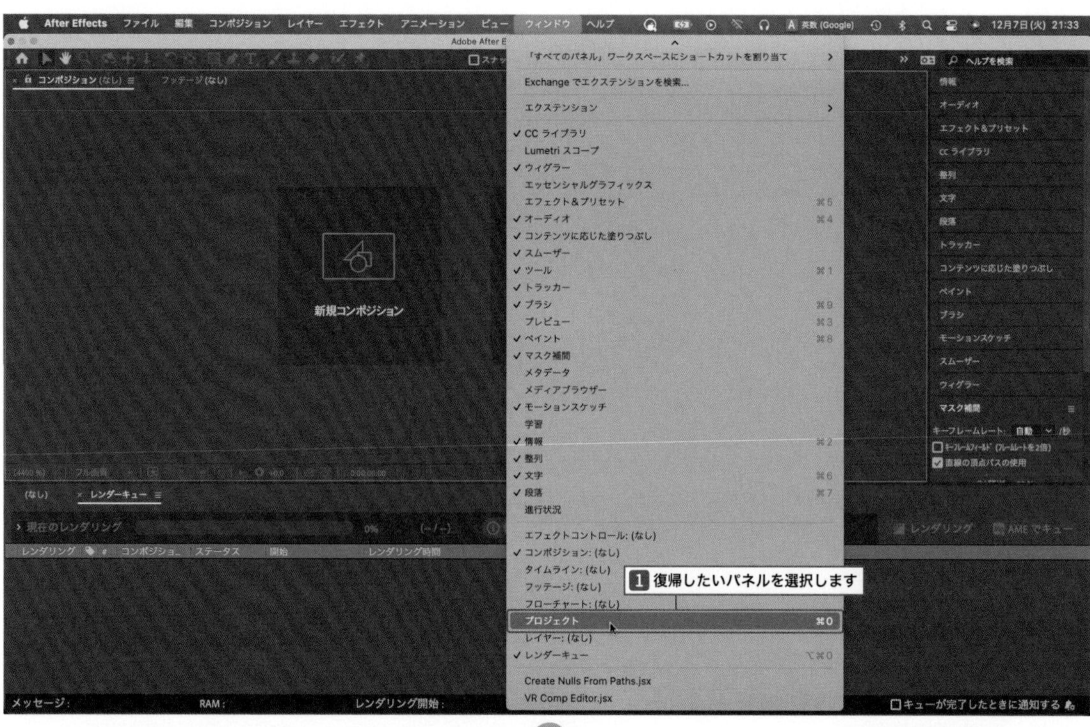

ワークスペースをリセットして元に戻す

パネルの表示を調整した後、ワークスペースをリセットして元に戻したい場合は、**【ウィンドウ】**メニューの**【ワークスペース】**から**【「すべてのパネル」を保存されたレイアウトにリセット】**を選択します。

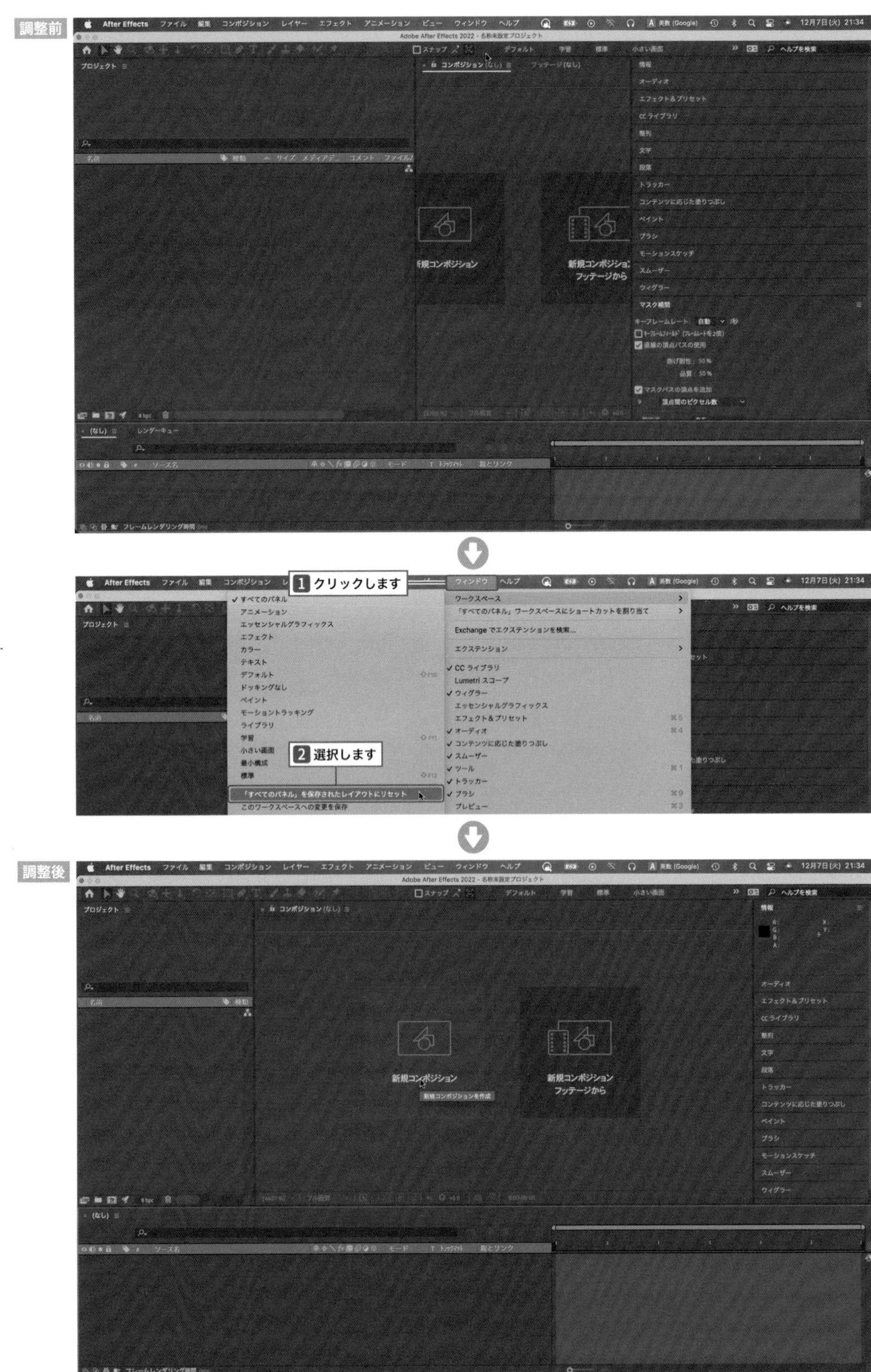

新規ワークスペースとして保存する

使いやすいパネルの表示に調整したインターフェイスは、保存することができます。**【ウィンドウ】**メニューの**【ワークスペース】**から**【新規ワークスペースとして保存...】**を選択します。

【新規ワークスペース】ダイアログボックスの**【名前】**にワークスペース名を入力して、**【OK】**ボタンをクリックします。

【ウィンドウ】メニューの**【ワークスペース】**には、名前をつけたワークスペースが表示されています。

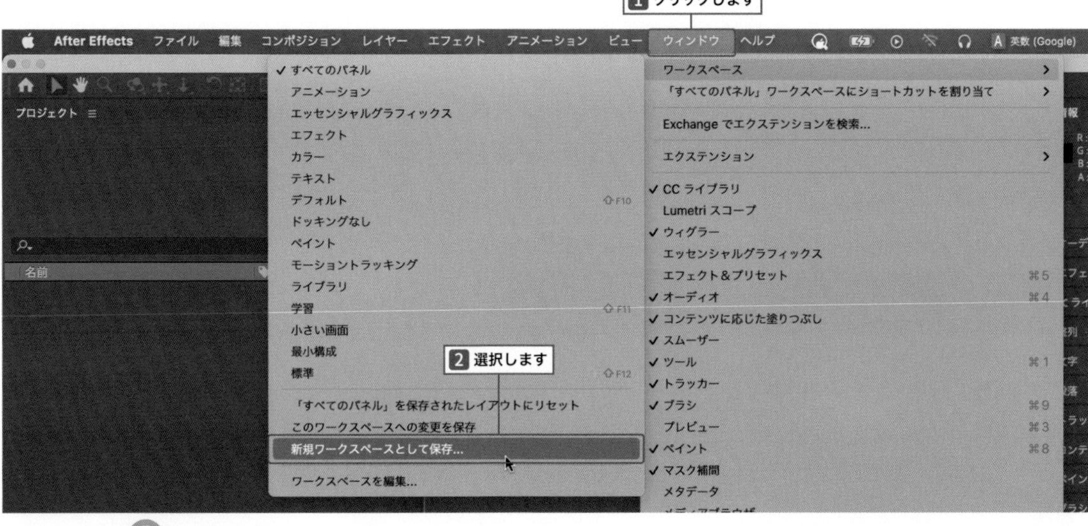

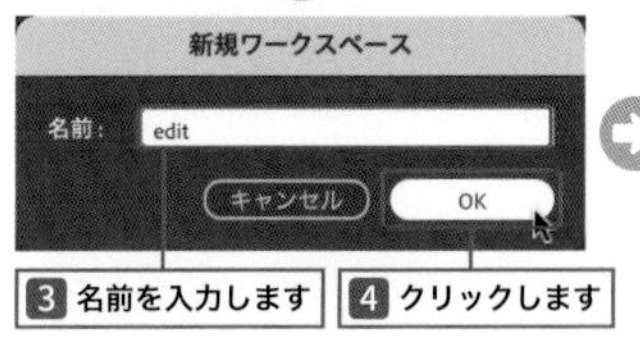

ワークスペースを削除する

作成したワークスペースを削除したい場合は、**【ウィンドウ】**メニューの**【ワークスペース】**から**【ワークスペースを編集...】**を選択します。

【ワークスペースを編集】ダイアログボックスで削除したいワークスペースを選択し、**【削除】**を選択して**【OK】**ボタンをクリックします。

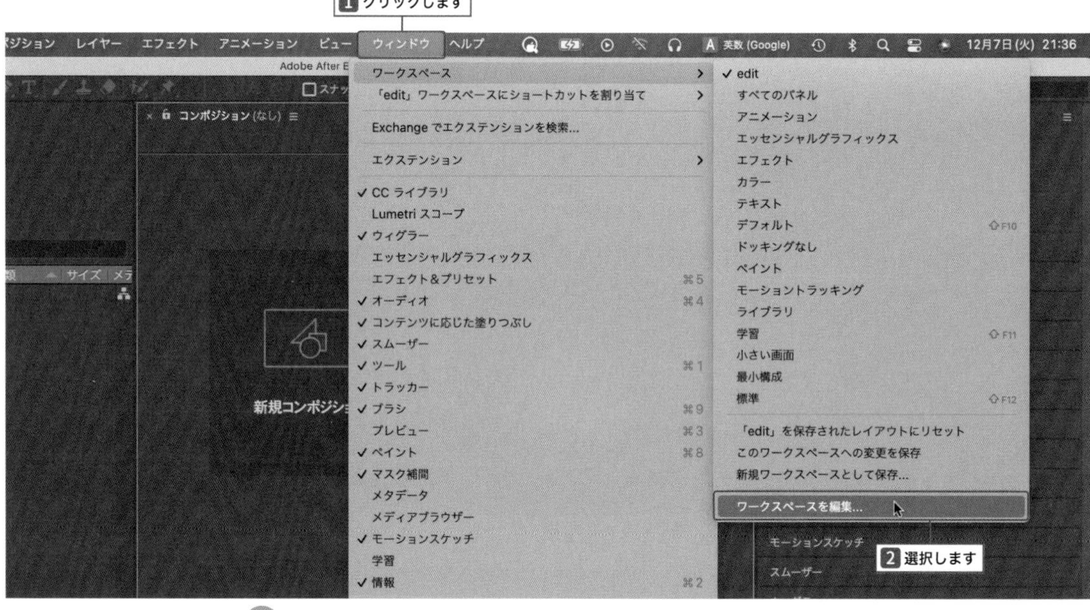

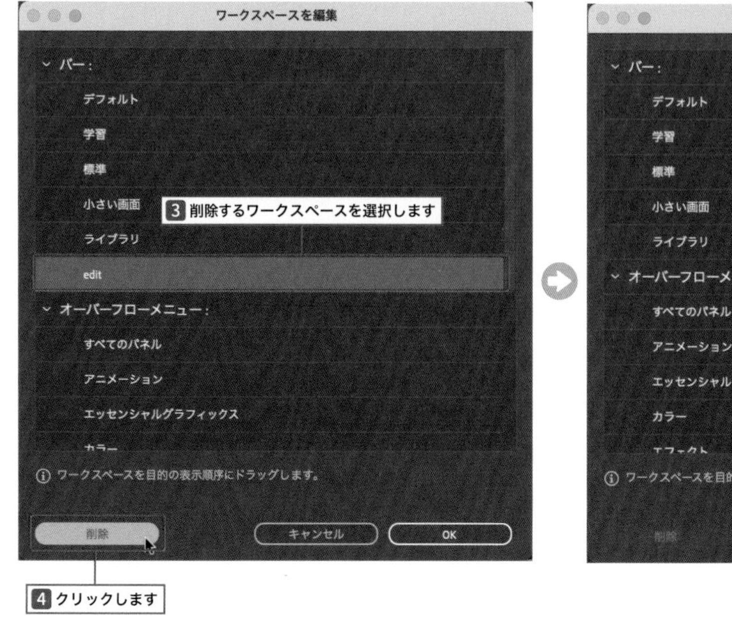

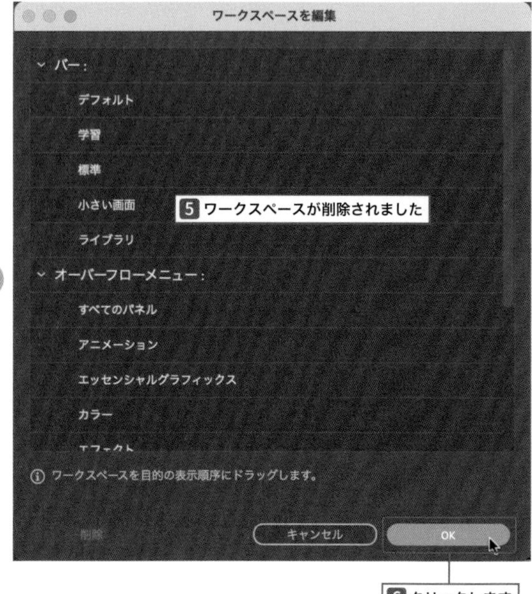

インターフェイスの名称

【プロジェクト】パネル
読み込んだ動画や静止画像を管理するパネルです。編集時に使用するコンポジションもこちらで管理します。

【ツール】パネル
After Effectsで使用するツールが表示されています。各アイコンをクリックしてツールを切り替えて使用します。

【コンポジション】パネル
編集操作やプレビュー画面として使用します。

各種パネル
下記参照

【タイムライン】パネル
タイムラインに素材を並べて編集やアニメーション設定を行います。

各種パネル

他にも、右のようなパネルがあります。
今回本書でよく使うパネルになります。

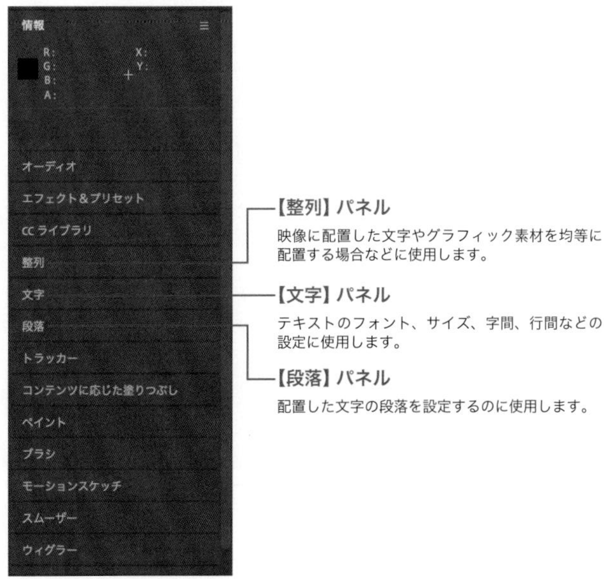

【整列】パネル
映像に配置した文字やグラフィック素材を均等に配置する場合などに使用します。

【文字】パネル
テキストのフォント、サイズ、字間、行間などの設定に使用します。

【段落】パネル
配置した文字の段落を設定するのに使用します。

【エフェクトコントロール】パネルを表示する

本書では**【エフェクトコントロール】**パネルも使用するので、**【ウィンドウ】**メニューの**【エフェクトコントロール】**を選択してオンにします。

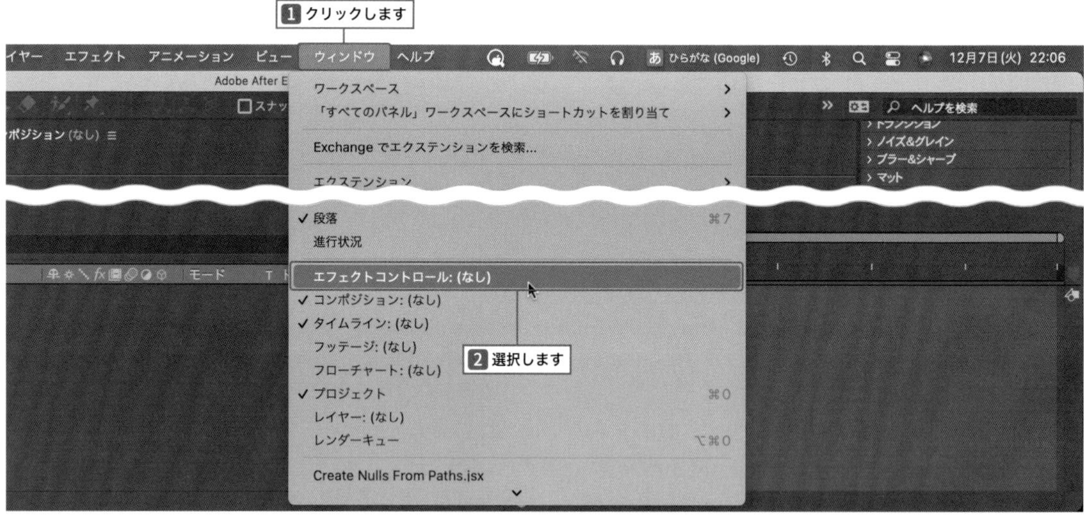

【エフェクトコントロール】パネルは、初期設定では**【プロジェクト】**パネルと同じパネルグループに表示されます。**【プロジェクト】**パネルの横にあるタブをクリックすると、表示を切り替えることができます。

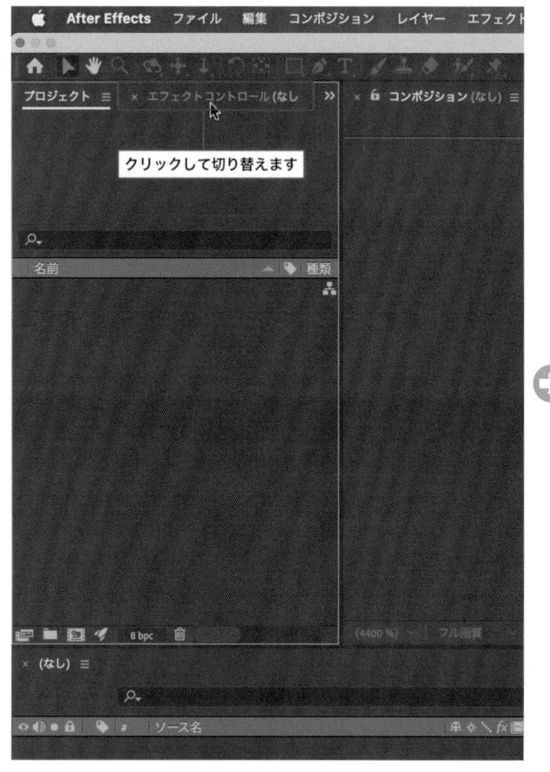

【エフェクトコントロール】パネル
適用したエフェクトの設定を調整することができます。

Section 1 3

After Effectsの基本操作

ここでは、After Effectsファイルを保存する方法と、編集の下準備にあたるコンポジション作成とファイルの読み込みについて解説していきます。

保存する

【新規プロジェクト】を起動したら、まずプロジェクトを保存しましょう。
【ファイル】メニューの**【別名で保存】**から**【別名で保存...】**（Shift＋command/Ctrl＋Sキー）を選択します1。

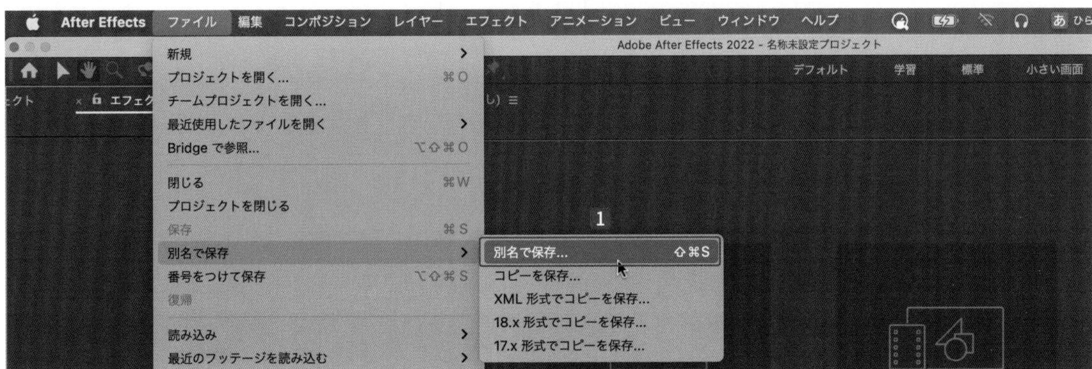

【別名で保存】ダイアログボックスで保存先を選択します。
映像編集はかなり大きな容量が必要です。容量が十分にあるハードディスクにフォルダーを作って選択しましょう。

Macの場合

【新規フォルダ】ボタンをクリックして2、**【1-3】**というフォルダ名にして3、**【作成】**ボタンをクリックします4。

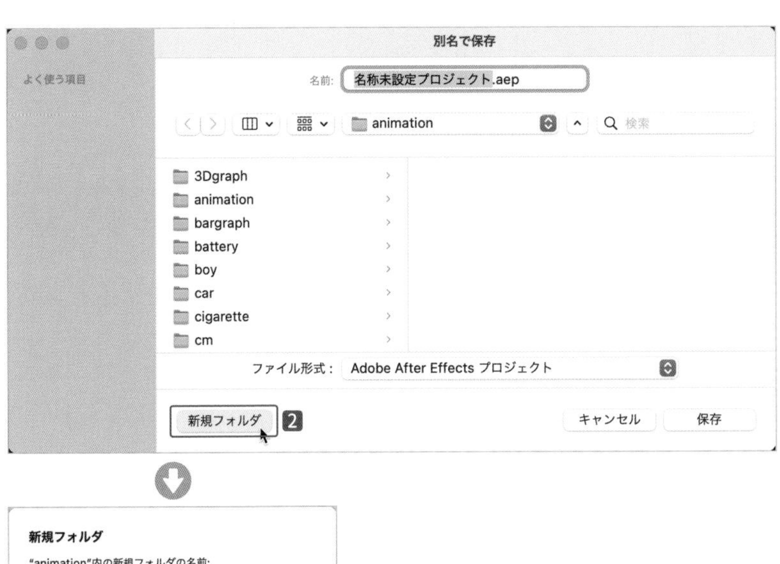

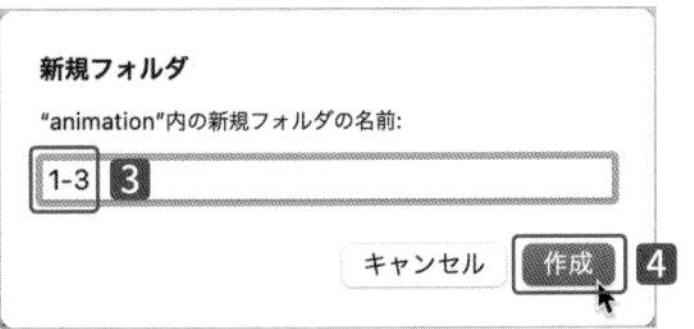

【別名で保存】 ダイアログボックスに戻ったら、**【1-3.aep】**（.aepは拡張子です）というプロジェクト名を入力して❺、**【保存】** ボタンをクリックします❻。

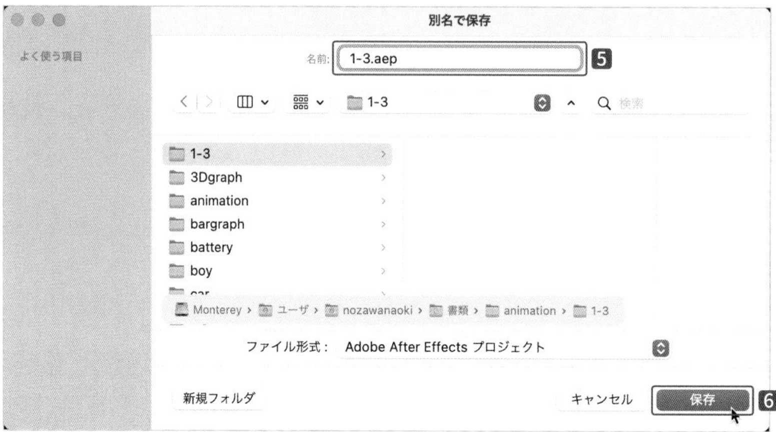

Windowsの場合

【新しいフォルダー】 ボタンをクリックして❷、**【1-3】** というフォルダー名を入力します❸。
【1-3】 フォルダーに移動し❹、**【1-3.aep】** というプロジェクト名を入力して❺、**【保存】** ボタンをクリックします❻。

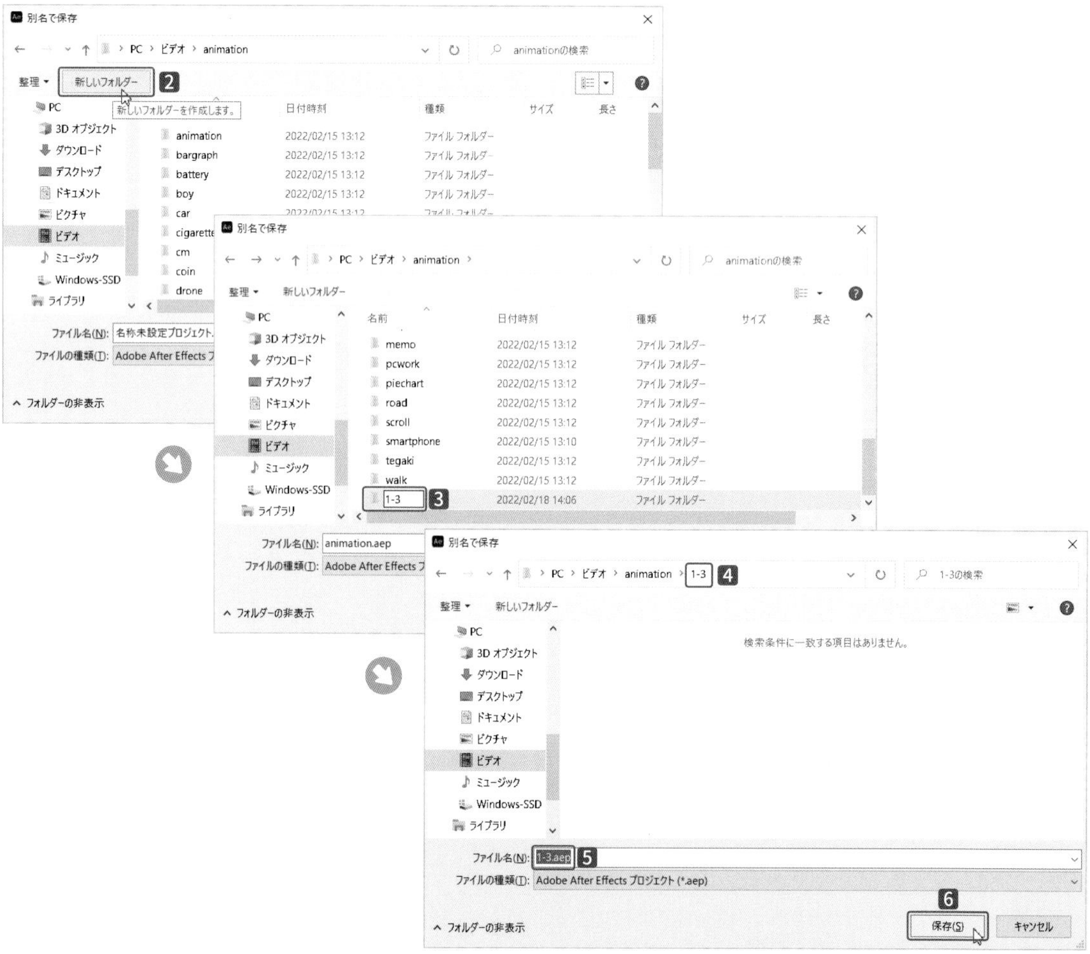

ファイルを開く

After Effectsで保存したプロジェクトを開くときは、保存したファイルアイコンをダブルクリックします1。

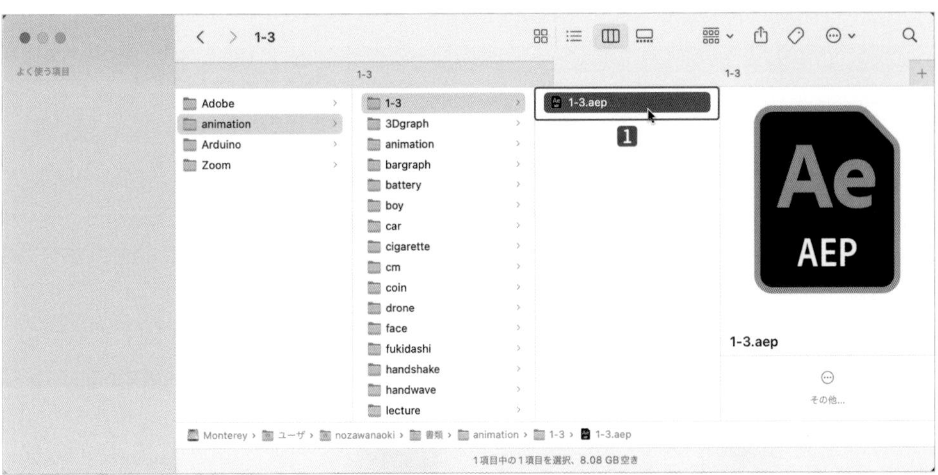

または、After Effectsを起動した状態で【ファイル】メニューから【プロジェクトを開く...】（command/Ctrl＋O キー）を選択し2、ダイアログボックスでプロジェクトを選択して3、【開く】ボタンをクリックします4。

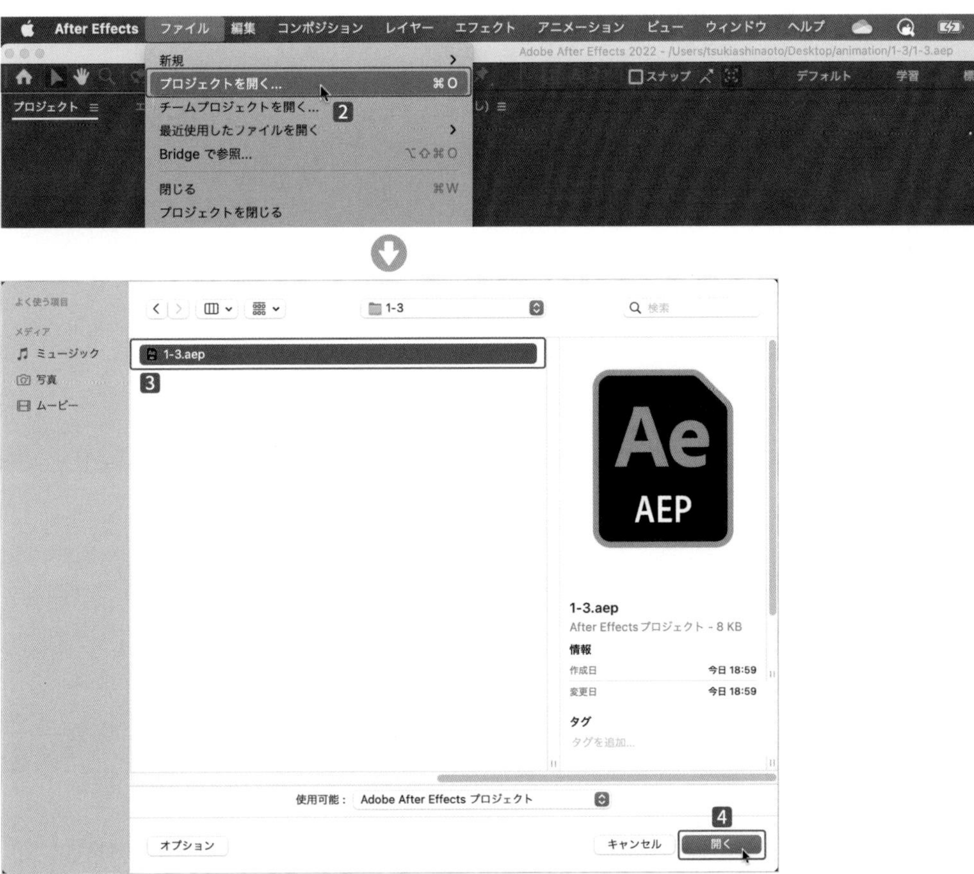

⁝⁝ 上書き保存

作業中のファイルは、頻繁に保存することをおすすめします。
【ファイル】メニューから**【保存】**（command / Ctrl ＋ S キー）を選択すると、上書き保存されます。

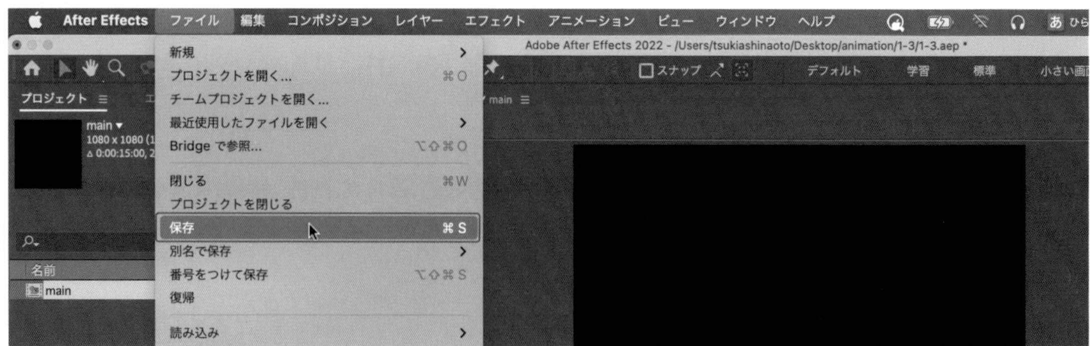

⁝⁝ 自動保存

作業中のファイルは自動で保存することができます。macOSは**【After Effects】**メニュー（Windowsは**【編集】**メニュー）の**【環境設定】**から**【自動保存...】**を選択します**1**。

【保存の間隔】で自動保存する間隔を分単位で設定できます**2**。**【自動保存の場所】**で**【プロジェクトの横】**を選択すると**3**、保存したプロジェクトの階層に**【Adobe After Effects 自動保存】**というフォルダーが作成されます**4**。このフォルダー内の最新日時の作成日のファイルをダブルクリックすると、自動保存の中で最新のプロジェクトに復帰できます。

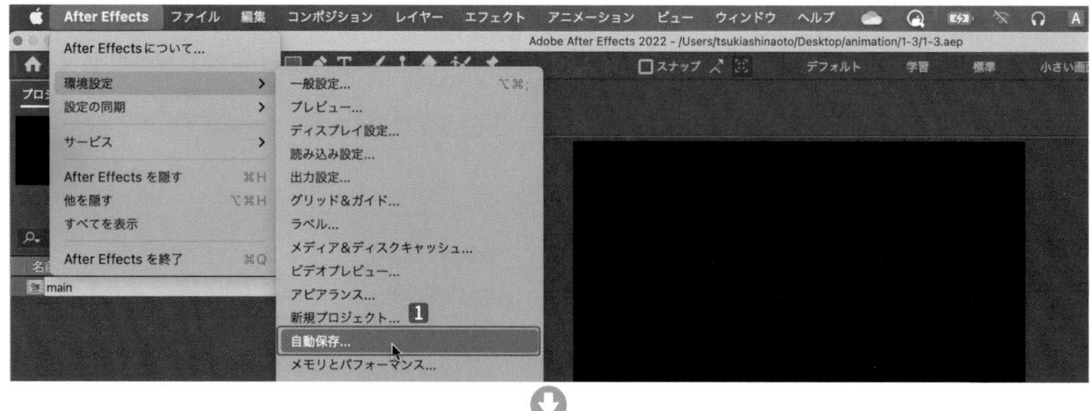

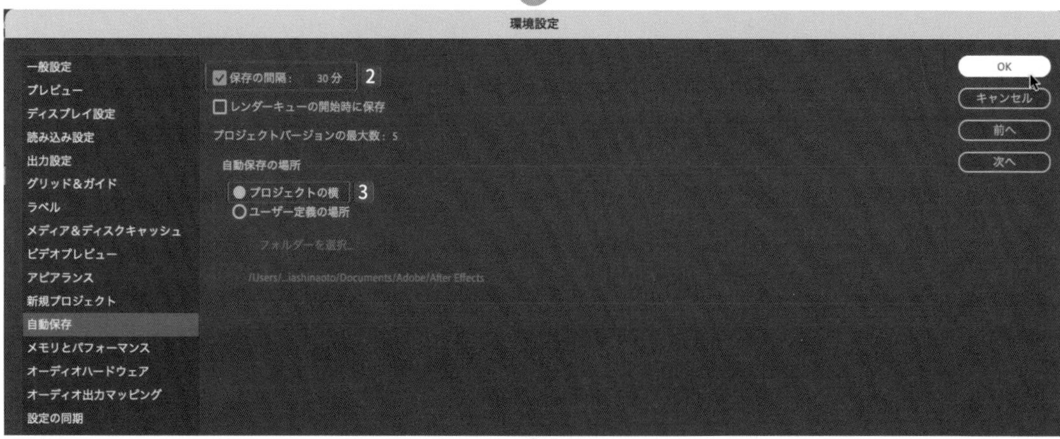

自動保存のプロジェクトを起動したら、別名で保存して（25ページ参照）作業を続けましょう。

コンポジション

コンポジションとは、映像編集をする上でのサイズやフレーム数などを決める「キャンバス」のようなものです。プロジェクトを起動したら、必ずコンポジションを作成します。

【コンポジション】メニューから**【新規コンポジション...】**（command/Ctrl + N キー）を選択します**1**。

【コンポジション設定】ダイアログボックスでは**2**、縦動画や横型動画、正方形動画などの**サイズ**や、29.97フレームや59.94フレームといった**フレームレート**、動画の時間（**デュレーション**）などを設定します。

本書では、サンプル動画を作る際に1つずつコンポジションの作り方を解説しています。

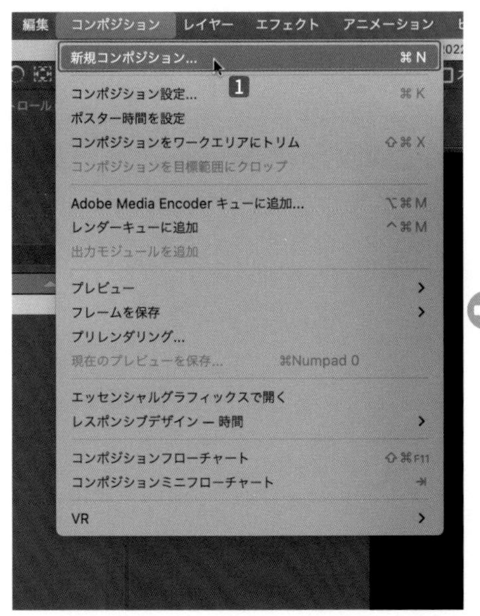

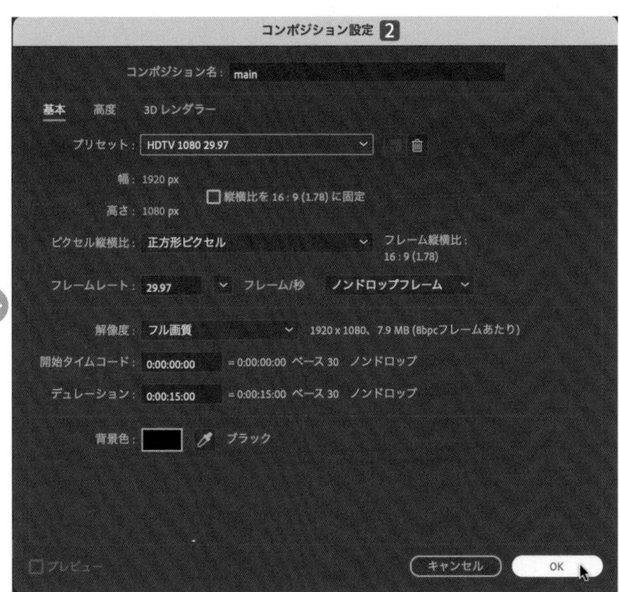

ファイルの読み込み

本書では、Adobe Illustratorで作成されたaiファイルを読み込んで作業します。

【ファイル】メニューの**【読み込み】**から**【ファイル...】**（command/Ctrl ＋ I キー）を選択します**1**。
【ファイルの読み込み】ダイアログボックスでサンプルファイルから使用するIllustratorファイルを選択します**2**。
【読み込みの種類】は、**【フッテージ】【コンポジション】【コンポジション - レイヤーサイズを維持】**から選択できます。
【読み込みの種類】の下にあるチェックボックスは、基本的にチェックする必要はありません。

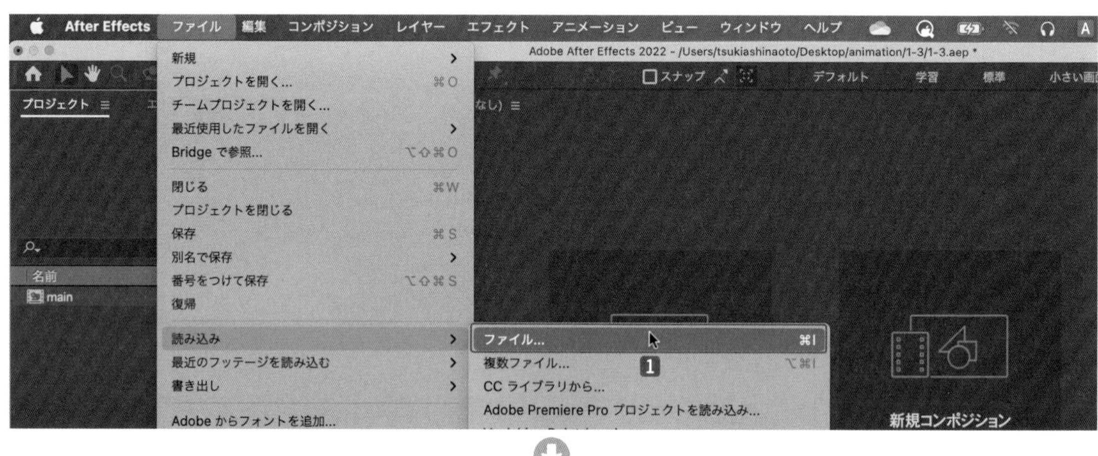

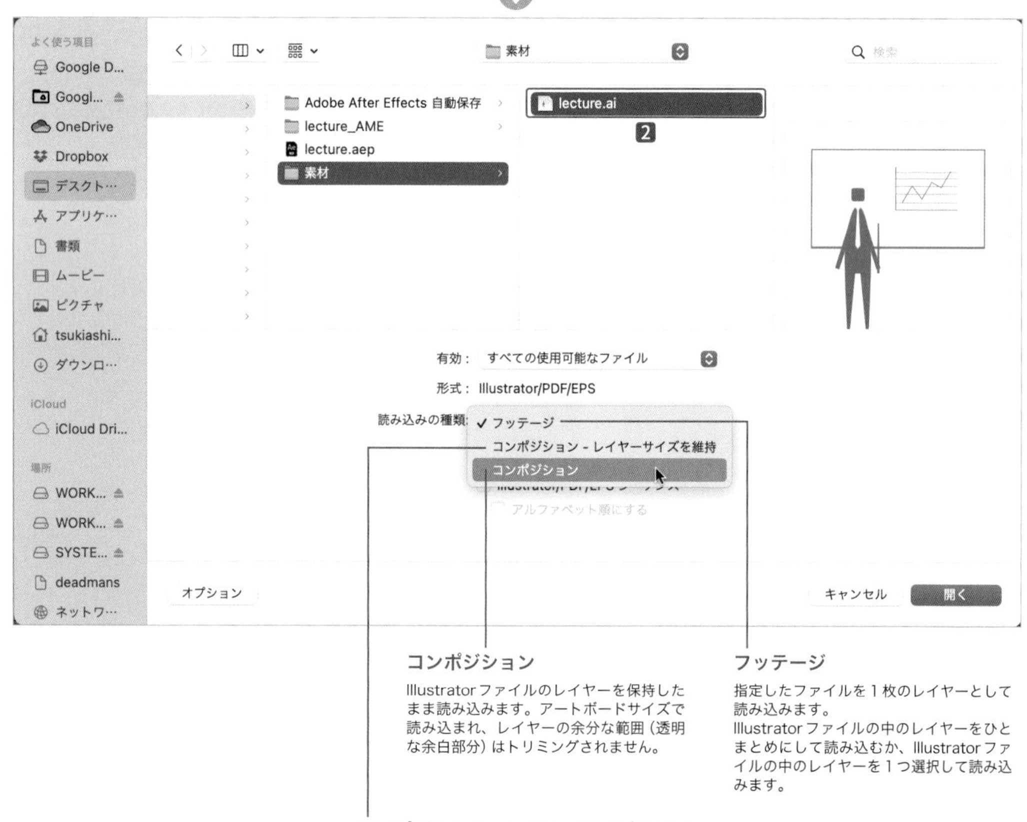

コンポジション

Illustratorファイルのレイヤーを保持したまま読み込みます。アートボードサイズで読み込まれ、レイヤーの余分な範囲（透明な余白部分）はトリミングされません。

フッテージ

指定したファイルを1枚のレイヤーとして読み込みます。
Illustratorファイルの中のレイヤーをひとまとめにして読み込むか、Illustratorファイルの中のレイヤーを1つ選択して読み込みます。

コンポジション - レイヤーサイズを維持

Illustratorファイルのレイヤーを保持したまま読み込みます。レイヤーの余分な範囲（透明な余白部分）はトリミングされた状態で読み込まれます。

【開く】ボタンをクリックすると❸、ファイルが読み込まれます。

【読み込みの種類】で**【フッテージ】**を選択した場合は❹、オプションのダイアログボックスが表示されます❺。

【レイヤーを統合】を選択すると❻、1つのクリップとして表示されます。**【レイヤーを選択】**を選択すると、ファイル内にある1つのレイヤーだけをクリップとして読み込ませることができます❼。

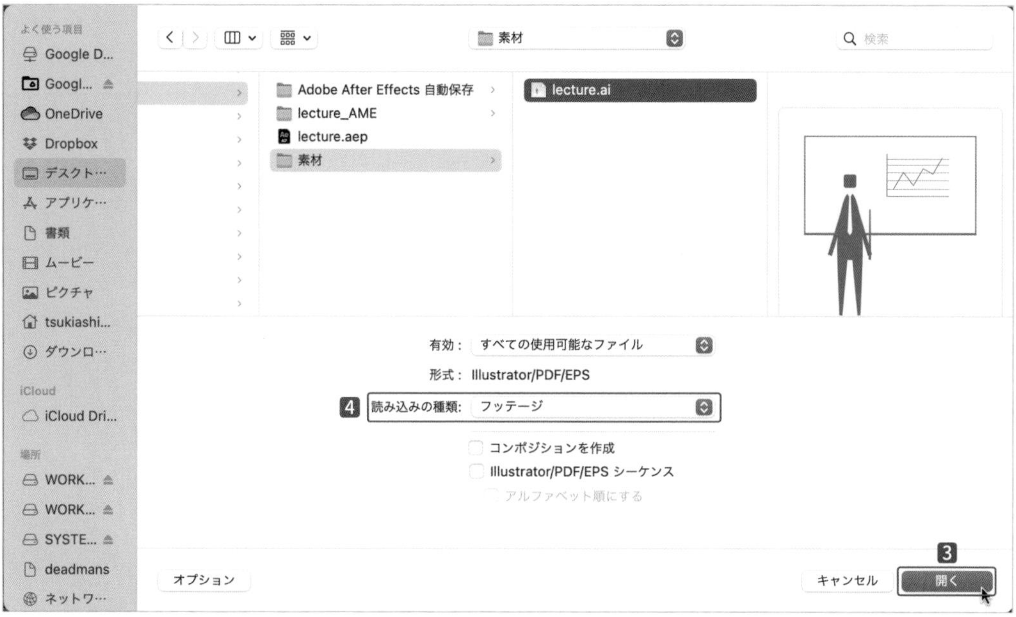

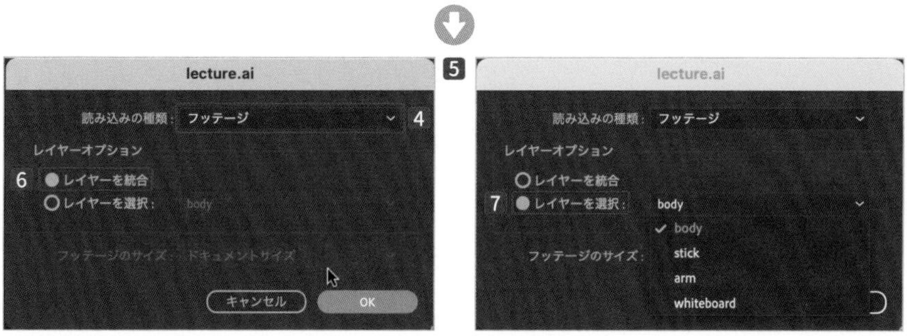

読み込んだファイルは、**【プロジェクト】**パネルに表示されます❽。

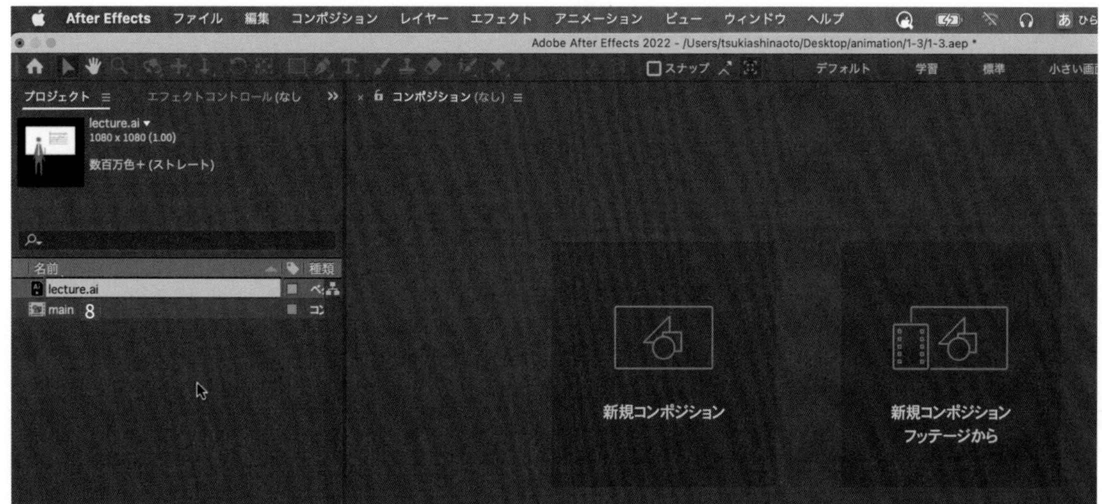

ファイル管理

読み込んだファイルを移動、または削除してしまうと、ファイルのリンクが切れてしまいます。

移動・削除前

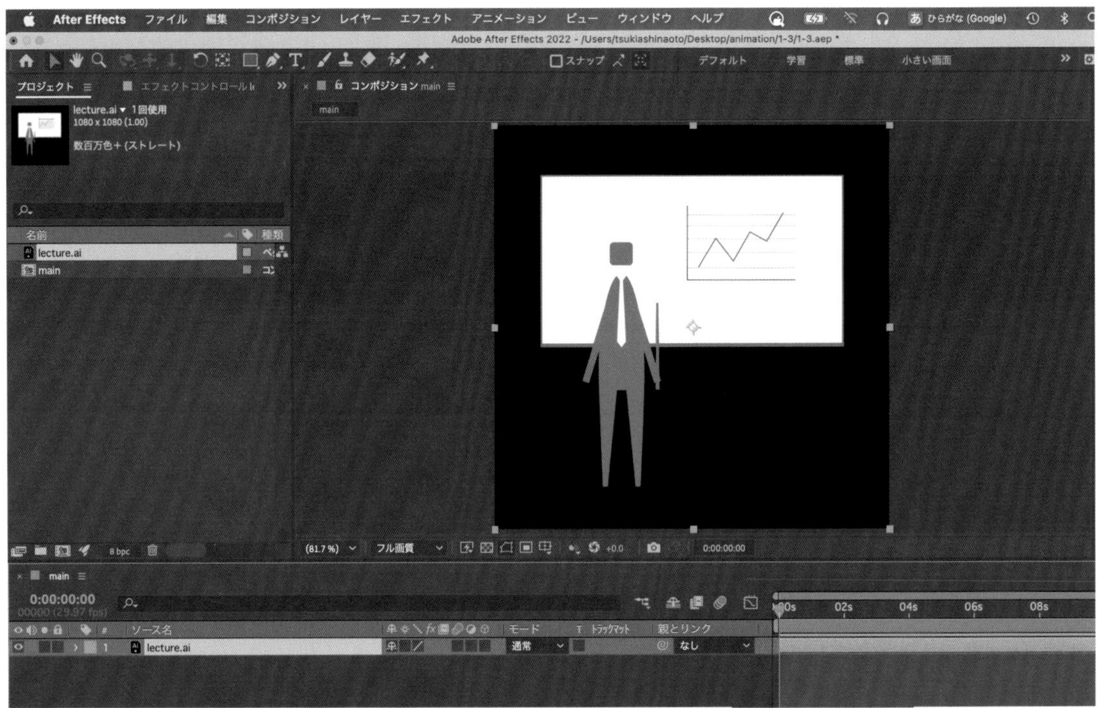

移動・削除してしまうと…

リンクが切れてしまう…

リンクを復帰させるには、リンク切れのファイルを右クリックして**1**、ショートカットメニューの**【フッテージの置き換え】**から**【ファイル...】2**（macOSは control ＋ command ＋ H キー、Windowsは Ctrl ＋ H キー）からリンクが切れたファイルを選択します。

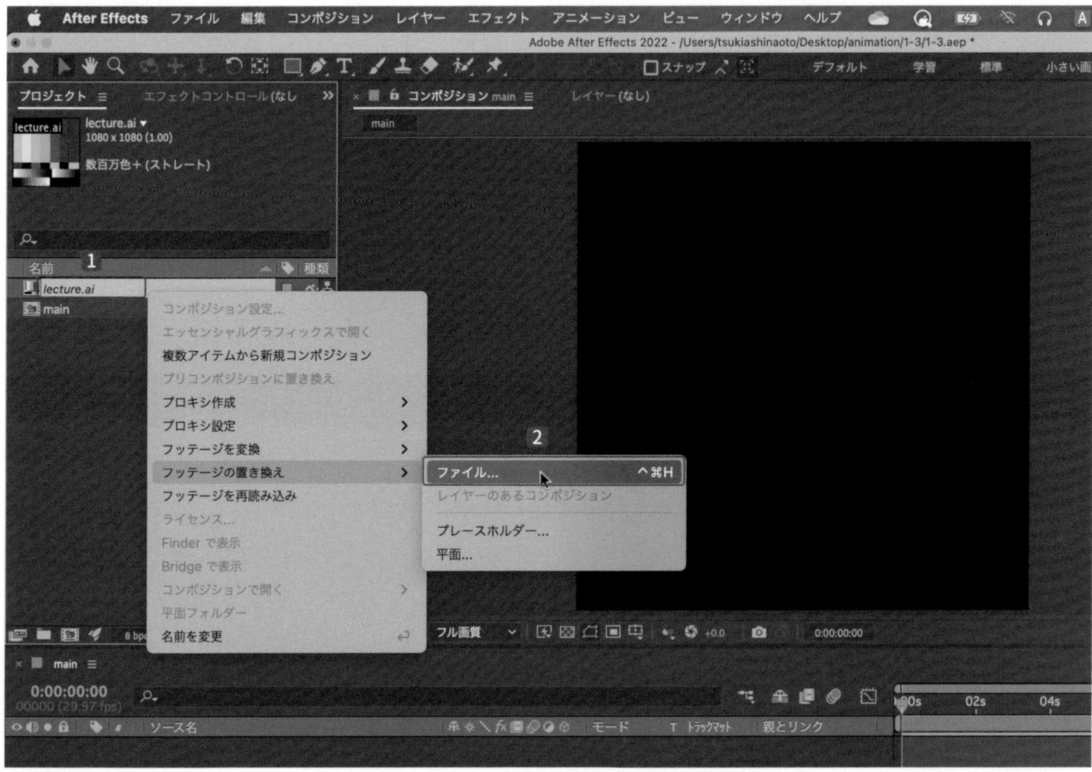

置き換えるファイルを選択して3、**【開く】**ボタンをクリックすると4、ファイルのリンクが復帰します5。

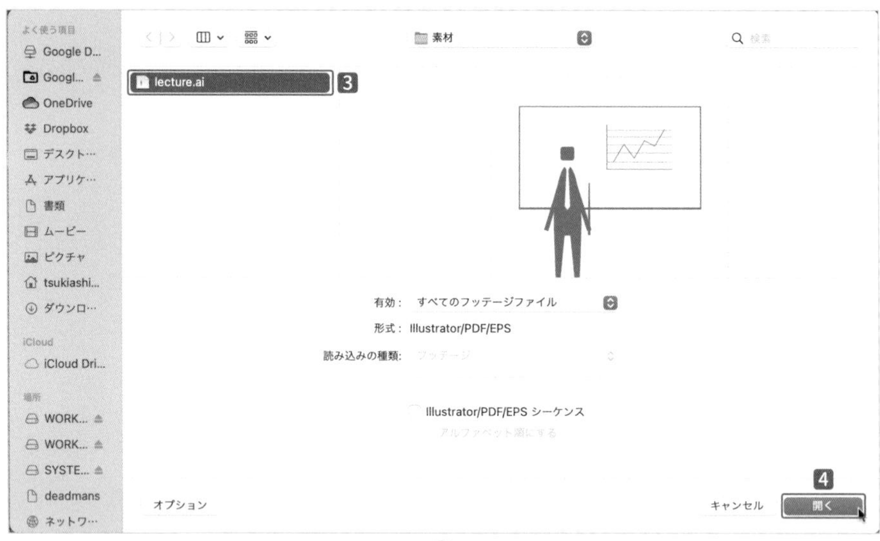

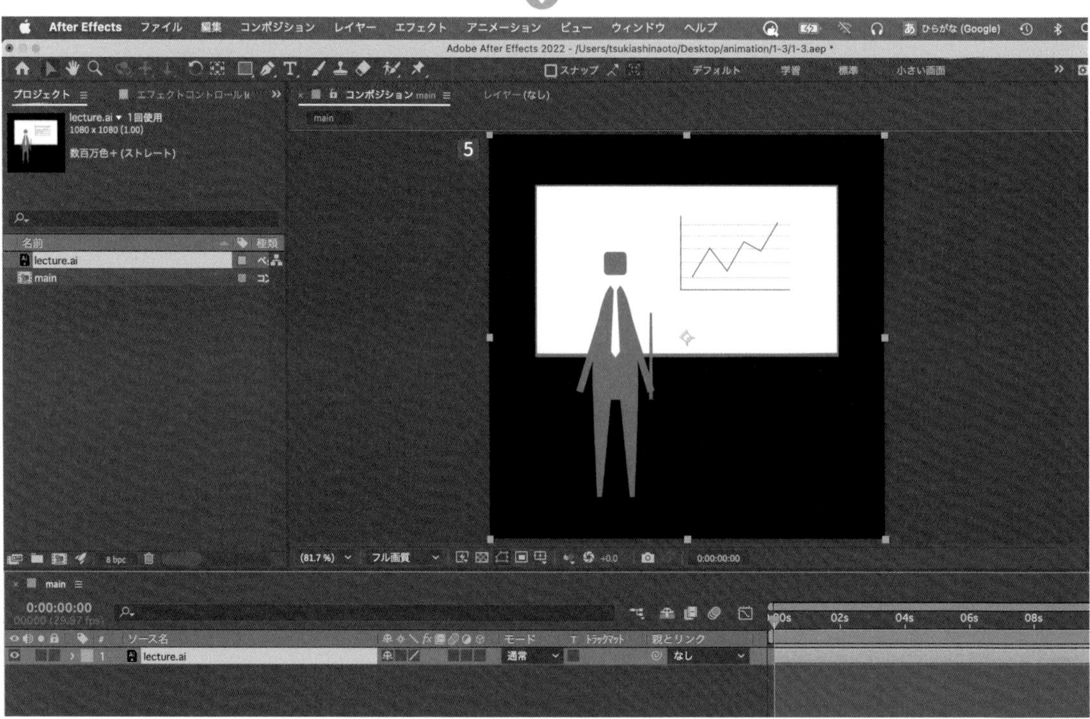

ただし、プロジェクトファイルを完全に削除して、ハードディスク上にない場合には復帰できないので、注意してください。

タイムラインに配置する

読み込んだクリップを【タイムライン】パネルにドラッグすると**1**、クリップが配置されます**2**。

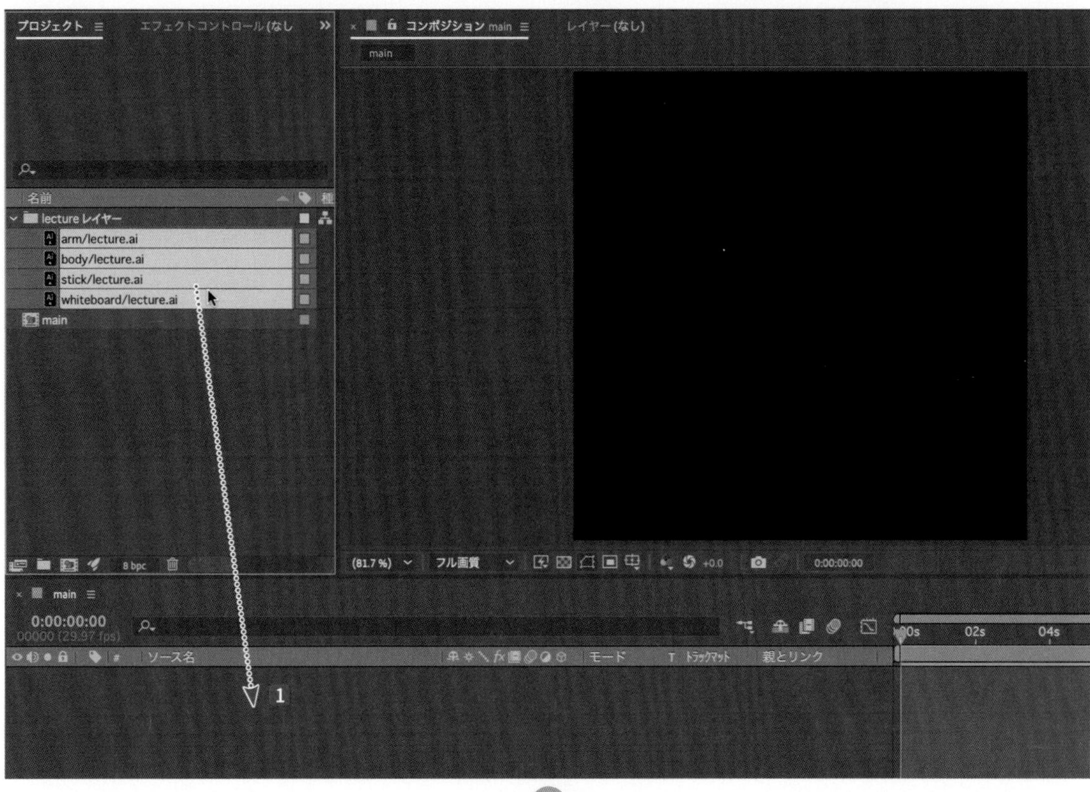

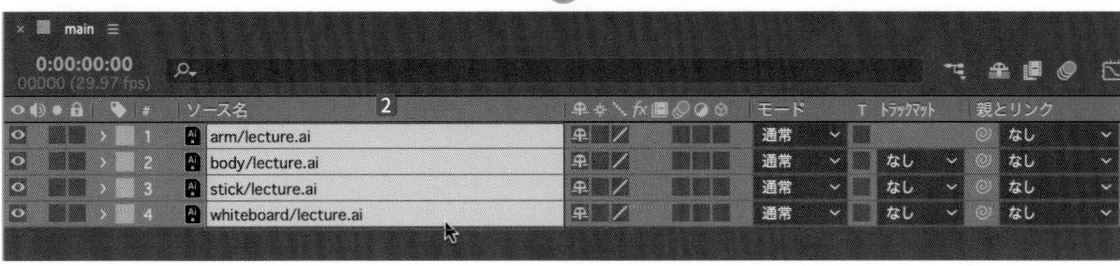

レイヤー順は、ドラッグして変更できます。

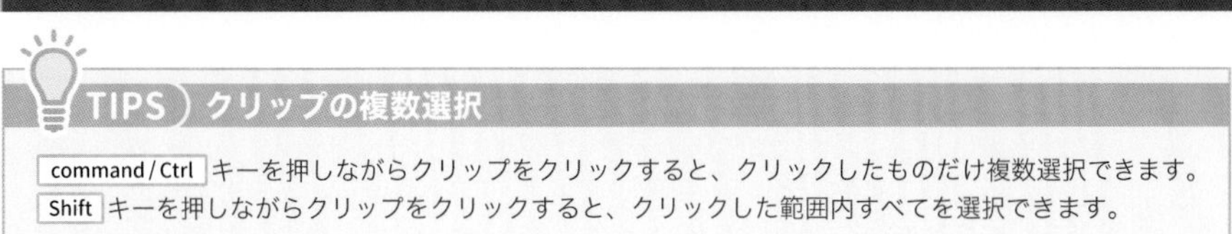

TIPS　クリップの複数選択

command / Ctrl キーを押しながらクリップをクリックすると、クリックしたものだけ複数選択できます。
Shift キーを押しながらクリップをクリックすると、クリックした範囲内すべてを選択できます。

【ビデオを表示／非表示】をクリックすると、表示／非表示を切り替えられます。

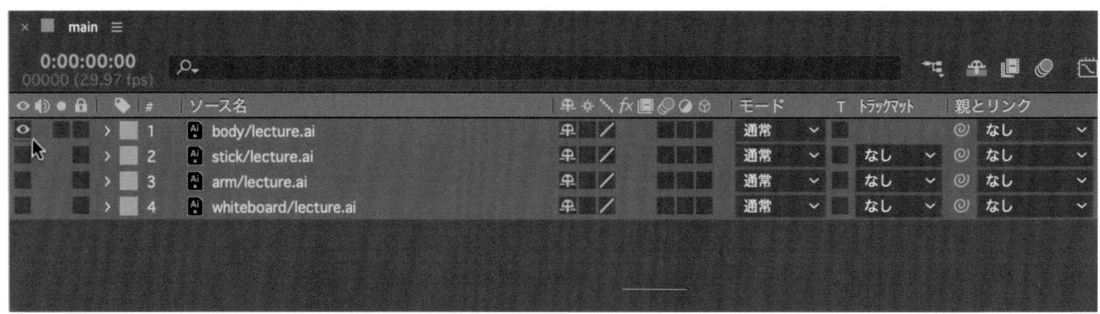

【ソロ】をクリックしてオンにすると、そのクリップだけが**【コンポジション】**パネルで表示されます。
素材の確認に便利です。

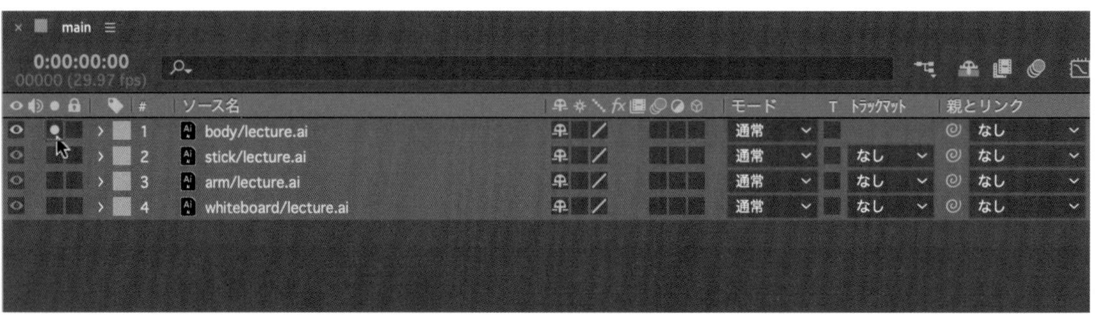

他の機能については、実践しながら学んでいきます。

Section 1

4

1時間でできる制作の流れ

実際にシンプルなアニメーションを作ります。まずは本書と同じ手順で作ってみてください。キーフレームアニメーションの基本とレイヤー配置、映像の書き出しが学べます。

完成動画について

本を持った女の子が奥から走ってきて、吹き出しの台詞が出るという1カットのアニメーションです。

【picture01.png】が走る女の子の素材、**【picture02.png】**が吹き出しの素材です。

この2つの素材を使ってアニメーションを作ります。

picture02.png

picture01.png

新規プロジェクトを作る

After Effectsを移動して、**【ホーム画面】**の**【新規プロジェクト】**ボタンをクリックします**1**。

【ファイル】メニューの**【別名で保存】**から**【別名で保存...】**（Shift＋command/Ctrl＋Sキー）を選択します❷。

【別名で保存】ダイアログボックスで**【animation.aep】**（.aepは拡張子です）と名前をつけて❸、**【保存】**ボタンをクリックします❹。保存先は作業するハードディスクとフォルダーを選択してください。

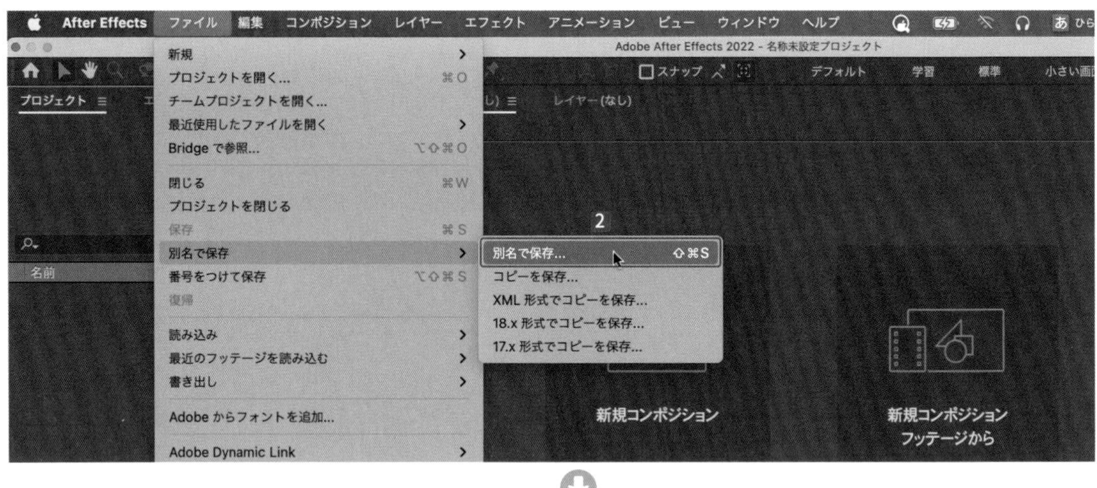

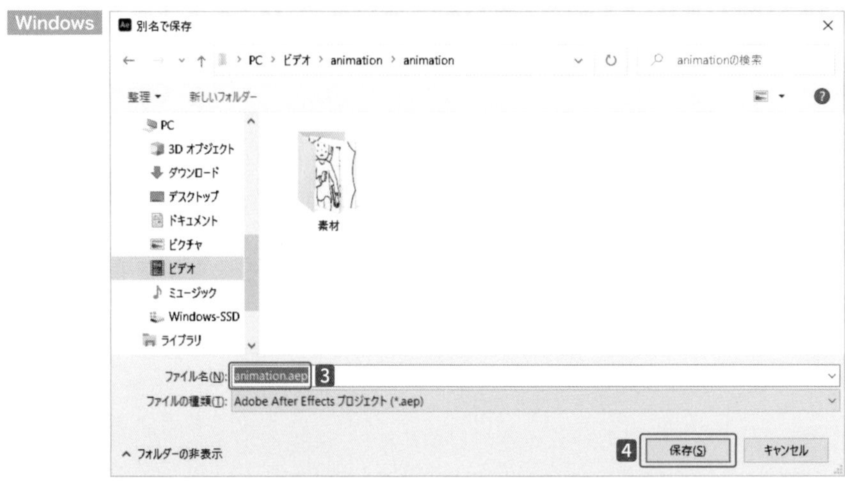

⁝⁝ 新規コンポジションを作る

【**コンポジション**】メニューから【**新規コンポジション...**】を選択します❶。

【**コンポジション設定**】ダイアログボックスで【**コンポジション名**】は【**main**】❷、【**プリセット**】は【**カスタム**】❸を選択します。今回は縦型動画なので、【**幅：1080px**】【**高さ：1920px**】と入力します❹。

【**ピクセル縦横比**】は【**正方形ピクセル**】❺、【**フレームレート**】は【**29.97**】❻、【**フレーム/秒**】は【**ノンドロップフレーム**】❼、【**デュレーション**】を【**0:00:02:00**】(2秒間)❽に設定して、【**OK**】ボタンをクリックします❾。

本書のChapter 2以降で変更する設定は、【**プリセット**】【**幅**】【**高さ**】【**デュレーション**】になります。

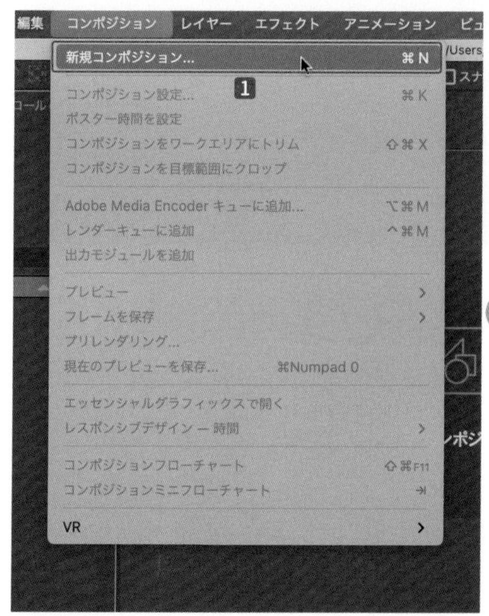

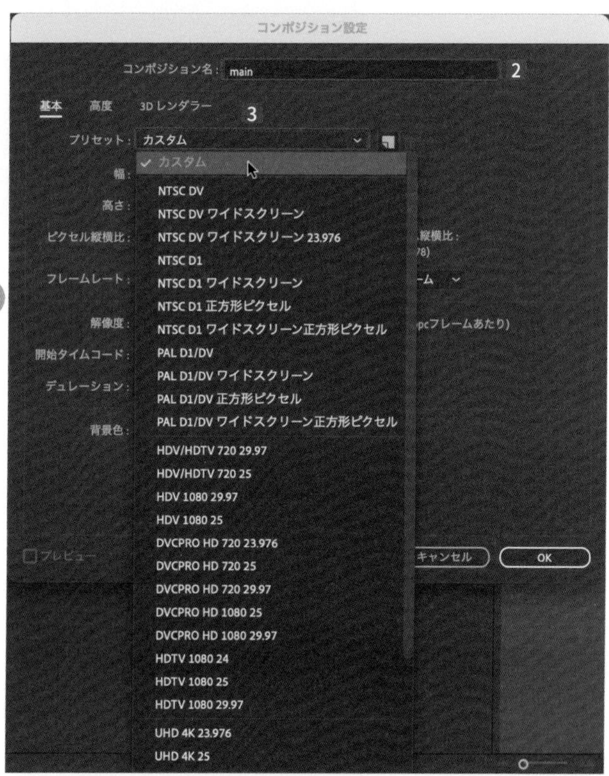

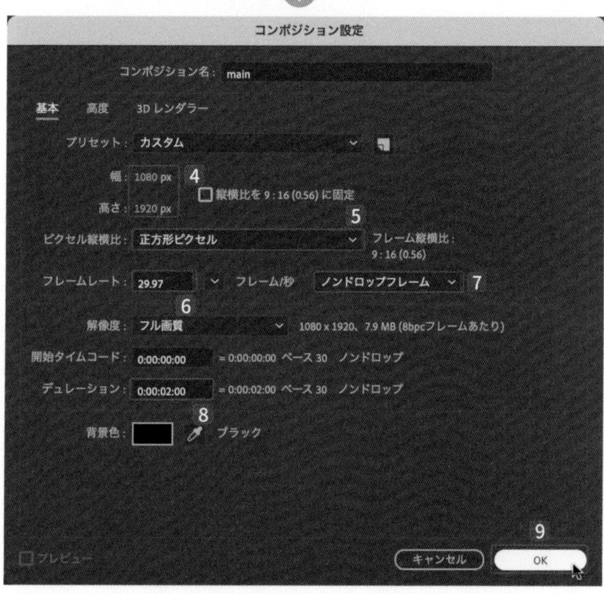

【コンポジション】パネルに縦型の画面が表示されます。

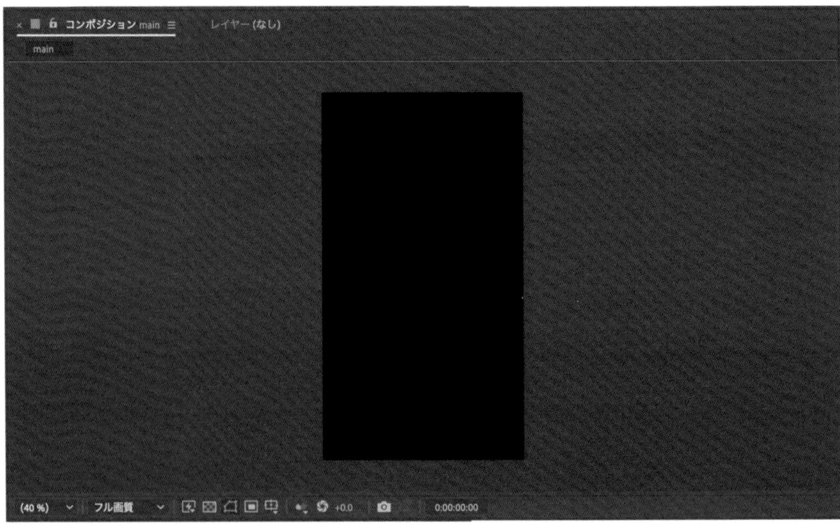

⠿ 背景を作る

【レイヤー】メニューの**【新規】**から**【平面...】**（command/Ctrl + Y キー）を選択します❶。**【平面設定】**ダイアログボックスで**【カラー】**をクリックします❷。**【平面色】**ダイアログボックスで**【#FFFFFF】**（ホワイト）に設定して❸、**【OK】**ボタンをクリックします❹。**【平面設定】**ダイアログボックスに戻って、**【OK】**ボタンをクリックします❺。

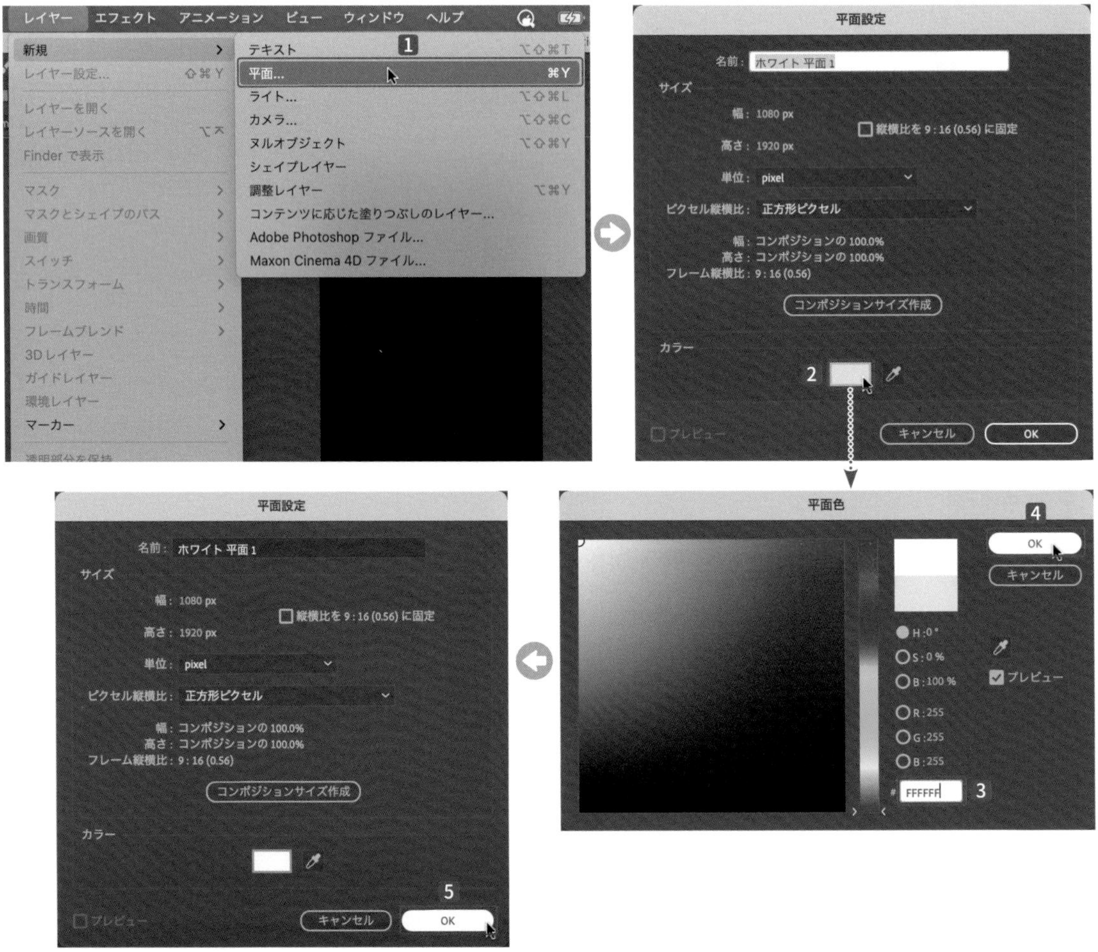

【タイムライン】パネルに白色の**【ホワイト 平面 1】**が自動で配置されます❻。

ファイルを読み込む

【ファイル】メニューの**【読み込み】**から**【ファイル...】**（command/Ctrl＋Iキー）を選択します❶。

【素材】フォルダーから**【picture01.png】**と**【picture02.png】**をcommand/Ctrlキーを押しながらクリックして選択し❷、**【開く】**ボタンをクリックします❸。

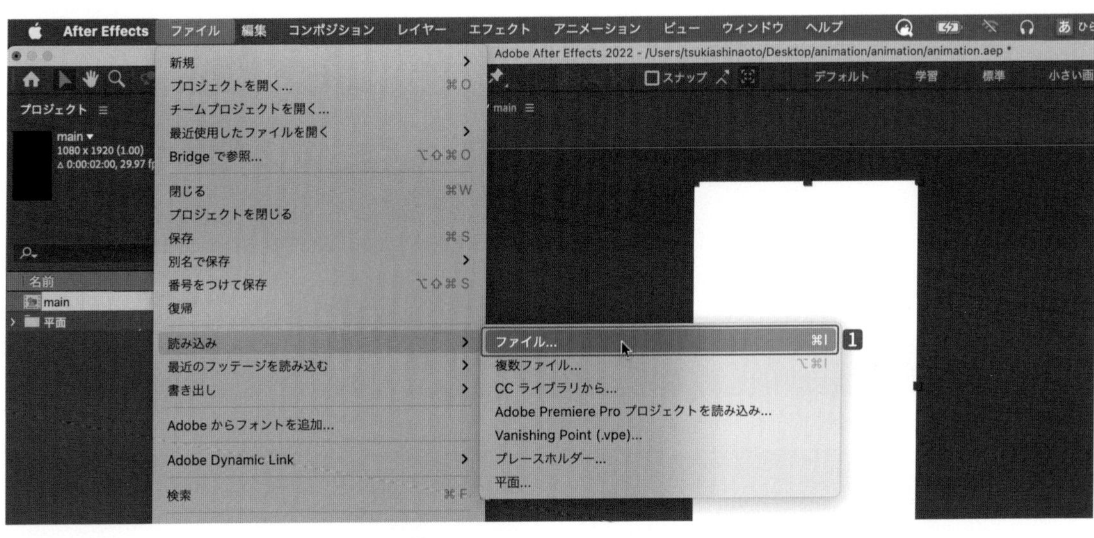

TIPS PNG

PNGファイルは、透過情報を含むことができる画像形式です。

∷ 素材を配置する

【プロジェクト】パネルにファイルが読み込まれています**1**。

【picture01.png】と**【picture02.png】**を選択し、**【タイムライン】**パネルにドラッグして**【ホワイト 平面 1】**の上に配置します**2**。

【ビデオを表示／非表示】を切り替えると、素材の内容がわかります**3** **4**。

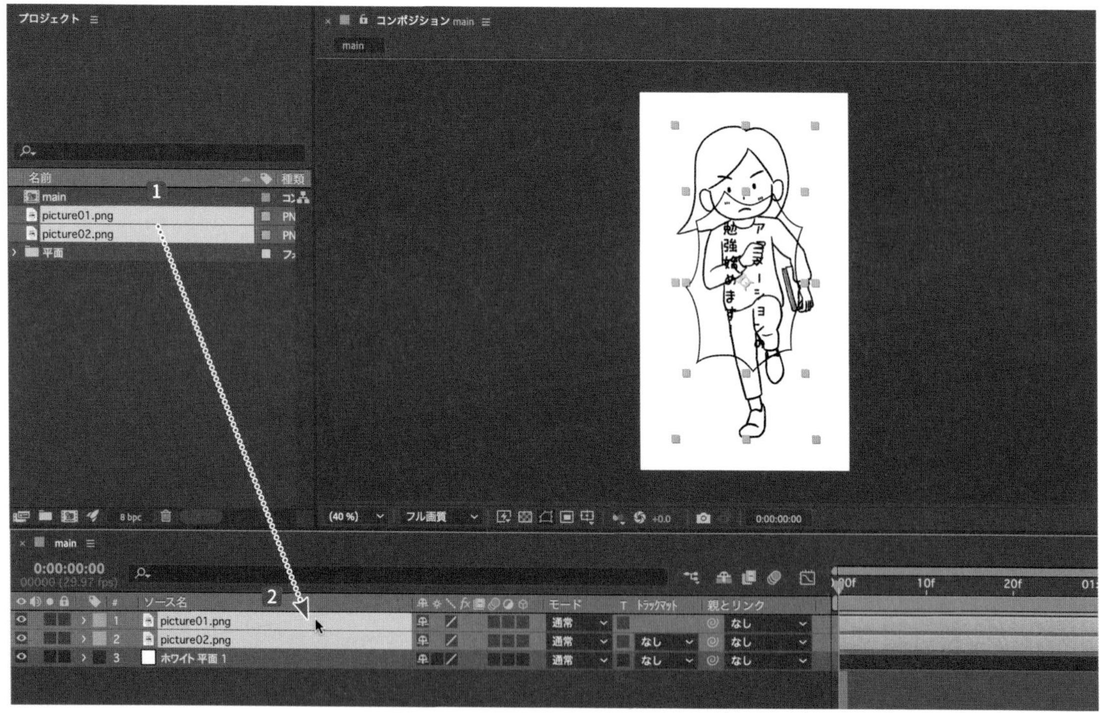

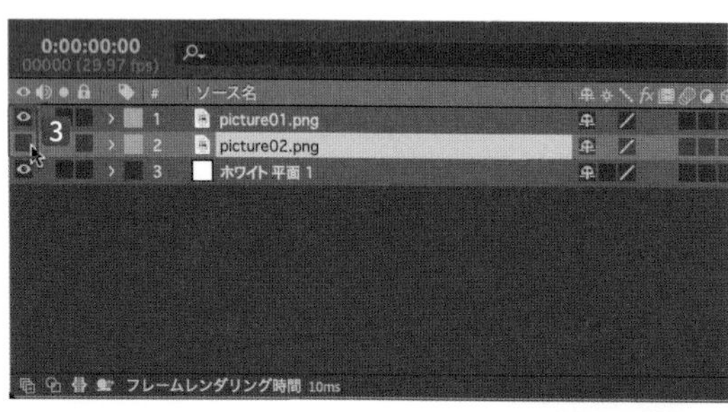

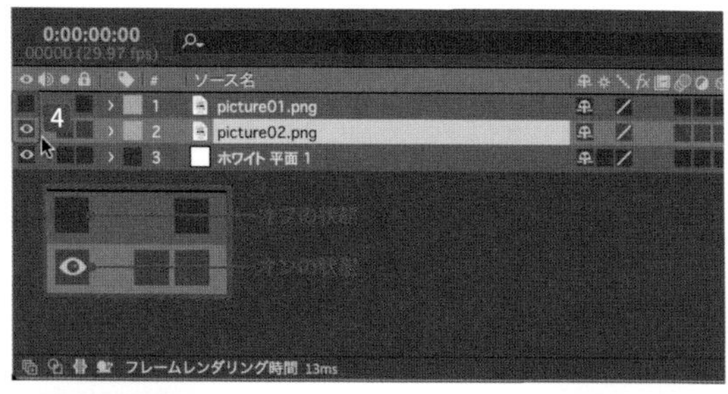

【picture02.png】を選択し**5**、ドラッグして**【picture01.png】**の上にレイヤーを配置します**6**。
これで下準備が終わりです。

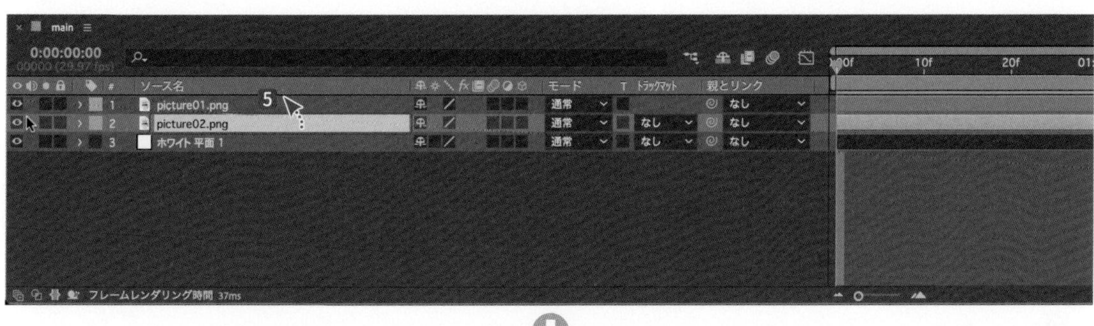

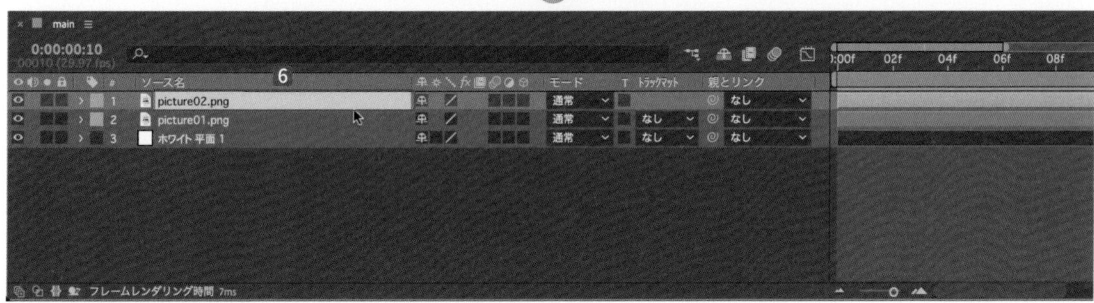

時間軸の移動

【タイムライン】パネルに**【現在の時間インジケーター】**▼**1**があります。**【タイムライン】**パネルの左上には**【0:00:00:00】2**と表示されていますが、これは現在編集している時間を表しています。

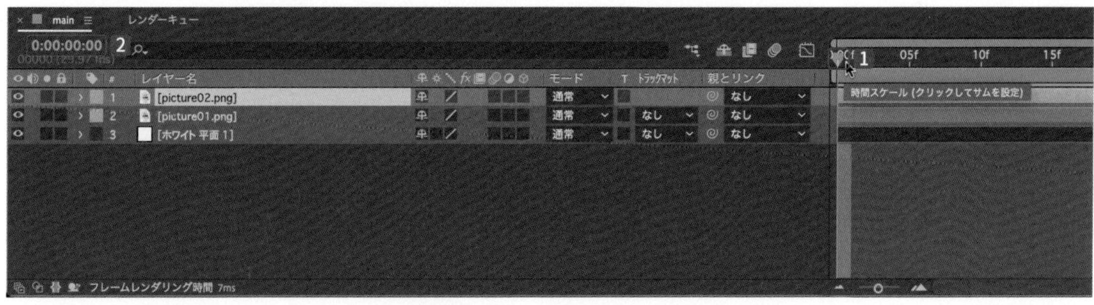

ドラッグして右方向に動かすと、**【現在の時間インジケーター】**▼が進みます**3**。
下図では、**【0:00:00:15】**（15フレーム）の時間軸を表しています**4**。

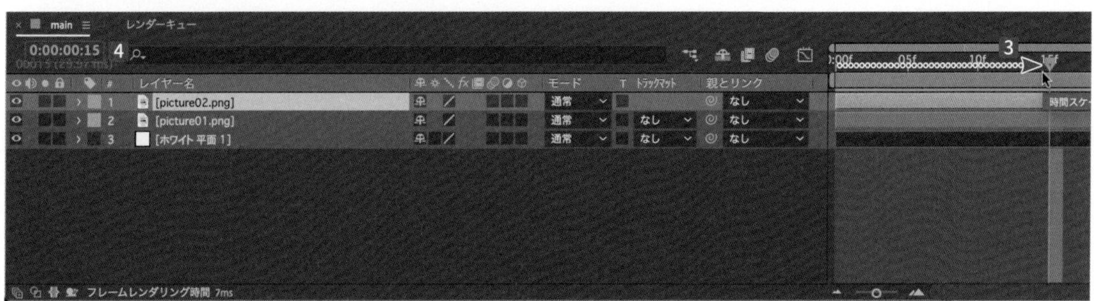

この画像では、**【0:00:00:29】**の時間軸を表しています**5**。

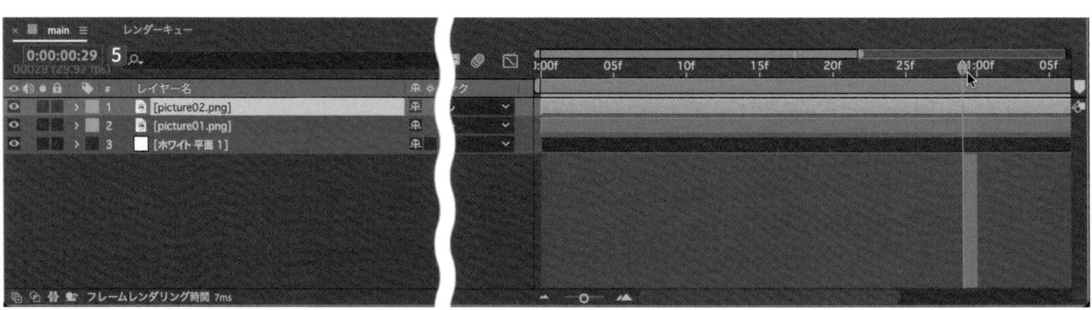

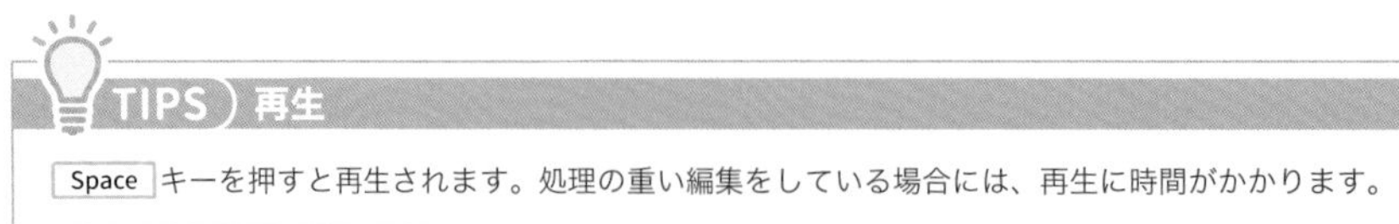

Space キーを押すと再生されます。処理の重い編集をしている場合には、再生に時間がかかります。

∷ 女の子が近づくアニメーションをつける

【picture01.png】の左横にある**>** **1**をクリックすると展開され、**【トランスフォーム】**という項目が表示されます**2**。さらに、**【トランスフォーム】**も**>**をクリックすると展開します**3**。

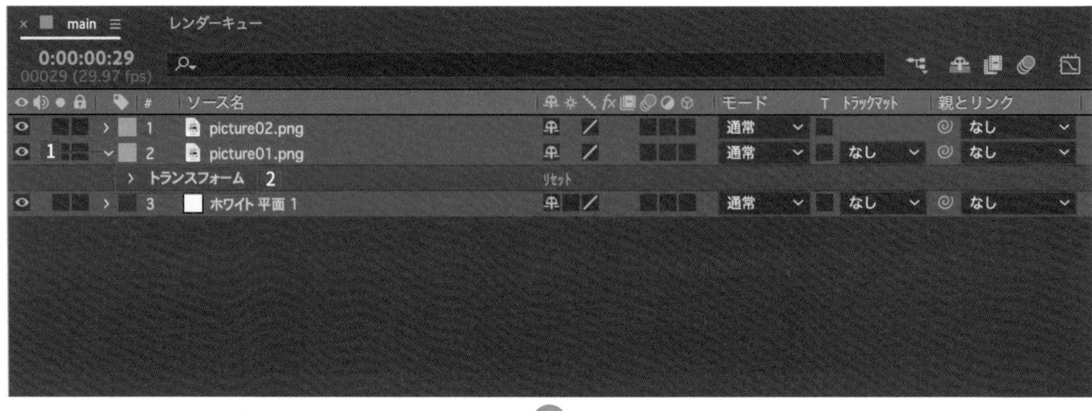

【トランスフォーム】の【位置】に数値がありますが、これはX座標とY座標を表しています。Y座標をクリックして【1860】と入力すると4、女の子のイラストが下に移動します5。

X座標をずらすと横に移動しますが、ここでは使用しません。

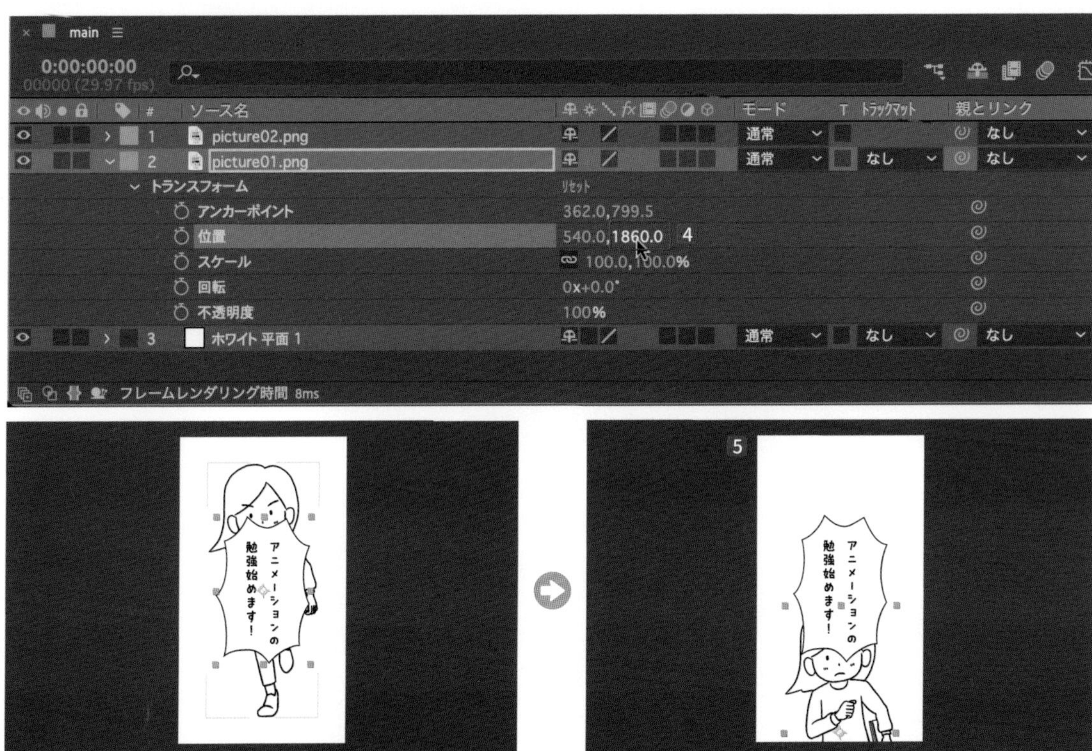

同様に、【picture02.png】を展開します6。【トランスフォーム】が表示されます。

【位置】の項目のY座標をクリックして【550】7と入力すると、吹き出しのイラストが上に移動します8。

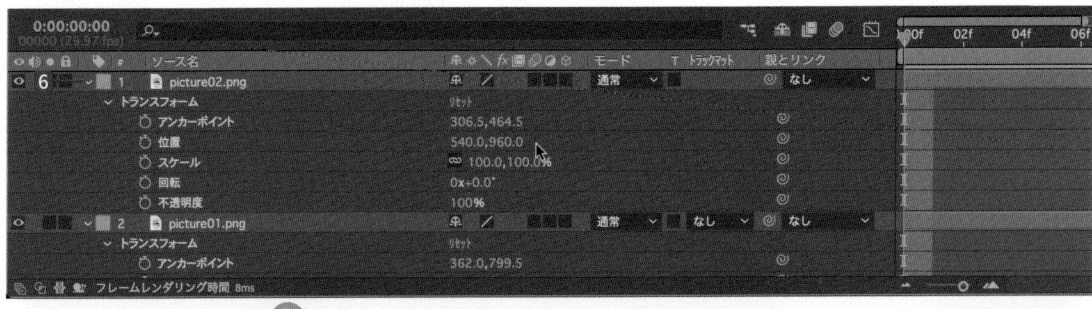

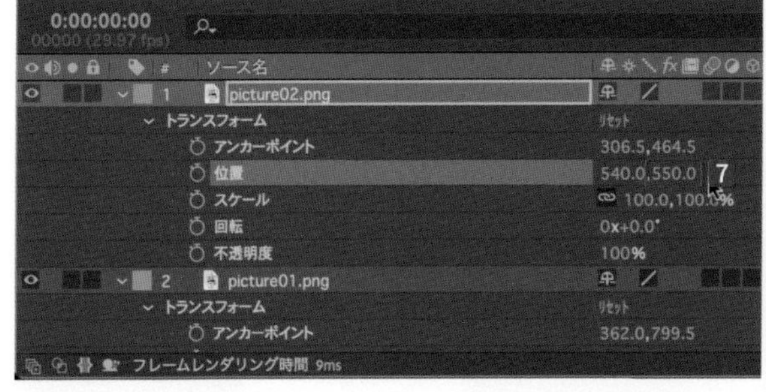

【現在の時間インジケーター】を進めて**【0:00:00:10】**と表示されている箇所まで移動して❾、**【picture01.png】**の**【トランスフォーム】**の**【スケール】**の左にある**【ストップウォッチ】**❿をクリックすると、**【タイムライン】**パネルにポイント◆が作成されます⓫。これを**【キーフレーム】**と呼びます。

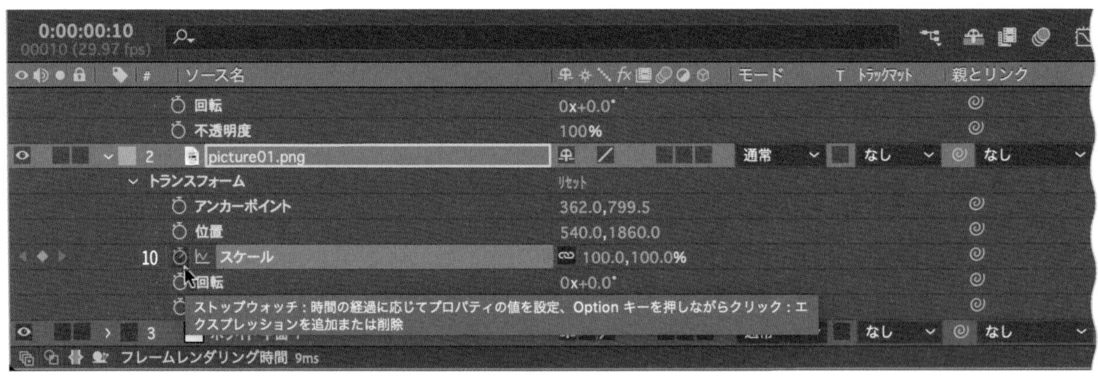

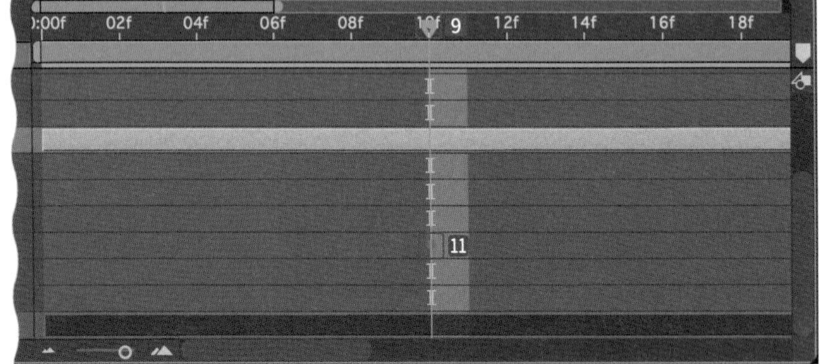

TIPS キーフレーム

キーフレームとはアニメーションを作る上での開始点や終了点、中間点の位置や大きさ、エフェクト効果を記録するものです。最低でも２つのキーフレームを作らないとアニメーションになりません。

現在の時間は**【0:00:00:10】**で、**【picture01.png】**の**【スケール】**（大きさ）は100%の状態です。

次に**【0:00:00:00】**に戻り⓬、**【スケール】**の数値を**【10】**に設定します⓭。すでに**【スケール】**の**【キーフレーム】**があるので、ここでは自動的に**【キーフレーム】**が作成されます⓮。

女の子のイラストが10%の大きさになり、奥の方にいるようになりました⓯。

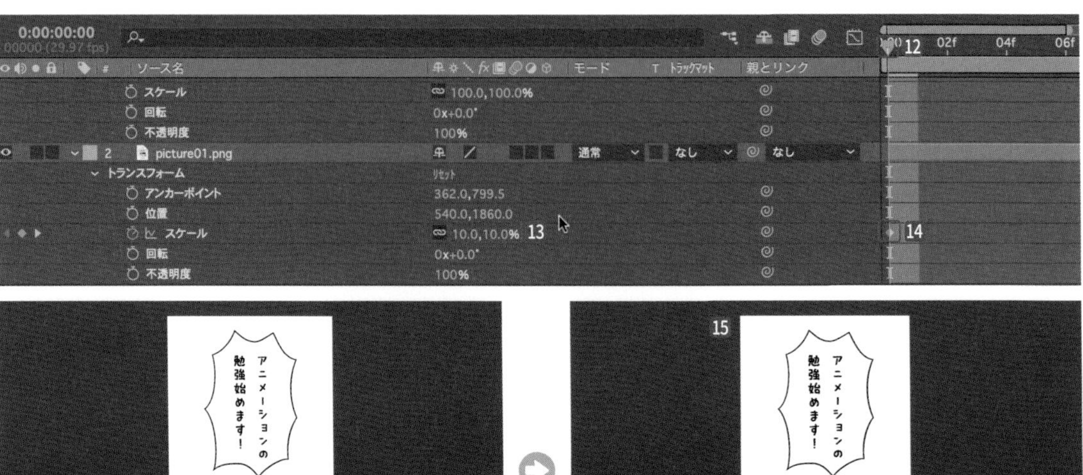

【0:00:00:10】の時

【0:00:00:00】の時

再生すると、女の子が10フレームかけて近づいてくるアニメーションになります。

吹き出しが表れるアニメーションをつける

【現在の時間インジケーター】を**【0:00:00:10】**に移動します**1**。
【picture02.png】のクリップを選択し**2**、右にドラッグして頭合わせにします**3**。

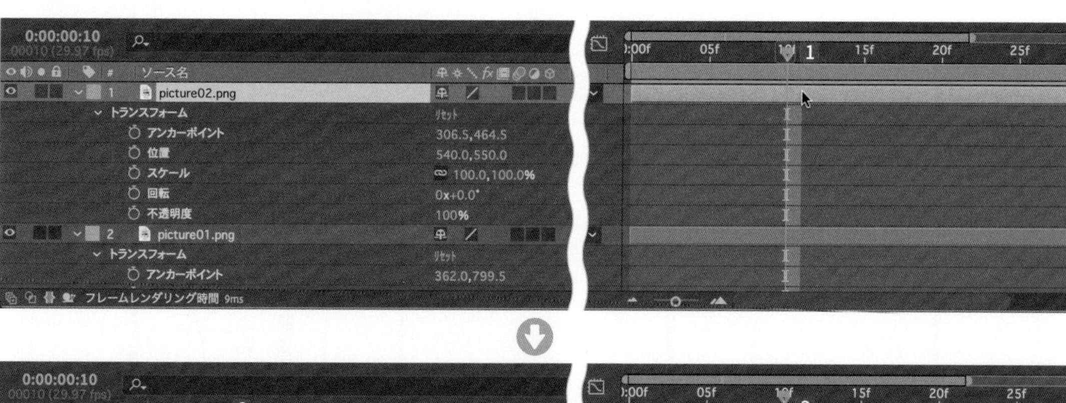

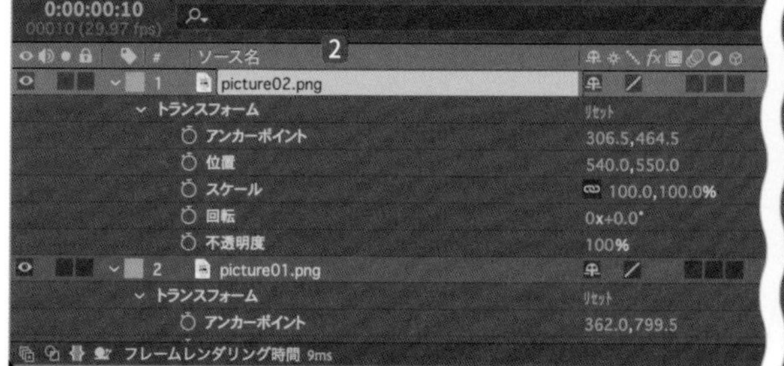

【現在の時間インジケーター】を**【0:00:00:13】**の移動します4。command / Ctrl キーを押しながら→キーを押すと1フレームずつ進みます。

【不透明度】の左にある**【ストップウォッチ】**5をクリックして、**【キーフレーム】**を作成します6。

現在、**【0:00:00:13】**で**【picture02.png】**の**【不透明度】**は100%7で、全部見えている状態です。

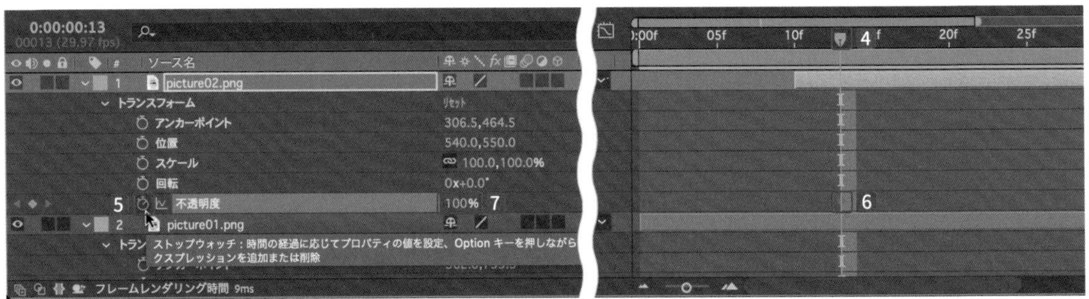

【0:00:00:10】に戻ります8。**【不透明度】**の数値を**【0】**に設定します9。すでに**【不透明度】**の**【キーフレーム】**があるので、ここでは自動的に**【キーフレーム】**が作成されます10。

これで、吹き出しが完全に見えなくなります。

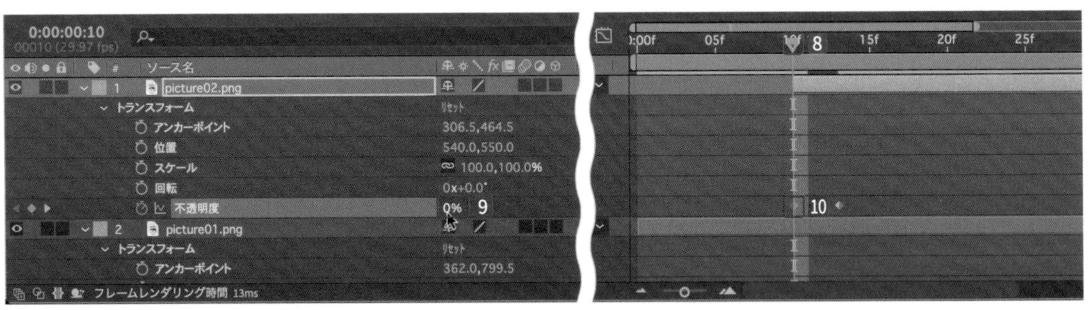

再生すると、吹き出しが3フレームかけてフェードインします。

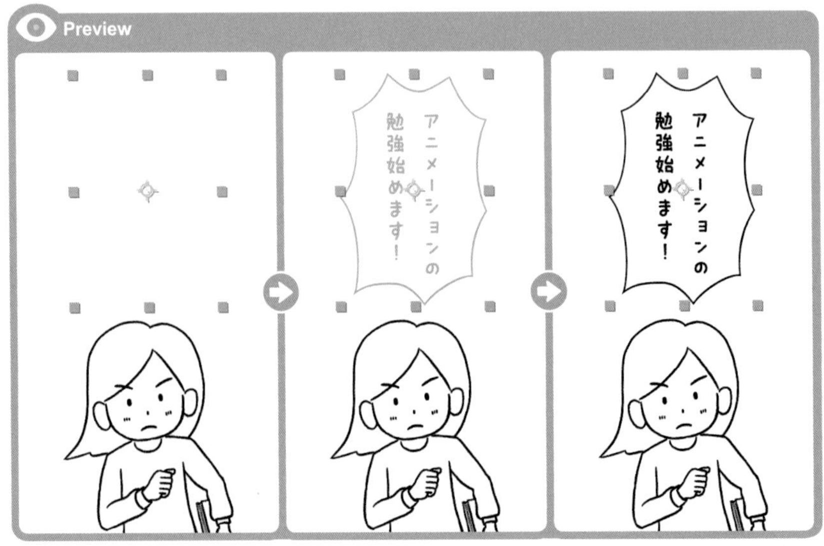

これで完成です。再生すると女の子が近づいてきて、吹き出しが表示するカットになりました。

映像を書き出す

【タイムライン】パネル内の書き出したいコンポジションのタブをクリックして❶、アクティブにします❷。

【コンポジション】メニューから**【Adobe Media Encoderキューに追加...】**（option/Alt＋command/Ctrl＋Mキー）をクリックします❸。

❷ アクティブ化すると、青い枠が表示されます

【Adobe Media Encoder】が起動します。アプリの起動には、少し時間がかかることもあります。

アプリのウィンドウには**【キュー】**に作成している**【main】**コンポジション❹が表示されています。

【形式】は**【H.264】**❺のままで大丈夫です。**【プリセット】**も**【ソースの一致 -高速ビットレート】**のままで❻、**【出力ファイル】**をクリックします❼。

出力ファイルを書き出す場所は、十分に容量のあるハードディスクを選択しましょう。**【名前】**を**【animation】**と入力して❽、**【保存】**ボタンをクリックします❾。

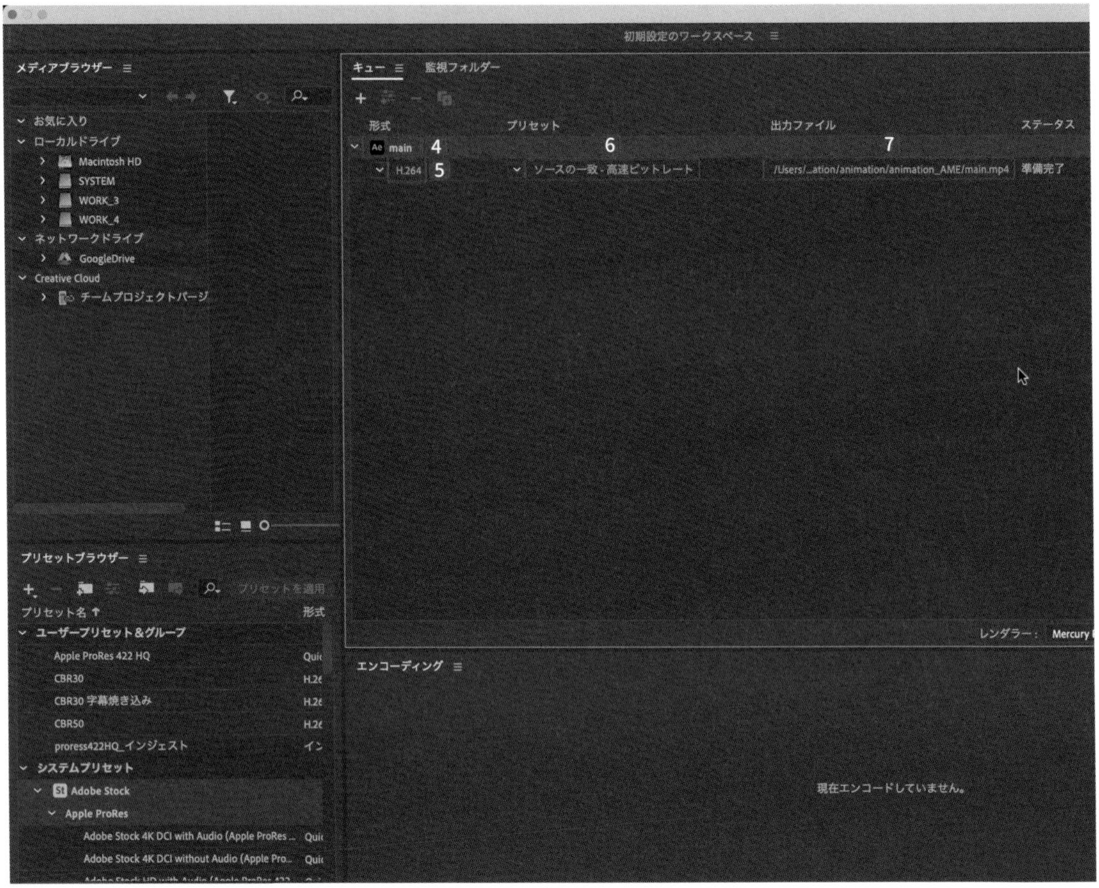

【キューを開始】をクリックすると10、書き出しが開始されます11。長い映像や重い編集データは時間がかかります。**【ステータス】**に**【完了】**と表示されたら12、動画ファイルの完成です。

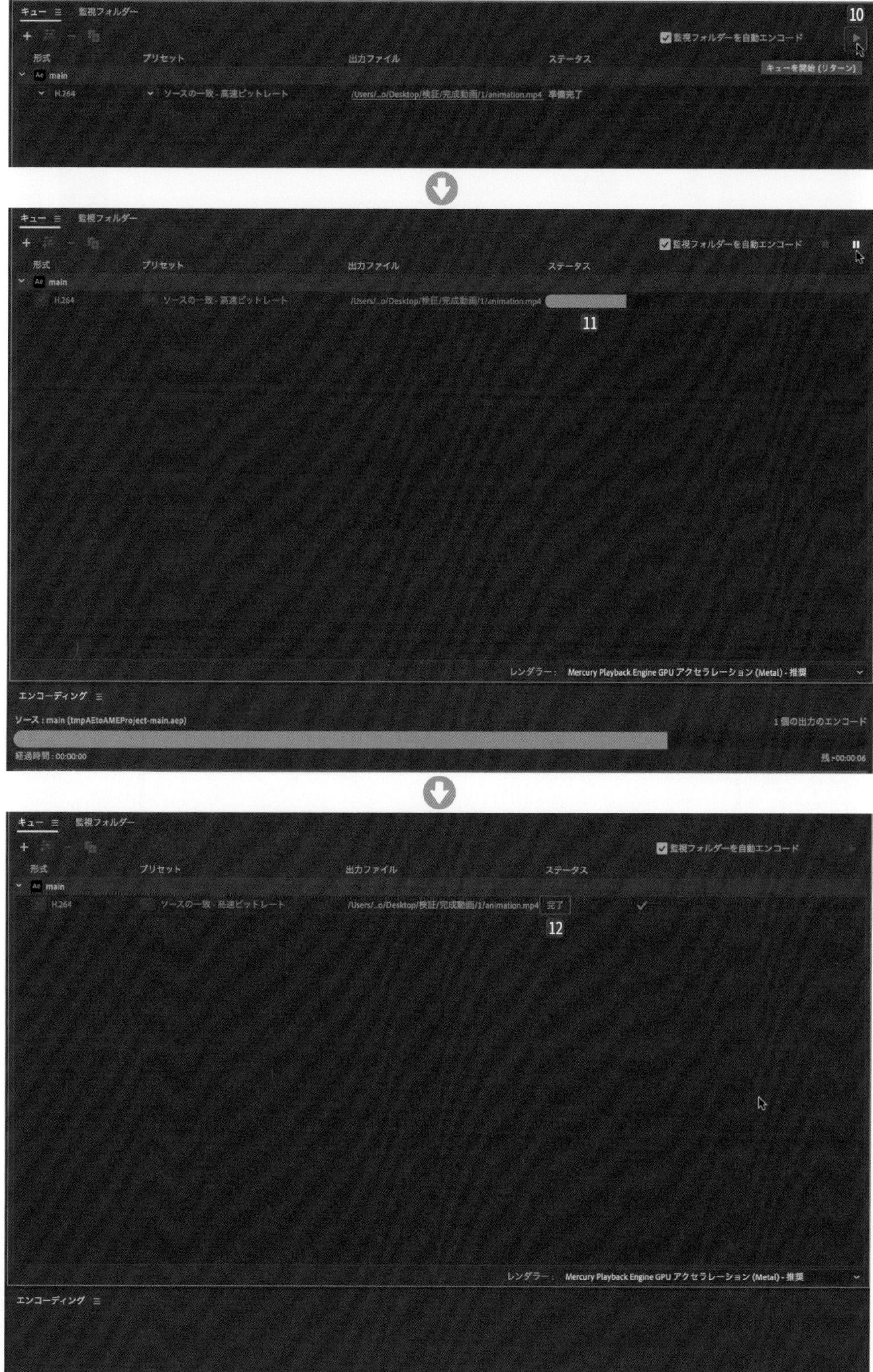

保存先を表示して、作成したアイコンをダブルクリックして動画ファイルを開きます⓭。

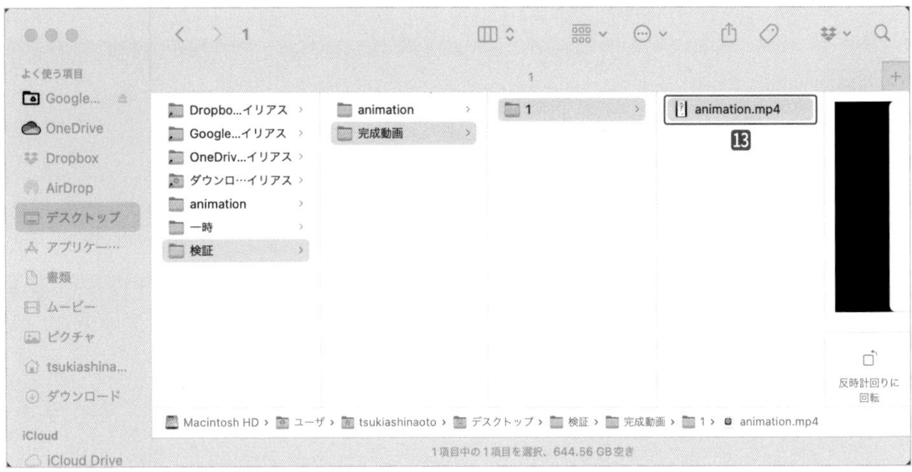

再生して確認してみましょう。

これで、After Effectsによる制作の一連の流れは終了です。
次章から、本格的にアニメーション制作を学んでいきます。

TIPS レンダーキューに追加

動画の書き出しは、紹介した【Adobe Media Encoder】を起動して書き出す以外に、After Effectsからでも行うことができます。この場合は、【コンポジション】メニューの【レンダーキューに追加】（macOSは control ＋ command ＋ M キー、Windowsは Ctrl ＋ M キー）を選択します。

ただし、【レンダーキューに追加】ではSNSで主に使用されている【H.264】の【mp4】形式の動画を書き出すことができないので、本書では【Adobe Media Encoder】からの書き出しを推奨しています。

TIPS タイムラインの縮小／拡大

【タイムライン】パネルの下部にあるスライダーを左に調整すると表示が縮小し、右に調整すると拡大します。
細かいキーフレーム調整の際は拡大、全体を調整するときは縮小など、適宜、変更しながら進めていきましょう。

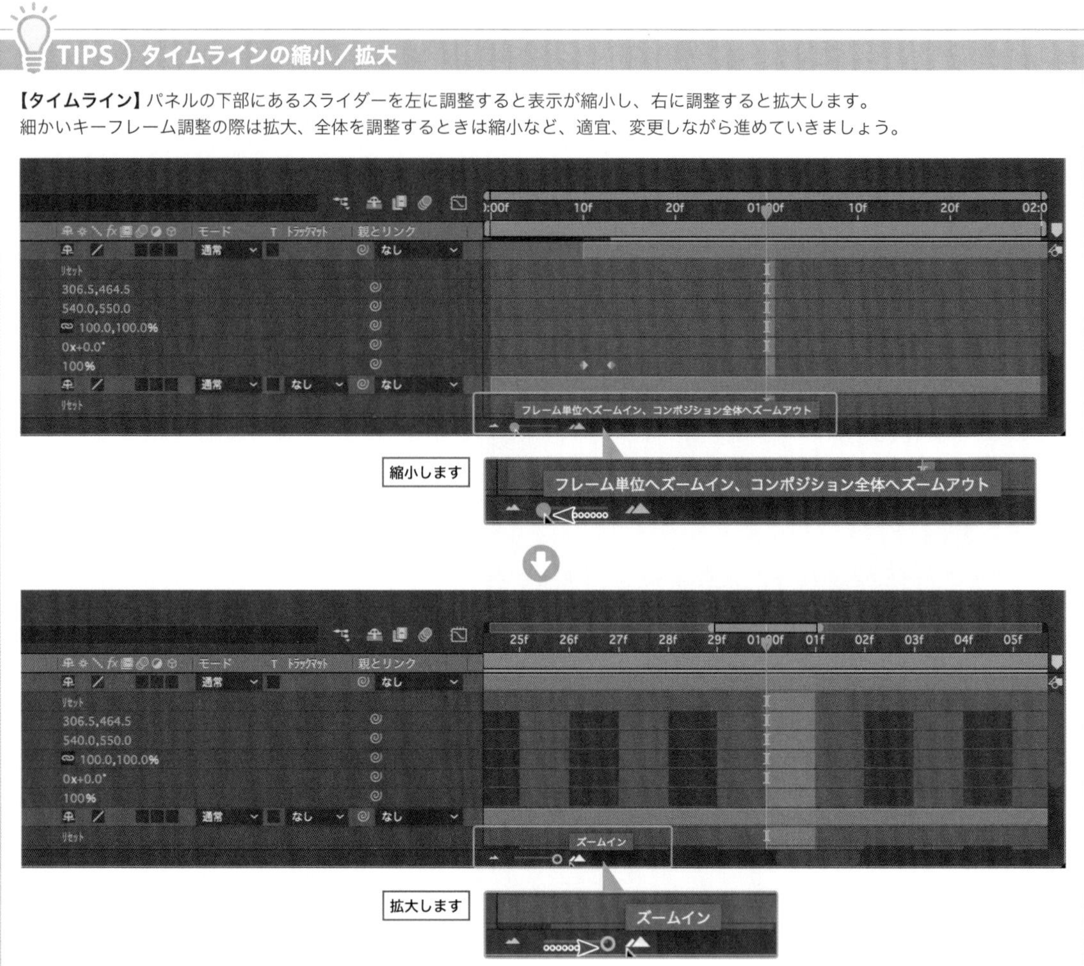

Chapter

2

― 基礎編 ―
アニメーションCMを作ろう！

この章ではアニメーションCMを制作します。ここでは、After Effectsで作るアニメーションの基本であるトランスフォームを網羅しています。どのシーンにおいても必ず使用するアニメーションなので、確実にマスターしましょう！

Section 2 1

最初のカットを作ろう！

ここでは【スケール】【不透明度】【位置】のパラメータを操作して、基本的なトランスフォームアニメーションを学んでいきます。

新規プロジェクトを作る

【ホーム画面】で**【新規プロジェクト】**ボタンをクリックします（15ページ参照）**1**。

【ファイル】メニューの【別名で保存...】（Shift＋command / Ctrl＋Sキー）を選択します❷。

【別名で保存】ダイアログボックスで【cm】と名前をつけて❸、【保存】ボタンをクリックします❹。

保存先は作業するハードディスクとフォルダーを選択してください。

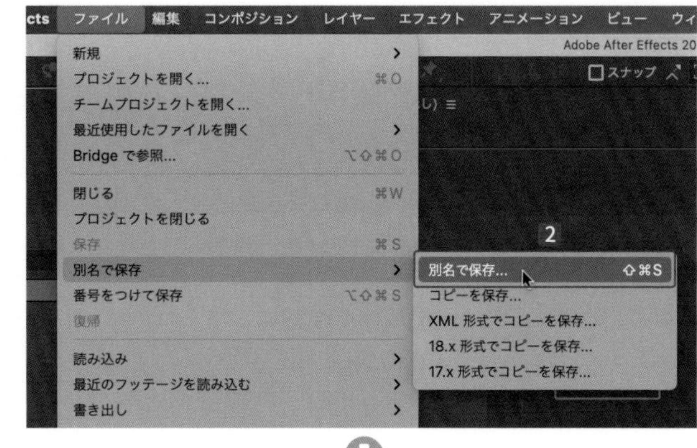

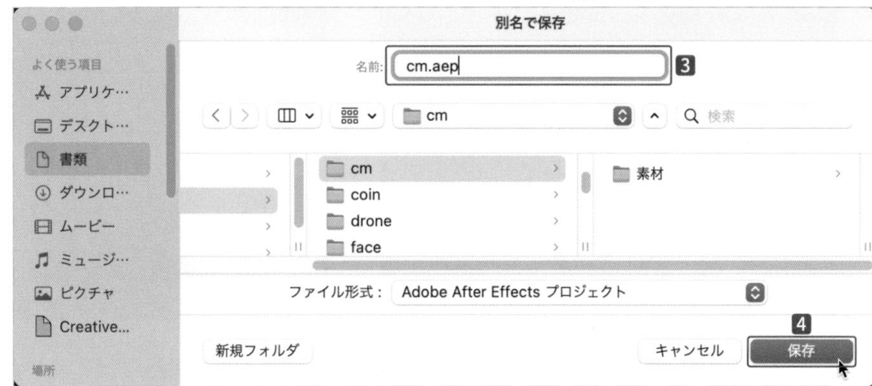

⁝⁝ 新規コンポジションを作る

カットをまとめるコンポジションを作成します。

【コンポジション】メニューから【新規コンポジション...】（command / Ctrl＋Nキー）を選択します❶。

【コンポジション設定】ダイアログボックスで【コンポジション名】は【main】❷、【HDTV 1080 29.97】❸を選択します。【デュレーション】を【0:00:10:00】に設定して❹、【OK】ボタンをクリックします❺。

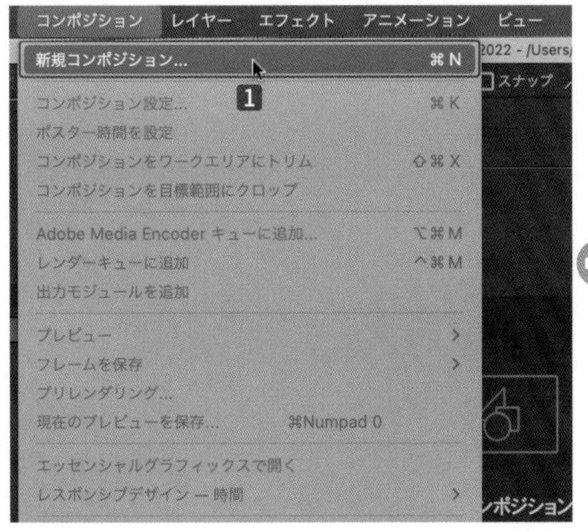

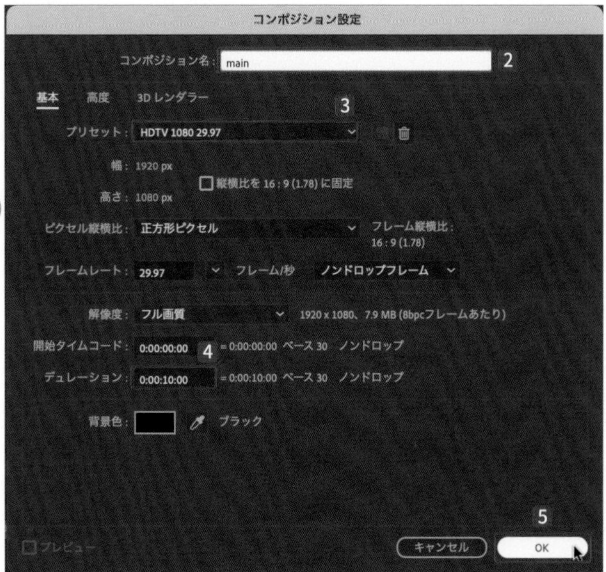

POINT

作業の合間合間で上書き保存をすることをおすすめします。

∷ 背景を作る

【レイヤー】メニューの**【新規】**から**【平面…】**（command/Ctrl ＋ Y キー）を選択します❶。

【平面設定】ダイアログボックスの**【カラー】**をクリックして❷、**【平面色】**ダイアログボックスの**【#FFFFFF】**（ホワイト）に設定し❸、**【OK】**ボタンをクリックします❹。

【平面設定】ダイアログボックスに戻って**【OK】**ボタンをクリックすると❺、**【タイムライン】**パネルに**【ホワイト平面 1】**が配置されます❻。

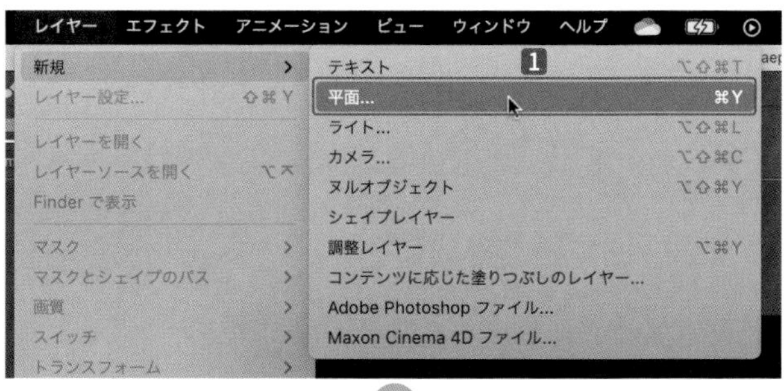

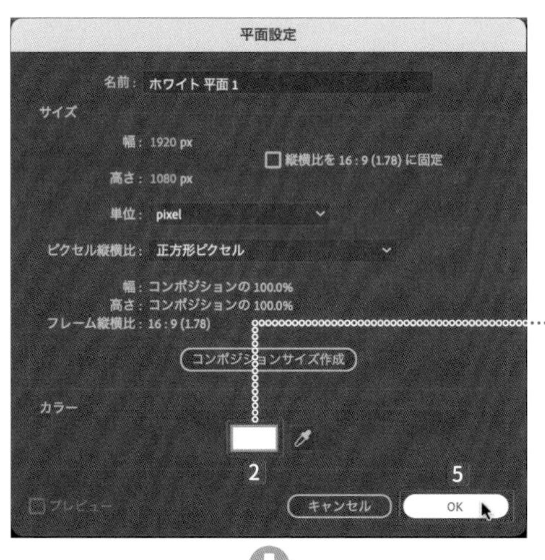

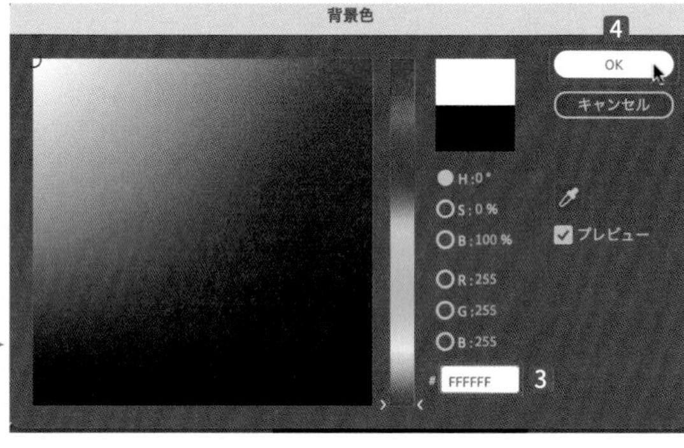

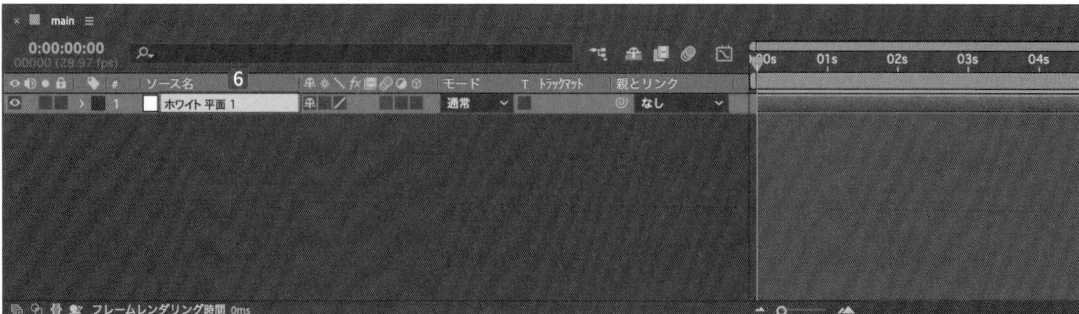

ファイルを読み込む

【プロジェクト】パネルをクリックしてアクティブにし❶、右クリックして表示されるショートカットメニューから【新規フォルダー】を選択し❷、フォルダーの名前を【素材】とします❸。

【ファイル】メニューの【読み込み】から【ファイル...】（command/Ctrl ＋ I キー）を選択します❹。

【素材】フォルダーから【book.png】【icon01.png】【icon02.png】【icon03.png】【man.png】を command/Ctrl キーを押しながら選択し❺、【開く】ボタンをクリックすると❻、【プロジェクト】パネルにファイルが読み込まれます❼。

読み込まれたファイルを【素材】フォルダーに収納します❽。

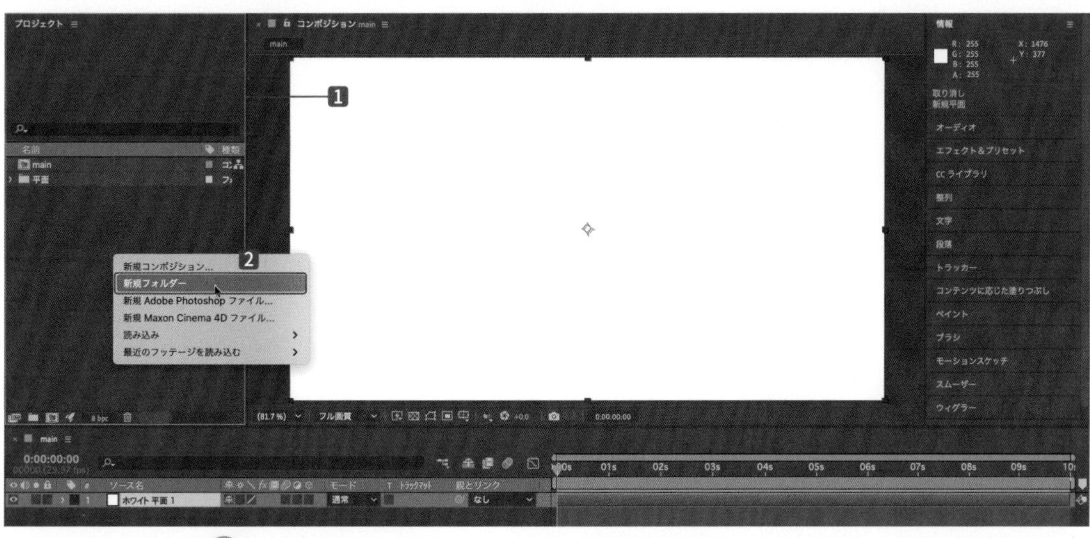

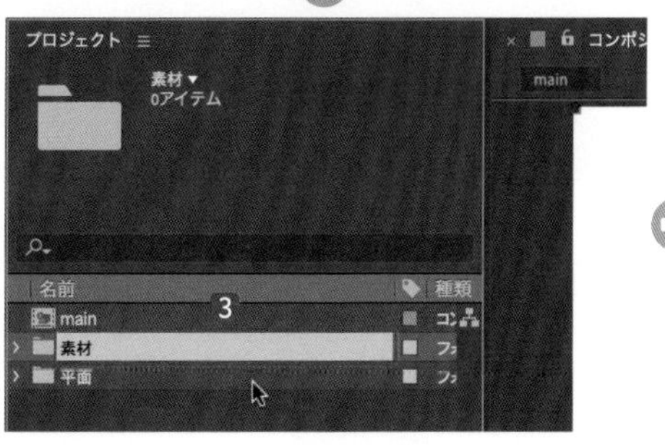

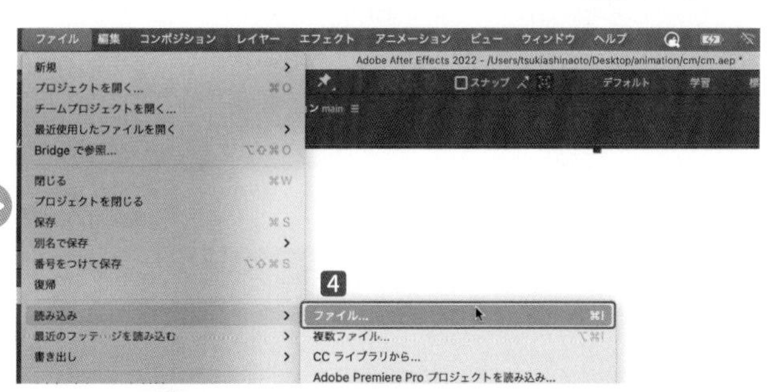

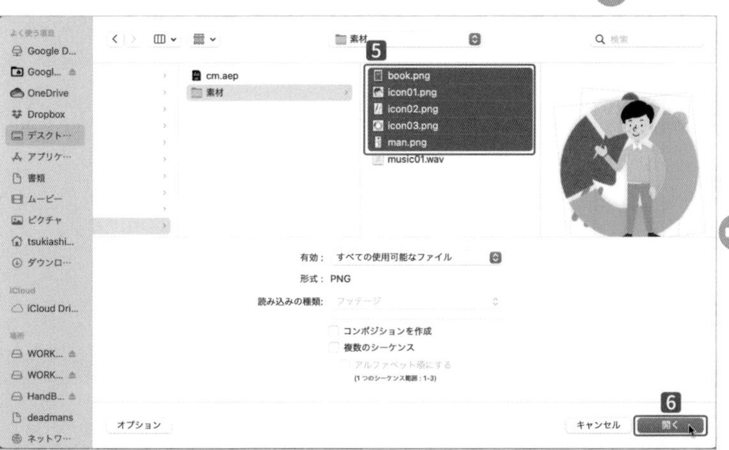

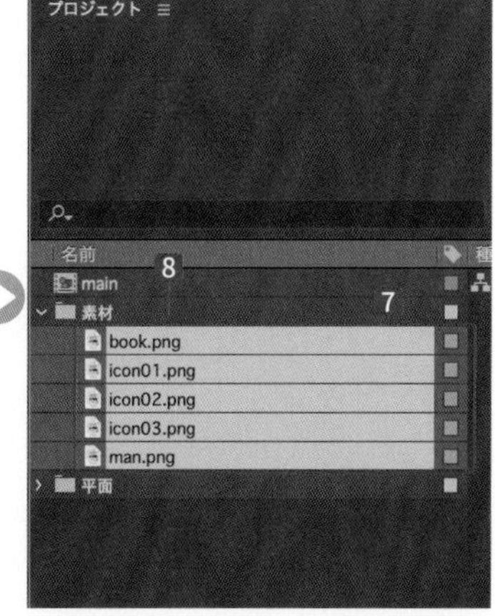

∷ 素材を配置する

【プロジェクト】パネルから**【book.png】**を選択して1、**【タイムライン】**パネルの**【ホワイト 平面 1】**の上にドラッグして配置すると2、**【コンポジション】**パネルに本の画像が表示されます3。

配置した**【book.png】**の>を展開し4、さらに**【トランスフォーム】**を展開します5。

【位置】のY座標に**【700】**と入力すると6、本が下に移動します。

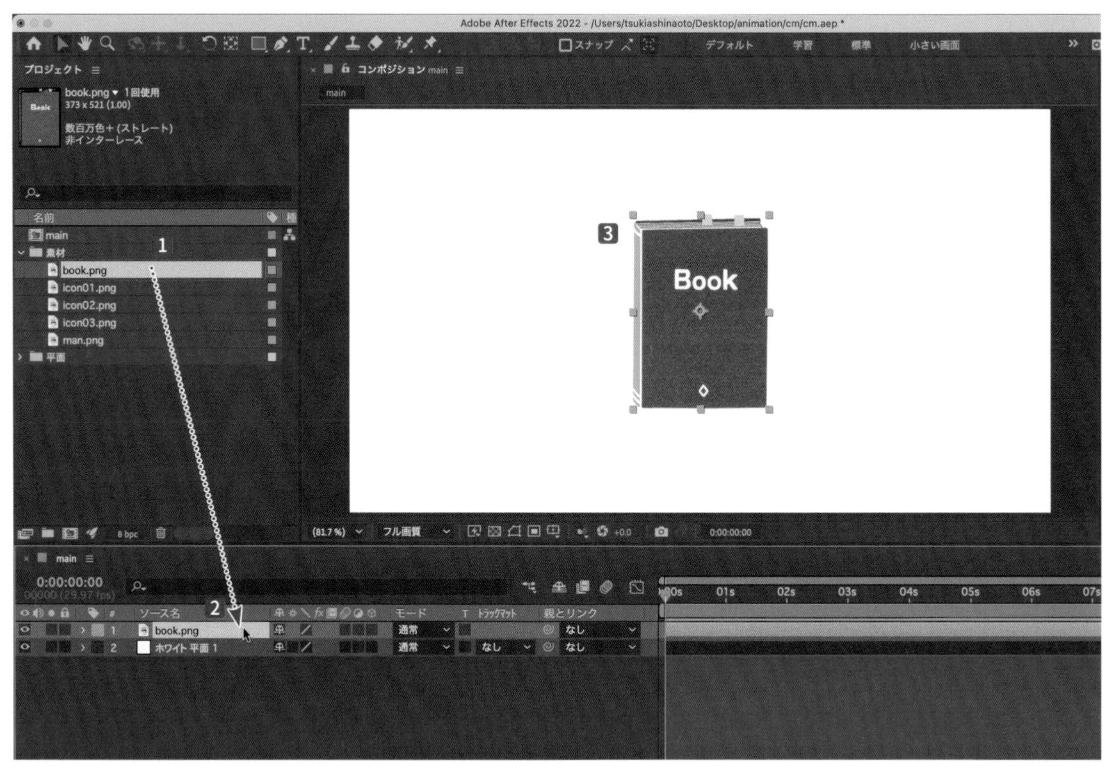

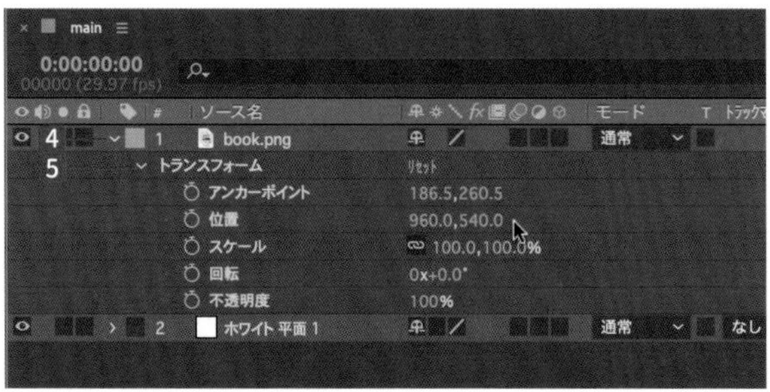

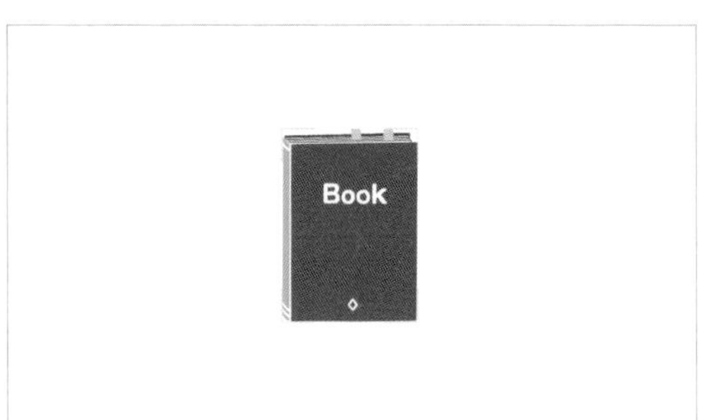

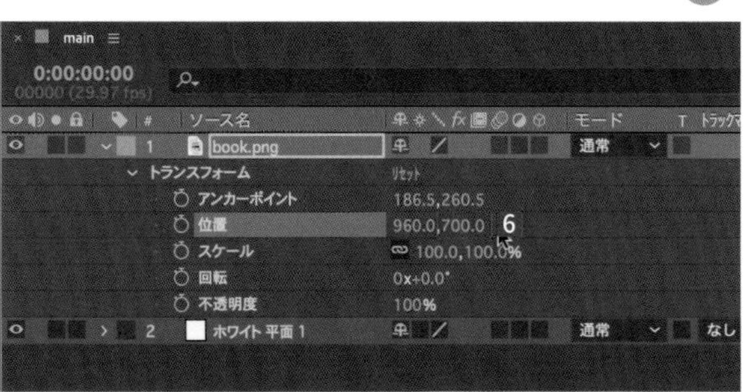

【プロジェクト】パネルから**【icon01.png】**を選択して❼、**【タイムライン】**パネルの**【book.png】**の上に配置すると❽、**【コンポジション】**パネルに顔アイコンが表示されます❾。

【icon01.png】の**【トランスフォーム】**を展開します❿。

【位置】のX・Y座標に**【640, 260】**と入力すると⓫、本の左上に顔アイコンが移動します⓬。

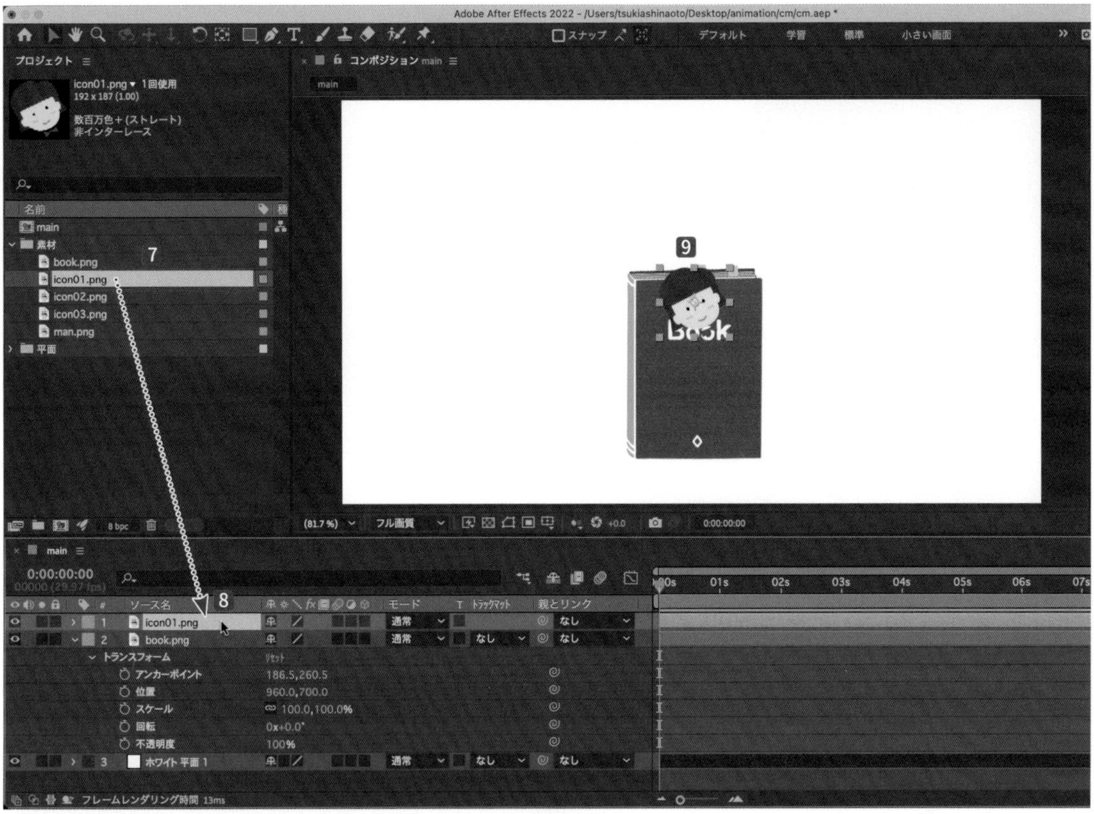

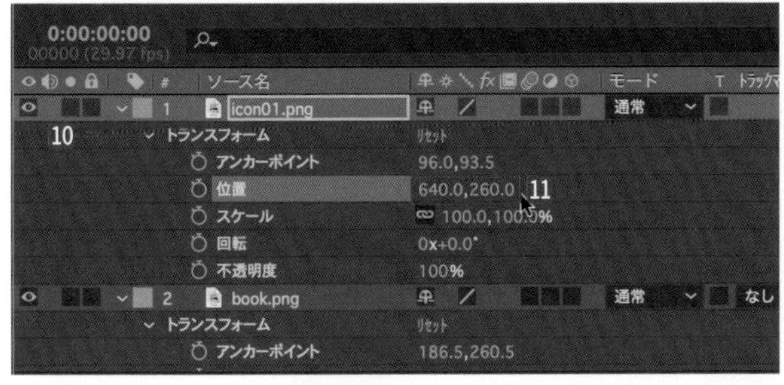

TIPS 位置のパラメータ

【位置】は**【X座標，Y座標】**の順番になっています。X座標を調整すると左右の動き、Y座標を調整すると上下の動きになります。

同様に、【プロジェクト】パネルから【icon02.png】を選択して⑬、【タイムライン】パネルの【icon01.png】の上に配置します⑭。【コンポジション】パネルに人アイコンが表示されます⑮。

【icon02.png】の【トランスフォーム】を展開して⑯、【位置】のY座標に【180】と入力すると⑰、人アイコンが本の上に移動します⑱。

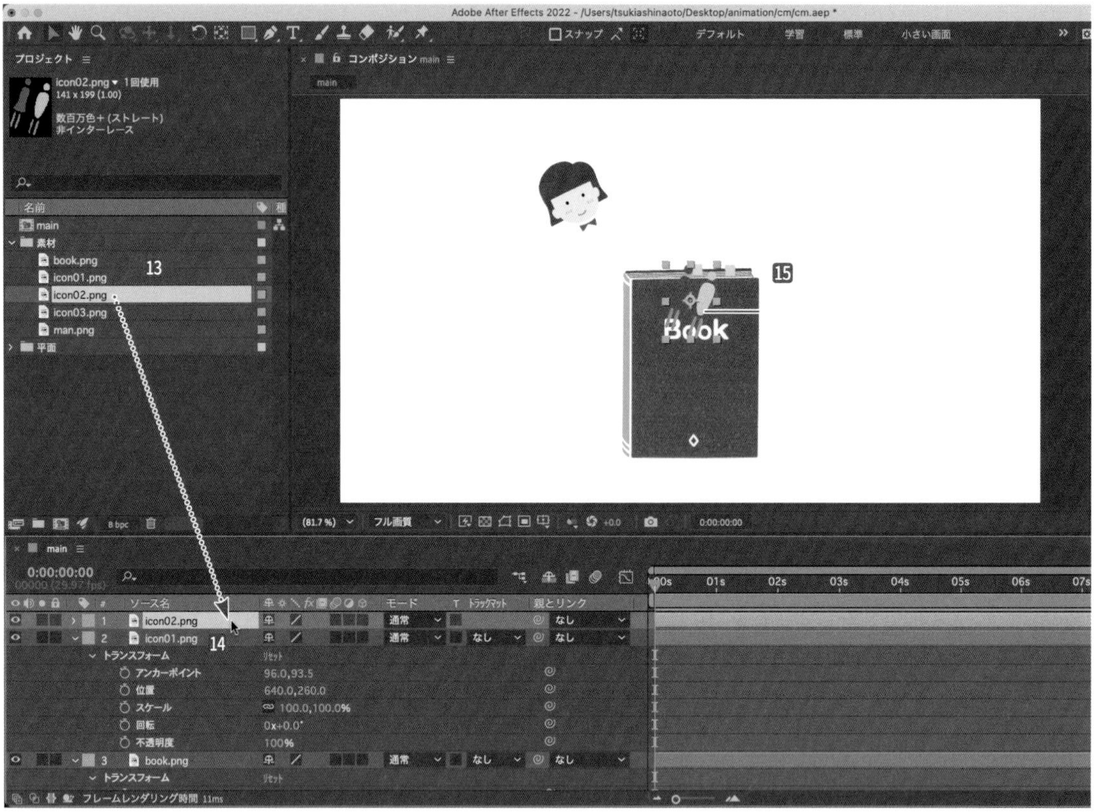

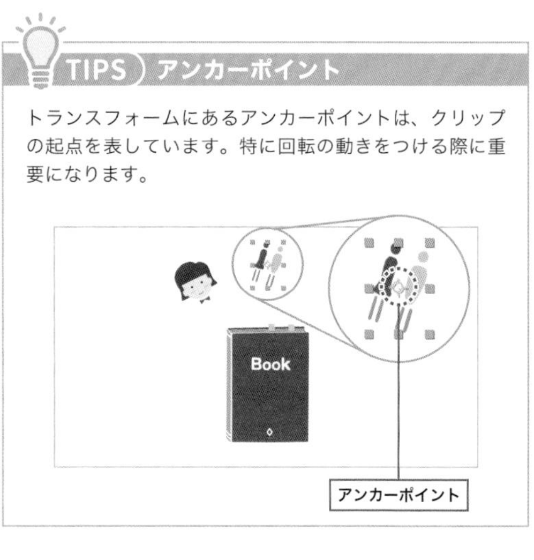

TIPS アンカーポイント

トランスフォームにあるアンカーポイントは、クリップの起点を表しています。特に回転の動きをつける際に重要になります。

さらに、【プロジェクト】パネルから【icon03.png】を選択して⑲、【タイムライン】パネルの【icon02.png】の上に配置します⑳。【コンポジション】パネルにグラフアイコンが表示されます㉑。

【icon03.png】の【トランスフォーム】を展開します㉒。

【位置】のX・Y座標に【1280, 260】と入力すると㉓、本の右上にグラフアイコンが移動します㉔。

これで、画像レイアウトの完成です。

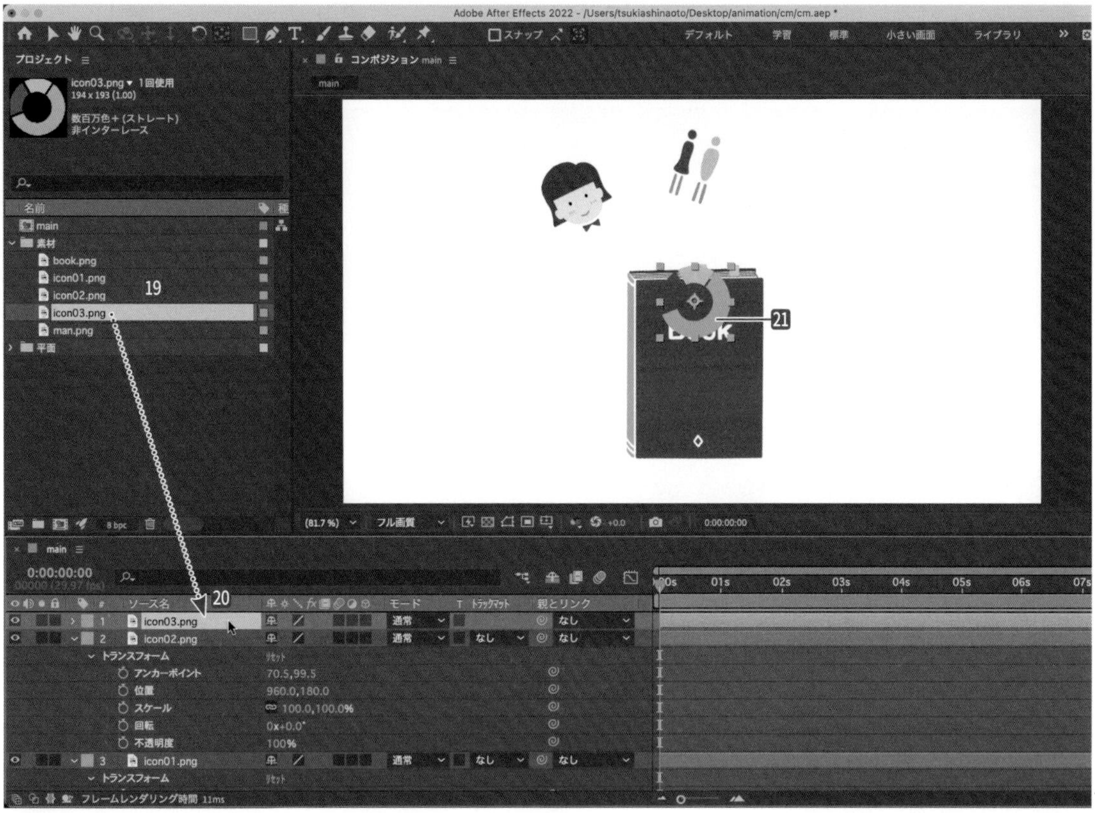

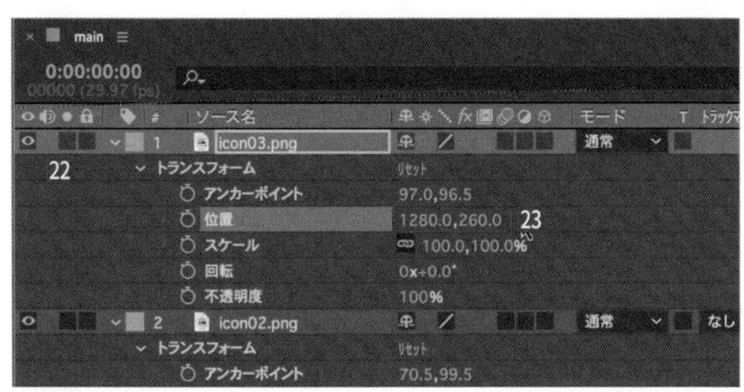

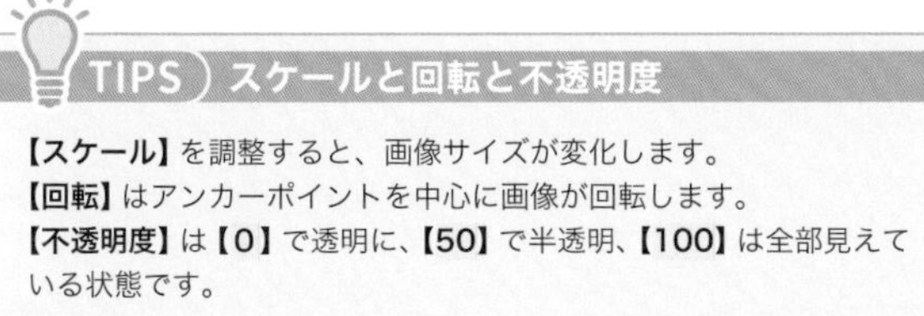

TIPS　スケールと回転と不透明度

【スケール】を調整すると、画像サイズが変化します。
【回転】はアンカーポイントを中心に画像が回転します。
【不透明度】は**【0】**で透明に、**【50】**で半透明、**【100】**は全部見えている状態です。

⁝⁝ 素材にスケールアニメーションをつける

【現在の時間インジケーター】を**【0:00:00:10】**に移動します**1**。

【icon01.png】の**【スケール】**の**【ストップウォッチ】**をクリックすると**2**、**【キーフレーム】**がタイムライン上に表示されます**3**。

【現在の時間インジケーター】を**【0:00:00:00】**に移動して**4**、**【icon01.png】**の**【スケール】**を**【0】**に設定すると**5**、自動的に**【キーフレーム】**が作成されます**6**。画面から顔アイコンが見えなくなります**7**。

Space キーを押して再生すると、10フレームかけて顔アイコンが大きくなるアニメーションになります。

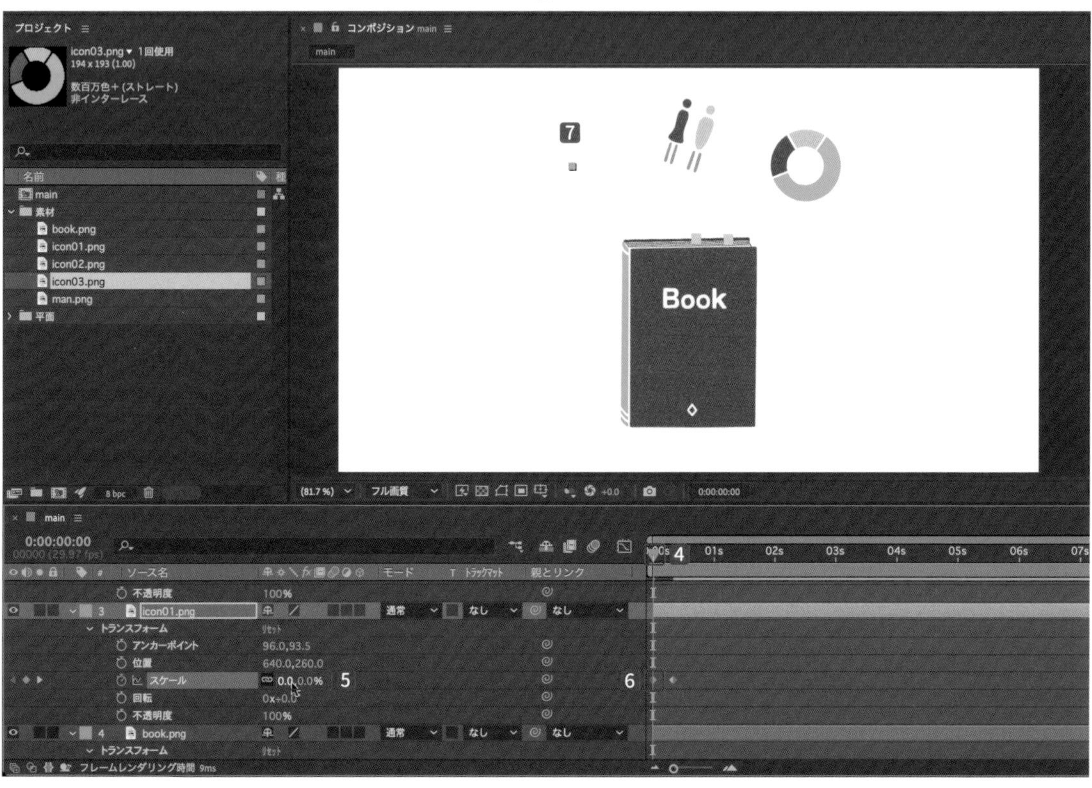

次に【**icon02.png**】のクリップをドラッグして、【**0:00:00:10**】の位置に頭合わせします❽。

【**現在の時間インジケーター**】を【**0:00:00:20**】に移動して❾、【**スケール**】の【**ストップウォッチ**】をクリックすると❿、【**キーフレーム**】がタイムライン上に表示されます⓫。

【**現在の時間インジケーター**】を【**0:00:00:10**】に移動して⓬、【**スケール**】を【**0**】に設定すると⓭、自動的に【**キーフレーム**】が作成されます⓮。再生すると、顔アイコンのアニメーションの後に10フレームかけて人アイコンが大きくなるアニメーションになります。

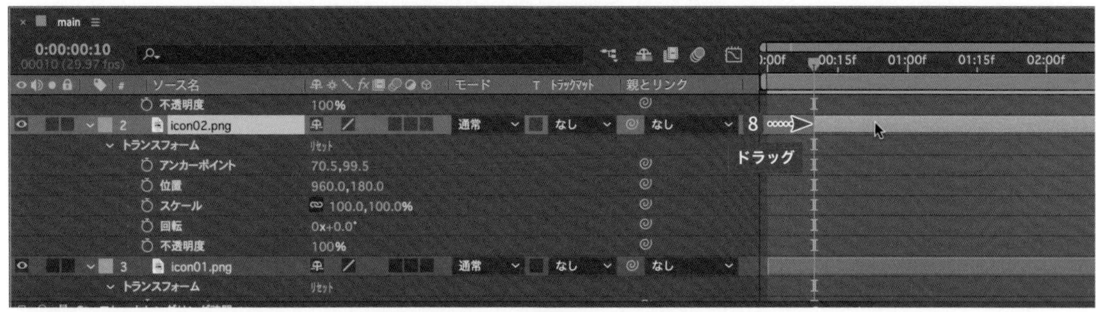

同様に **【icon03.png】** のクリップをドラッグして、**【0:00:00:20】** の位置に頭合わせします⑮。

【現在の時間インジケーター】 を **【0:00:01:00】** に移動して⑯、**【スケール】** の **【ストップウォッチ】** をクリックします⑰。**【キーフレーム】** がタイムライン上に表示されます⑱。

【現在の時間インジケーター】 を **【0:00:00:20】** に移動して⑲、**【スケール】** を **【0】** に設定すると⑳、自動的に **【キーフレーム】** が作成されます㉑。

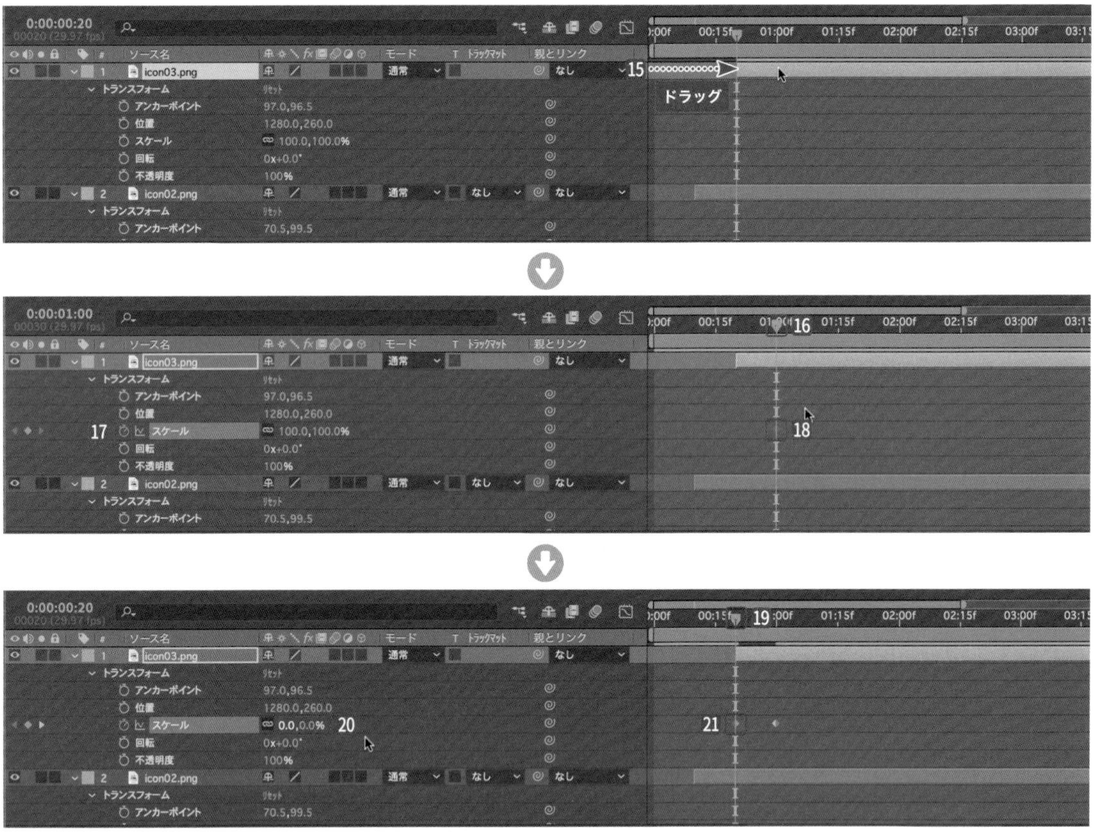

再生すると、10フレームおきに1つずつ、アイコンが10フレームかけて出現するアニメーションになりました。

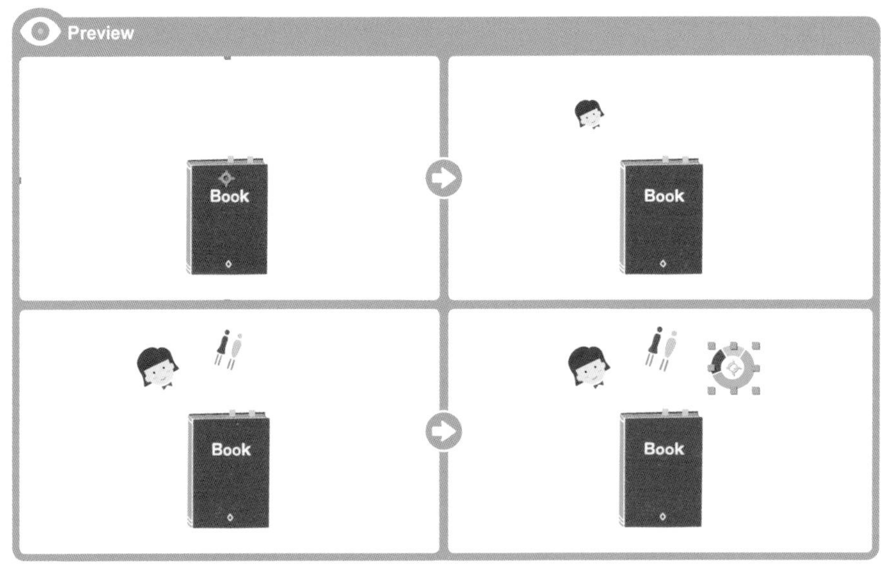

素材に不透明度アニメーションをつける

【現在の時間インジケーター】を【0:00:02:00】に移動します❶。

command / Ctrl キーを押しながら【icon01.png】【icon02.png】【icon03.png】をクリックして選択します❷。

【不透明度】の【ストップウォッチ】をクリックすると❸、選択した3つのクリップの【不透明度】に【キーフレーム】が作成されます❹。

【現在の時間インジケーター】を【0:00:02:10】に移動します❺。

3つのクリップを選択したまま【不透明度】の数値を【0】に設定すると❻、自動的に【キーフレーム】が作成され❼、3つのアイコンが10フレームかけてフェードアウトします。

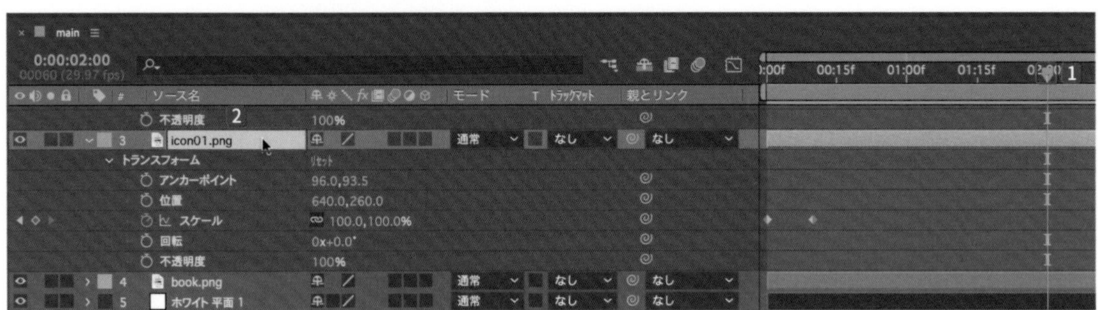

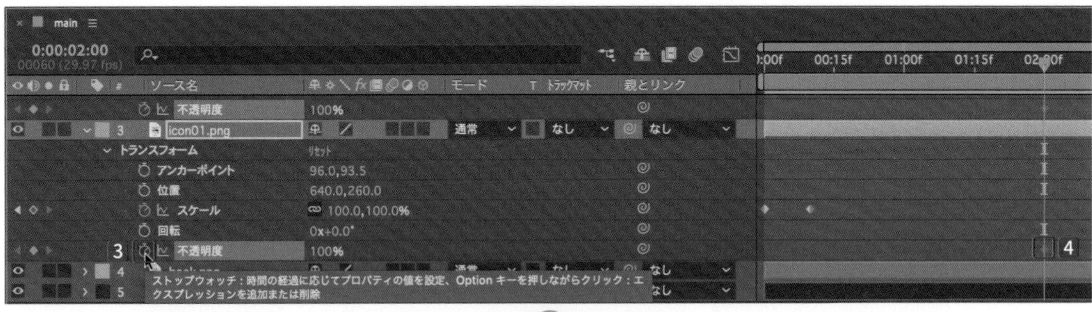

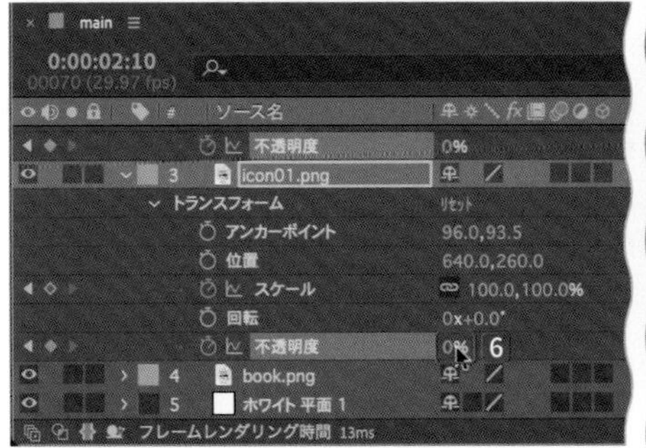

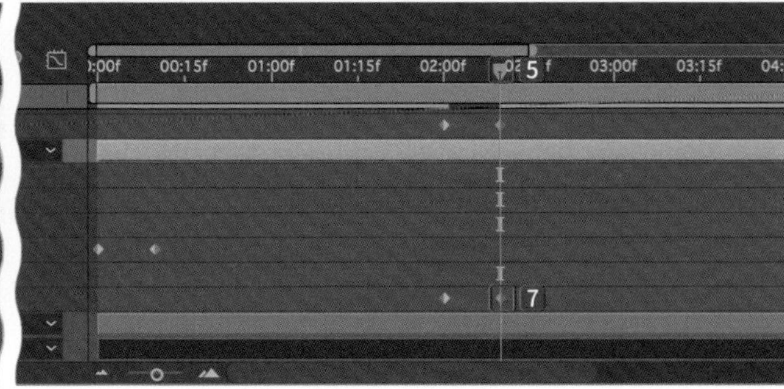

TIPS　複数のクリップに同時にキーフレームを作成する

複数のクリップを選択した状態で不透明度などにキーフレームを作成すると、選択したすべてのクリップで同時にキーフレームが作成されます。

テキストを作成する

【レイヤー】メニューの**【新規】**から**【テキスト】**（option/Alt ＋ Shift ＋ command/Ctrl ＋ T キー）を選択します❶。

【文字】パネルでフォントは**【AB-tombo_bold】**に設定して、他は下図❷と同じ設定にします。**【段落】**パネルでは**【テキストの中央揃え】**に設定します❸。

【文字】パネルから**【カラー】**をクリックし❹、**【#000000】**（ブラック）に設定したら❺❻、**【アニメーションの作り方がわかる】**と入力します❼。

作成した**【テキスト】**クリップの**【トランスフォーム】**を展開して❽、**【位置】**のY座標に**【260】**と入力すると❾、本の上に移動します❿。

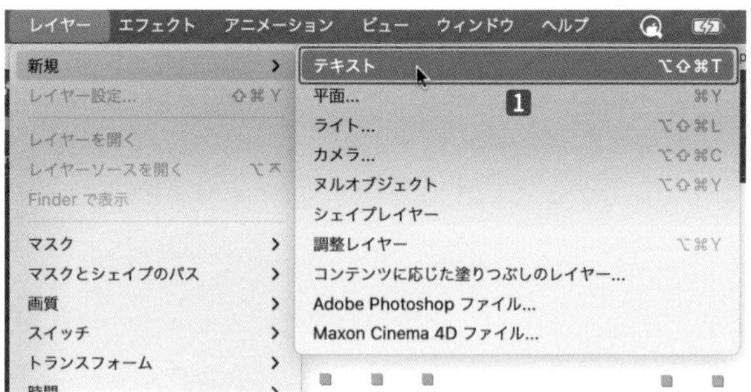

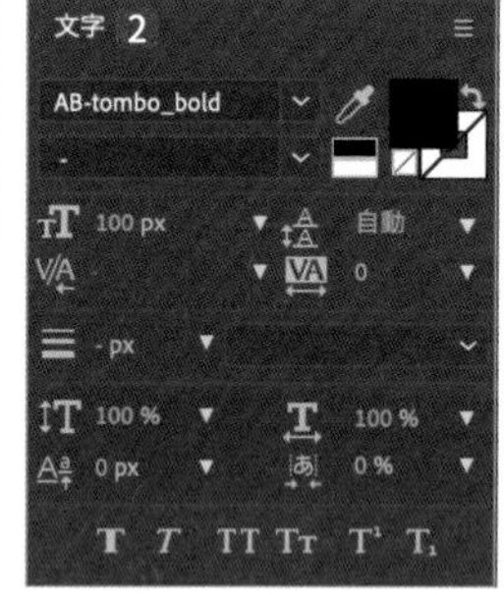

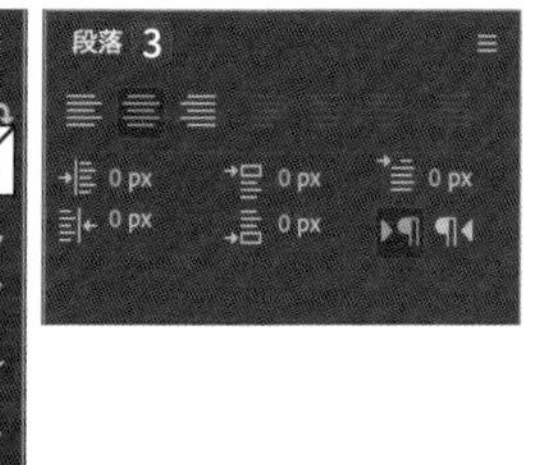

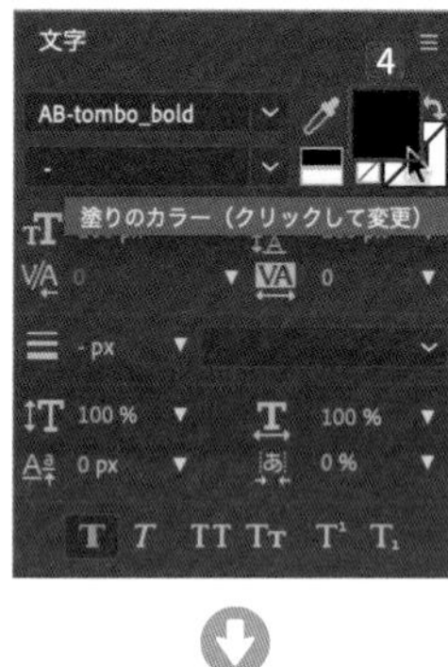

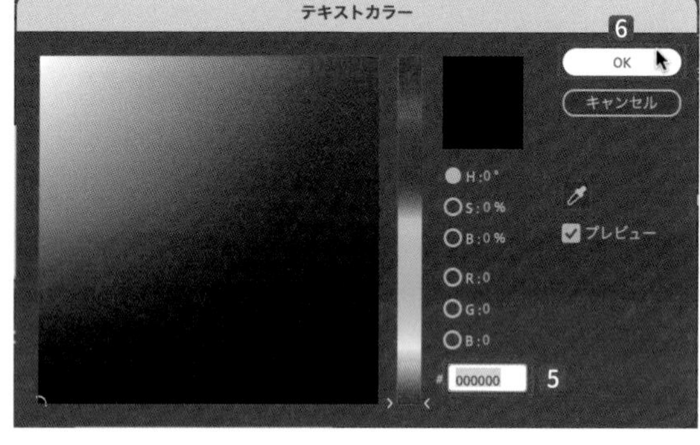

【現在の時間インジケーター】を**【0:00:03:00】**に移動します⑪。

作成した**【テキスト】**クリップ**【アニメーションの作り方がわかる】**を選択して⑫、[キーを押すと、頭合わせになります⑬。

【0:00:03:10】に移動して⑭、**【不透明度】**に**【キーフレーム】**を作成します⑮⑯。

【0:00:03:00】に移動して⑰、**【不透明度】**を**【0】**に設定すると⑱、自動的に**【キーフレーム】**が作成され⑲、テキストがフェードインして現れます。

TIPS 頭合わせ

クリップを選択した状態で [キーを押すと、**【現在の時間インジケーター】**の位置に頭合わせになります。

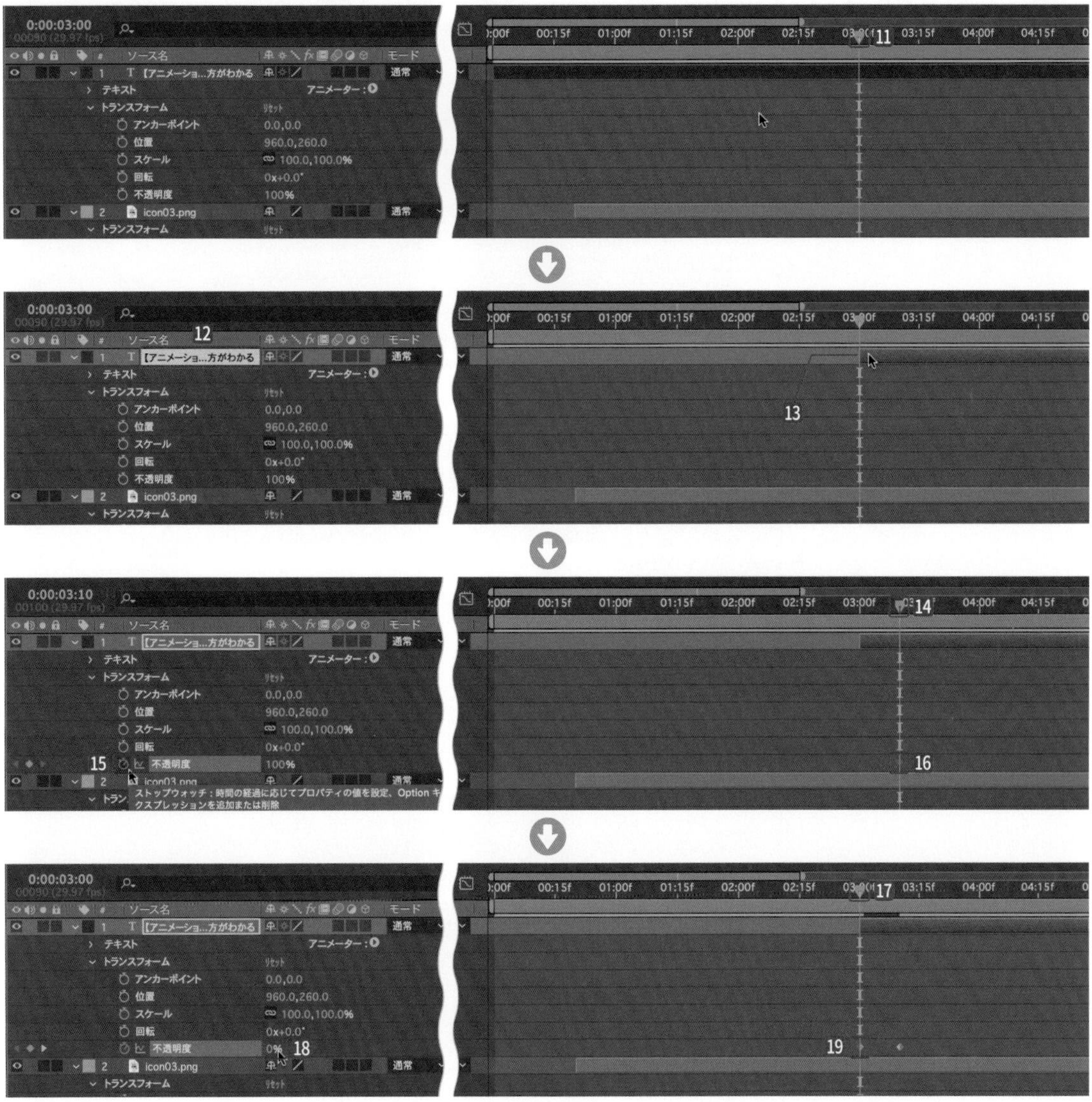

⠿ スライドアニメーションを作成する

【現在の時間インジケーター】を**【0:00:05:00】**に移動します1。**【book.png】**の**【トランスフォーム】**を展開して2、**【位置】**に**【キーフレーム】**を作成します34。

【現在の時間インジケーター】を**【0:00:07:00】**に移動します5。**【位置】**のX座標に**【2200】**と入力すると6、画面の右欄外へとスライド移動します7。

【現在の時間インジケーター】を**【0:00:06:00】**に移動します8。作成した**【テキスト】**クリップの**【アニメーションの作り方がわかる】**の**【不透明度】**にある**【現時間でキーフレームを加える、または削除する】**をクリックし9、**【キーフレーム】**を作成します10。

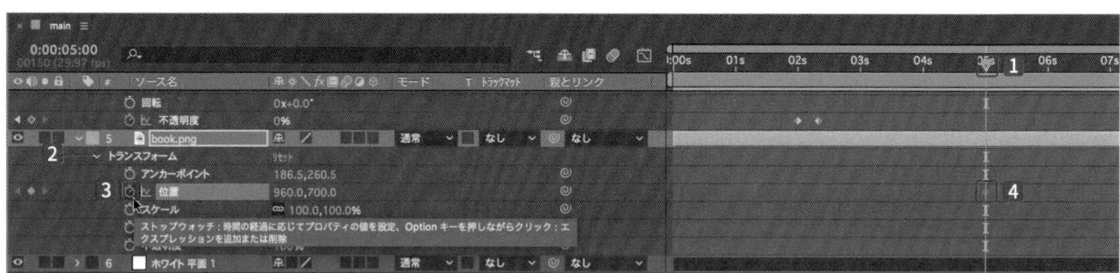

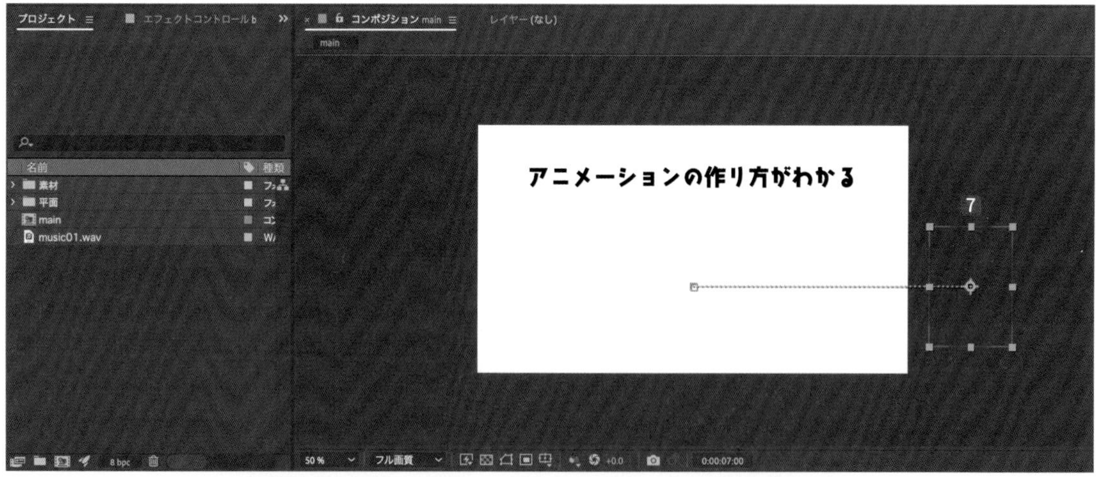

【現在の時間インジケーター】を**【0:00:06:10】**に移動して⑪、**【不透明度】**を**【0】**に設定すると⑫、自動的に**【キーフレーム】**が作成されます⑬。

【ホワイト 平面 1】以外を command/Ctrl キーを押しながら5つのクリップを選択します⑭。展開したクリップを一度閉じて、右クリックして表示されるショートカットメニューから**【プリコンポーズ...】**を選択します⑮。

名前を**【cut01】**にして⑯**【OK】**ボタンをクリックすると⑰、選択した5つのクリップが1つにまとめられます。

クリップをまとめることで、タイムラインが見やすく整理されます。

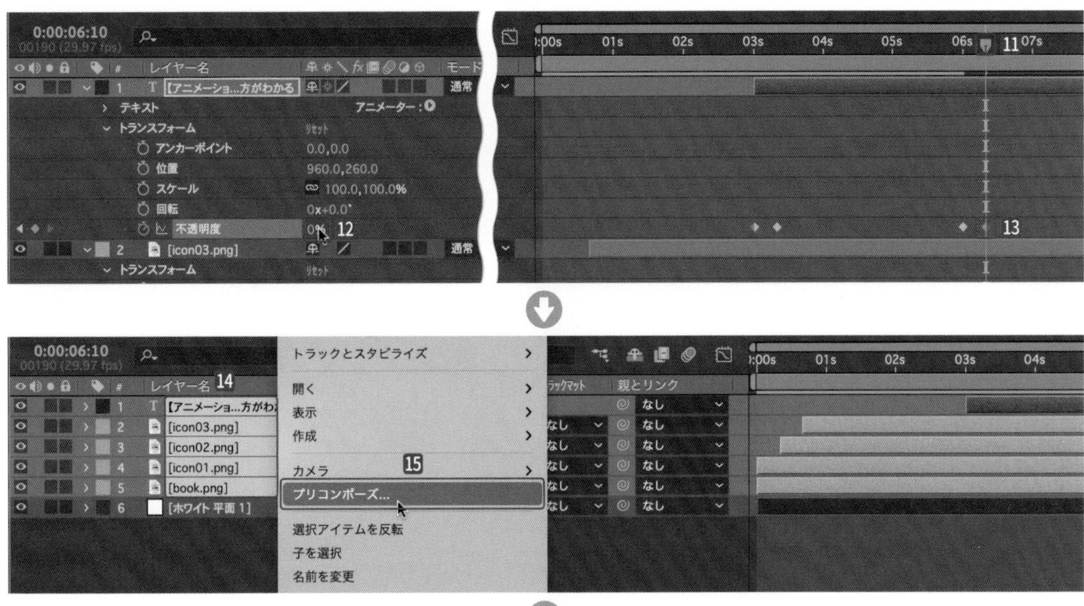

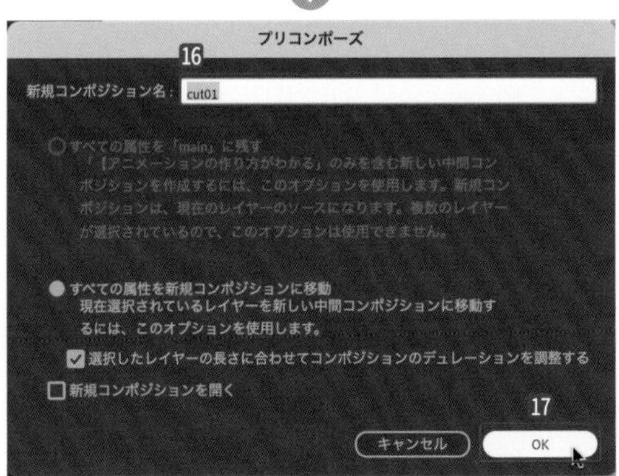

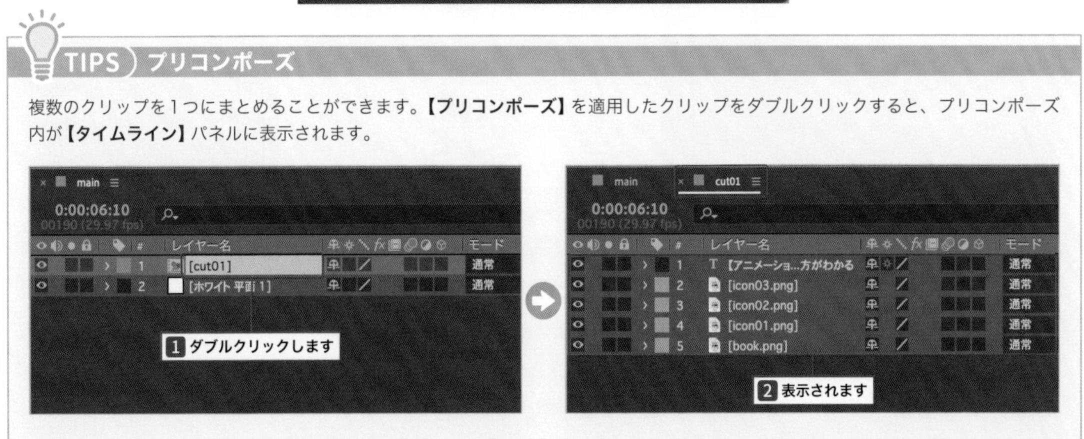

TIPS プリコンポーズ

複数のクリップを1つにまとめることができます。**【プリコンポーズ】**を適用したクリップをダブルクリックすると、プリコンポーズ内が**【タイムライン】**パネルに表示されます。

Section 2

2 残りのカットを作ろう！

ここでは【プリコンポーズ】やレイヤー、テキストなどを操作して、さらにアニメーション制作の方法を覚えていきましょう。

∷ 素材を配置する

【プロジェクト】パネルから**【man.png】**を選択して1**【タイムライン】**パネルの一番上に配置すると2、**【コンポジション】**パネルに男性のイラストが表示されます3。

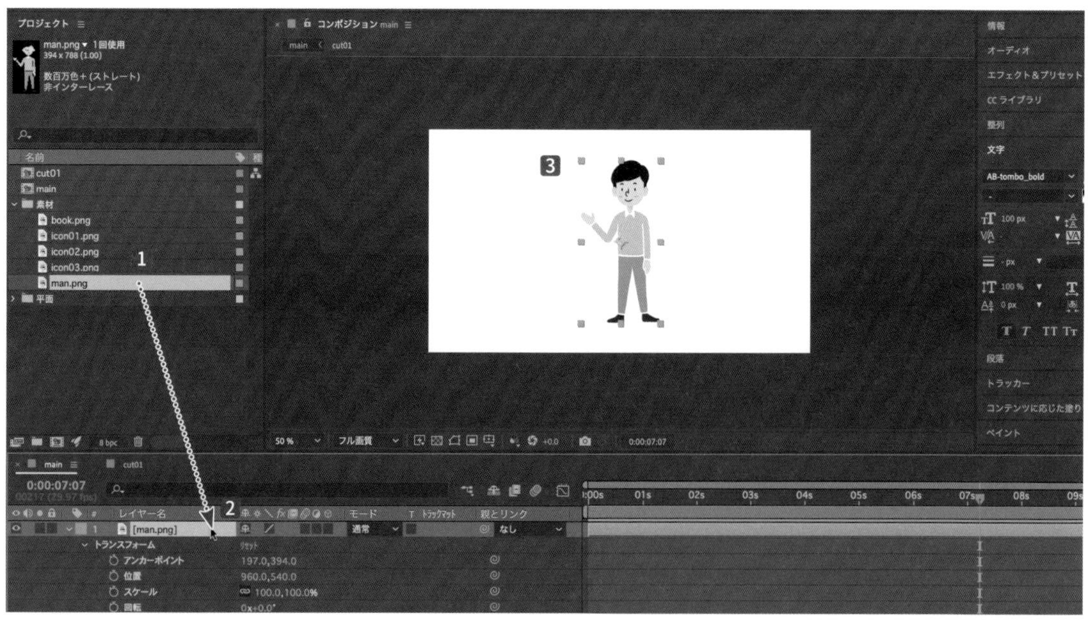

配置した**【man.png】**の**【位置】**を**【1080, 660】**と入力すると4、右下に移動します5。
【プロジェクト】パネルから再度**【book.png】**を選択して6、一番上に配置します78。
本が大きいので、**【スケール】**を**【60】**に設定します9。

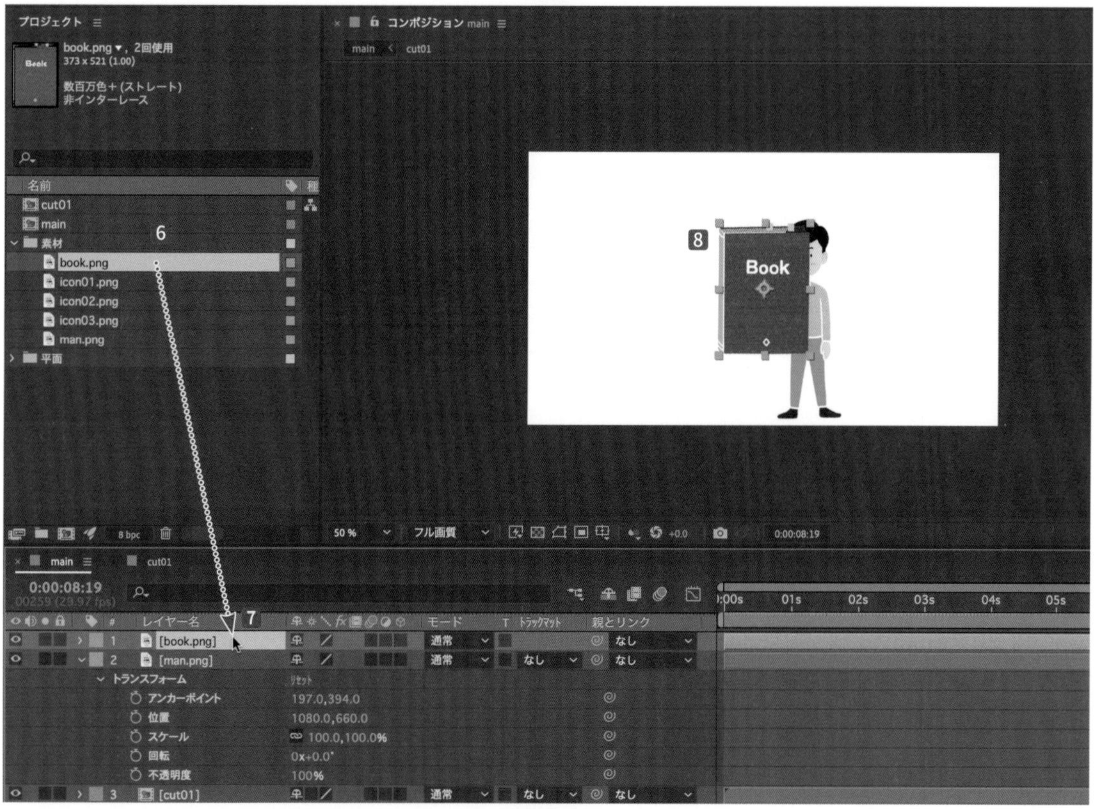

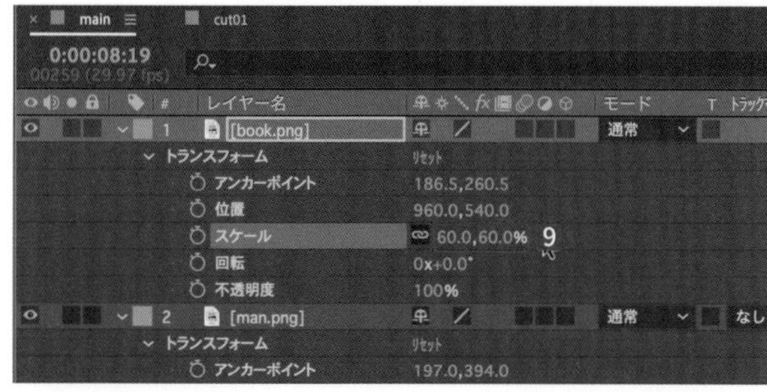

さらに【位置】を【820, 460】に設定します10。

【book.png】11と【man.png】12を選択して、右クリックして表示されるショートカットメニューから【プリコンポーズ】を選択します13。

【プリコンポーズ】ダイアログボックスで【新規コンポジション名】を【cut02】として14、【OK】ボタンをクリックすると15、プリコンポーズされて1つのクリップになります。

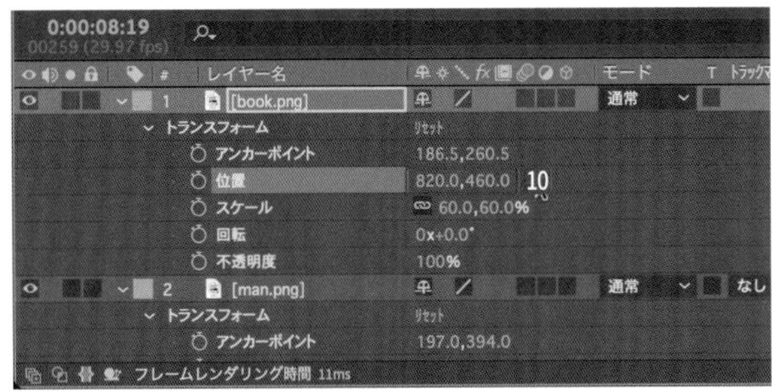

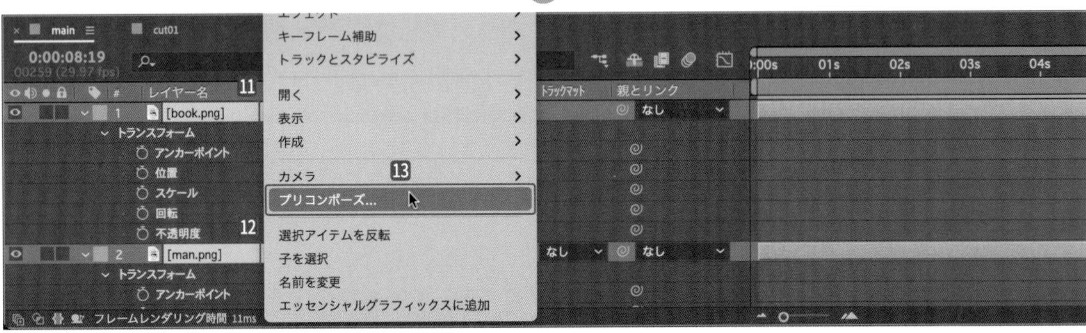

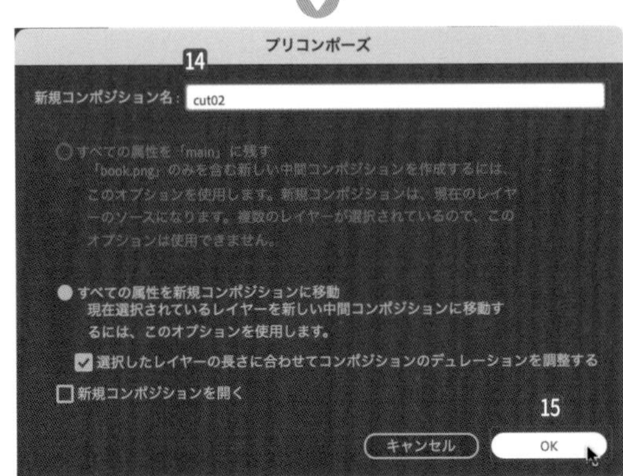

⁝⁝ 不透明度を設定する

【cut02】を【0:00:07:00】の位置に頭合わせします❶。

【現在の時間インジケーター】を【0:00:07:10】に移動し❷、【cut02】クリップを展開して❸、【不透明度】に【キーフレーム】を作成します❹❺。

【現在の時間インジケーター】を【0:00:07:00】に移動して❻、【不透明度】を【0】に変更すると❼、自動的に【キーフレーム】が作成されます❽。再生するとフェードインします。

【cut02】をダブルクリックします❾。

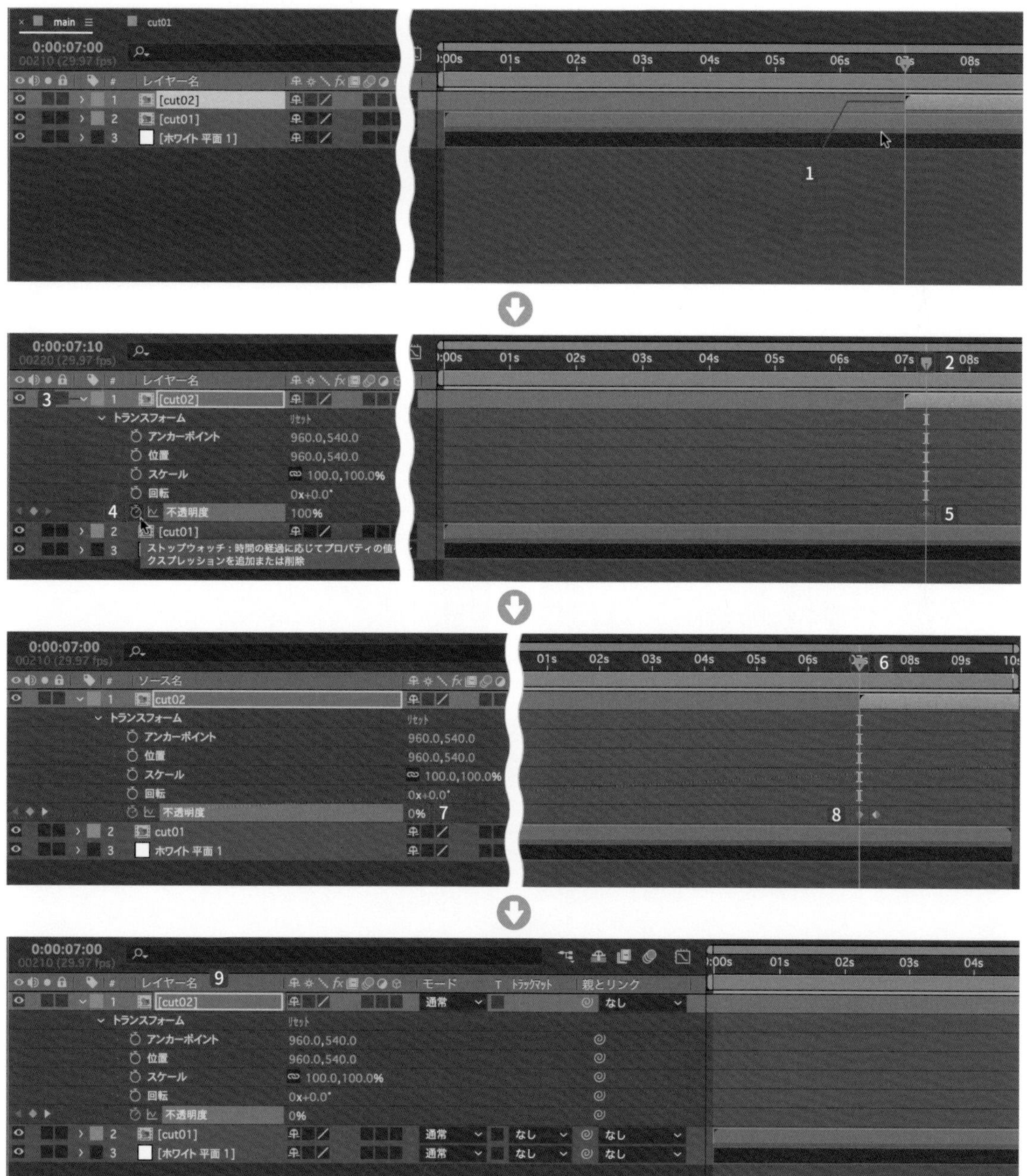

プリコンポーズしてまとめられた【book.png】と【man.png】の【タイムライン】パネルが展開されます10。こちらで編集すると、自動的に【cut02】のプリコンポーズも編集内容がリンクされます。

【コンポジション】パネルにある【透明グリッド】をオンにします11。背景がない透過状態の場合は、白黒の格子の背景になります12。

【現在の時間インジケーター】を【0:00:00:20】に移動して13、【book.png】の【位置】に【キーフレーム】を作成します14 15。

【現在の時間インジケーター】を【0:00:00:00】に移動して16【book.png】の【位置】のX座標を【460】に設定すると17、自動的に【キーフレーム】が作成され18、本が男性の手元にスライドするアニメーションになります。

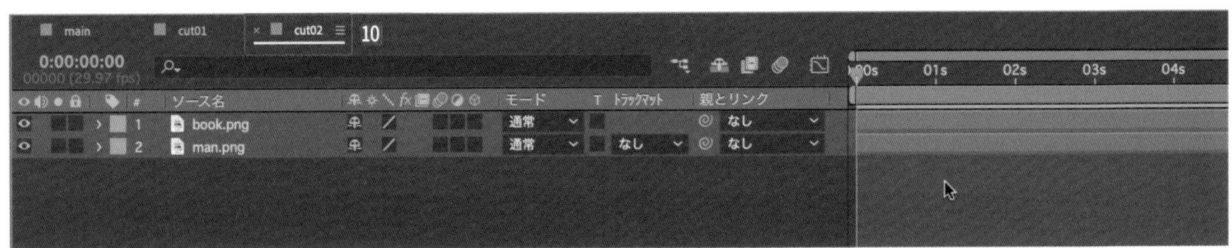

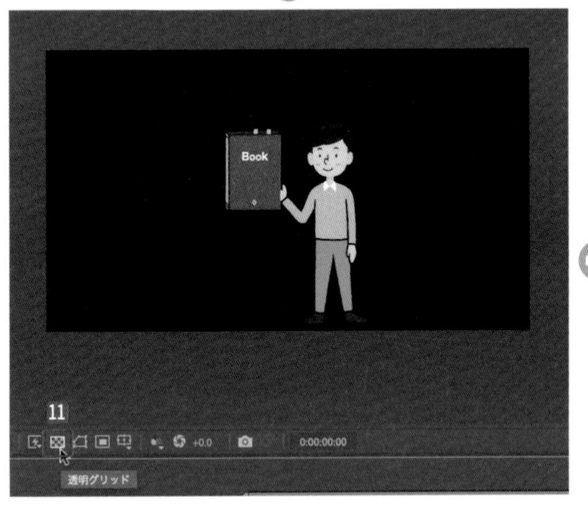

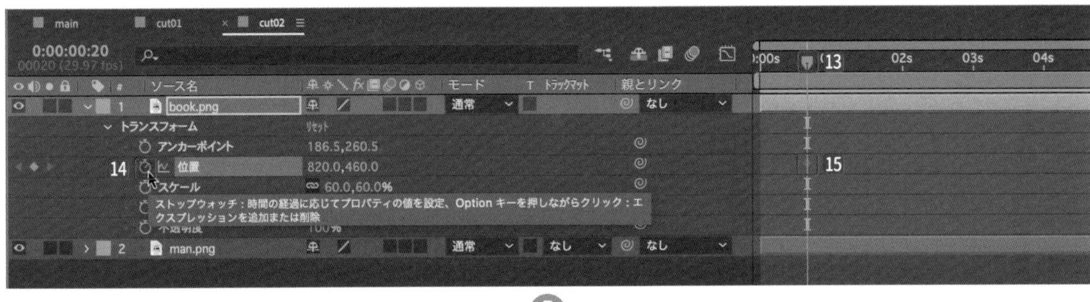

テキストを入力する

【レイヤー】メニューの**【新規】**から**【テキスト】**（option/Alt ＋ Shift ＋ command/Ctrl ＋ T キー）を選択して❶、先ほどと同じ内容に設定します。

【アニメーション制作を学ぼう！】と入力します❷。

作成した**【テキスト】**クリップの**【トランスフォーム】**を展開して❸、**【位置】**のY座標に**【180】**と入力します❹。

【0:00:00:10】に作成した**【テキスト】**クリップを頭合わせにします❺。

【0:00:00:20】に移動して❻、**【不透明度】**に**【キーフレーム】**を作成します❼❽。

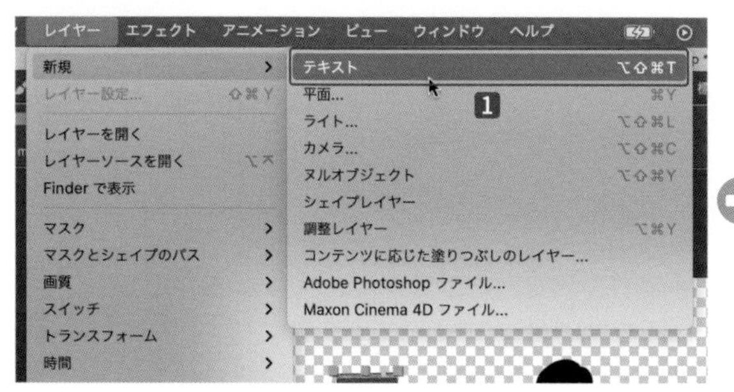

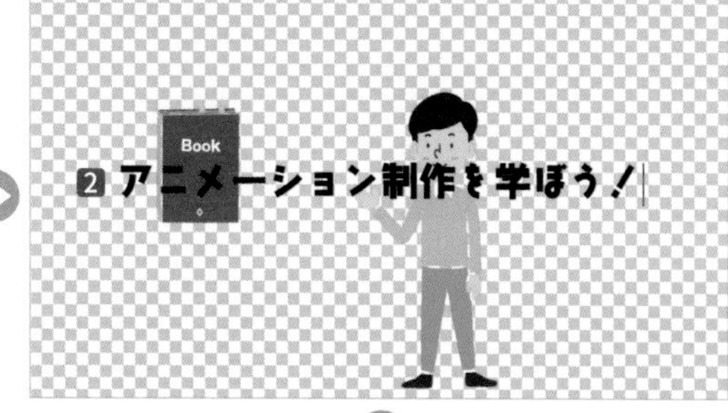

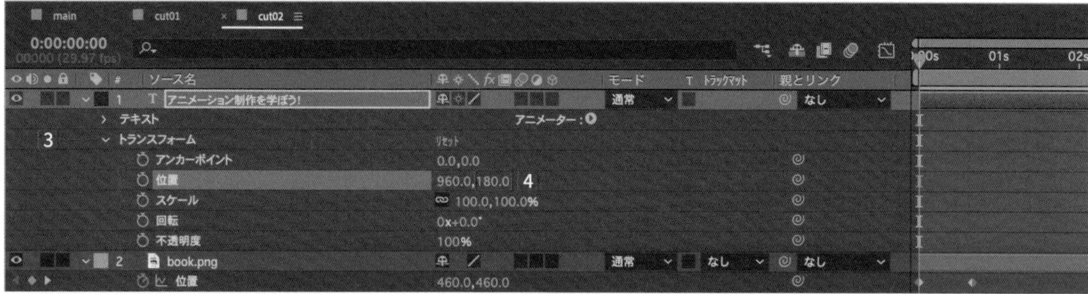

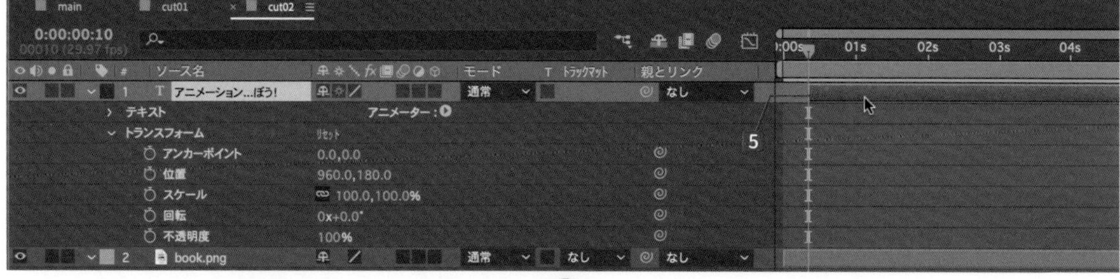

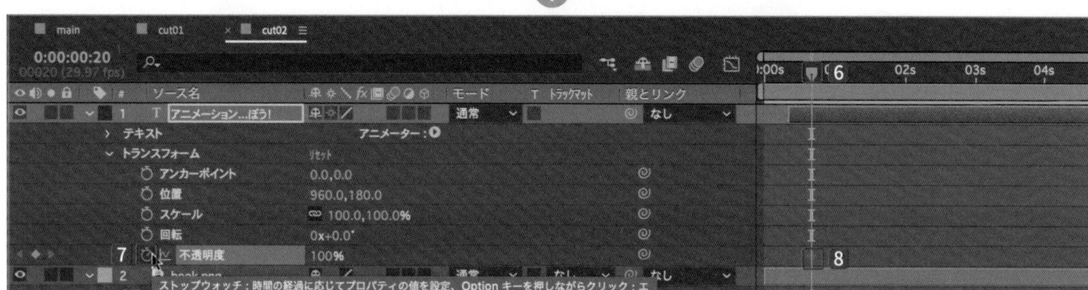

【0:00:00:10】に移動して❾、**【不透明度】**を**【0】**に設定すると❿、自動的に**【キーフレーム】**が作成され⓫、テキストがフェードインして現れます。

【main】のコンポジションに戻るために、タブをクリックして切り換えます⓬。

再生すると、**【cut01】**から**【cut02】**にフェードして切り替わっています。

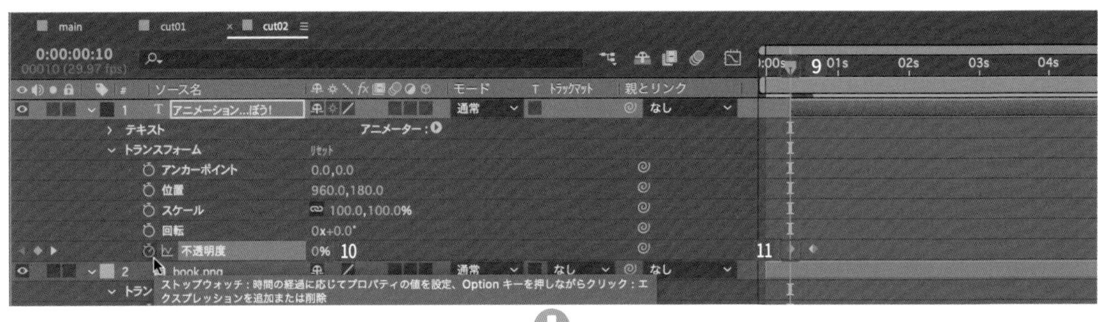

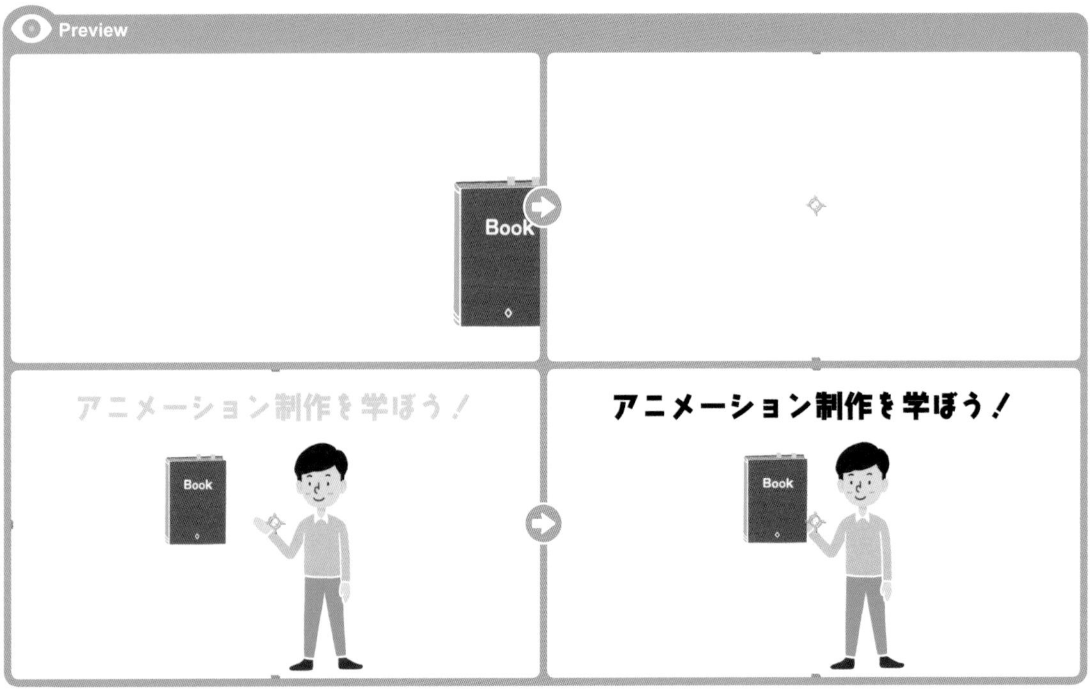

Section 2
3

音楽を入れよう！

ここでは、After Effects上で音楽クリップを挿入し、音量を調整する方法を紹介します。

素材を読み込む

【ファイル】メニューの**【読み込み】**から**【ファイル...】**（command / Ctrl + I キー）を選択します**1**。
【素材】から**"music01.wav"**を選択して**2**、**【開く】**ボタンをクリックします**3**。

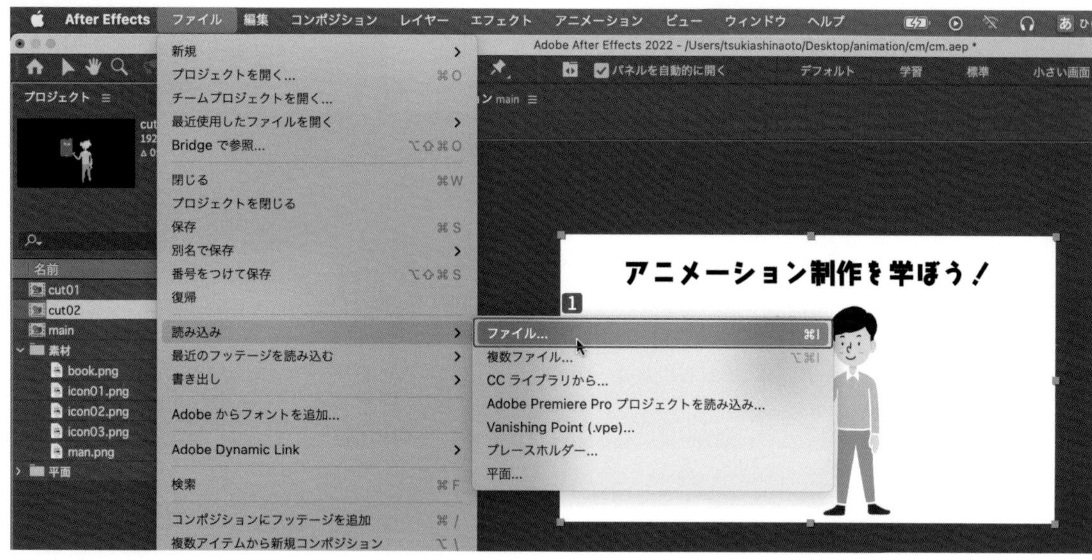

【プロジェクト】パネルから**【music01.wav】**を選択して❹、**【タイムライン】**パネルの一番下に配置します❺。

【0:00:09:00】に移動して❻**【music01.wav】**を展開し❼、**【オーディオ】**の**【オーディオレベル】**を**【-12】**と入力して❽、キーフレームを作成します❾❿。

【0:00:09:29】に移動して⓫**【オーディオレベル】**を**【-60】**と入力すると⓬、フェードアウトの効果を設定できます。

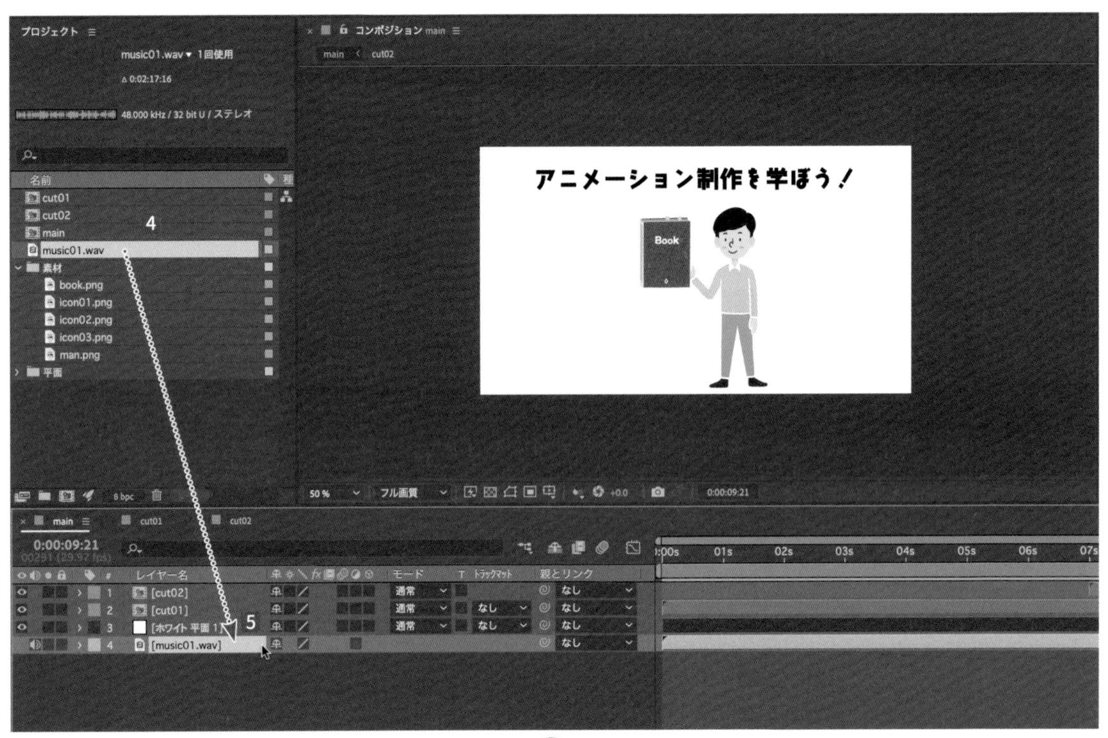

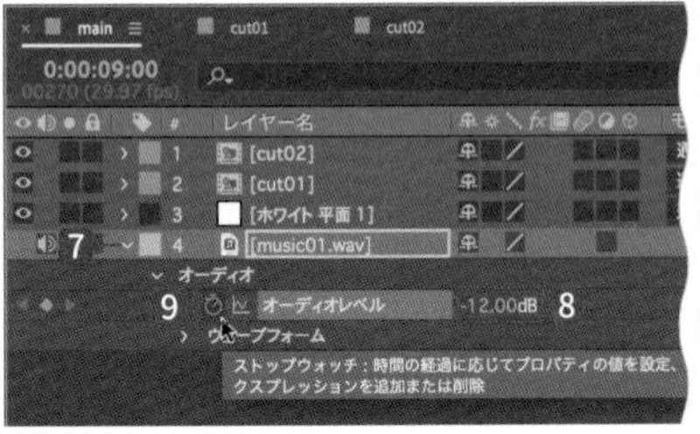

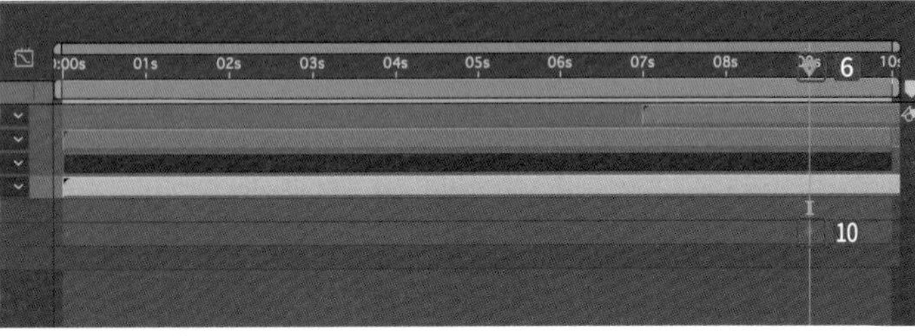

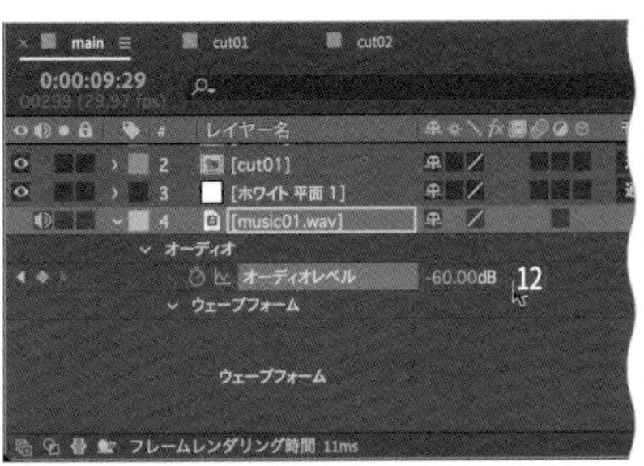

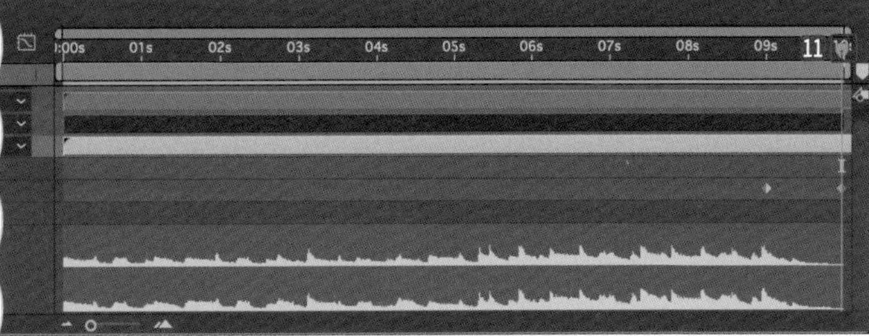

TIPS 音の編集

本来、After Effectsは音声の編集に適したアプリではありません。実際の現場ではAdobe Creative CloudアプリのPremiere Proなどを使用して、音楽編集やナレーション編集を行うのが一般的です。

Section 2
4

映像を書き出してみよう！

ここでは、Adobe Creative Cloudアプリの【Adobe Media Encoder】を使ってさまざまな設定の映像を書き出します。【Adobe Media Encoder】ではバックグラウンドで書き出すこともできるので、書き出しを実行しながら編集することが可能です。

∷ 書き出し範囲の設定

After Effectsで書き出す範囲を設定することができます。

【現在の時間インジケーター】を移動して❶、Bキーを押すとイン点が設定できます❷。同様に、書き出しのアウト点に**【現在の時間インジケーター】**を移動して❸、Nキーを押すとアウト点が設定できます❹。

ここでは、**【0:00:00:00】**～**【0:00:09:29】**を書き出します。

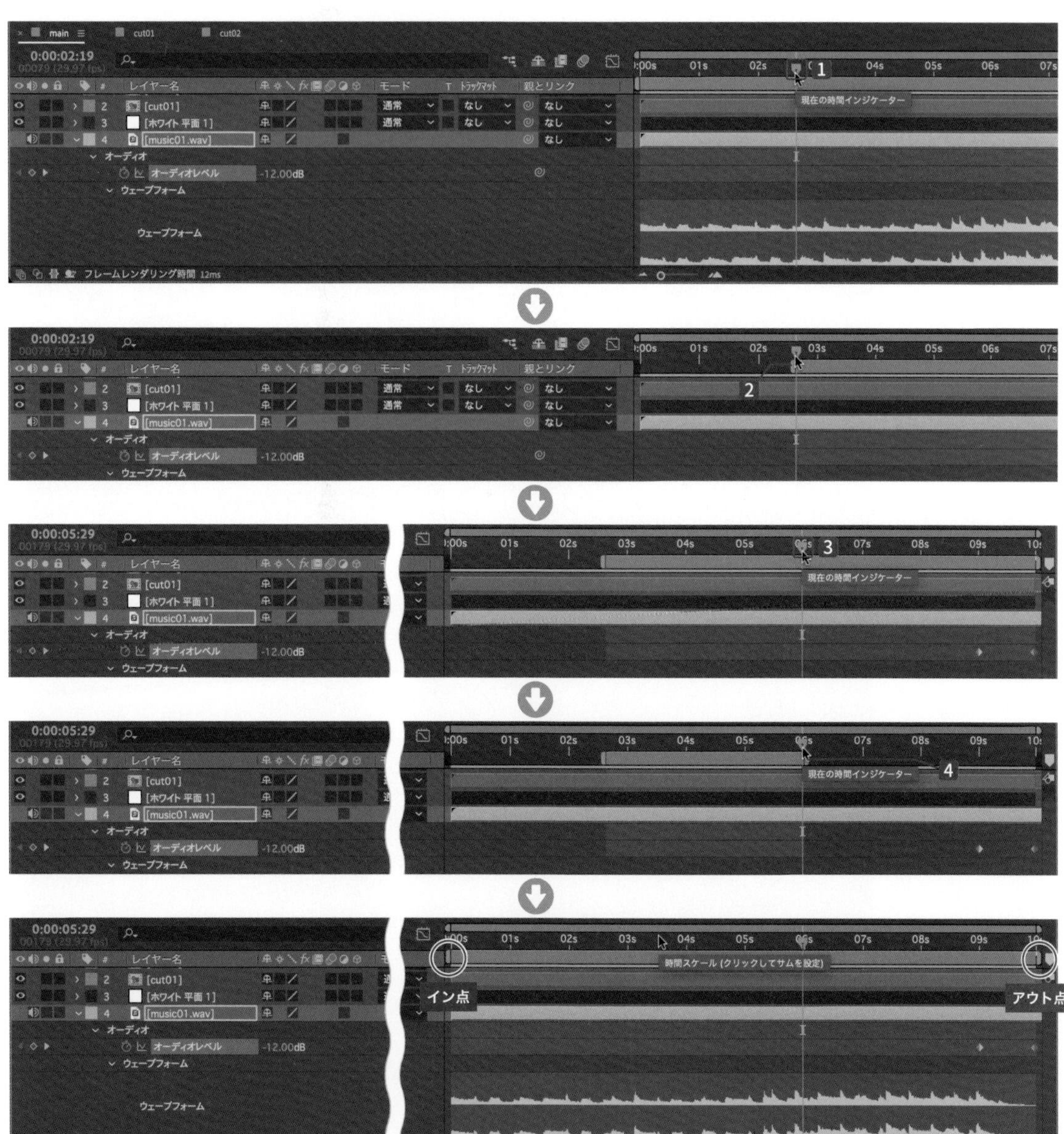

映像を書き出す

【ファイル】メニューの【書き出し】から【Adobe Media Encoderキューに追加...】を選択します1。

【Adobe Media Encoder】が起動して2、書き出したいコンポジションが表示されます3。

TIPS 「Adobe Media Encoder」とは

After EffectsやPremiere Proなどの書き出しに連携したアプリで、さまざまな動画形式や詳細な書き出しを設定できます。

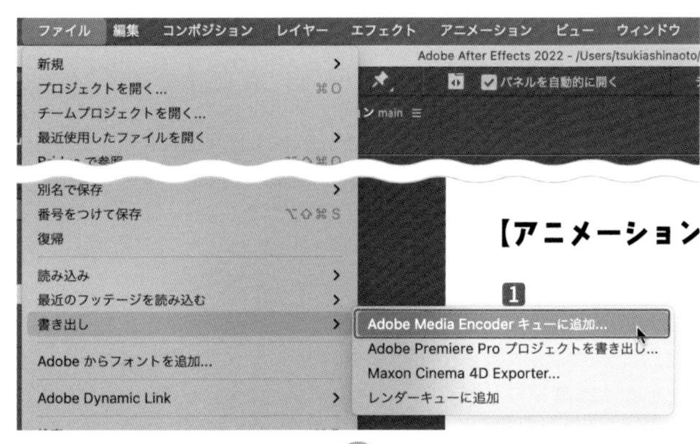

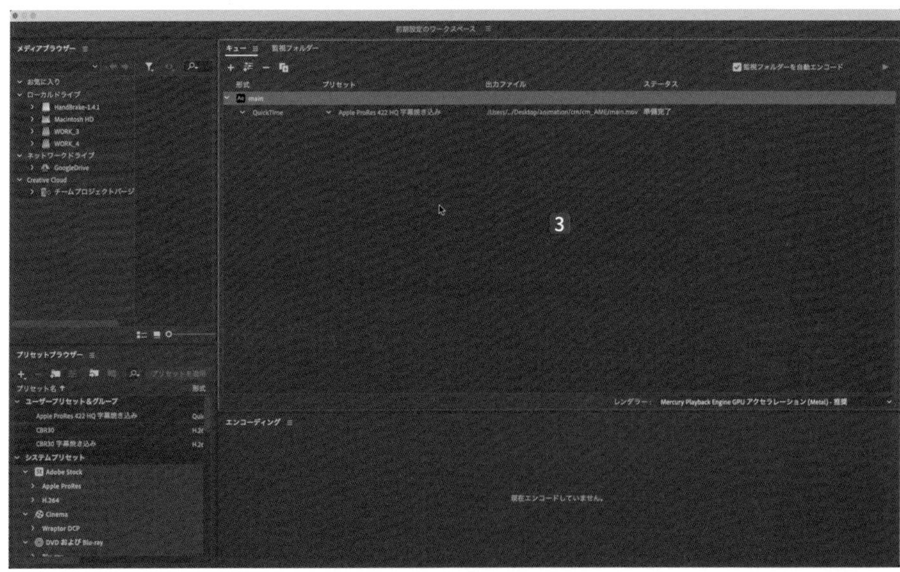

データ形式を選択する

【形式】のプルダウンメニュー**1**では、**【H.264】【MPEG2】【QuickTime】**など書き出す動画のファイル形式を選択します。**【WAV】**などのサウンドファイルも書き出し可能です**2**。

【プリセット】のプルダウンメニュー**3**では、用途に合わせた設定を読み込みます。例えば、YouTube用の設定の場合は、**【形式】**から**【H.264】4**、**【プリセット】**から**【YouTube 1080p フルHD】5**を選択します。

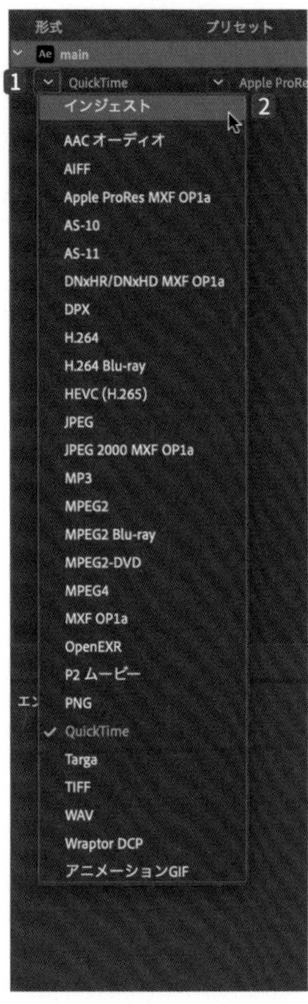

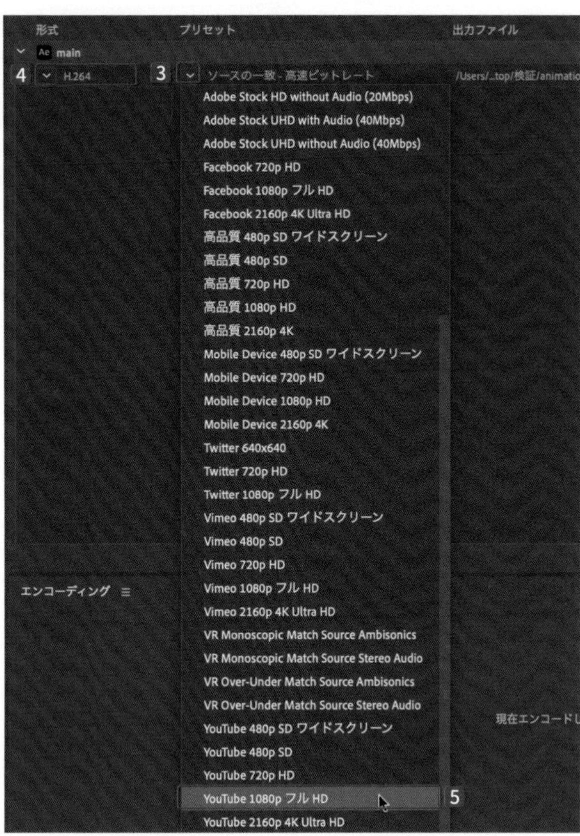

DVDビデオ用の設定の場合は、**【形式】**から**【MPEG2-DVD】6**、**【プリセット】7**から**【NTSC DVワイドスクリーン】8**を選択します。

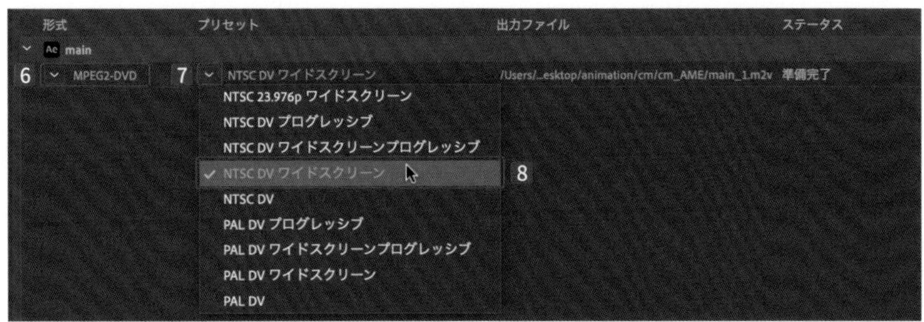

TIPS プルダウンメニューに表示される項目

【形式】や**【プリセット】**のプルダウンメニューに表示される項目は、使用しているAfter Effectsのバージョンや OSによって異なる場合があります。

∷ 詳細設定について

【形式】または**【プリセット】**をクリックすると❶、**【書き出し設定】**ダイアログボックスが表示され❷、書き出すデータの詳細を設定できます。先ほどと同様に、**【書き出し設定】**の**【形式】**❸と**【プリセット】**❹で様々な設定を選択できます。

【出力名】または**【出力ファイル】**をクリックすると❺、**【書き出し先】**や**【ファイル名】**❻を変更できます。

【OK】ボタンをクリックすると❼、ダイアログボックスが閉じます。

右上にある**【キューを開始】**ボタン▶をクリックするか Enter （return）キーを押すと❽、書き出しが開始されます。

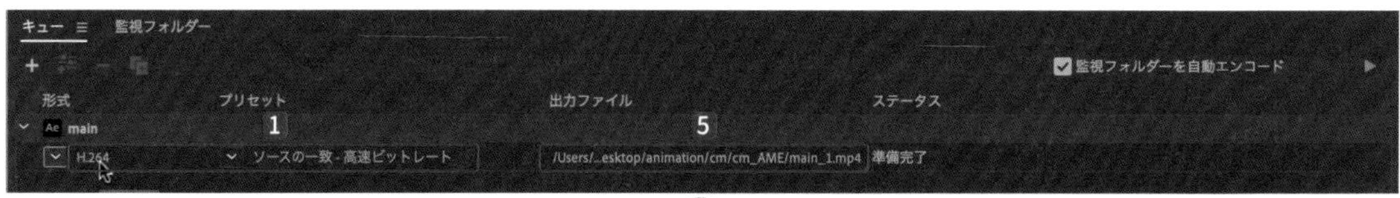

∷ 凡庸的な高画質動画の書き出し設定

ここでは、作成したWeb-CMをYouTubeなどの高画質配信する際の動画設定を解説します。

【形式】は**【H.264】**1、**【プリセット】**は**【You Tube 1080p フルHD】**2を選択します。

【ビデオ】タブを表示して3、**【最大深度でレンダリング】**4をオンにします。

【ビットレート設定】を**【ビットレートエンコーディング】**を**【CBR】**5、**【ターゲットビットレート】**を**【50】**6に設定します。

【最高レンダリング品質を使用】をオンにして7、**【OK】**ボタンをクリックします8。

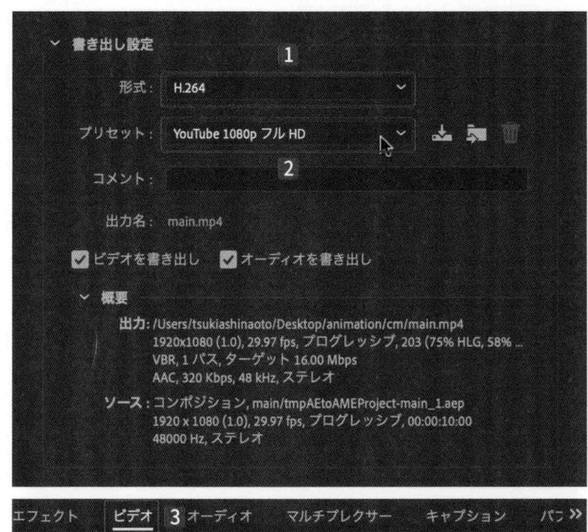

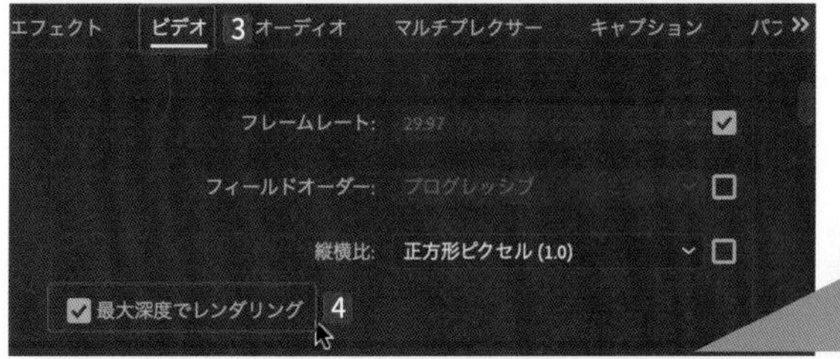

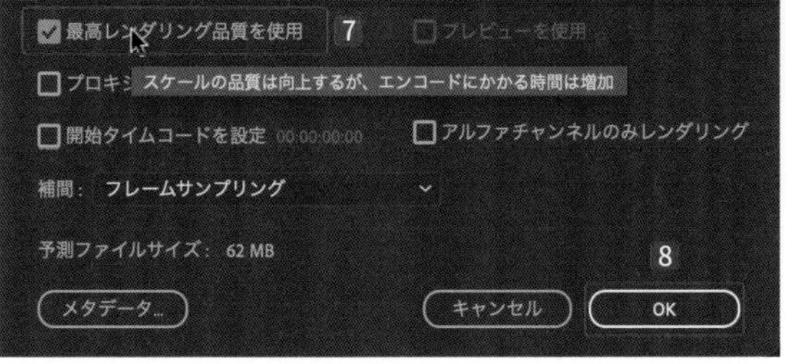

⠿ マスターデータを作る設定（Macの場合）

【形式】は**【QuickTime】**❶、**【プリセット】**は**【Apple ProRes422 HQ】**❷を選択します。
【ビデオ】タブを表示して❸、**【最大深度でレンダリング】**をオンにします❹。
【最高レンダリング品質を使用】をオンにして❺、**【OK】**ボタンをクリックします❻。

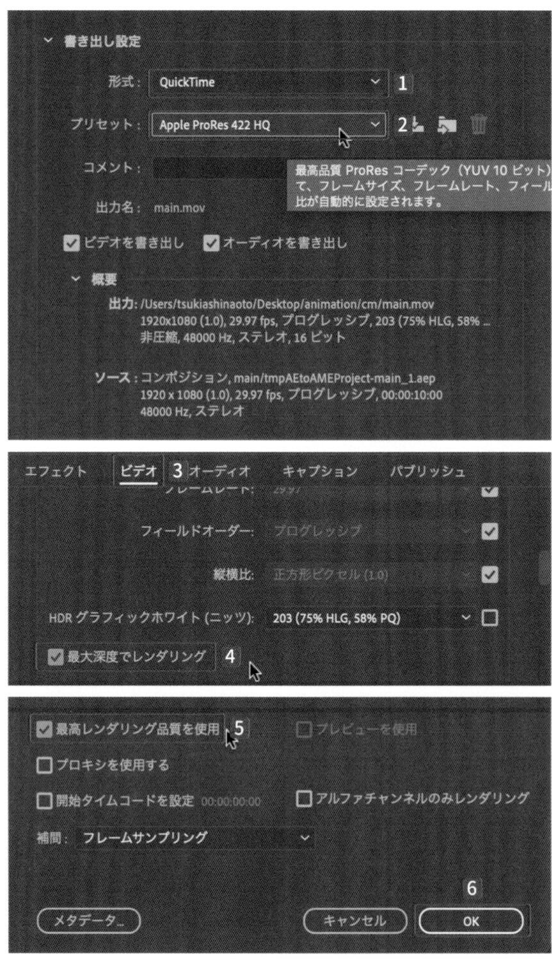

Windows Media Playerのファイルを作る設定（Windowsの場合）

【形式】は**【Windows Media】**❶、**【プリセット】**は**【HD1080p 29.97】**❷を選択します。
【ビデオ】タブを表示して❸、**【最大深度でレンダリング】**❹をオンにします。
【CBR,1パス】を選択して❺、**【最大ビットレート】**を**【8000】**❻、**【詳細設定】**の**【画質】**を**【80】**❼に設定します。
【最高レンダリング品質を使用】をオンにして❽、**【OK】**ボタンをクリックします❾。

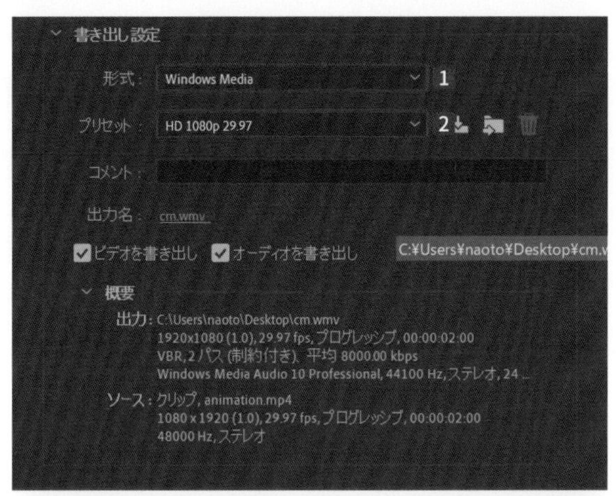

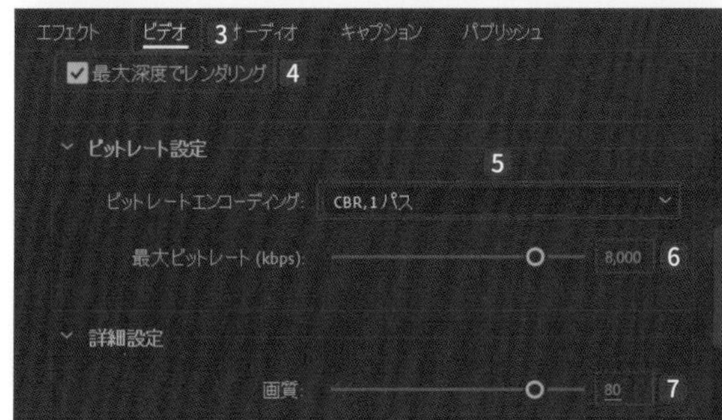

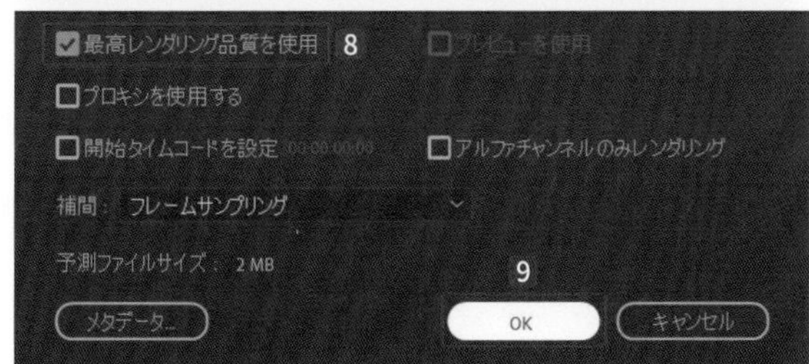

ここでは、CM動画の制作を通してトランスフォーム・アニメーションをマスターしました。
次章から、さらに表現のバリエーションを覚えていきましょう。

TIPS Adobe Media Encoderだけでも使用可能

事前に書き出されている動画ファイルを【Adobe Media Encoder】に直接読み込ませて、変換することも可能です。

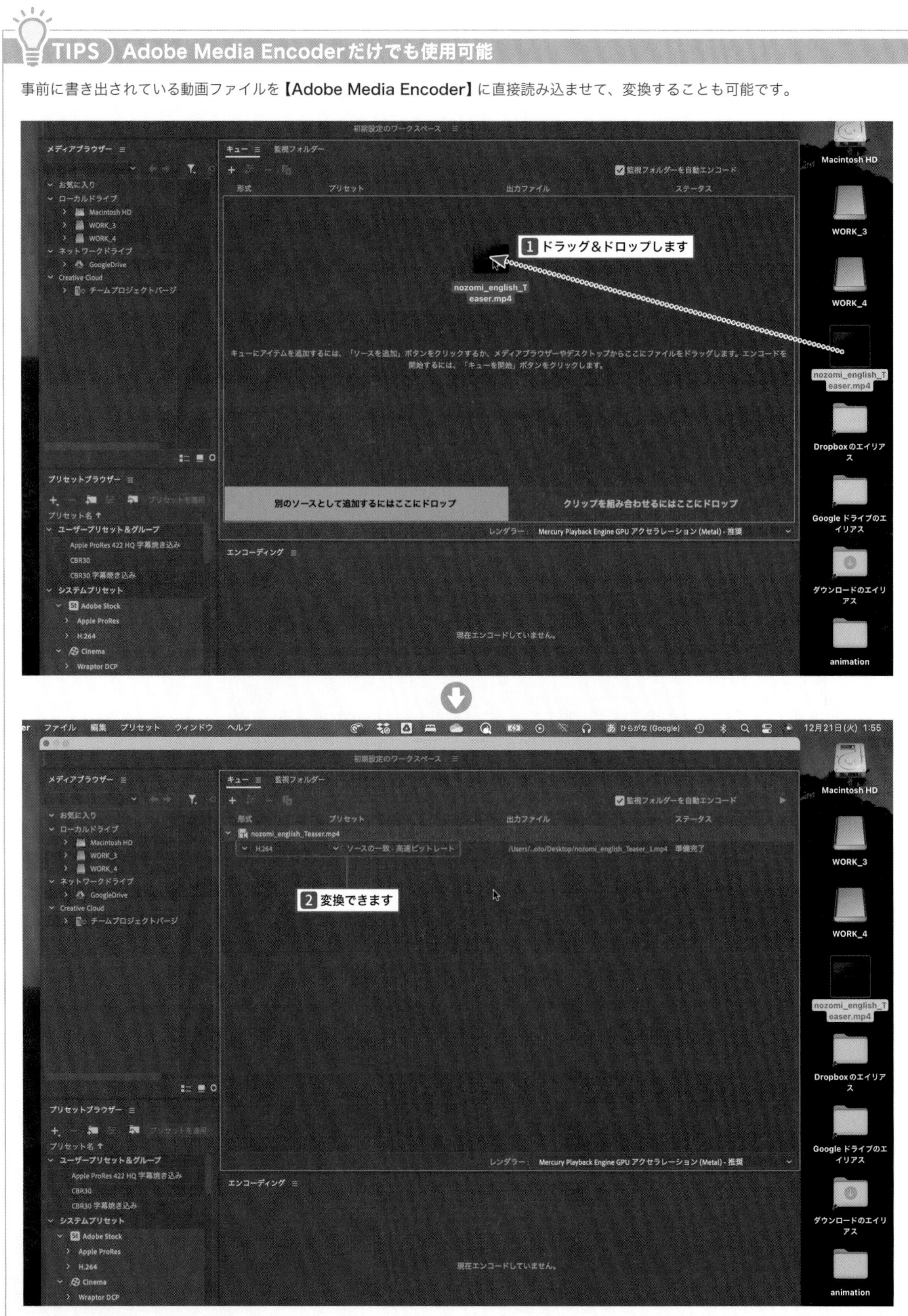

これで、アニメーションCMの一連の制作工程が完了です。

フレームの書き出し

After Effectsから静止画を書き出すことができます。書き出したいシーンの位置に**【現在の時間インジケーター】**を合わせます。

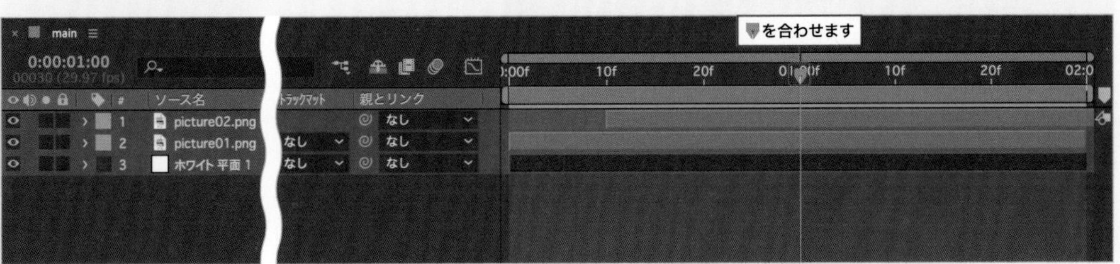

【コンポジション】メニューの**【フレームを保存】**から**【ファイル...】**（option / Alt ＋ command / Ctrl ＋キー S）を選択します。

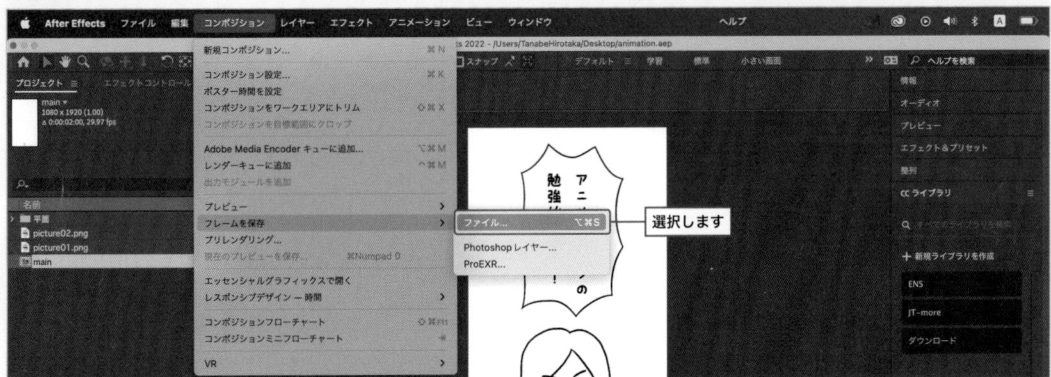

【出力モジュール】をクリックし、**【出力モジュール設定】**ダイアログボックスの**【メインオプション】**パネルの**【形式】**から**【PNGシーケンス】**を選択して、**【OK】**ボタンをクリックします。

次ページへつづく

出力先に表示されているデータ名をクリックし、任意の名前と保存先を設定して【**保存**】ボタンをクリックします。

最後に【**レンダリング**】ボタンをクリックすると、指定した保存先に静止画が書き出されます。

Chapter 3

— 初級編 —
ピクトグラムアニメーションを作ろう！

ここでは、ピクトグラムアニメーションといったオリンピックの競技アイコンでも使用されている人型のイラストを動かしてみます。全部で5種類の人の動きを作ります。基本的なパスアニメーションのほか、親子関係、ヌルを使用します。さらには、みなさん自身でピクトグラムを描いて、それをアニメーションさせてみましょう。

Section 3 1

握手するアニメーション

ここでは、パスアニメーションを使った握手をするピクトグラムアニメーションを制作します。パスアニメーションは、基本かつ重要なアニメ手法なので是非マスターしましょう！

新規プロジェクトを作る

【ホーム画面】で**【新規プロジェクト】**ボタンをクリックします（15ページ参照）。

【ファイル】メニューの**【別名で保存】**から**【別名で保存...】**（Shift＋command/Ctrl＋Sキー）を選択して（25ページ参照）、**【別名で保存】**ダイアログボックスで**【handshake】**と名前をつけて**1**、**【保存】**ボタンをクリックします**2**。

保存先は作業するハードディスクとフォルダーを選択してください。

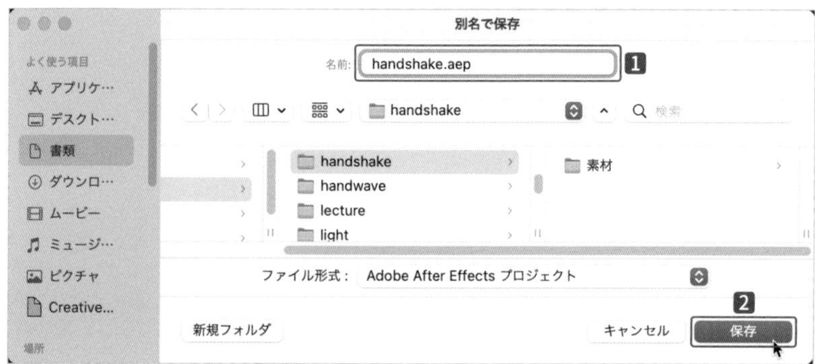

新規コンポジションを作る

【コンポジション】メニューから**【新規コンポジション...】**（command/Ctrl ＋ N キー）を選択して、**【コンポジション設定】**ダイアログボックスを表示します（29ページ参照）❶。

【コンポジション名】は**【main】**❷、**【プリセット】**は**【カスタム】**❸を選択します。

今回は正方形の動画なので、**【幅：1080px】【高さ：1080px】**と入力します❹。

【デュレーション】を**【0:00:03:00】**に設定して❺、**【OK】**ボタンをクリックします❻。

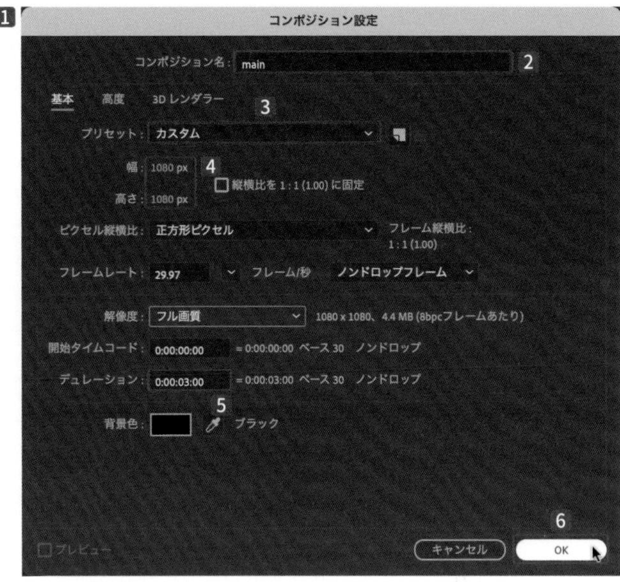

背景を作る

【レイヤー】メニューの**【新規】**から**【平面...】**（command/Ctrl ＋ Y キー）を選択して、**【平面設定】**ダイアログボックスを表示します❶。

【カラー】をクリックして**【#FF69AC】**（マゼンタ赤）に設定し❷、**【OK】**ボタンをクリックします❸。

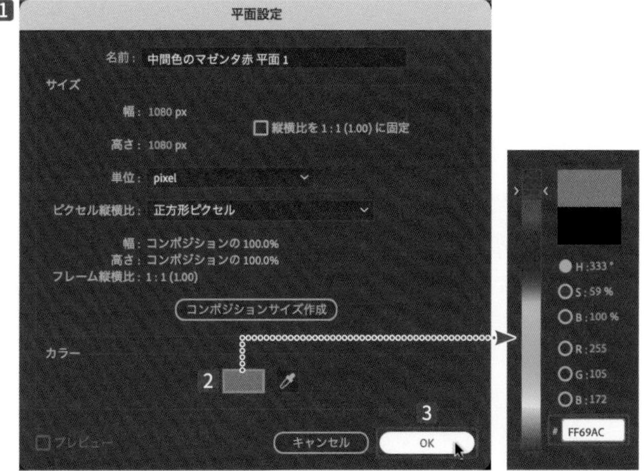

ファイルを読み込む

【ファイル】メニューの**【読み込み】**から**【ファイル...】**（command/Ctrl ＋ I キー）を選択して、**【ファイルの読み込み】**ダイアログボックスを表示します❶。

【素材】から**【handshake.ai】**を選択し❷、**【読み込みの種類】**で**【コンポジション】**を選択して❸、**【開く】**ボタンをクリックします❹。

∷ 素材を配置する

【プロジェクト】パネルに自動で作成される**【handshake】**のコンポジションは使用しないので、クリックして選択したら、Delete キーを押します❶。表示されるダイアログボックスで**【削除】**ボタンをクリックすると❷、削除されます。

【handshake レイヤー】のフォルダーを展開し❸、すべてを選択して❹、**【タイムライン】**パネルに配置します❺。

上から、【arm02/handshake.ai】【body/handshake.ai】【arm01/handshake.ai】の順番にレイヤーを配置します❻。

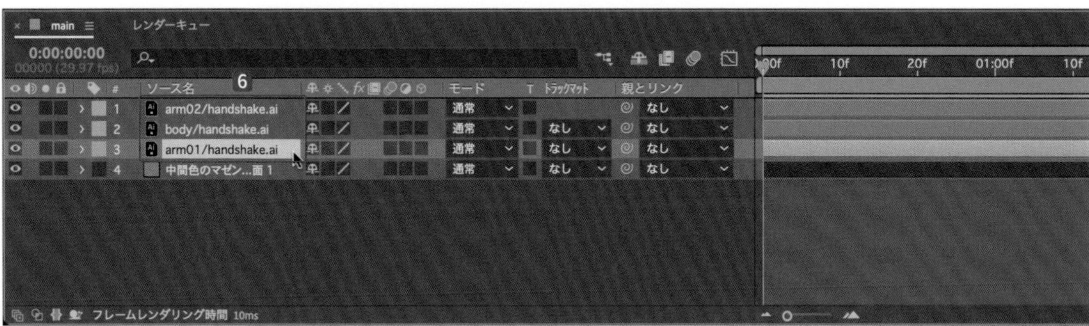

パスを作成する

【arm01/handshake.ai】を選択して右クリックし❶、ショートカットメニューの【作成】から【ベクトルレイヤーからシェイプを作成】を選択すると❷、【arm01/handshakeアウトライン】クリップが作成されます❸。【arm01/handshake.ai】は使用しないので、Delete キーで削除します（94ページ参照）❹。

【arm02/handshake.ai】を選択して右クリックし❺、ショートカットメニューの【作成】から【ベクトルレイヤーからシェイプを作成】を選択すると❻、【arm02/handshakeアウトライン】クリップが作成されます❼。【arm02/handshake.ai】は使用しないので、Delete キーで削除します（94ページ参照）❽。

【arm02/handshakeアウトライン】❾と【arm01/handshakeアウトライン】⓬のクリップを展開して、【コンテンツ】❿⓭から【グループ 1】の【パス 1】を展開します⓫⓮。

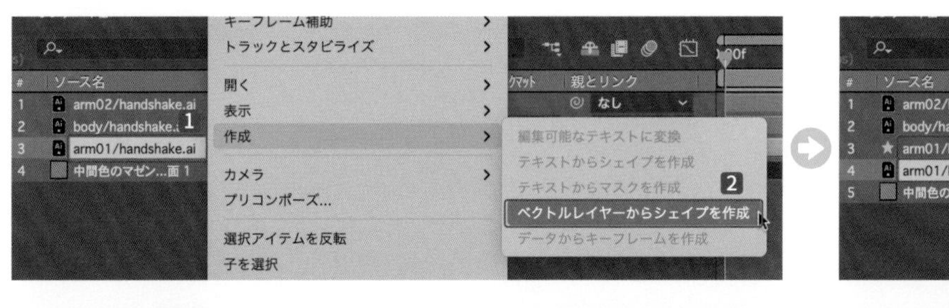

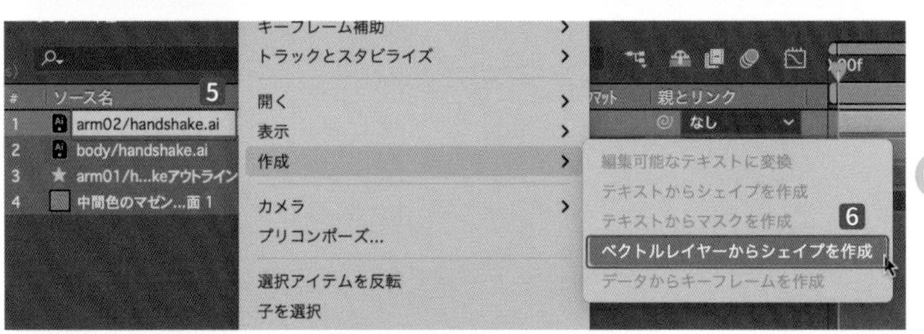

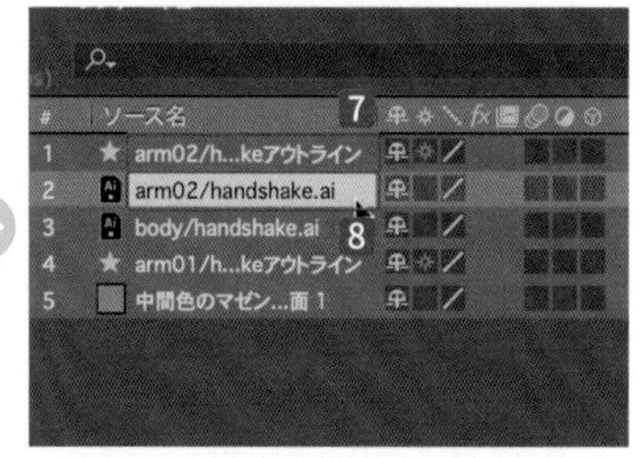

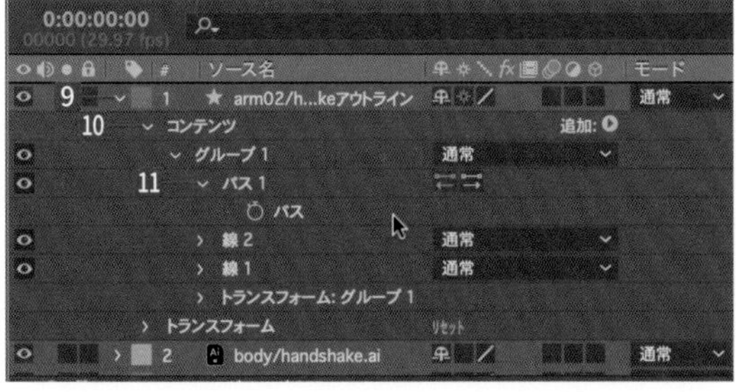

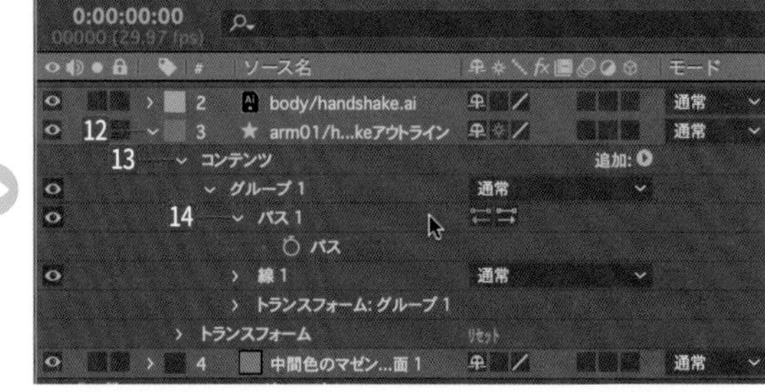

ベクトルレイヤーからシェイプを作成する理由

Illustrator レイヤーの状態ではパスを動かすことはできません。パスなどにアニメーションを加える場合は、ベクトルレイヤーからシェイプを作成し、シェイプレイヤーに変換する必要があります。

⁝⁝ 肘を曲げ、手を前に出すアニメーションを作る

【0:00:00:10】に移動します**1**。**【arm01/handshakeアウトライン】**の**【パス】**にある**【ストップウォッチ】**をクリックして**2**、**【キーフレーム】**を作成します**3**。

【arm02/handshakeアウトライン】の**【パス】**にも同様の操作で**4**、**【キーフレーム】**を作成します**5**。

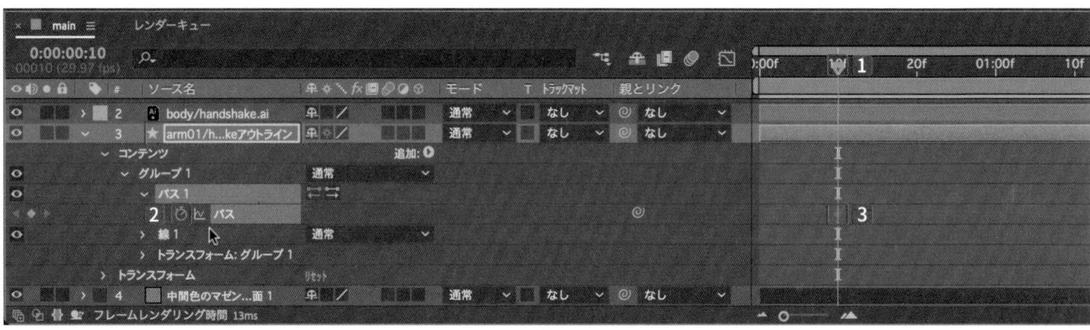

【0:00:00:20】に移動します❻。**【arm01/handshakeアウトライン】**の**【パス 1】**を選択して❼、画面上にある手先のパスのポイントだけを**【選択ツール】**❽でクリックして選択します。

選択されるとポイントが青くなるので❾、ドラッグして肘と水平に変更します❿。

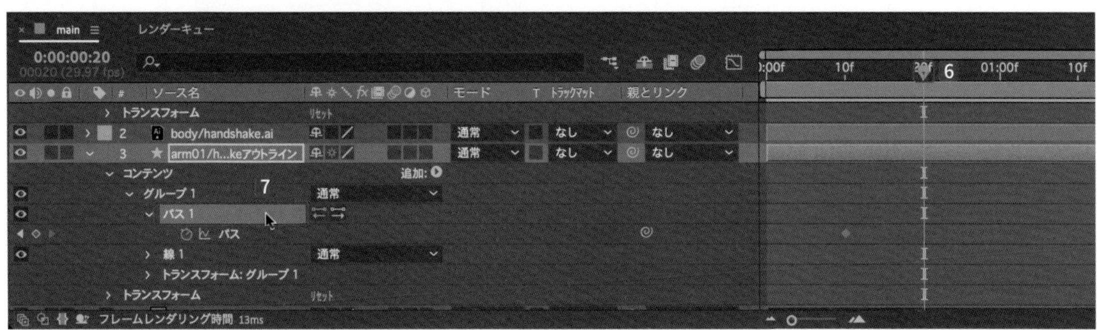

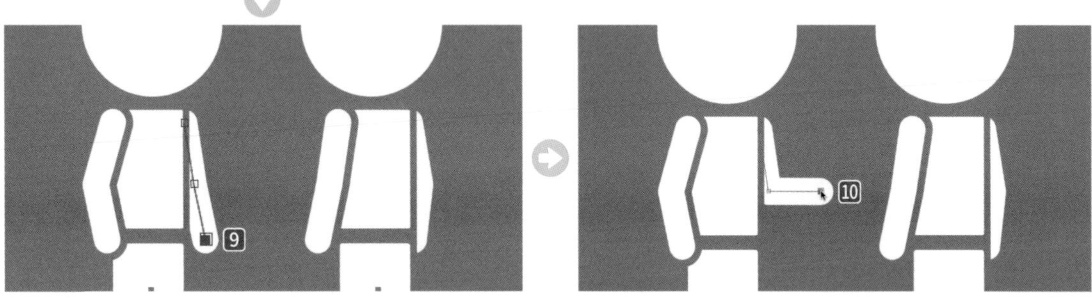

TIPS パスの表示

パスの表示がない場合は、**【コンポジション】**パネルの下部にある**【マスクとシェイプのパスを表示】**をオンにします。

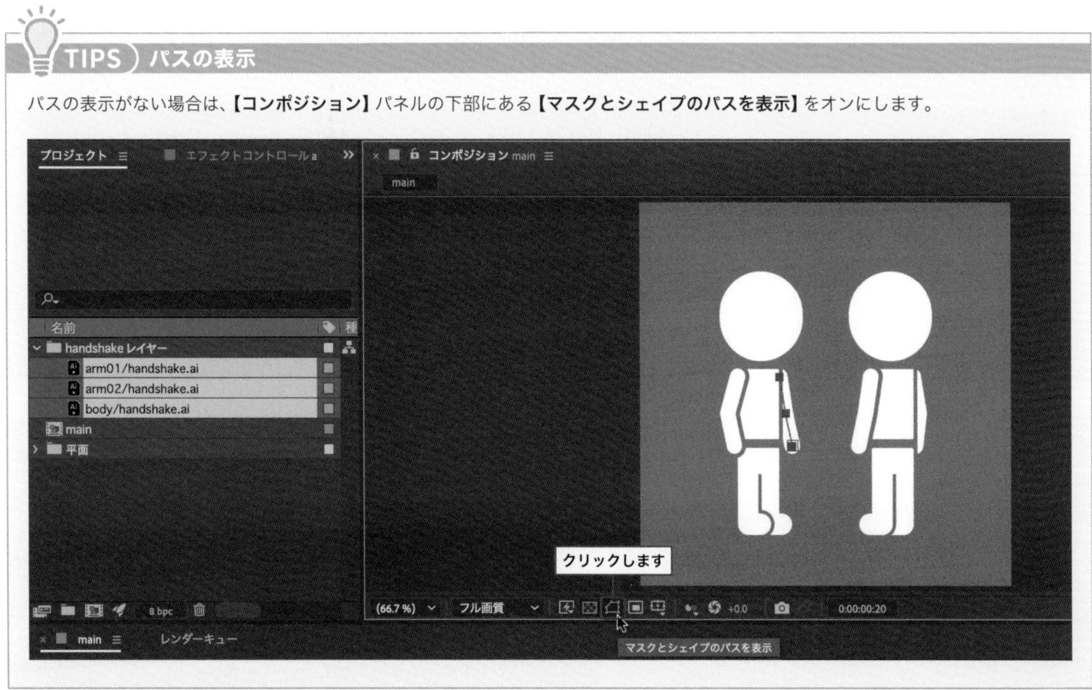

さらに肘のポイントを少し右方向に動かして⑪、肘を前に出します⑫。

続いて、**【arm02/handshakeアウトライン】**の**【パス 1】**を選択して⑬、画面上にある手元のパスのポイントを**【選択ツール】**でドラッグして⑭、肘と水平にします⑮。

さらに肘のポイントを少し左方向に動かして⑯、肘を前に出します⑰。

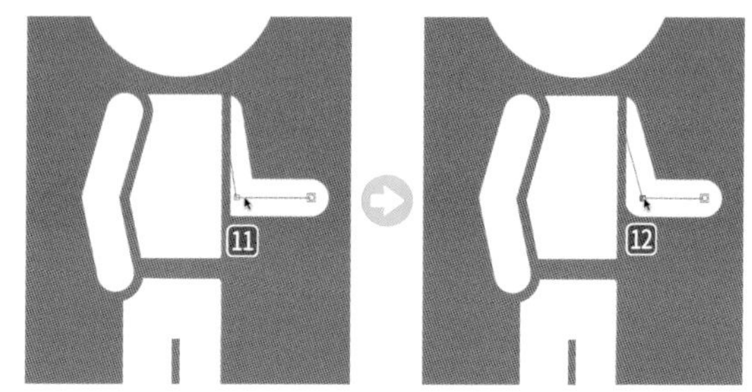

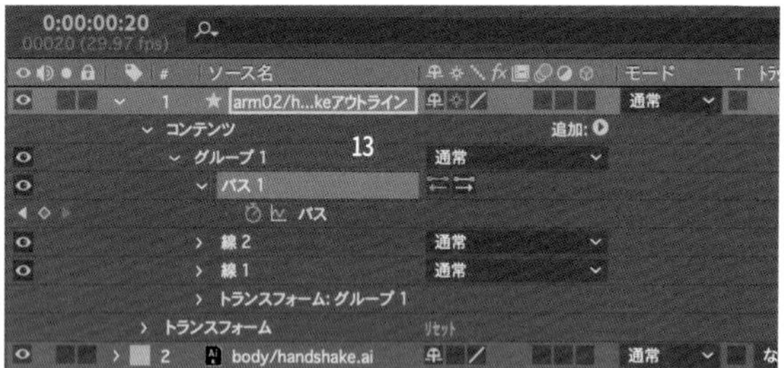

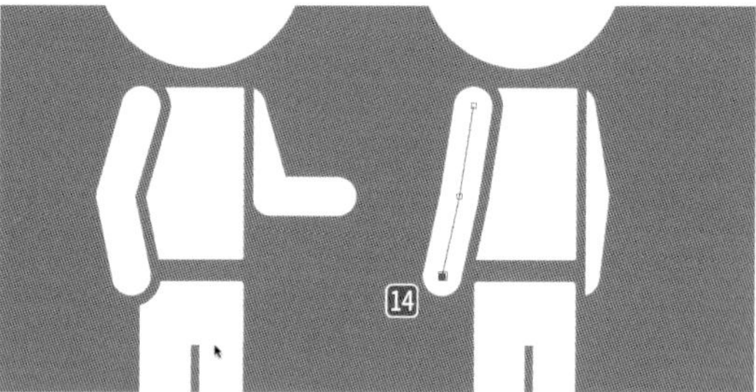

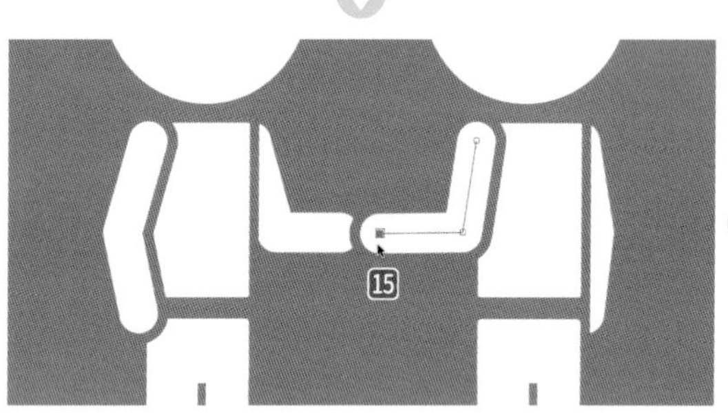

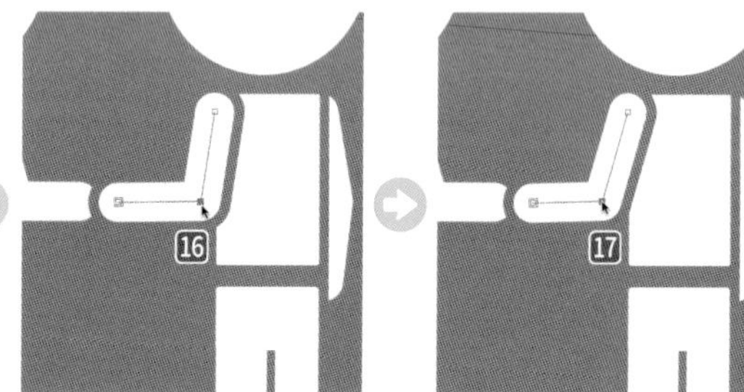

【0:00:01:00】に移動します⑰。「タメ」を作るために、2つのクリップの**【パス】**に**【現時点でキーフレームを加える、または削除する】**をクリックして⑱⑳、**【キーフレーム】**を作成します⑲㉑。

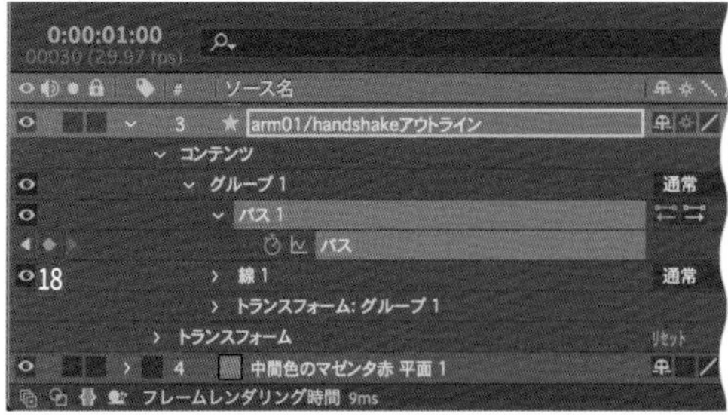

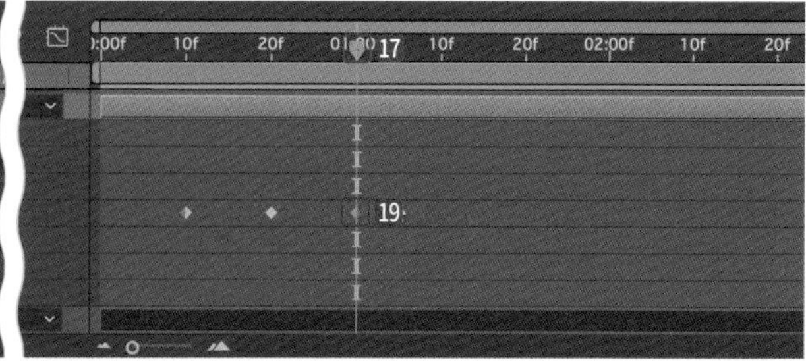

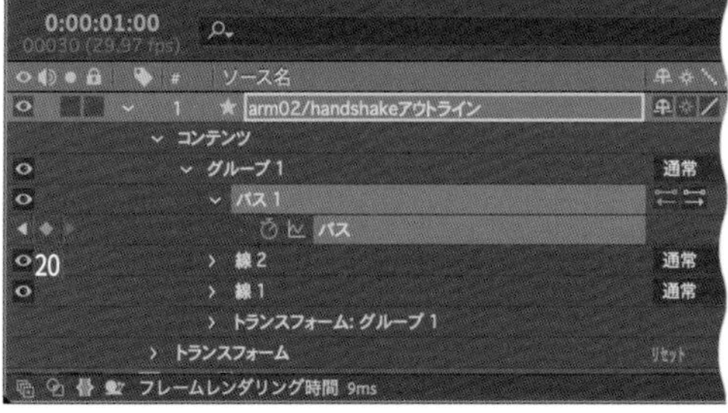

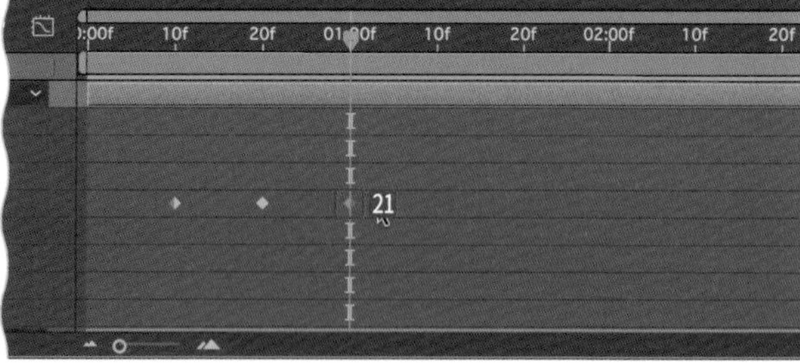

⁝⁝ 握手して手を下ろすアニメーションを作る

【0:00:01:10】に移動します❶。**【arm01/handshakeアウトライン】**の**【パス 1】**を選択して❷、画面上にある手元のパスのポイントを少し下に移動します❸❹。

【arm02/handshakeアウトライン】の**【パス 1】**を選択して❺、画面上にある手元のパスのポイントを左の人の手と重なるように少し下に移動します❻。

【arm01/handshakeアウトライン】の**【0:00:01:00】**と**【0:00:01:10】**の**【キーフレーム】**をドラッグしてまとめて選択し、コピーします（command/Ctrl＋C キー）❼。

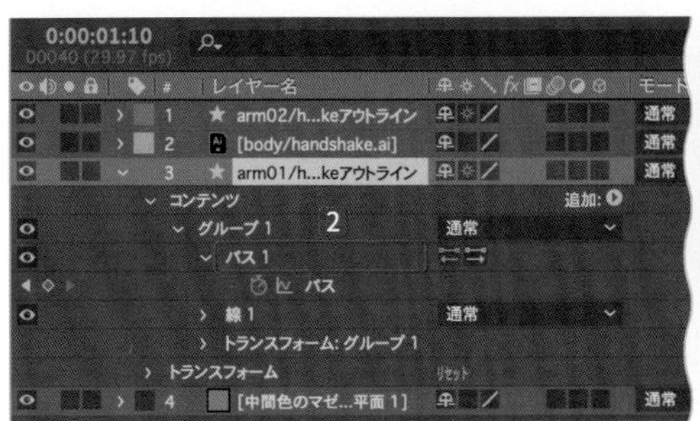

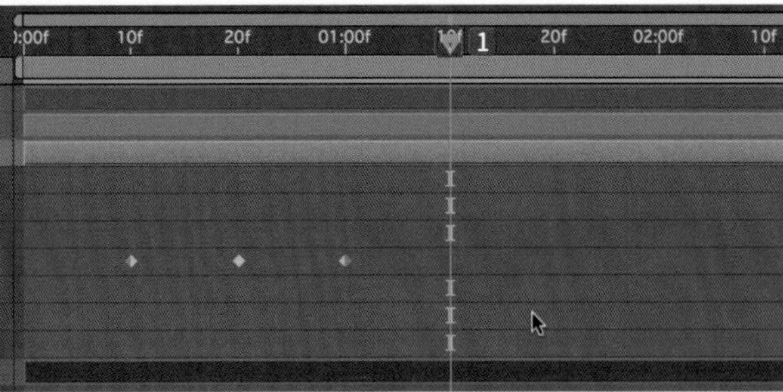

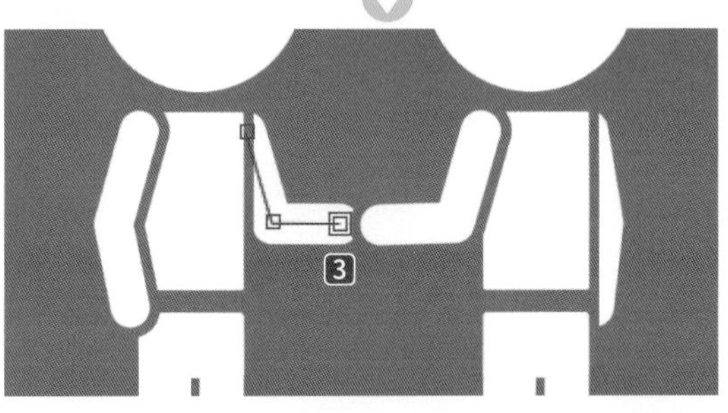

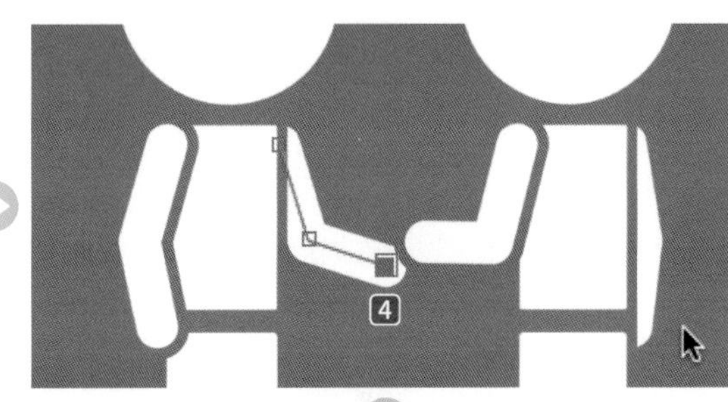

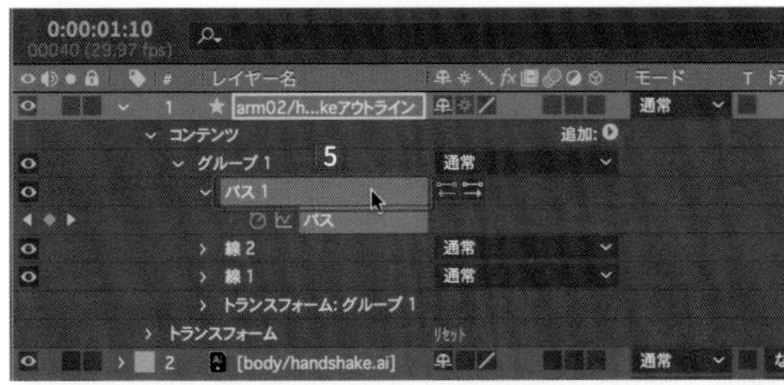

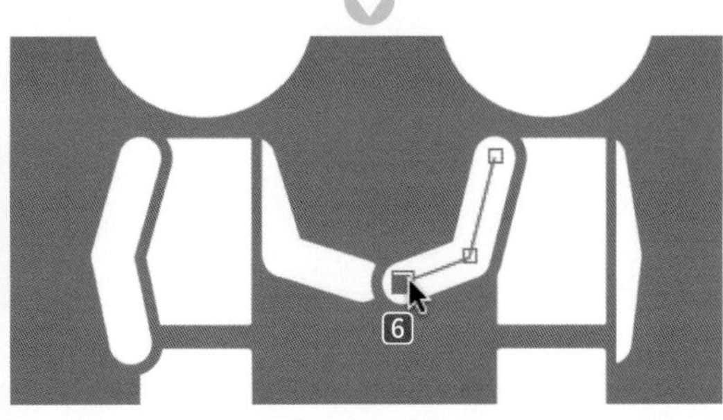

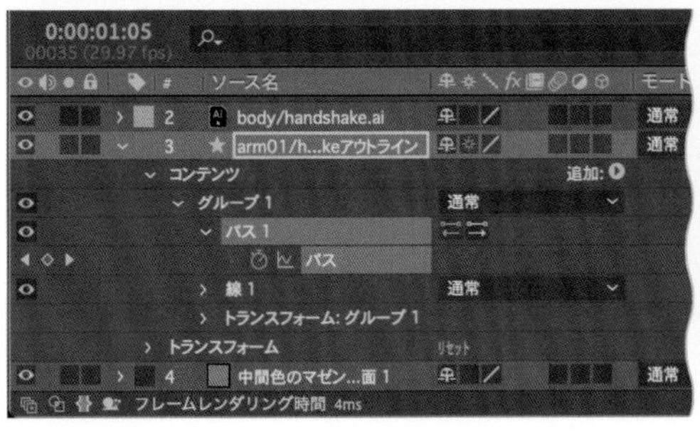

【0:00:01:20】の位置でペーストします（command/Ctrl＋Vキー）**8**。

さらに**【0:00:02:10】**の位置でペーストします（command/Ctrl＋Vキー）**9**。

同様に**【arm02/handshakeアウトライン】**の**【0:00:01:00】**と**【0:00:01:10】**の**【キーフレーム】**をドラッグしてまとめて選択し、コピーします（command/Ctrl＋Cキー）**10**。

【0:00:01:20】の位置でペーストします（command/Ctrl＋Vキー）**11**。

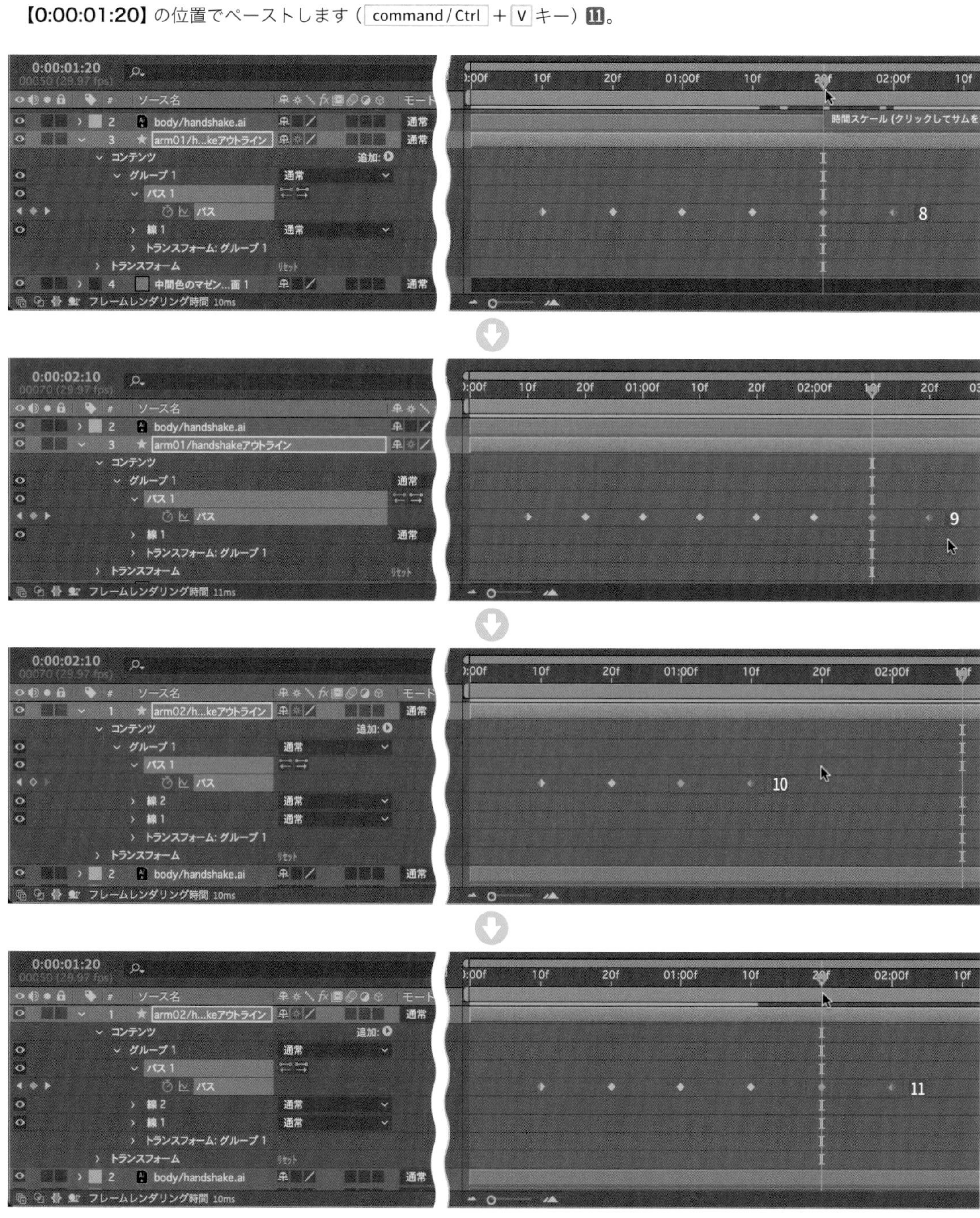

さらに【0:00:02:10】の位置でペーストします（ command / Ctrl ＋ V キー）12。

【arm02/handshakeアウトライン】に作成した【キーフレーム】をすべて選択し13、右クリックしてショートカットメニューの【キーフレーム補助】から【イージーイーズ】（ F9 キー）を適用します14。イージーイーズが適用されると、キーフレームの形状が変わります15。

同様に、【arm01/handshakeアウトライン】に作成した【キーフレーム】にも【イージーイーズ】を適用します16。

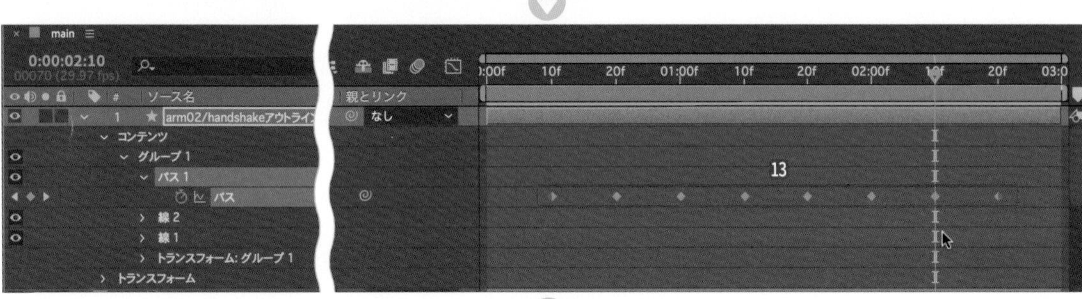

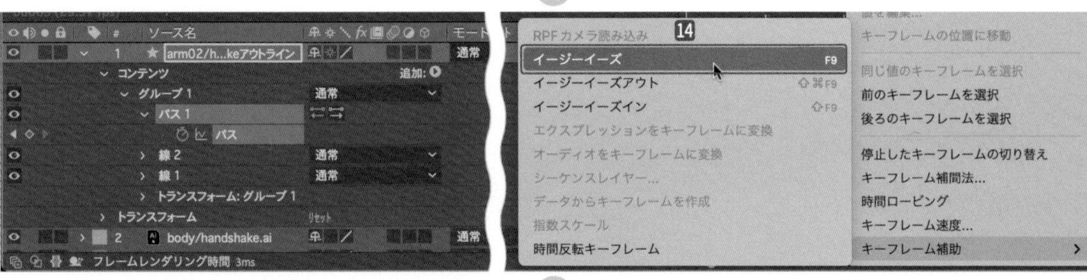

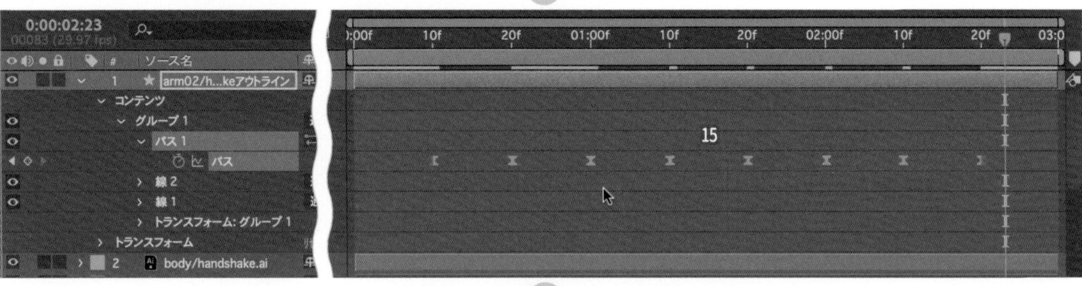

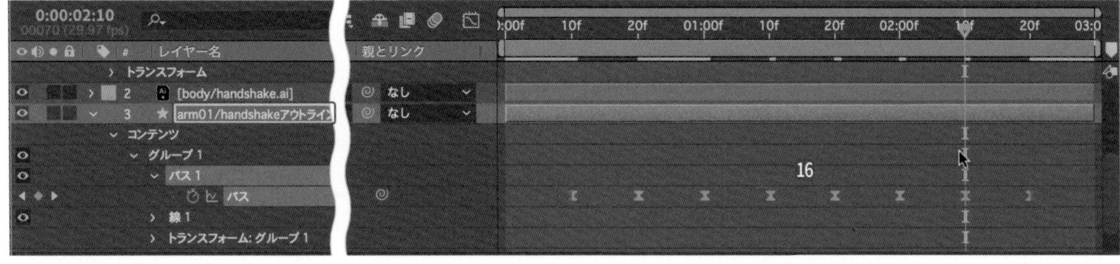

再生すると、なめらかに握手をするアニメーションになります。これで完成です。

Section 3 2 タイピングするアニメーション

ここでもパスアニメーションを使ったタイピングをする人のアニメーションを作ります。複数のパスを動かして実践していきましょう！

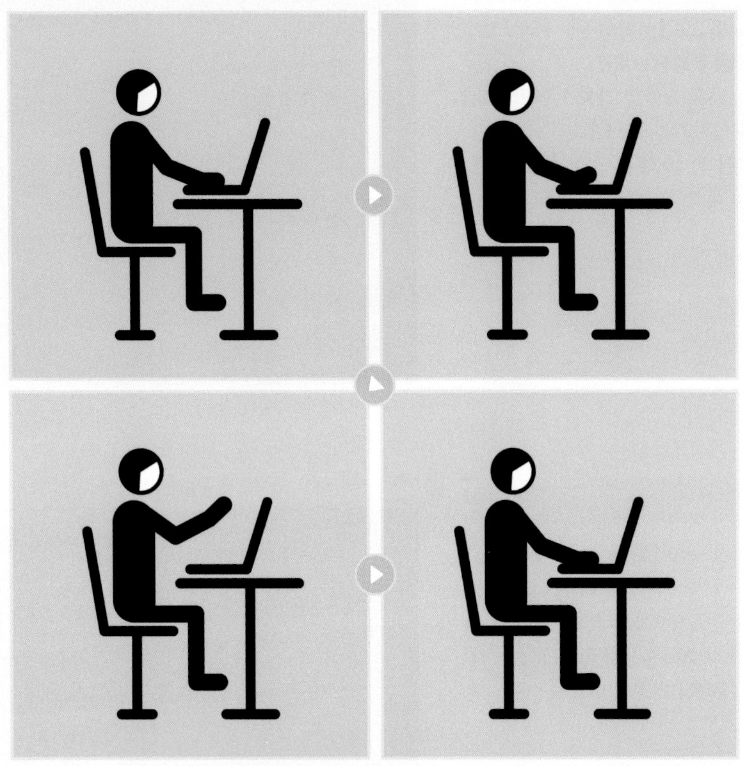

⁝⁝ 新規プロジェクトを作る

【ホーム画面】で**【新規プロジェクト】**ボタンをクリックします（15ページ参照）。

【ファイル】メニューの**【別名で保存】**から**【別名で保存...】**（Shift ＋ command/Ctrl ＋ S キー）を選択して（25ページ参照）、**【別名で保存】**ダイアログボックスで**【pcwork】**と名前をつけて❶、**【保存】**ボタンをクリックします❷。

保存先は作業するハードディスクとフォルダーを選択してください。

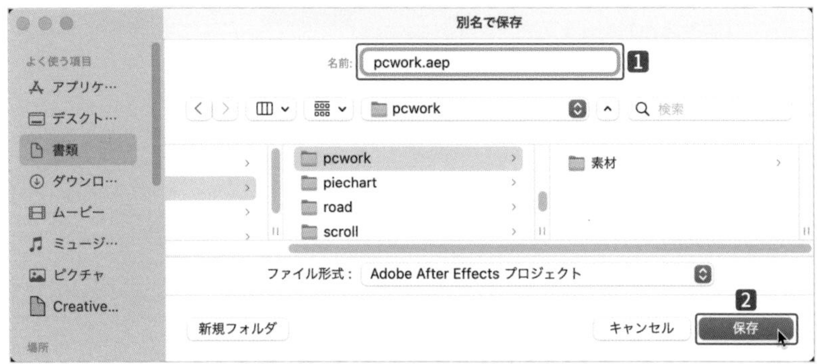

⁝⁝ 新規コンポジションを作る

【コンポジション】メニューから【新規コンポジション…】（command/Ctrl ＋ N キー）を選択して、【コンポジション設定】ダイアログボックスを表示します（29ページ参照）❶。

【コンポジション名】は【main】❷、【プリセット】は【カスタム】❸を選択します。

今回は正方形の動画なので、【幅：1080px】【高さ：1080px】と入力します❹。

【デュレーション】を【0:00:03:00】に設定して❺、【OK】ボタンをクリックします❻。

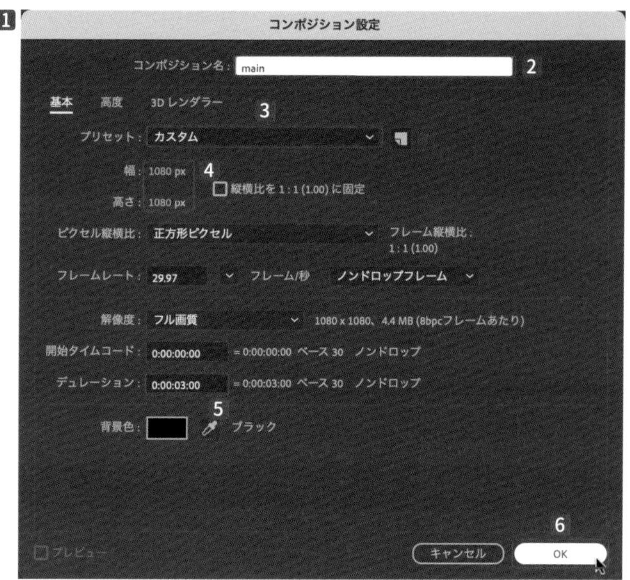

⁝⁝ 背景を作る

【レイヤー】メニューの【新規】から【平面…】（command/Ctrl ＋ Y キー）を選択して、【平面設定】ダイアログボックスを表示します❶。

【カラー】をクリックして【#FFE500】（イエロー）に設定し❷、【OK】ボタンをクリックします❸。

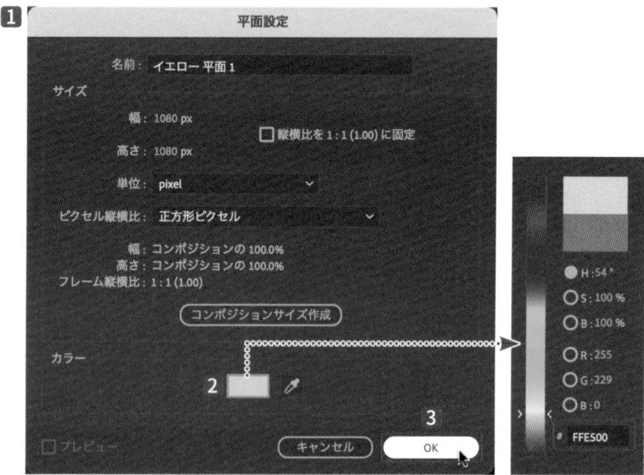

⁝⁝ ファイルを読み込む

【ファイル】メニューの【読み込み】から【ファイル…】（command/Ctrl ＋ I キー）を選択して、【ファイルの読み込み】ダイアログボックスを表示します❶。

【素材】から【pcwork.ai】を選択し❷、【読み込みの種類】で【コンポジション】を選択して❸、【開く】ボタンをクリックします❹。

⁝⁝ 素材を配置する

【プロジェクト】パネルに自動で作成される**【pcwork】**のコンポジションは使用しないので、 Delete キーで削除します（94ページ参照）**1**。

【pcwork レイヤー】のフォルダーを展開し**2**、すべてを選択して**3**、**【タイムライン】**パネルに配置します**4**。

上から、**【arm/pcwork.ai】【body/pcwork.ai】**の順番にレイヤーを配置します。

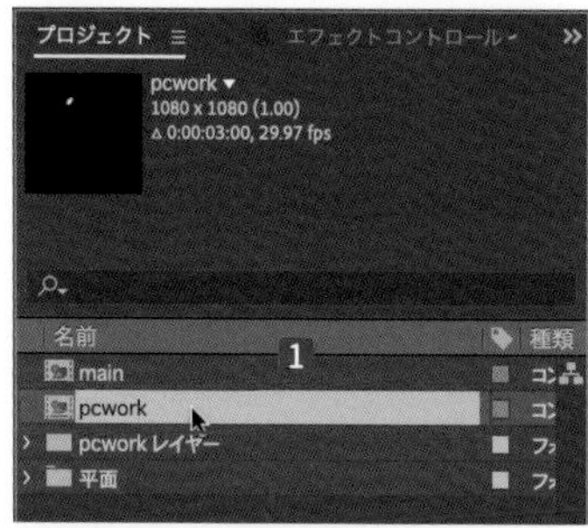

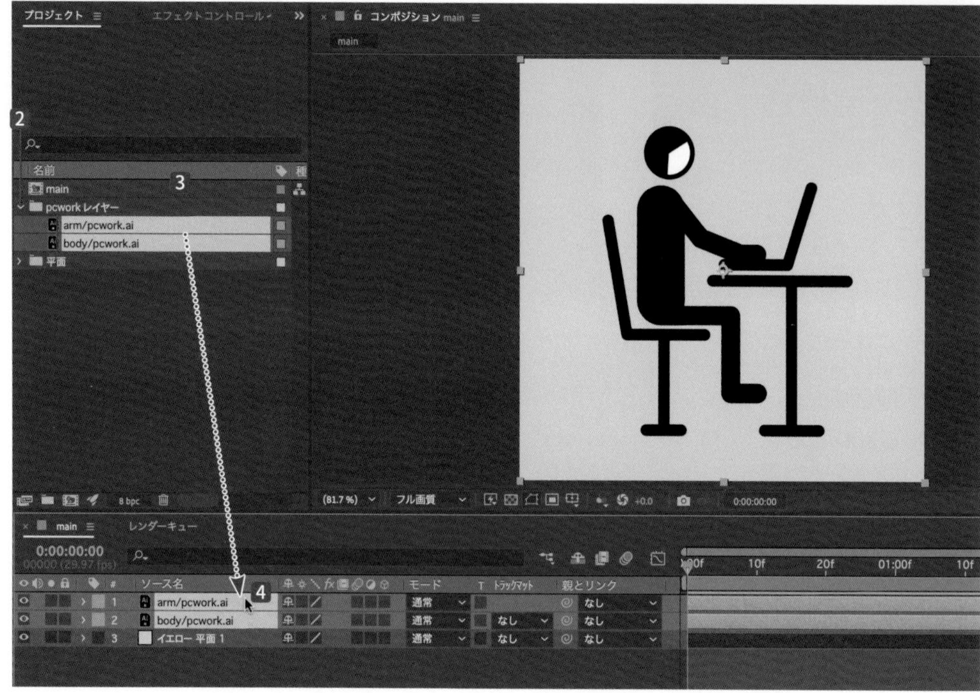

パスを作成する

【arm/pcwork.ai】を選択して❶、右クリックしてショートカットメニューの【作成】から【ベクトルレイヤーからシェイプを作成】を選択すると❷、【arm/pcworkアウトライン】クリップが作成されます❸。

【arm/pcwork.ai】は使用しないので、Delete キーで削除します（94ページ参照）❹。

【arm/pcworkアウトライン】を展開して❺、【コンテンツ】から【グループ 1】の【パス 1】を展開します❻。

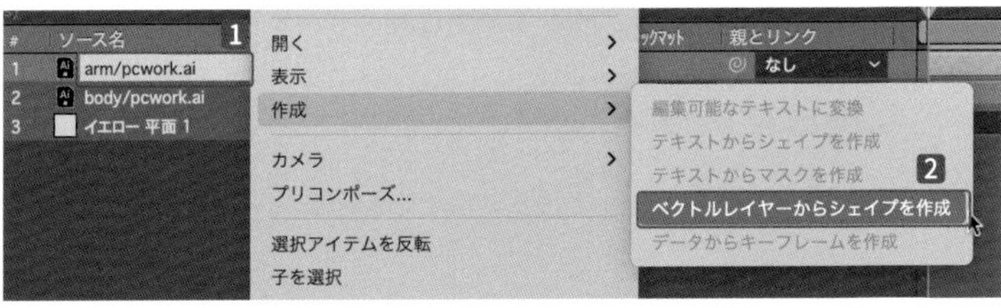

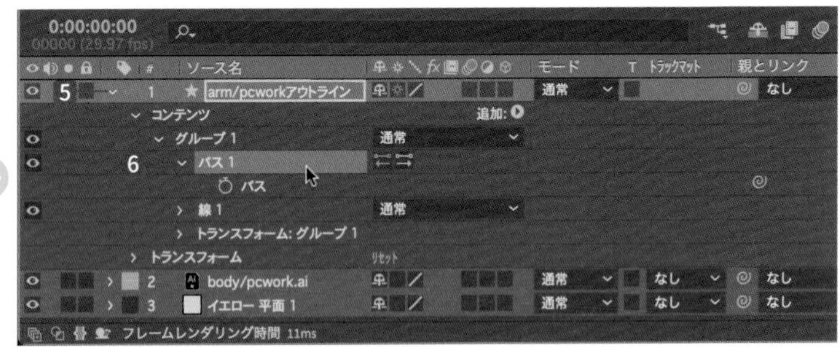

アニメーションを作る

【0:00:00:00】に移動して❶、【arm/pcworkアウトライン】の【パス】に【キーフレーム】を作成します。【ストップウォッチ】をクリックすると❷、【キーフレーム】を作成できます❸。

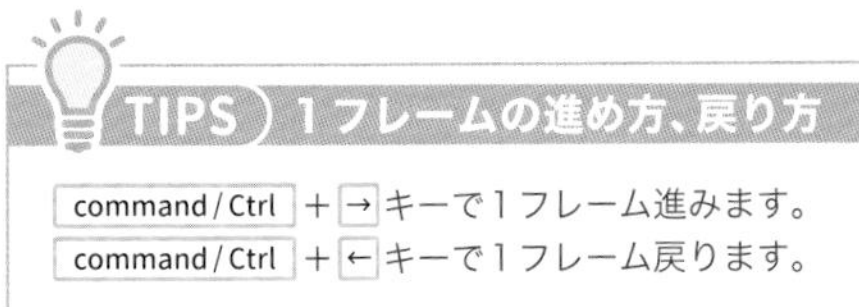

TIPS 1フレームの進め方、戻り方

command/Ctrl ＋ → キーで1フレーム進みます。
command/Ctrl ＋ ← キーで1フレーム戻ります。

TIPS プレビュー画面の拡大／縮小

【コンポジション】パネルの下部にある【拡大率】から表示の大きさを変更できます。基本は【全体表示】で編集しながら、編集内容によって拡大／縮小しましょう。

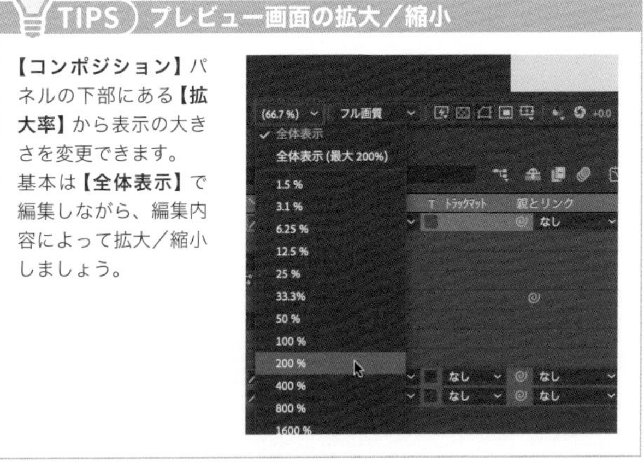

【0:00:00:03】に移動します4。【arm/pcwork アウトライン】の【パス 1】を選択して5、画面上にある手先のパスのポイントを【選択ツール】でクリックして選択します6。

ドラッグ、またはキーボードの↑キーで少し上げます7。

【0:00:00:06】に移動します8。作成した【0:00:00:00】と【0:00:00:03】の【キーフレーム】を選択してコピーして（command / Ctrl ＋ C キー）9、ペーストします（command / Ctrl ＋ V キー）10。

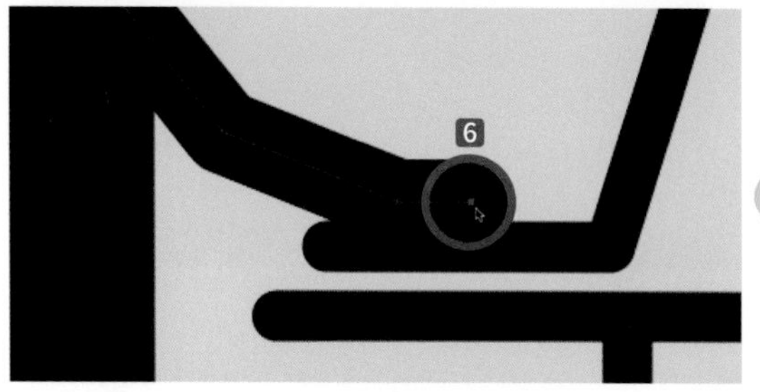

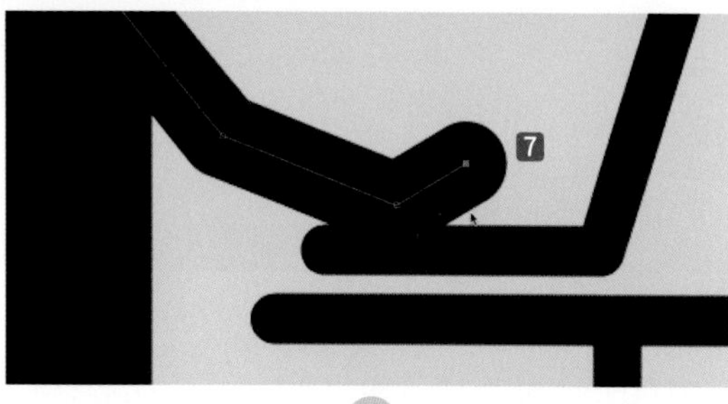

【0:00:00:12】に移動して⑪、ペーストします（command / Ctrl ＋ V キー）⑫。
【0:00:00:18】に移動して⑬、ペーストします（command / Ctrl ＋ V キー）⑭。

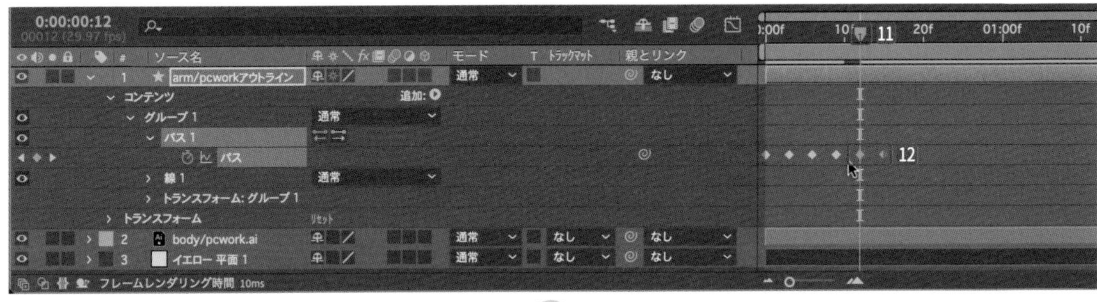

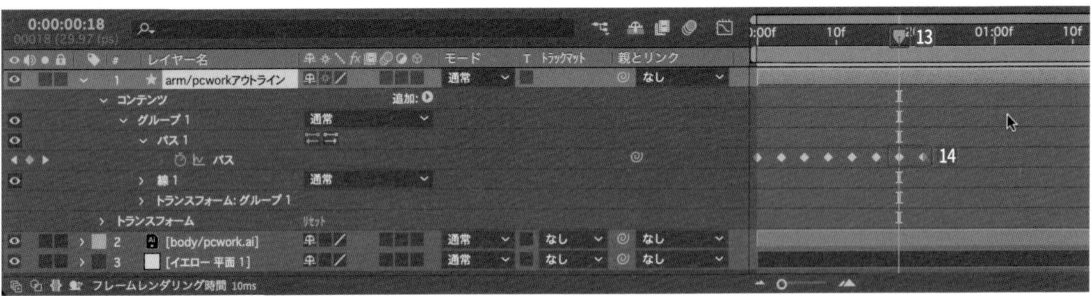

【0:00:00:00】の【キーフレーム】をコピーして（command / Ctrl ＋ C キー）⑮、【0:00:00:24】に移動して⑯、ペーストします（command / Ctrl ＋ V キー）⑰。

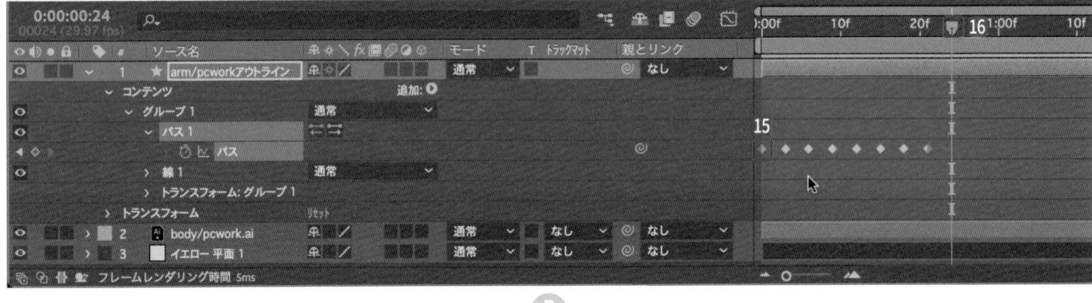

【0:00:01:00】に移動して⑱、【0:00:00:00】と【0:00:00:03】の【キーフレーム】をコピー＆ペーストします（command / Ctrl ＋ C ➡ command / Ctrl ＋ V キー）⑲⑳。

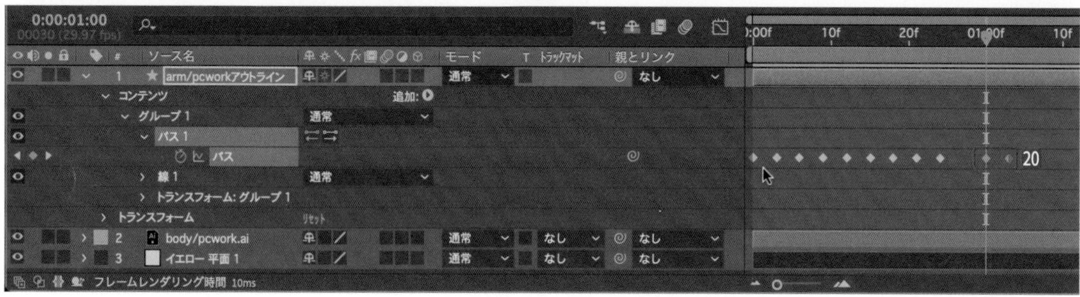

同様に、【0:00:01:06】に移動して㉑、ペーストします（command / Ctrl ＋ V キー）㉒。
さらに、【0:00:01:12】に移動して㉓、ペーストします（command / Ctrl ＋ V キー）㉔。

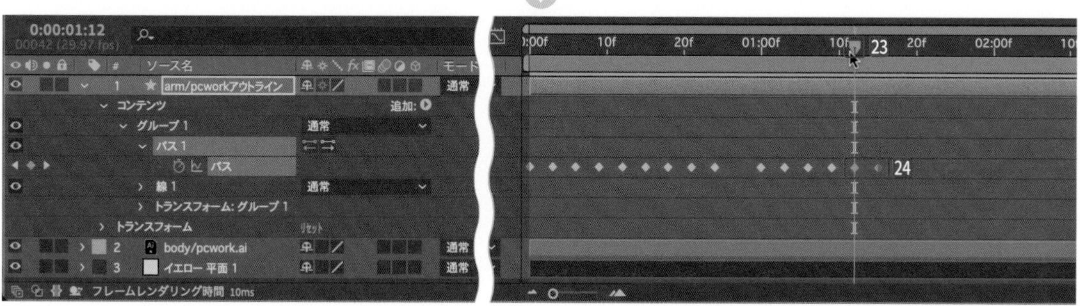

【0:00:01:18】に移動して㉕、**【0:00:01:00】**の**【キーフレーム】**をコピー＆ペーストします（command/Ctrl＋C ➡ command/Ctrl＋Vキー）㉖㉗。

【0:00:02:00】に移動して㉘、**【現時点でキーフレームを加える、または削除する】**をクリックすると㉙、**【キーフレーム】**を作成できます㉚。

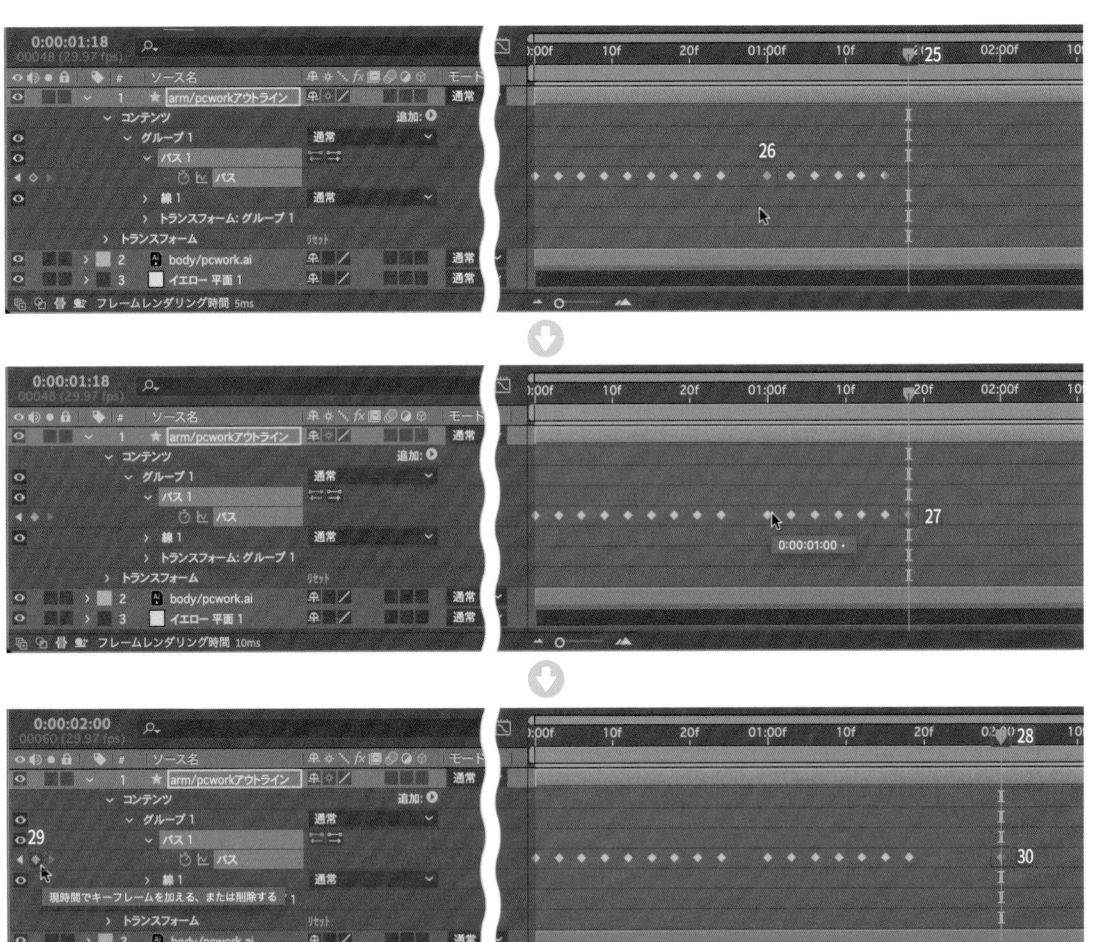

【0:00:02:05】に移動して㉛**【パス 1】**を選択し㉜、手の先と手首のパスのポイントを Shift キーを押しながら選択します㉝。

ポイントを上げると、腕が上がります㉞。いったん画面の何もない場所を**【選択ツール】**でクリックして選択を解除して、再度**【パス 1】**を選択し㉟、手の先のポイントだけ選択します㊱。

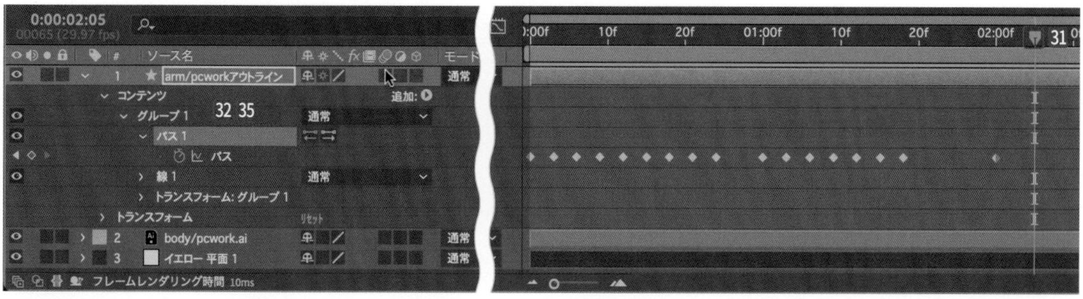

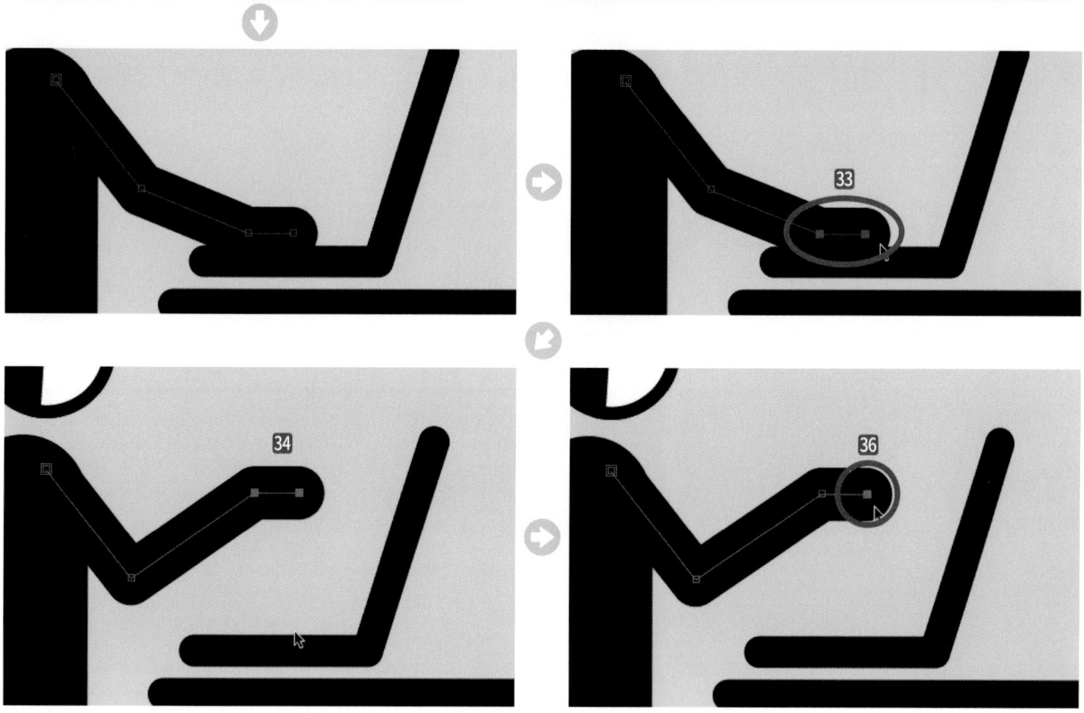

図のように上げていきます㊲。
肘のポイントを選択します㊳。
右に移動して、上げていきます㊴。

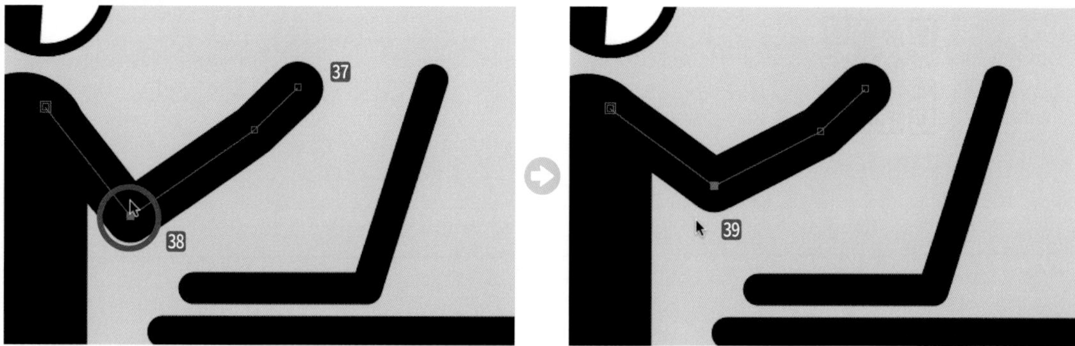

【0:00:02:10】に移動します40。**【現時点でキーフレームを加える、または削除する】**をクリックして41、**【キーフレーム】**を作成し42、「タメ」を作ります。

【0:00:02:13】に移動して43、**【0:00:00:00】**の**【キーフレーム】**44をコピー＆ペーストします（command/Ctrl＋C ➡ command/Ctrl＋Vキー）45。

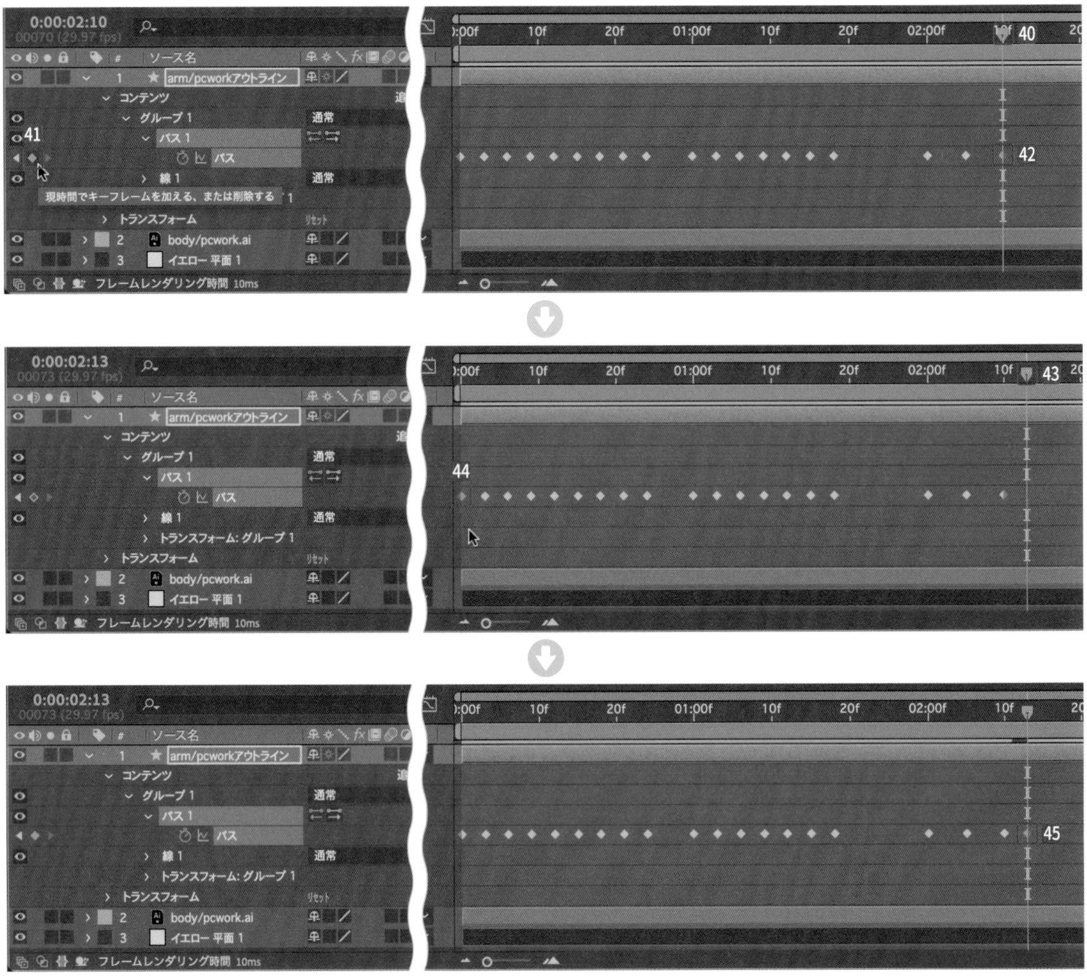

再生すると、最初は普通の速度で、最後に勢いよくタイピングするアニメーションになります。これで完成です。

Section 3

3 ナビゲーターアニメーション

ここでは親子関係を使って、アニメーションをリンクさせていく方法を紹介します。ナビゲーターがホワイトボードでレクチャーするアニメーションです。

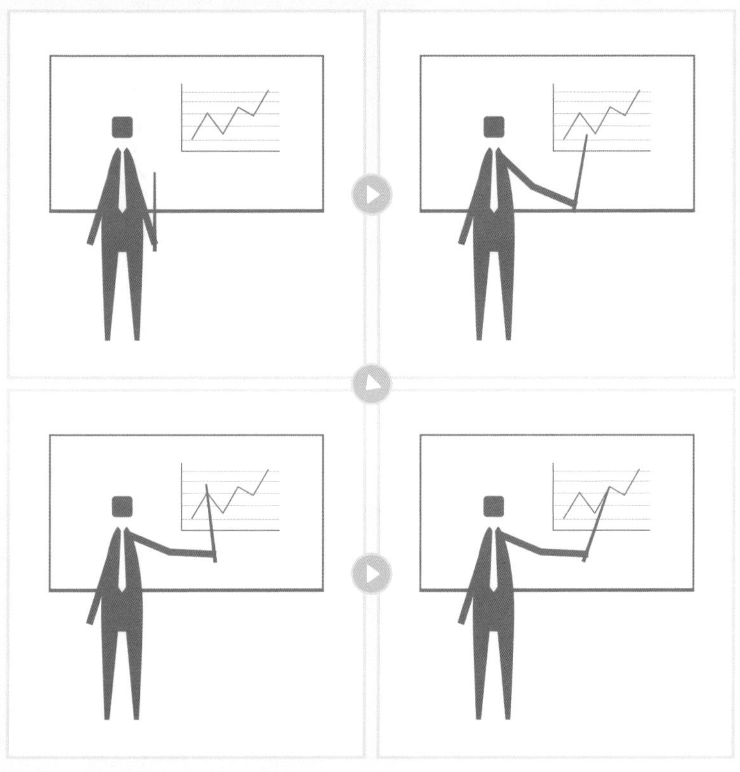

Chapter 3

新規プロジェクトを作る

【ホーム画面】で**【新規プロジェクト】**ボタンをクリックします（15ページ参照）。

【ファイル】メニューの**【別名で保存】**から**【別名で保存...】**（Shift＋command/Ctrl＋Sキー）を選択して（25ページ参照）、**【別名で保存】**ダイアログボックスで**【lecture】**と名前をつけて1、**【保存】**ボタンをクリックします2。

保存先は作業するハードディスクとフォルダーを選択してください。

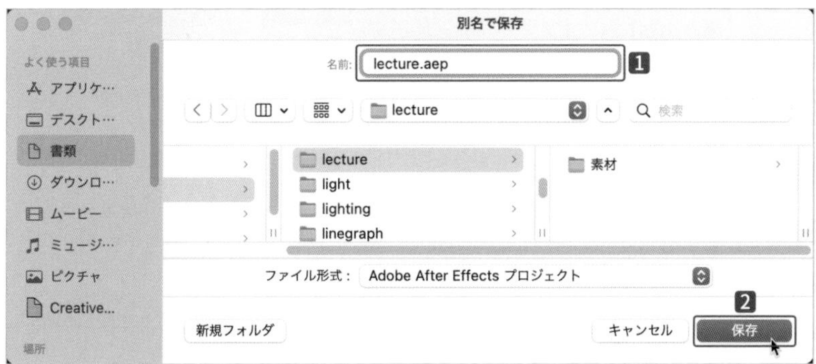

∷ 新規コンポジションを作る

【コンポジション】メニューから**【新規コンポジション…】**（command/Ctrl＋Nキー）を選択して、**【コンポジション設定】**ダイアログボックスを表示します（29ページ参照）1。

【コンポジション名】は**【main】**2、**【プリセット】**は**【カスタム】**3を選択します。

今回は正方形の動画なので、**【幅：1080px】【高さ：1080px】**と入力します4。

【デュレーション】を**【0:00:03:00】**に設定して5、**【OK】**ボタンをクリックします6。

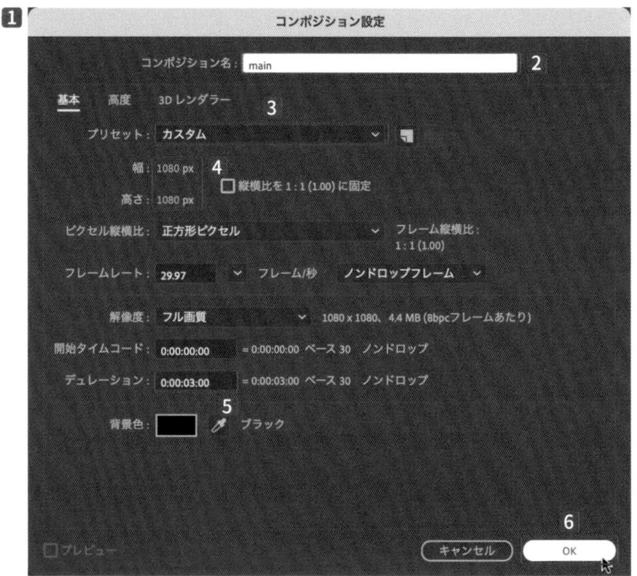

∷ 背景を作る

【レイヤー】メニューの**【新規】**から**【平面…】**（command/Ctrl＋Yキー）を選択して、**【平面設定】**ダイアログボックスを表示します1。

【カラー】をクリックして**【#FFFFFF】**（ホワイト）に設定し2、**【OK】**ボタンをクリックします3。

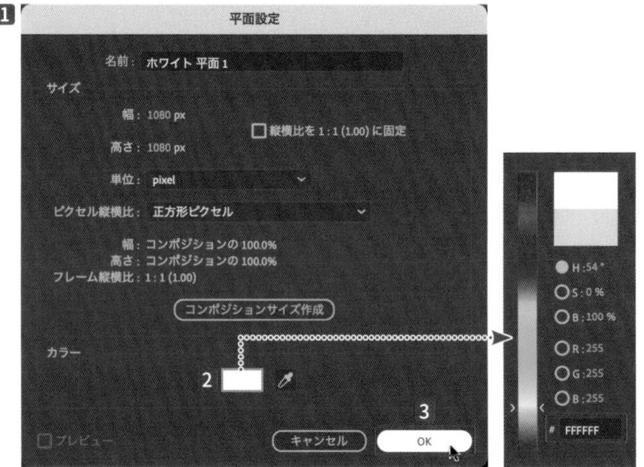

∷ ファイルを読み込む

【ファイル】メニューの**【読み込み】**から**【ファイル…】**（command/Ctrl＋Iキー）を選択して、**【ファイルの読み込み】**ダイアログボックスを表示します1。

【素材】から**【lecture.ai】**を選択し2、**【読み込みの種類】**で**【コンポジション】**を選択して3、**【開く】**ボタンをクリックします4。

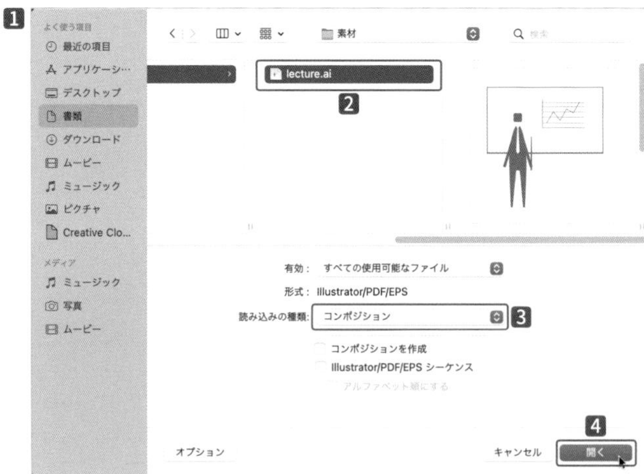

∷ 素材を配置する

【プロジェクト】パネルに自動で作成される**【lecture】**のコンポジションは使用しないので、Delete キーで削除します（94ページ参照）1。

【lecture レイヤー】のフォルダーを展開し2、すべてを選択して3、**【タイムライン】**パネルに配置します4。

上から、**【body/lecture.ai】【stick/lecture.ai】【arm/lecture.ai】【whiteboard/lecture.ai】**の順番にレイヤーを配置します5。

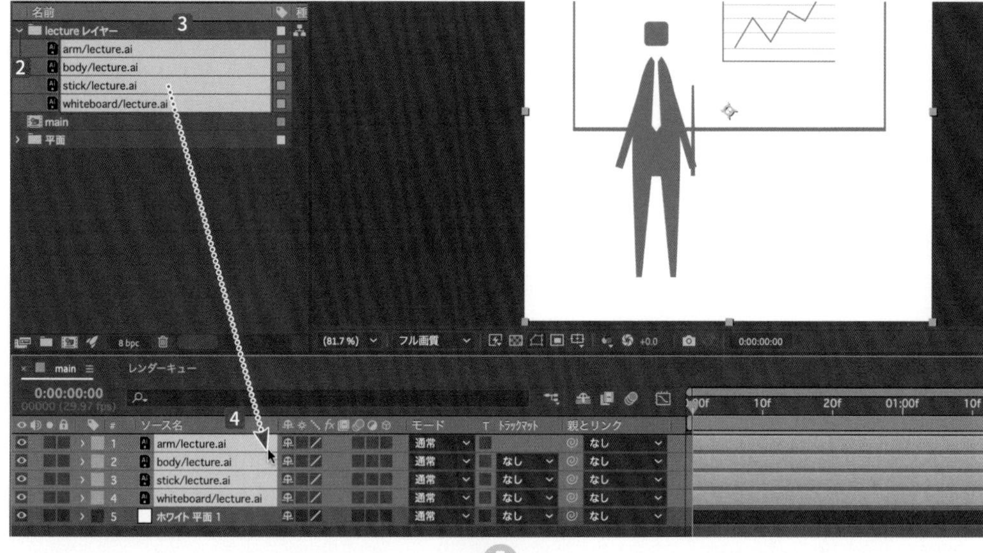

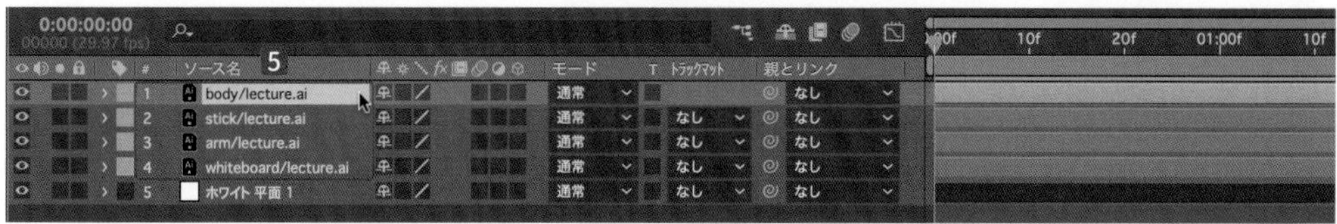

パスを作成する

【arm/lecture.ai】を選択して❶、右クリックしてショートカットメニューの【作成】から【ベクトルレイヤーからシェイプを作成】を選択すると❷、【arm/lecture アウトライン】クリップが作成されます❸。【arm/lecture.ai】❹は使用しないので、Delete キーで削除します（94ページ参照）。

【stick/lecture.ai】を選択して❺、右クリックしてショートカットメニューの【作成】から【ベクトルレイヤーからシェイプを作成】を選択すると❻【stick/lecture アウトライン】クリップが作成されます❼。【stick/lecture.ai】❽は使用しないので、Delete キーで削除します（94ページ参照）。

【arm/lecture アウトライン】を選択すると❾、アンカーポイントが画面の中心にあるので❿、【アンカーポイントツール】を選択して⓫、移動します。

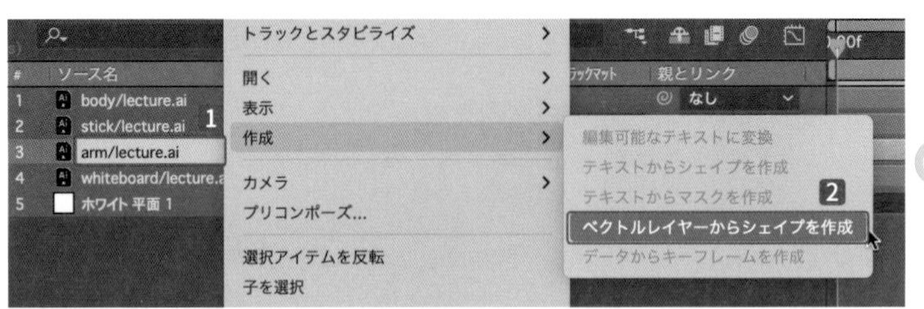

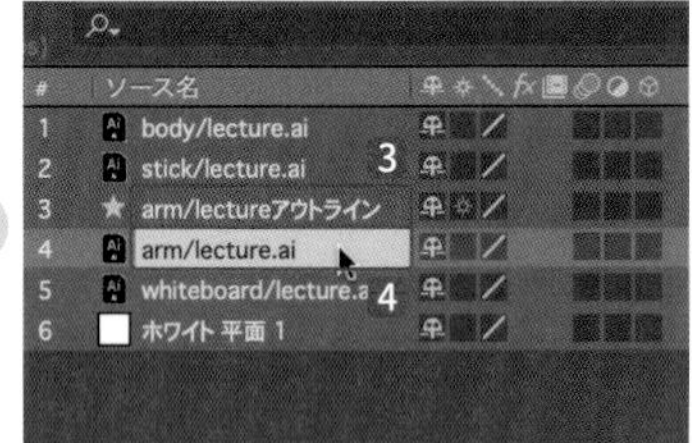

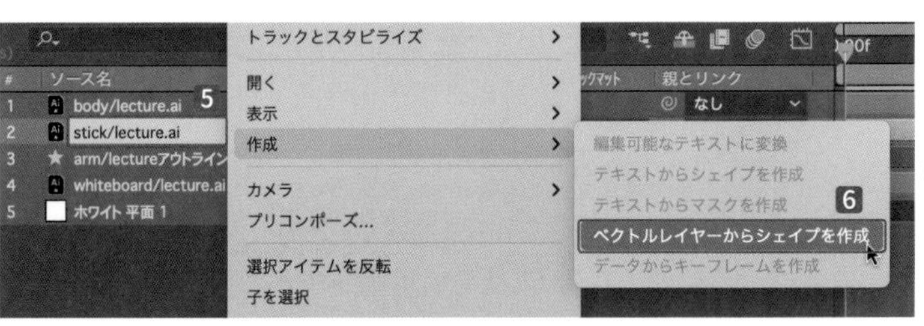

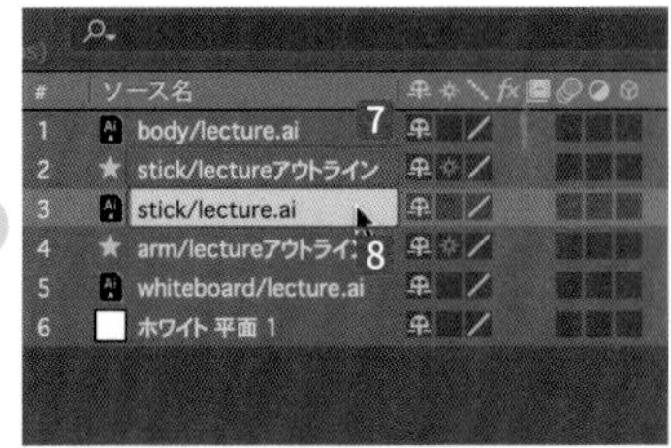

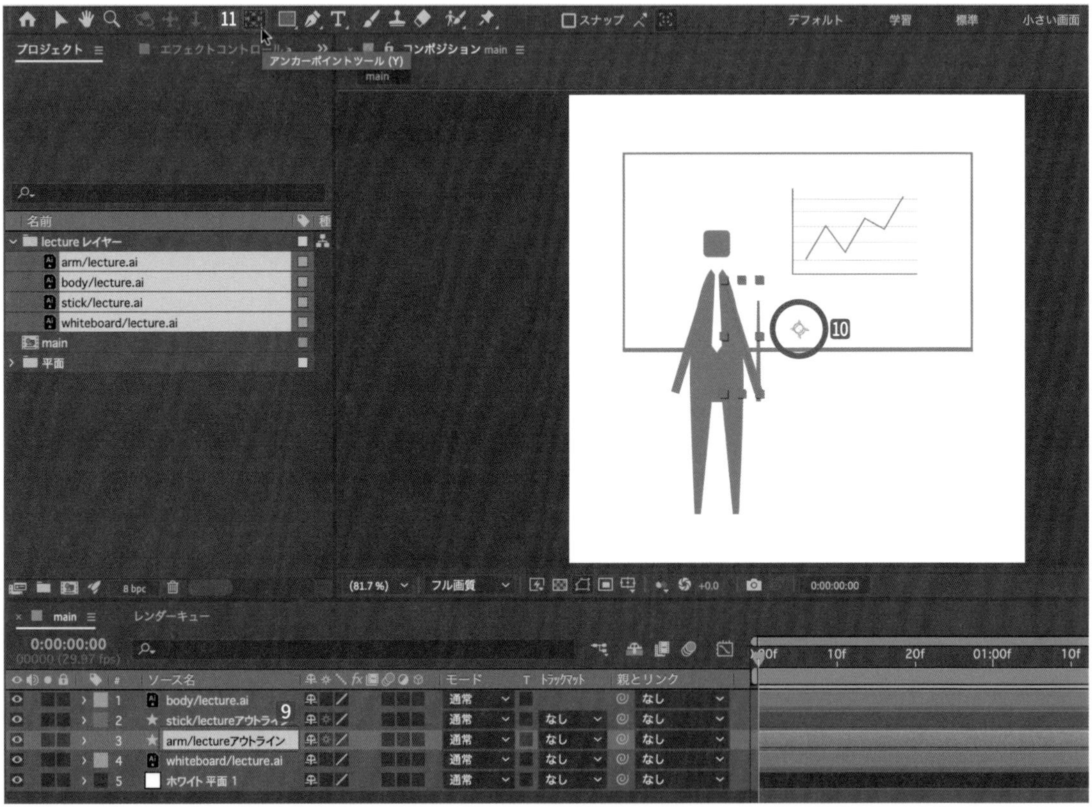

移動したアンカーポイントを、command / Ctrl キーを押しながら腕の付け根のポイントに吸着させます⑫。

【stick/lectureアウトライン】を選択すると⑬、アンカーポイントが画面の中心にあるので⑭、ドラッグして手の先辺りに移動します⑮。

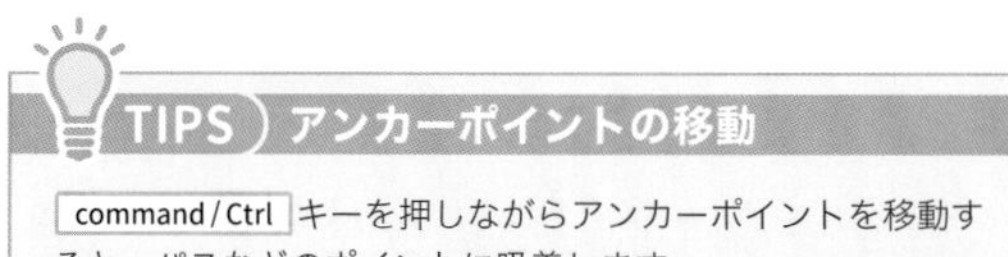

TIPS　アンカーポイントの移動

command / Ctrl キーを押しながらアンカーポイントを移動すると、パスなどのポイントに吸着します。

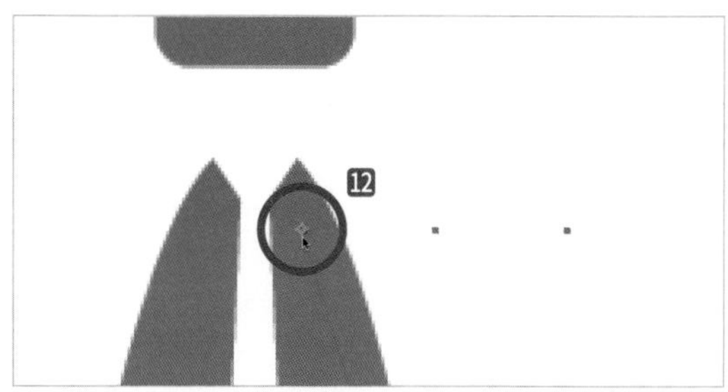

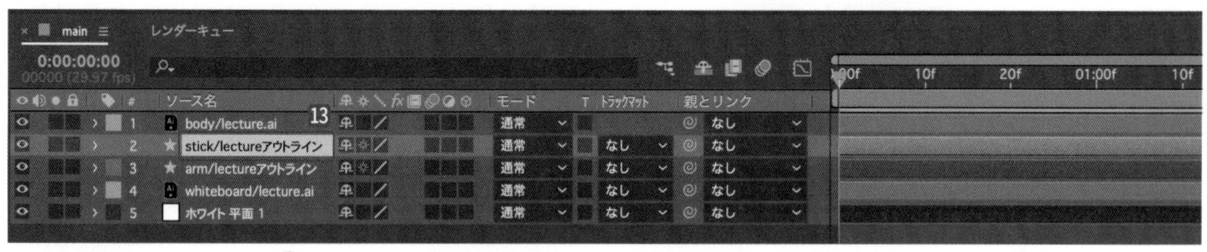

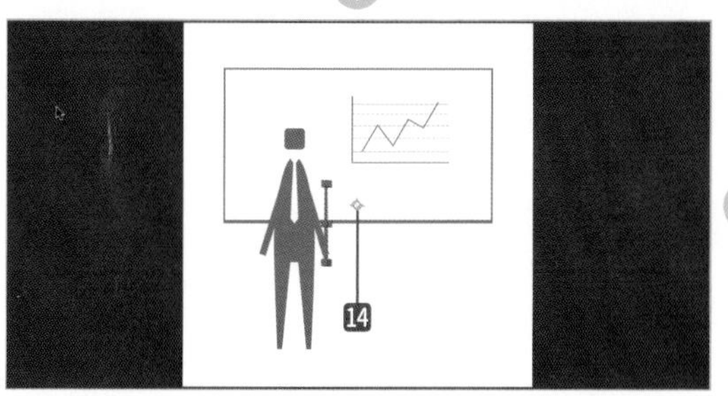

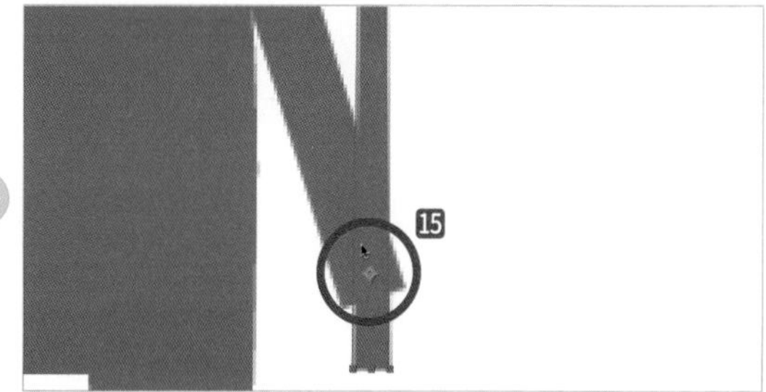

親子関係を作る

【stick/lectureアウトライン】の**【トランスフォームの継承元となるレイヤーを選択】**をクリックして⑯、**【arm/lectureアウトライン】**を選択します⑰。これで親子関係となり⑱、**【arm/lectureアウトライン】**を動かすと**【stick/lectureアウトライン】**もリンクして動きます。

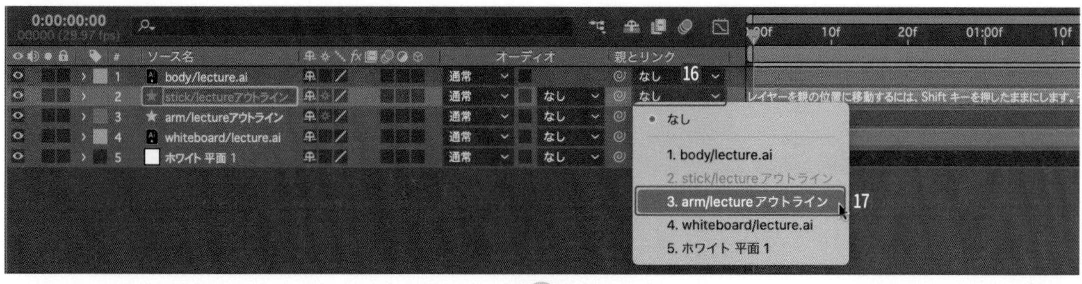

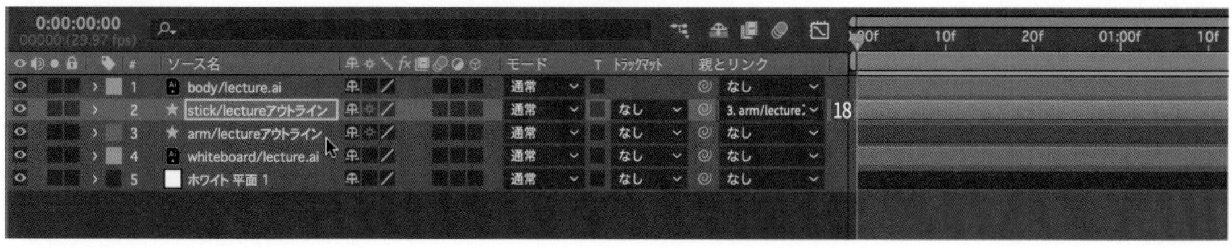

親子関係

アニメーションを作る際にパーツごとにキーフレームでアニメーションを付けていくのは大変です。手の動きとスティックの動きを親子関係で紐付けることで、手を動かすだけでスティックも同じ動きを行うようになります。

【arm/lectureアウトライン】を展開して⑲、さらに**【コンテンツ】**から**【グループ 1】**の**【パス 1】**を展開します⑳。**【0:00:00:10】**の位置で㉑**【ストップウォッチ】**をクリックして㉒、**【パス】**に**【キーフレーム】**を作成します㉓。

さらに外側にある**【トランスフォーム】**の**【回転】**も**【キーフレーム】**を作成します㉔㉕。

【stick/lectureアウトライン】の**【トランスフォーム】**の**【回転】**も**【ストップウォッチ】**をクリックして㉖、**【キーフレーム】**を作成します㉗。

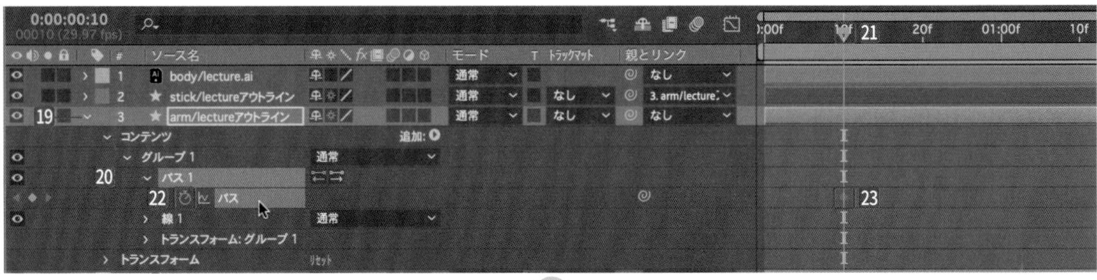

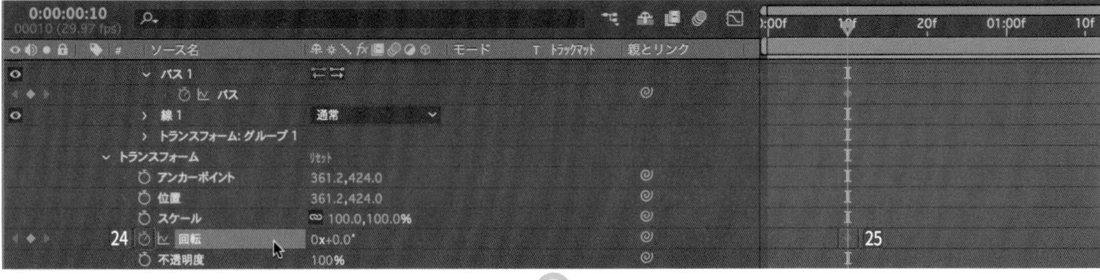

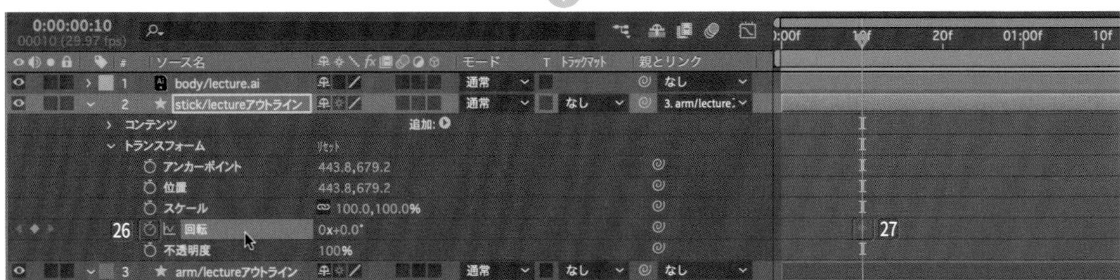

【0:00:00:20】に移動し㉘、**【arm/lecture アウトライン】**の**【回転】**を**【-40】**に設定します㉙。

TIPS トランスフォーム

クリップの中には、**【コンテンツ】**の中にある**【トランスフォーム:グループ1】**と独立した**【トランスフォーム】**がありますので注意してください。上記では独立した**【トランスフォーム】**を操作しています。

【0:00:00:20】の位置で【arm/lectureアウトライン】の【パス 1】を選択します30。

【選択ツール】31で肘の部分のポイントを選択して32、ドラッグするか、キーボードの↓キーで少しずつ下げていきます33。

【stick/lectureアウトライン】の【回転】を【50】に設定すると34、スティックがグラフの方向へ向きます35。

【0:00:01:00】に移動して36、【arm/lectureアウトライン】の【回転】で【現時点でキーフレームを加える、または削除する】をクリックし37、【キーフレーム】を作成して「タメ」を作ります38。

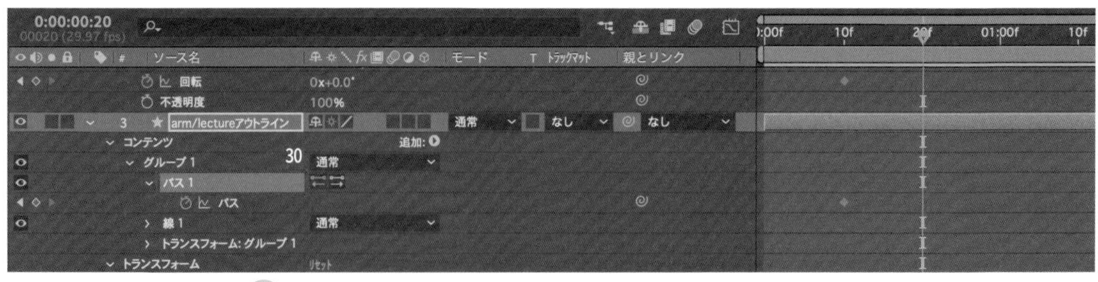

31

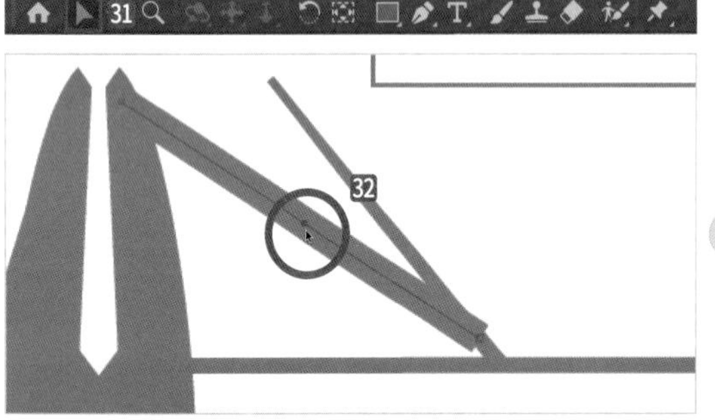

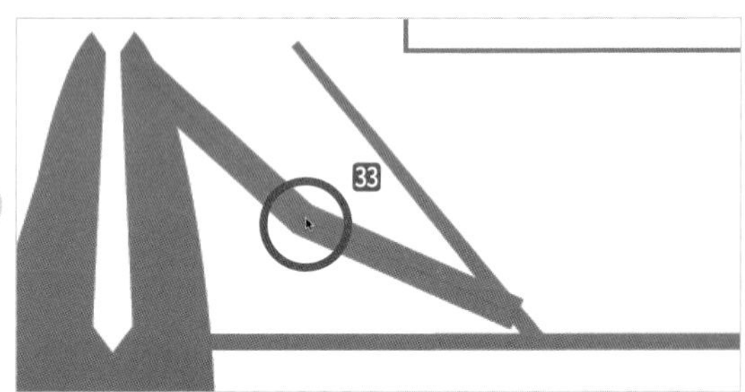

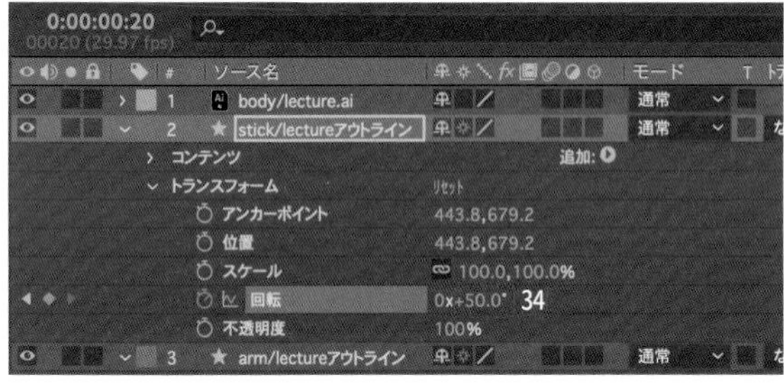

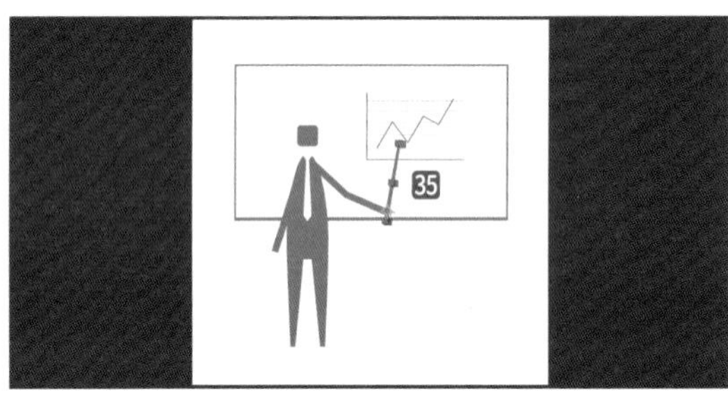

【0:00:01:05】に移動して㊴、**【arm/lectureアウトライン】**の**【回転】**を**【-60】**に設定します㊵。

【0:00:01:20】に移動して㊶、**【stick/lectureアウトライン】**の**【回転】**で**【現時点でキーフレームを加える、または削除する】**をクリックし㊷、**【キーフレーム】**を作成して「タメ」を作ります㊸。

【0:00:01:25】に移動して㊹、**【stick/lectureアウトライン】**の**【回転】**を**【80】**に設定します㊺。

【0:00:02:00】に移動して㊻、**【stick/lectureアウトライン】**の**【回転】**を**【70】**に設定します㊼。

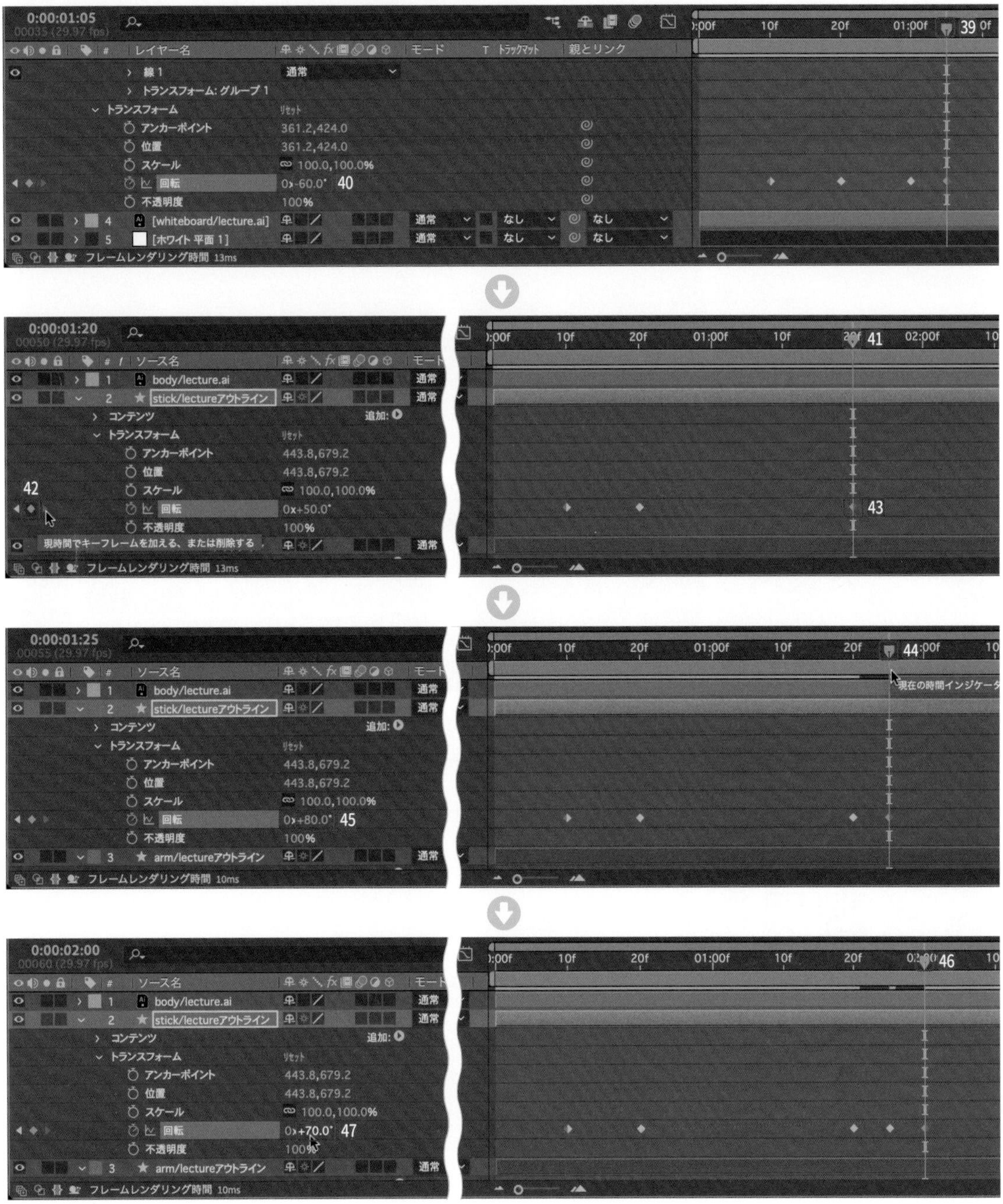

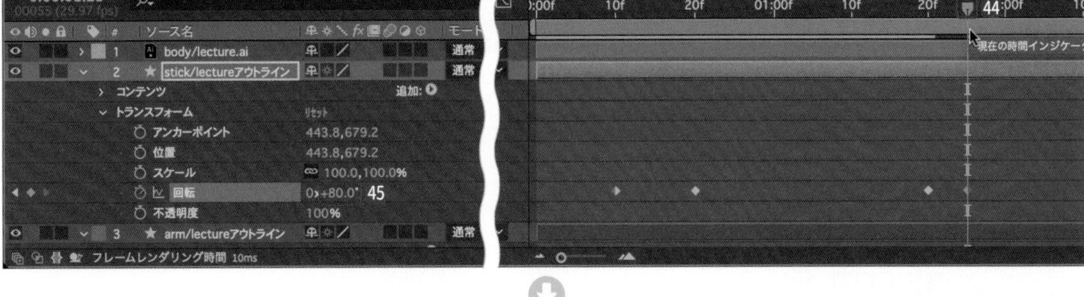

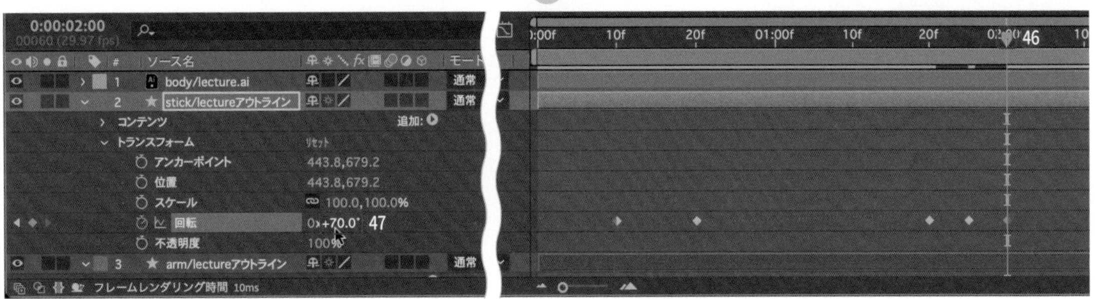

【0:00:02:05】に移動して㊽、**【stick/lectureアウトライン】**の**【回転】**を**【80】**に設定します㊾。
作成したすべてのキーフレームに**【イージーイーズ】**（F9キー）を適用します㊿。

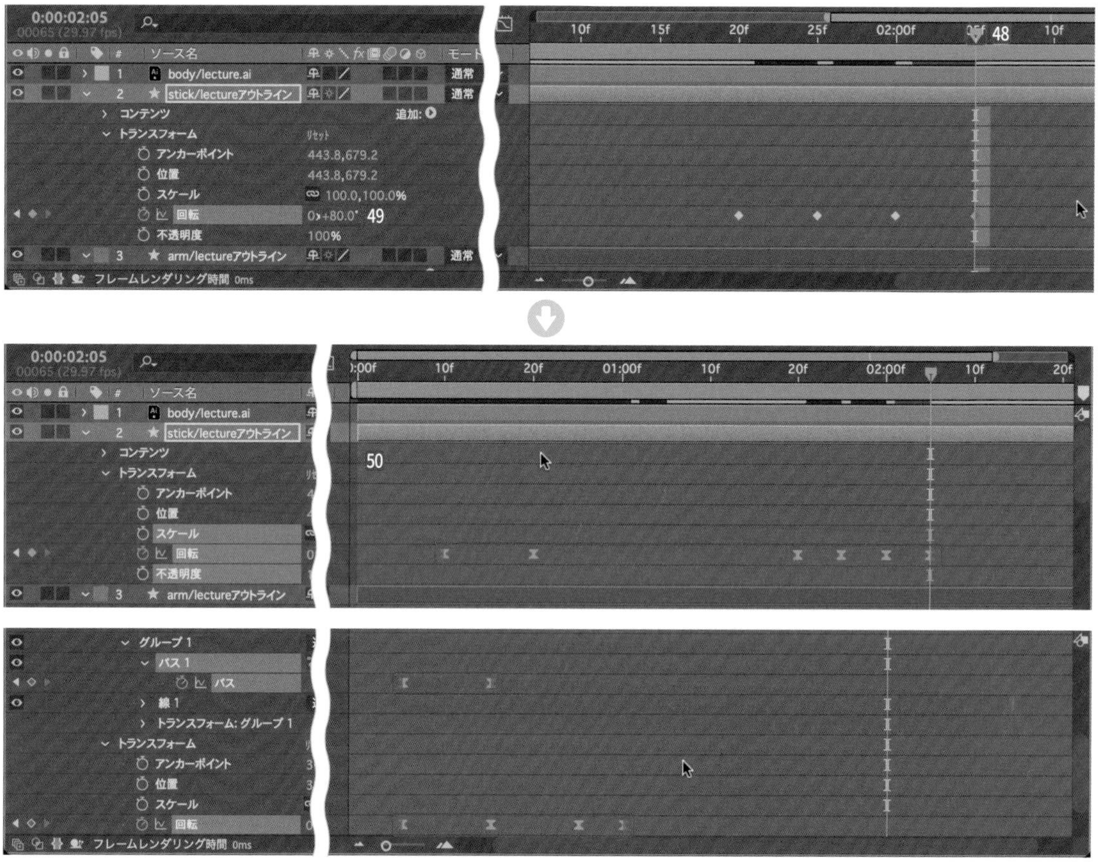

再生すると、グラフをスティックで指すアニメーションになりました。これで完成です。

Section 3 4

ウォークアニメーション

必ずアニメーション制作で使用する【ヌル】やループを行う【エクスプレッション】の使い方を解説します。難易度がぐっと上がりますが、繰り返し復習しながらマスターしましょう。

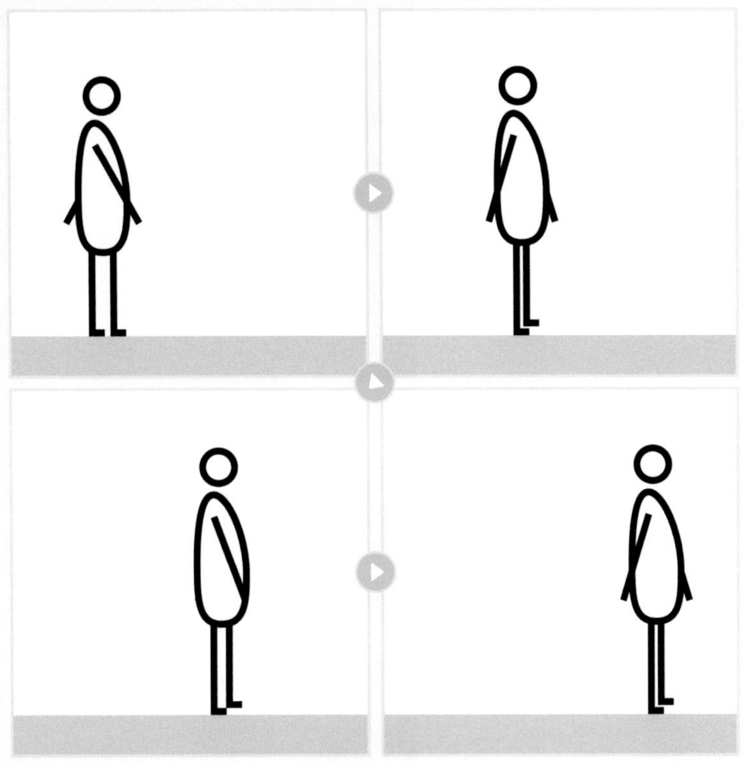

新規プロジェクトを作る

【ホーム画面】で**【新規プロジェクト】**ボタンをクリックします（15ページ参照）。

【ファイル】メニューの**【別名で保存】**から**【別名で保存...】**（Shift＋command/Ctrl＋Sキー）を選択して（25ページ参照）、**【別名で保存】**ダイアログボックスで**【walk】**と名前をつけて1、**【保存】**ボタンをクリックします2。

保存先は作業するハードディスクとフォルダーを選択してください。

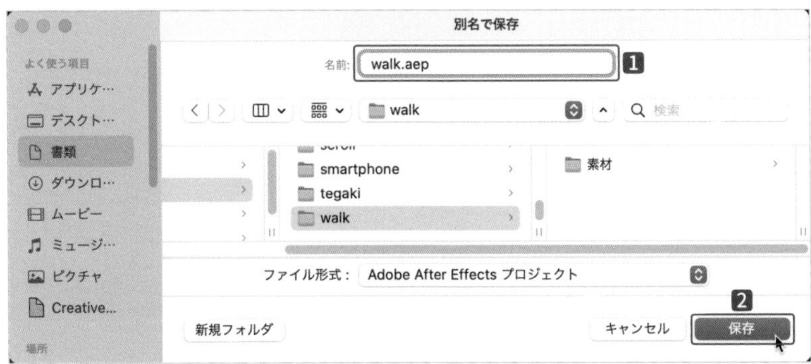

新規コンポジションを作る

【コンポジション】メニューから【新規コンポジション...】（command/Ctrl＋Nキー）を選択して、【コンポジション設定】ダイアログボックスを表示します（29ページ参照）❶。

【コンポジション名】は【main】❷、【プリセット】は【カスタム】❸を選択します。

今回は正方形の動画なので、【幅：1080px】【高さ：1080px】と入力します❹。

【デュレーション】を【0:00:03:00】に設定して❺、【OK】ボタンをクリックします❻。

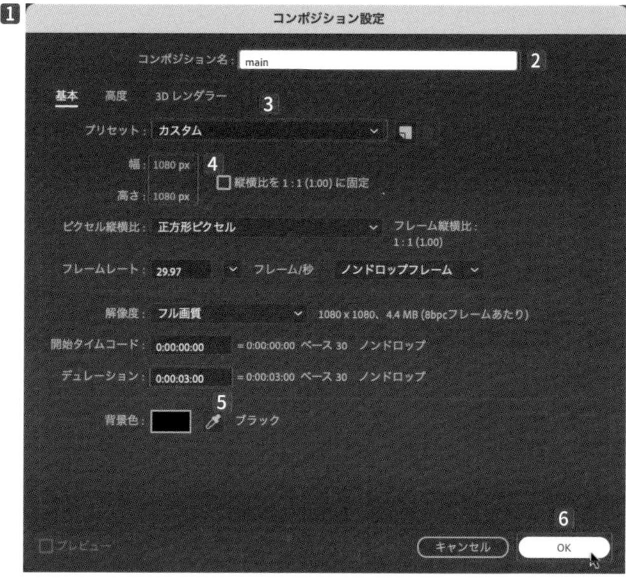

背景を作る

【レイヤー】メニューの【新規】から【平面...】（command/Ctrl＋Yキー）を選択して、【平面設定】ダイアログボックスを表示します❶。

【カラー】をクリックして【#FFFFFF】（ホワイト）に設定し❷、【OK】ボタンをクリックします❸。

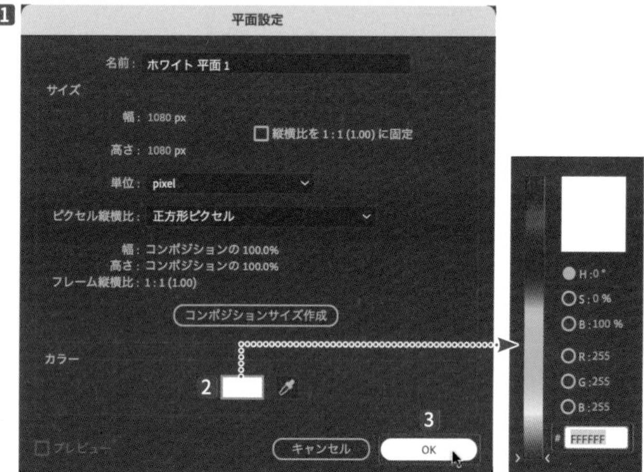

ファイルを読み込む

【ファイル】メニューの【読み込み】から【ファイル...】（command/Ctrl＋Iキー）を選択して、【ファイルの読み込み】ダイアログボックスを表示します❶。

【素材】から【walk.ai】を選択し❷、【読み込みの種類】で【コンポジション】を選択して❸、【開く】ボタンをクリックします❹。

⁝⁝ 素材を配置する

【プロジェクト】パネルに自動で作成される**【walk】**のコンポジションは使用しないので、Delete キーで削除します（94ページ参照）❶。

【walk レイヤー】のフォルダーを展開し❷、すべてを選択して❸、**【タイムライン】**パネルに配置します❹。

上から、**【head/walk.ai】【arm_right/walk.ai】【body/walk.ai】【arm_left/walk.ai】【leg_right/walk.ai】【leg_left/walk.ai】【ground/walk.ai】**の順番にレイヤーを配置します❺。

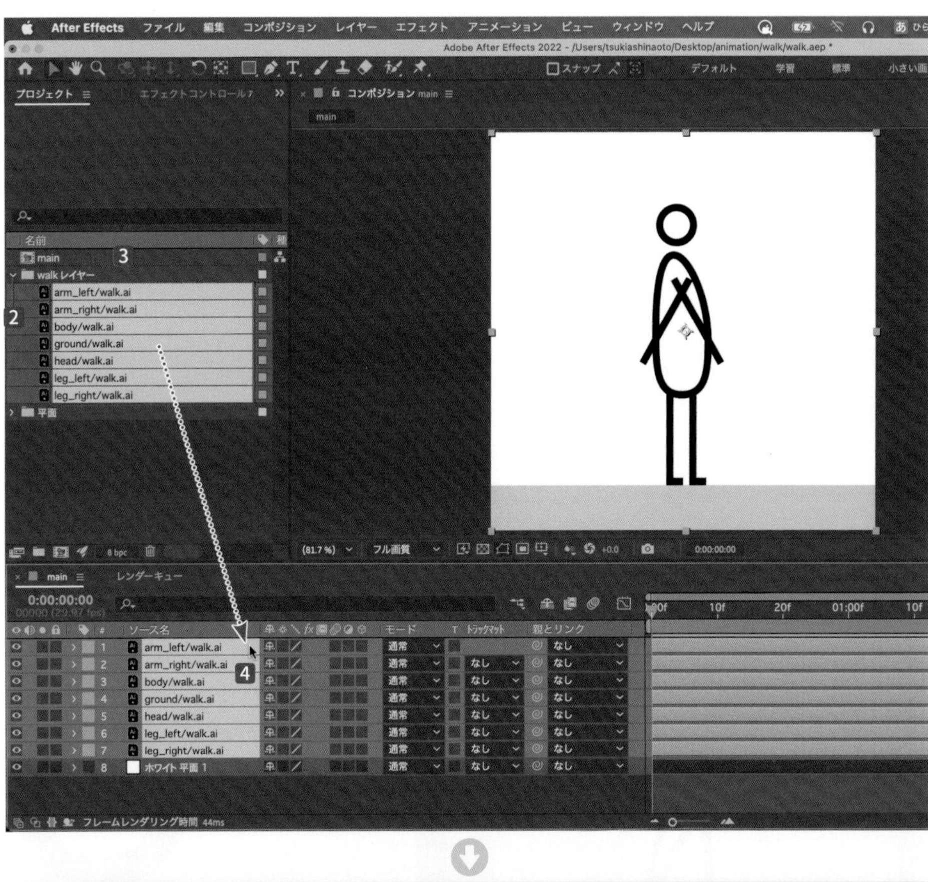

パスを作成する

【ground/walk.ai】以外のaiクリップを選択して❶、右クリックしてショートカットメニューの**【作成】**から**【ベクトルレイヤーからシェイプを作成】**を選択すると❷、各々のアウトラインクリップが作成されます。

非表示になったaiクリップ❸は使用しないので、Deleteキーで削除します（94ページ参照）。

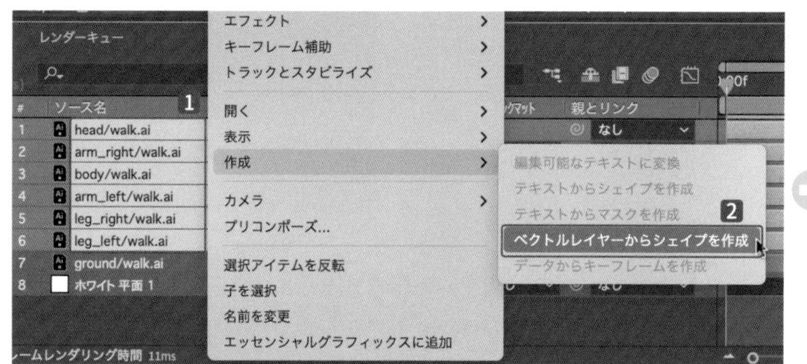

アンカーポイントを調整する

【head/walkアウトライン】を選択すると❶、画面の中心にアンカーポイントがあります❷。

【アンカーポイントツール】に切り替えて❸、体の首の付け根に移動します❹。

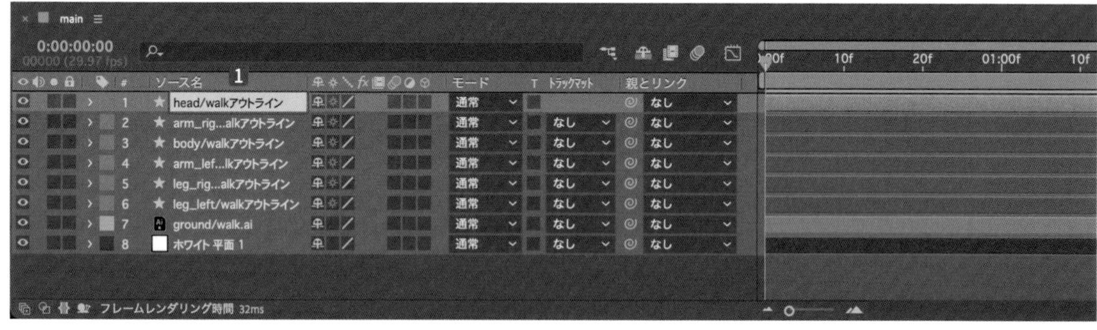

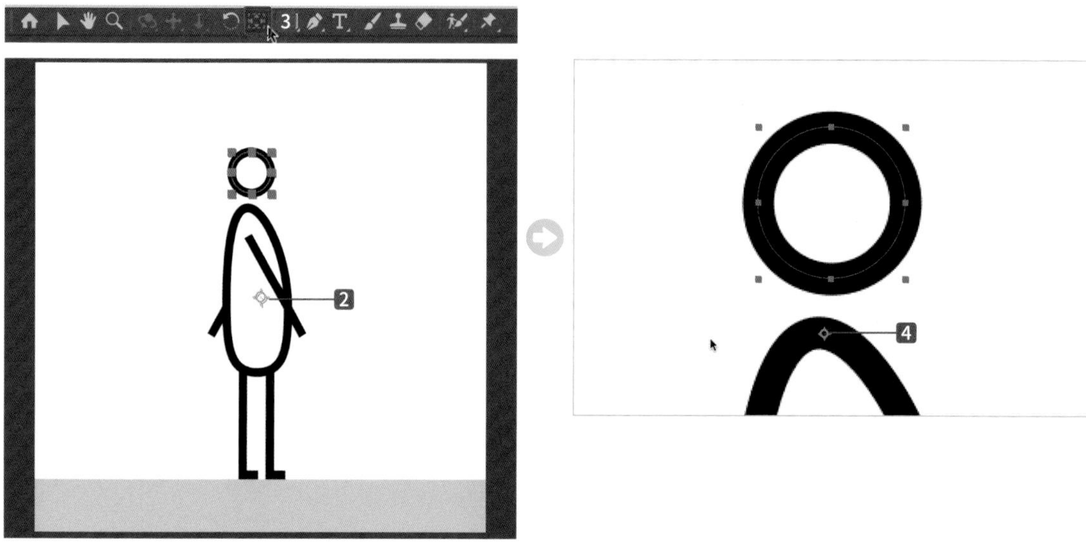

【arm_right/walk アウトライン】を選択します5。アンカーポイントを腕の付け根のポイントにドラッグします6。command / Ctrl キーを押しながらドラッグすると、ポイントに吸着します。

【arm_left/walk アウトライン】を選択します7。アンカーポイントを腕の付け根のポイントにドラッグします8。command / Ctrl キーを押しながらドラッグすると、ポイントに吸着します。

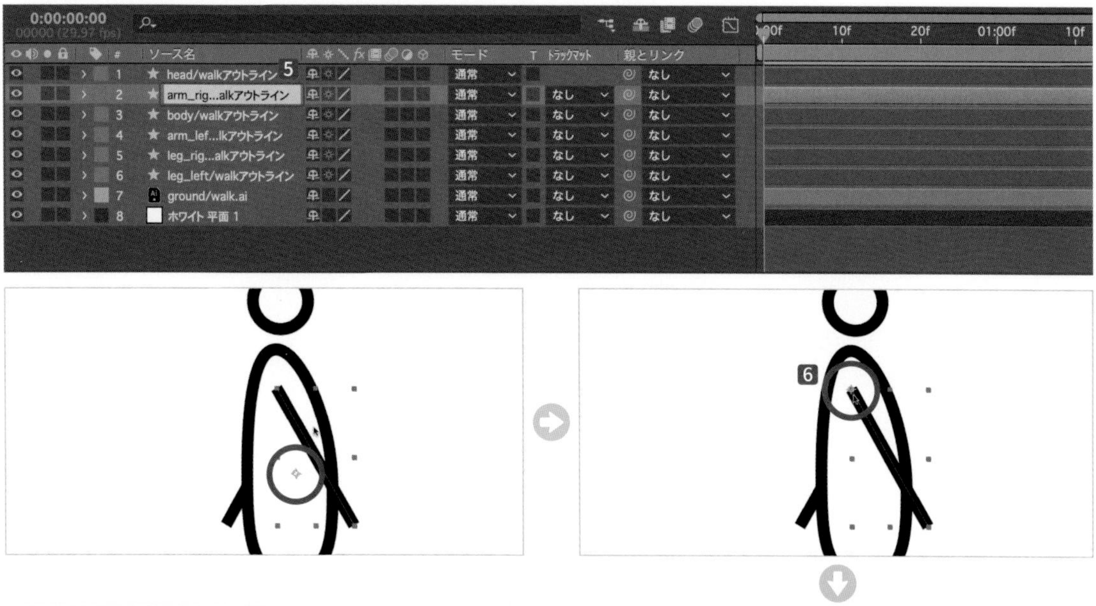

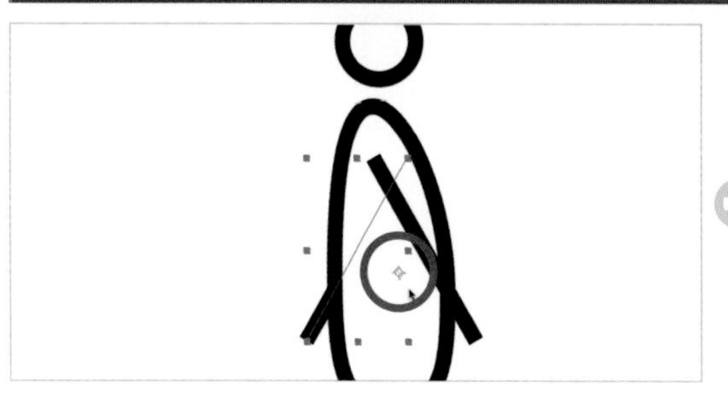

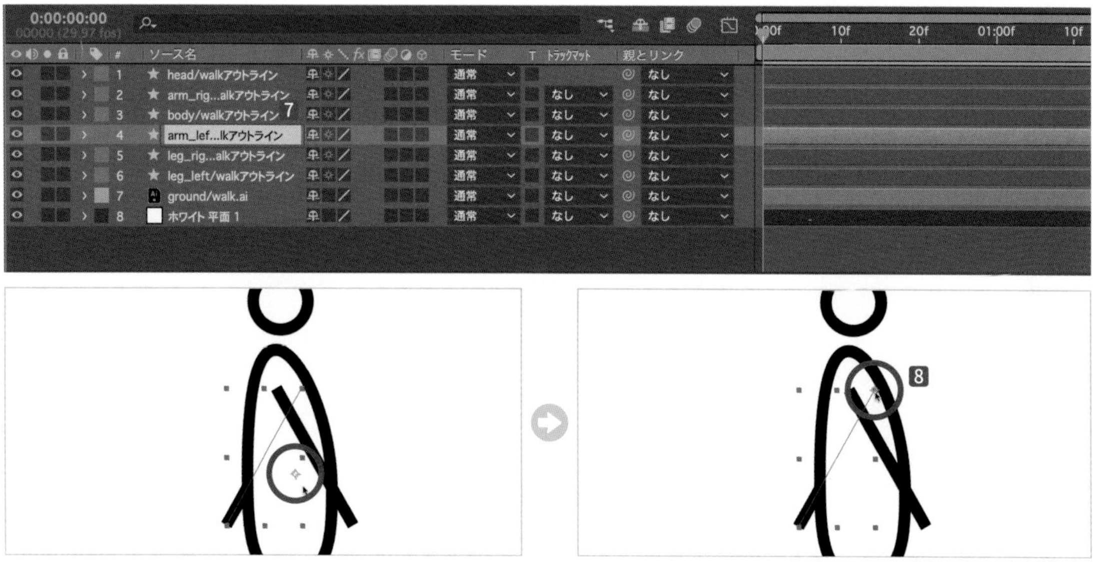

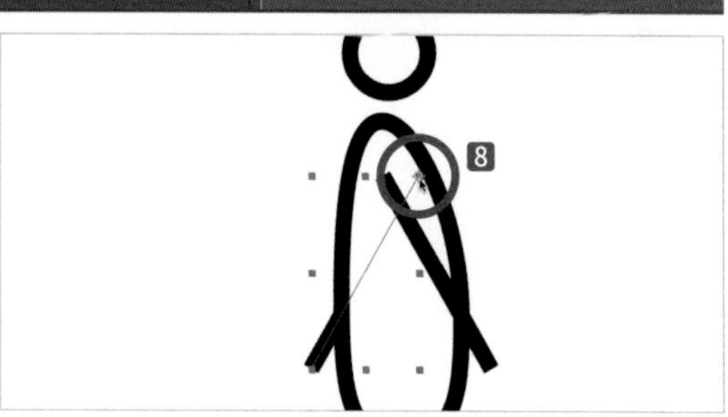

【head/walk アウトライン】【arm_right/walk アウトライン】【arm_left/walk アウトライン】を command / Ctrl キーを押しながらクリックして選択します❾。

【親ピックウィップ】◎❿を**【body/walk アウトライン】**に図のようにドラッグして親子関係に設定します⓫。

【body/walk アウトライン】を動かすと、親子関係になった3つのクリップもリンクされて自動的に動きます。

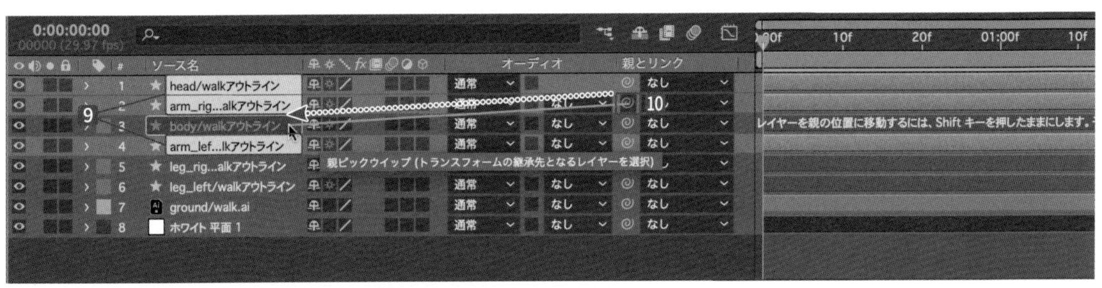

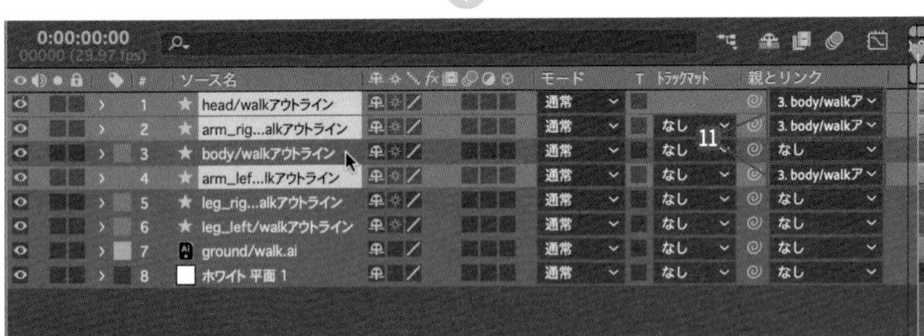

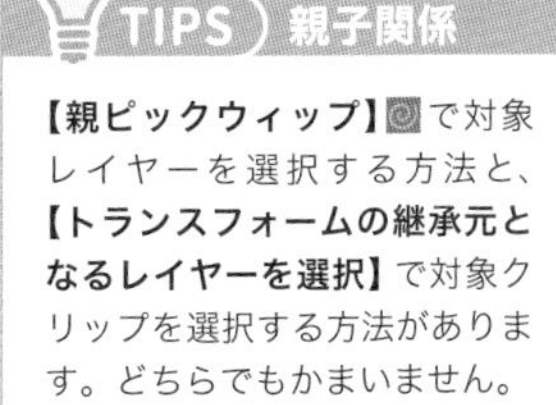

TIPS　親子関係

【親ピックウィップ】◎で対象レイヤーを選択する方法と、**【トランスフォームの継承元となるレイヤーを選択】**で対象クリップを選択する方法があります。どちらでもかまいません。

⁞ 体のループアニメーションを作る

【0:00:00:00】の位置で❶**【body/walk アウトライン】**の**【位置】**に**【キーフレーム】**を作成します❷❸。

【0:00:00:10】❹で**【位置】**のY座標を**【500】**❺に設定すると、体が上がります❻。首や腕も親子関係になっているので一緒に上がります。

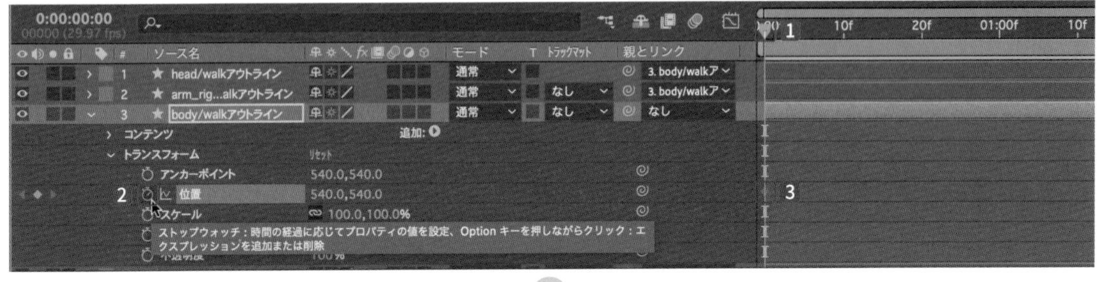

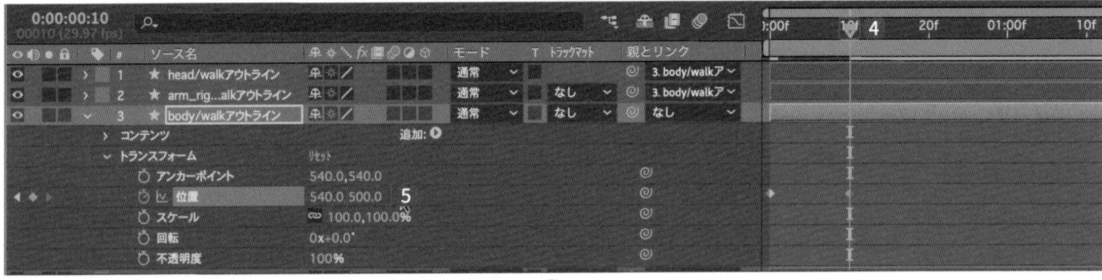

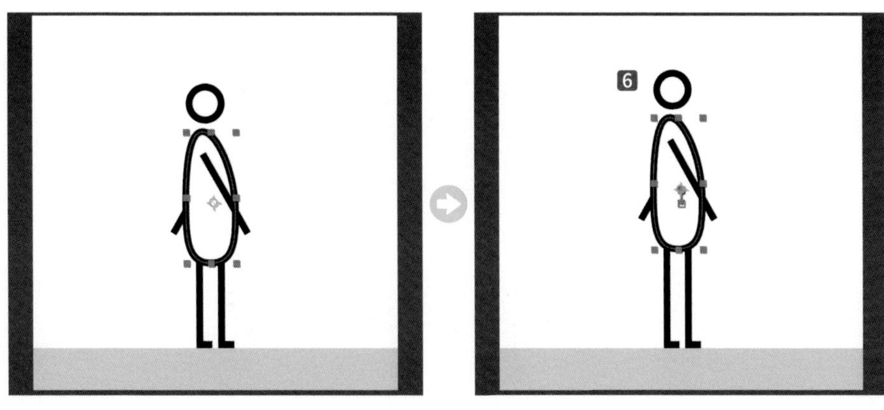

【0:00:00:20】に移動します7。【0:00:00:00】の【キーフレーム】8をコピー＆ペーストして（command/Ctrl＋C ➡ command/Ctrl＋Vキー）9、【イージーイーズ】（F9キー）を適用します10。

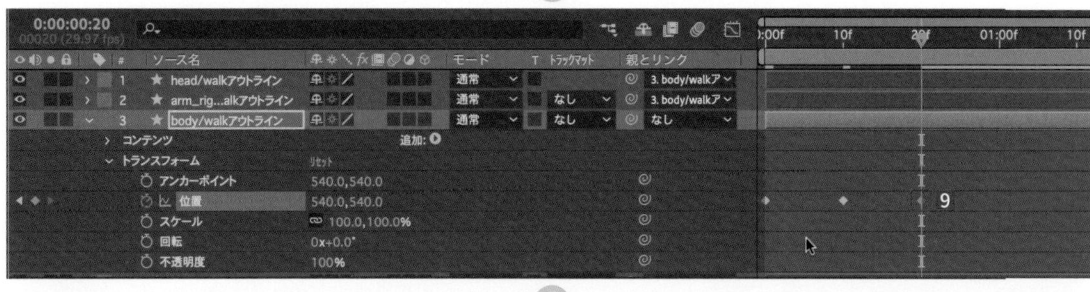

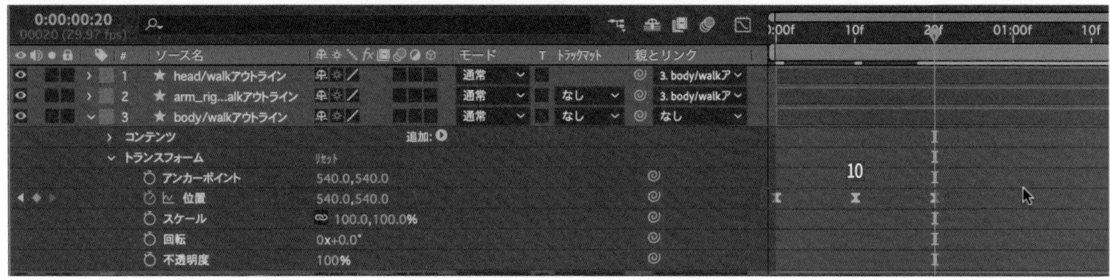

【位置】の**【ストップウォッチ】**を option/Alt キーを押しながらクリックします11。

数値が赤色になり、**【エクスプレッション】**を追加できるようになります12。

【エクスプレッション言語メニュー】をクリックして13、**【Property】**から**【loopOut(type = “cycle”, numKeyframes = 0)】**を選択します14。

アニメーションを手動でキーフレームを作成して動きを付けるのではなく、言語で自動制御する便利な機能です。ループアニメーションなどが手軽にできます。

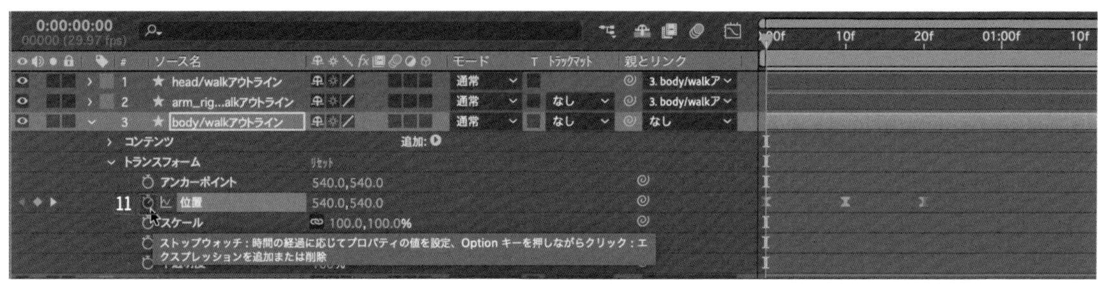

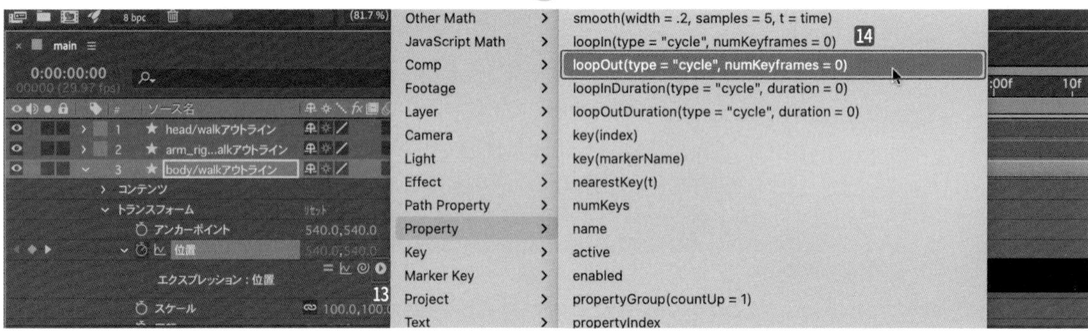

自動的に体が上下するループアニメーションになります。

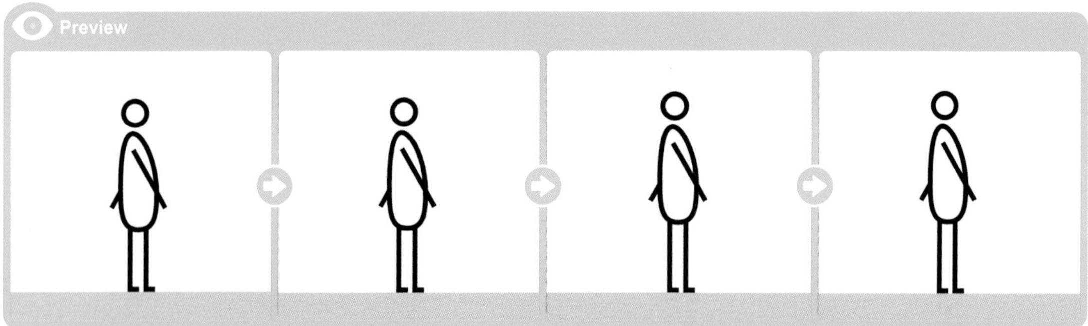

⁝⁝ 頭のループアニメーションを作る

【0:00:00:10】に移動して❶、【head/walk アウトライン】の【回転】❷に【キーフレーム】を作成します❸❹。
【0:00:00:00】に移動して❺、【head/walk アウトライン】の【回転】を【10】に設定します❻。
【0:00:00:20】に移動して❼、【0:00:00:00】の【キーフレーム】❽をコピー＆ペーストします（command/Ctrl＋C ➡ command/Ctrl＋V キー）❾。作成した【キーフレーム】に【イージーイーズ】（F9 キー）を適用します❿。

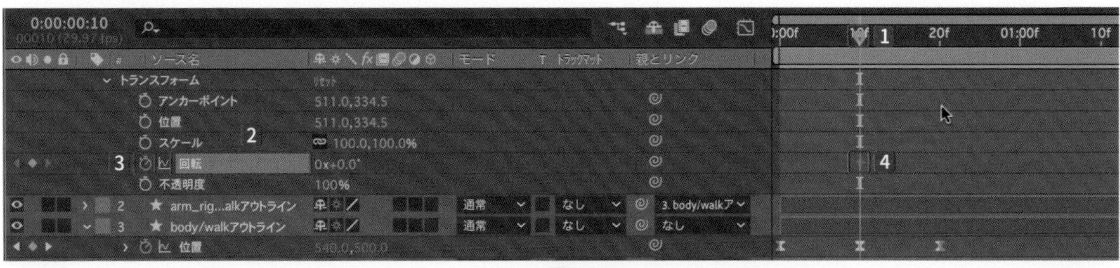

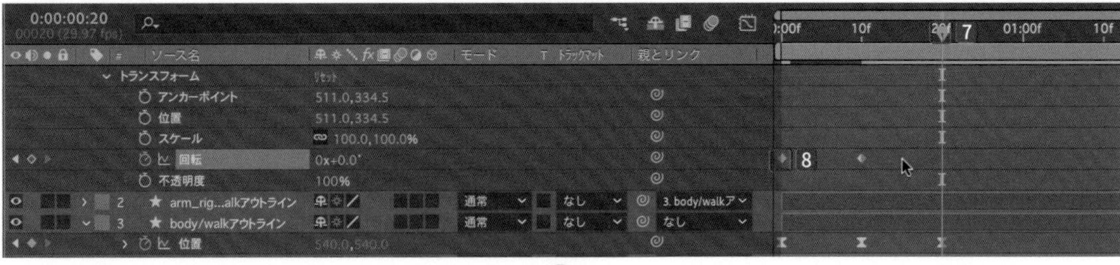

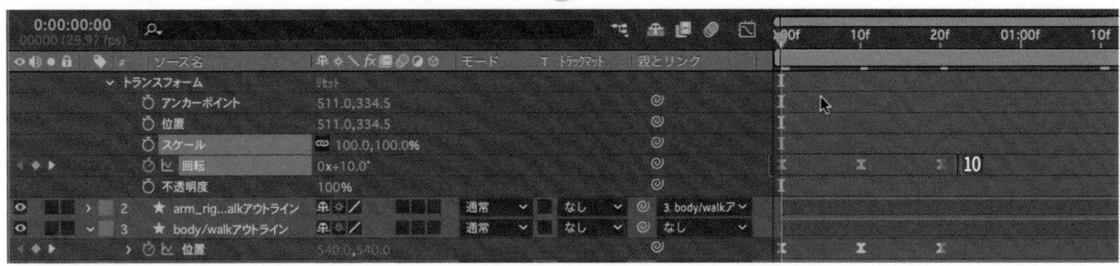

【回転】の【ストップウォッチ】を option / Alt キーを押しながらクリックします11。
【Property】から【loopOut(type = "cycle", numKeyframes = 0)】を選択します12。

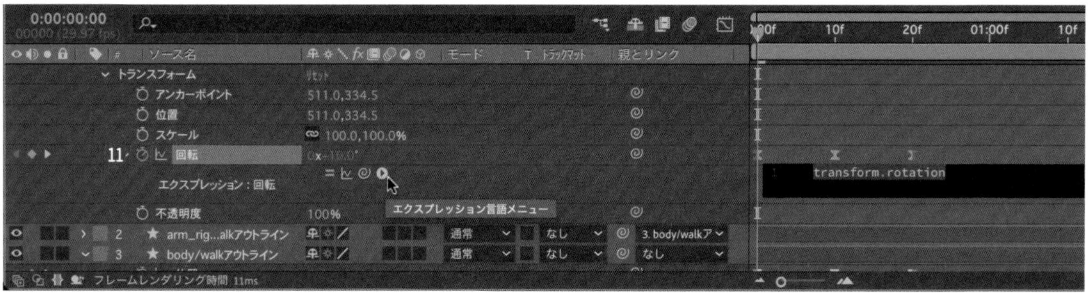

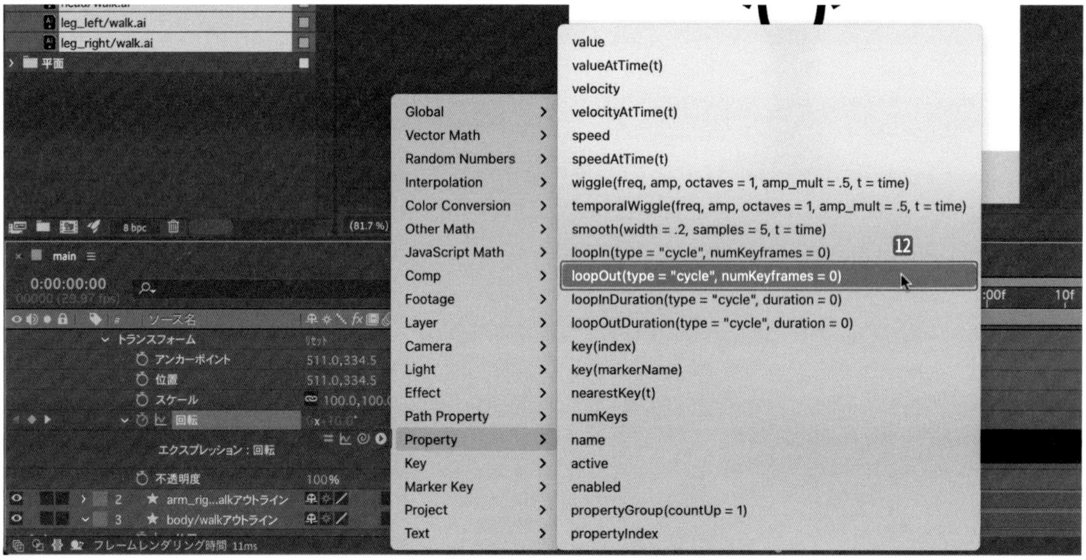

再生すると、首振りがループします。

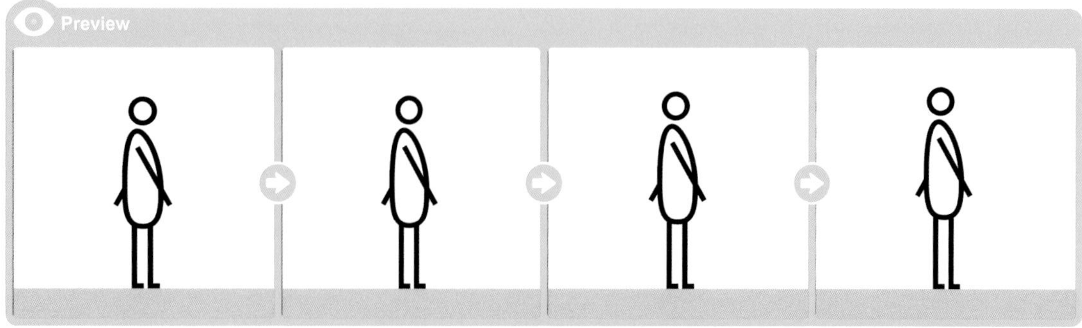

∷ 腕振りのループアニメーションを作る

右腕にアニメーションをつけていきます。

【0:00:00:00】に移動して❶、**【arm_right/walk アウトライン】**の**【回転】**❷に**【キーフレーム】**を作成します❸❹。
【0:00:00:20】に移動して❺、**【arm_right/walk アウトライン】**の**【回転】**を**【60】**に設定します❻。
【0:00:01:10】に移動して❼、**【0:00:00:00】**の**【キーフレーム】**❽をコピー＆ペーストして（command / Ctrl ＋ C ➡ command / Ctrl ＋ V キー）❾、**【イージーイーズ】**（F9 キー）を適用します❿。

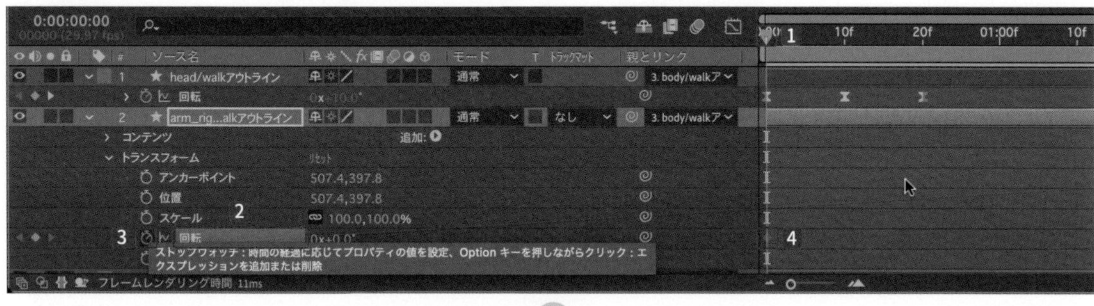

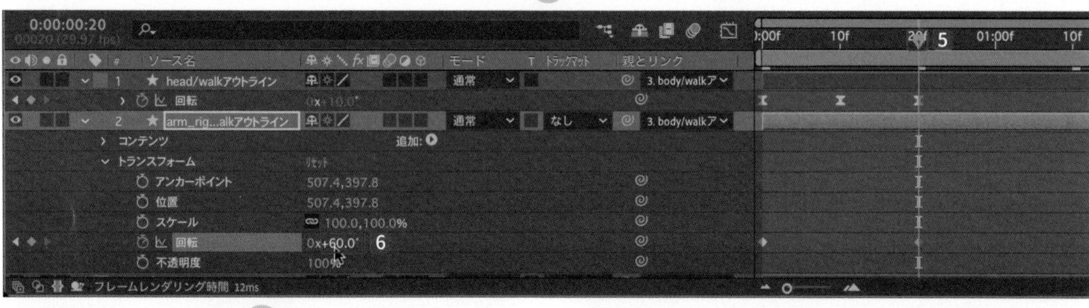

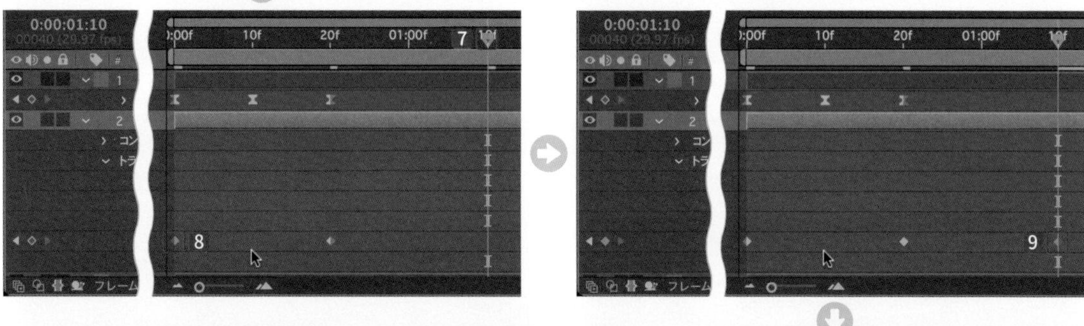

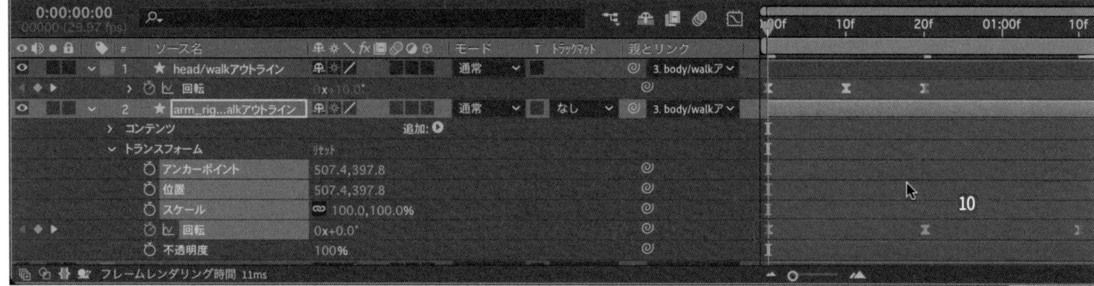

同様に、**【回転】**に**【loopOut(type = “cycle”, numKeyframes = 0)】**を適用します11 12。

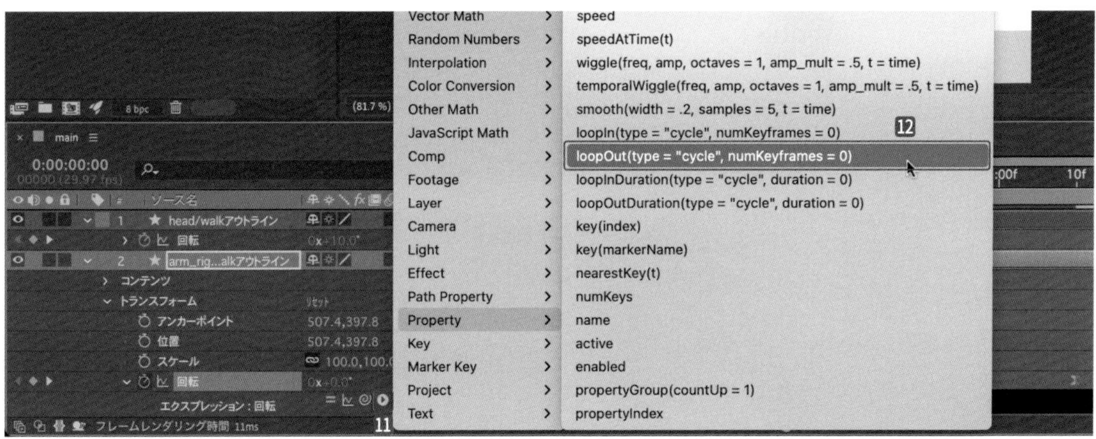

左腕にアニメーションをつけていきます。
【0:00:00:00】に移動して13、**【arm_left/walk アウトライン】**の**【回転】**に**【キーフレーム】**を作成します14 15。
【0:00:00:20】に移動して16、**【arm_left/walk アウトライン】**の**【回転】**を**【-60】**に設定します17。

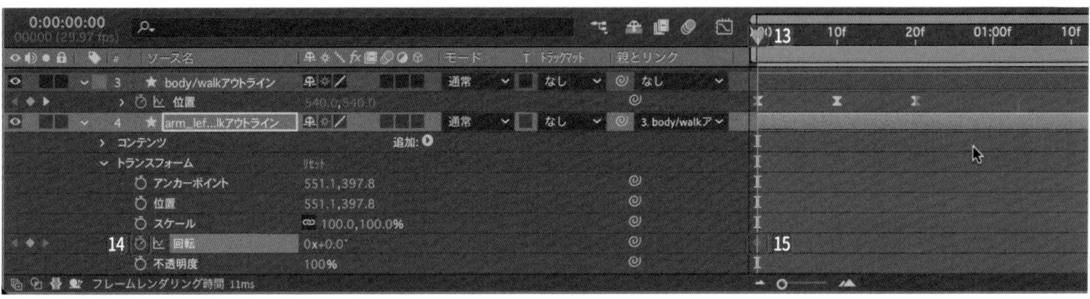

【0:00:01:10】に移動して18、**【0:00:00:00】**の**【キーフレーム】**19をコピー＆ペーストして（command / Ctrl＋C ➡ command / Ctrl＋V キー）、**【イージーイーズ】**（F9 キー）を適用します20。

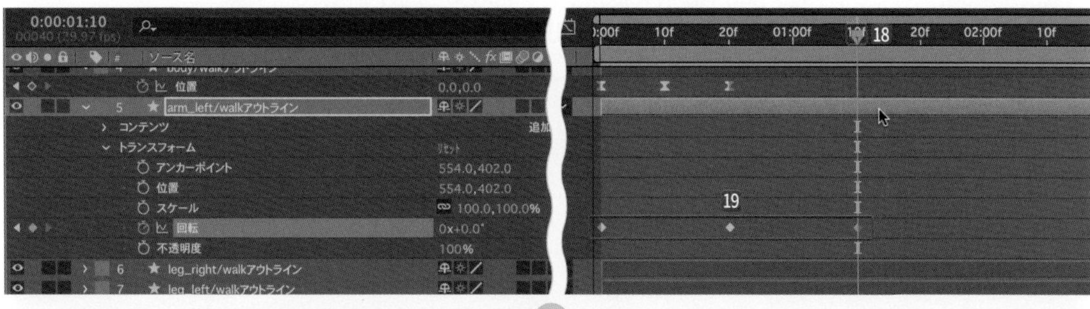

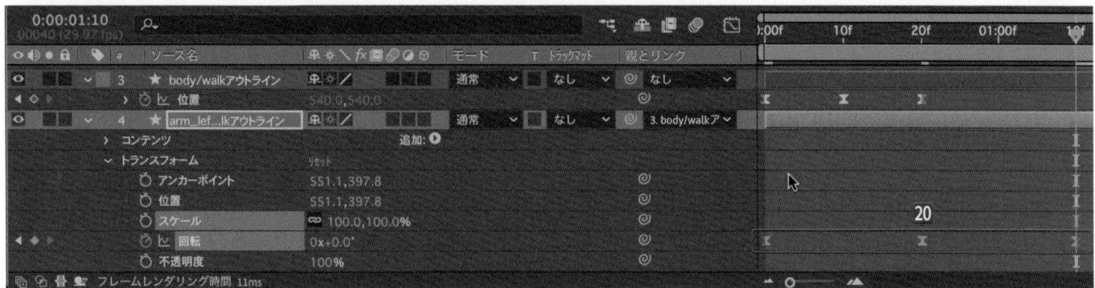

同様に、**【回転】**に**【loopOut(type = "cycle", numKeyframes = 0)】**を適用します21 22。

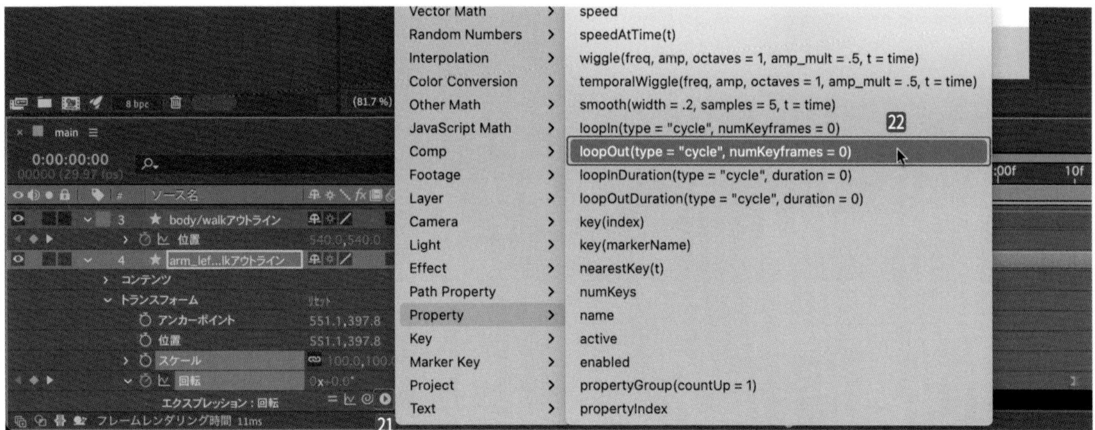

⁞⁞ 歩きのループアニメーションを作る

【0:00:00:00】 に移動します❶。**【leg_right/walk アウトライン】** の **【位置】** を選択します❷。
右クリックしてショートカットメニューから **【次元に分割】** を選択すると❸、**【X 位置】** と **【Y 位置】** に分割されます❹。

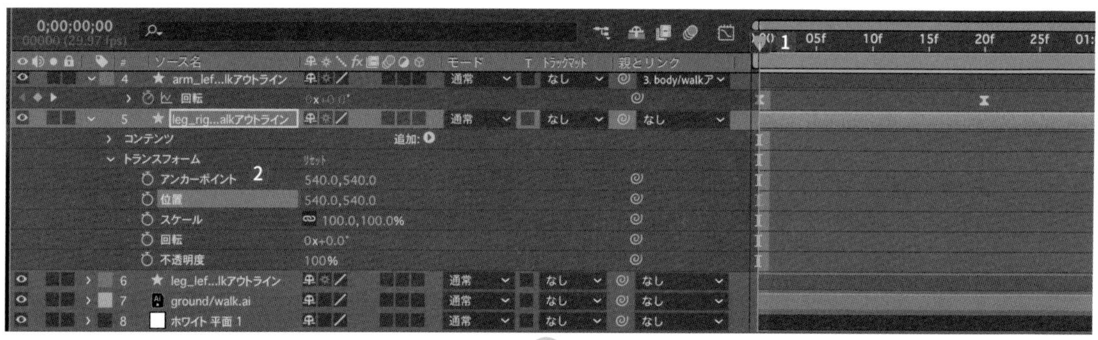

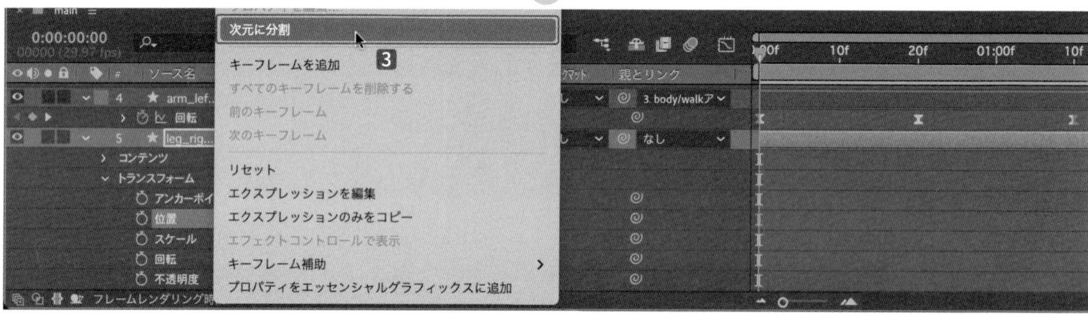

２つとも【**キーフレーム**】を作成します5。
【**0:00:00:10**】に移動して6、【**Y位置**】を【**500**】に設定すると7、足が上がります8。
【**0:00:00:20**】に移動して9、【**0:00:00:00**】の【**キーフレーム**】10をコピー＆ペーストします（command / Ctrl ＋ C ➡ command / Ctrl ＋ V キー）11。

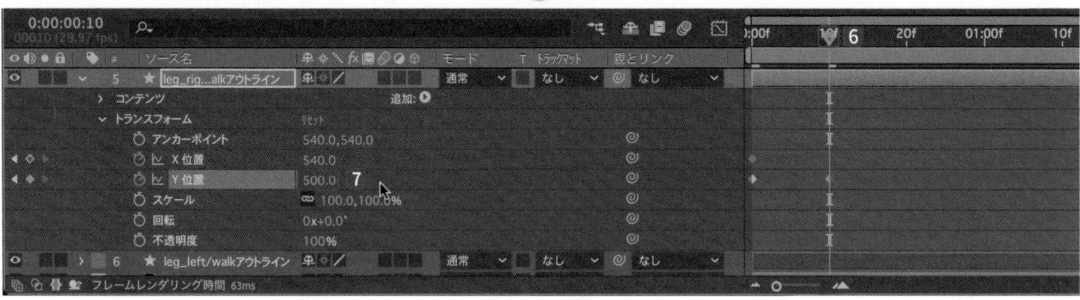

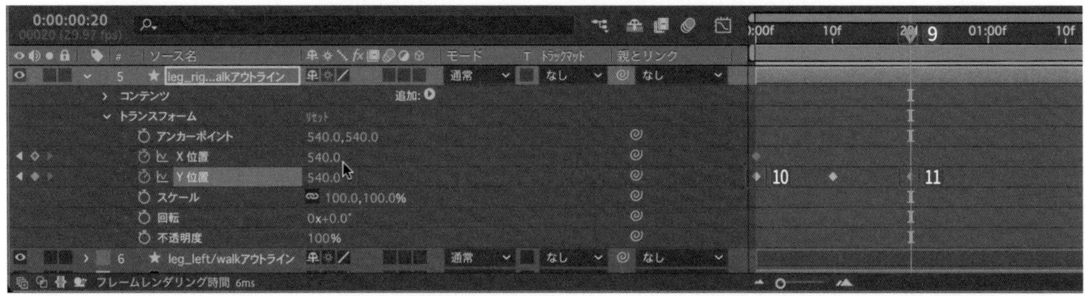

【0:00:00:20】⑫で【X位置】を【600】に設定すると⑬、前に進みます⑭。

【0:00:01:10】に移動して⑮、【0:00:00:00】の【X位置】の【キーフレーム】⑯をコピー＆ペーストします（command / Ctrl ＋ C ➡ command / Ctrl ＋ V キー）⑰。

同様に、【0:00:00:00】の【Y位置】の【キーフレーム】⑱をコピー＆ペーストします（command / Ctrl ＋ C ➡ command / Ctrl ＋ V キー）⑲。

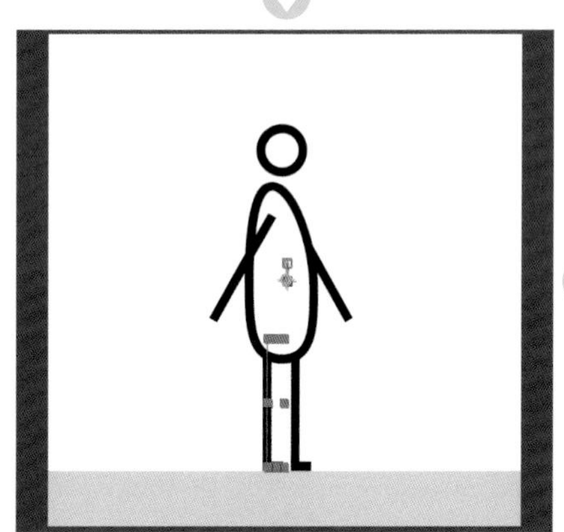

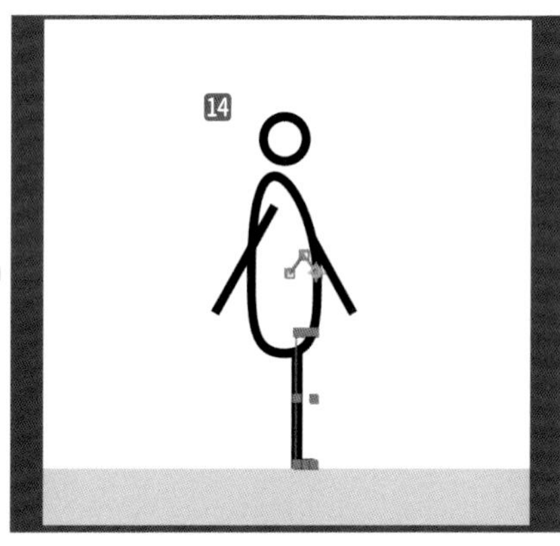

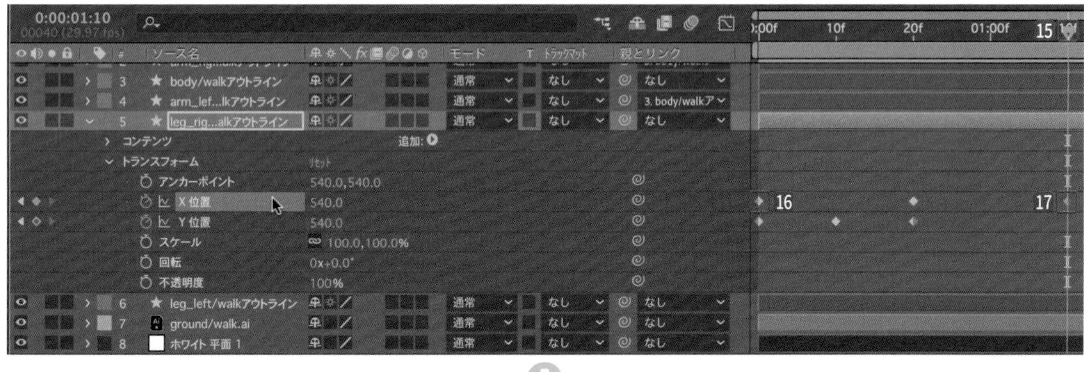

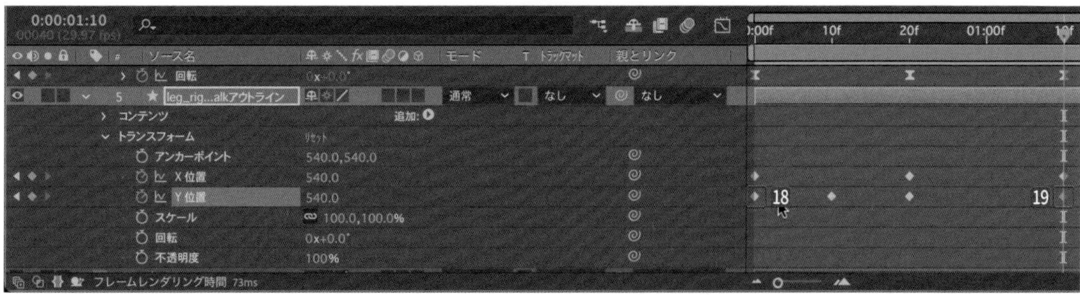

【キーフレーム】に【イージーイーズ】（F9 キー）を適用します⑳。
【X位置】㉑と【Y位置】㉓それぞれに【loopOut(type = “cycle”, numKeyframes = 0)】を適用します㉒㉔。

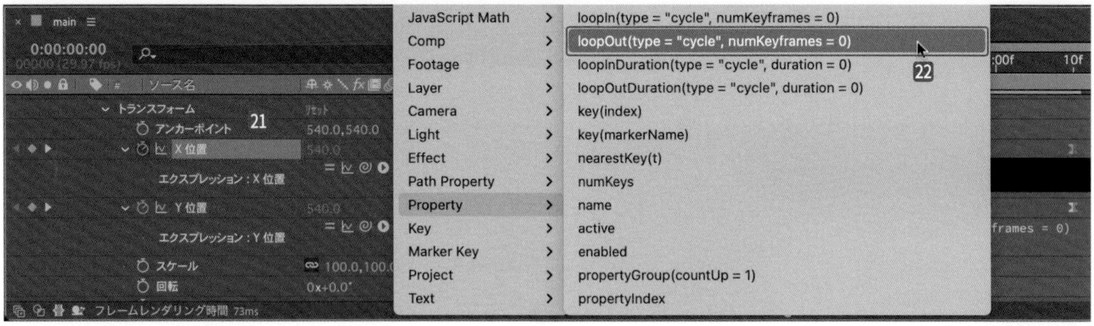

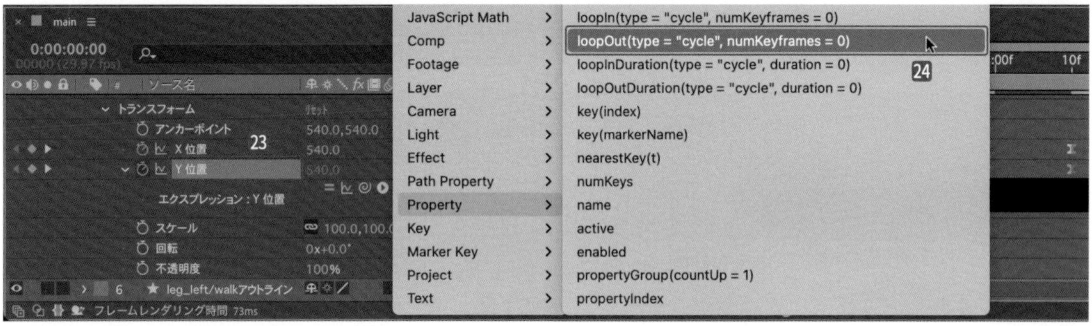

再生すると、歩く右足のループアニメになります。

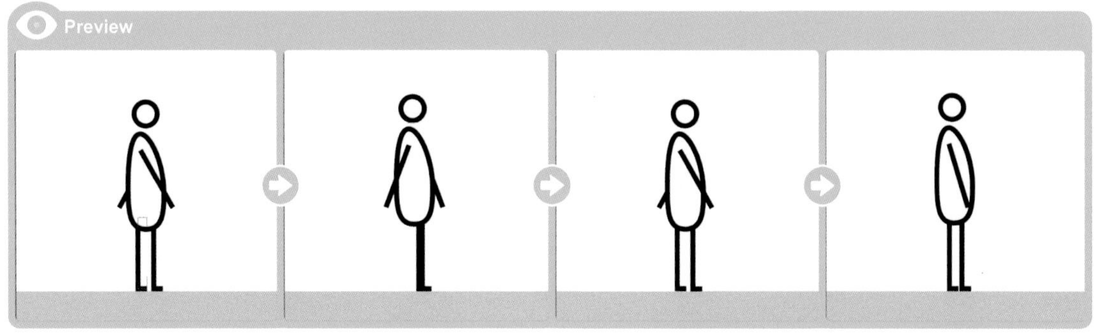

同様に、**【0:00:00:00】**に移動して、左足の**【leg_left/walk アウトライン】**の**【位置】**を**【選択】**します㉕。
右クリックしてショートカットメニューから**【次元に分割】**を選択すると㉖、**【X 位置】**と**【Y 位置】**に分割されます㉗。
２つとも**【キーフレーム】**を作成します㉘。
【0:00:00:20】に移動して㉙、**【Y 位置】**に**【キーフレーム】**を作成します㉚㉛。
【X 位置】を**【480】**㉜に設定すると、左足が後ろにいきます。

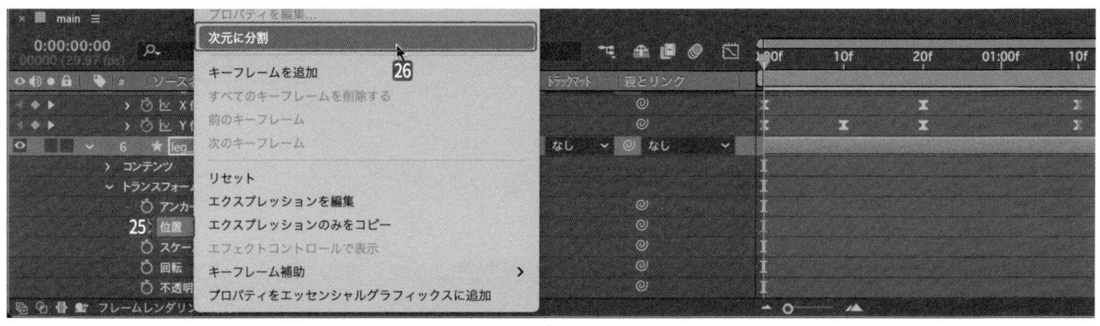

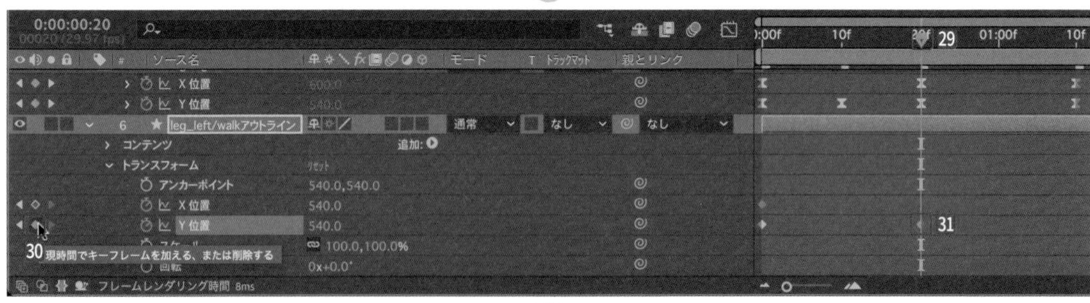

【0:00:01:00】に移動して33、【Y位置】を【500】に設定します34。

【0:00:01:10】に移動して35、【0:00:00:00】の【X位置】の【キーフレーム】36をコピー＆ペーストします（command / Ctrl ＋ C ➡ command / Ctrl ＋ V キー）37。

【0:00:00:00】の【Y位置】の【キーフレーム】38をコピー＆ペーストします（command / Ctrl ＋ C ➡ command / Ctrl ＋ V キー）39。

すべてに【イージーイーズ】（F9 キー）を適用します40。

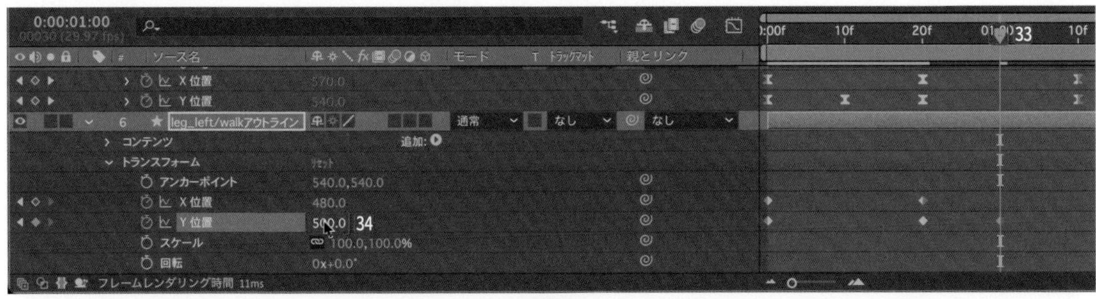

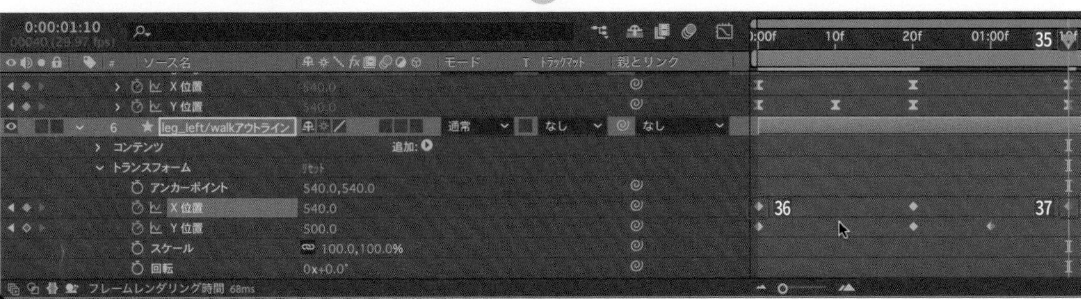

こちらも、**【X位置】**と**【Y位置】**それぞれに**【loopOut(type = “cycle”, numKeyframes = 0)】**を適用します41。

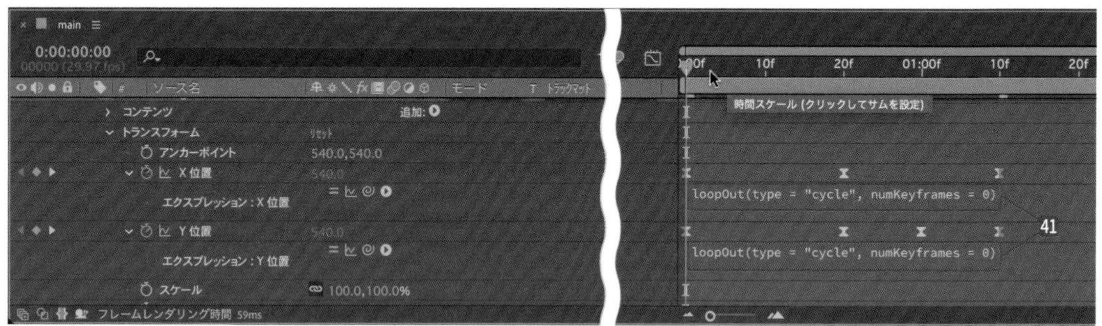

再生すると、歩く左足のループアニメになります。

足の動きは、三角のパスを描くように作るのがコツです。

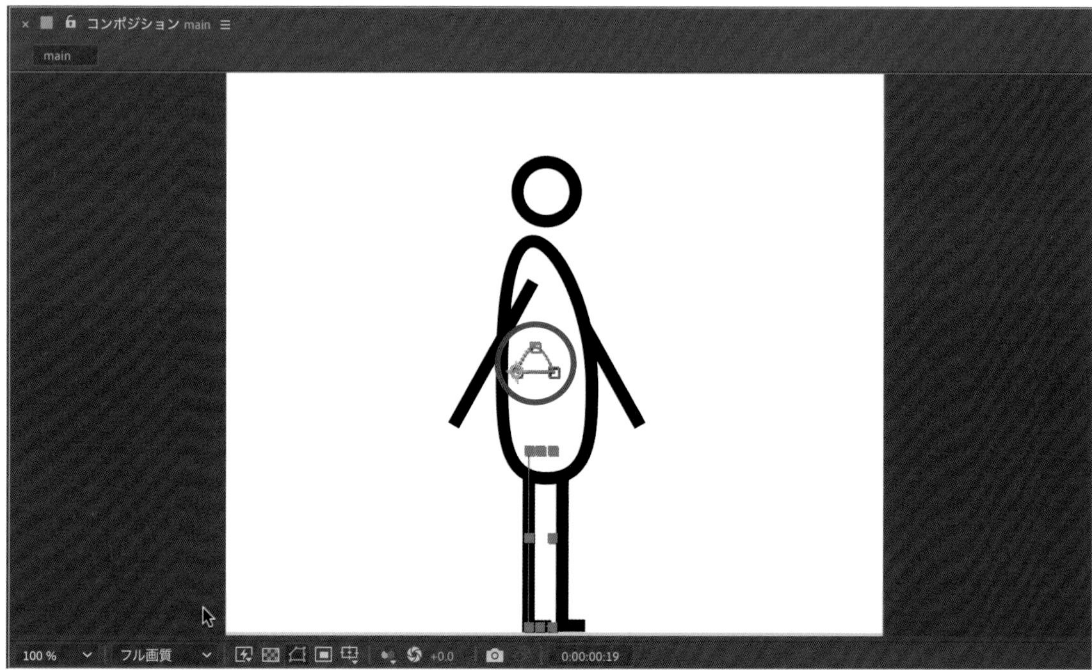

⁝⁝ 体を前進させる

【レイヤー】メニューから**【新規】**の**【ヌルオブジェクト】**（Option/Alt＋Shift＋command/Ctrl＋Yキー）を選択して❶、**【ヌル 1】**を一番上に配置します。**【body/walkアウトライン】【leg_right/walkアウトライン】【leg_left/walkアウトライン】**の3つを選択します❷。**【親ピックウィップ】**❸をドラッグして**【ヌル 1】**を対象にすると❹、体と足の動きはヌルの動きにリンクします。さらに頭と手は体を親にしているので、ヌルを動かせばすべて一緒に動きます。

【0:00:00:00】に移動して❺、**【ヌル 1】**の**【位置】**のX座標を**【300】**に設定し❻、**【キーフレーム】**を作成します❼❽。画面上では、人物がまとめて左に移動します❾。

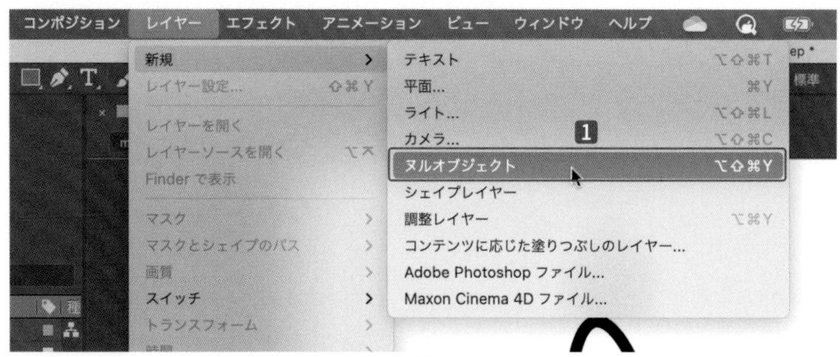

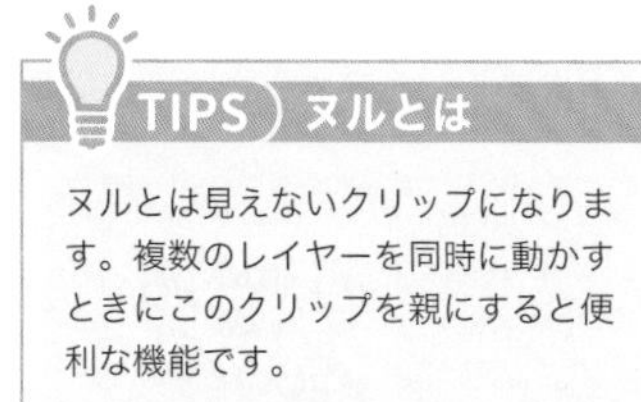

TIPS ヌルとは

ヌルとは見えないクリップになります。複数のレイヤーを同時に動かすときにこのクリップを親にすると便利な機能です。

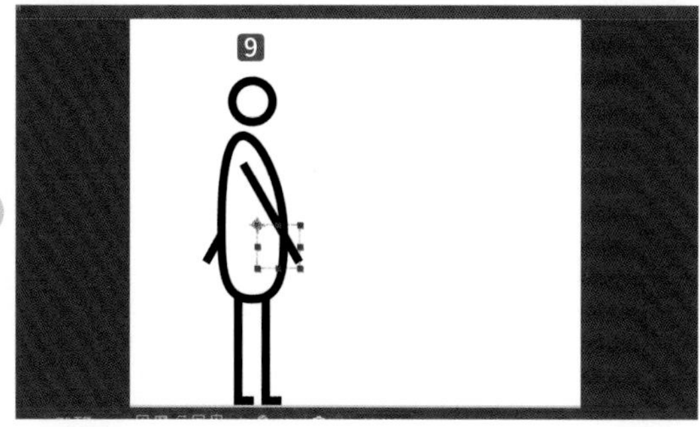

【0:00:02:29】に移動して⑩、**【位置】**のX座標を**【1190】**に設定すると⑪⑫、右の欄外に出ます。

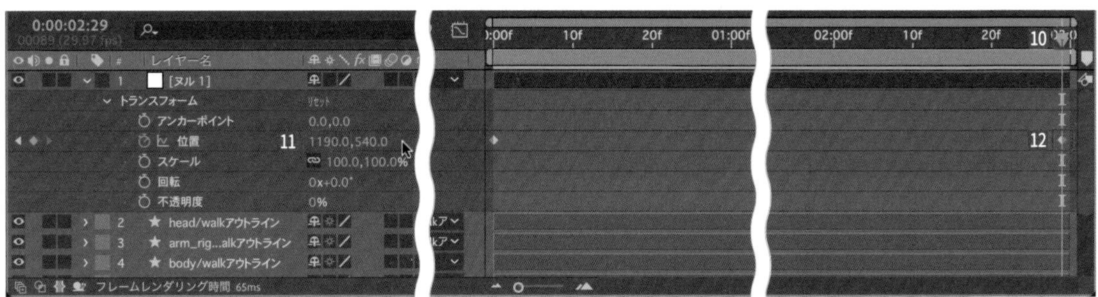

再生すると、左から歩いて、フレームアウトするアニメーションになりました。これで完成です。

Section 3
5

手を振るアニメーション

今までは用意したaiクリップを操作してアニメーションしていきましたが、ここではAfter Effects上でイラストを制作していきます。それをパスアニメーションで動かしていきます。

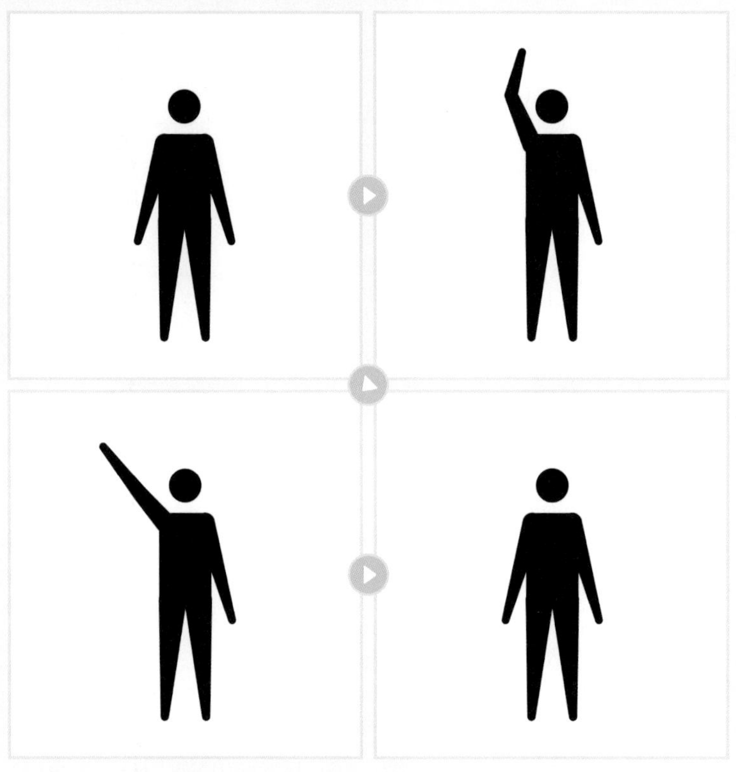

新規プロジェクトを作る

【ホーム画面】で**【新規プロジェクト】**ボタンをクリックします（15ページ参照）。

【ファイル】メニューの**【別名で保存】**から**【別名で保存...】**（Shift＋command/Ctrl＋Sキー）を選択して（25ページ参照）、**【別名で保存】**ダイアログボックスで**【handwave】**と名前をつけて1、**【保存】**ボタンをクリックします2。

保存先は作業するハードディスクとフォルダーを選択してください。

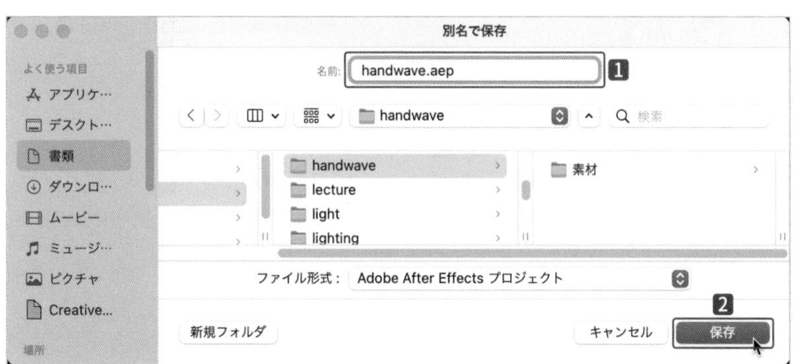

⁝⁝ 新規コンポジションを作る

【コンポジション】メニューから【新規コンポジション…】（command/Ctrl ＋ N キー）を選択して、【コンポジション設定】ダイアログボックスを表示します（29ページ参照）❶。

【コンポジション名】は【main】❷、【プリセット】は【カスタム】❸を選択します。

今回は正方形の動画なので、【幅：1080px】【高さ：1080px】と入力します❹。

【デュレーション】を【0:00:03:00】に設定して❺、【OK】ボタンをクリックします❻。

⁝⁝ 背景を作る

【レイヤー】メニューの【新規】から【平面…】（command/Ctrl ＋ Y キー）を選択して、【平面設定】ダイアログボックスを表示します❶。

【カラー】をクリックして【#FFFFFF】（ホワイト）に設定し❷、【OK】ボタンをクリックします❸。

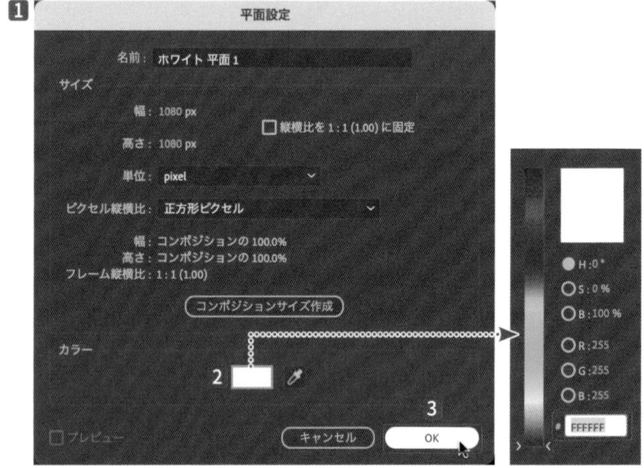

⁝⁝ ファイルを読み込む

【ファイル】メニューの【読み込み】から【ファイル…】（command/Ctrl ＋ I キー）を選択して、【ファイルの読み込み】ダイアログボックスを表示します❶。

【素材】から【handwave.png】を選択して❷、【開く】ボタンをクリックします❸。

この画像ファイルは、下書き素材になります。

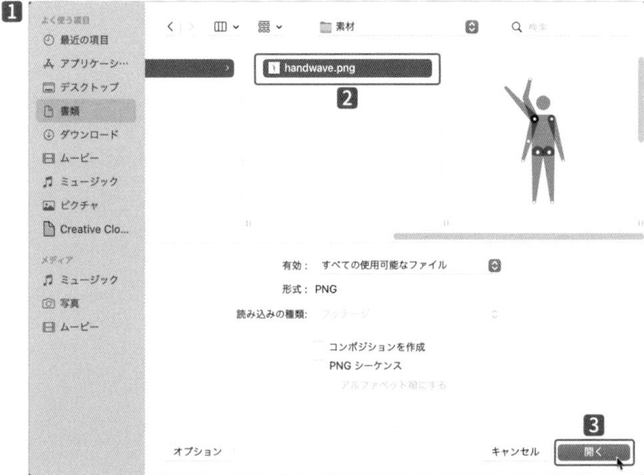

∷ 素材を配置する

【handwave.png】を選択して**1**、**【タイムライン】**パネルに配置します**2**。

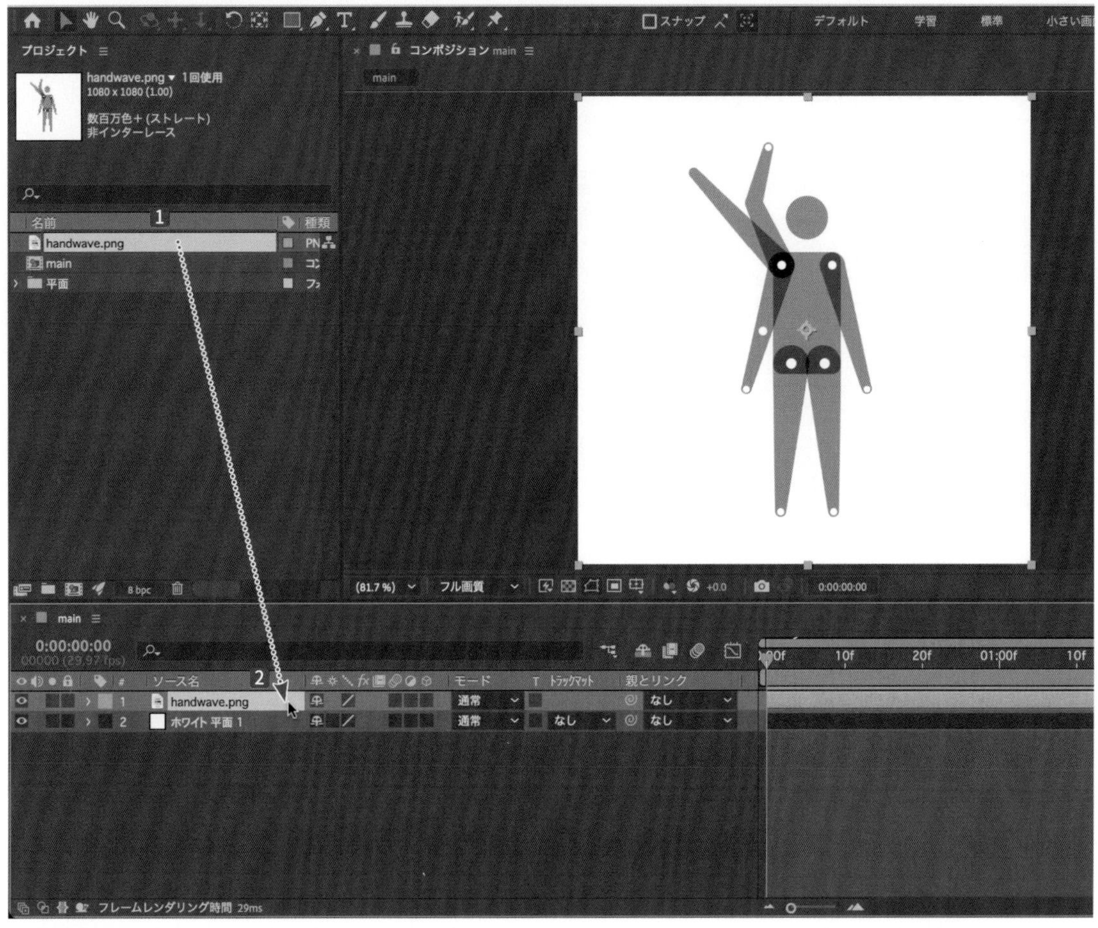

⁞⁞ 体のイラストを作成する

ここでは、イラストをAfter Effects上ですべて作成します。
【レイヤー】メニューの**【新規】**から**【シェイプレイヤー】**を選択します1。
クリップを選択して Enter キーを押し、**【body】**という名前にします2。
【長方形ツール】3を長押しして、**【角丸長方形ツール】**に切り替えます4。
【シェイプの塗りのカラー】5を**【#011F63】**に設定します6 7。
【線オプション】8をクリックして、**【なし】**にします9 10。

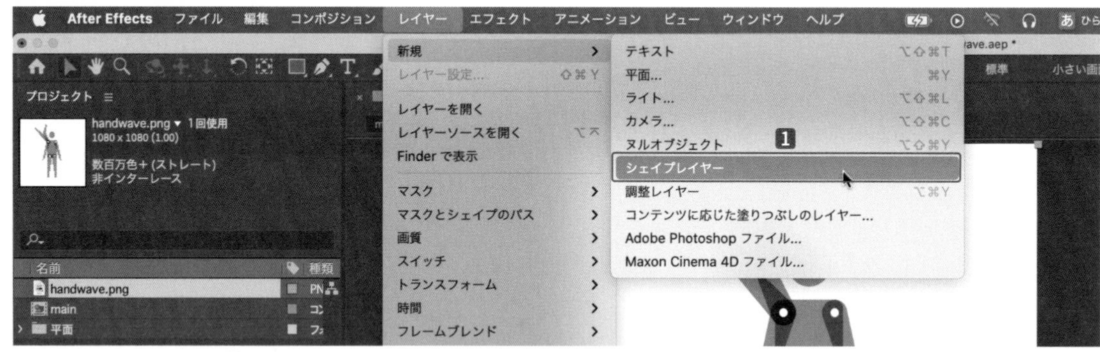

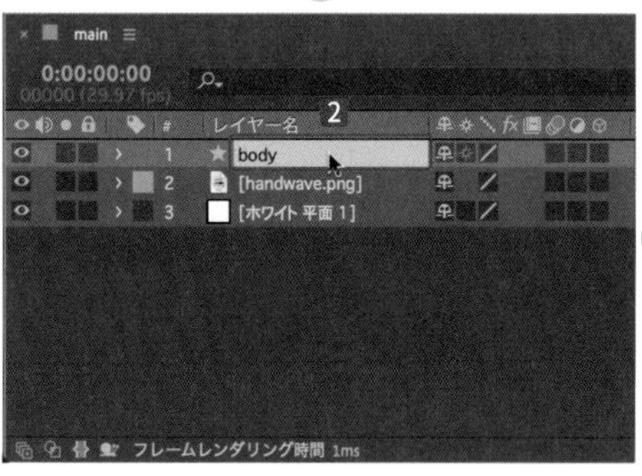

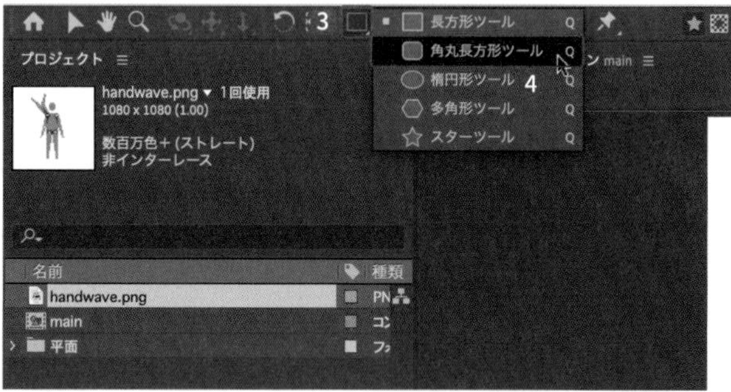

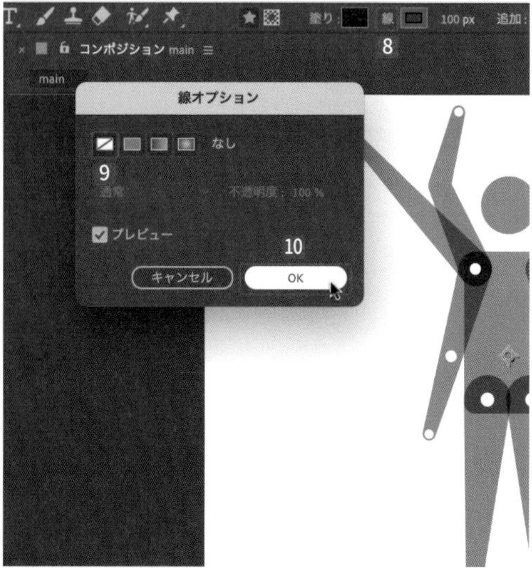

画面上でドラッグして、ざっくりと体の下書きに沿って、角丸の長方形を描きます11。

【body】を展開して12、【コンテンツ】から【長方形 1】の【長方形パス 1】を開きます13。

【サイズ】の【現在の縦横比を固定】を解除して14、【160, 280】に設定します15。

【レイヤー】メニューから【トランスフォーム】の【アンカーポイントをレイヤーコンテンツの中央に配置】（option/Alt ＋ command/Ctrl ＋ fn/Home ＋ ← キー：macOSは fn キーをオンにしてください）を選択すると16、アンカーポイントが図形の中心に移動します。【body】の【位置】を【540, 500】に設定します17。

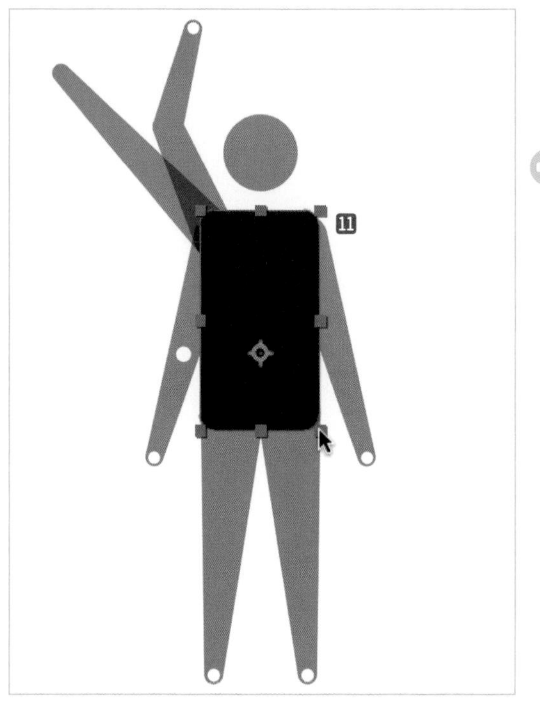

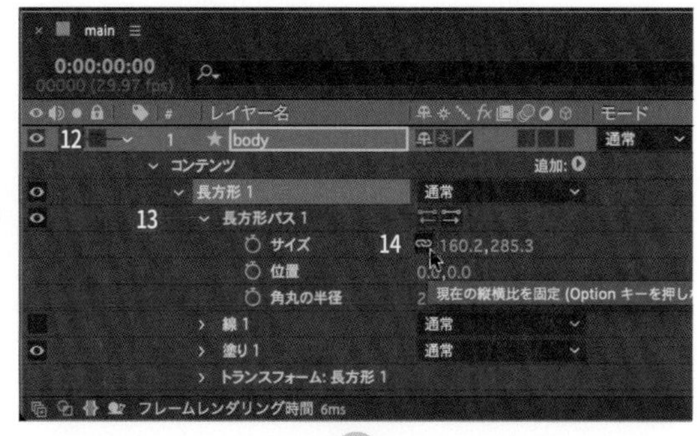

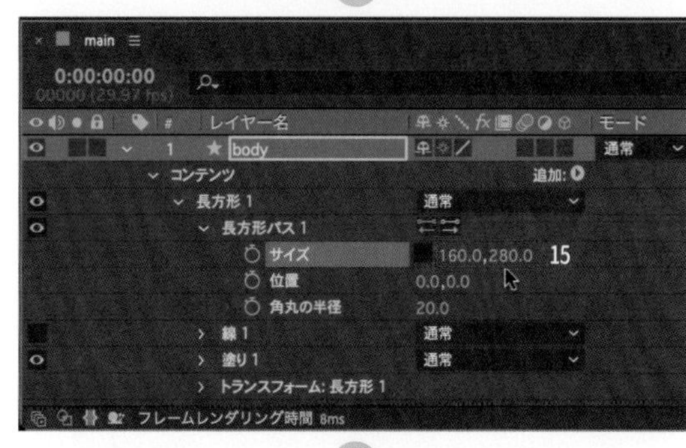

∷ 頭のイラストを作成する

【body】を選択した状態で❶、**【レイヤー】**メニューから**【新規】**の**【シェイプレイヤー】**を作成します❷。
新しくできたクリップの名前を**【head】**にします❸。
【角丸長方形ツール】▢❹を長押しして、**【楕円形ツール】**◯にします❺。
画面上で Shift キーを押しながらドラッグして、ざっくりと下書きの頭に近いサイズで正円を描きます❻。

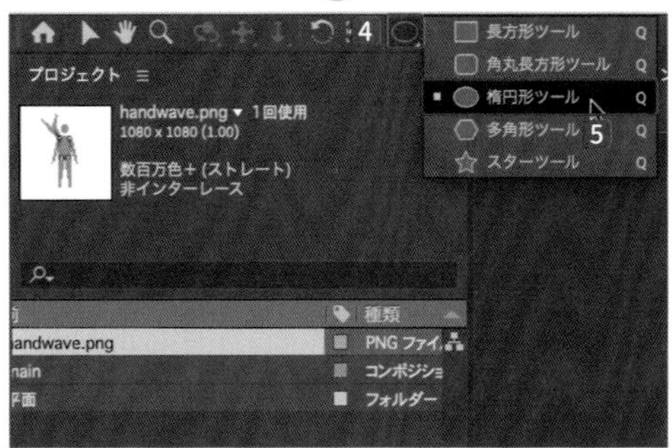

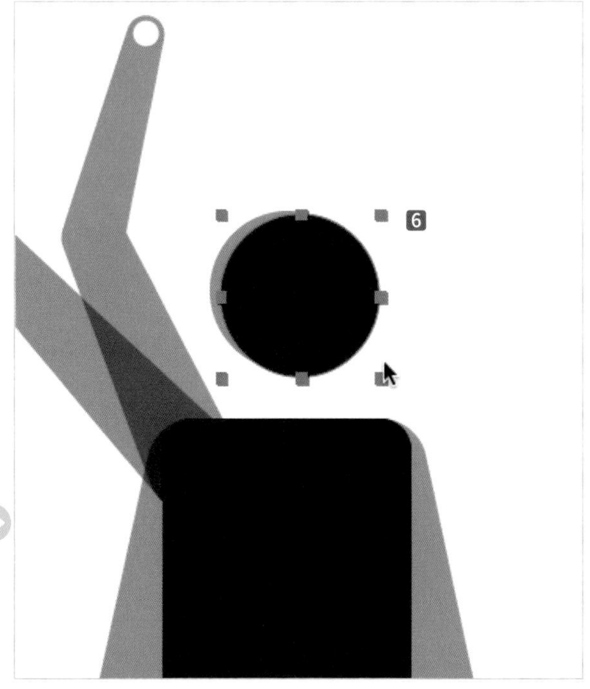

【head】を展開して❼、【コンテンツ】の【楕円形 1】にある【楕円形パス 1】を開き❽、【サイズ】を【100,100】に設定します❾。

【レイヤー】メニューから【トランスフォーム】の【アンカーポイントをレイヤーコンテンツの中央に配置】（option / Alt ＋ command / Ctrl ＋ fn / Home ＋ ← キー：macOSは fn キーをオンにしてください）を選択します❿。

【位置】を【540,280】に設定します⓫。

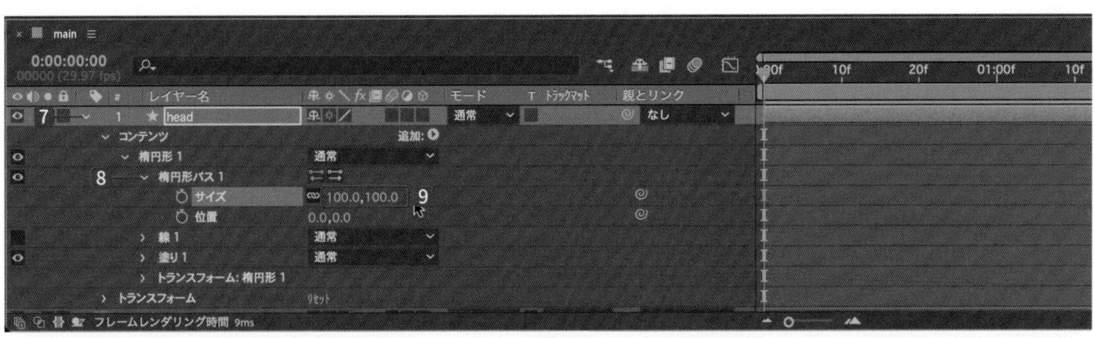

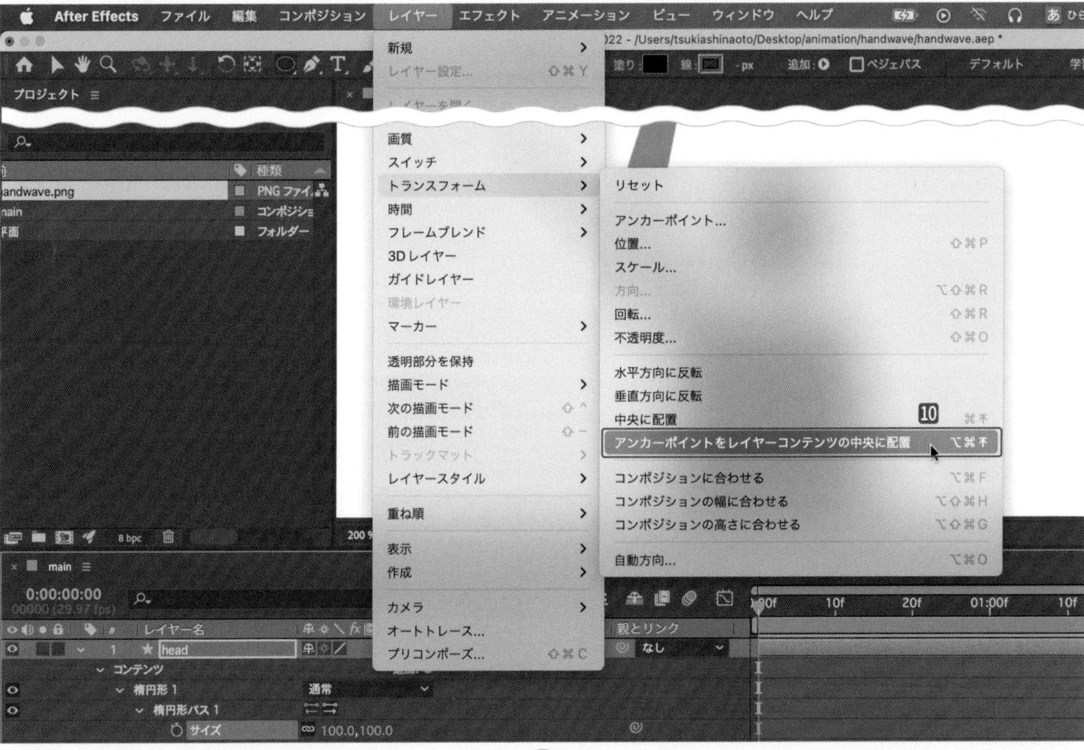

⁝⁝ 足のイラストを作成する

一旦【body】を非表示にします❶。
【handwave.png】を選択した状態で❷、【レイヤー】メニューから【新規】の【シェイプレイヤー】を作成します❸。
新しくできたクリップの名前を【leg_left】とします❹。「こちらから見て左の足」という意味です。
【塗りオプション】❺を【なし】に設定します❻❼。
【線のカラー】❽を【#011F63】に設定します❾❿。
【線幅】を【85】に設定します⓫。

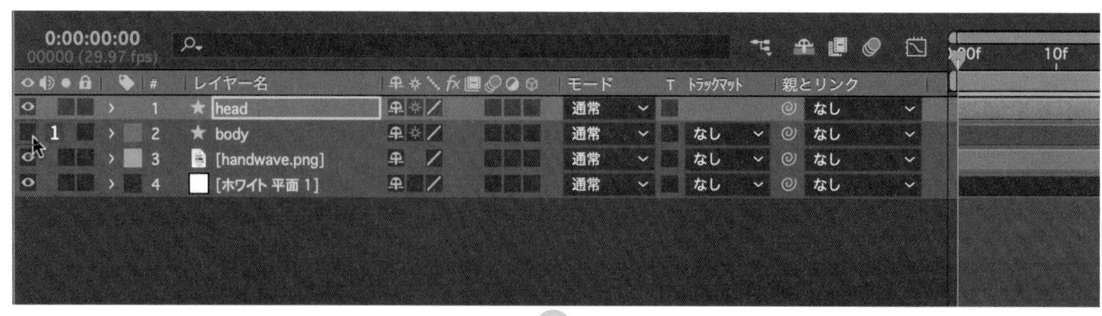

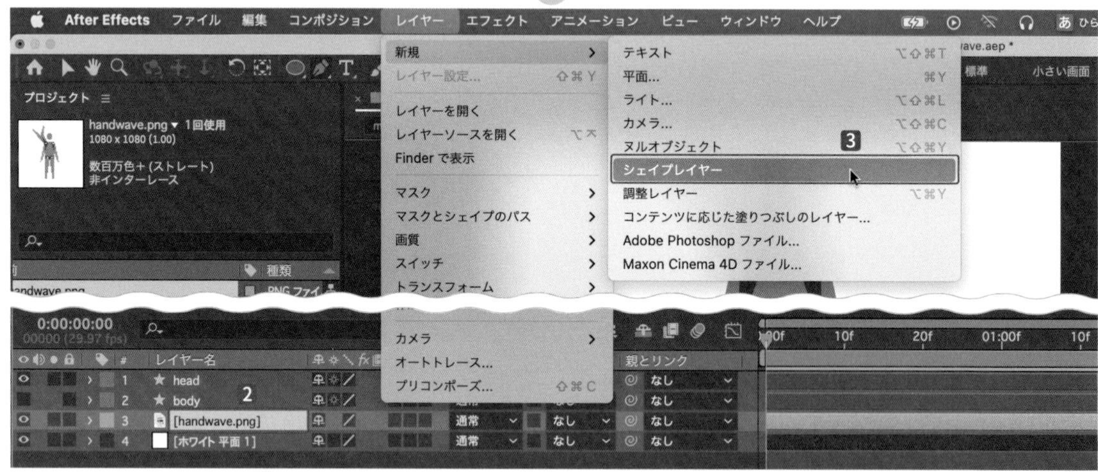

【ペンツール】に切り替えて12、足の付け根でクリックします13。白い円の中央を目安にクリックしてください。
足先でクリックします14。白い円の中央を目安にクリックしてください。
図のようになります15。
【leg_left】を展開して16、**【コンテンツ】**から**【シェイプ 1】**の**【線 1】**を開きます17。
【線端】を**【丸型】**に設定すると18、線の端に丸みができます19。

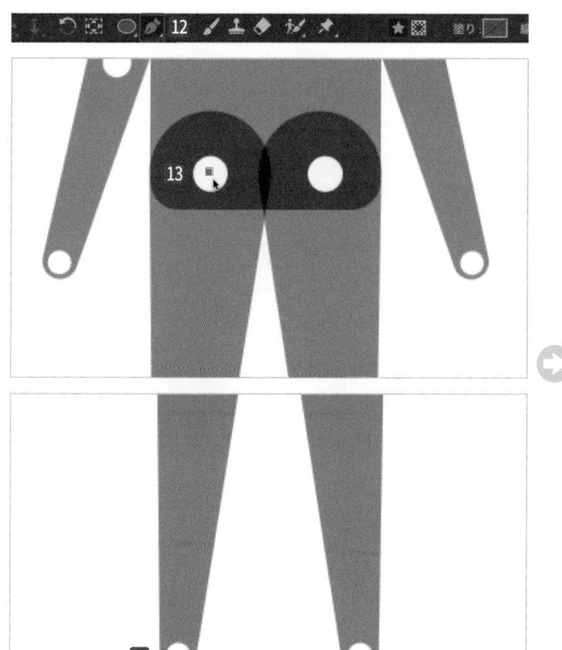

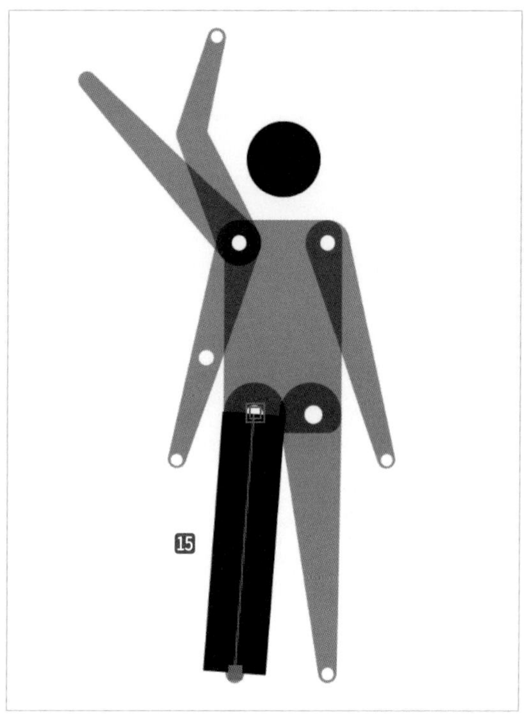

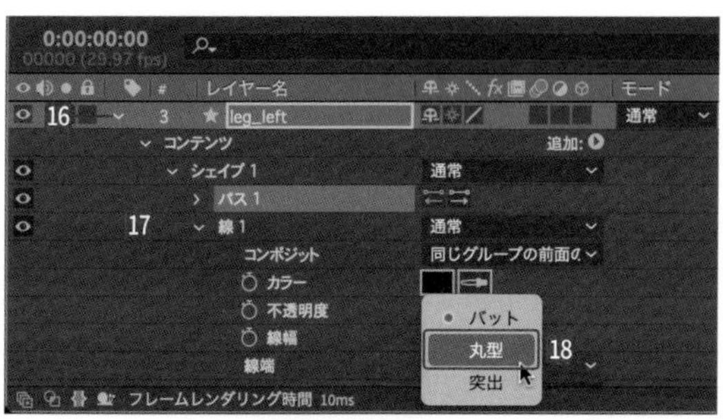

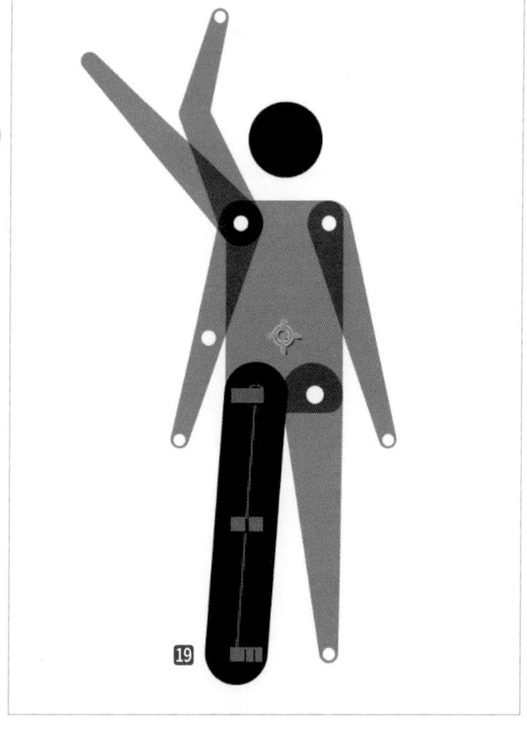

【線 1】 にある **【テーパー】** を開き⑳、**【後端部の長さ】** を **【100】** ㉑、**【終了幅】** を **【30】** ㉒に設定すると、足先が細く丸くなります㉓。

【leg_left】 クリップをコピー&ペーストします（ command / Ctrl ＋ C ➡ command / Ctrl ＋ V キー）。複製された **【leg_left 2】** というクリップの名前を **【leg_right】** に変更します㉔。**【leg_right】** の **【スケール】** の **【現在の縦横比を固定】** を解除して㉕、X座標を **【-100】** に設定すると㉖、水平方向に反転して右足ができます㉗。

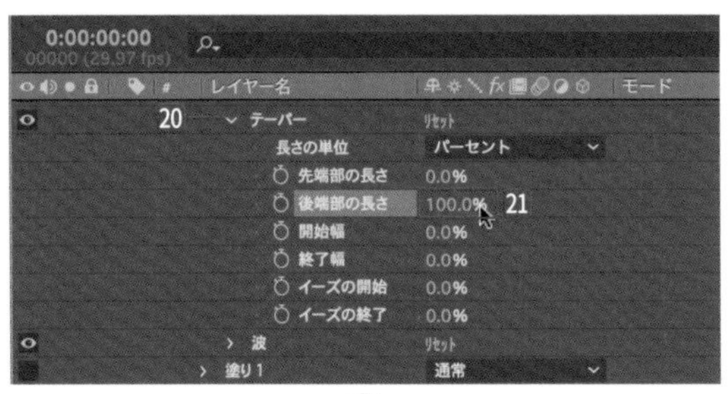

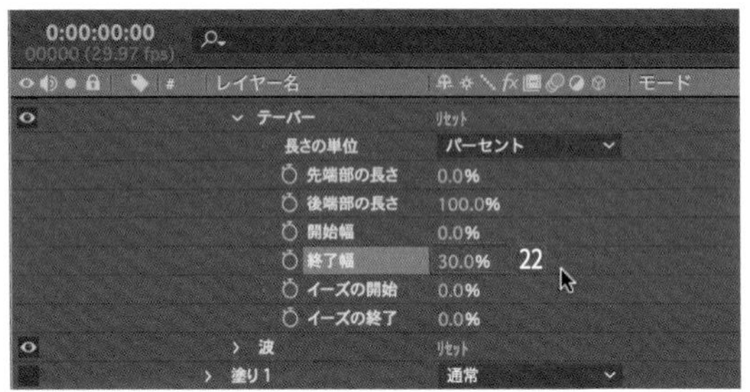

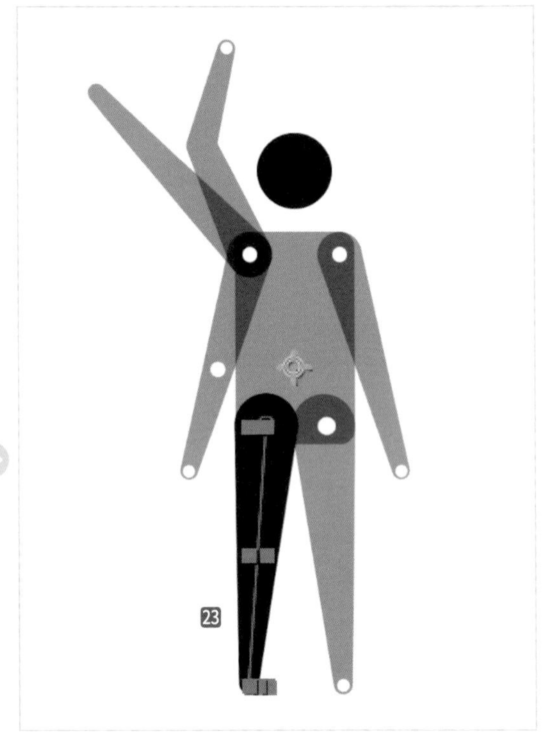

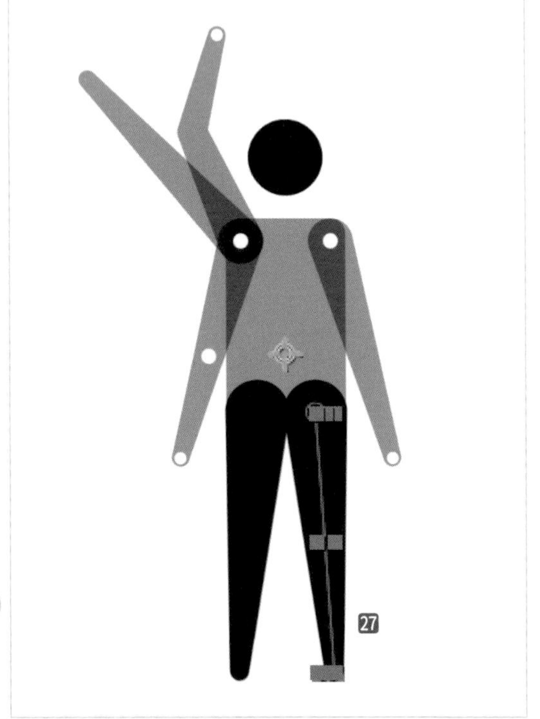

⁝⁝ 腕のイラストを作成する

【body】を選択した状態で**1**、**【レイヤー】**メニューの**【新規】**から**【シェイプレイヤー】**を作成します**2**。
新しくできたクリップの名前を**【arm_left】**とします**3**。こちらから見て左の腕という意味です。
【塗りオプション】を**【なし】**、**【線のカラー】**を**【#011F63】**に設定します。
【線幅】を**【60】**に設定します**4**。

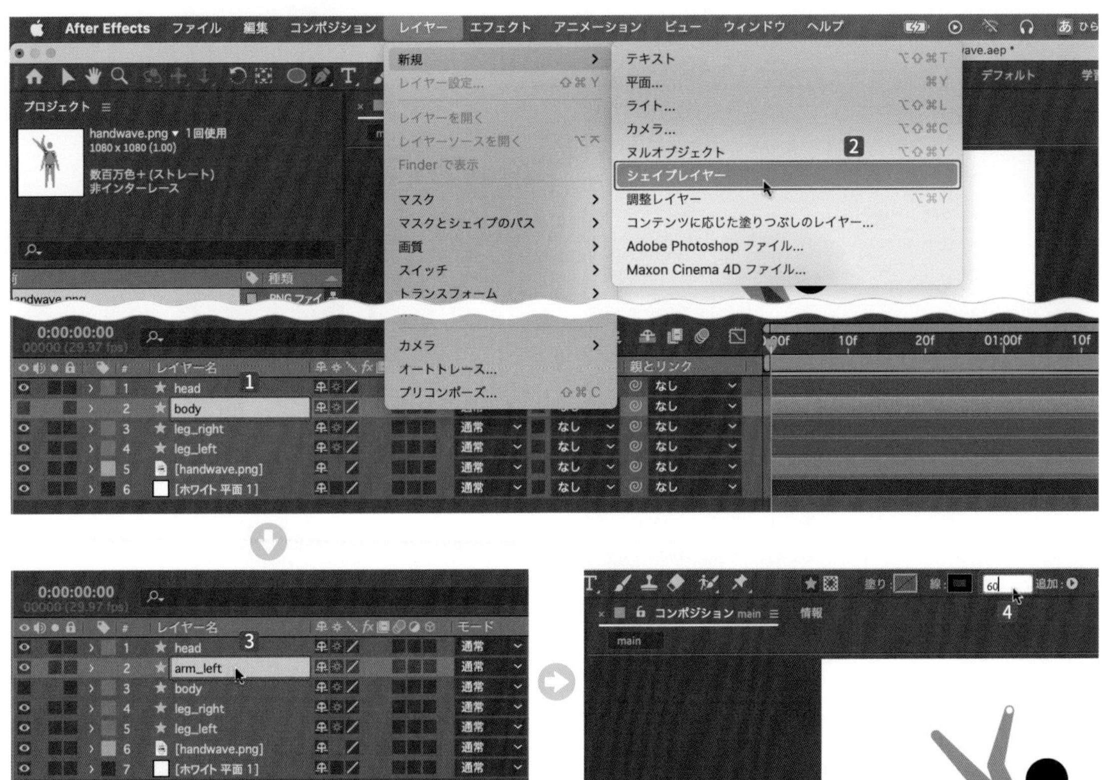

【ペンツール】に切り替えて**5**、腕の付け根でクリックします**6**。白い円の中央を目安にクリックしてください。
続けて、手先でクリックします**7**。こちらも白い円の中央を目安にクリックすると、下図のようになります**8**。

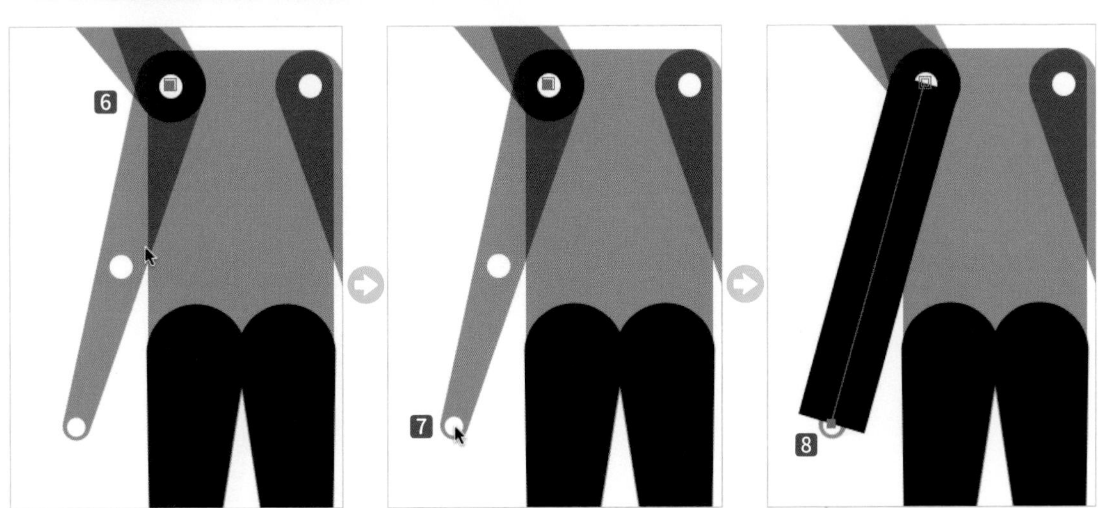

【arm_left】を展開して❾、【コンテンツ】から【シェイプ 1】の【線 1】を開きます❿。
【線端】を【丸型】に設定すると⓫、線の端に丸みができます⓬。
【線の結合】を【ラウンド】に設定します⓭。
【線 1】にある【テーパー】を開き⓮、【後端部の長さ】を【100】⓯、【終了幅】を【40】⓰に設定すると、腕の先が細く丸くなります⓱。

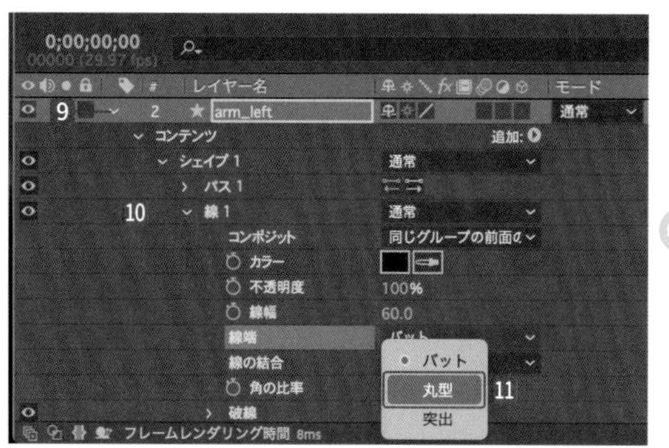

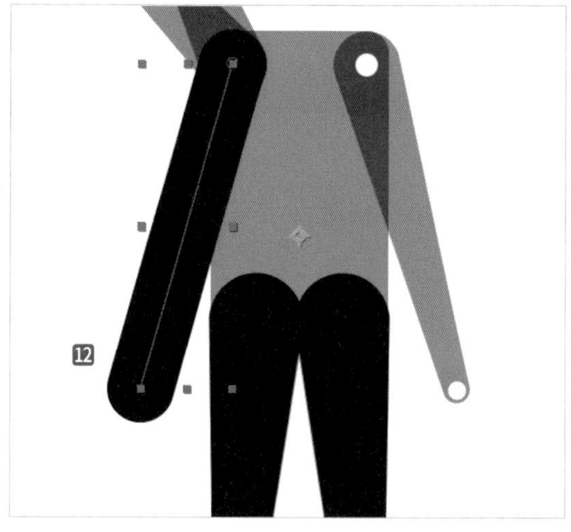

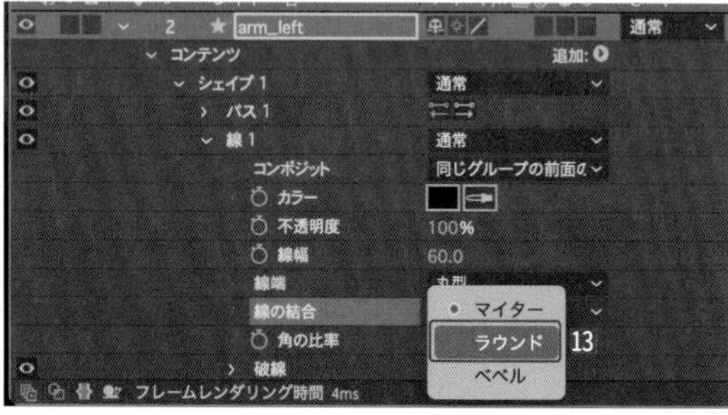

TIPS ラウンドとは

【線の結合】を【ラウンド】に設定すると、線が曲がった際に角の形状が丸くなります。今回の場合、腕を上げた際の肘の角が丸くなります。

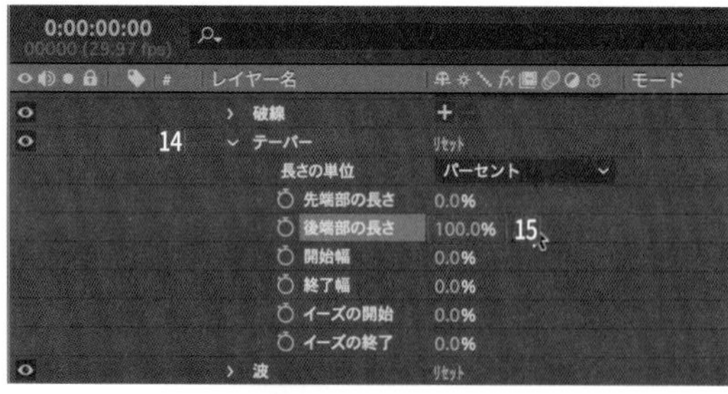

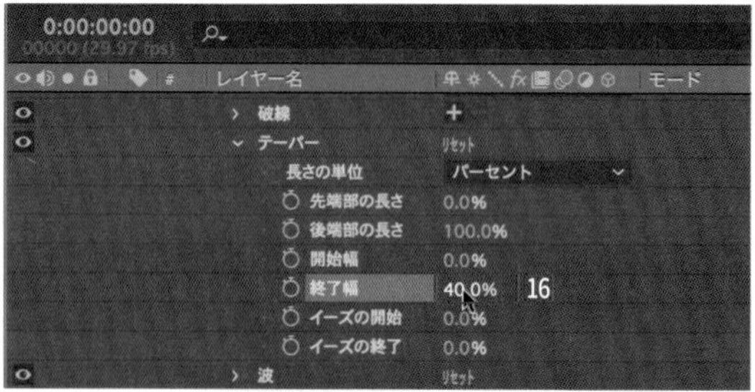

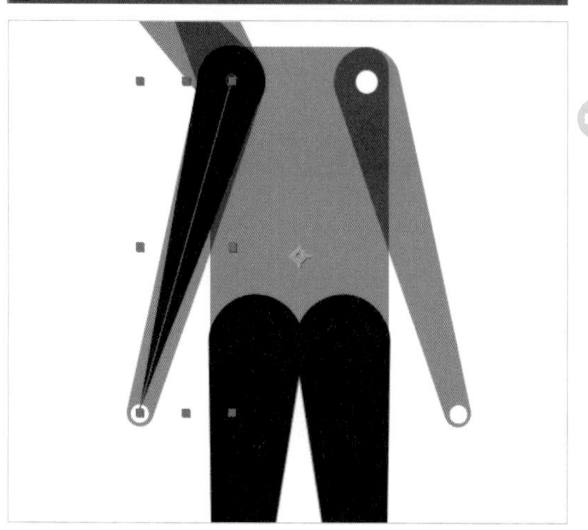

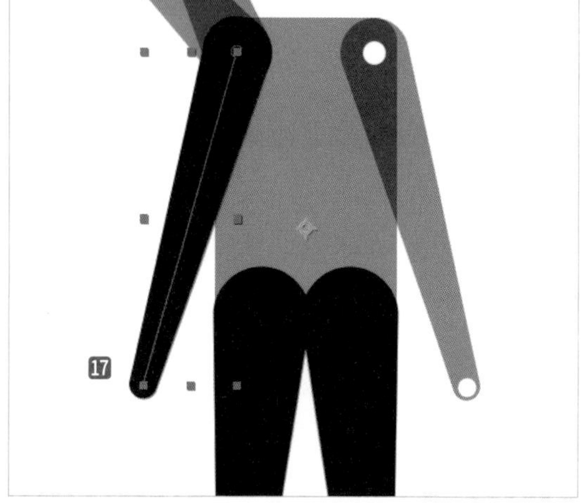

【arm_left】クリップをコピー＆ペーストして（command/Ctrl＋C ➡ command/Ctrl＋Vキー）、複製された**【arm_left 2】**というクリップの名前を**【arm_right】**に変更します18。**【arm_right】**の**【スケール】**にある**【現在の縦横比を固定】**を解除して19、X座標を**【-100】**に設定すると20、水平方向に反転して右腕ができます21。

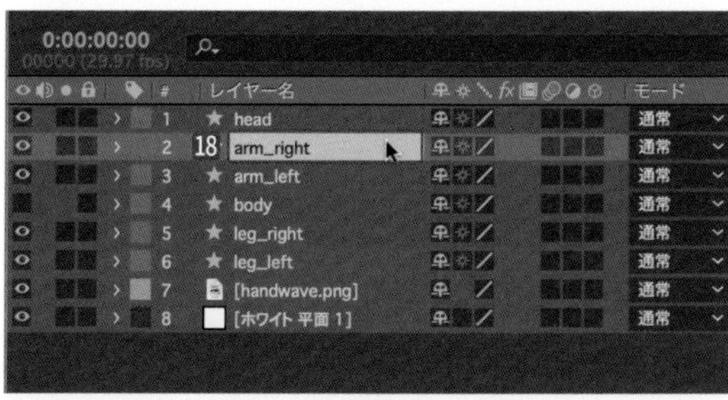

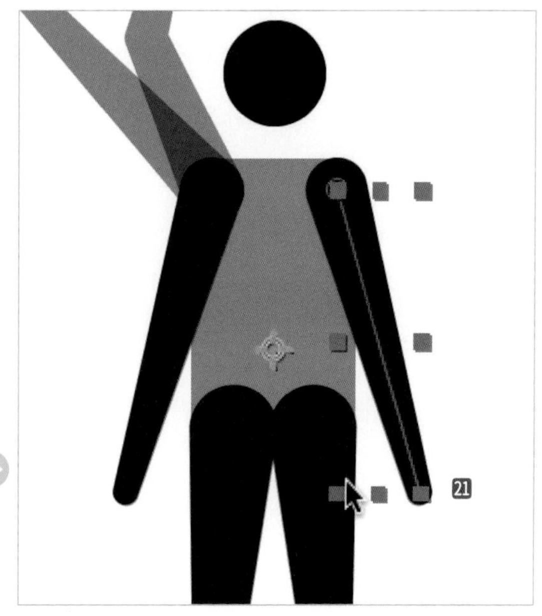

腕振りのアニメーションを作る

【arm_left】を選択します1。**【ペンツール】**2で腕の中心の線上をクリックしてパスを追加します3。

【アンカーポイントツール】に切り替えます4。

アンカーポイントが画面中央にあるので5、command/Ctrlキーを押しながらドラッグして、腕の付け根のポイントに吸着させます6。

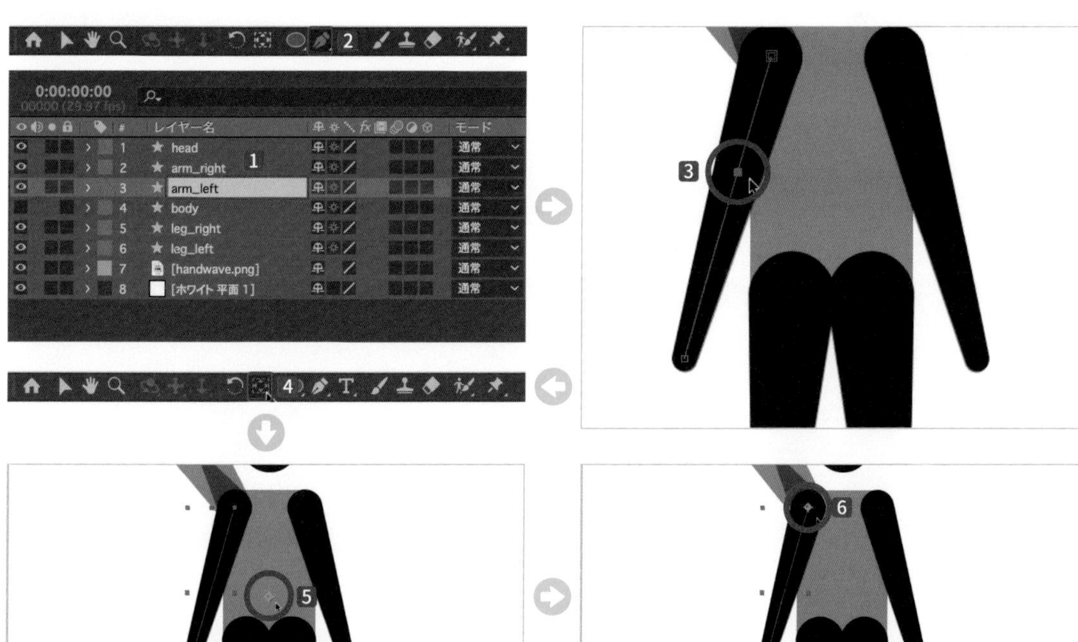

非表示にしていた【body】を表示します❼。
【0:00:00:05】に移動します❽。
【arm_left】を展開し❾、【コンテンツ】から【シェイプ 1】の【パス 1】を開きます❿。【パス】に【キーフレーム】を作成します⓫⓬。

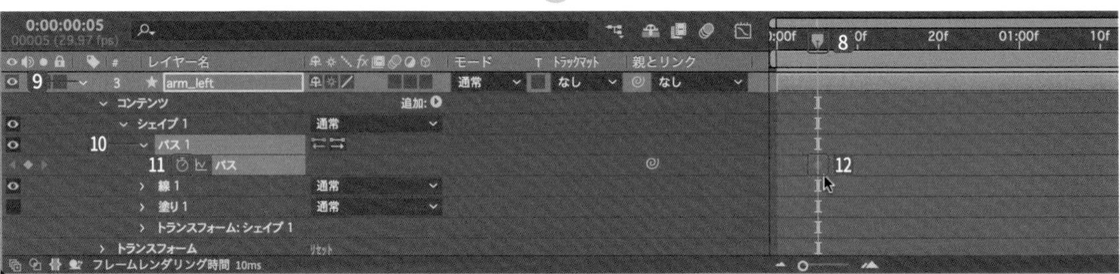

【トランスフォーム】の【回転】に【キーフレーム】を作成します⓭⓮。
【0:00:00:20】に移動して⓯、【回転】を【140】に設定します⓰。

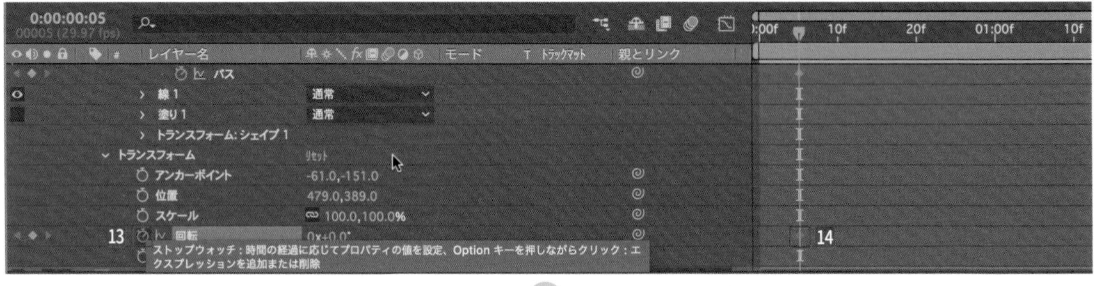

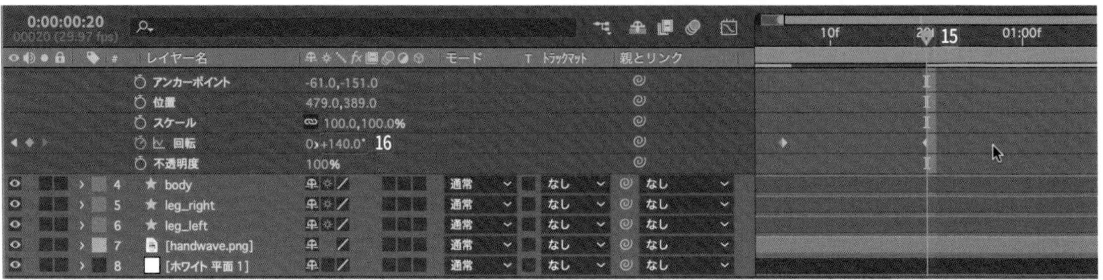

【パス 1】を選択して17、【ペンツール】18で手の先をドラッグし、下絵に合わせます19。
さらに、さきほど作成した肘のパスのポイントをドラッグして、下絵に合わせます20。

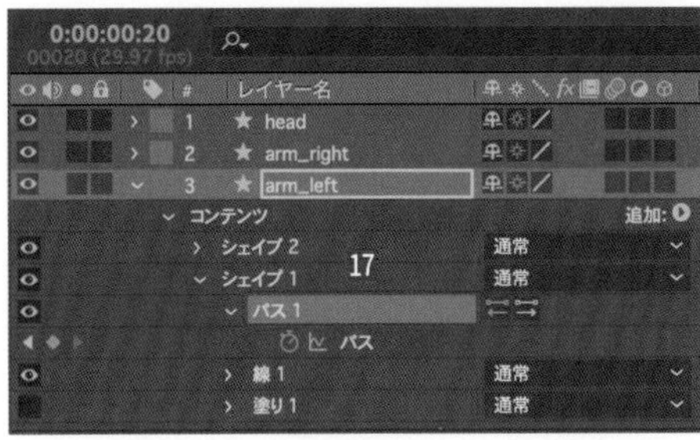

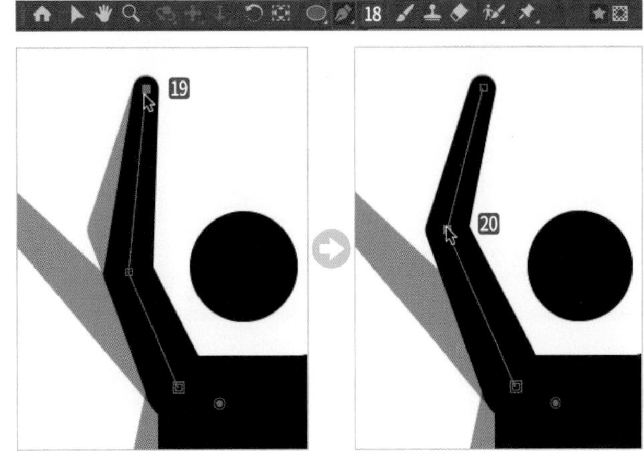

【0:00:01:00】に移動して21、【回転】を【120】に設定します22 23。

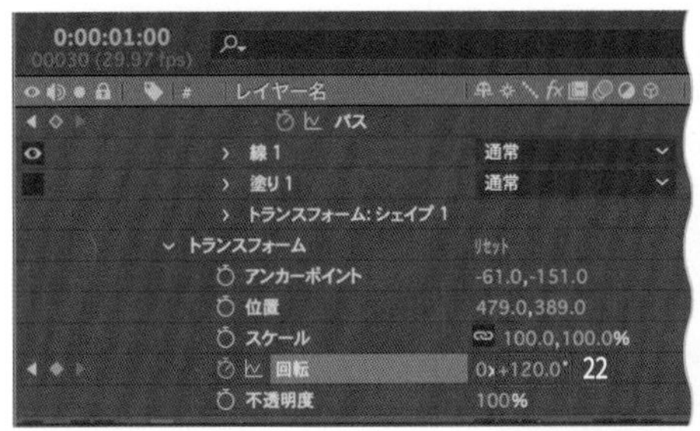

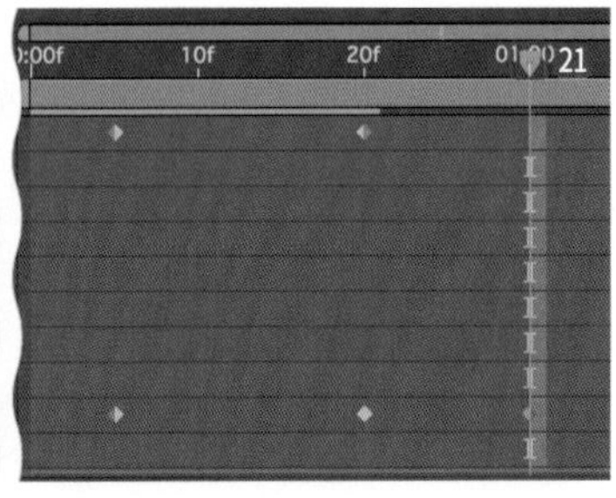

【パス】は【0:00:00:05】の【キーフレーム】24をコピー&ペースト
します（command / Ctrl ＋ C ➡ command / Ctrl ＋ V キー）25 26。

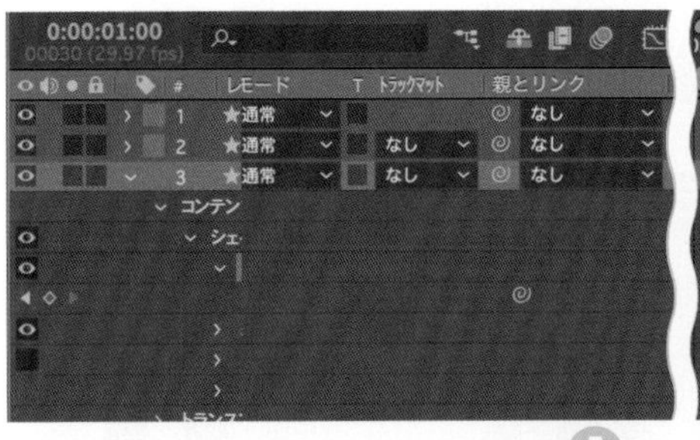

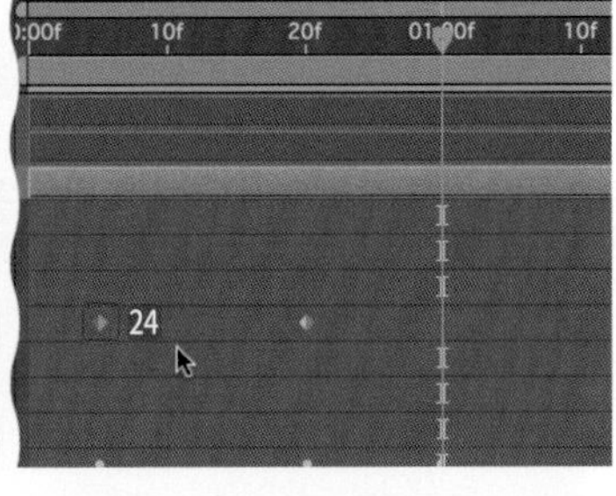

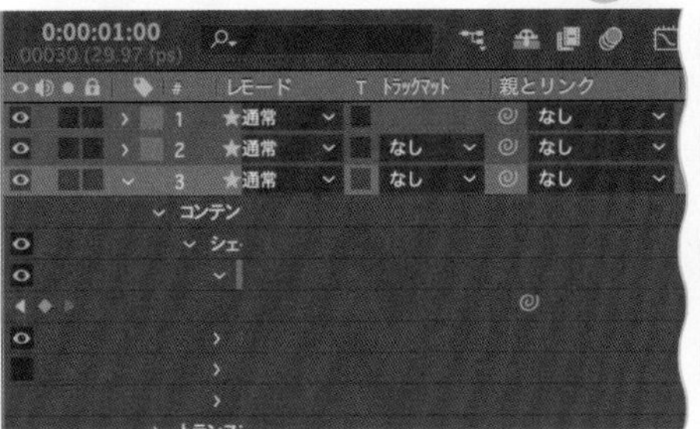

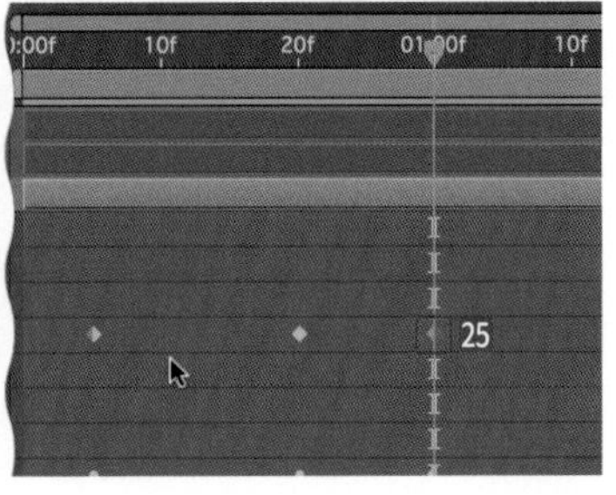

【0:00:00:20】 と **【0:00:01:00】** で作成した **【パス】** と **【回転】** にある４つの **【キーフレーム】** をドラッグして選択し、まとめてコピーします（command/Ctrl ＋ C キー）27。

【0:00:01:10】 に移動して28、ペーストします（command/Ctrl ＋ V キー）29。

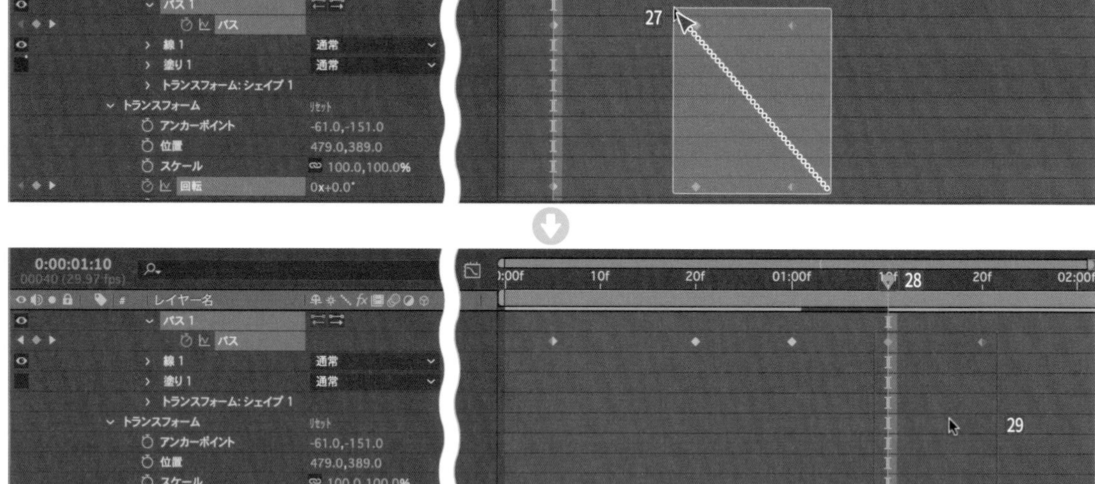

【0:00:00:20】 の **【パス】** と **【回転】** にある **【キーフレーム】** をドラッグして選択し、まとめてコピーします（command/Ctrl ＋ C キー）30。**【0:00:02:00】** に移動して31、ペーストします（command/Ctrl ＋ V キー）32 33。

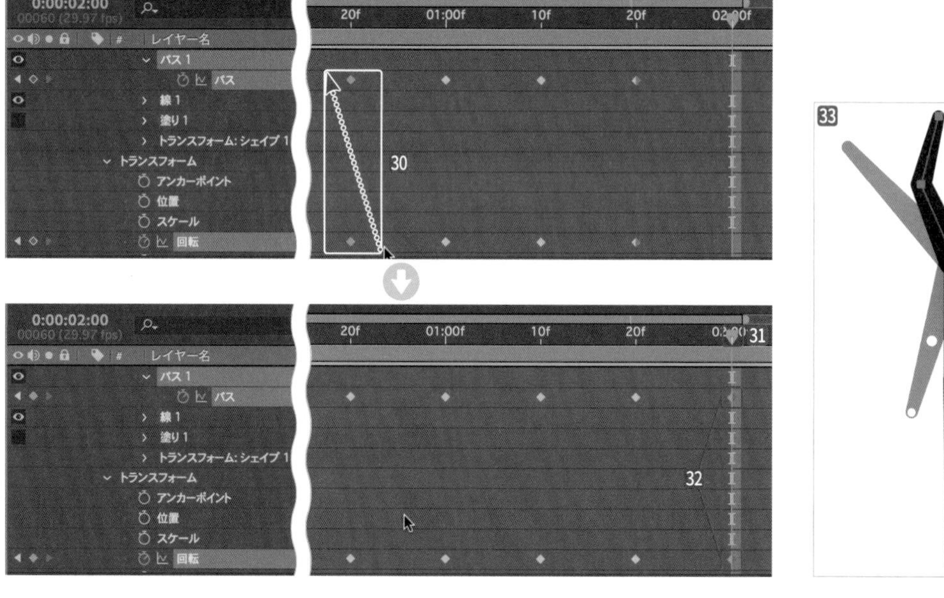

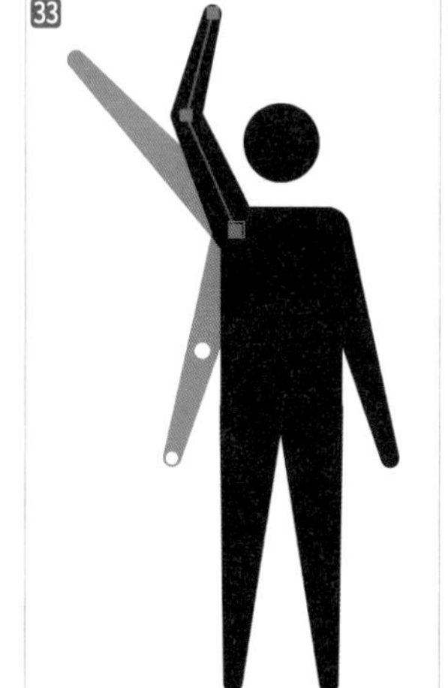

【0:00:00:05】の**【パス】**と**【回転】**にある**【キーフレーム】**をドラッグして選択し、まとめてコピーします（command/Ctrl＋Cキー）34。**【0:00:02:15】**に移動して35、ペーストします（command/Ctrl＋Vキー）3637。

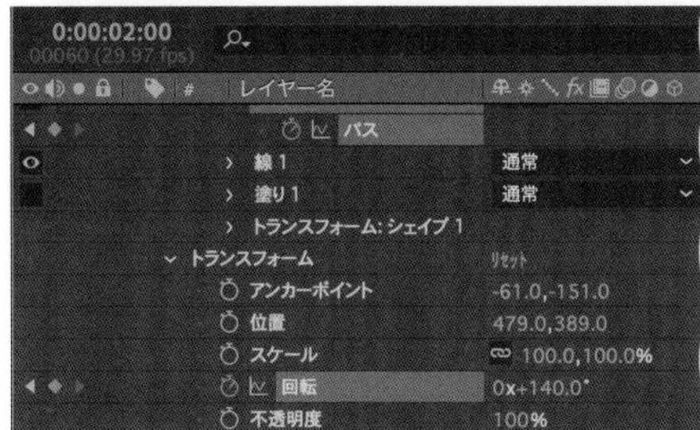

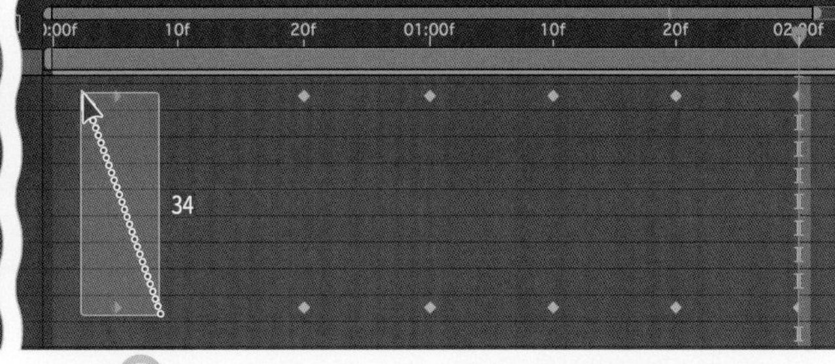

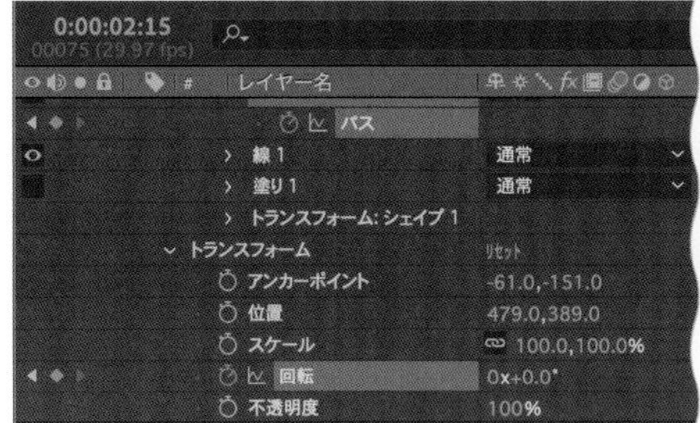

すべての**【キーフレーム】**に**【イージーイーズ】**（F9キー）を適用します38。

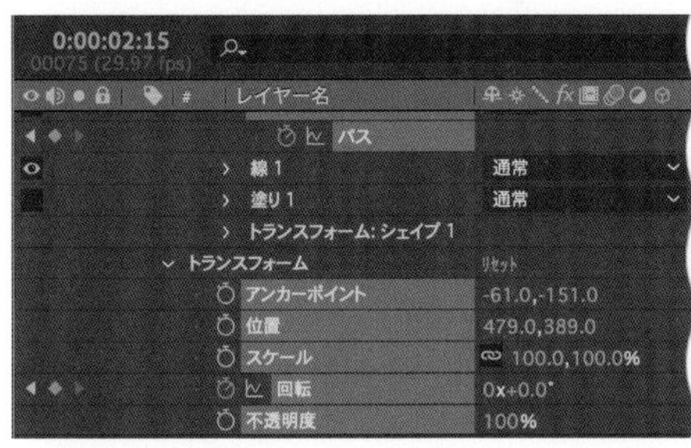

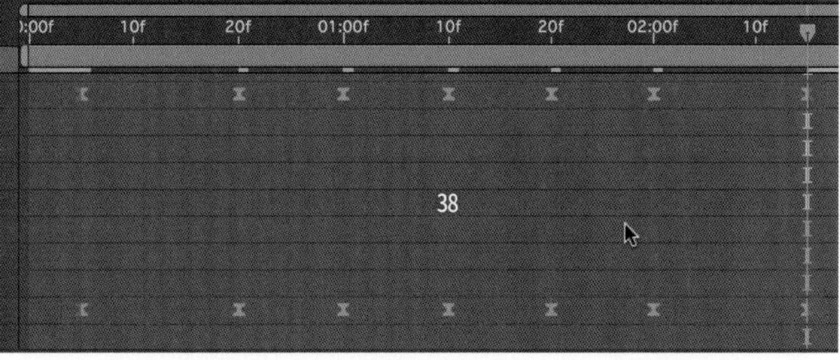

最後に、【handwave.png】を非表示に変更します39。

再生すると、手を振るアニメーションになっています。これで完成です。

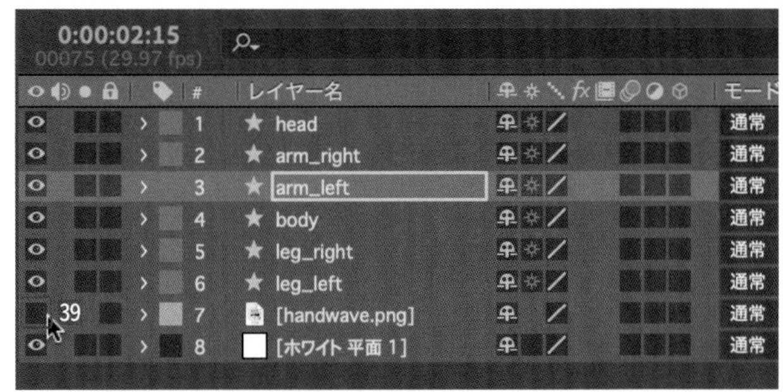

TIPS プレビューの解像度

使用しているパソコンのスペックやメモリ、または編集している動画の内容によって、プレビューが思うように再生されない場合があります。その際は、**【コンポジション】**パネルの下部にある**【解像度】**をクリックして、プレビュー画質を落としてみましょう。
再生しても解像度が変わらない場合は、**【ウィンドウ】**メニューの**【プレビュー】**を表示して、**【解像度】**からプレビュー画質を落としてください。画質が下がる分、プレビューしやすくなります。

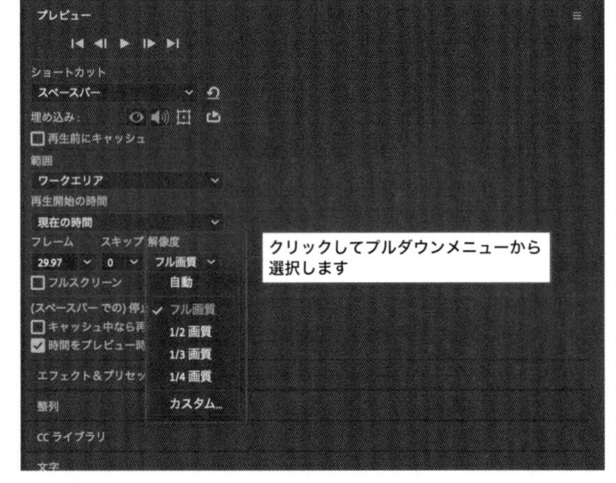

TIPS 時間の移動

タイムコードをクリックし、移動したいタイムコードを記入して Enter キーを押します。

記入したタイムコードの場所にインジケーターが進みます。

Chapter

4

— 中級編 —
仕事で使える グラフィックスアニメーション

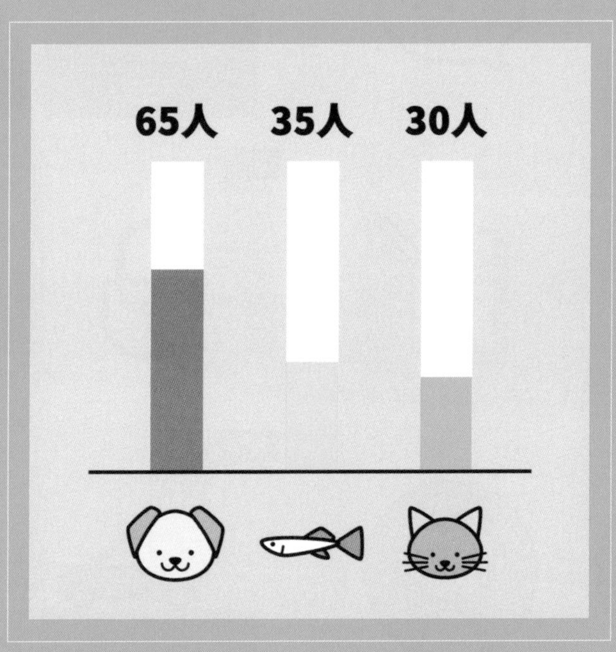

ここでは、グッとレベルが上がるアニメーションを作っていきます。企業の紹介動画やプレゼンなどで活用できる作例ばかりです。アイコンのグラフィックスアニメーションやパスのトリミングやマスクの使い方、3D機能の使い方などエフェクティブな技法を解説していきます。

Section 4
1

アイコンアニメーションを作ろう！

インフォグラフィックスによるアニメーションでは感情表現や商品の使用感、サービス内容、シチュエーションなどをアイコンを通じて表現することができます。ここでは、9種類のアイコンアニメーションを作っていきます。

1 バッテリー残量のアニメーション

【ホーム画面】で**【新規プロジェクト】**ボタンをクリックします（15ページ参照）。

【ファイル】メニューの**【別名で保存】**から**【別名で保存...】**（Shift＋command/Ctrl＋Sキー）を選択して（25ページ参照）、**【別名で保存】**ダイアログボックスで**【battery】**と名前をつけて1、**【保存】**ボタンをクリックします2。

保存先は作業するハードディスクとフォルダーを選択してください。

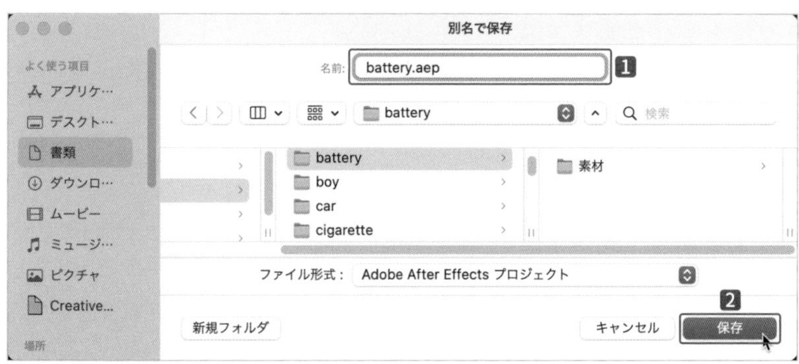

Chapter 4

⠿ 新規コンポジションを作る

【コンポジション】メニューから**【新規コンポジション...】**（command/Ctrl＋Nキー）を選択して、**【コンポジション設定】**ダイアログボックスを表示します（29ページ参照）1。

【コンポジション名】は**【main】**2、**【プリセット】**は**【カスタム】**3を選択します。

今回は正方形の動画なので、**【幅：1080px】【高さ：1080px】**と入力します4。

【デュレーション】を**【0:00:03:00】**に設定して5、**【OK】**ボタンをクリックします6。

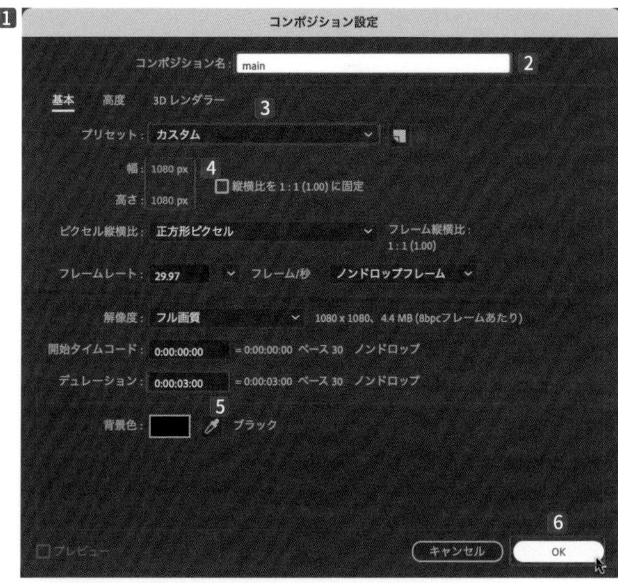

⠿ 背景を作る

【レイヤー】メニューの**【新規】**から**【平面...】**（command/Ctrl＋Yキー）を選択して、**【平面設定】**ダイアログボックスを表示します1。

【カラー】をクリックして**【#262626】**に設定し2、**【OK】**ボタンをクリックします3。

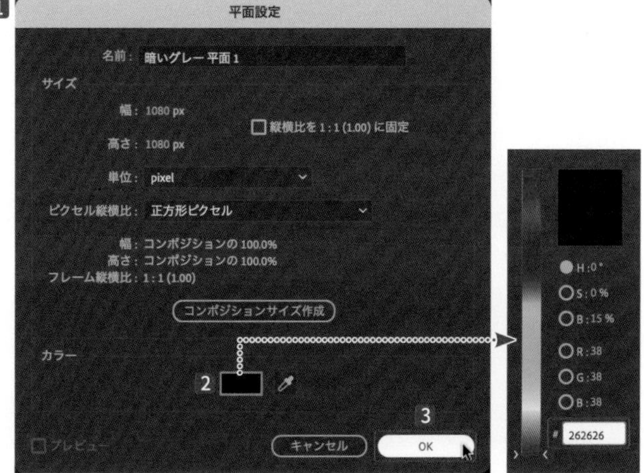

ファイルを読み込む

【ファイル】メニューの【読み込み】から【ファイル…】（command / Ctrl ＋ I キー）を選択して、【ファイルの読み込み】ダイアログボックスを表示します1。

【素材】から【battery.ai】を選択し2、【読み込みの種類】で【コンポジション】を選択して3、【開く】ボタンをクリックします4。

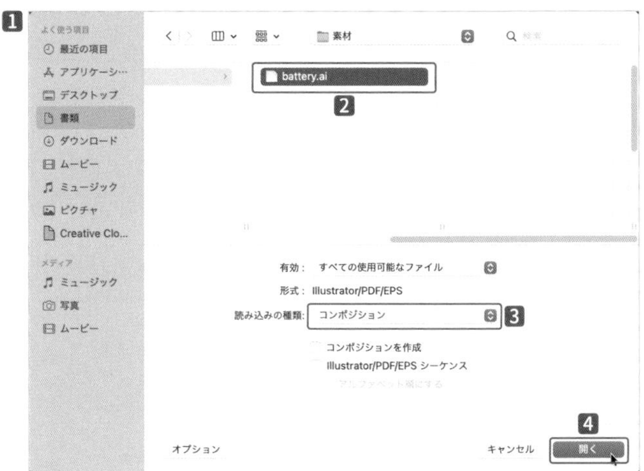

素材を配置する

【プロジェクト】パネルに自動で作成される【battery】のコンポジションは使用しないので、Delete キーで削除します（94ページ参照）1。

【battery レイヤー】のフォルダーを展開し2、すべてを選択して3、【タイムライン】パネルに配置します4。

上から、【meter/battery.ai】【frame/battery.ai】の順番にレイヤーを配置します5。

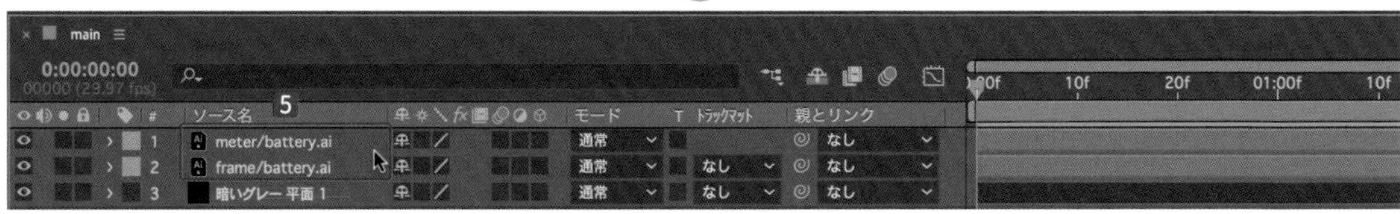

⁞⁞ パスを作成する

【meter/battery.ai】 を選択して❶、右クリックしてショートカットメニューの **【作成】** から **【ベクトルレイヤーからシェイプを作成】** ❷を選択すると、**【meter/battery アウトライン】** クリップが作成されます❸。

【meter/battery.ai】 は使用しないので、Delete キーで削除します（94ページ参照）❹。

【meter/battery アウトライン】 を選択します❺。**【アンカーポイントツール】** を選択し、アンカーポイントをクリックして❻、右端に command / Ctrl キーを押しながらドラッグすると❼、右端のポイントに吸着します❽。

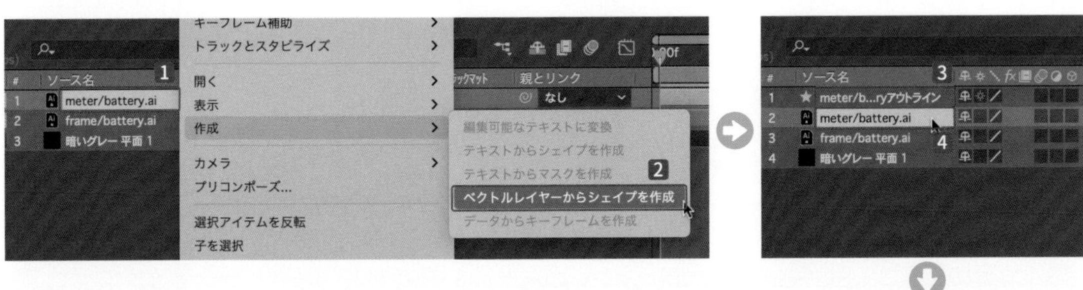

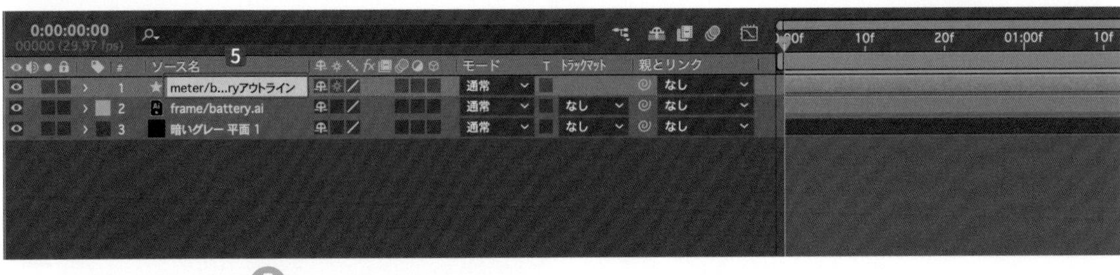

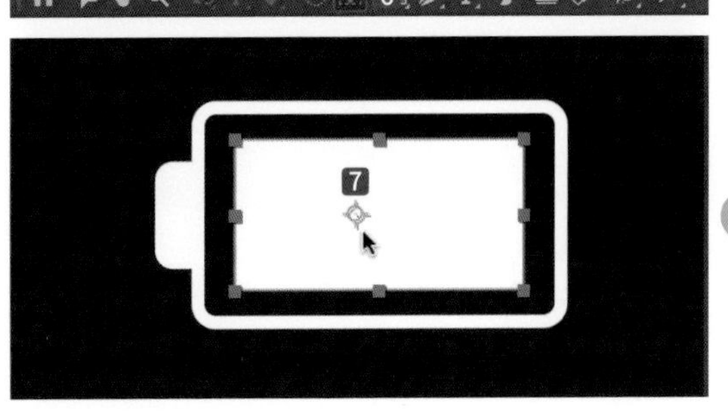

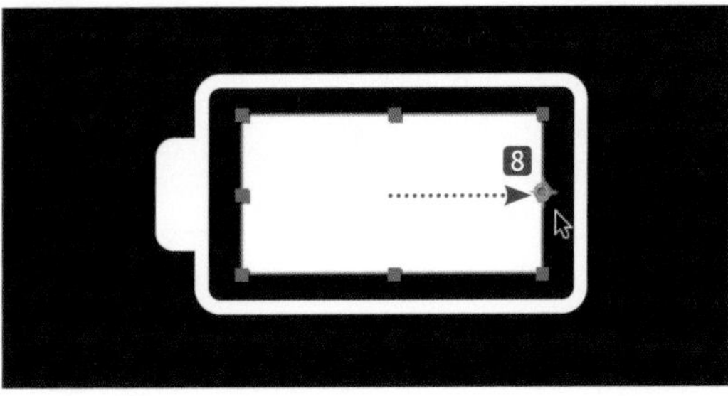

⁞⁞ バッテリーを減らすアニメーションを作る

【0:00:00:00】に移動します**1**。**【meter/batteryアウトライン】**の**【トランスフォーム】**を展開し**2**、**【スケール】**の**【現在の縦横比を固定】**をクリックして解除します**3**。

【ストップウォッチ】をクリックして**4**、**【キーフレーム】**を作成します**5**。

【0:00:02:00】に移動して**6**、**【スケール】**のX座標を**【10】**に設定します**7**。

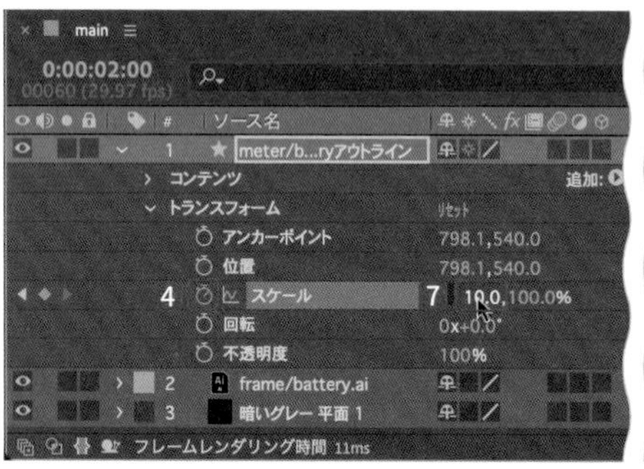

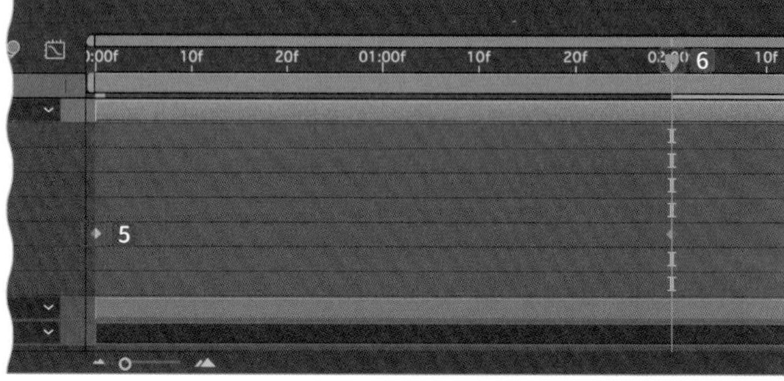

⁞⁞ バッテリーの色を変える

command/Ctrl キーを押しながら ← キーを押すと、１フレーム戻ります。

【0:00:01:29】の位置**1**で**【meter/batteryアウトライン】**の**【コンテンツ】**を展開します**2**。

【グループ 1】にある**【塗り 1】**を開きます**3**。**【カラー】**の**【ストップウォッチ】**をクリックして**4**、**【キーフレーム】**を作成します**5**。

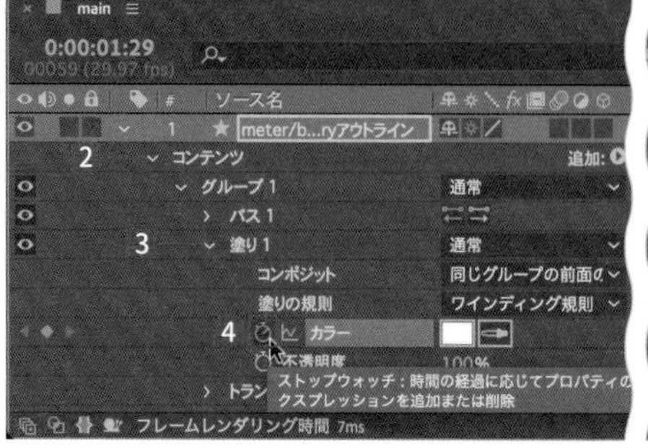

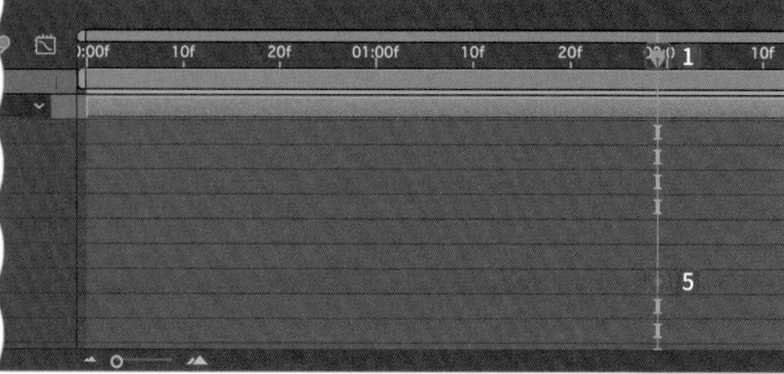

【0:00:02:00】に移動します❻。**【カラー】**をクリックして❼、**【#F73131】**に設定します❽❾。

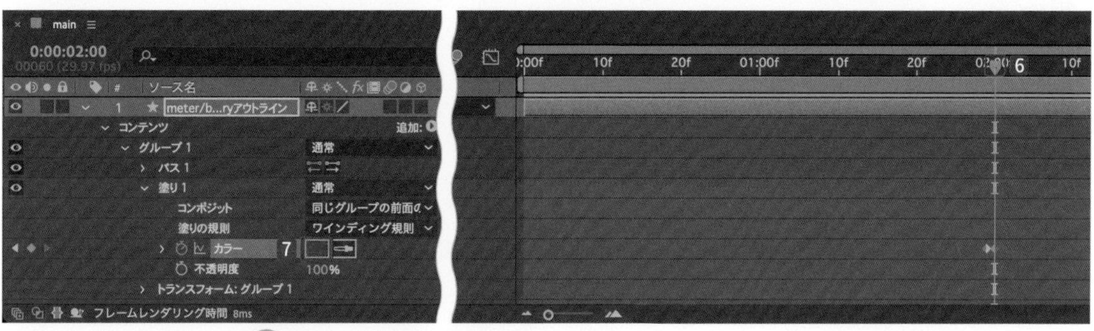

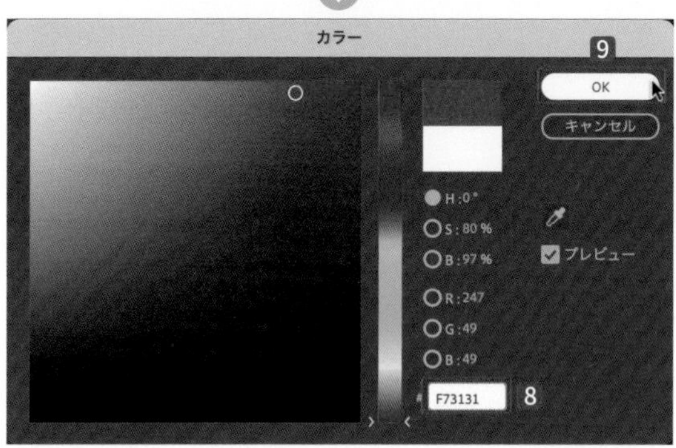

再生すると、バッテリーが減って赤くなるアニメーションになります。これで完成です。

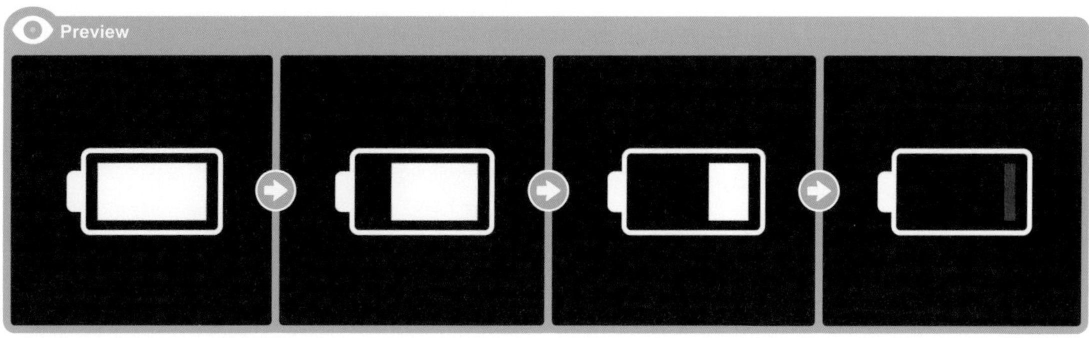

2 禁止マークのアニメーション

【ホーム画面】で【新規プロジェクト】ボタンをクリックします（15ページ参照）。

【ファイル】メニューの【別名で保存】から【別名で保存...】（Shift ＋ command / Ctrl ＋ S キー）を選択して（25ページ参照）、【別名で保存】ダイアログボックスで【cigarette】と名前をつけて1、【保存】ボタンをクリックします2。

保存先は作業するハードディスクとフォルダーを選択してください。

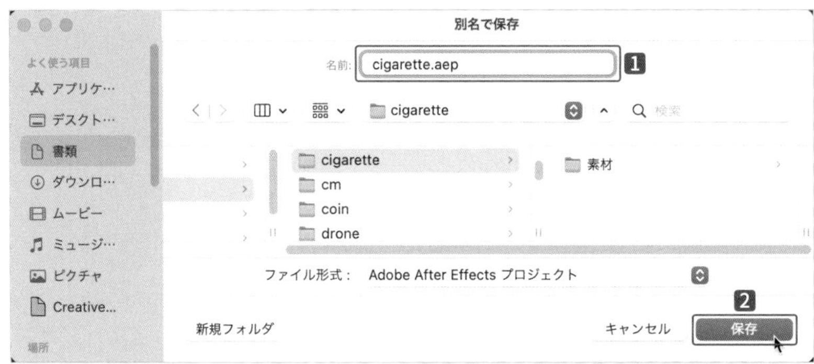

新規コンポジションを作る

【コンポジション】メニューから【新規コンポジション...】（command / Ctrl ＋ N キー）を選択して、【コンポジション設定】ダイアログボックスを表示します（29ページ参照）1。

【コンポジション名】は【main】2、【プリセット】は【カスタム】3を選択します。

今回は正方形の動画なので、【幅：1080px】【高さ：1080px】と入力します4。

【デュレーション】を【0:00:03:00】に設定して5、【OK】ボタンをクリックします6。

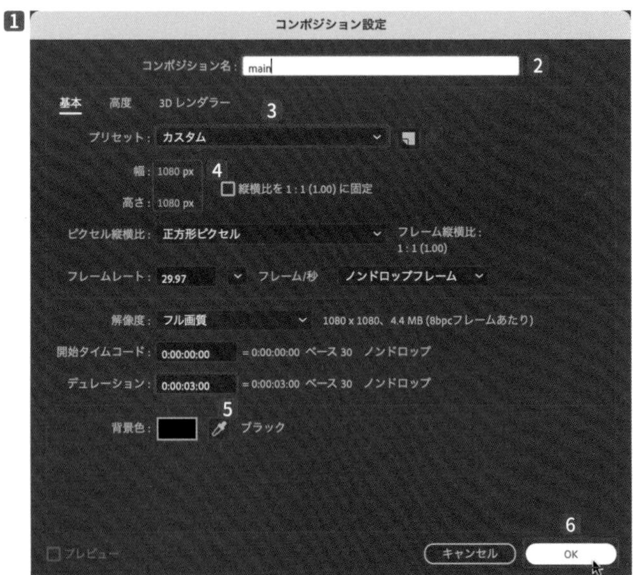

背景を作る

【レイヤー】メニューの【新規】から【平面...】（command / Ctrl ＋ Y キー）を選択して、【平面設定】ダイアログボックスを表示します1。

【カラー】をクリックして【#FFFFFF】（ホワイト）に設定し2、【OK】ボタンをクリックします3。

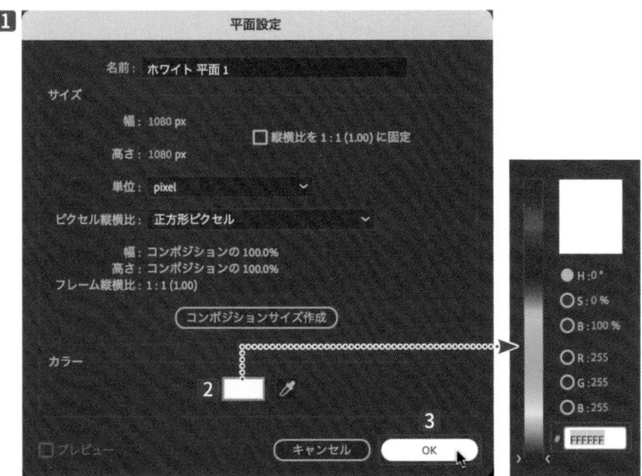

ファイルを読み込む

【ファイル】メニューの【読み込み】から【ファイル...】（command/Ctrl + I キー）を選択して、【ファイルの読み込み】ダイアログボックスを表示します1。

【素材】から【cigarette.ai】を選択し2、【読み込みの種類】で【コンポジション】を選択して3、【開く】ボタンをクリックします4。

素材を配置する

【プロジェクト】パネルに自動で作成される【cigarette】のコンポジションは使用しないので、Delete キーで削除します（94ページ参照）1。

【check レイヤー】のフォルダーを展開し2、すべてを選択して3、【タイムライン】パネルに配置します4。

上から、【line/cigarette.ai】【circle/cigarette.ai】【cigarette/cigarette.ai】の順番にレイヤーを配置します5。

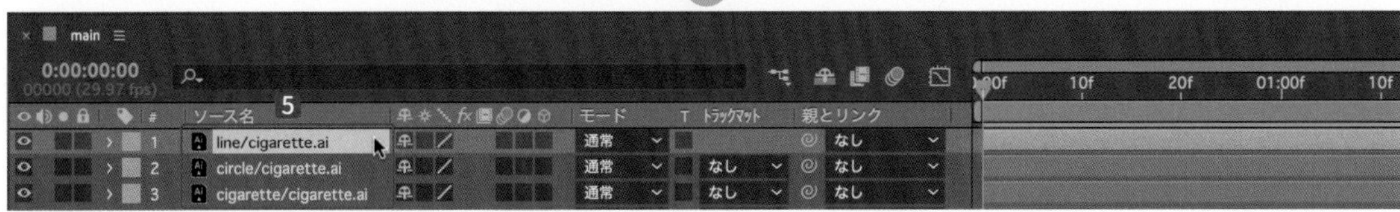

パスを作成する

【line/cigarette.ai】【circle/cigarette.ai】を選択して❶、右クリックしてショートカットメニューの【作成】から【ベクトルレイヤーからシェイプを作成】❷を選択すると、【line/cigaretteアウトライン】【circle/cigaretteアウトライン】が作成されます❸。

【line/cigarette.ai】【circle/cigarette.ai】は使用しないので、Delete キーで削除します（94ページ参照）❹。

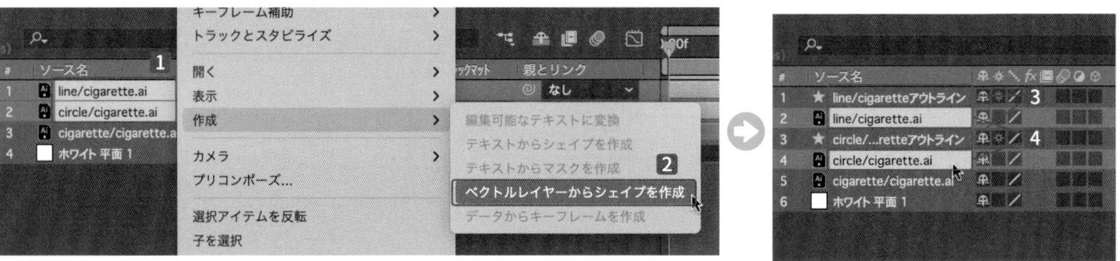

フェードインを適用する

【0:00:00:00】に移動します❶。【cigarette/cigarette.ai】を選択して❷、T キーを押すと【不透明度】が表示されます❸。【0】に設定して❹、【キーフレーム】を作成します❺❻。

【0:00:00:10】に移動して❼、【不透明度】を【100】に設定すると❽、タバコのイラストにフェードインが適用されます。

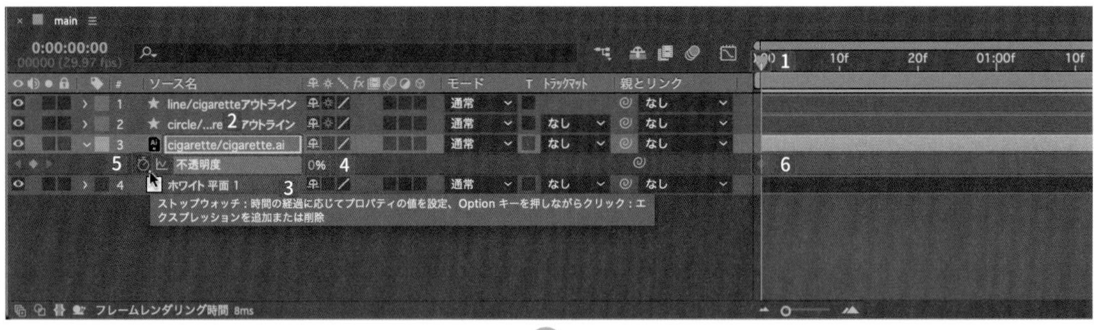

サークルアニメーションを作る

【0:00:00:20】に移動します❶。【circle/cigaretteアウトライン】を選択し❷、[[]キーを押すとクリップが移動します❸。

【circle/cigaretteアウトライン】を展開し❹、【追加】▶❺から【パスのトリミング】を選択します❻。

【パスのトリミング 1】を展開して❼、【終了点】を【0】に設定し❽、【キーフレーム】を作成します❾❿。

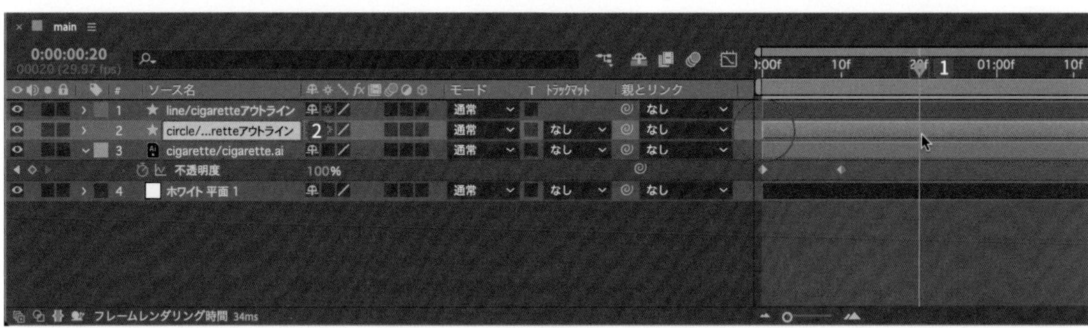

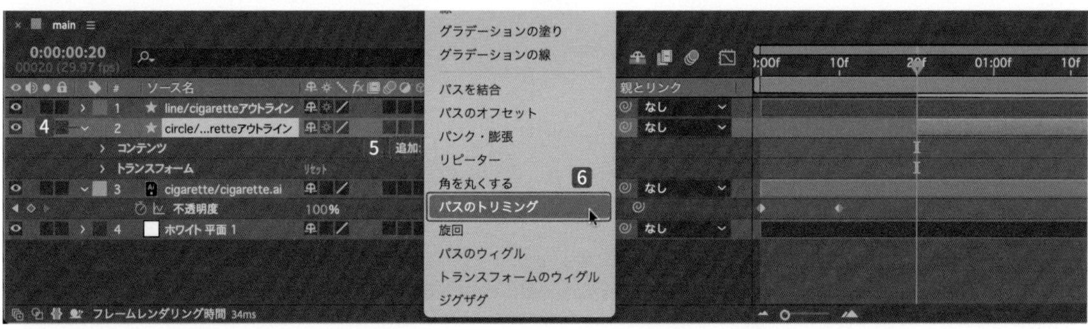

【0:00:01:10】に移動します⓫。**【パスのトリミング 1】**の**【終了点】**を**【100】**に設定します⓬。
現在3時の位置から円が描かれるため、**【オフセット】**を**【-90】**に設定し⓭、上から円が描かれるようにします⓮。
【0:00:01:20】に移動します⓯。**【line/cigaretteアウトライン】**を選択し⓰、[キーを押すとクリップが移動します⓱。

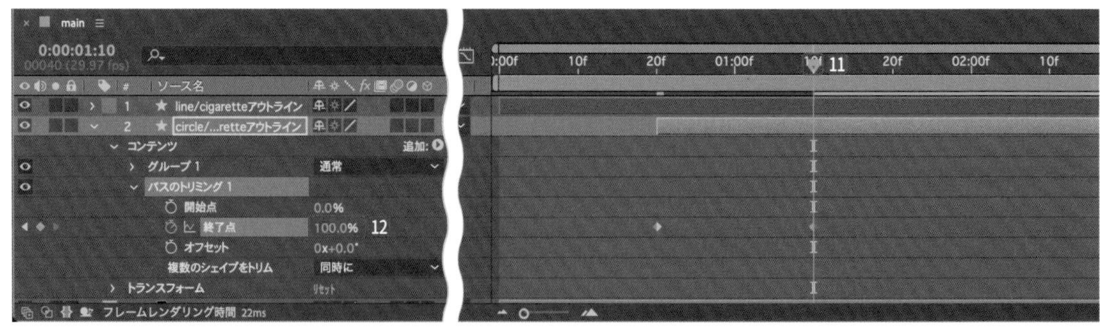

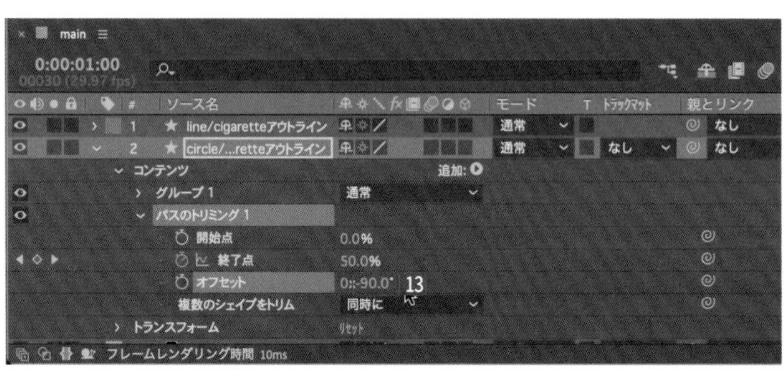

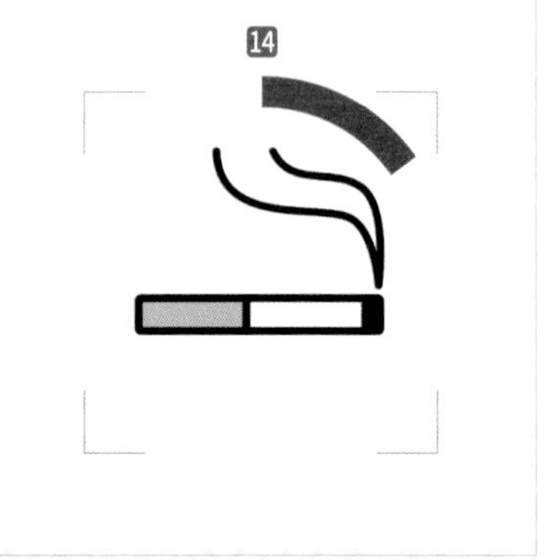

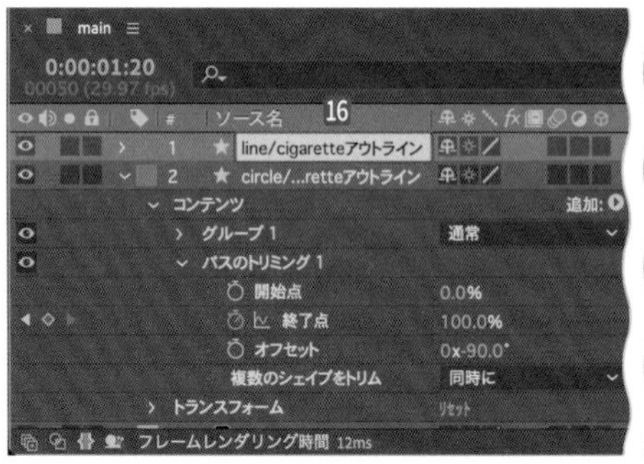

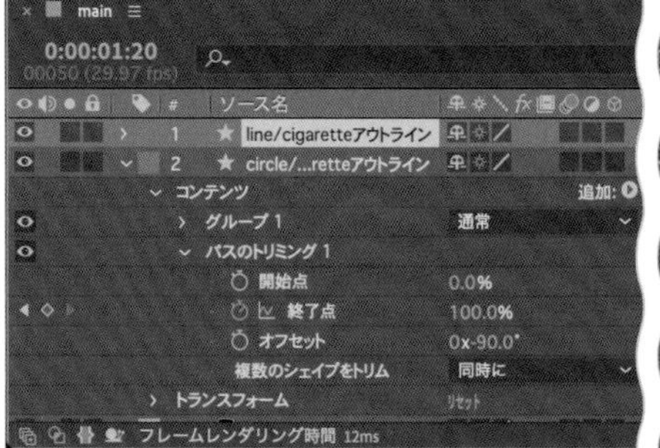

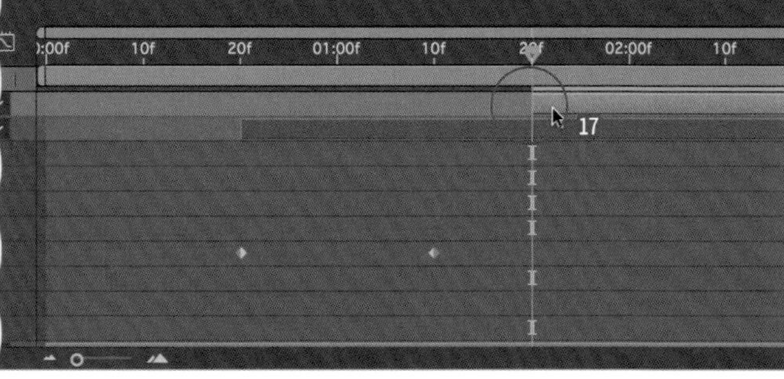

【line/cigaretteアウトライン】を展開し⑱、**【追加】**▶⑲から**【パスのトリミング】**を選択します⑳。
【パスのトリミング】の**【終了点】**を**【0】**に設定し㉑、**【キーフレーム】**を作成します㉒。
【0:00:02:00】に移動して㉓、**【パスのトリミング】**の**【終了点】**を**【100】**に設定します㉔。

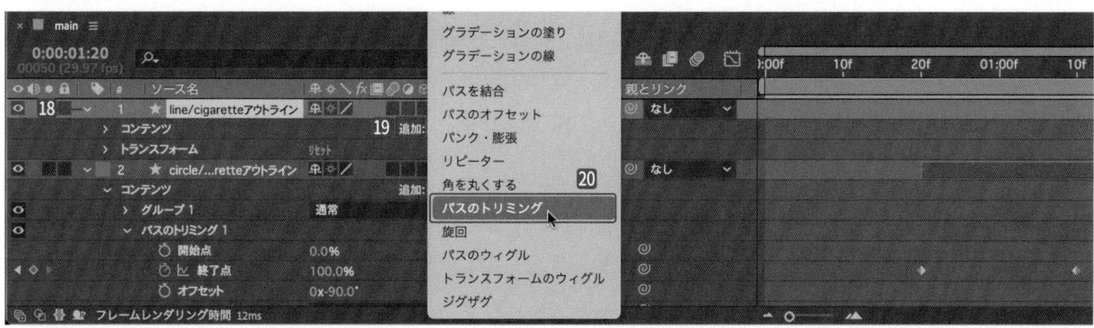

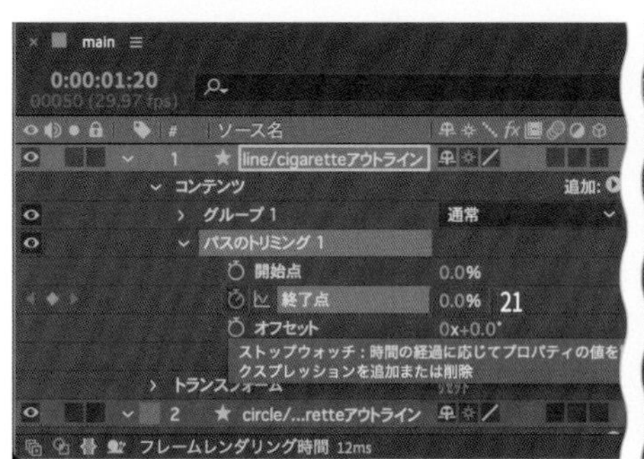

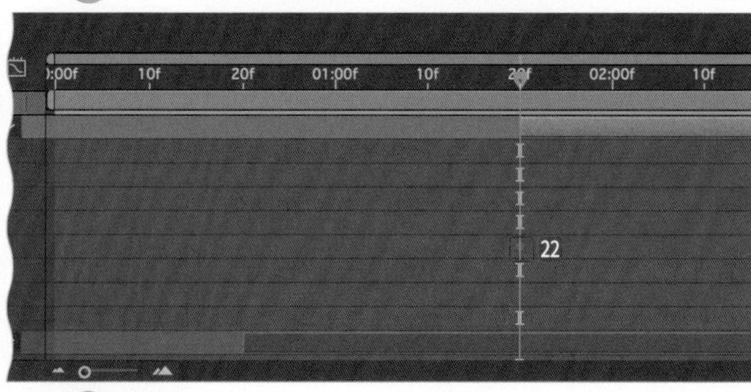

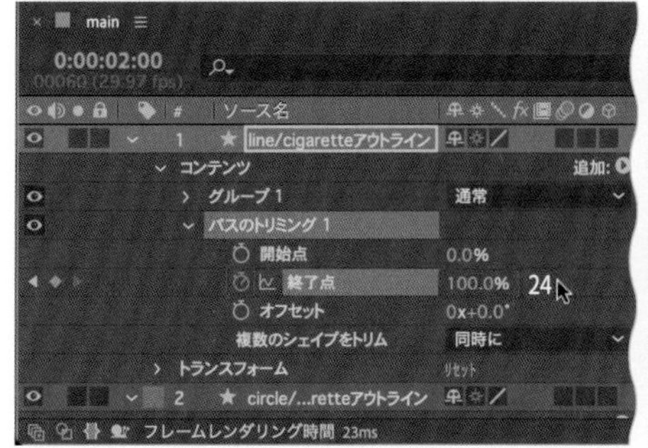

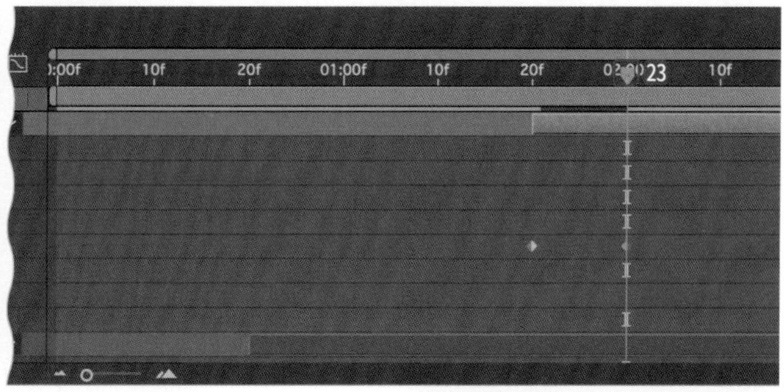

再生すると、禁止マークのアニメーションになります。
これで完成です。

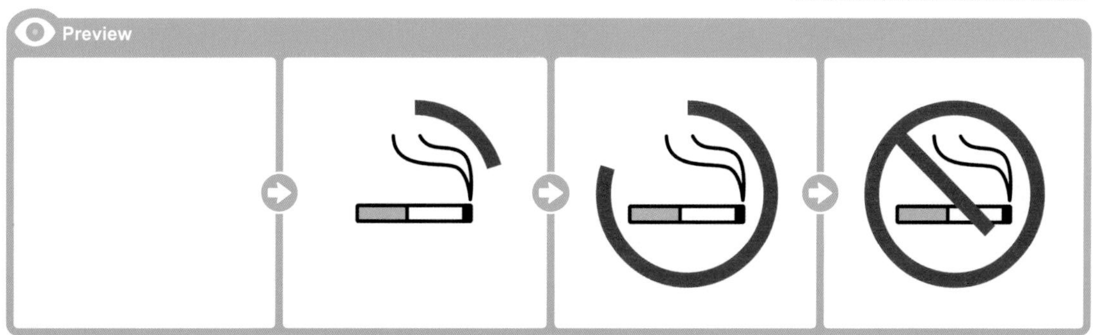

3 吹き出しのアニメーション

【ホーム画面】で**【新規プロジェクト】**ボタンをクリックします（15ページ参照）。

【ファイル】メニューの**【別名で保存】**から**【別名で保存...】**（Shift ＋ command/Ctrl ＋ S キー）を選択して（25ページ参照）、**【別名で保存】**ダイアログボックスで**【fukidashi】**と名前をつけて❶、**【保存】**ボタンをクリックします❷。

保存先は作業するハードディスクとフォルダーを選択してください。

新規コンポジションを作る

【コンポジション】メニューから**【新規コンポジション...】**（command/Ctrl ＋ N キー）を選択して、**【コンポジション設定】**ダイアログボックスを表示します（29ページ参照）❶。

【コンポジション名】は**【main】**❷、**【プリセット】**は**【カスタム】**❸を選択します。

今回は正方形の動画なので、**【幅：1080px】【高さ：1080px】**と入力します❹。

【デュレーション】を**【0:00:03:00】**に設定して❺、**【OK】**ボタンをクリックします❻。

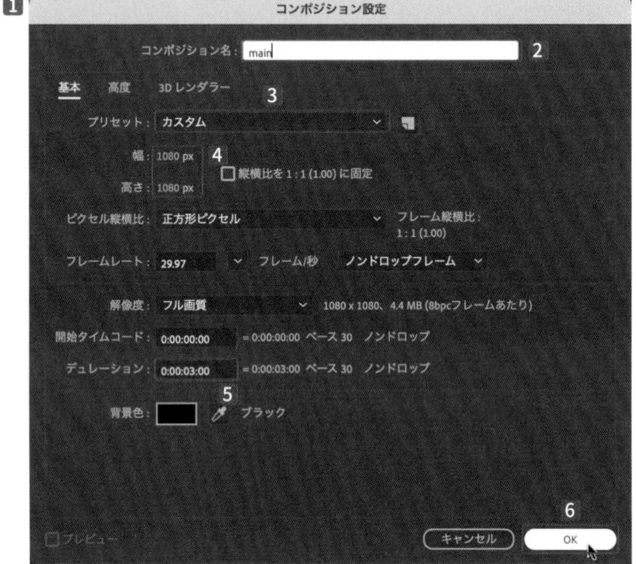

背景を作る

【レイヤー】メニューの**【新規】**から**【平面...】**（command/Ctrl ＋ Y キー）を選択して、**【平面設定】**ダイアログボックスを表示します❶。

【カラー】をクリックして**【#FFFFFF】**（ホワイト）に設定し❷、**【OK】**ボタンをクリックします❸。

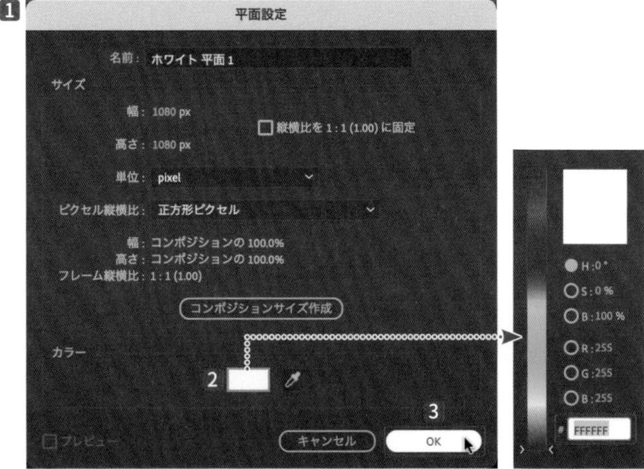

ファイルを読み込む

【ファイル】メニューの**【読み込み】**から**【ファイル...】**（command/Ctrl＋Iキー）を選択して、**【ファイルの読み込み】**ダイアログボックスを表示します1。

【素材】から**【fukidashi.ai】**を選択し2、**【読み込みの種類】**で**【フッテージ】**を選択して3、**【開く】**ボタンをクリックします4。

表示されるダイアログボックスでは、**【レイヤーを統合】**を選択して5、**【OK】**ボタンをクリックします6。

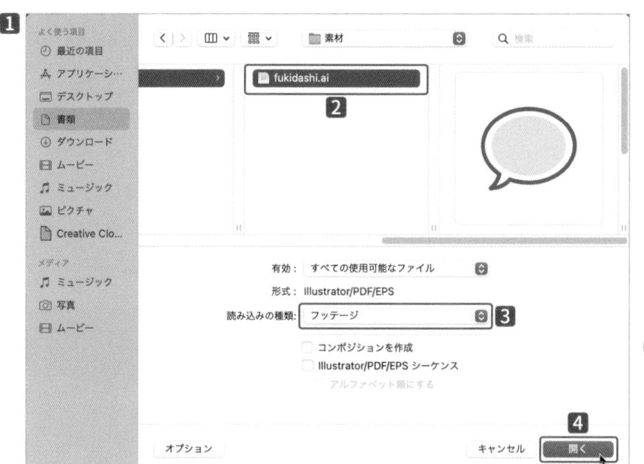

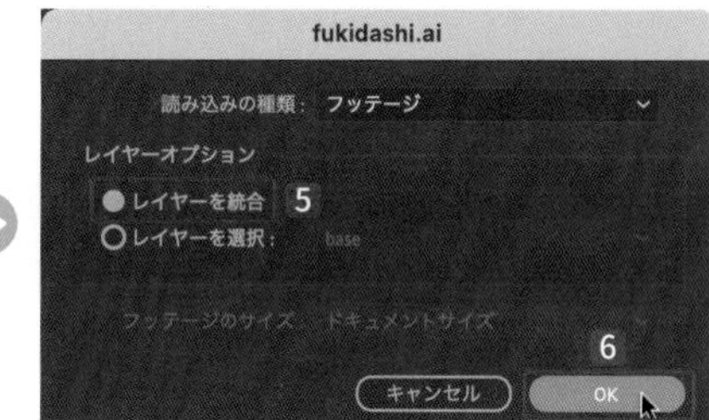

素材を配置する

【fukidashi.ai】を選択して、**【タイムライン】**パネルに配置します12。

⁝⁝ 吹き出しの文字を作る

【レイヤー】メニューの**【新規】**から**【テキスト】**（option/Alt ＋ Shift ＋ command/Ctrl ＋ T キー）を選択します❶。

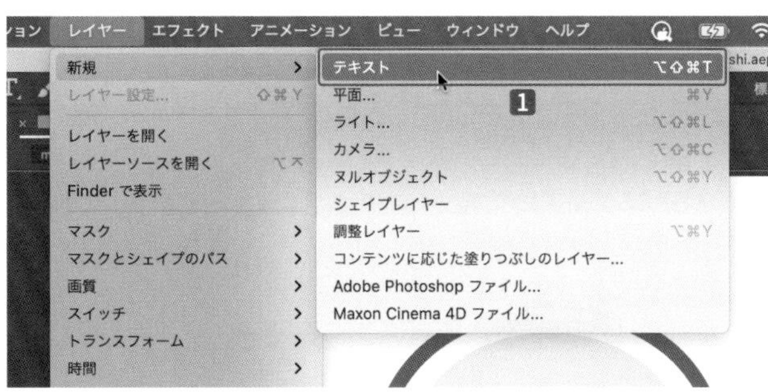

【文字】パネルの**【カラー】**❷をクリックして、**【#1870F4】**に設定します❸❹。

フォントは**【源ノ角ゴシック JP】**の**【Heavy】**を選択し❺、サイズは**【200】**❻、文字間のカーニングは**【0】**❼、トラッキングは**【-300】**❽、段落は**【テキストの中央揃え】**❾に設定します。

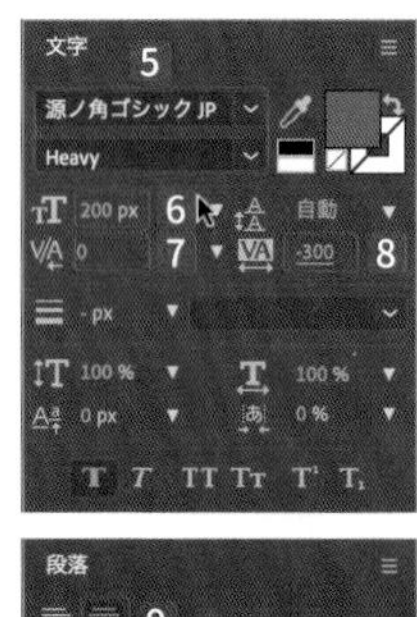

全角文字で【・・・】と入力します10。

【テキスト】クリップを選択して11、**【レイヤー】**メニューの**【トランスフォーム】**から**【アンカーポイントをレイヤーコンテンツの中央に配置】**（option/Alt ＋ command/Ctrl ＋ fn/Home ＋ ← キー：macOSは fn キーをオンにしてください）を選択すると12、文字の中央にアンカーポイントが移動します13。

【テキスト】クリップの**【トランスフォーム】**を展開して14、**【位置】**を**【540, 520】**に設定します15。

これで、下準備は完了です。

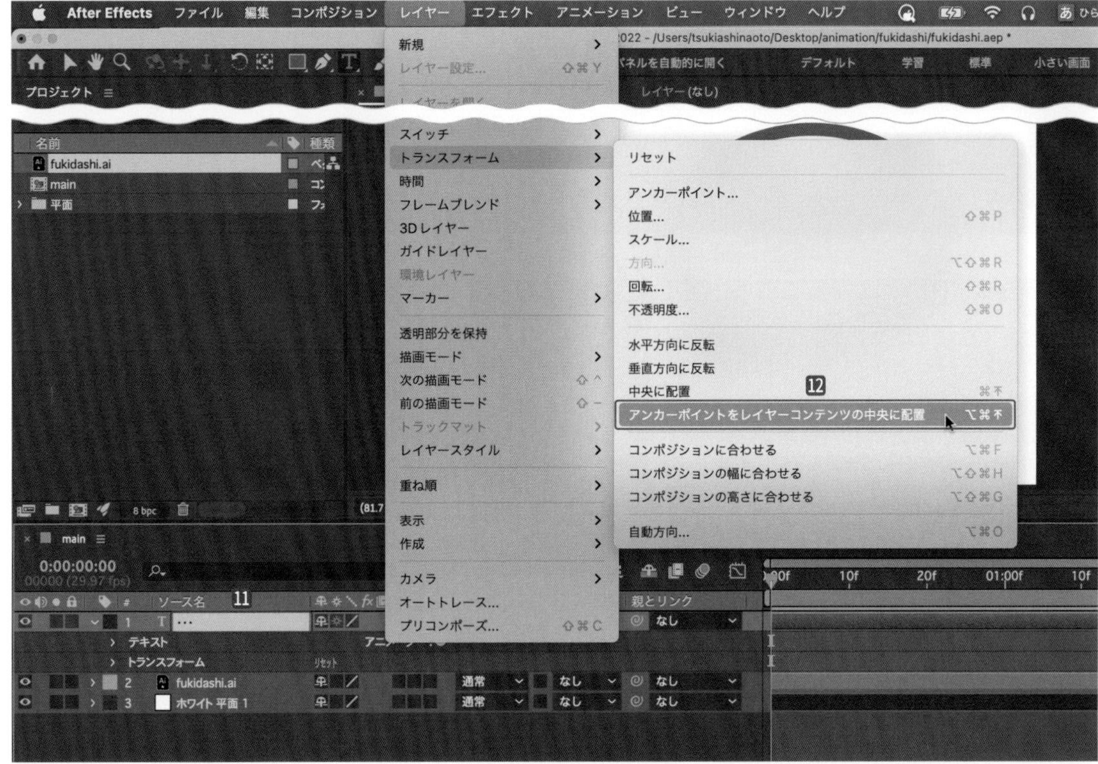

⁝⁝ 文字を一文字ずつアニメーションする

【テキスト】の右にある【アニメーター】▶①から【位置】を選択します②。

【0:00:00:00】に移動して③、追加された【アニメーター 1】を展開します④。【位置】のＹ座標を【-40】と入力すると⑤、文字が上がります⑥。

【範囲セレクター 1】を開き⑦、【終了】を【0】に設定します⑧。【キーフレーム】を作成します⑨⑩。

【0:00:00:20】に移動して⑪、【終了】を【100】に設定します⑫。

再生すると、一文字ずつ上がるアニメーションになります。

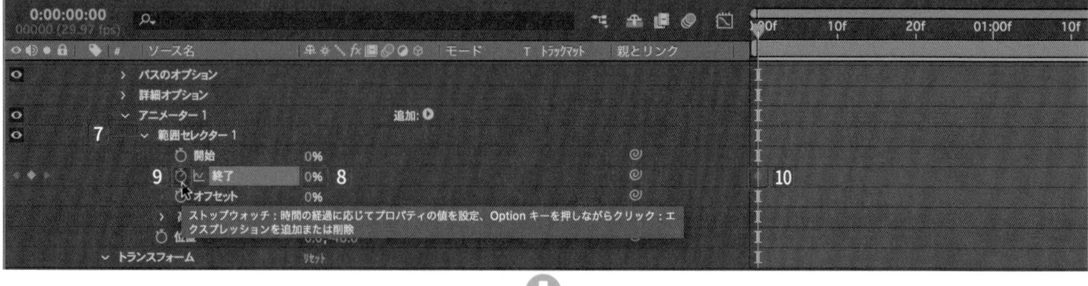

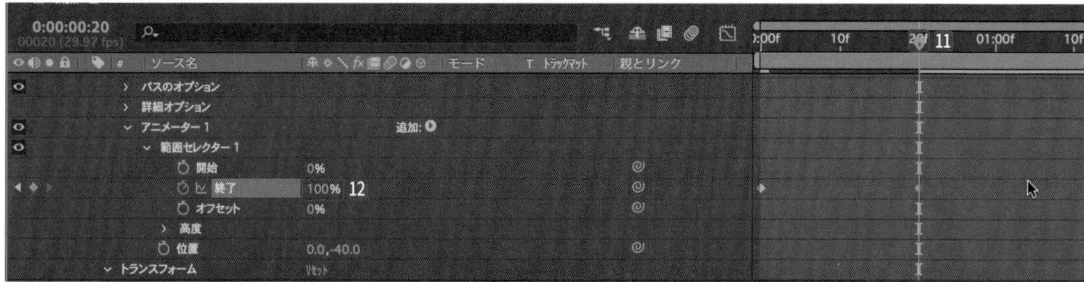

【・・・】クリップを選択して⑬、**【アニメーター】**から**【位置】**を再選択すると⑭、**【アニメーター 2】**が作成されます。
【0:00:00:10】に移動して⑮**【アニメーター 2】**を展開し⑯、**【位置】**のＹ座標を**【40】**に設定します⑰。
【範囲セレクター 1】を開き⑱、**【終了】**を**【0】**に設定して⑲、**【キーフレーム】**を作成します⑳。
【0:00:01:00】に移動して㉑、**【終了】**を**【100】**に設定します㉒。
再生すると、一文字ずつ上下するアニメーションになります。

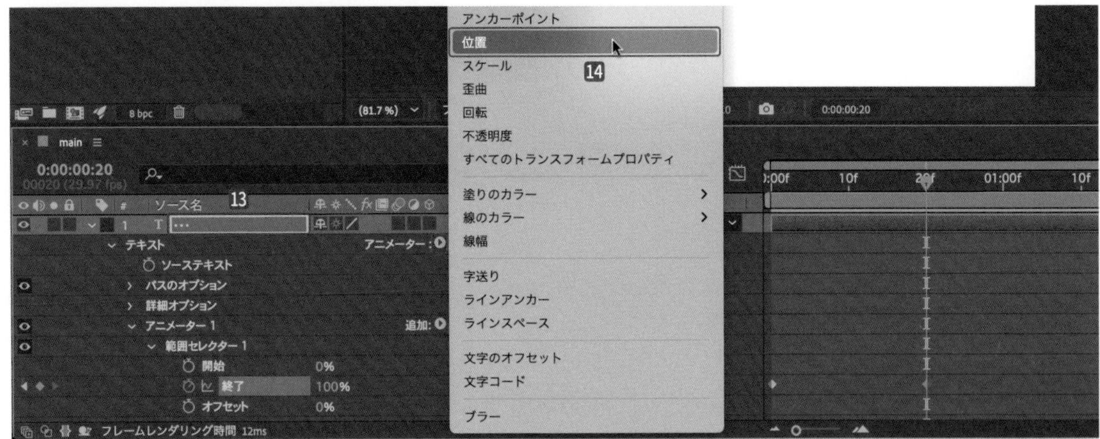

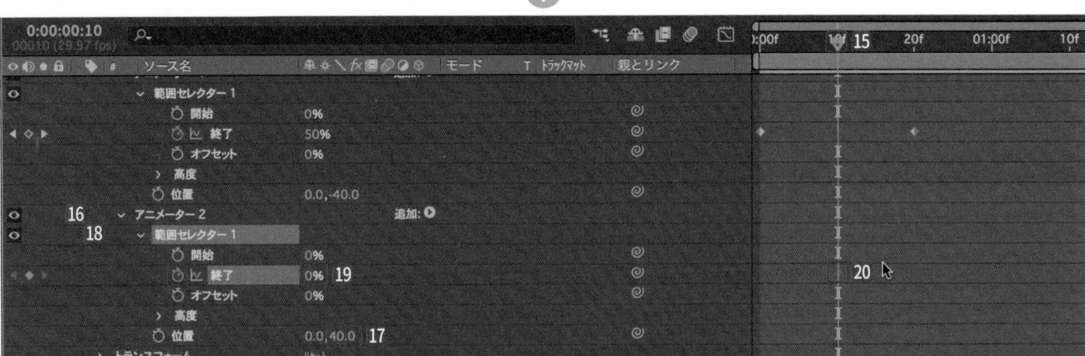

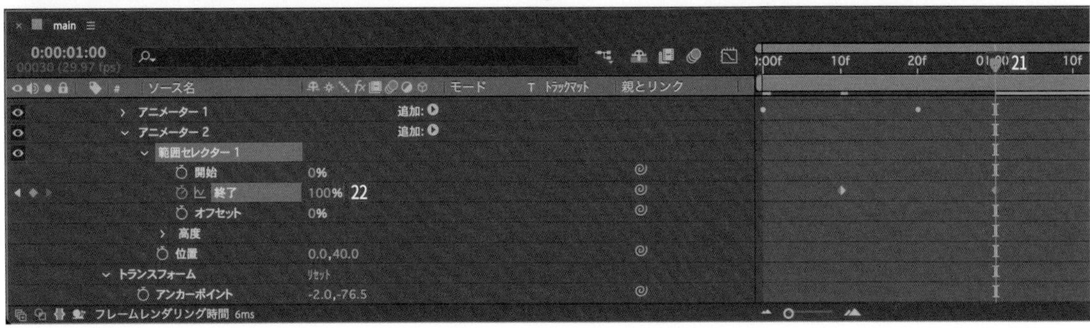

ルー プを適用する

【0:00:01:00】の位置❶で**【アニメーター 1】**の**【終了】**に**【現時間でキーフレームを加える または削除する】**❷をクリックして、**【キーフレーム】**を作成します❸。

【終了】の左にある**【ストップウォッチ】**❹を option/Alt キーを押しながらクリックすると、**【エクスプレッション】**の追加画面が表示されます。

❺をクリックして、**【loopOut(type="cycle", numKeyframes=0)】**を選択します❻。

【0:00:00:00】の位置で❼、**【アニメーター 2】**の**【終了】**に**【現時間でキーフレームを加える、または削除する】**を選択して❽、**【キーフレーム】**を作成します❾。

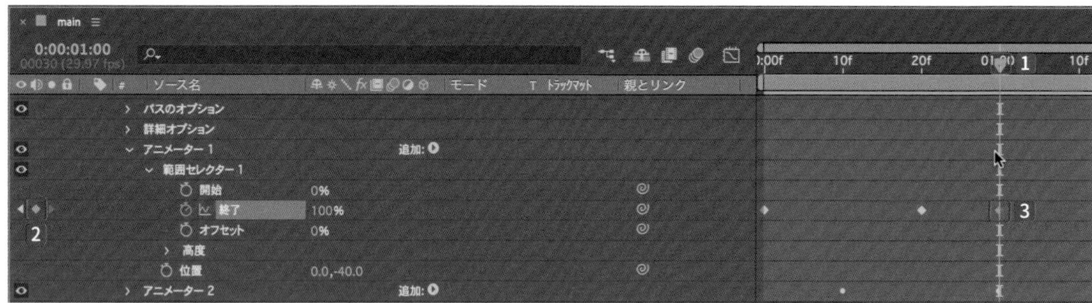

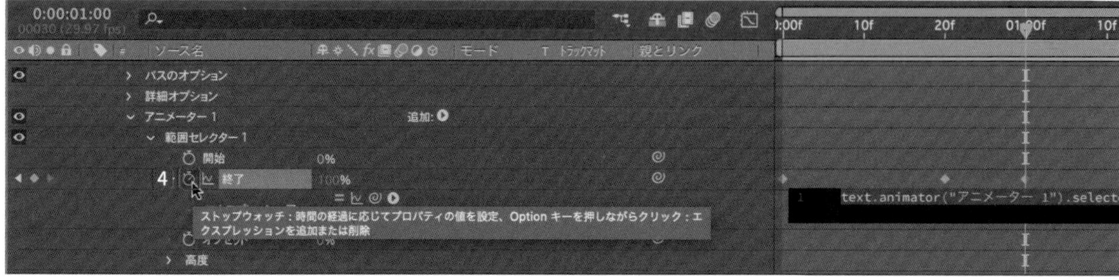

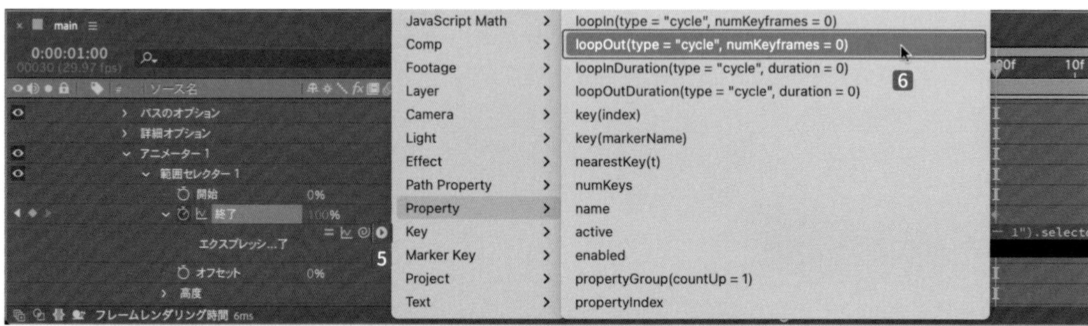

【終了】の左にある【ストップウォッチ】10を option/Alt キーを押しながらクリックすると、エクスプレッションの追加画面が表示されます。11をクリックして、【loopOut(type="cycle", numKeyframes=0)】を選択します12。文字が一文字ずつ上下するアニメーションがループします。

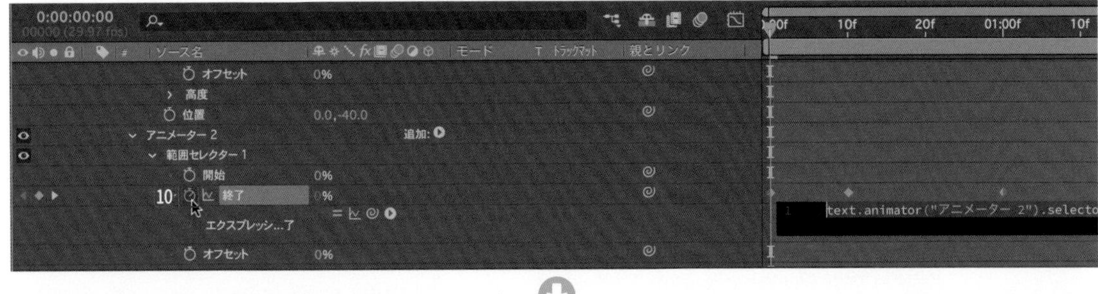

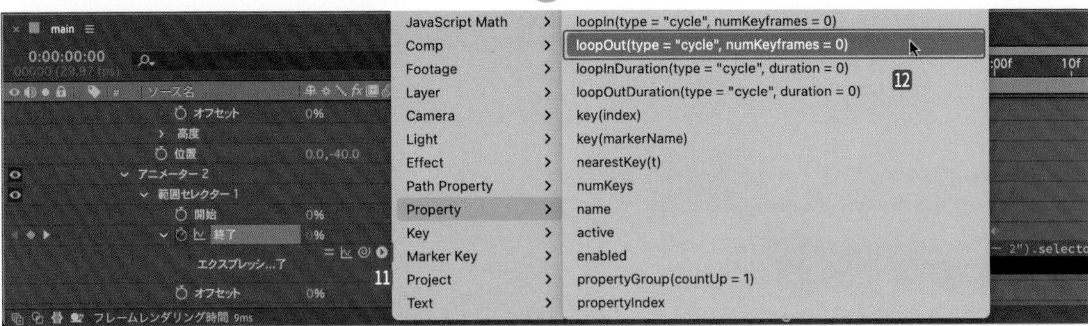

フェードインを適用する

【0:00:00:00】の位置で【テキスト】クリップを選択して、T キーを押すと【不透明度】が表示されます1。【0】に設定して【キーフレーム】を作成し2、【0:00:00:10】の位置で3【100】に設定します4。

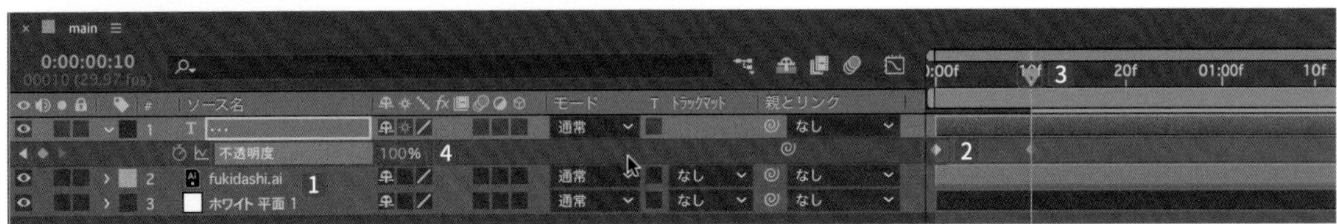

再生すると、吹き出しテキストのループアニメーションになります。これで完成です。

4 電球のアニメーション

【ホーム画面】で**【新規プロジェクト】**ボタンをクリックします（15ページ参照）。

【ファイル】メニューの**【別名で保存】**から**【別名で保存...】**（Shift＋command/Ctrl＋Sキー）を選択して（25ページ参照）、**【別名で保存】**ダイアログボックスで**【light】**と名前をつけて1、**【保存】**ボタンをクリックします2。

保存先は作業するハードディスクとフォルダーを選択してください。

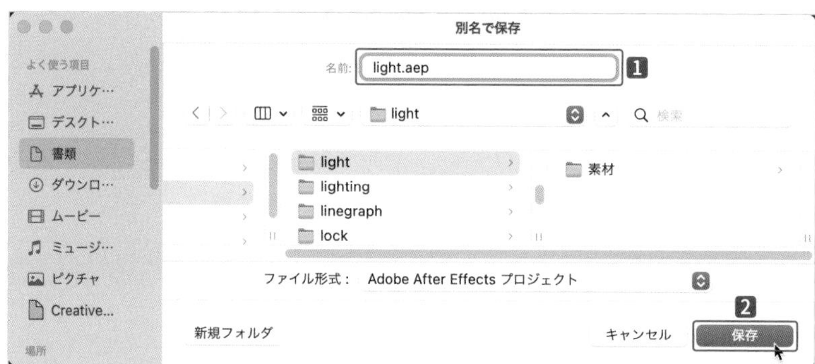

新規コンポジションを作る

【コンポジション】メニューから**【新規コンポジション...】**（command/Ctrl＋Nキー）を選択して、**【コンポジション設定】**ダイアログボックスを表示します（29ページ参照）1。

【コンポジション名】は**【main】**2、**【プリセット】**は**【カスタム】**3を選択します。

今回は正方形の動画なので、**【幅：1080px】【高さ：1080px】**と入力します4。

【デュレーション】を**【0:00:02:00】**に設定して5、**【OK】**ボタンをクリックします6。

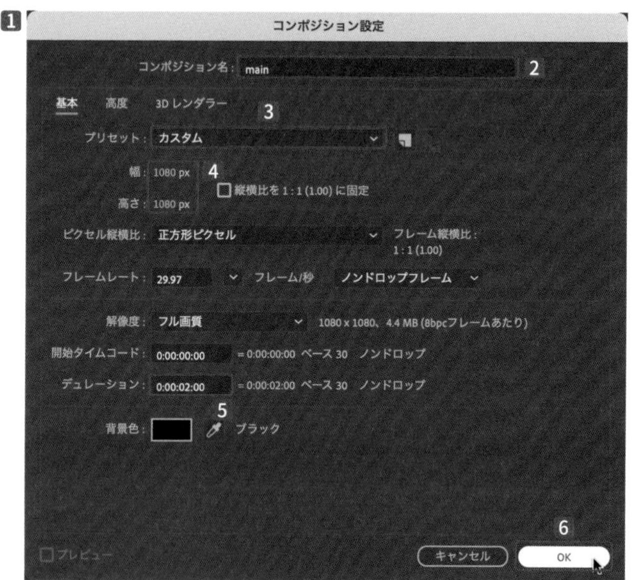

背景を作る

【レイヤー】メニューの**【新規】**から**【平面...】**（command/Ctrl＋Yキー）を選択して、**【平面設定】**ダイアログボックスを表示します1。

【カラー】をクリックして**【#000000】**（ブラック）に設定し2、**【OK】**ボタンをクリックします3。

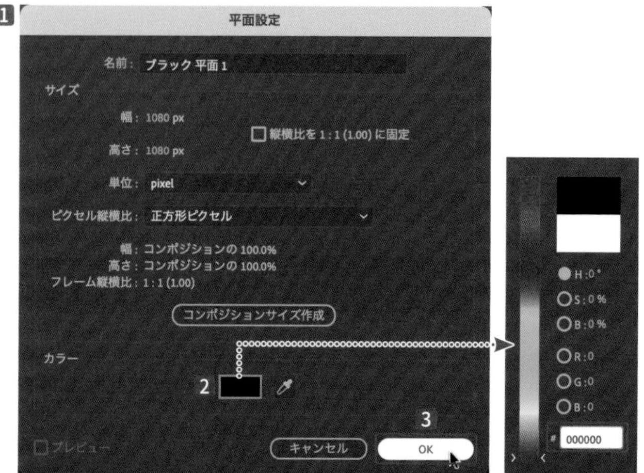

ファイルを読み込む

【ファイル】メニューの【読み込み】から【ファイル...】（command / Ctrl + I キー）を選択して、【ファイルの読み込み】ダイアログボックスを表示します1。

【素材】から【light.ai】を選択し2、【読み込みの種類】で【コンポジション】を選択して3、【開く】ボタンをクリックします4。

素材を配置する

【プロジェクト】パネルに自動で作成される【light】のコンポジションは使用しないので、Delete キーで削除します（94ページ参照）1。

【light レイヤー】のフォルダーを展開し2、すべてを選択して3、【タイムライン】パネルに配置します4。

上から、【glass/light.ai】【base/light.ai】に配置します5。

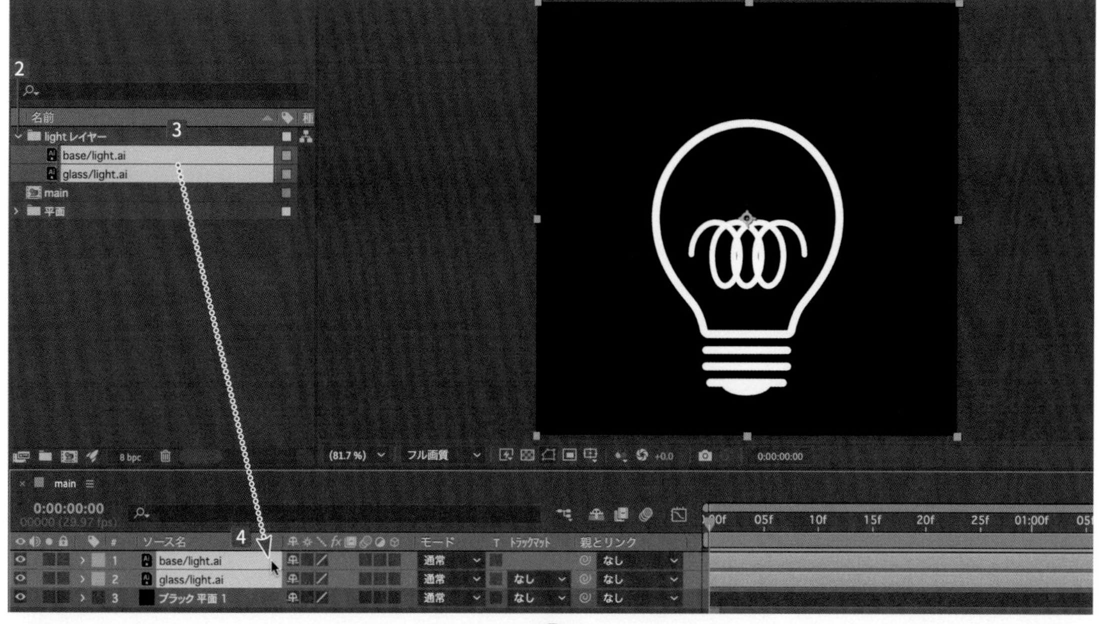

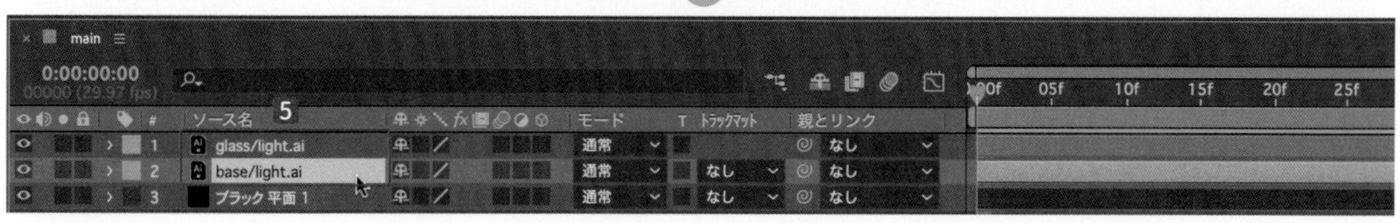

⠿ 電球がつくアニメーションを作る

【0:00:00:20】に移動します1。【glass/light.ai】を選択して2、［キーを押してクリップを移動します3。
【0:00:00:22】に移動して4【不透明度】を開き、【キーフレーム】を作成します56。
【0:00:00:23】に移動して7、【不透明度】を【0】に設定します8。
【0:00:00:25】に移動して9、【不透明度】にそのままの数値で【キーフレーム】を作成します1011。
【0:00:00:26】に移動して12、【不透明度】を【100】に設定します13。

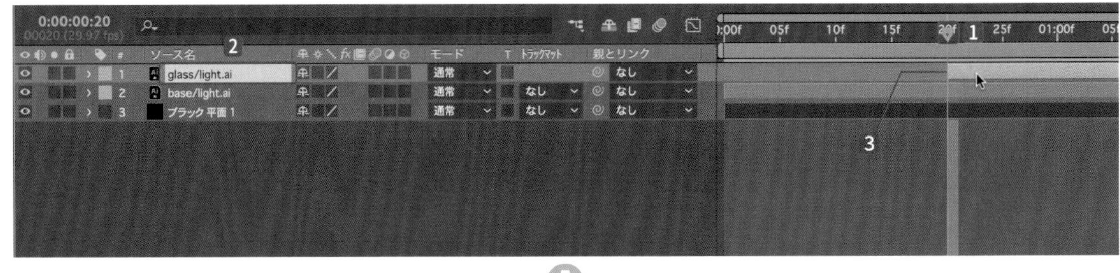

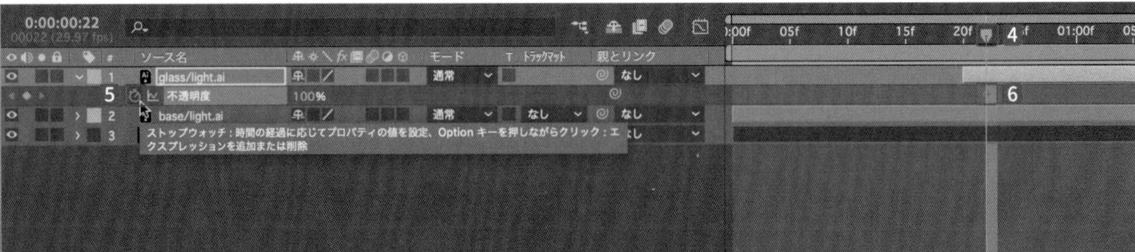

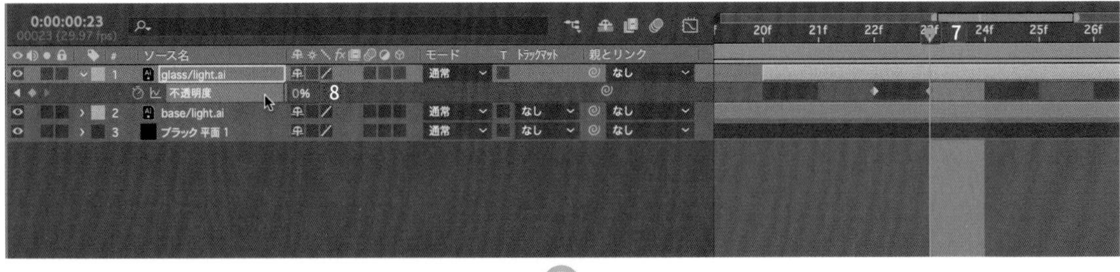

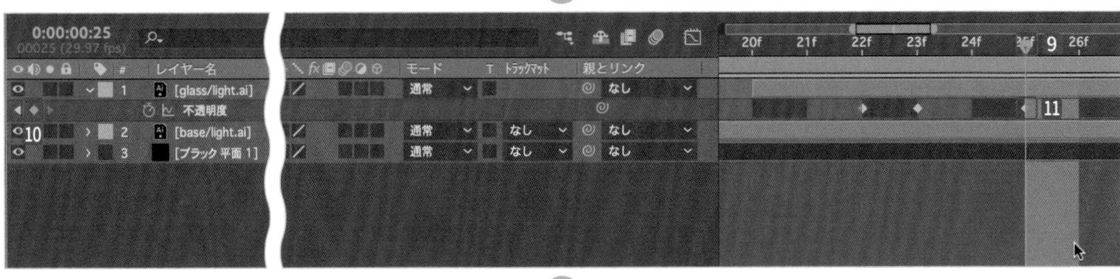

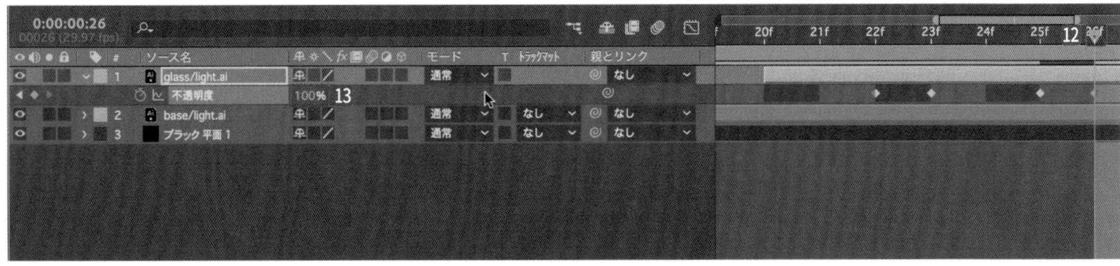

【レイヤー】メニューの**【新規】**から**【シェイプレイヤー】**を選択します14。名前を**【line】**にして一番上に配置します15。**【0:00:01:00】**に頭合わせにします16 17。

⁝⁝ ラインシェイプを作る

【ペンツール】を選択します1。**【線のカラー】**2を**【#FFFFFF】**3 4、**【線幅】**を**【15】**5に設定します。**【塗りオプション】**は**【なし】**にします6。

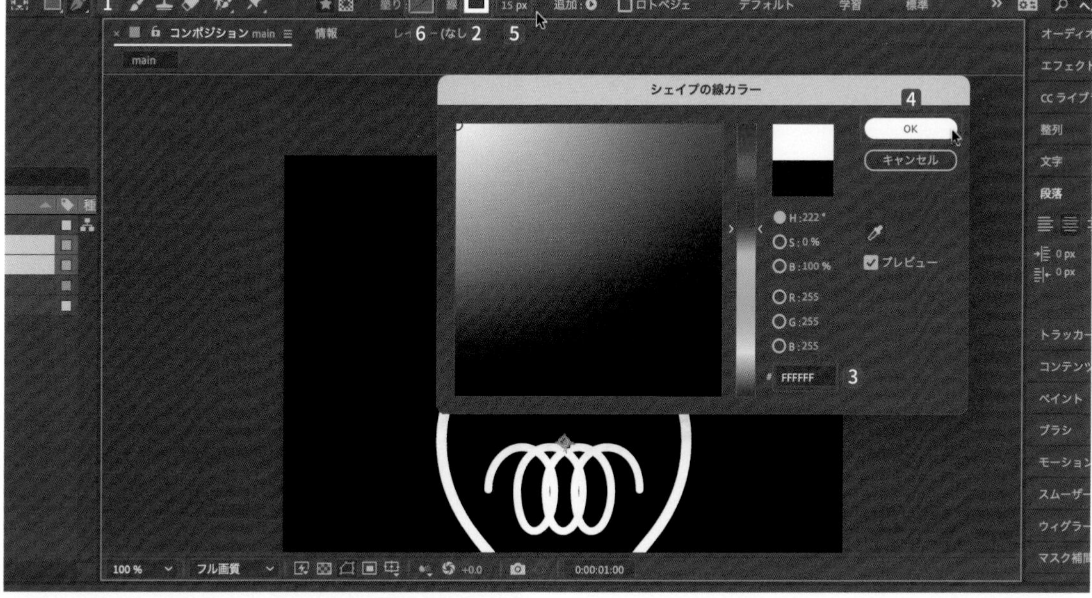

【グリッドとガイドのオプションを選択】をクリックして7、**【グリッド】**と**【プロポーショナルグリッド】**を選択します8。

画面中央の電球すぐ上辺りの位置で**下から上**に直線を描きます9。図のように8コマの長さにします10。

【グリッド】と**【プロポーショナルグリッド】**を解除します11。

【line】の**【コンテンツ】**から**【線 1】**の**【線端】**を**【丸型】**に設定すると12、線の端に丸みができます13。

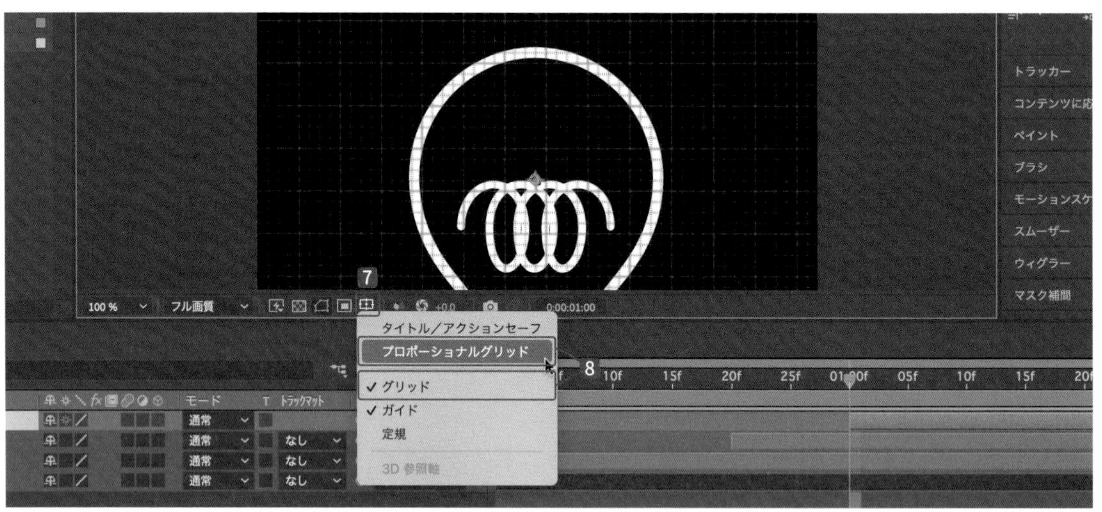

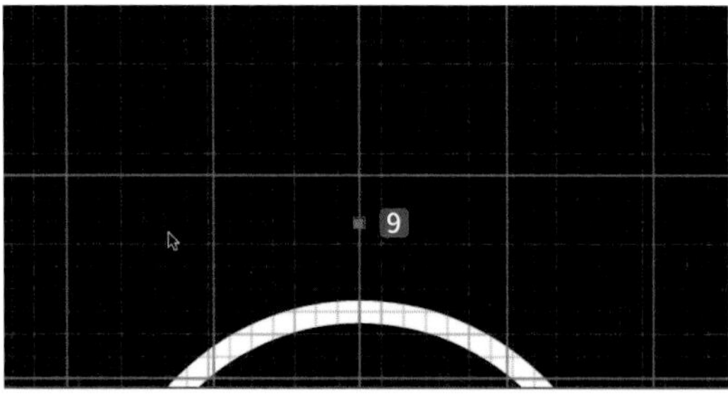

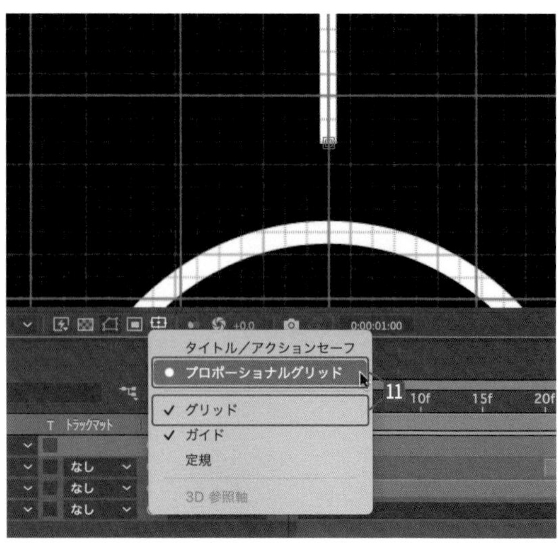

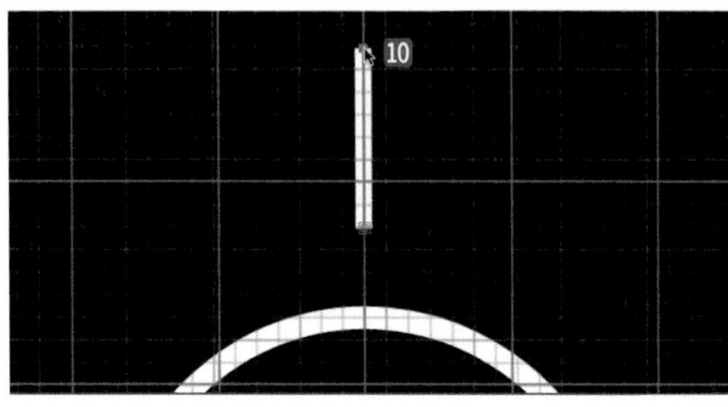

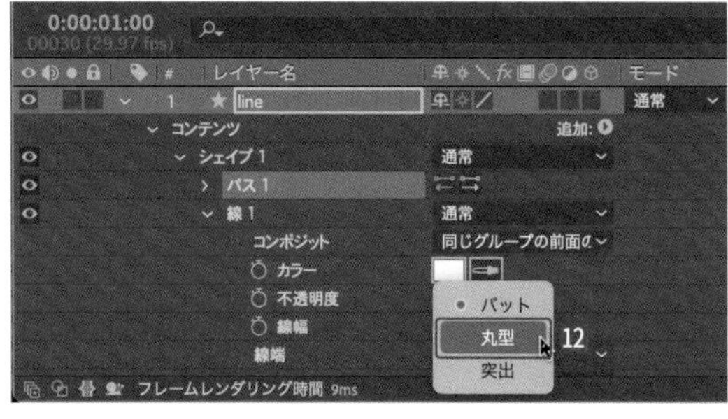

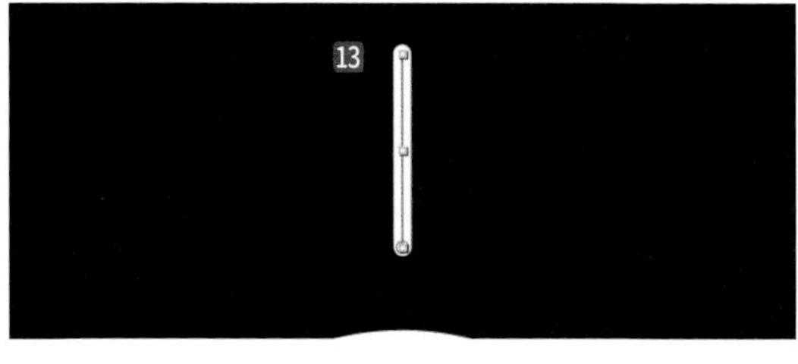

⠿ ラインアニメーションを作る

【追加】▶から【パスのトリミング】を選択します❶。

【パスのトリミング1】を展開し❷、【0:00:01:00】の位置で❸【終了点】を【0】に設定して❹、【キーフレーム】を作成します❺❻。

【0:00:01:08】の位置で❼【終了点】を【100】に設定します❽。

【0:00:01:04】の位置で❾【開始点】を【0】のままで❿、【キーフレーム】を作成します⓫⓬。

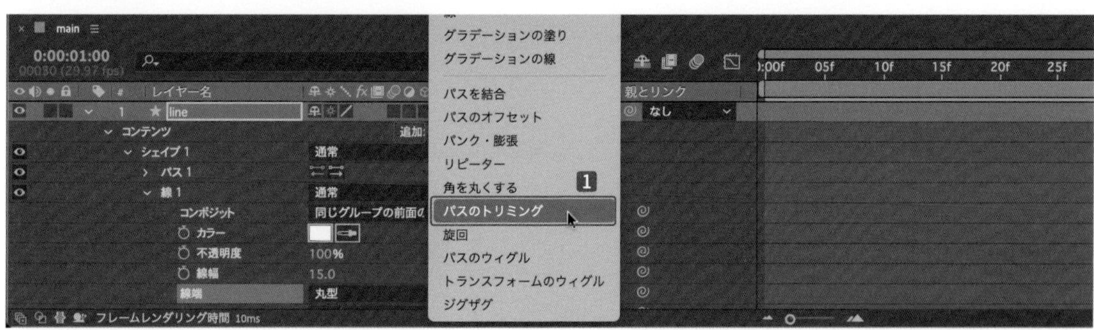

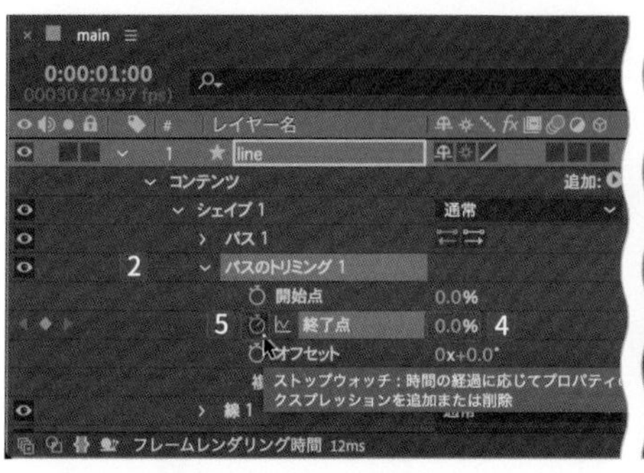

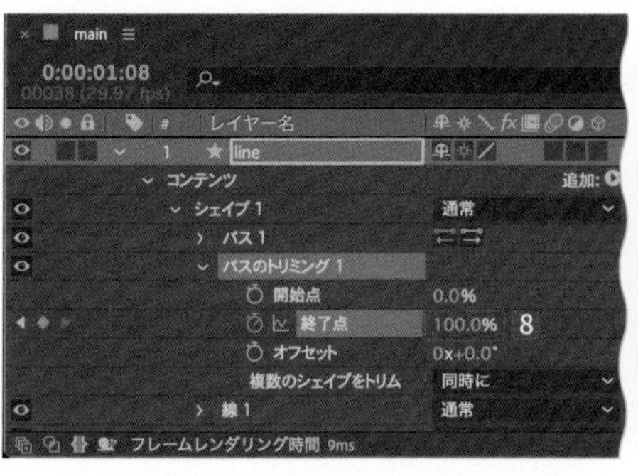

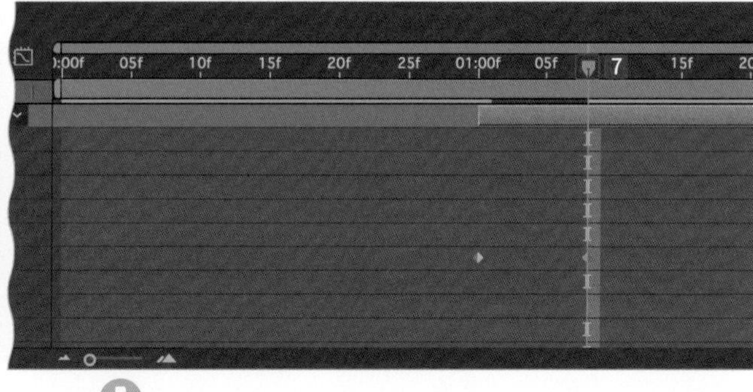

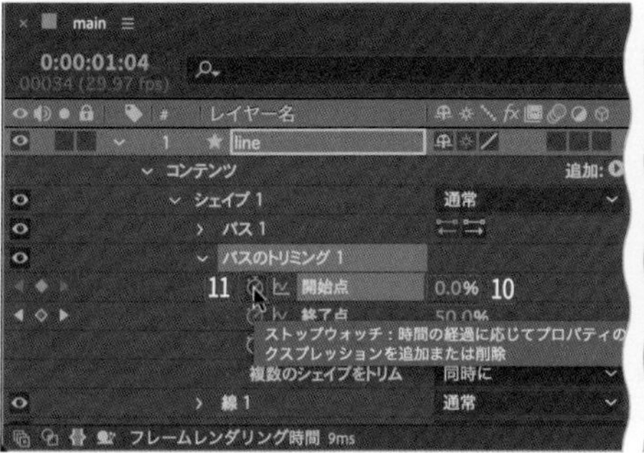

【0:00:01:12】の位置で⑬**【開始点】**を**【100】**に設定します⑭。
【追加】▶⑮から**【リピーター】**を選択します⑯。

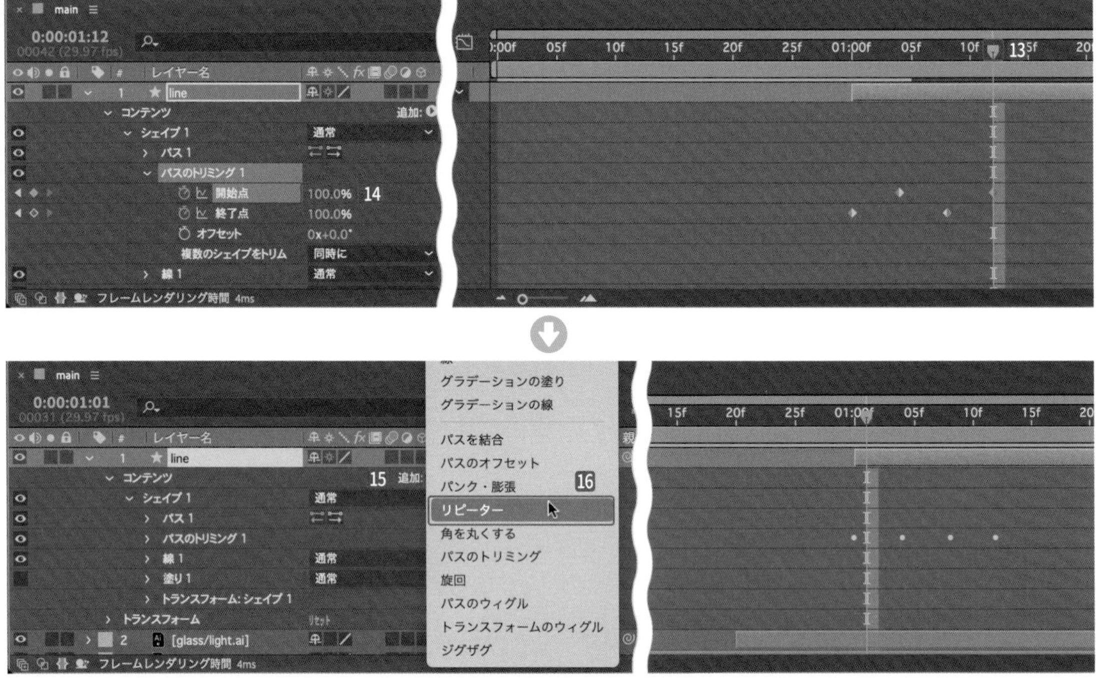

ライン を複製する

新しくできた**【リピーター 1】**を開き❶、**【コピー数】**を**【9】**に設定します❷。
【リピーター 1】の中にある**【トランスフォーム：リピーター 1】**の**【位置】**のX座標を**【0】**に設定します❸。
さらに、**【回転】**を**【20】**に設定します❹。

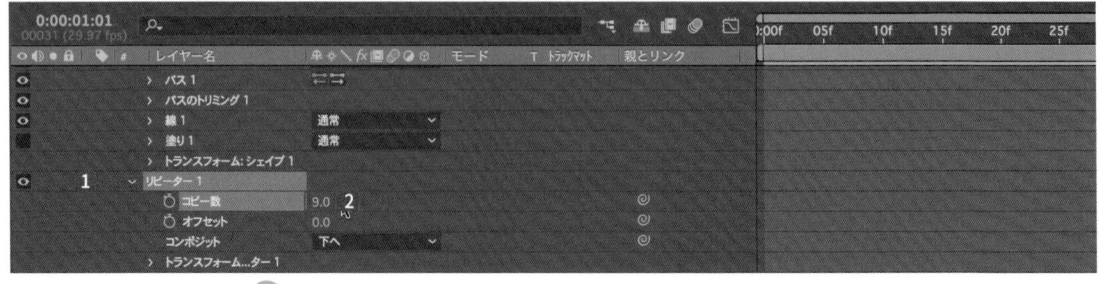

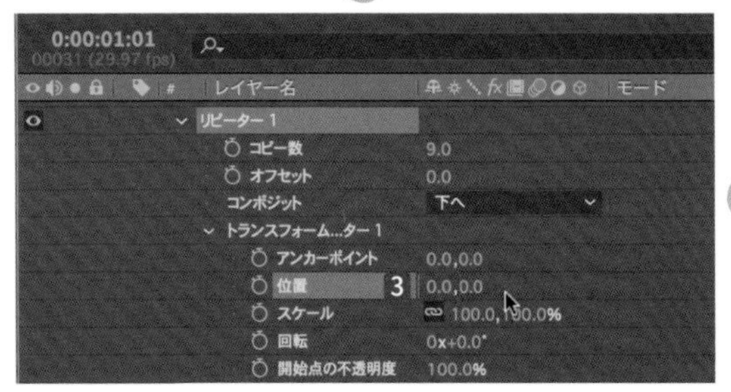

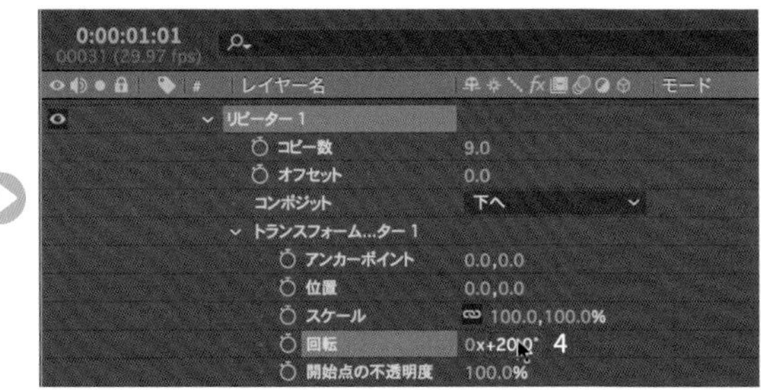

【line】クリップの外側にある**【トランスフォーム】**の**【回転】**を**【-80】**に設定すると5、線のアイコンが中央に移動します。

再生すると電球がつき、ラインアニメーションが表示されたら完成です。

5 メモ書きのアニメーション

【ホーム画面】で**【新規プロジェクト】**ボタンをクリックします（15ページ参照）。

【ファイル】メニューの**【別名で保存】**から**【別名で保存…】**（Shift＋command/Ctrl＋Sキー）を選択して（25ページ参照）、**【別名で保存】**ダイアログボックスで**【memo】**と名前をつけて1、**【保存】**ボタンをクリックします2。

保存先は作業するハードディスクとフォルダーを選択してください。

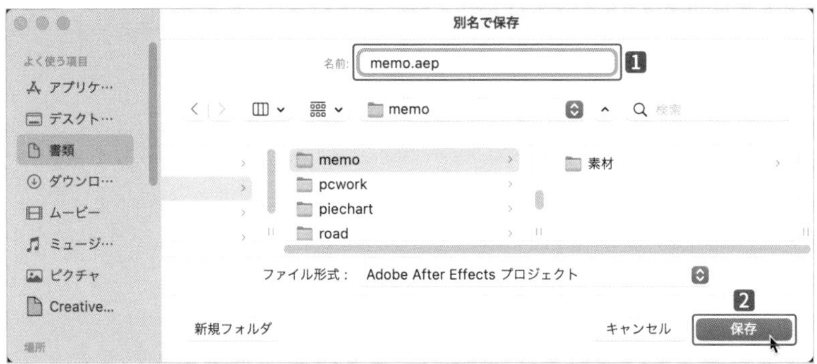

新規コンポジションを作る

【コンポジション】メニューから**【新規コンポジション…】**（command/Ctrl＋Nキー）を選択して、**【コンポジション設定】**ダイアログボックスを表示します（29ページ参照）1。

【コンポジション名】は**【main】**2、**【プリセット】**は**【カスタム】**3を選択します。

今回は正方形の動画なので、**【幅：1080px】【高さ：1080px】**と入力します4。

【デュレーション】を**【0:00:03:00】**に設定して5、**【OK】**ボタンをクリックします6。

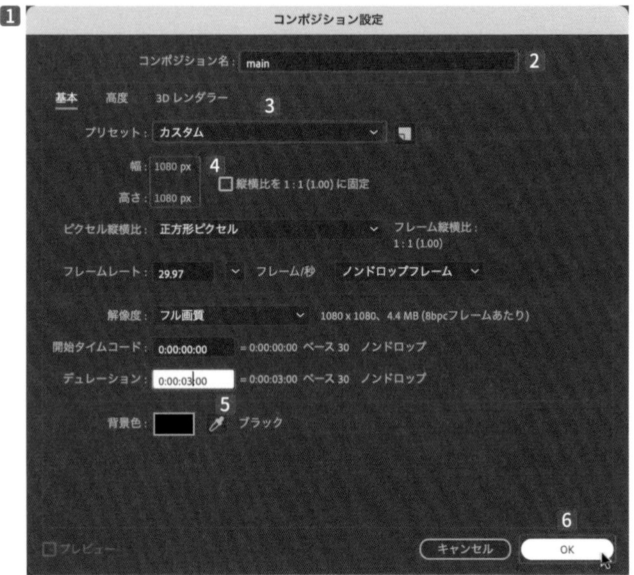

背景を作る

【レイヤー】メニューの**【新規】**から**【平面…】**（command/Ctrl＋Yキー）を選択して、**【平面設定】**ダイアログボックスを表示します1。

【カラー】をクリックして**【#FFFFFF】**（ホワイト）に設定し2、**【OK】**ボタンをクリックします3。

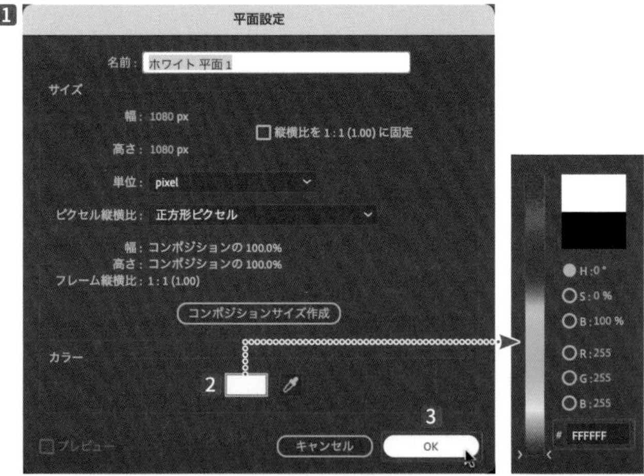

ファイルを読み込む

【ファイル】メニューの**【読み込み】**から**【ファイル...】**（command/Ctrl + I キー）を選択して、**【ファイルの読み込み】**ダイアログボックスを表示します❶。

【素材】から**【memo.ai】**を選択し❷、**【読み込みの種類】**で**【コンポジション】**を選択して❸、**【開く】**ボタンをクリックします❹。

素材を配置する

【プロジェクト】パネルに自動で作成される**【memo】**のコンポジションは使用しないので、Delete キーで削除します（94ページ参照）❶。

【memo レイヤー】のフォルダーを展開し❷、すべてを選択して❸、**【タイムライン】**パネルに配置します❹。

上から、**【pen/memo.ai】【line/memo.ai】【base/memo.ai】**の順に配置します❺。

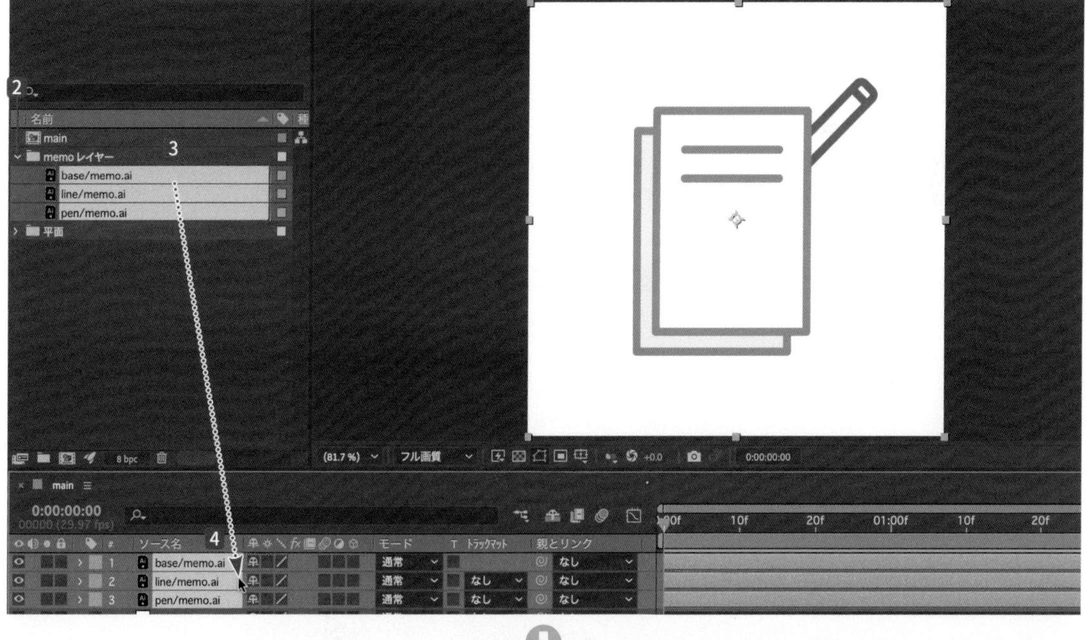

シェイプを作る

【line/memo.ai】❶を右クリックして、ショートカットメニューの**【作成】**から**【ベクトルレイヤーからシェイプを作成】**を選択すると❷、**【line/memoアウトライン】**が作成されます❸。

【line/memo.ai】は使用しないので、Deleteキーで削除します（94ページ参照）❹。

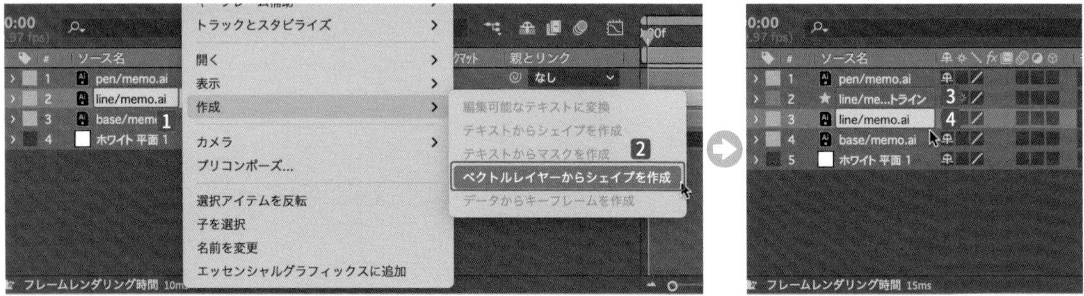

ヌルを作る

【0:00:01:00】の位置に❶**【line/memoアウトライン】**を頭合わせします❷。

【line/memoアウトライン】を展開して❸、**【コンテンツ】**の**【パス 1】**を開きます❹。

【パス】を選択して❺、**【ウィンドウ】**メニューの**【Create Nulls From Paths.jsx】**を選択します❻。

パネルが表示されるので、**【ポイントはヌルに従う】**を選択します7。メニューを閉じます。

【タイムライン】パネルに**【ヌル 1】**と**【ヌル 2】**が表示されます8。

【line】の2つのパスそれぞれに見えないクリップである**【ヌル】**が作成されます。

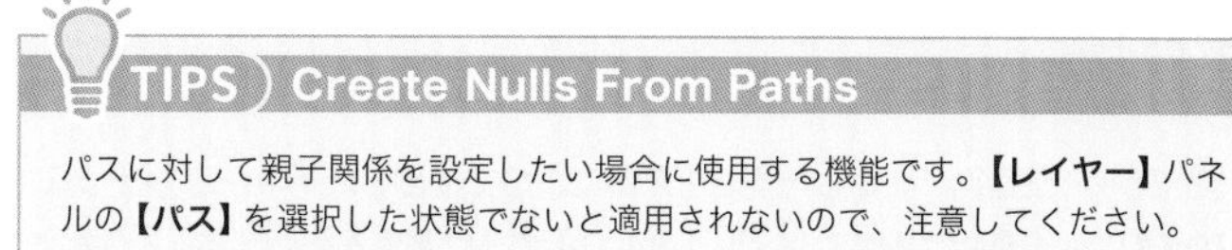

TIPS Create Nulls From Paths

パスに対して親子関係を設定したい場合に使用する機能です。**【レイヤー】**パネルの**【パス】**を選択した状態でないと適用されないので、注意してください。

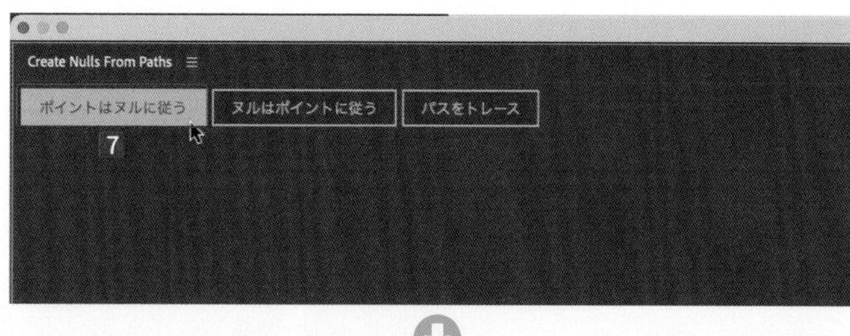

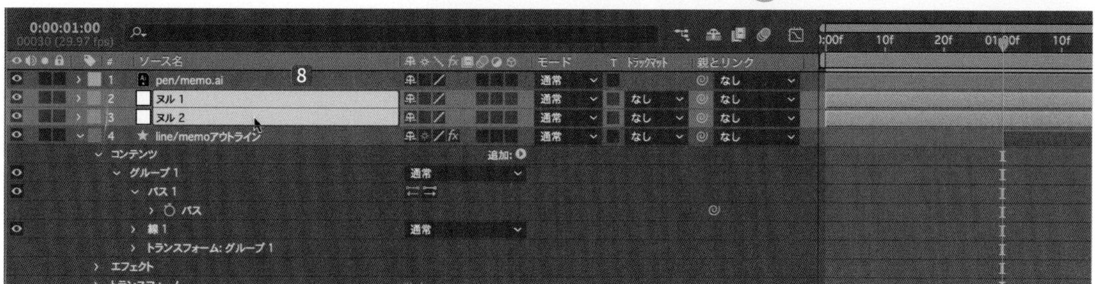

親子関係を作る

【pen/memo.ai】の**【親とリンク】**1を**【ヌル 2】**にします23。
【ヌル 2】を動かすと、親子関係になったペンも一緒に動きます。

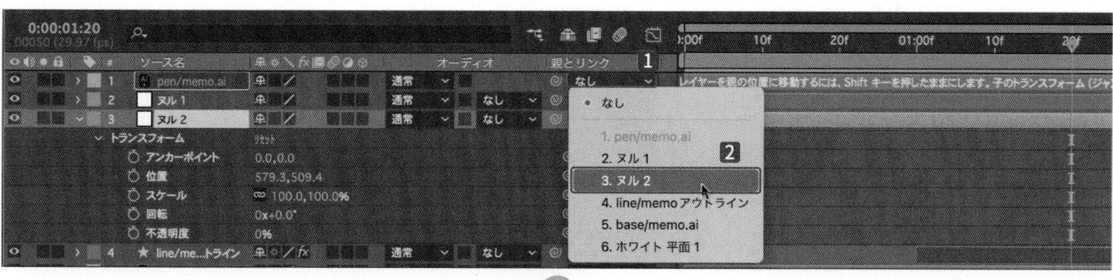

ラインアニメーションを作る

【0:00:01:20】に移動して1、【ヌル 2】の【位置】に【キーフレーム】を作成します23。

【0:00:01:00】に移動して4、【ヌル 1】の【位置】を選択して、コピーします（command/Ctrl＋Cキー）5。

【ヌル 2】の【位置】を選択して6、ペーストすると（command/Ctrl＋Vキー）7、【ヌル 1】のポイントの位置に移動します8。

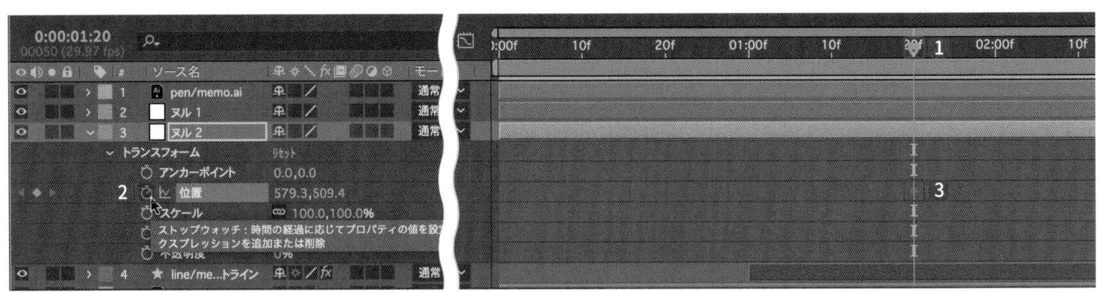

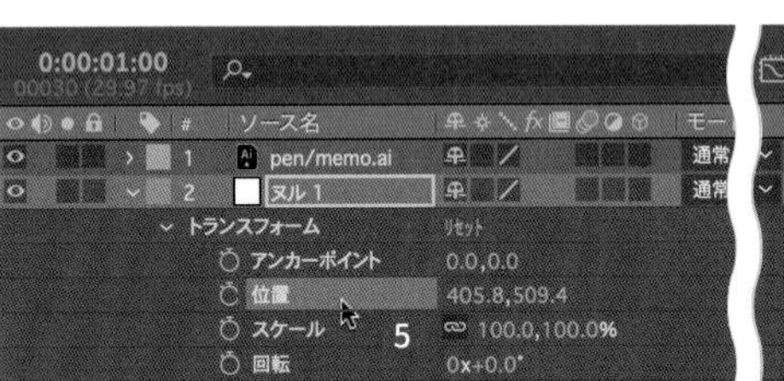

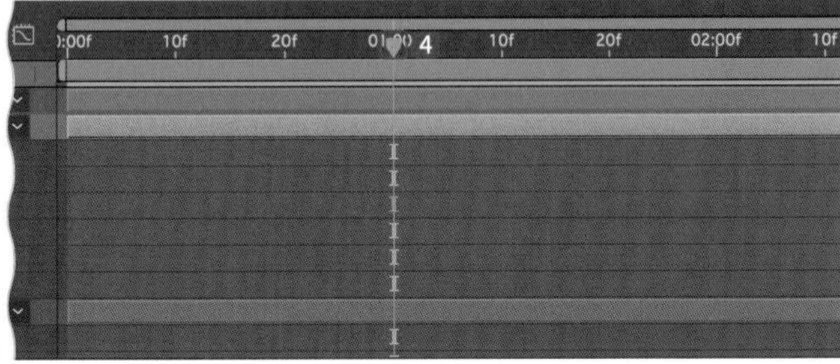

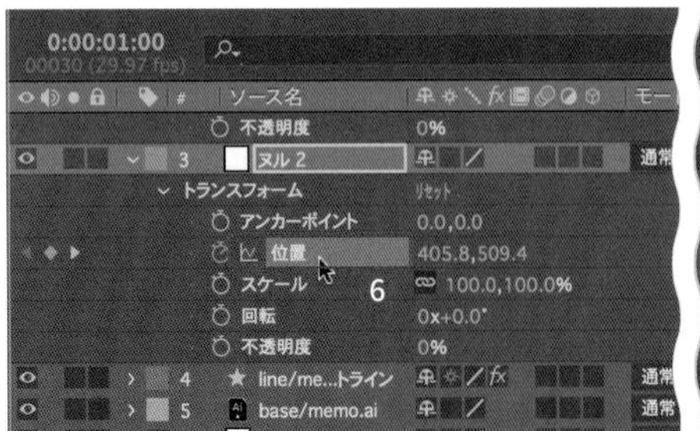

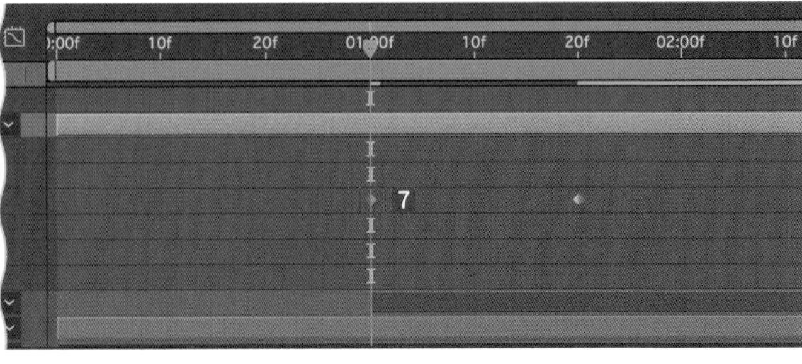

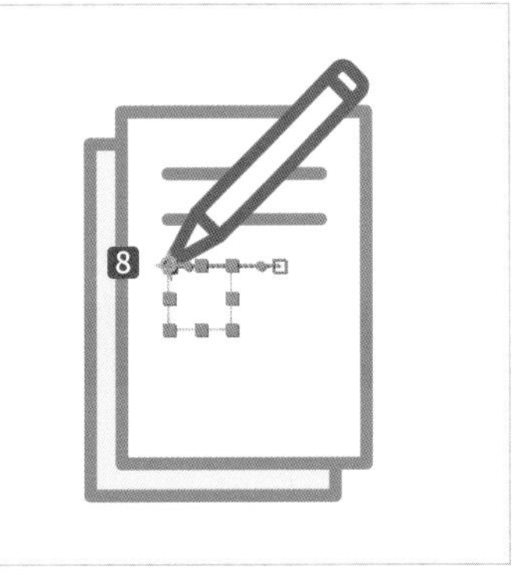

【0:00:00:10】に移動して❾、**【pen/memo.ai】**の**【位置】**に**【キーフレーム】**を作成します❿⓫。
【0:00:00:00】に移動して⓬、**【pen/memo.ai】**の**【位置】**を**【60,-10】**に設定します⓭。

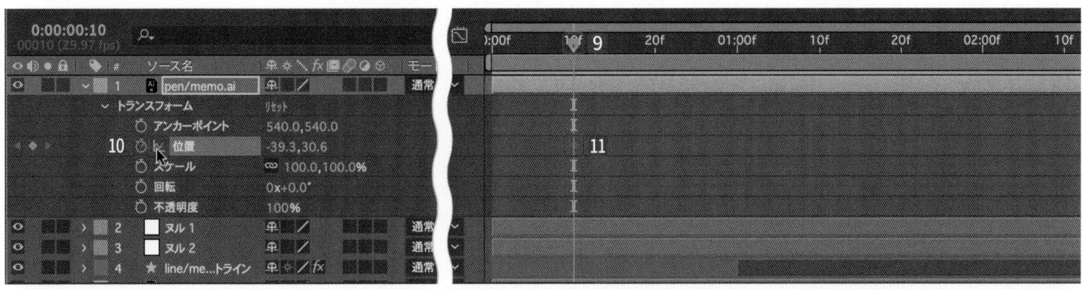

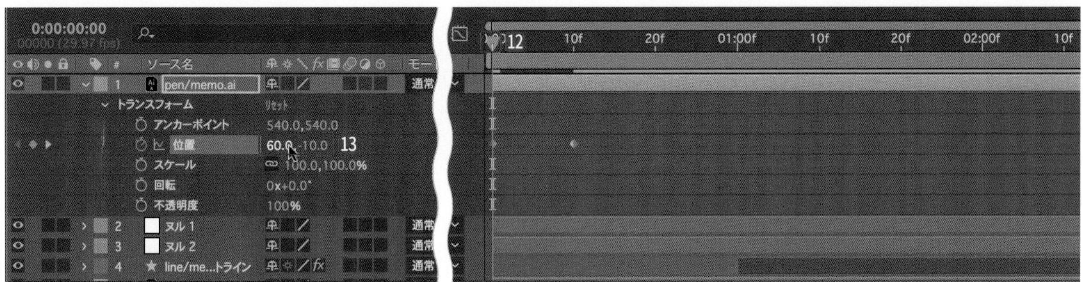

これでペンの最初の動きが付けられます。再生すると、ペンでラインが引かれるアニメになります。これで完成です。

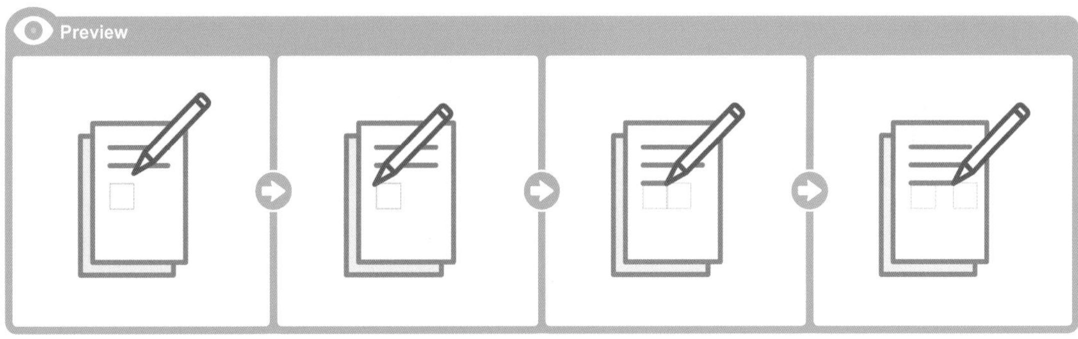

6 鍵ロックのアニメーション

【ホーム画面】で**【新規プロジェクト】**ボタンをクリックします（15ページ参照）。

【ファイル】メニューの**【別名で保存】**から**【別名で保存...】**（Shift＋command/Ctrl＋Sキー）を選択して（25ページ参照）、**【別名で保存】**ダイアログボックスで**【lock】**と名前をつけて1、**【保存】**ボタンをクリックします2。

保存先は作業するハードディスクとフォルダーを選択してください。

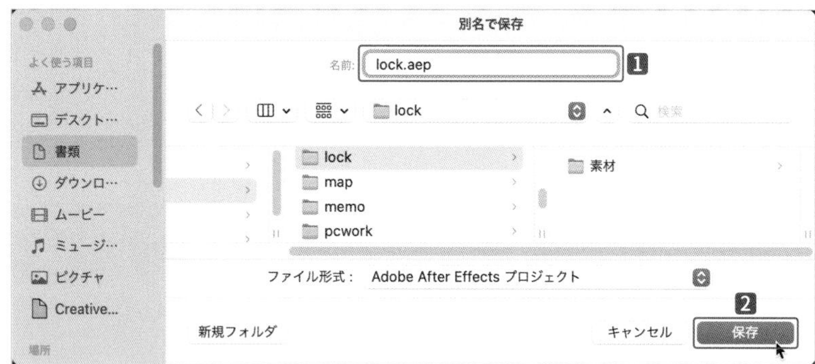

:: 新規コンポジションを作る

【コンポジション】メニューから**【新規コンポジション...】**（command/Ctrl＋Nキー）を選択して、**【コンポジション設定】**ダイアログボックスを表示します（29ページ参照）1。

【コンポジション名】は**【main】**2、**【プリセット】**は**【カスタム】**3を選択します。

今回は正方形の動画なので、**【幅：1080px】【高さ：1080px】**と入力します4。

【デュレーション】を**【0:00:02:00】**に設定して5、**【OK】**ボタンをクリックします6。

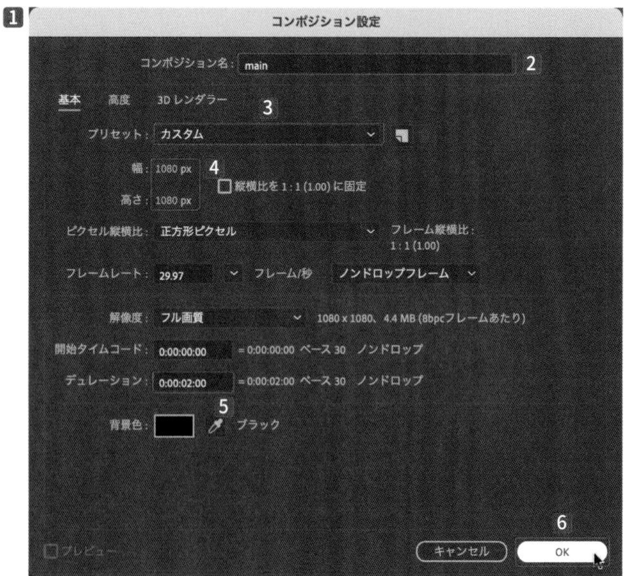

:: 背景を作る

【レイヤー】メニューの**【新規】**から**【平面...】**（command/Ctrl＋Yキー）を選択して、**【平面設定】**ダイアログボックスを表示します1。

【カラー】をクリックして**【#FFFFFF】**（ホワイト）に設定し2、**【OK】**ボタンをクリックします3。

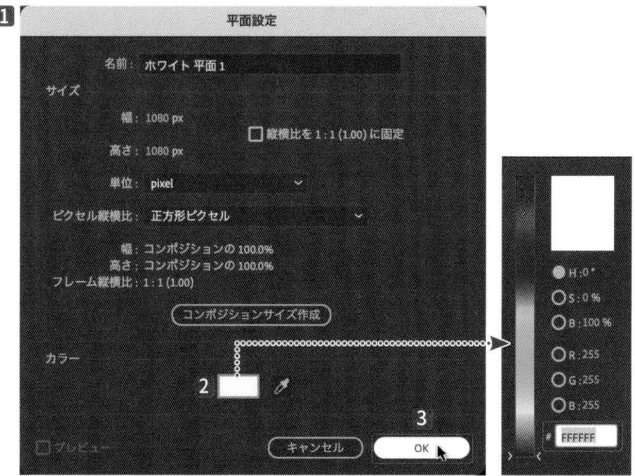

ファイルを読み込む

【ファイル】メニューの**【読み込み】**から**【ファイル...】**（command/Ctrl＋I キー）を選択して、**【ファイルの読み込み】**ダイアログボックスを表示します**1**。

【素材】から**【lock.ai】**を選択し**2**、**【読み込みの種類】**で**【コンポジション】**を選択して**3**、**【開く】**ボタンをクリックします**4**。

素材を配置する

【プロジェクト】パネルに自動で作成される**【lock】**のコンポジションは使用しないので、Delete キーで削除します（94ページ参照）**1**。

【lock レイヤー】のフォルダーを展開し**2**、すべてを選択して**3**、**【タイムライン】**パネルに配置します**4**。

上から、**【lock/lock.ai】【base/lock.ai】**の順に配置します**5**。

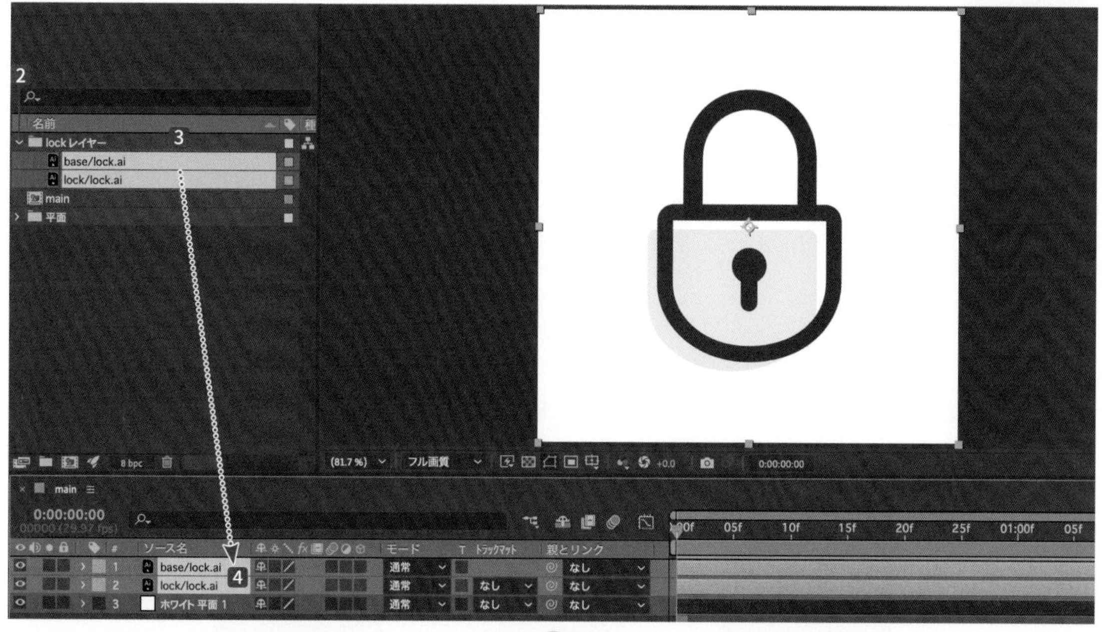

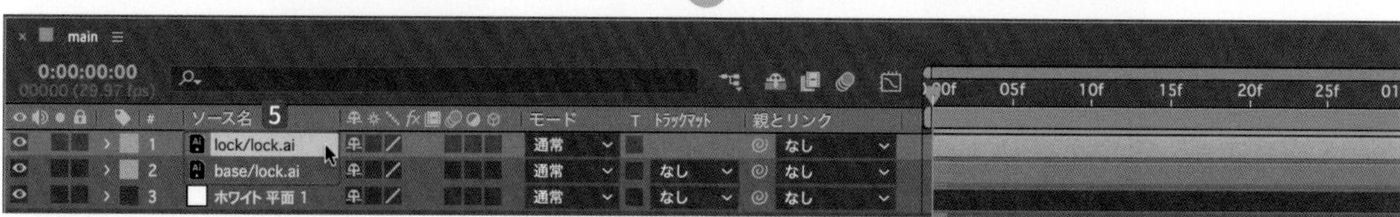

シェイプを作る

【lock/lock.ai】❶を右クリックして、ショートカットメニューの【作成】から【ベクトルレイヤーからシェイプを作成】を選択すると❷、【lock/lock アウトライン】が作成されます❸。

【lock/lock.ai】は使用しないので、 Delete キーで削除します（94ページ参照）❹。

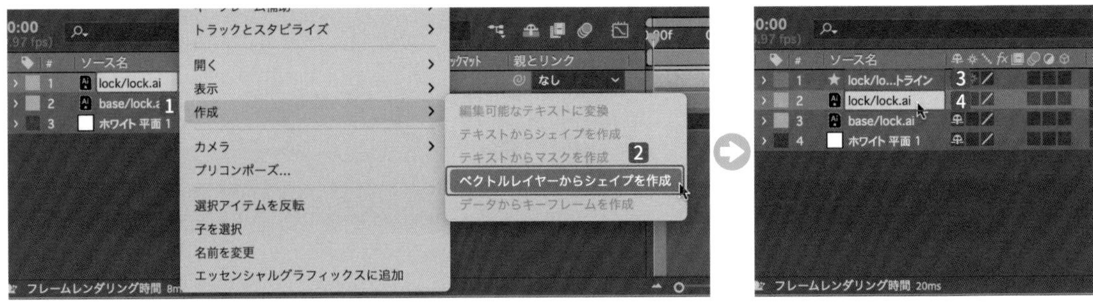

シェイプアニメーションを作る

【0:00:00:10】の位置に移動します❶。【lock/lock アウトライン】の【コンテンツ】から【グループ 1】の【パス 1】を開き❷、【パス】に【キーフレーム】を作成します❸❹。

【0:00:00:15】の位置に移動して❺、【グリッド】を表示させます❻。

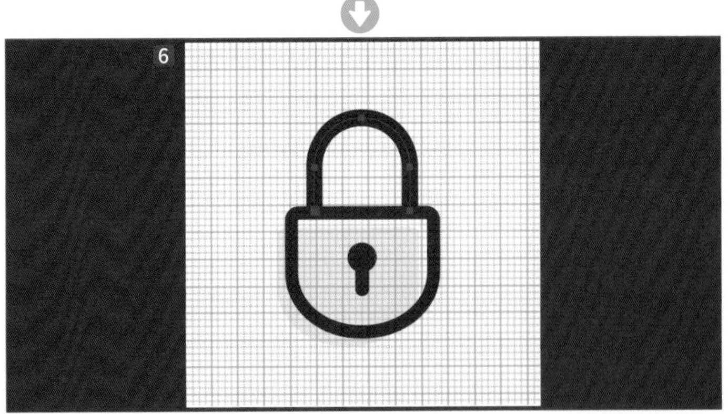

【パス 1】を選択して、右下のポイント以外を選択状態(四角のポイントが塗りつぶされている状態) にします7。

選択のオン／オフは、【選択ツール】でクリックすると切り替えられます。複数選択する場合は、Shift キーを押しながら【選択ツール】でクリックします。

右下以外のポイントを選択状態にして、図のようにキーボードの↑キーで上げていきます8。

上から5コマ目にかかるところまで上げていきます9。

【0:00:00:20】の位置に移動して10、【キーフレーム】を作成します11 12。これは、開いている状態の「タメ」をキープする【キーフレーム】です。

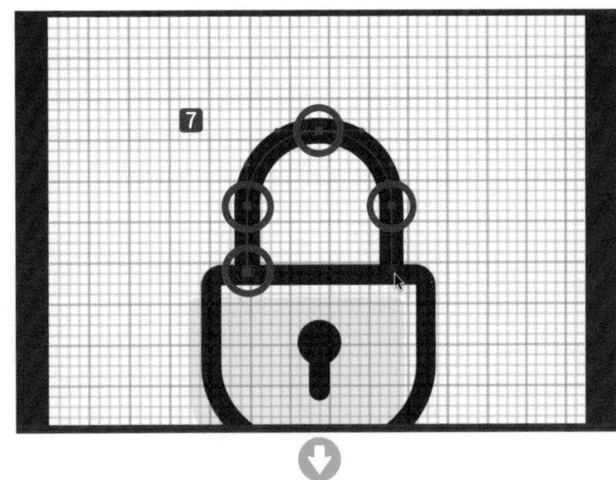

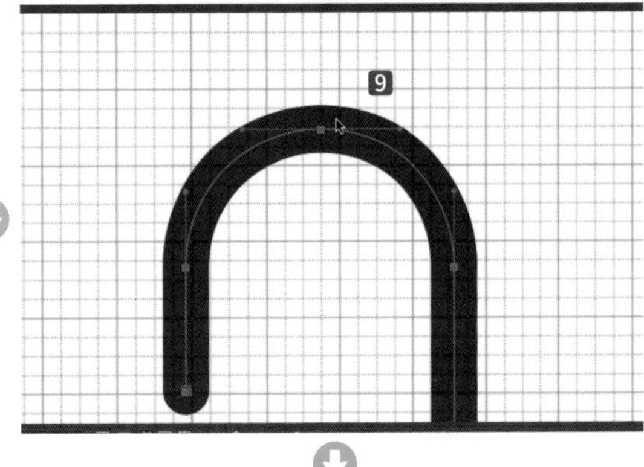

【0:00:01:00】の位置に移動して13、**【パス 1】**を選択し14、左から３つのポイントを選択状態にします15。
図の位置までキーボードの→キーで調整します16。
上のポイントを**【選択ツール】**で解除します17。
さらに、キーボードの→キーを押して、図のように変形します18。
上のポイントだけを選択した状態で、**【選択ツール】**でハンドルをドラッグをしながら180度回転させます19 20。

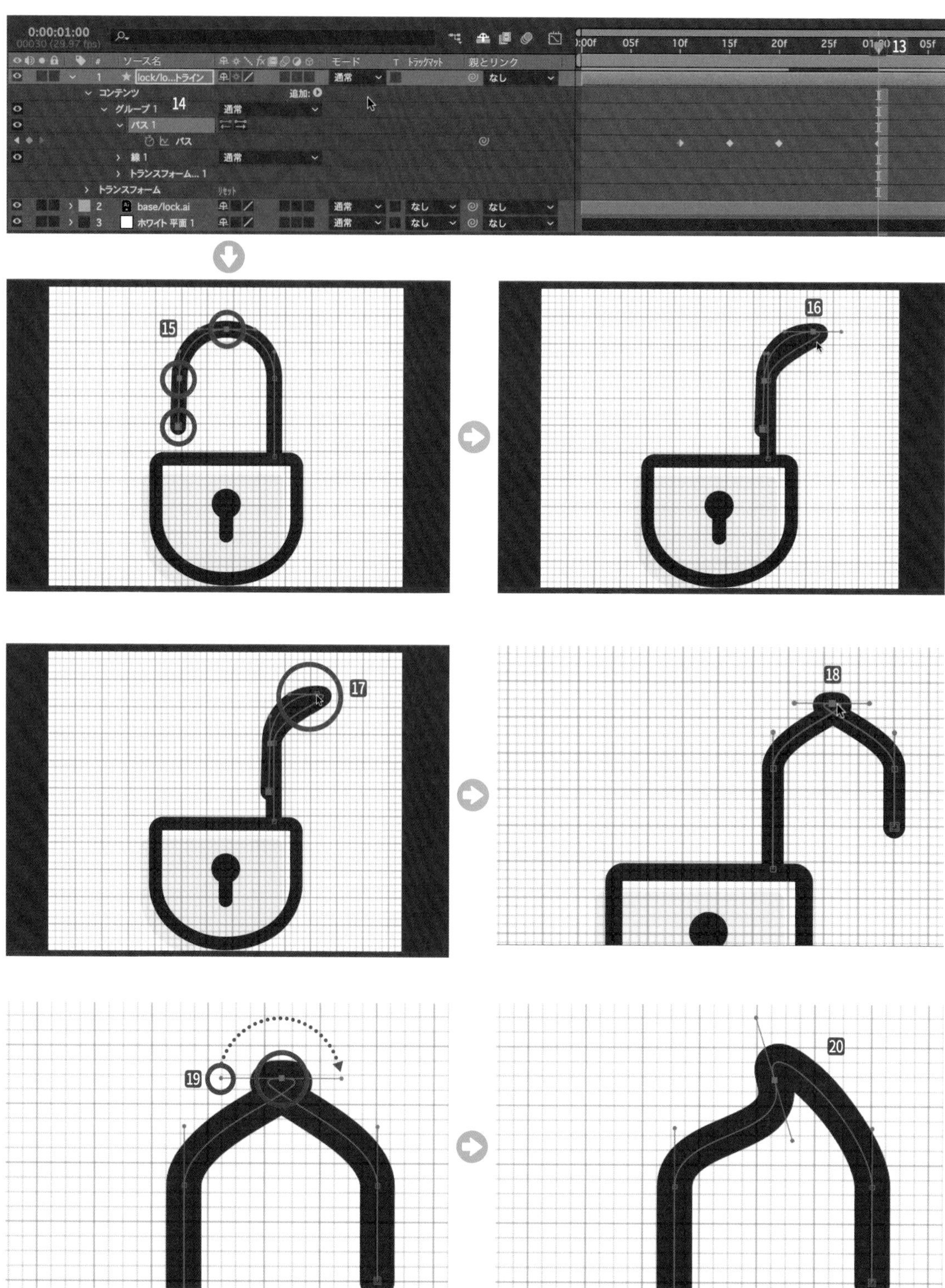

ハンドルが左右対称で水平になるように調整します21。

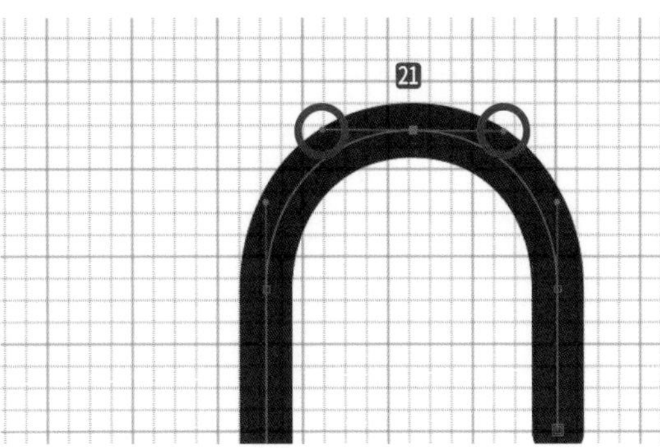

再生すると、鍵が開くアニメになります。これで完成です。

7 マスクアニメーション

【ホーム画面】で【新規プロジェクト】ボタンをクリックします（15ページ参照）。

【ファイル】メニューの【別名で保存】から【別名で保存...】（Shift＋command/Ctrl＋Sキー）を選択して（25ページ参照）、【別名で保存】ダイアログボックスで【boy】と名前をつけて1、【保存】ボタンをクリックします2。

保存先は作業するハードディスクとフォルダーを選択してください。

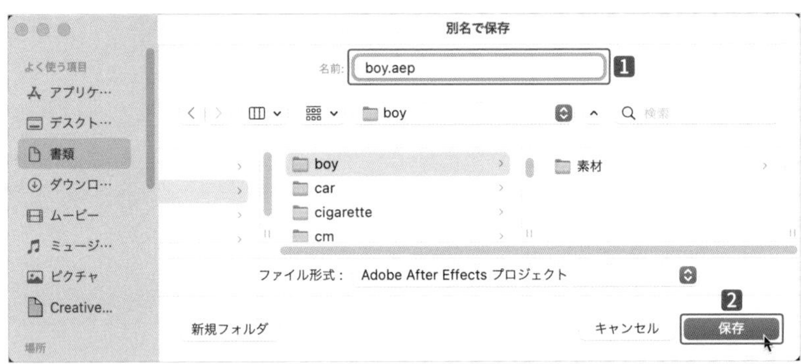

新規コンポジションを作る

【コンポジション】メニューから【新規コンポジション...】（command/Ctrl＋Nキー）を選択して、【コンポジション設定】ダイアログボックスを表示します（29ページ参照）1。

【コンポジション名】は【main】2、【プリセット】は【カスタム】3を選択します。

今回は正方形の動画なので、【幅：1080px】【高さ：1080px】と入力します4。

【デュレーション】を【0:00:02:00】に設定して5、【OK】ボタンをクリックします6。

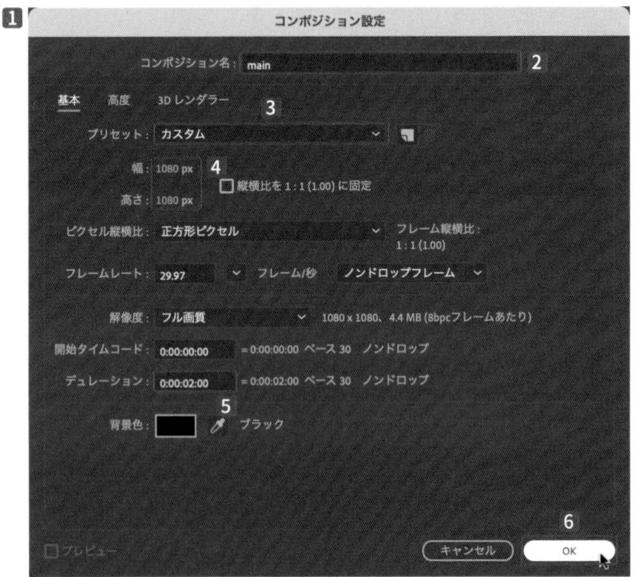

背景を作る

【レイヤー】メニューの【新規】から【平面...】（command/Ctrl＋Yキー）を選択して、【平面設定】ダイアログボックスを表示します1。

【カラー】をクリックして【#FFFFFF】(ホワイト)に設定し2、【OK】ボタンをクリックします3。

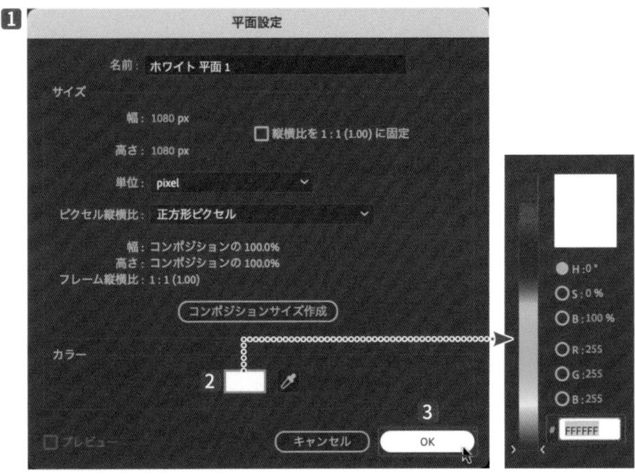

ファイルを読み込む

【ファイル】メニューの**【読み込み】**から**【ファイル...】**（command / Ctrl ＋ I キー）を選択して、**【ファイルの読み込み】**ダイアログボックスを表示します**1**。

【素材】から**【boy.ai】**を選択し**2**、**【読み込みの種類】**で**【コンポジション】**を選択して**3**、**【開く】**ボタンをクリックします**4**。

素材を配置する

【プロジェクト】パネルに自動で作成される**【boy】**のコンポジションは使用しないので、Delete キーで削除します（94ページ参照）**1**。

【boyレイヤー】のフォルダーを展開し**2**、すべてを選択して**3**、**【タイムライン】**パネルに配置します**4**。

上から、**【frame/boy.ai】【boy/boy.ai】【back/boy.ai】**の順に配置します**5**。

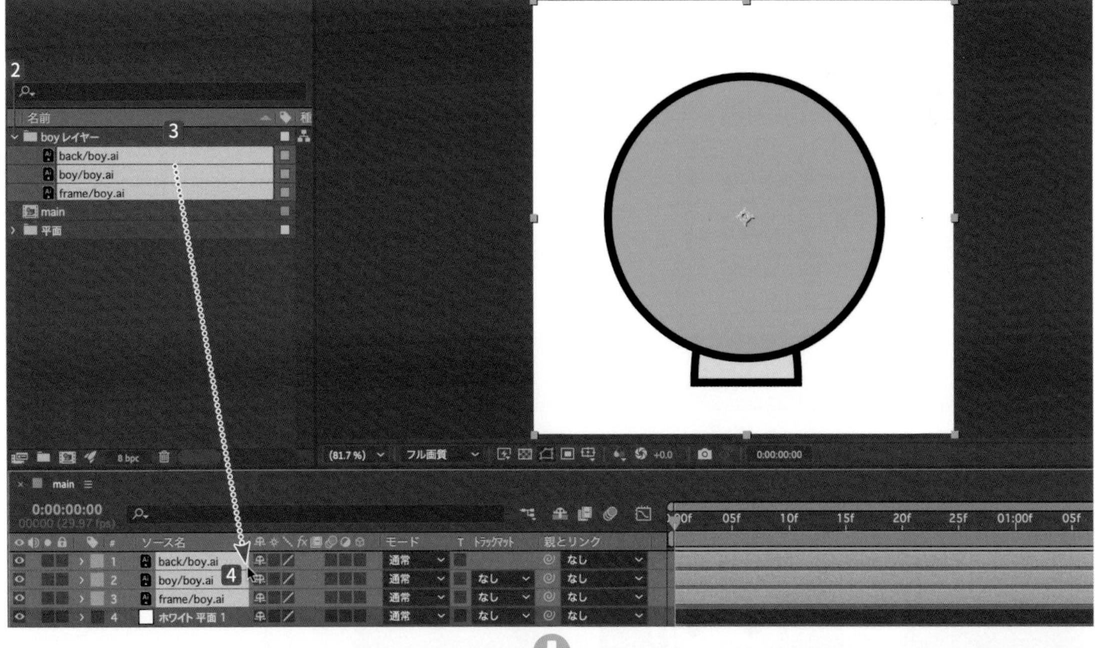

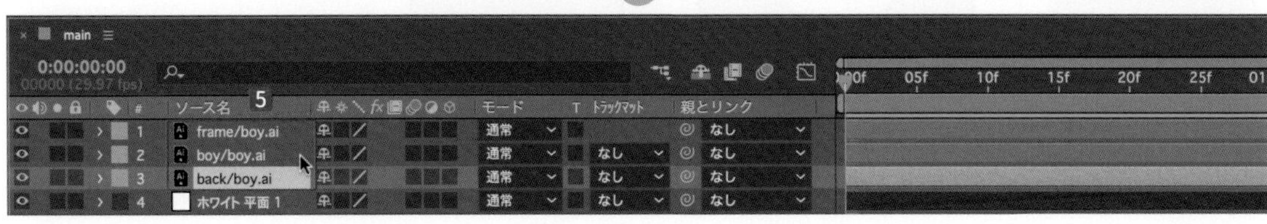

シェイプを作る

【frame/boy.ai】と【boy/boy.ai】❶を右クリックして、ショートカットメニューの【作成】から【ベクトルレイヤーからシェイプを作成】を選択します❷。

【frame/boyアウトライン】と【boy/boyアウトライン】が作成されます❸。【frame/boy.ai】と【boy/boy.ai】は使用しないので、 Delete キーで削除します（94ページ参照）❹。

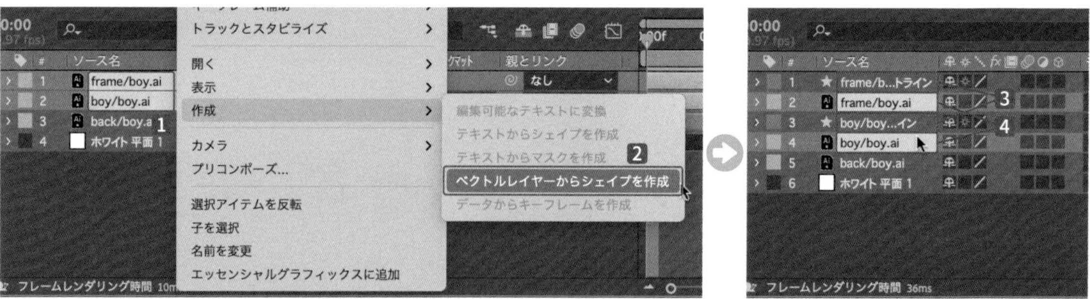

マスクを作る

【boy/boyアウトライン】を選択して❶、【レイヤー】メニューの【マスク】から【新規マスク】（ Shift ＋ command / Ctrl ＋ N キー）を選択します❷。黄色い枠がマスクです❸。

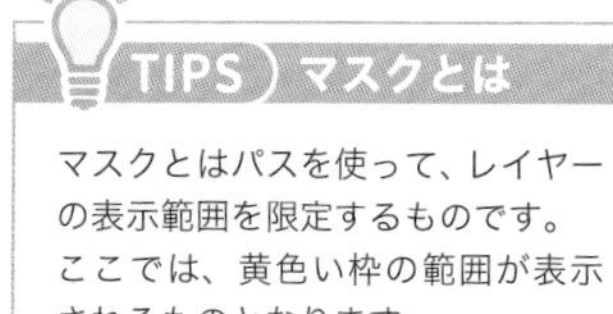
TIPS マスクとは

マスクとはパスを使って、レイヤーの表示範囲を限定するものです。ここでは、黄色い枠の範囲が表示されるものとなります。

【frame/boyアウトライン】を展開します4。【コンテンツ】の【グループ 1】にある【パス 1】を開いて5、【パス】を選択すると6、フレームの円のシェイプパスが選択されるのでコピーします（command/Ctrl＋Cキー）7。

【boy/boyアウトライン】を展開して8、【マスク】の【マスク 1】にある【マスクパス】を選択してペーストすると（command/Ctrl＋Vキー）9、【frame/boyアウトライン】と同じ円のパスで【マスク】が適用されます10。

これで、円の範囲だけ男の子のイラストが表示されるようになります。

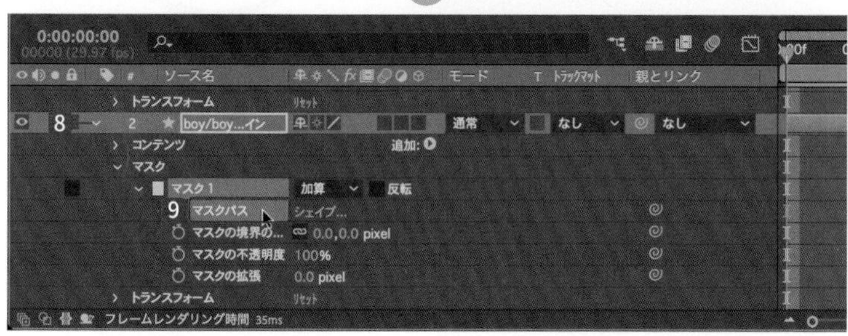

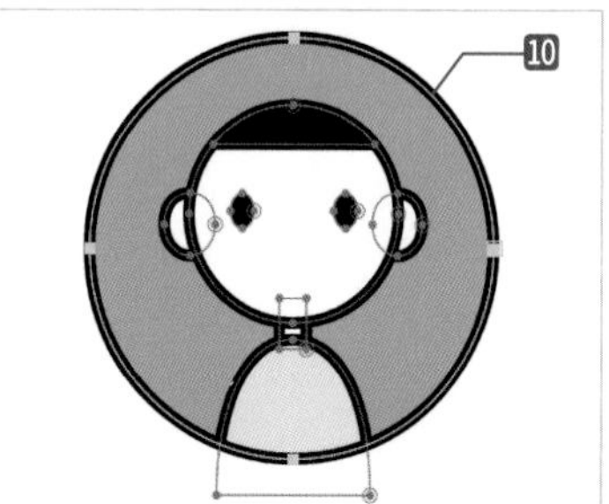

マスクアニメーションを作る

【boy/boyアウトライン】の【コンテンツ】を展開します1。

全部で8グループありますが、これは男の子のイラストで使用されているパスのパーツ数になります。

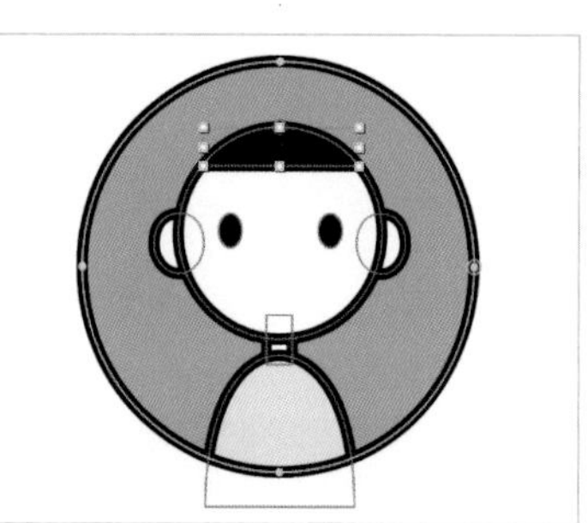

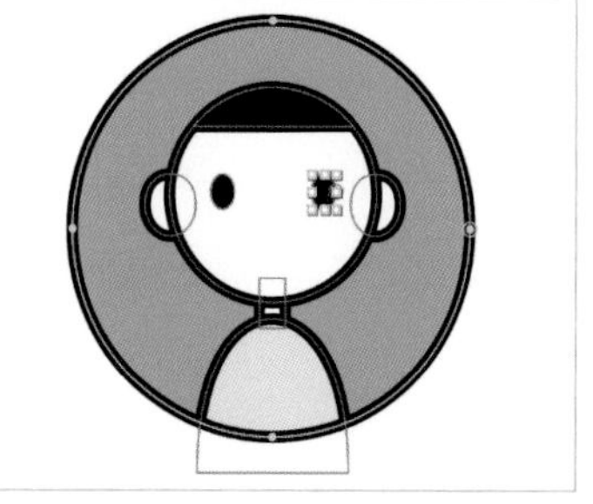

【グループ】をすべて選択して❷、右クリックして表示されるショートカットメニューから**【シェイプをグループ化】**（command/Ctrl ＋ G キー）を選択すると❸、１つのグループになります。

まとめられた**【グループ 1】**を展開すると❹、一番下に**【トランスフォーム：グループ1】**が追加されているので展開します❺。

【0:00:01:00】の位置に移動して❻、**【トランスフォーム：グループ1】**の**【位置】**に**【キーフレーム】**を作成します❼❽。**【0:00:00:25】**の位置に移動して❾、**【位置】**を**【540,580】**に設定します❿。

この位置の設定を加えることで、動きがより自然に見えます。

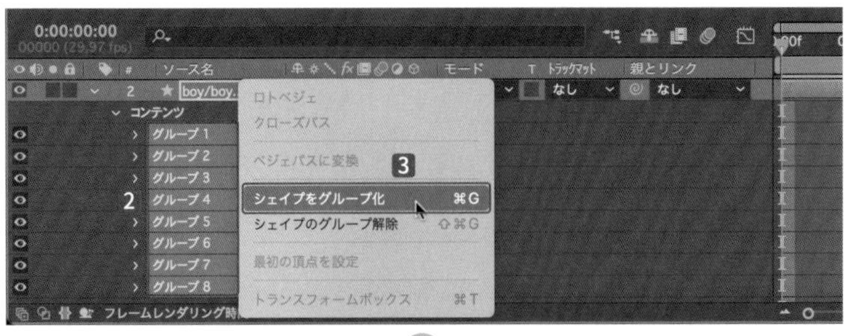

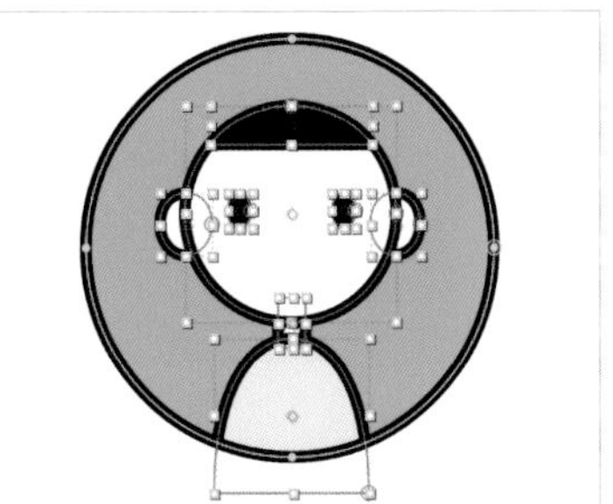

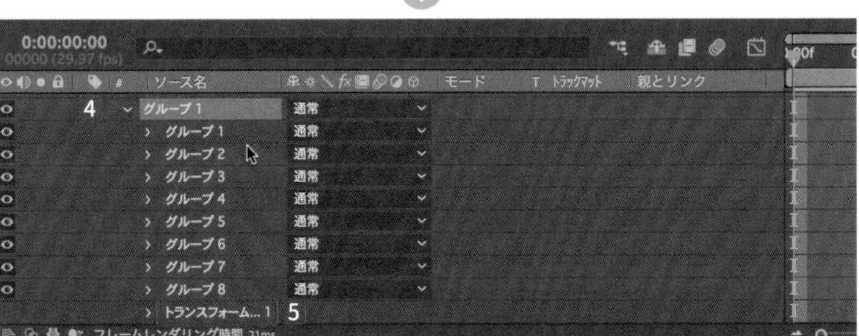

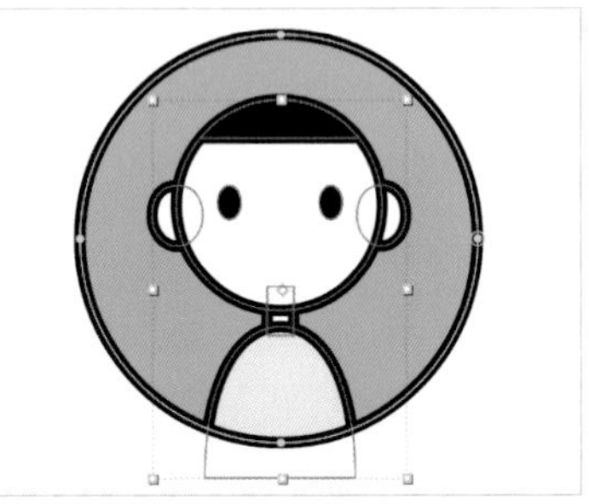

【0:00:00:15】の位置に移動して⓫、【位置】を【540,1250】に設定します⓬。

【キーフレーム】をすべて選択して⓭、右クリックしてショートカットメニューの【キーフレーム補助】から【イージーイーズ】（F9 キー）を適用します⓮。

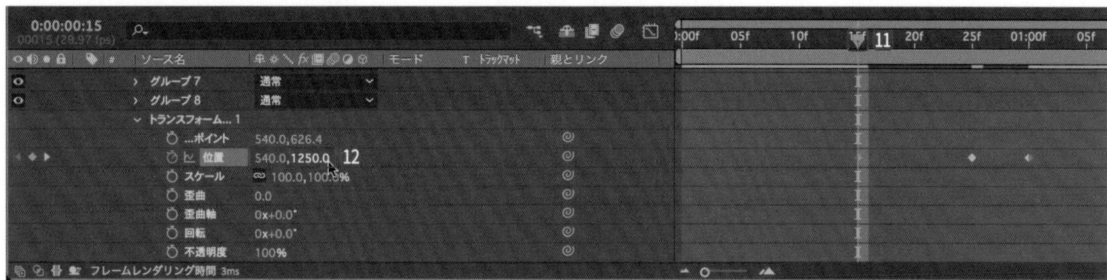

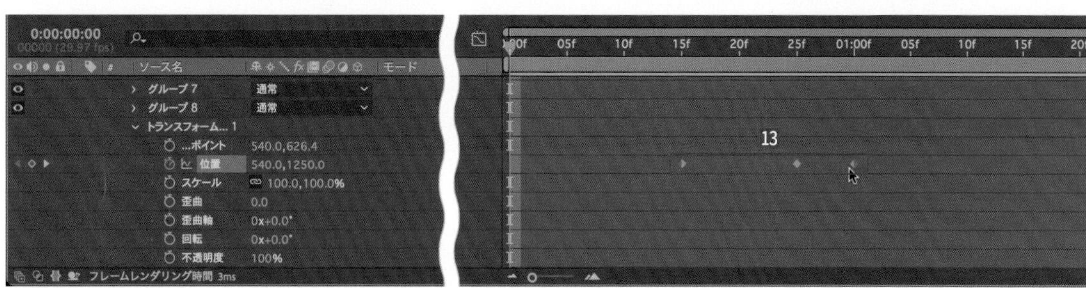

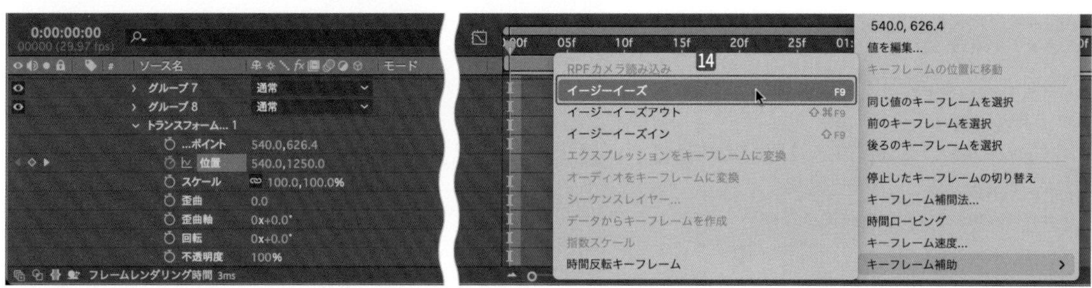

再生すると、円の下から上方向に登場する男の子のアニメーションの完成です。

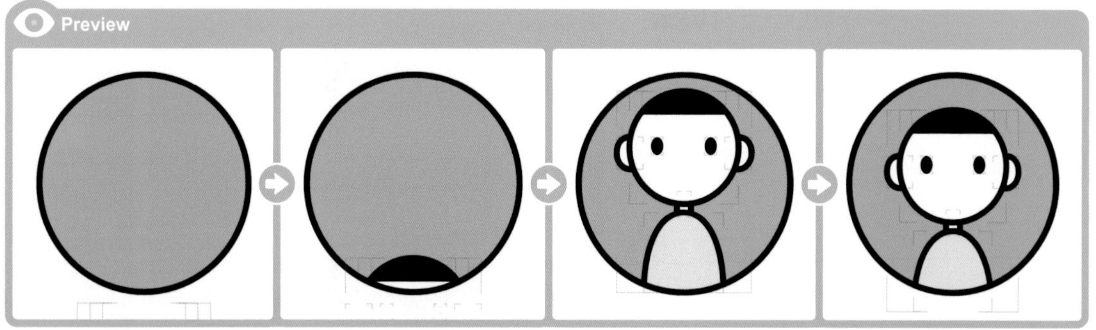

8 車のアニメーション

【ホーム画面】で**【新規プロジェクト】**ボタンをクリックします（15ページ参照）。

【ファイル】メニューの**【別名で保存】**から**【別名で保存…】**（Shift＋command/Ctrl＋Sキー）を選択して（25ページ参照）、**【別名で保存】**ダイアログボックスで**【car】**と名前をつけて**1**、**【保存】**ボタンをクリックします**2**。

保存先は作業するハードディスクとフォルダーを選択してください。

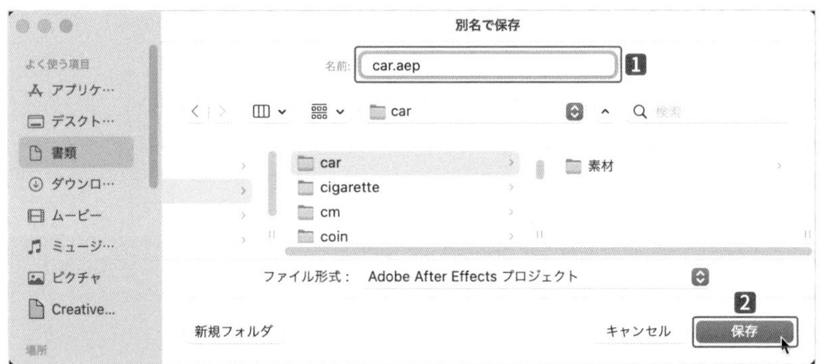

新規コンポジションを作る

【コンポジション】メニューから**【新規コンポジション…】**（command/Ctrl＋Nキー）を選択して、**【コンポジション設定】**ダイアログボックスを表示します（29ページ参照）**1**。

【コンポジション名】は**【main】2**、**【プリセット】**は**【カスタム】3**を選択します。

今回は正方形の動画なので、**【幅：1080px】【高さ：1080px】**と入力します**4**。

【デュレーション】を**【0:00:03:00】**に設定して**5**、**【OK】**ボタンをクリックします**6**。

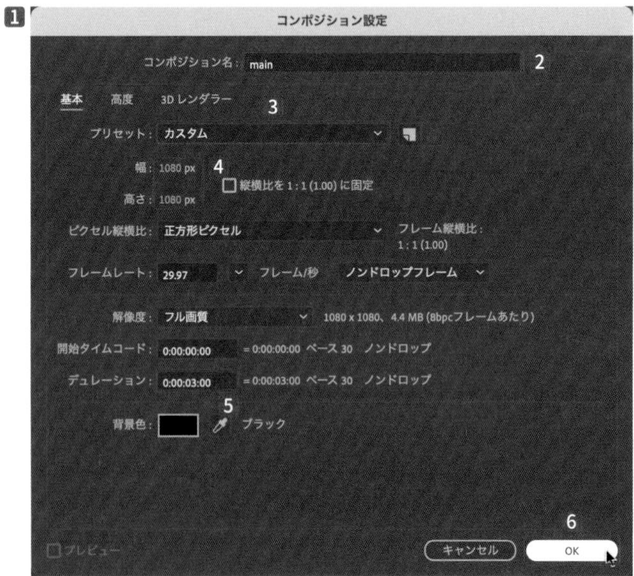

背景を作る

【レイヤー】メニューの**【新規】**から**【平面…】**（command/Ctrl＋Yキー）を選択して、**【平面設定】**ダイアログボックスを表示します**1**。

【カラー】をクリックして**【#FFFFFF】**（ホワイト）に設定し**2**、**【OK】**ボタンをクリックします**3**。

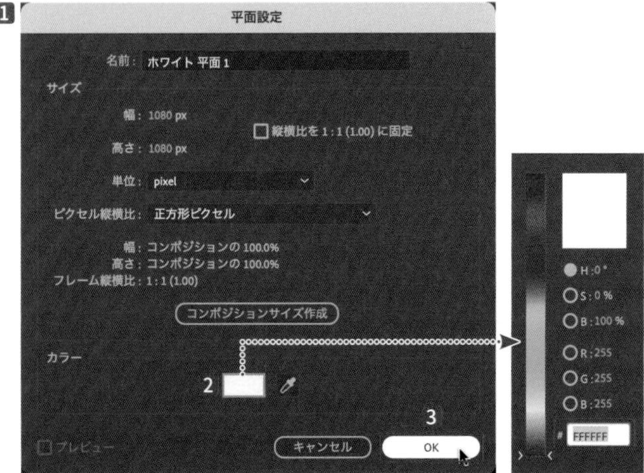

ファイルを読み込む

【ファイル】メニューの**【読み込み】**から**【ファイル...】**（command/Ctrl＋I キー）を選択して、**【ファイルの読み込み】**ダイアログボックスを表示します1。

【素材】から**【car.ai】**を選択し2、**【読み込みの種類】**で**【コンポジション】**を選択して3、**【開く】**ボタンをクリックします4。

素材を配置する

【プロジェクト】パネルに自動で作成される**【car】**のコンポジションは使用しないので、Delete キーで削除します（94ページ参照）1。

【carレイヤー】のフォルダーを展開し2、すべてを選択して3、**【タイムライン】**パネルに配置します4。

上から、**【circle_right/car.ai】【circle_left/car.ai】【base/car.ai】**の順に配置します5。

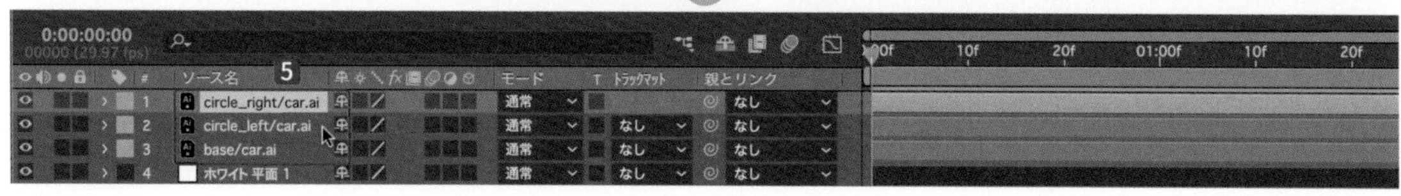

シェイプを作る

【circle_right/car.ai】と【circle_left/car.ai】を右クリックして❶、ショートカットメニューの【作成】から【ベクトルレイヤーからシェイプを作成】を選択します❷。

【circle_right/carアウトライン】と【circle_left/carアウトライン】が作成されます❸。

【circle_right/car.ai】と【circle_left/car.ai】は使用しないので、Delete キーで削除します（94ページ参照）❹。

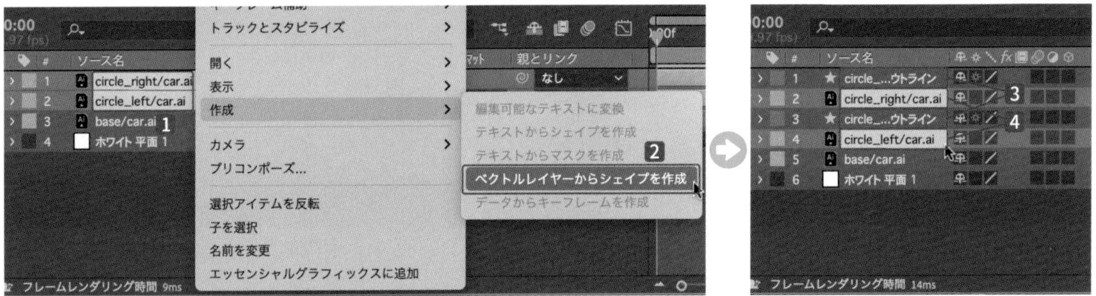

アンカーポイントを調整する

【circle_right/carアウトライン】と【circle_left/carアウトライン】を選択して❶、【レイヤー】メニューの【トランスフォーム】から【アンカーポイントをレイヤーコンテンツの中央に配置】（option/Alt ＋ command/Ctrl ＋ fn/Home ＋ ← キー：macOSは fn キーをオンにしてください）を選択すると❷、左右のタイヤの中央にアンカーポイントが移動します。

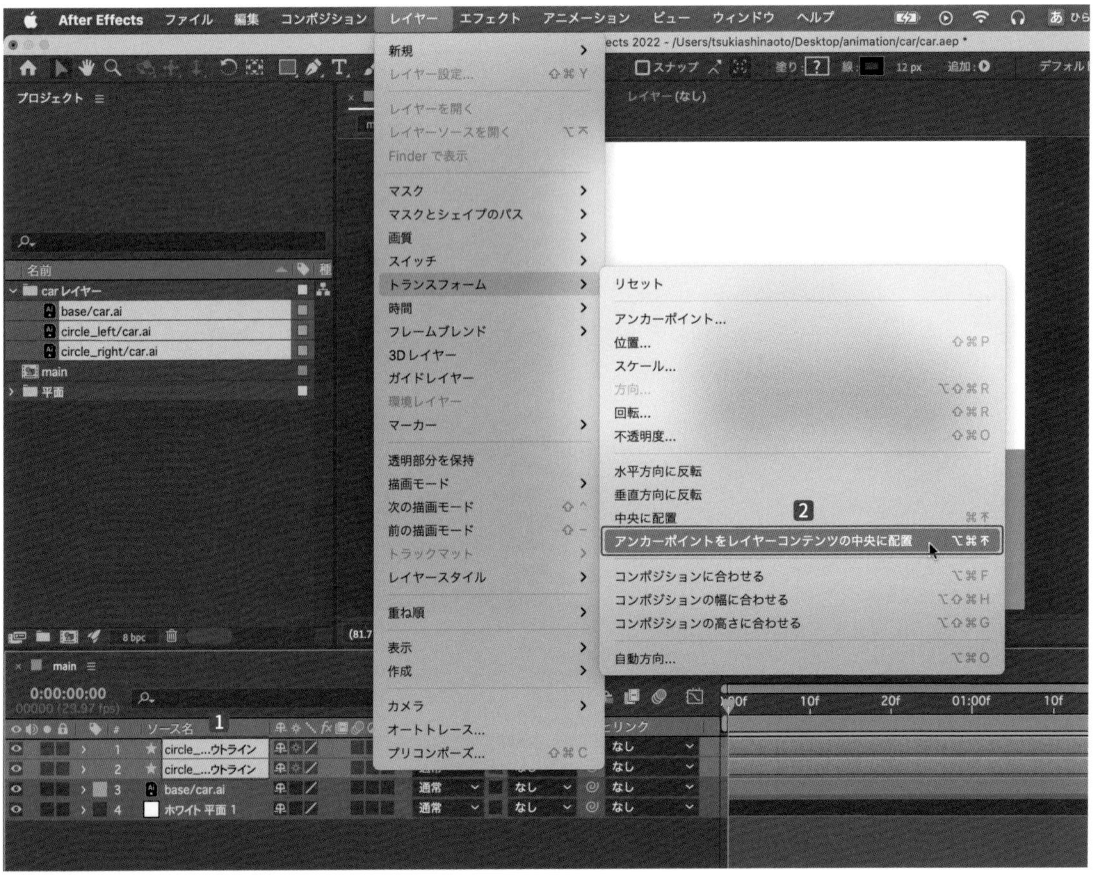

⠿ タイヤを回転する

【0:00:00:00】の位置で❶、【circle_right/carアウトライン】と【circle_left/carアウトライン】の【回転】に【キーフレーム】を作成します❷❸❹❺。

【0:00:00:10】の位置で❻、【circle_right/carアウトライン】と【circle_left/carアウトライン】の【回転】の回転数を【-1】と入力すると❼❽。10フレームでタイヤが1回転します。【+1】と入力すると、バックするタイヤの回転になるので注意しましょう。

【回転】の【ストップウォッチ】を option / Alt キーを押しながらクリックします❾。

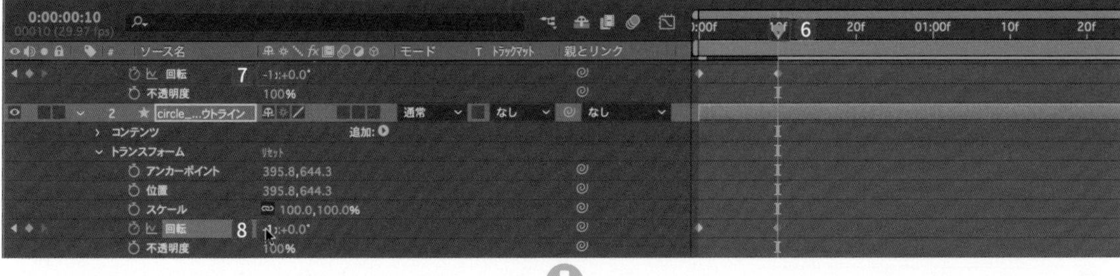

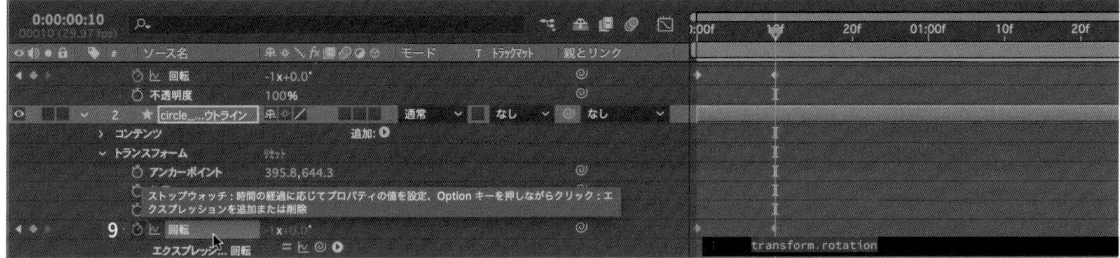

▶ 10をクリックして、【Property】から【loopOut(type="cycle", numKeyframes=0)】を選択すると11ループアニメーションになります。

【circle_right/carアウトライン】と【circle_left/carアウトライン】の【回転】の両方に適用しましょう。

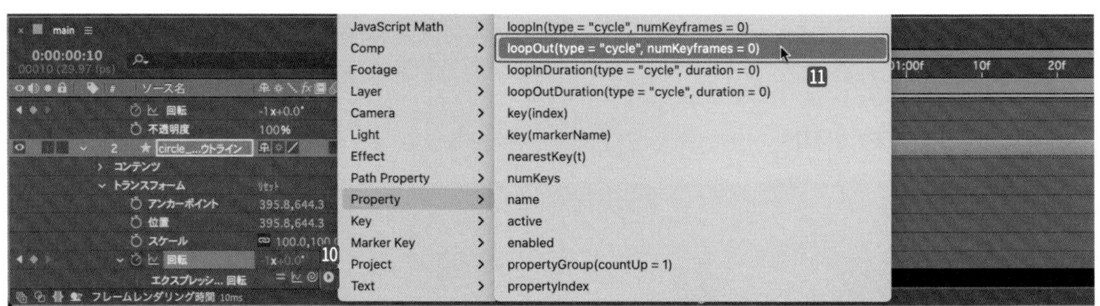

TIPS エクスプレッションのコピー

エクスプレッションはコピー＆ペーストできます。エクスプレッションをコピーして、別のエクスプレッションを適用したい項目を option/Alt キーを押しながらクリックします。ペーストすると、同じ効果が適用されます。

煙を作る

【レイヤー】メニューの【新規】から【シェイプレイヤー】を選択します1。一番上に配置して、名前を【smoke01】とします2。

【ペンツール】を選択して3、【線のカラー】4を【#5F5F5F】56、【線幅】を【10】7に設定します。【塗りオプション】は【なし】です8。

図のように、右側から左方向にShiftキーを押しながら直線を描きます910。

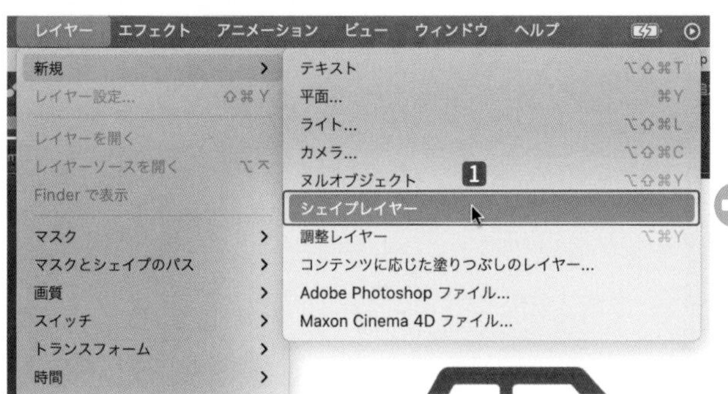

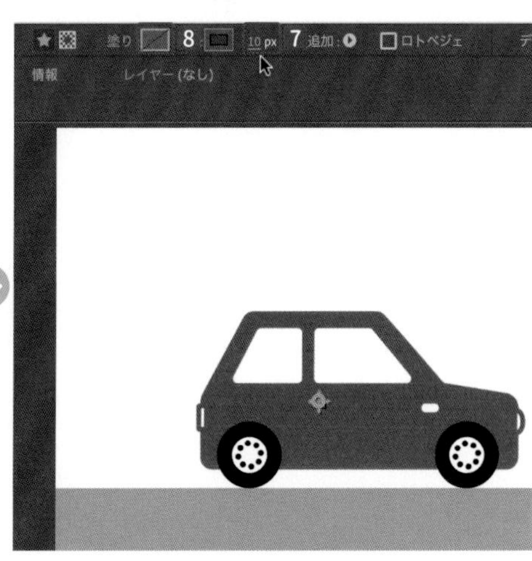

【グリッド】 を表示して⓫⓬、図の位置で８コマ分の長さになるように調整します。**【ペンツール】**⓭に切り替えて、ポイントを Shift キーを押しながらドラッグすると伸縮できます⓮。

【ペンツール】で左右のパス選択を切り替える際は、連結してしまうので注意してください。一度パスの選択をクリアしてから、再度パスを選択してください。長さの調整が完了したら、**【グリッド】** は非表示に変更してください。

【アンカーポイントツール】に切り替えて⓯、**【smoke01】** を選択すると⓰、**【アンカーポイント】**が中央にあります⓱。

command / Ctrl キーを押しながら、ラインの右端のポイントに吸着させます⓲。

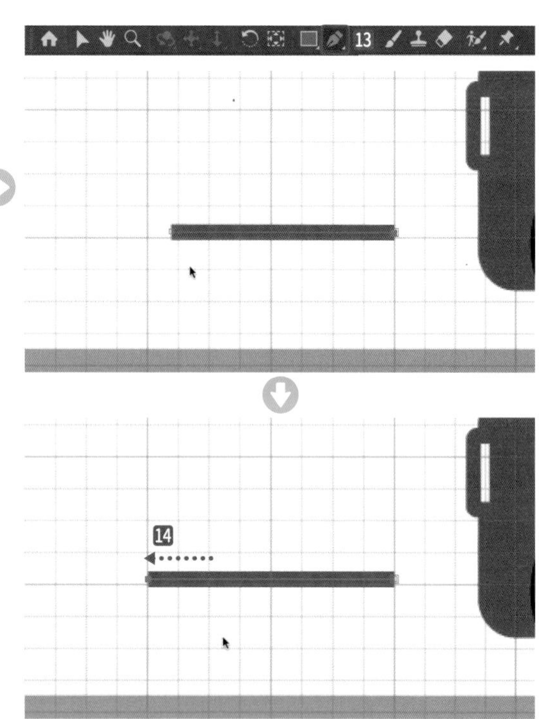

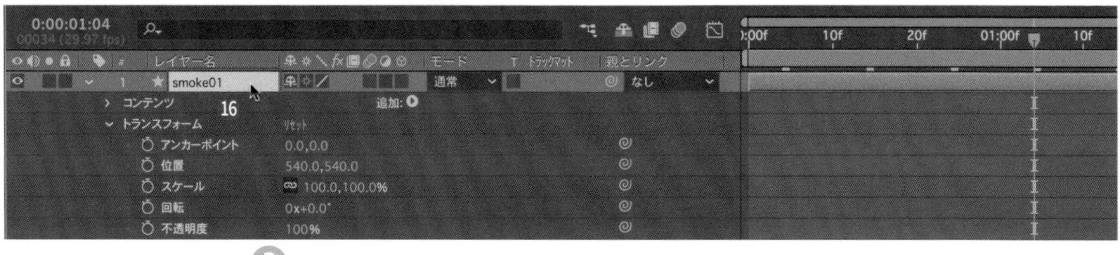

【smoke01】の【位置】を【240,660】に設定します⑲。

【smoke01】の【コンテンツ】を展開します⑳。【シェイプ 1】の【線 1】にある【線端】を【丸型】に設定します㉑。

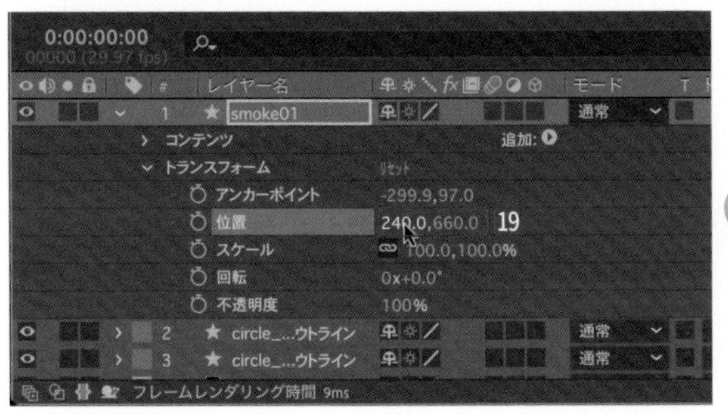

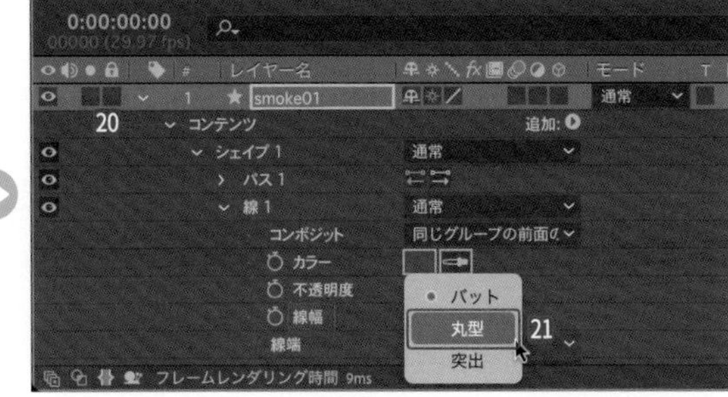

煙のアニメーションを作る

【smoke01】を展開して①、【コンテンツ】の右側にある【追加】▶②をクリックして、【パスのトリミング】を選択します③。

【0:00:00:00】の位置で④、【パスのトリミング 1】にある【終了点】を【0】に設定して⑤、【キーフレーム】を作成します⑥。【0:00:00:10】の位置で⑦、【終了点】を【100】に設定します⑧⑨。

同じく【0:00:00:10】の位置で【開始点】を【0】に設定して⑩、【キーフレーム】を作成します⑪。

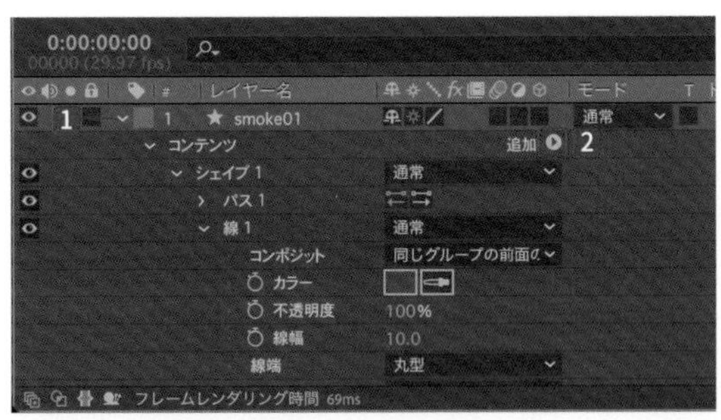

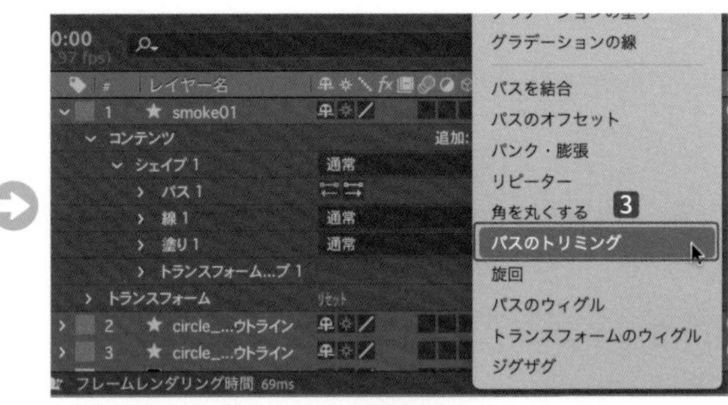

【0:00:00:20】の位置で⓬【開始点】を【100】に設定します⓭⓮。
煙が出て、消えていくアニメーションになります。

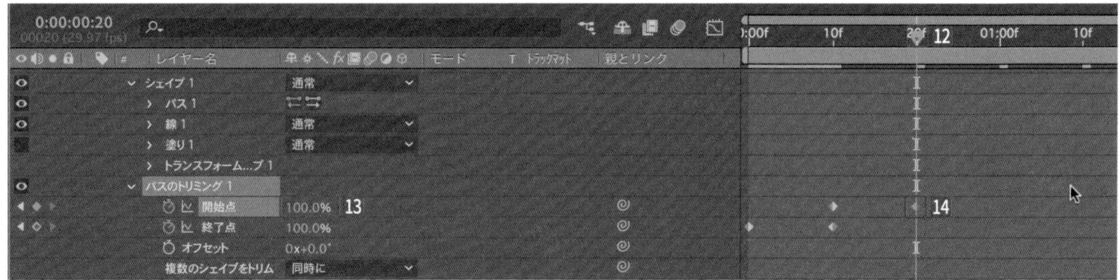

⁝⁝ ループアニメーションを作る

【開始点】と【終了点】にループのエクスプレッションをつけていきますが、エクスプレッションをつける前に、ループする範囲時間を同じにするために、キーフレームを追加して調整する必要があります。

【0:00:00:00】の位置で❶、【開始点】に【キーフレーム】を作成します❷。

次にループする際に煙が消えてすぐに出てくるアニメーションにならないように、何も表示されない部分の「タメ」をつくります。

【0:00:01:00】の位置で❸、【開始点】と【終了点】にそれぞれ【キーフレーム】を作成します❹。

すべての【キーフレーム】に【イージーイーズ】（ F9 キー）を適用します❺。

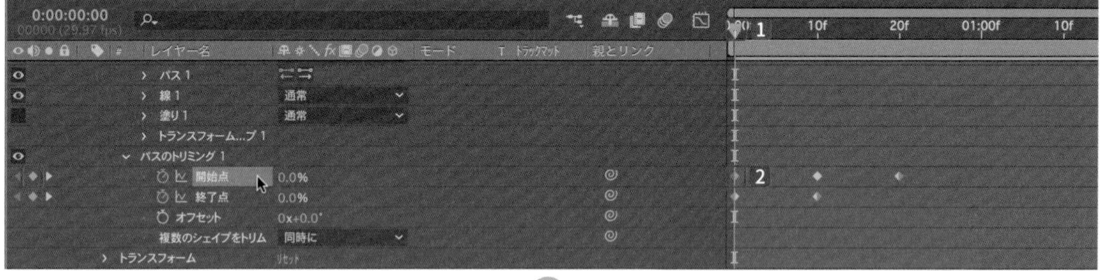

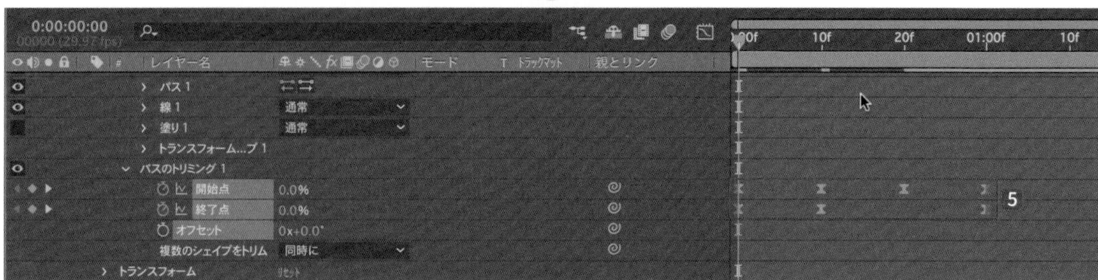

【終了点】の【ストップウォッチ】を option/Alt キーを押しながらクリックします6。▶をクリックして7、【Property】から【loopOut(type="cycle", numKeyframes=0)】を選択すると8、ループアニメーションになります。

同様に、【開始点】もループさせます9 10 11。

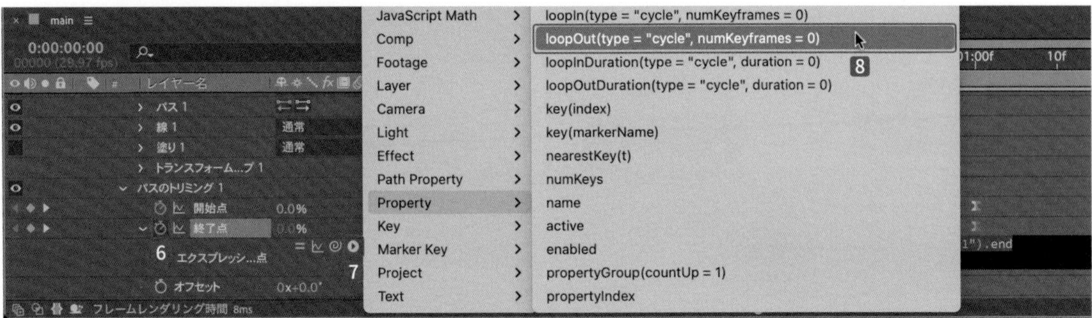

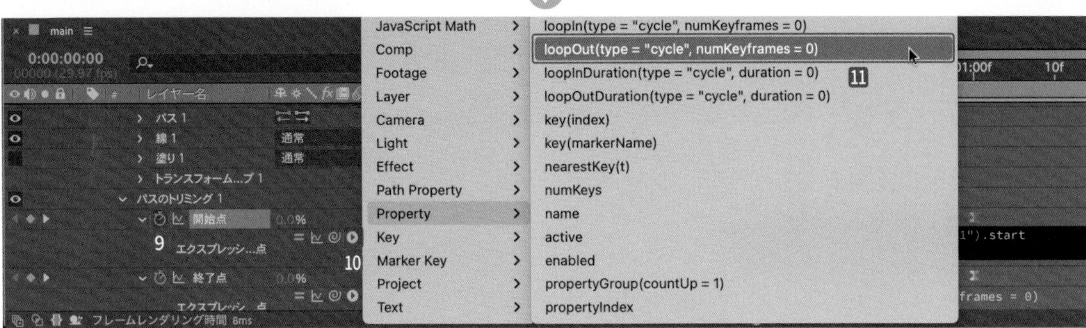

煙を増やす

【smoke01】1をコピー＆ペーストし、２つ複製します。
【smoke02】の【位置】を【220,620】に設定します2。
【smoke03】の【位置】を【240,580】に設定します3。

再生すると、煙が出ながら車が前進していくアニメーションになります。

これで完成です。

9　3Dコインのアニメーション

【ホーム画面】で【新規プロジェクト】ボタンをクリックします（15ページ参照）。
【ファイル】メニューの【別名で保存】から【別名で保存...】（Shift＋command/Ctrl＋Sキー）を選択して（25ページ参照）、【別名で保存】ダイアログボックスで【coin】と名前をつけて1、【保存】ボタンをクリックします2。
保存先は作業するハードディスクとフォルダーを選択してください。

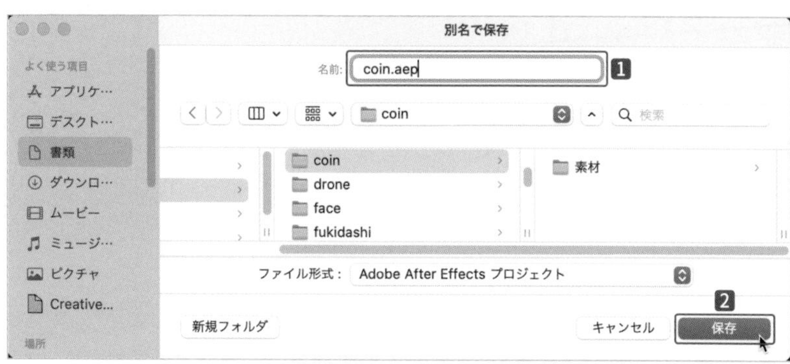

Chapter 4

新規コンポジションを作る

【コンポジション】メニューから【新規コンポジション...】（command/Ctrl＋Nキー）を選択して、【コンポジション設定】ダイアログボックスを表示します（29ページ参照）1。
【コンポジション名】は【main】2、【プリセット】は【カスタム】3を選択します。
今回は正方形の動画なので、【幅：1080px】【高さ：1080px】と入力します4。
【デュレーション】を【0:00:03:00】に設定して5、【OK】ボタンをクリックします6。

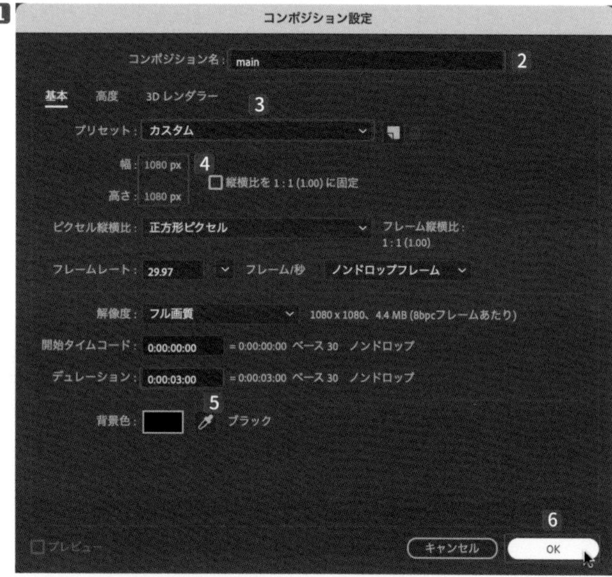

背景を作る

【レイヤー】メニューの【新規】から【平面...】（command/Ctrl＋Yキー）を選択して、【平面設定】ダイアログボックスを表示します1。
【カラー】をクリックして【#F4E5BE】（淡いオレンジ）に設定し2、【OK】ボタンをクリックします3。

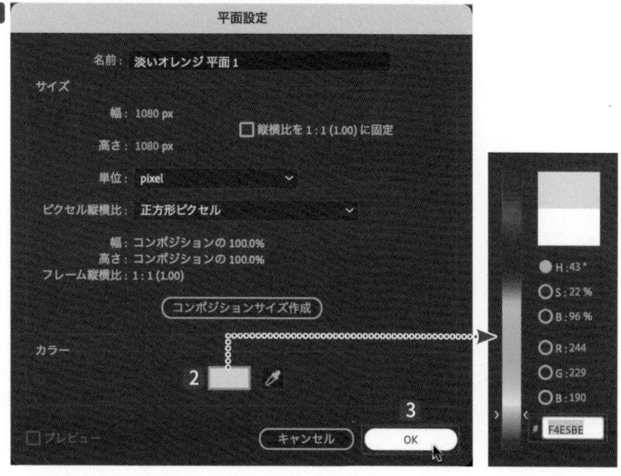

ファイルを読み込む

【ファイル】メニューの**【読み込み】**から**【ファイル...】**（command/Ctrl＋I キー）を選択して、**【ファイルの読み込み】**ダイアログボックスを表示します**1**。

【素材】から**【coin.ai】**を選択し**2**、**【読み込みの種類】**で**【コンポジション】**を選択して**3**、**【開く】**ボタンをクリックします**4**。

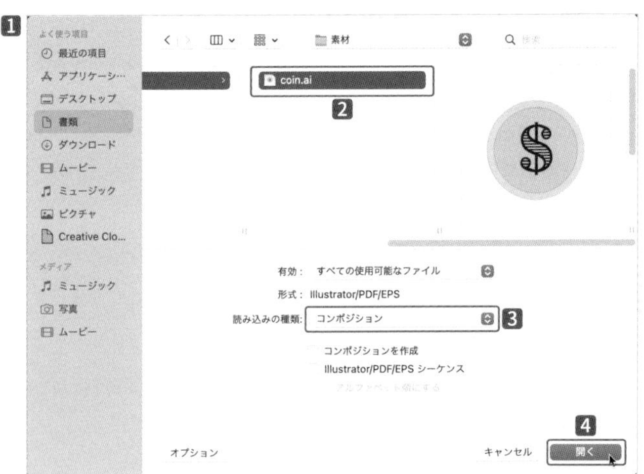

素材を配置する

【プロジェクト】パネルに自動で作成される**【coin】**のコンポジションは使用しないので、Delete キーで削除します（94ページ参照）**1**。

【coin レイヤー】のフォルダーを展開し**2**、すべてを選択して**3**、**【タイムライン】**パネルに配置します**4**。

上から、**【$/coin.ai】【base/coin.ai】**の順に配置します。

⁞⁞ シェイプを作る

【$/coin.ai】**と**【base/coin.ai】**❶を右クリックして、ショートカットメニューの**【作成】**から**【ベクトルレイヤーからシェイプを作成】**を選択すると❷、**【$/coinアウトライン】と**【base/coinアウトライン】**が作成されます❸。

【$/coin.ai】と**【base/coin.ai】**は使用しないので、Delete キーで削除します（94ページ参照）❹。

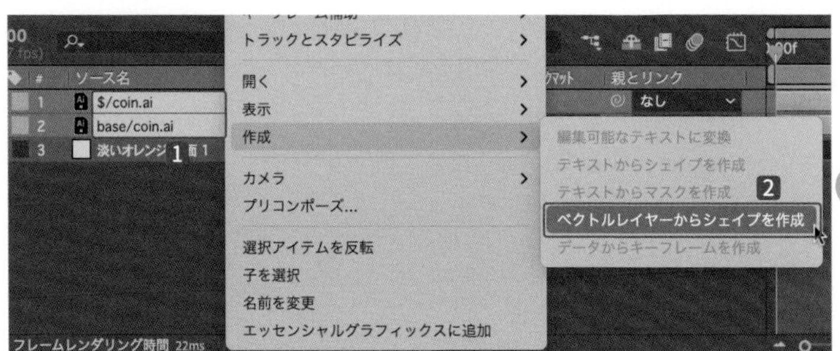

⁞⁞ コインを3Dレイヤーにする

【$/coinアウトライン】と**【base/coinアウトライン】**を選択して❶、**【3Dレイヤー】**をオンにします❷。

【base/coinアウトライン】を展開します❸。**【形状オプション】**を選択できない場合は、**【レンダラーを変更】**をクリックします❹。

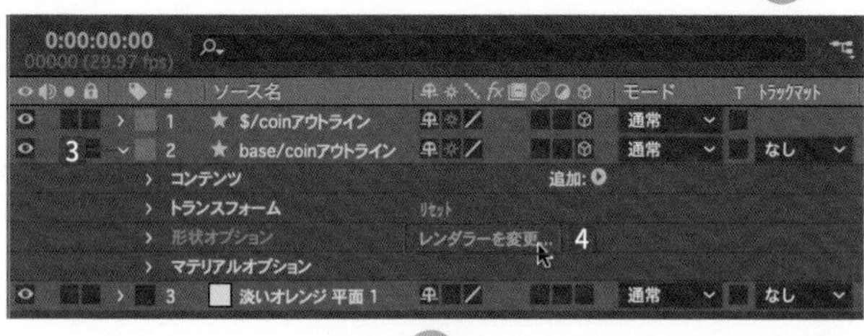

【コンポジション設定】ダイアログボックスで**【レンダラー】**を**【Cinema 4D】**に変更して❺、**【OK】**ボタンをクリックすると❻、**【形状オプション】**を展開できます。

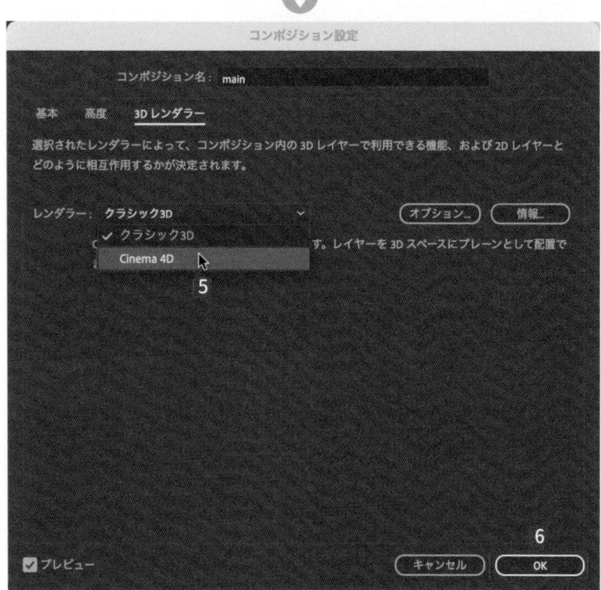

【3Dビュー】7を**【レフトビュー】**に切り替えると8、3D空間を左側から見たカメラアングルになります。

【形状オプション】を展開して9、**【押し出す深さ】**を**【50】**に設定すると10、コインに厚みが出ます11。

【アンカーポイントツール】に切り替えて画面を見てみると12、コインの中央に**【アンカーポイント】**がないので調整します。これは、コインの中心を軸にしたきれいな回転を後から加えるためです。

【base/coinアウトライン】の**【トランスフォーム】**を展開して13、**【アンカーポイント】**のZ座標を**【25】**に設定します14。コインの中央に**【アンカーポイント】**が移動します15。

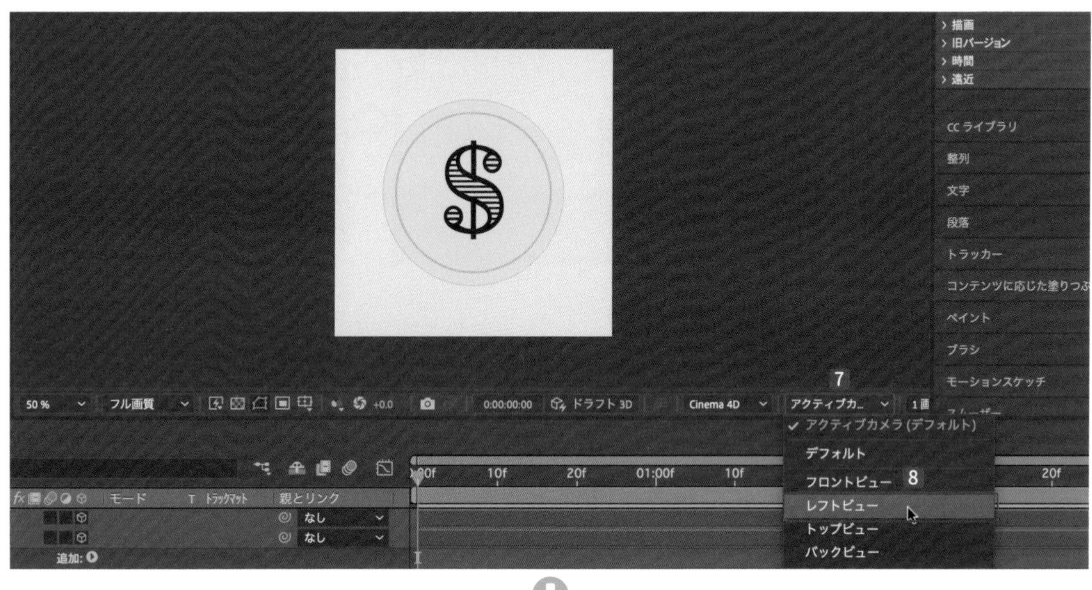

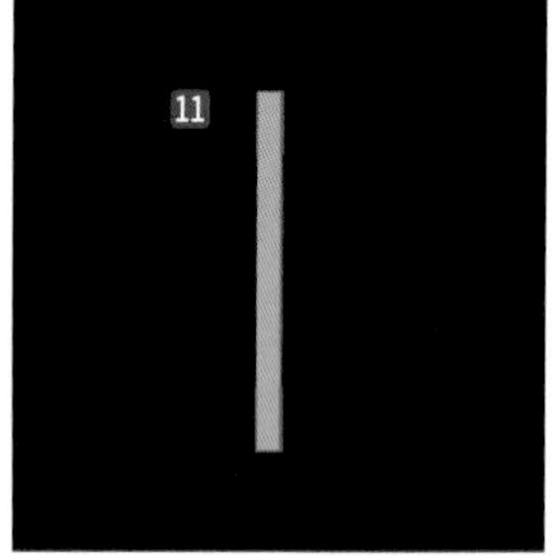

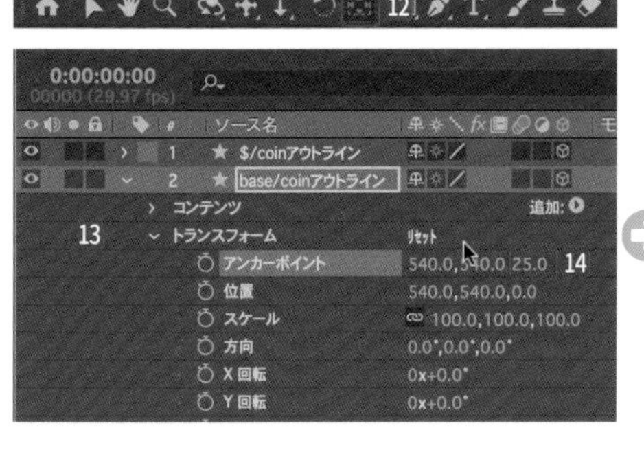

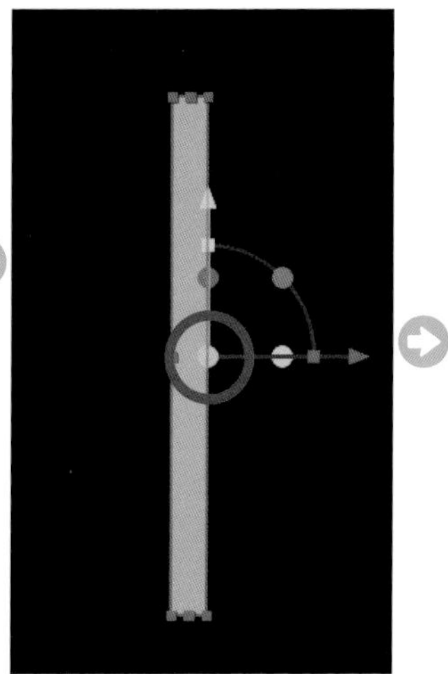

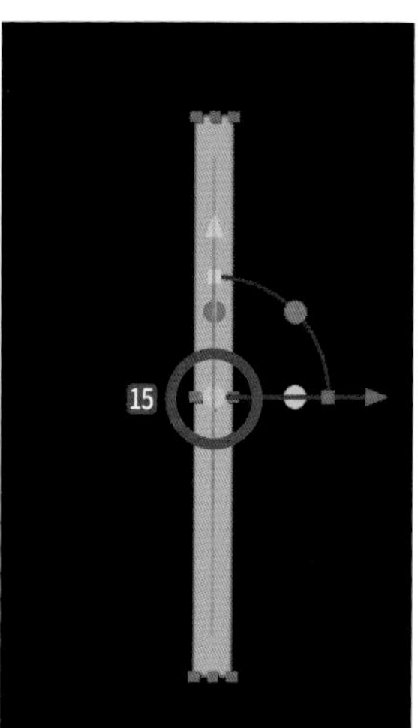

【base/coinアウトライン】の【コンテンツ】を展開します。【グループ 1】の【線 1】の中にある【破線】の➕をクリックすると16、コインの側面に破線が付きます17。画面を【アクティブカメラ】に変更します18 19。

図のような破線になっていない場合は、【ドラフト 3D】20がオンになっていることがありますので、注意してください。

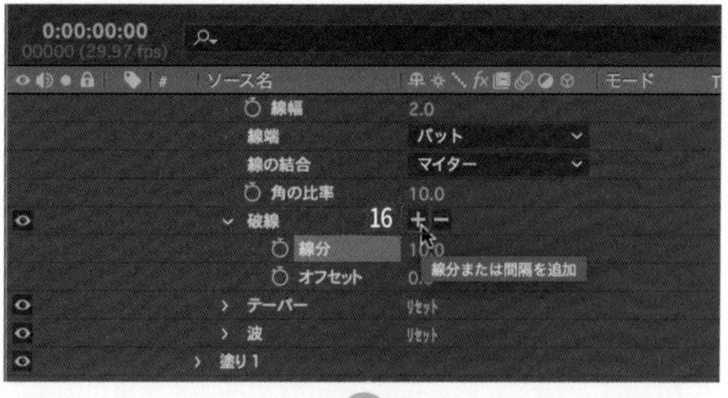

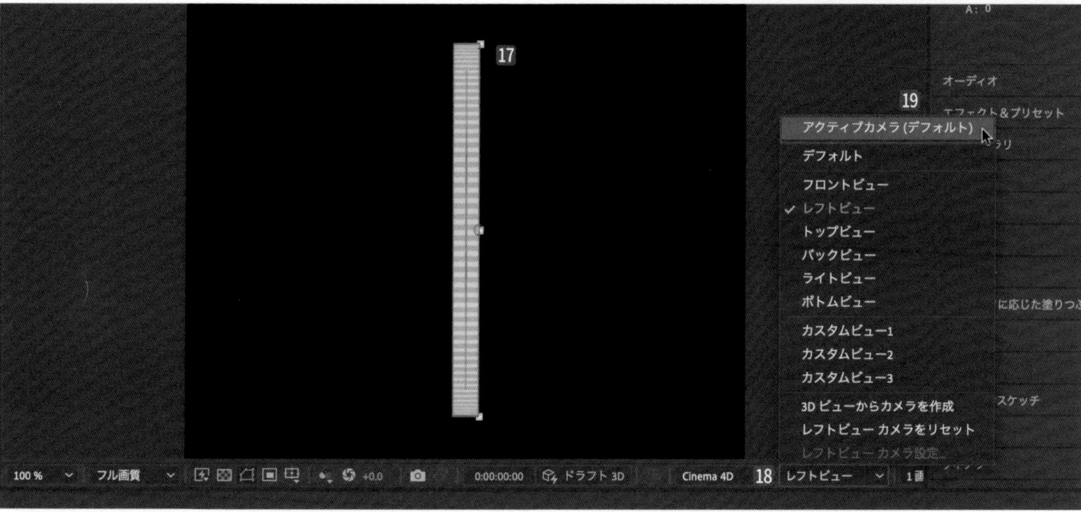

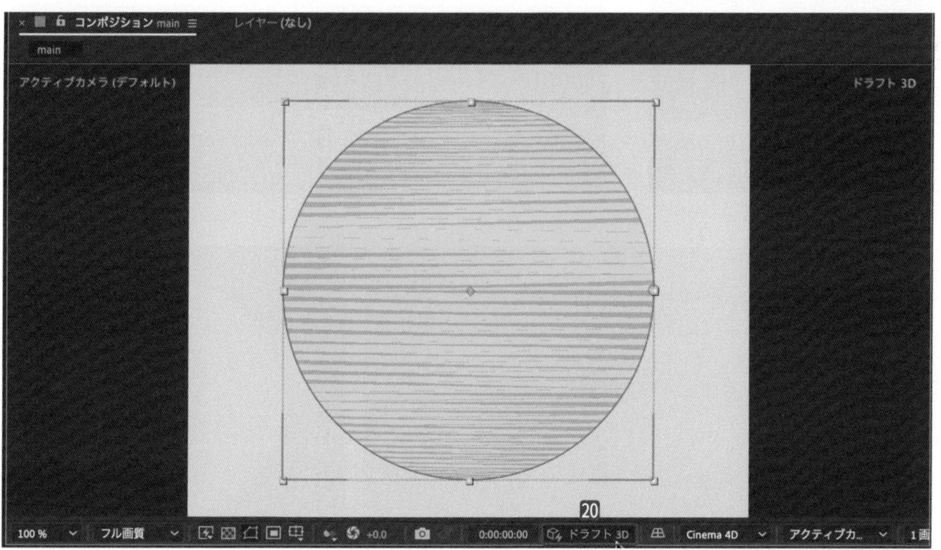

⠿ コインのデザインを表示させる

【$/coinアウトライン】の**【トランスフォーム】**を展開します❶。**【位置】**のZ座標を**【-26】**に設定すると❷、ドルのイラストが見えるようになります❸。

【バックビュー】に変更すると❹❺、コインの裏側は無地のままです。

【$/coinアウトライン】をコピー&ペーストして（ command / Ctrl ＋ C ➡ command / Ctrl ＋ V キー）❻、複製したものを**【base/coinアウトライン】**の下に配置します❼。

【$/coinアウトライン 2】の**【トランスフォーム】**を展開して❽、**【位置】**のZ座標を**【26】**に設定します❾。**【Y回転】**を**【180】**に設定すると❿、ドルのイラストが裏にも表示されます⓫。

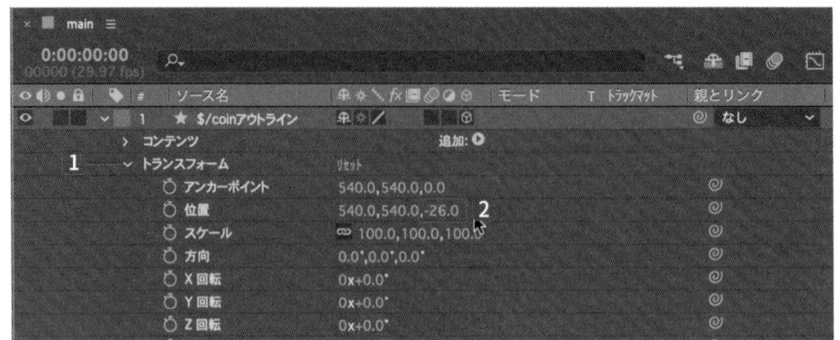

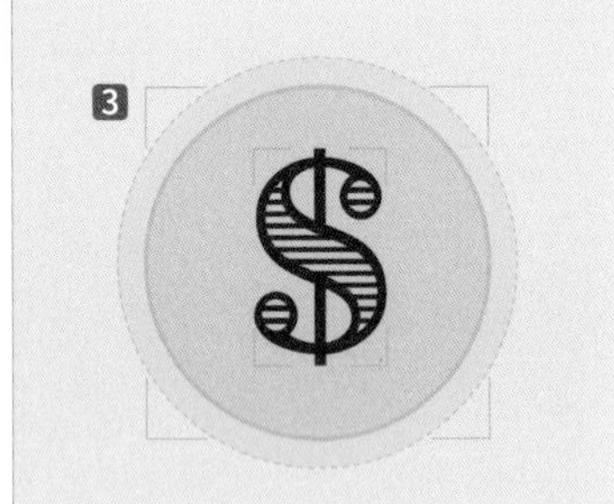

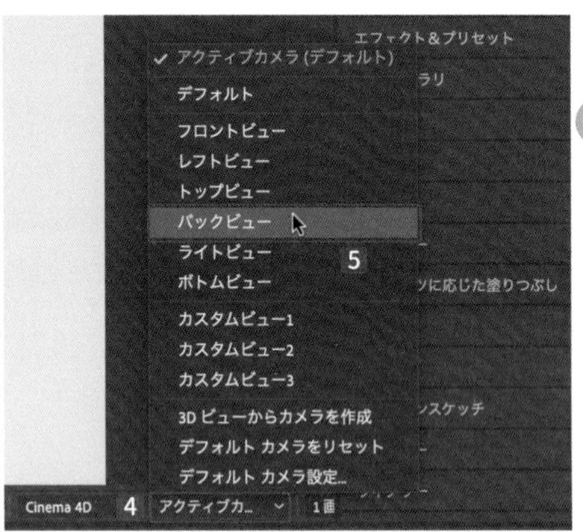

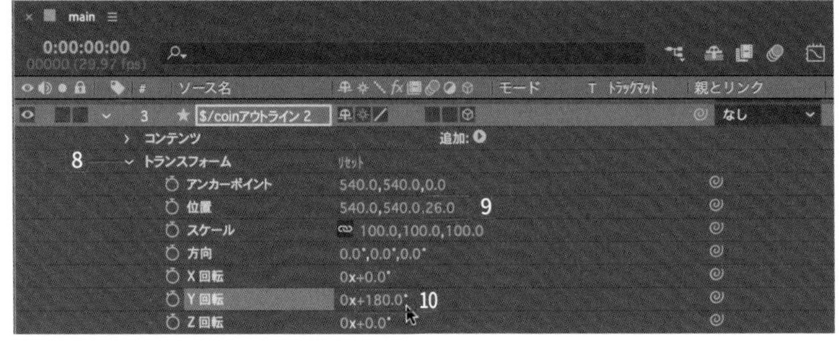

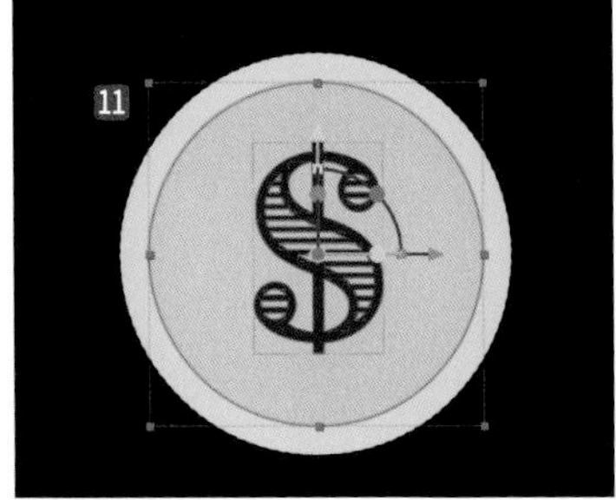

コインを3D回転させる

画面を【アクティブカメラ】に変更します❶❷。

【$/coinアウトライン】と【$/coinアウトライン 2】を選択して❸、【親ピックウィップ】◎❹を【base/coinアウトライン】にドラッグすると❺、親子関係になります。

【0:00:00:00】の位置で❻、【base/coinアウトライン】の【トランスフォーム】を展開し❼、【Y回転】に【キーフレーム】を作成します❽❾。

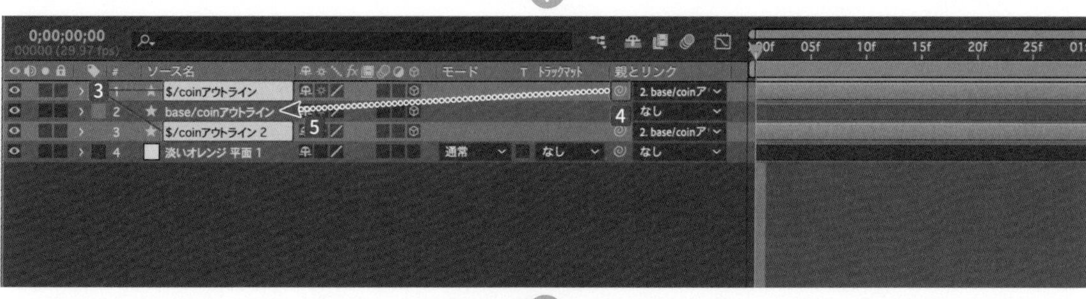

【0:00:02:00】 の位置で⑩、**【Y回転】** の回転数に **【1】** と入力します⑪。

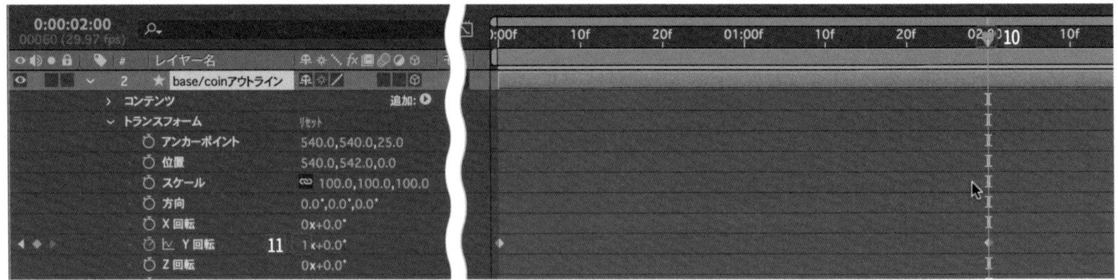

再生すると、厚みのあるコインが回転するアニメーションになります。

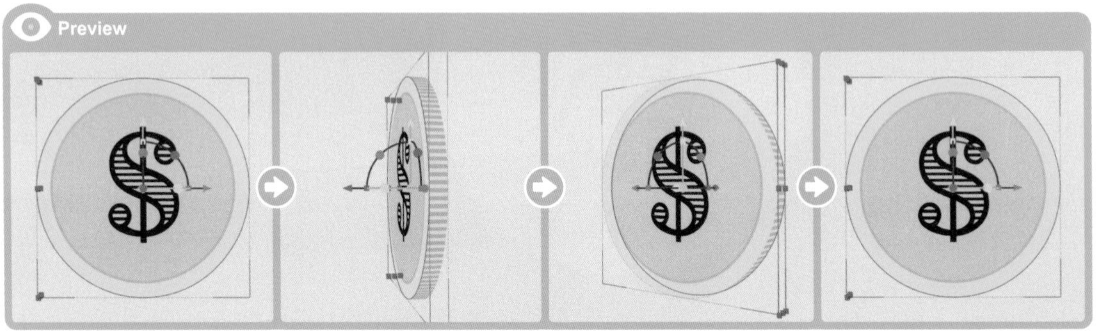

これで完成です。

Section 4 2

マップアニメーションを作ろう！

ここではパストリミングを使って、地図の道順を示すラインが伸びていく演出方法を紹介します。

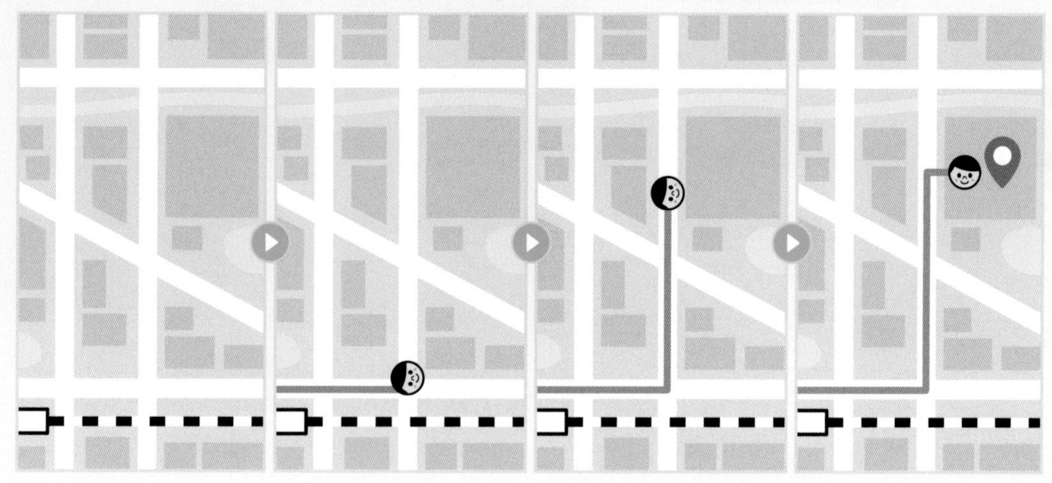

新規プロジェクトを作る

【ホーム画面】で**【新規プロジェクト】**ボタンをクリックします（15ページ参照）。

【ファイル】メニューの**【別名で保存】**から**【別名で保存…】**（Shift＋command/Ctrl＋Sキー）を選択して（25ページ参照）、**【別名で保存】**ダイアログボックスで**【map】**と名前をつけて❶、**【保存】**ボタンをクリックします❷。

保存先は作業するハードディスクとフォルダーを選択してください。

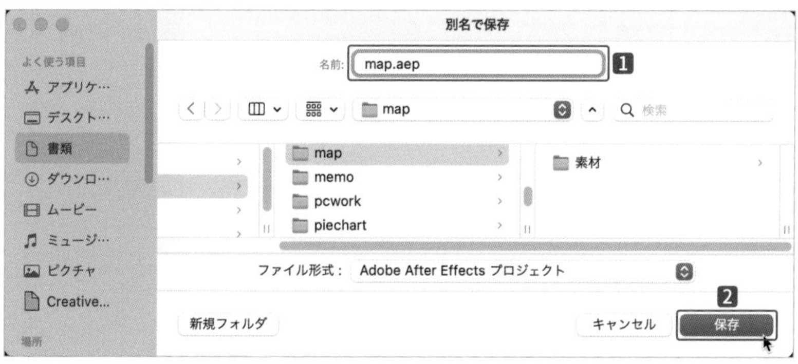

新規コンポジションを作る

【コンポジション】メニューから【新規コンポジション...】（command / Ctrl ＋ N キー）を選択して、【コンポジション設定】ダイアログボックスを表示します（29ページ参照）1。

【コンポジション名】は【main】2、【プリセット】は【カスタム】3を選択します。

今回は縦動画なので、【幅：1080px】【高さ：1920px】と入力します4。

【デュレーション】を【0:00:05:00】に設定して5、【OK】ボタンをクリックします6。

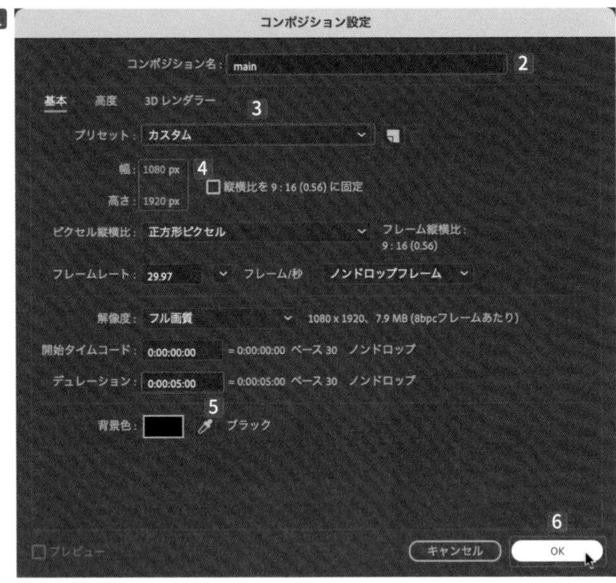

ファイルを読み込む

【ファイル】メニューの【読み込み】から【ファイル...】（command / Ctrl ＋ I キー）を選択して、【ファイルの読み込み】ダイアログボックスを表示します1。

【素材】から【map.ai】を選択し2、【読み込みの種類】で【コンポジション】を選択して3、【開く】ボタンをクリックします4。

【プロジェクト】パネルに自動で作成される【map】のコンポジションは使用しないので、Delete キーで削除します（94ページ参照）5。

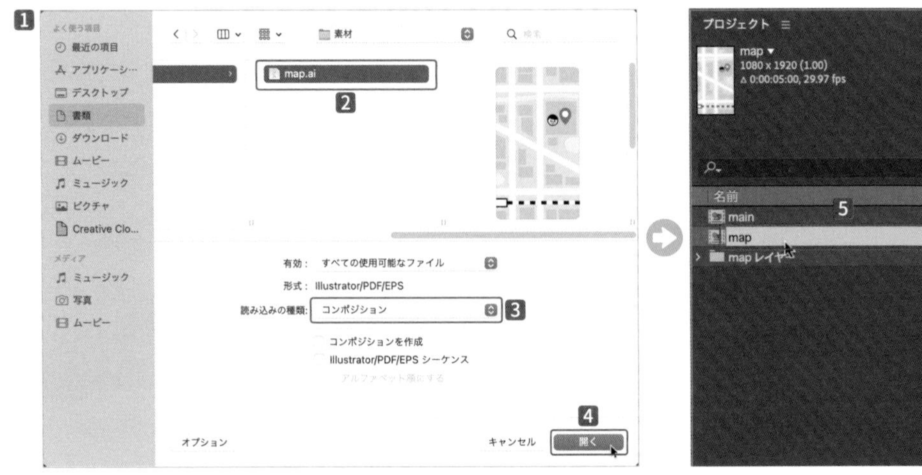

∷ 素材を配置する

【プロジェクト】パネルの**【mapレイヤー】**フォルダーを展開し❶、3つのクリップを選択して❷、**【タイムライン】**パネルに配置します❸。上から、**【pin/map.ai】【face/map.ai】【map/map.ai】**と配置します。

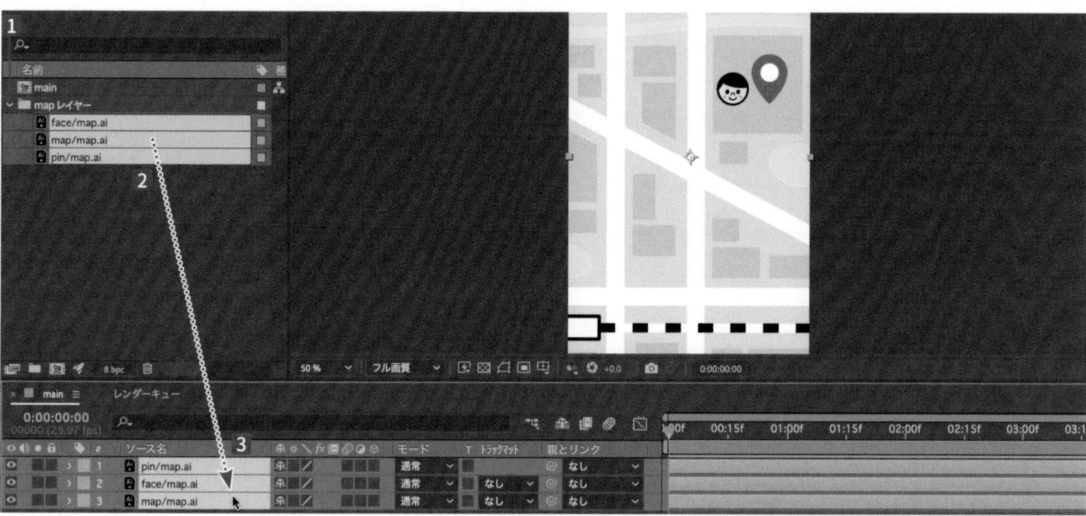

編集時の操作性をよくするために、**【pin/map.ai】**と**【face/map.ai】**をシェイプ化します。

【pin/map.ai】と**【face/map.ai】**を選択して右クリックし❹、ショートカットメニューの**【作成】**から**【ベクトルレイヤーからシェイプを作成】**を選択します❺。

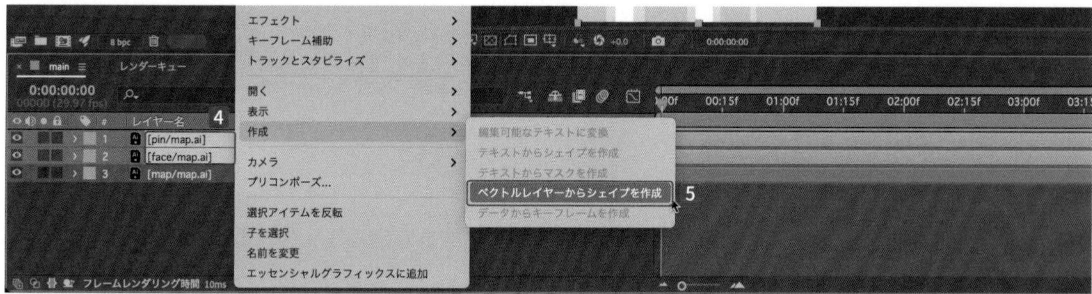

元の**【pin/map.ai】**と**【face/map.ai】**は使用しないので、 Delete キーで削除します（94ページ参照）❻。

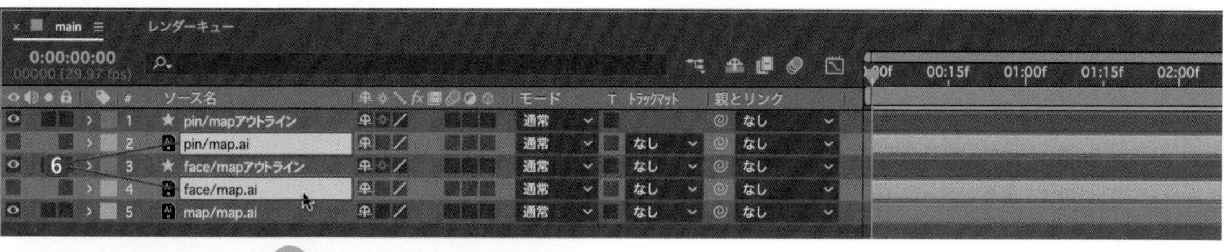

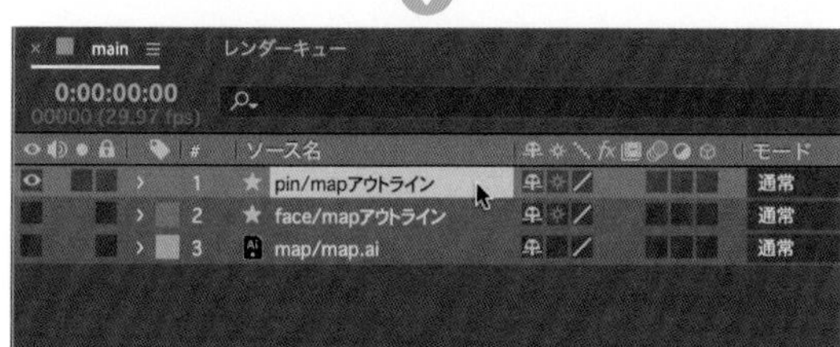

アンカーポイントを調整する

【face/mapアウトライン】の**【アンカーポイント】**が画面中心**1**にあるので、レイヤーの中心に変更します。

【face/mapアウトライン】を選択して**2**、**【レイヤー】**メニューの**【トランスフォーム】**から**【アンカーポイントをレイヤーコンテンツの中央に配置】**（option/Alt ＋ command/Ctrl ＋ fn/Home ＋ ← キー：macOSは fn キーをオンにしてください）を選択すると**3**、顔の中心に**【アンカーポイント】**が移動します**4**。

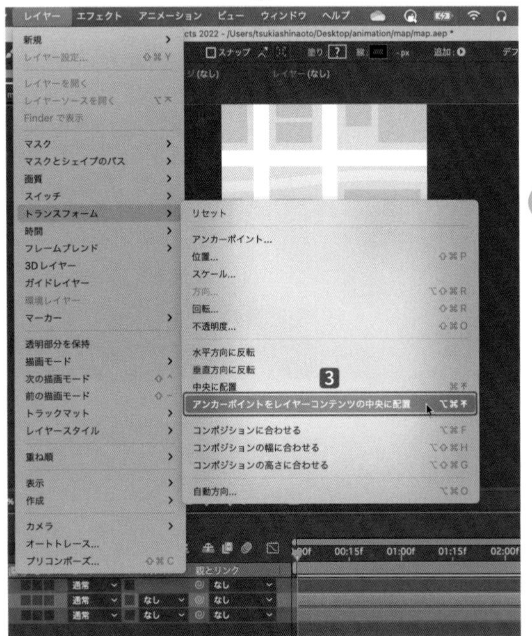

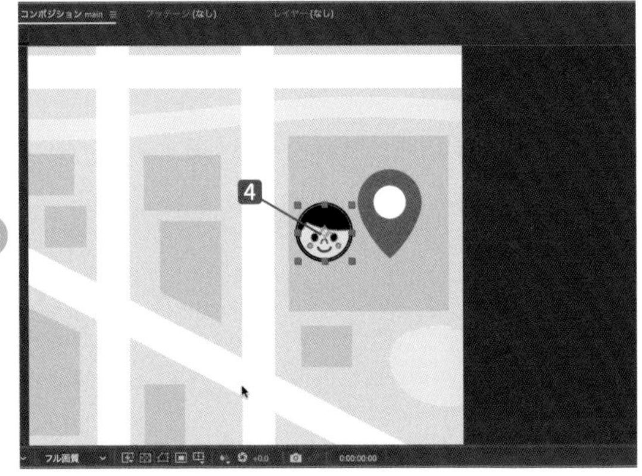

TIPS アンカーポイントとは

アンカーポイントは、アニメーションの中心点になるポイントです。アンカーポイントの違いでアニメーションに変化が生じますので注意してください。

【pin/mapアウトライン】を選択します5。**【アンカーポイントツール】**を選択して、command / Ctrl キーを押しながらアンカーポイントをドラッグし6、ピンの下部のポイントに合わせます7。

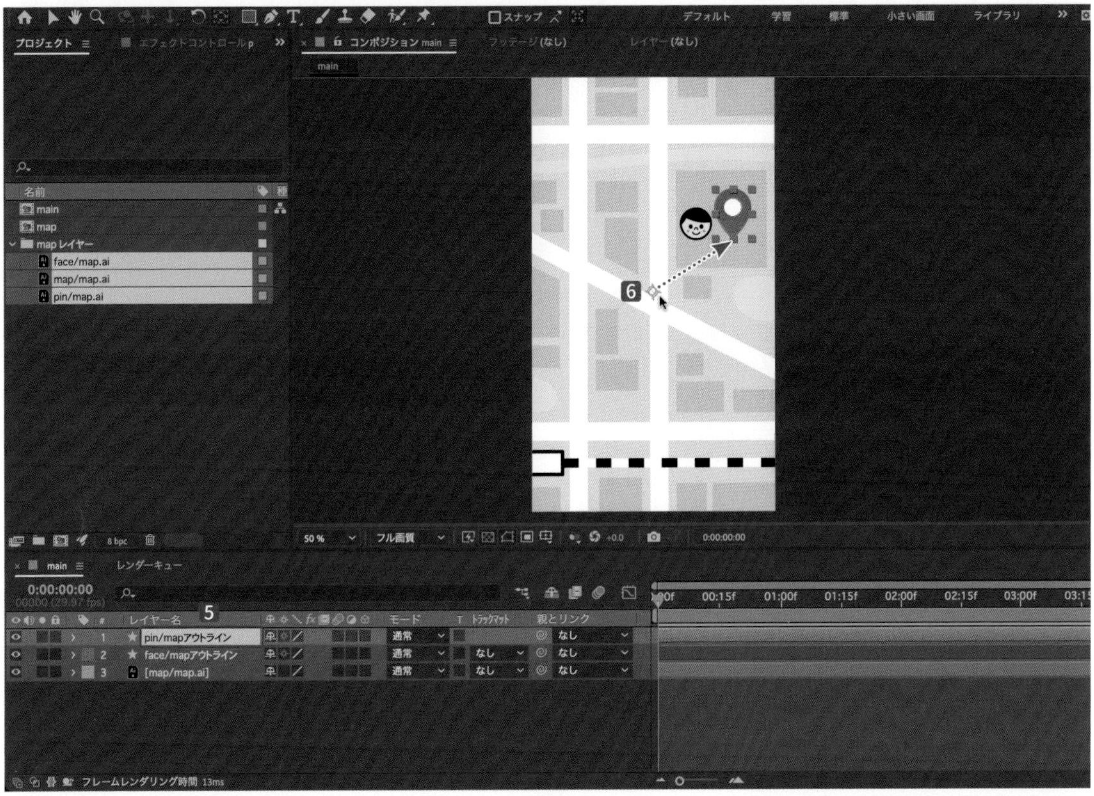

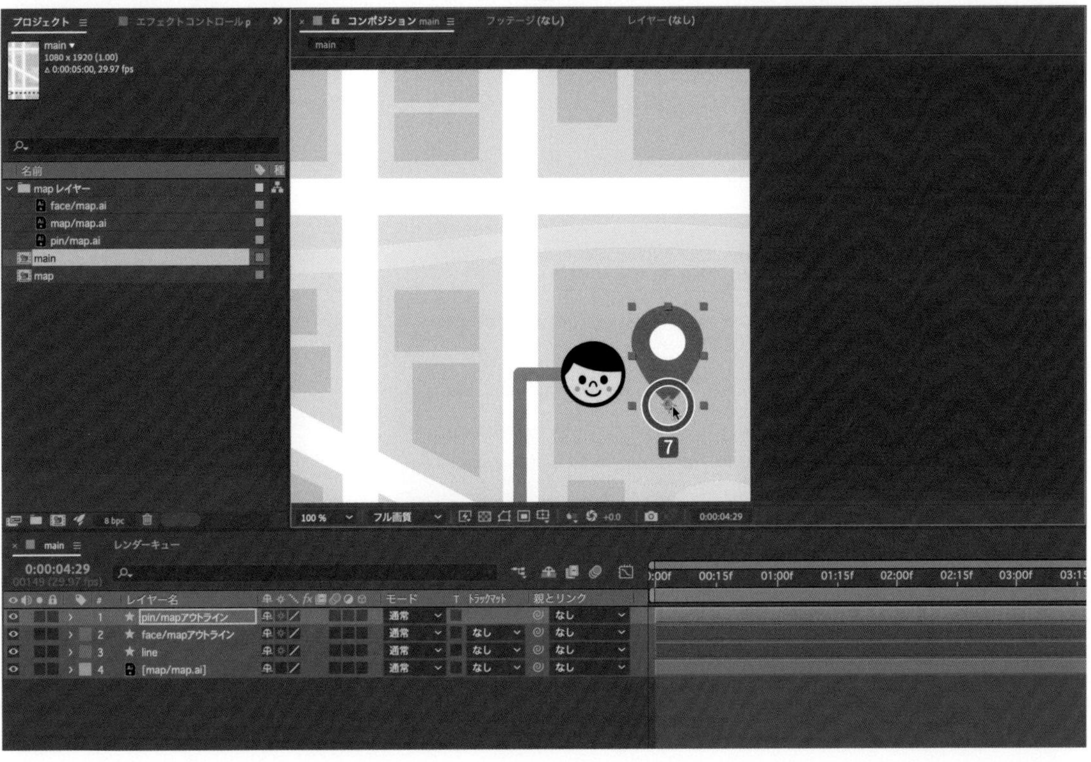

道順のラインを作成する

【**レイヤー**】メニューの【**新規**】から【**シェイプレイヤー**】を選択します1。

【**タイムライン**】パネルに【**シェイプレイヤー1**】が作成されています。Enter キーを押して、名前を【**line**】に変更します2。

さらに【**map/map.ai**】の上に配置します3。

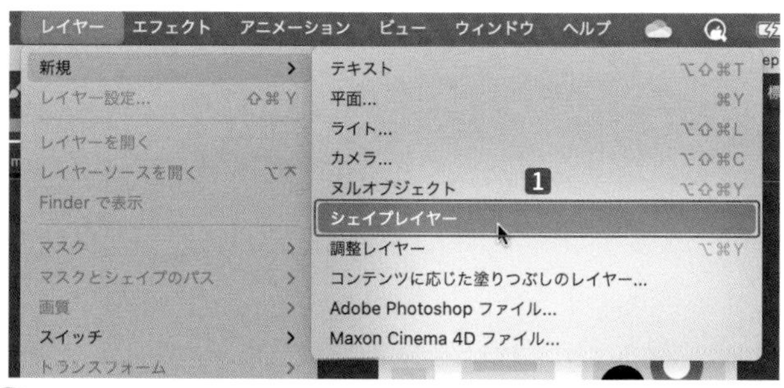

【**ペンツール**】を選択します4。【**塗りオプション**】をクリックして5、【**塗りオプション**】ダイアログボックスで【**なし**】を選択して6、【**OK**】ボタンをクリックします7。

【**線のカラー**】をクリックして8、【**#FF80BE**】と入力すると9 10、ピンク色になります。

【**線幅**】を【**30**】に設定します11。

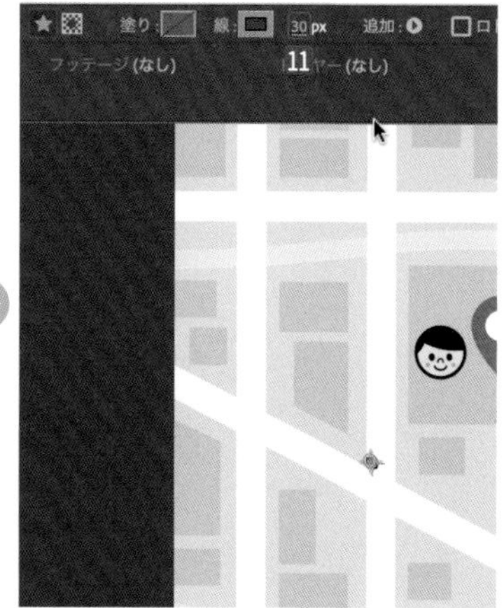

画面の枠外で描画の開始地点をクリックします⑫。後のアニメーションに関係するのですが、少し枠から離れた場所でクリックしてください。

Shift キーを押しながら地図上の交差点でクリックすると、直線が描けます⑬。

続けて顔のアイコンの横で Shift キーを押しながらクリックし、直線を描きます⑭。

さらに、顔の中央で Shift キーを押しながらクリックし、直線を描きます⑮。

これで、道筋のラインが描けました⑯。

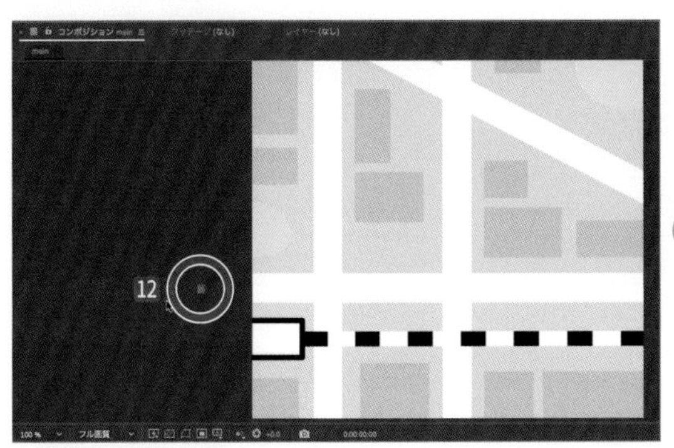

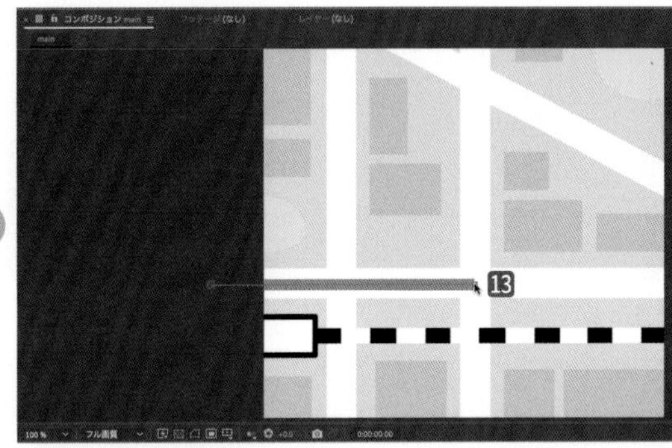

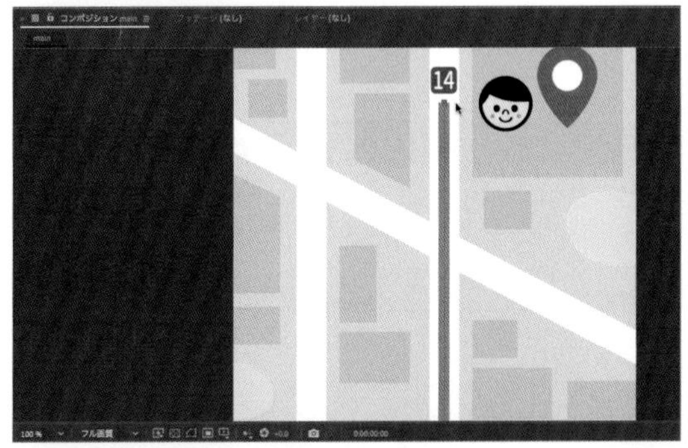

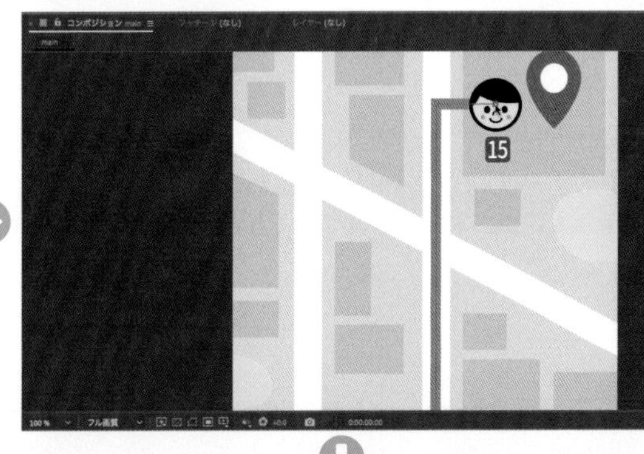

【line】を展開して17、**【シェイプ 1】**にある**【線 1】**も展開します18。
【線の結合】を**【ラウンド】**に設定すると19、結合部分に丸みができ20、やさしいデザインになります。
【マイター】の場合には、直角になります21 22。
ここでは、**【ラウンド】**を使用します。

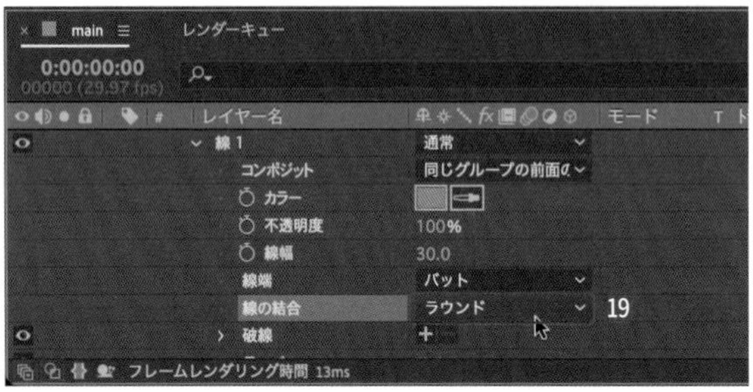

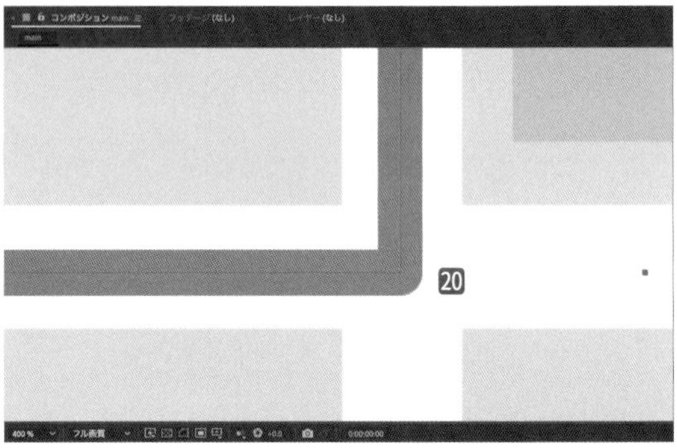

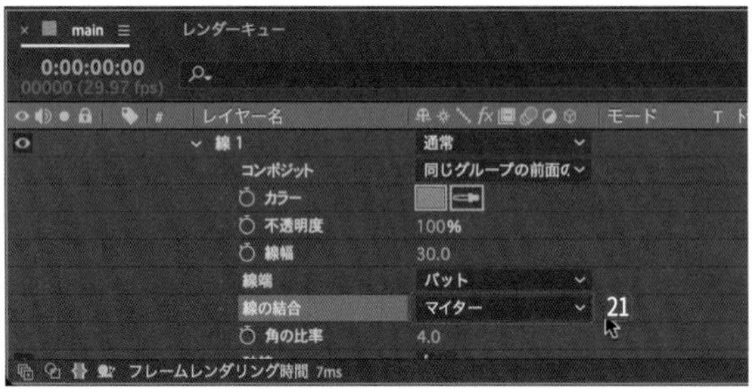

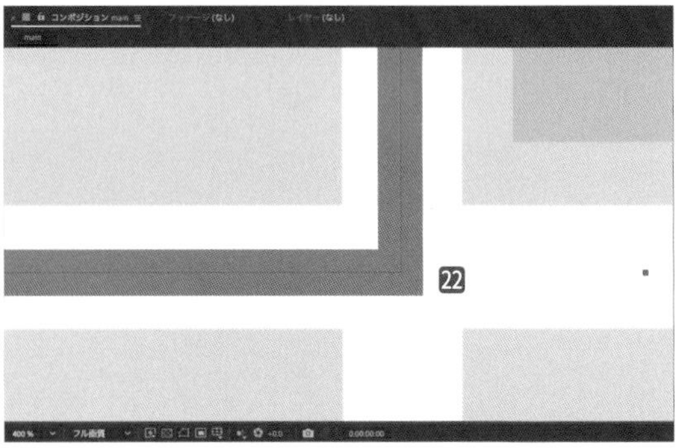

ラインにアニメーションをつける

【line】の**【コンテンツ】**の右にある**【追加】**をクリックします1。

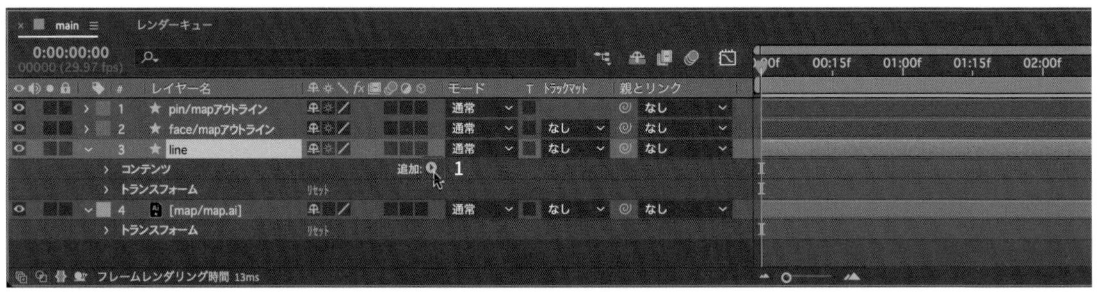

【パスのトリミング】を選択します2。
追加された**【パスのトリミング 1】**を展開します3。
【0:00:00:00】の位置で4、**【終了点】**を**【0】**に設定します5。
【ストップウォッチ】をクリックして6、**【キーフレーム】**を作成します7。
【0:00:04:00】の位置で8、**【終了点】**を**【100】**に設定します9 10。

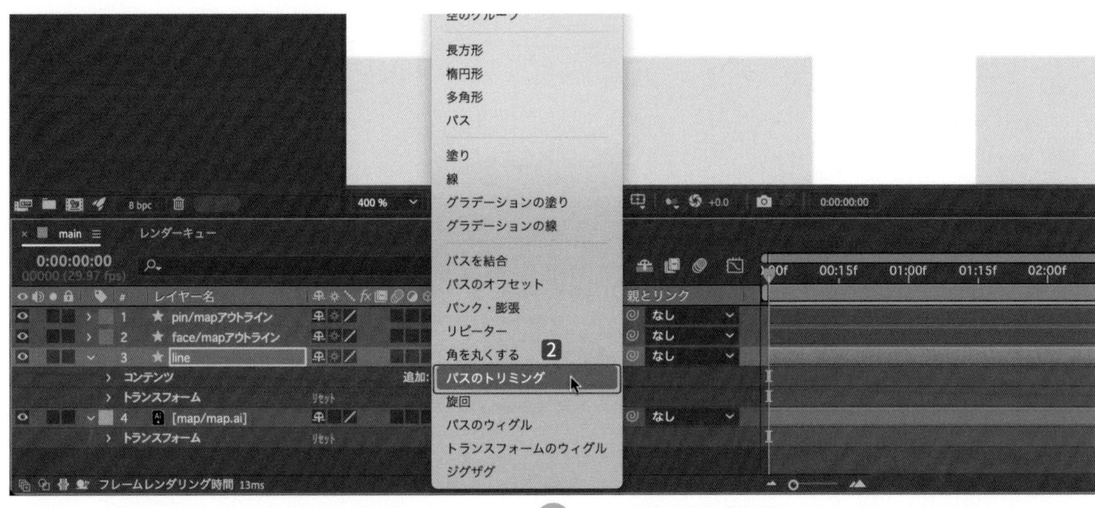

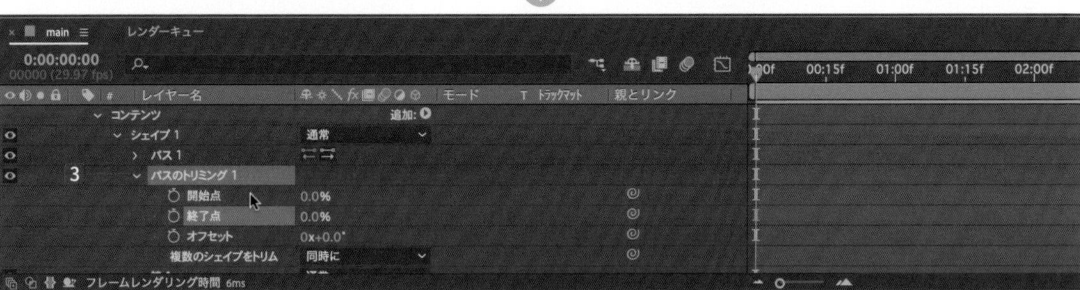

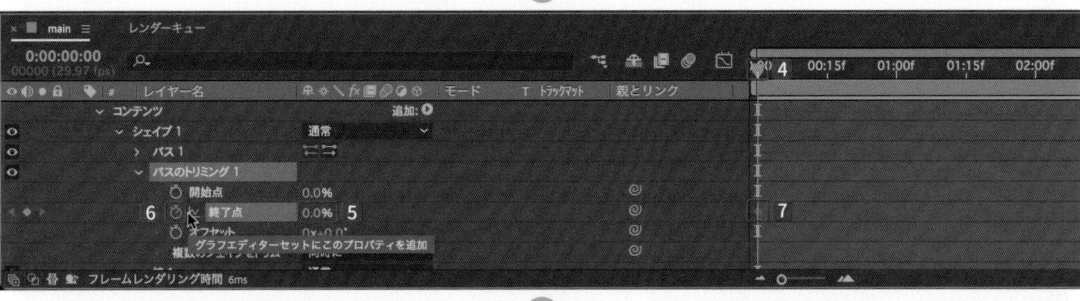

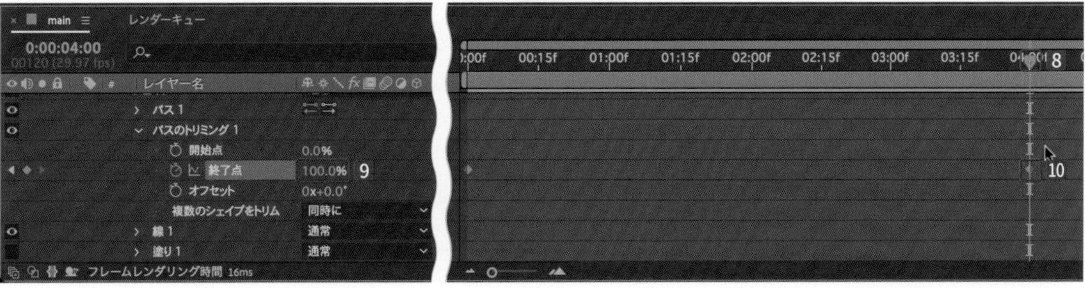

再生すると、4秒かけて道順のラインが出てくるアニメーションになります。

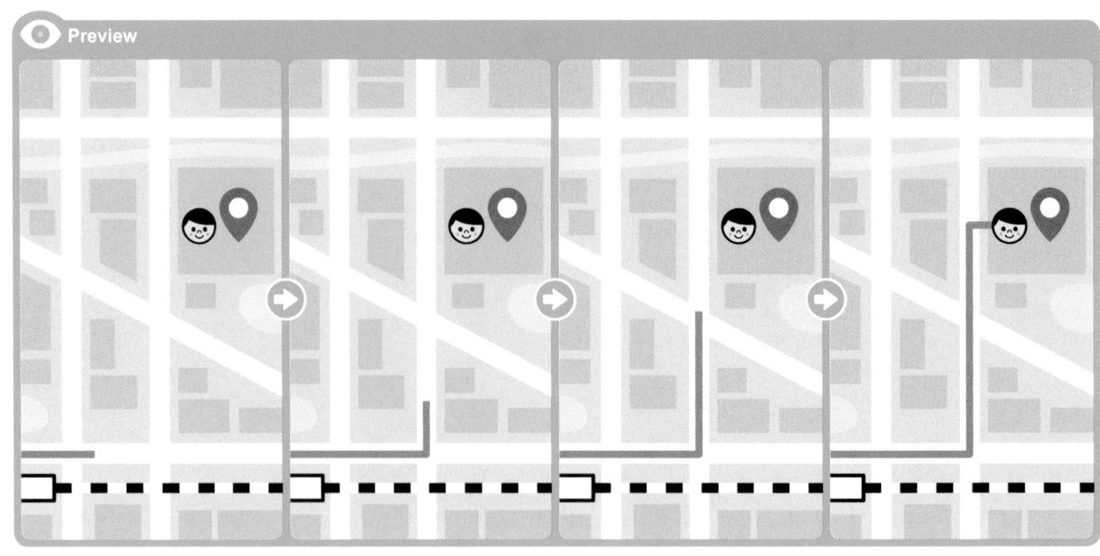

顔のアイコンにアニメーションをつける

【line】クリップの**【コンテンツ】**を展開して1、さらに**【シェイプ1】**の**【パス1】**を展開します2。**【パス】**を選択してコピーします（command/Ctrl ＋ C キー）3。

【0:00:00:00】に移動します4。**【face/mapアウトライン】**の**【トランスフォーム】**を展開して5、**【位置】**を選択してペーストすると（command/Ctrl ＋ V キー）6、**【line】**のパスのアニメーションキーフレームがペーストされます7。

再生すると、ラインアニメーションと同じ動きで顔も動きますが、スピードが早いので調整します。

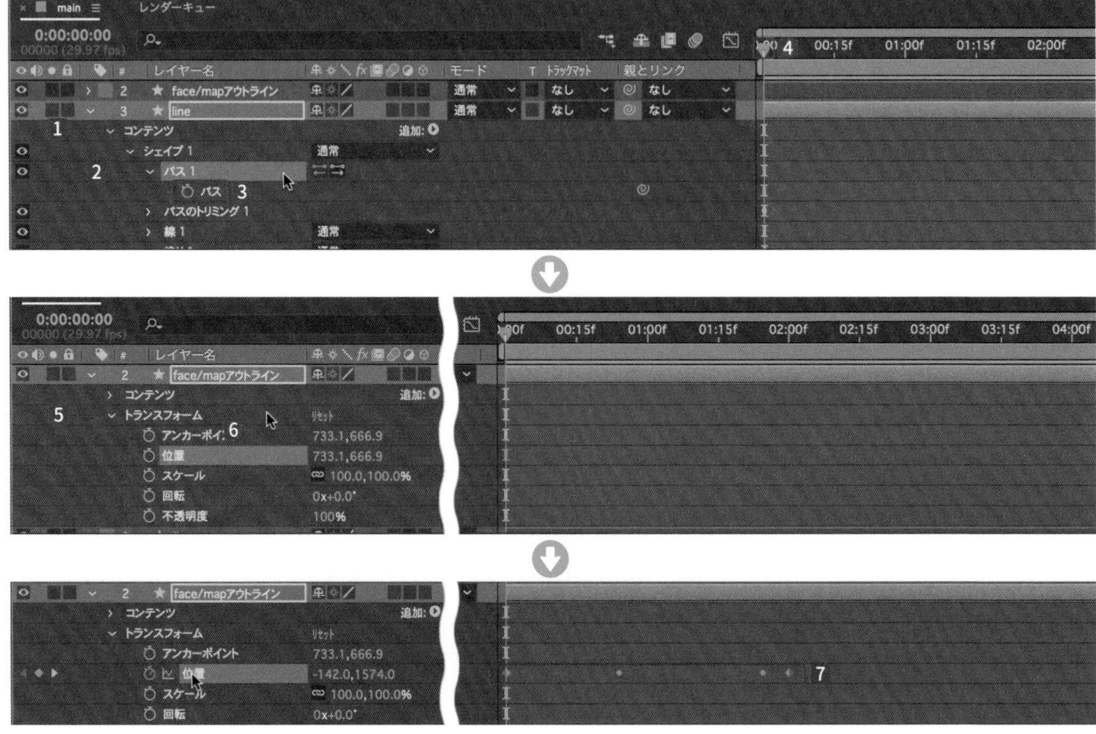

一番右の【**キーフレーム**】を選択し、ドラッグしながら4秒の位置までずらします8。
再生すると、ラインのアニメーションに合わせて、顔のアイコンも移動します。
これでラインアニメーションとスピードが同じになります。

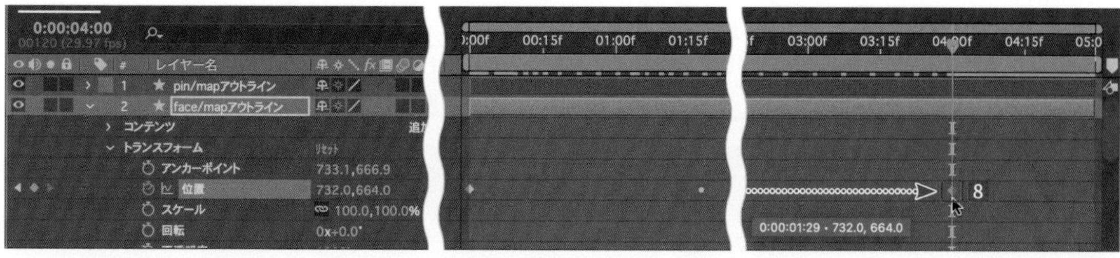

⁝⁝ 顔のアイコンの向きを自動調整する

【**face/mapアウトライン**】を選択して1、【**レイヤー**】メニューの【**トランスフォーム**】から【**自動方向**】（option/Alt + command/Ctrl + O キー）を選択します2。
【**パスに沿って方向を設定**】を選択して3、【**OK**】ボタンをクリックします4。
パスの向きに沿って、顔のアイコンの向きも変更されます5。

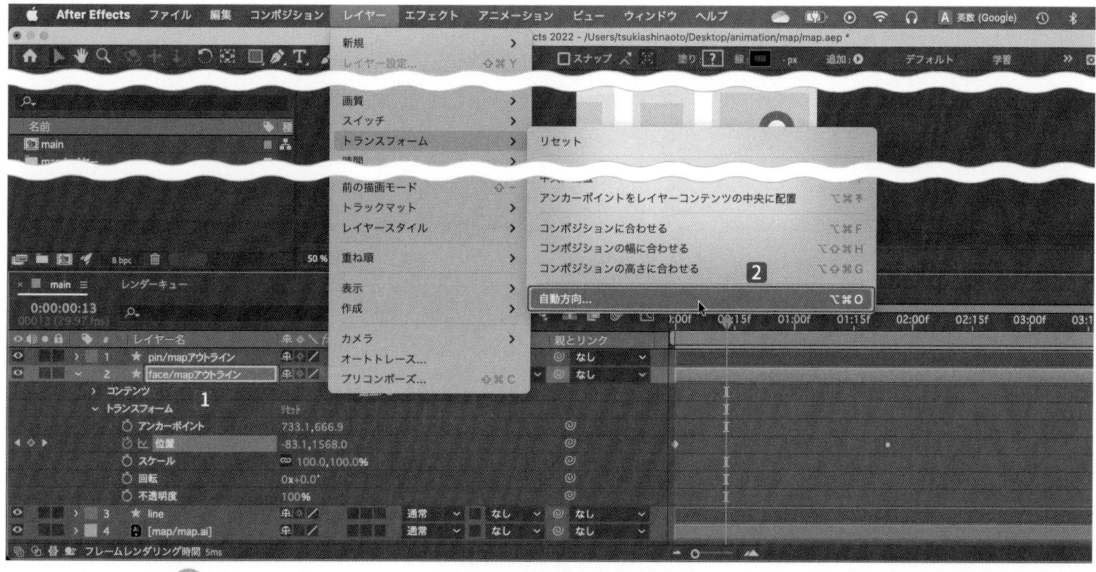

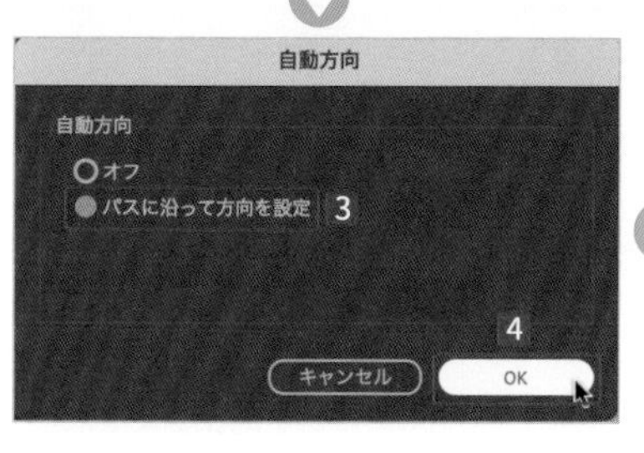

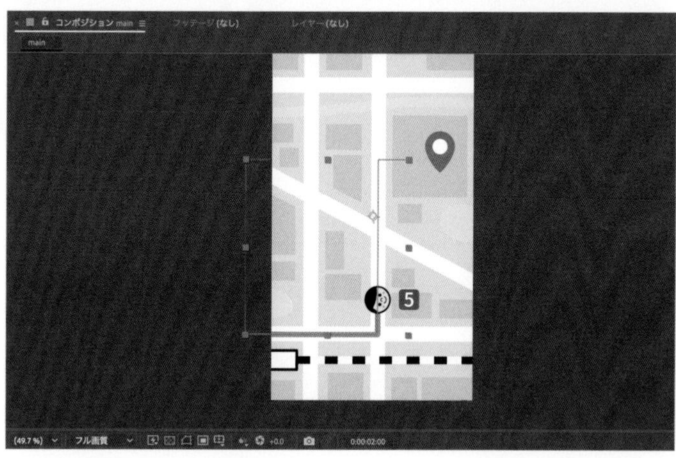

ピンを出現させるアニメーションをつける

【0:00:04:00】に移動して1、**【pin/mapアウトライン】**の**【スケール】**を**【0】**に設定し2、**【キーフレーム】**を作成します34。

【0:00:04:05】に移動して5、**【スケール】**を**【100】**に設定します6。

作成した2つの**【キーフレーム】**を選択して7、右クリックして表示されるショートカットメニューの**【キーフレーム補助】**から**【イージーイーズ】**（F9キー）を選択します8。これで完成です。

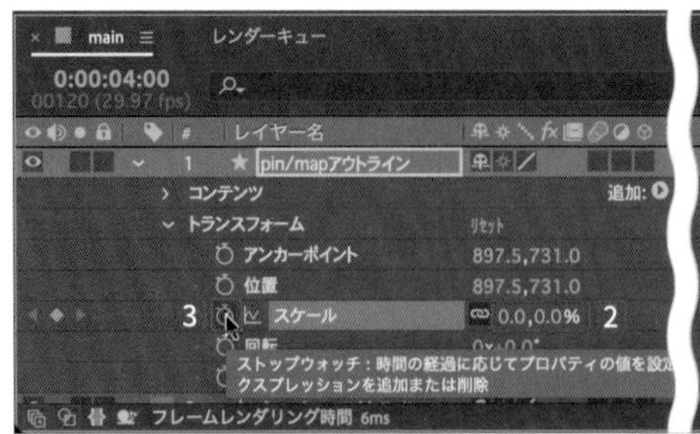

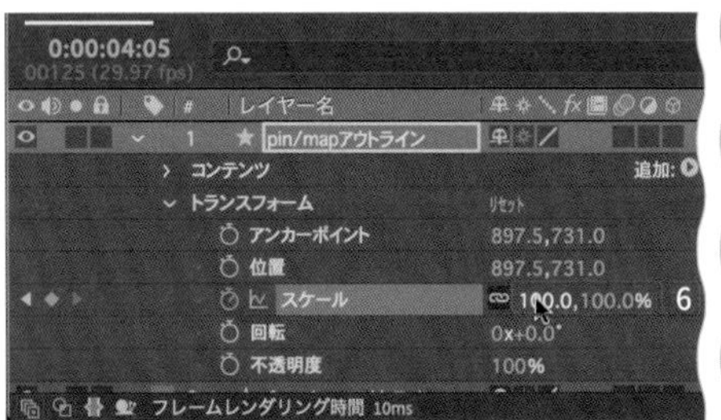

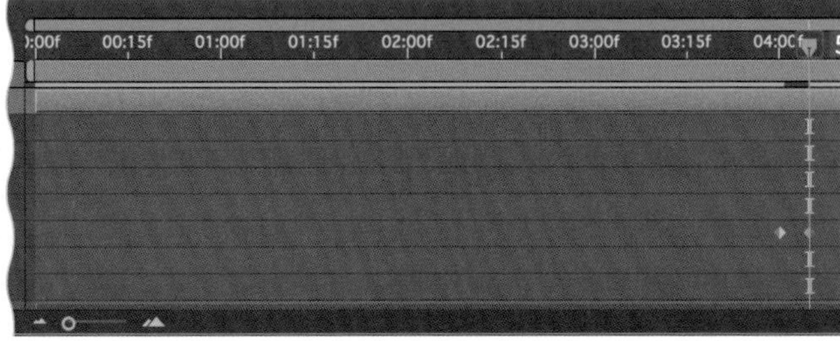

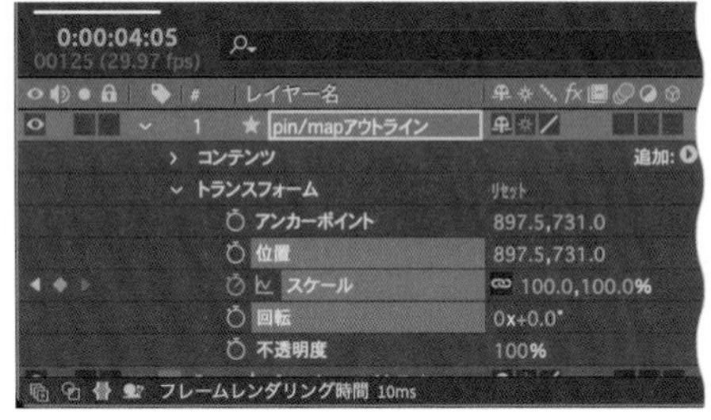

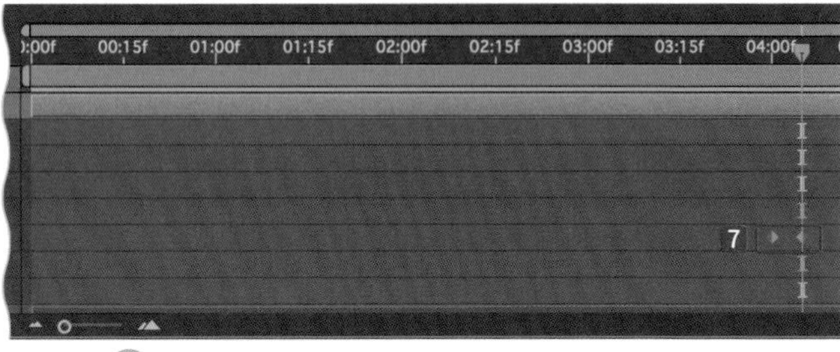

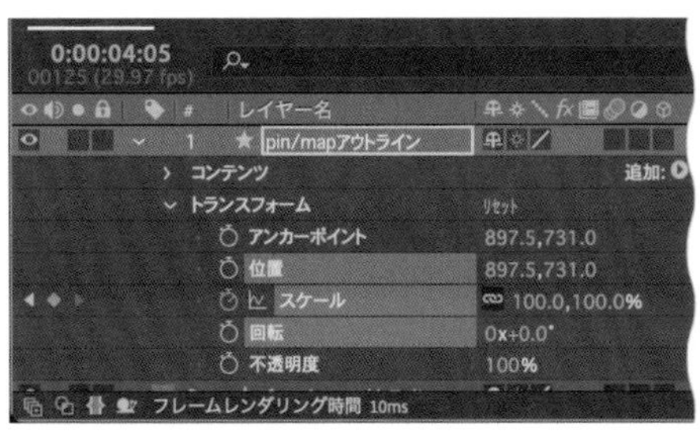

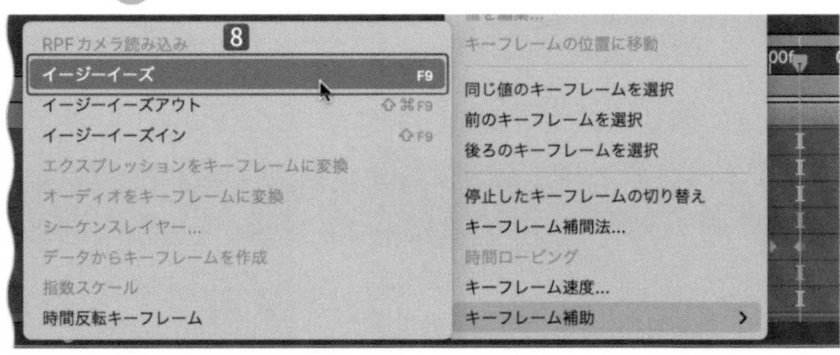

POINT

「イージーイーズ」とは、アニメーションになめらかな緩急をつける機能です。
加速しながら動き始め、徐々に減速して止まります。

Section 4

3

スクロールアニメーションを作ろう！

ここでは、「トラックマット」というレイヤーの上下で表示範囲をコントロールする便利な機能を使って、パソコン内のページのスクロールアニメーションを作成します。

⁝⁝ 新規プロジェクトを作る

【ホーム画面】で**【新規プロジェクト】**ボタンをクリックします（15ページ参照）。

【ファイル】メニューの**【別名で保存】**から**【別名で保存…】**（Shift ＋ command / Ctrl ＋ S キー）を選択して（25ページ参照）、**【別名で保存】**ダイアログボックスで**【scroll】**と名前をつけて❶、**【保存】**ボタンをクリックします❷。

保存先は作業するハードディスクとフォルダーを選択してください。

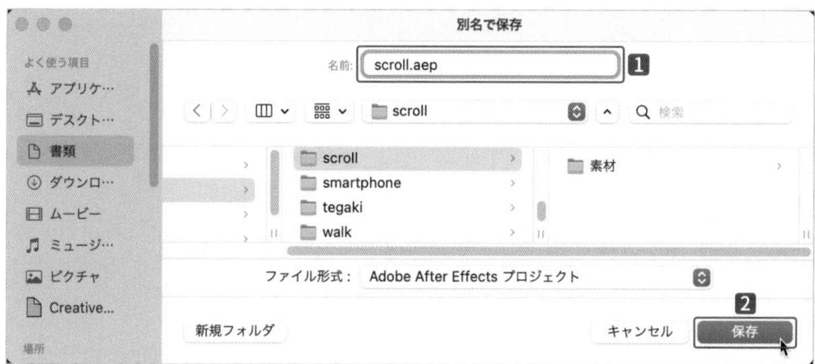

⠿ 新規コンポジションを作る

【コンポジション】メニューから【新規コンポジション...】（command/Ctrl ＋ N キー）を選択して、【コンポジション設定】ダイアログボックスを表示します（29ページ参照）**1**。

【コンポジション名】は【main】**2**、【プリセット】は【HDTV 1080 29.97】を選択します**3**。【デュレーション】を【0:00:03:00】に設定して**4**、【OK】ボタンをクリックします**5**。

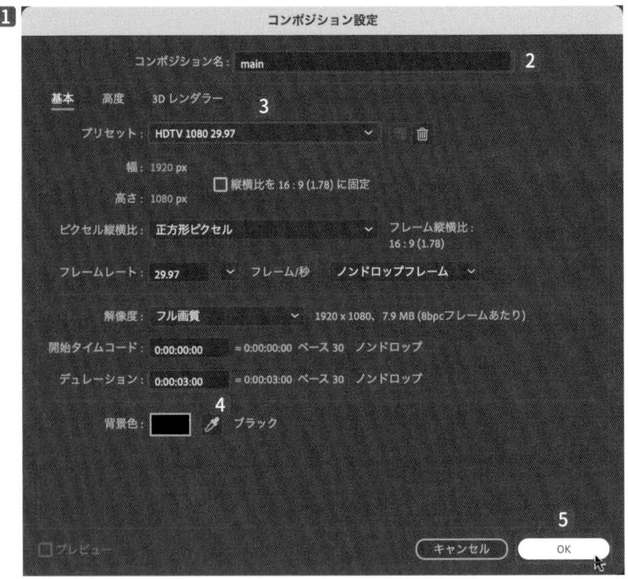

⠿ 背景を作る

【レイヤー】メニューの【新規】から【平面...】（command/Ctrl ＋ Y キー）を選択して、【平面設定】ダイアログボックスを表示します**1**。

【カラー】をクリックして【#FFFFFF】(ホワイト)に設定し**2**、【OK】ボタンをクリックします**3**。

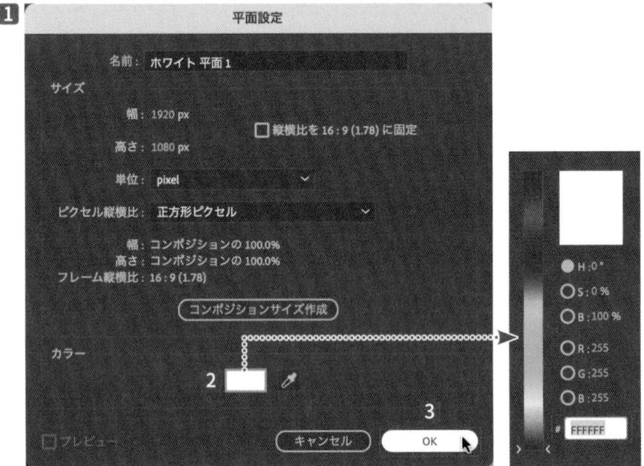

⠿ ファイルを読み込む

【ファイル】メニューの【読み込み】から【ファイル...】（command/Ctrl ＋ I キー）を選択して、【ファイルの読み込み】ダイアログボックスを表示します**1**。

【素材】から【scroll.ai】を選択し**2**、【読み込みの種類】で【コンポジション】を選択して**3**、【開く】ボタンをクリックします**4**。

【プロジェクト】 パネルに読み込んだときに自動で作成される **【scroll】** のコンポジション5は使用しないので、Delete キーで削除します（94ページ参照）。

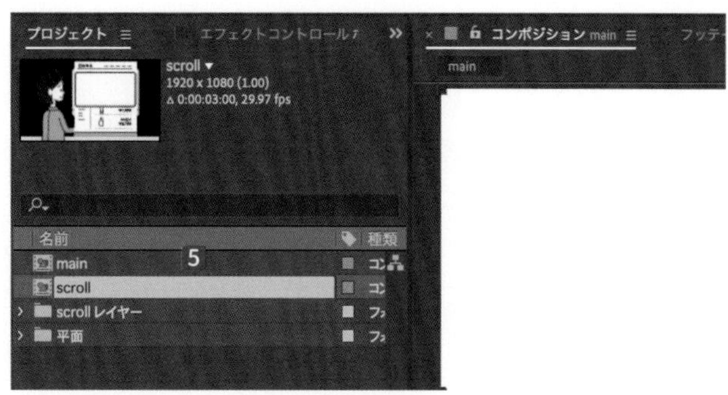

素材を配置する

【プロジェクト】 パネルから **【scroll】** フォルダーを展開し1、4つのクリップを選択して2、**【タイムライン】** パネルに配置します3。上から、**【frame/scroll.ai】【monitor/scroll.ai】【page/scroll.ai】【pc/scroll.ai】** と配置します。

TIPS ソロ表示

【タイムライン】パネルの【ソロ】をオンにすると、オンにしたクリップだけ表示されます。

【frame/scroll.ai】は、パソコンフレームのみのレイヤーです。

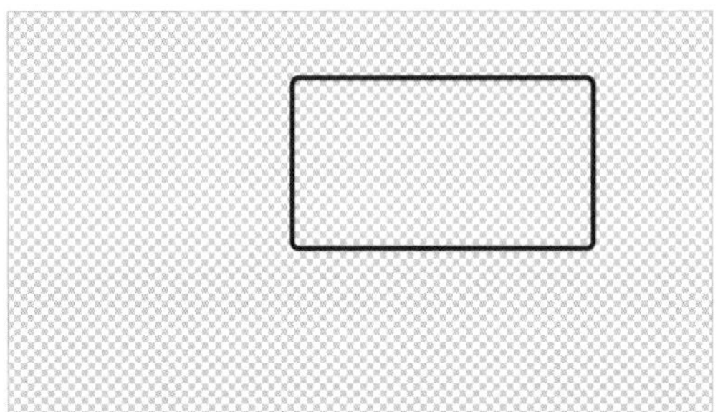

【monitor/scroll.ai】は、モニター画面のレイヤーです。

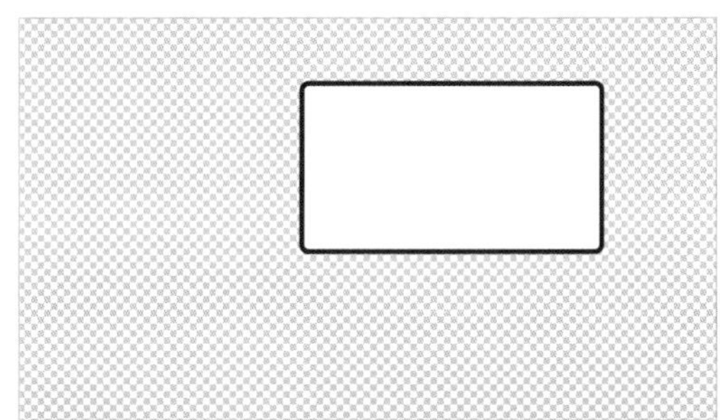

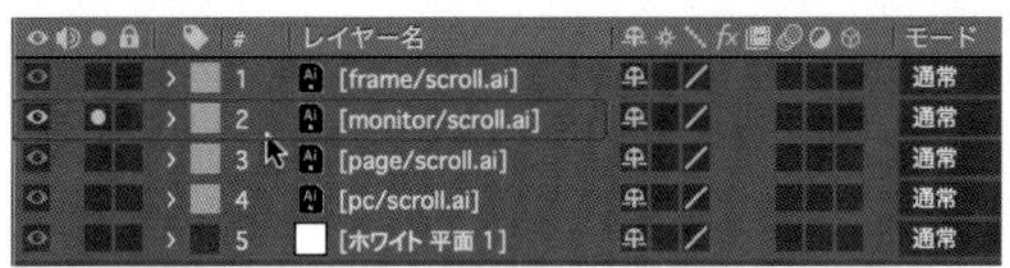

【page/scroll.ai】は、実際に表示するパソコン画面レイヤーになります。スクロールさせるので縦長のクリップになっています。

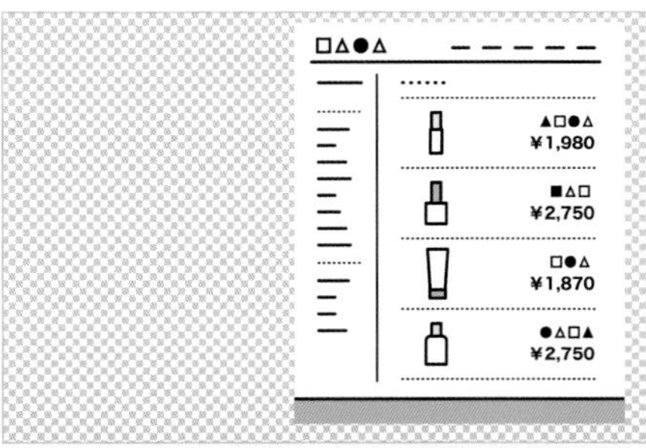

【pc/scroll.ai】は、パソコンの筐体と人物のレイヤーです。

⠿ モニター画面内だけページを表示させる

【page/scroll.ai】の**【トラックマット】**を**【アルファマット "monitor/scroll.ai"】**に設定すると❶❷、モニター内だけページが表示されます❸。

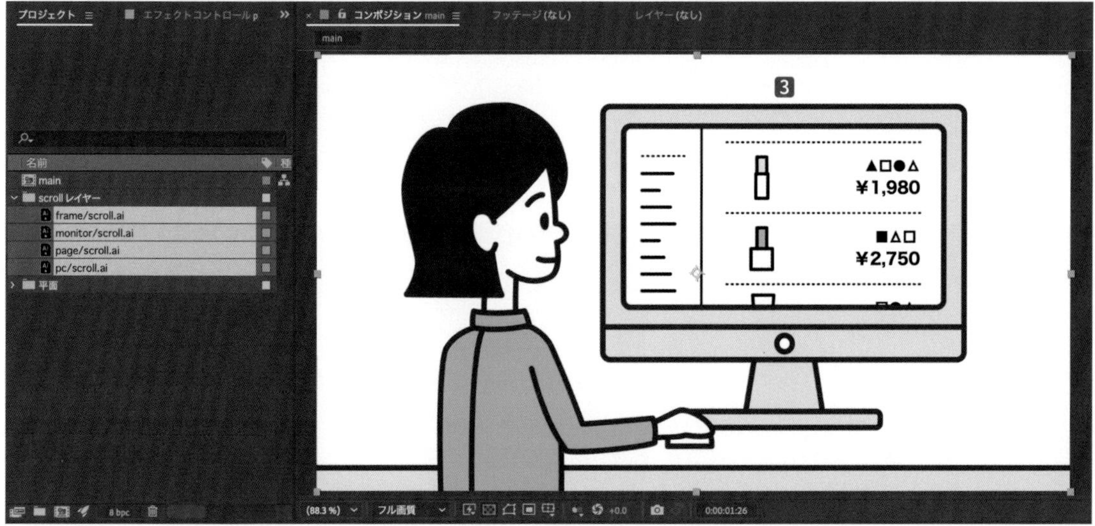

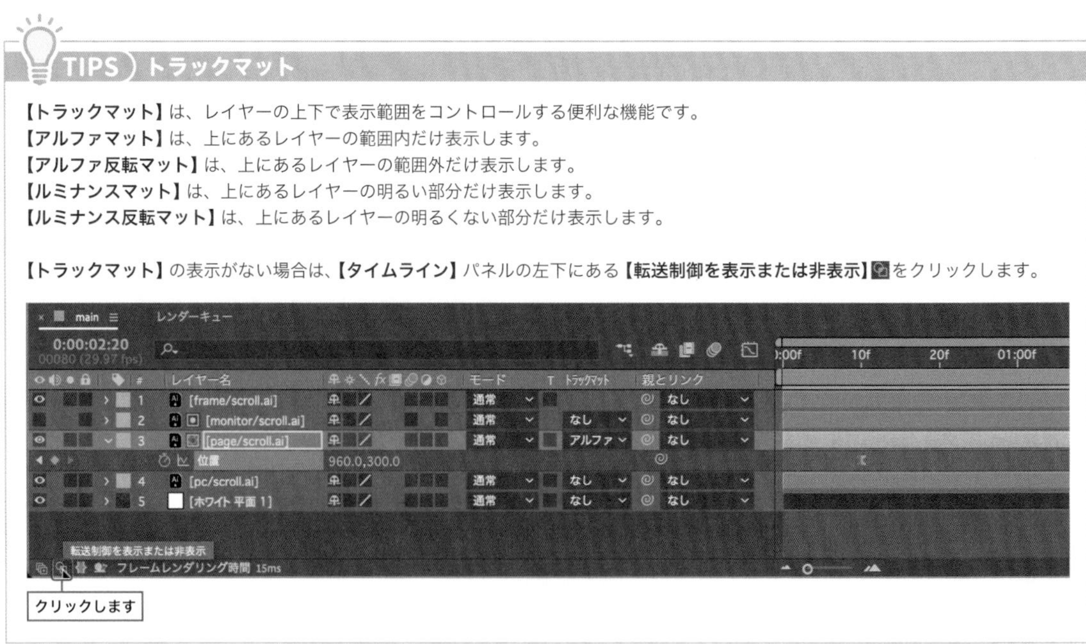

TIPS トラックマット

【トラックマット】 は、レイヤーの上下で表示範囲をコントロールする便利な機能です。
【アルファマット】 は、上にあるレイヤーの範囲内だけ表示します。
【アルファ反転マット】 は、上にあるレイヤーの範囲外だけ表示します。
【ルミナンスマット】 は、上にあるレイヤーの明るい部分だけ表示します。
【ルミナンス反転マット】 は、上にあるレイヤーの明るくない部分だけ表示します。

【トラックマット】 の表示がない場合は、**【タイムライン】** パネルの左下にある **【転送制御を表示または非表示】** をクリックします。

ページのスクロールアニメーションを作る

【0:00:00:10】 に移動して**1**、**【page/scroll.ai】** を選択し**2**、 P キーを押すと **【位置】** の項目が表示されるので、Y座標を **【680】** に設定します**3**。**【ストップウォッチ】** をクリックして**4**、**【キーフレーム】** を作成します**5**。

【0:00:01:20】 に移動して**6**、Y座標を **【140】** に設定します**7**。

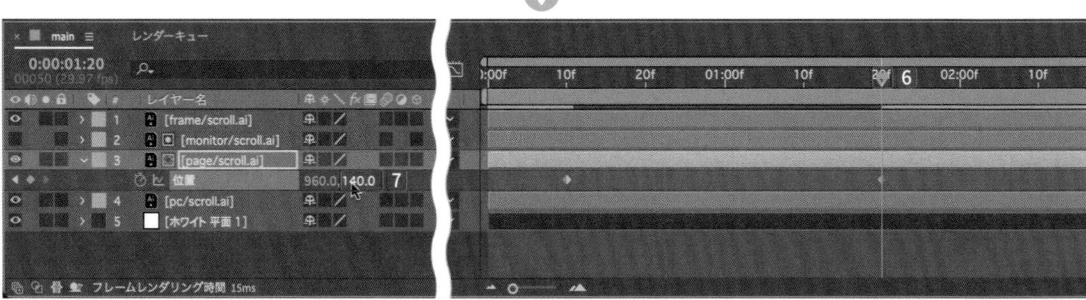

【0:00:02:00】に移動し8、【現時間でキーフレームを加える、または削除する】を選択して9、【キーフレーム】を作成して10、「タメ」を作ります。

【0:00:02:20】に移動し11、Y座標を【300】に設定すると12、少しページが上がります。【キーフレーム】をすべて選択し、右クリックしてショートカットメニューの【キーフレーム補助】から【イージーイーズ】（F9キー）を選択します13 14。これで完成です。

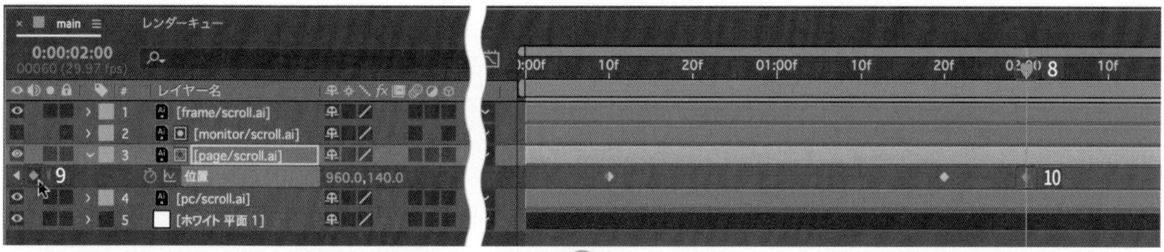

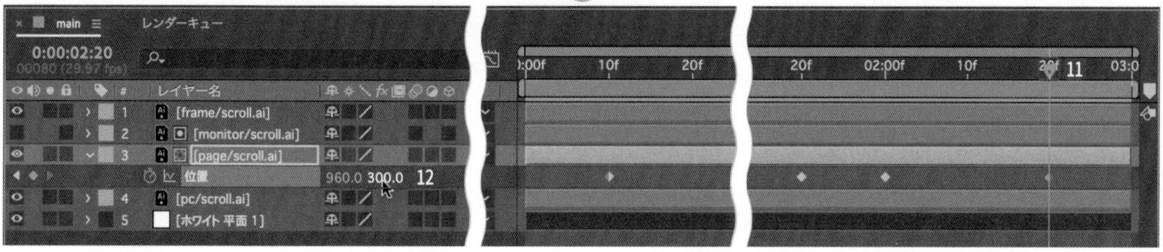

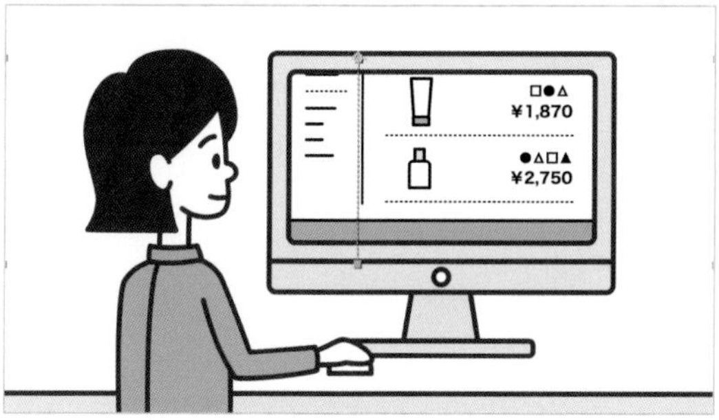

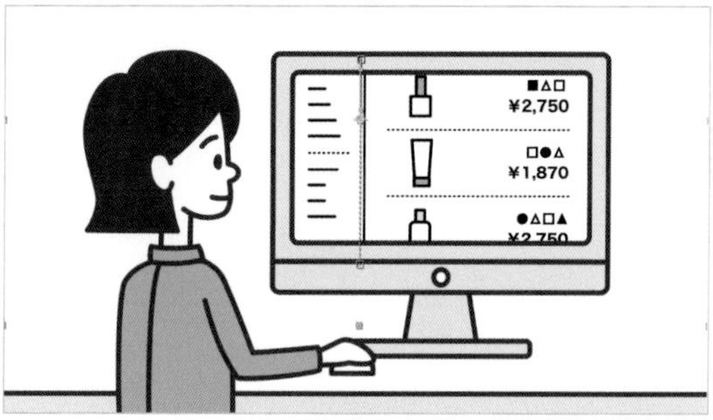

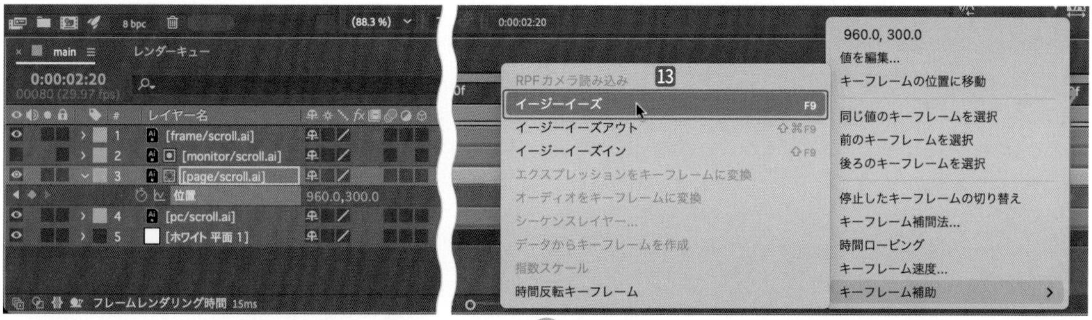

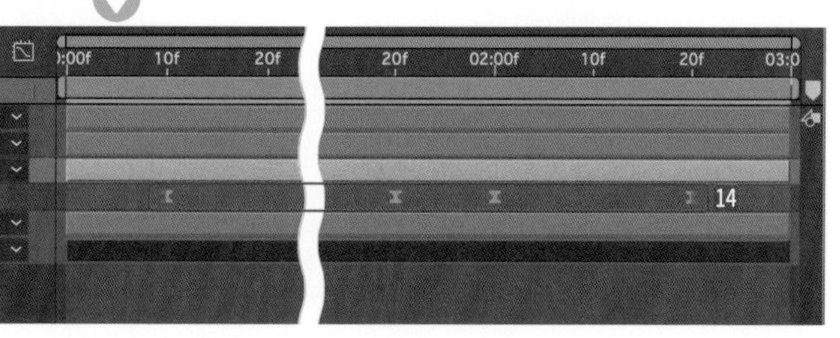

Section 4

4 プレゼンに使える棒グラフアニメーションを作ろう！

ここでは、プレゼン動画でかかせない棒グラフアニメーションを作成します。After Efectsでグラフィックを作る方法と、グラフが伸びるアニメーションをマスターします。

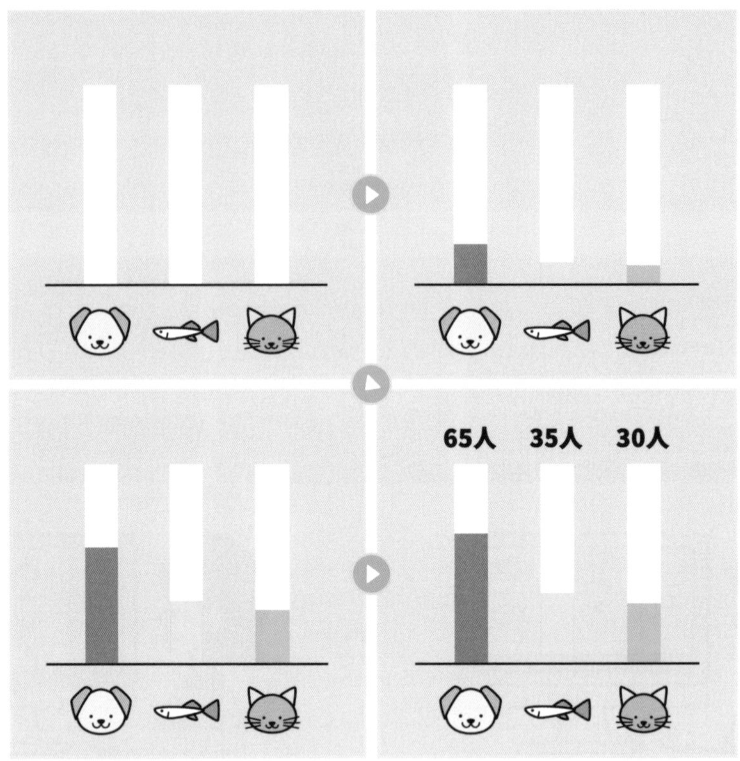

⠿ 新規プロジェクトを作る

【ホーム画面】で**【新規プロジェクト】**ボタンをクリックします（15ページ参照）。

【ファイル】メニューの**【別名で保存】**から**【別名で保存...】**（Shift＋command/Ctrl＋Sキー）を選択して（25ページ参照）、**【別名で保存】**ダイアログボックスで**【bargraph】**と名前をつけて❶、**【保存】**ボタンをクリックします❷。

保存先は作業するハードディスクとフォルダーを選択してください。

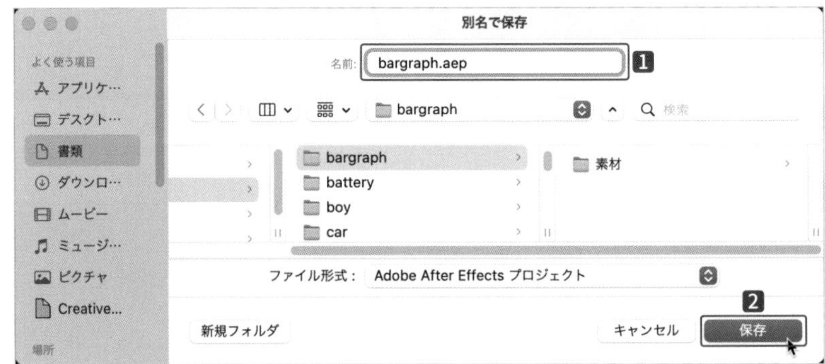

⁝⁝ 新規コンポジションを作る

【コンポジション】メニューから**【新規コンポジション…】**（command/Ctrl＋Nキー）を選択して、**【コンポジション設定】**ダイアログボックスを表示します（29ページ参照）1。

【コンポジション名】は**【main】**2、**【プリセット】**は**【カスタム】**を選択します3。

今回は正方形の動画なので、**【幅：1080px】【高さ：1080px】**と入力します4。

【デュレーション】を**【0:00:03:00】**に設定して5、**【OK】**ボタンをクリックします6。

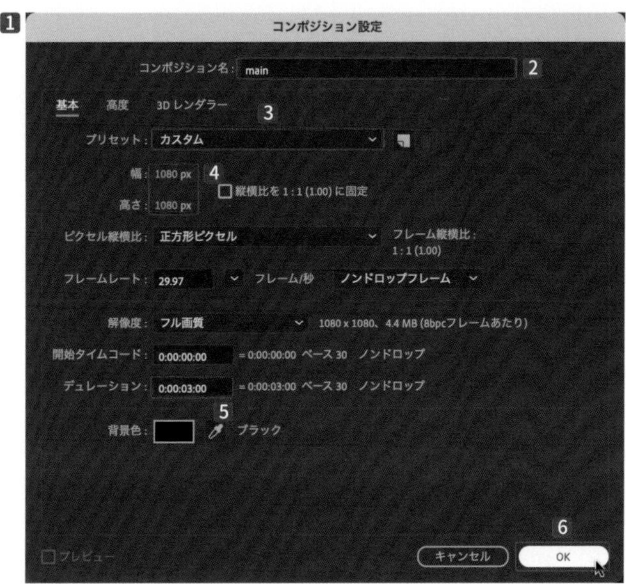

⁝⁝ ファイルを読み込む

【ファイル】メニューの**【読み込み】**から**【ファイル…】**（command/Ctrl＋Iキー）を選択して、**【ファイルの読み込み】**ダイアログボックスを表示します1。

【素材】から**【bargraph.ai】**を選択し2、**【読み込みの種類】**で**【フッテージ】**を選択して3、**【開く】**ボタンをクリックします4。

表示されるダイアログボックスの**【レイヤーオプション】**で**【レイヤーを統合】**を選択して5、**【OK】**ボタンをクリックします6。

⁝⁝ 素材を配置する

【プロジェクト】パネルから【bargraph.ai】を選択して**1**、【タイムライン】パネルに配置します**2**。

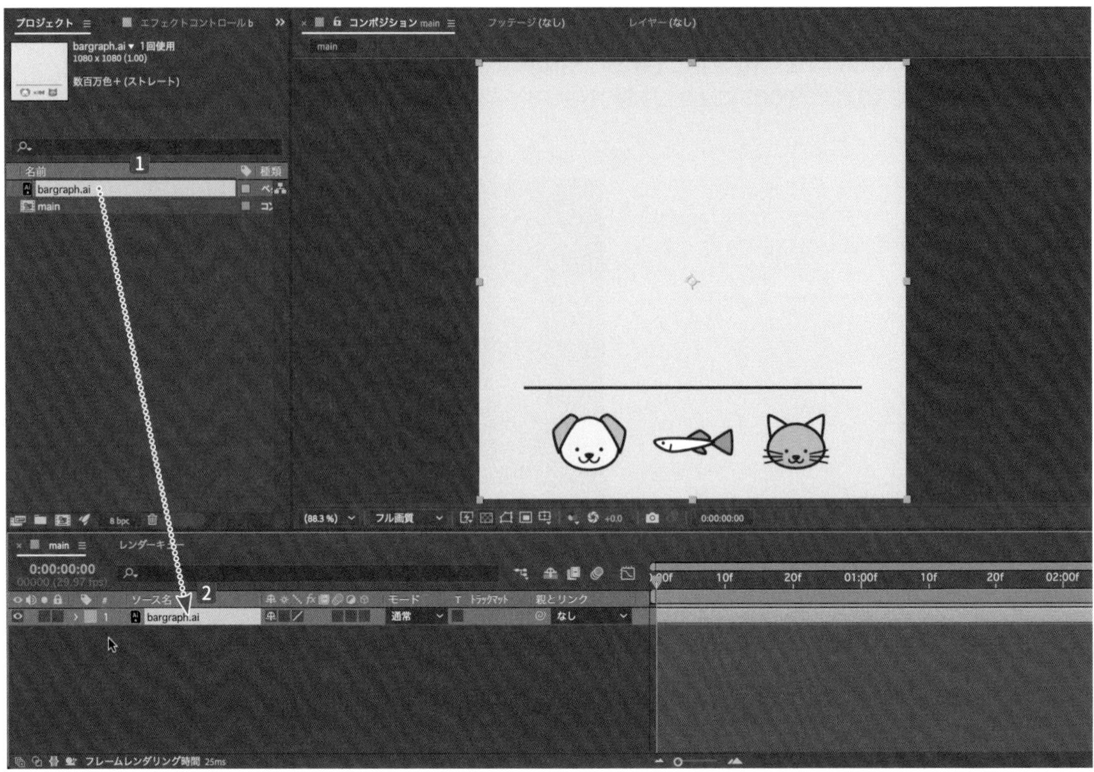

⁝⁝ 棒グラフを作成する

【レイヤー】メニューから【シェイプレイヤー】を選択します**1**。
【タイムライン】パネルに表示された【シェイプレイヤー1】をクリックして、名前を【white_bar01】にします**2**。

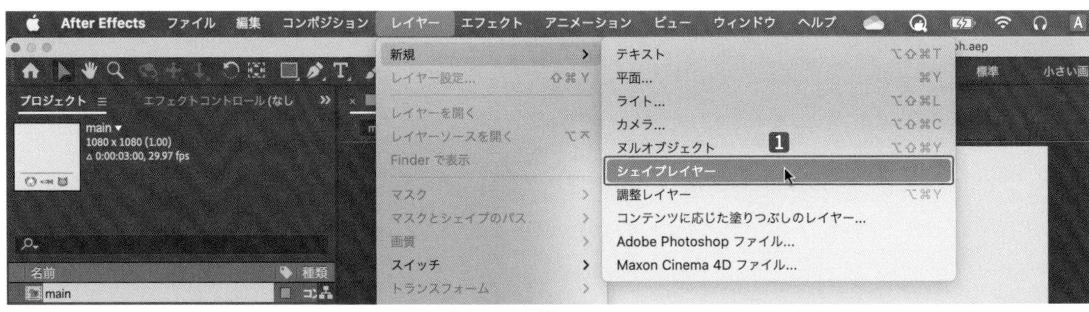

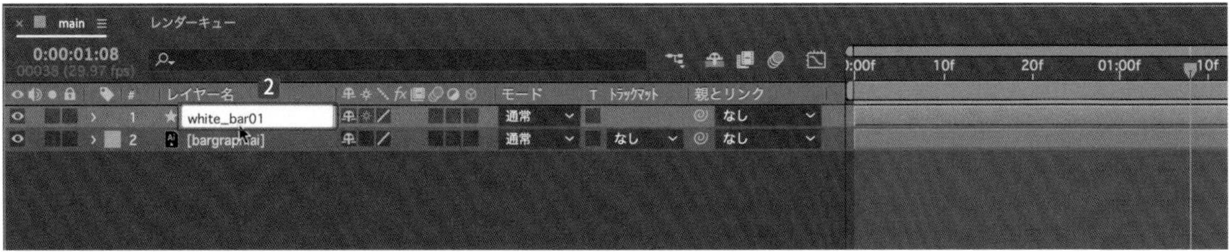

【ペンツール】を選択します3。
【塗りオプション】をクリックして4、**【塗りオプション】**を**【なし】**に設定します56。
【線のカラー】7を**【#FFFFFF】**（ホワイト）に設定します89。
【線幅】は**【100】**に設定します10。

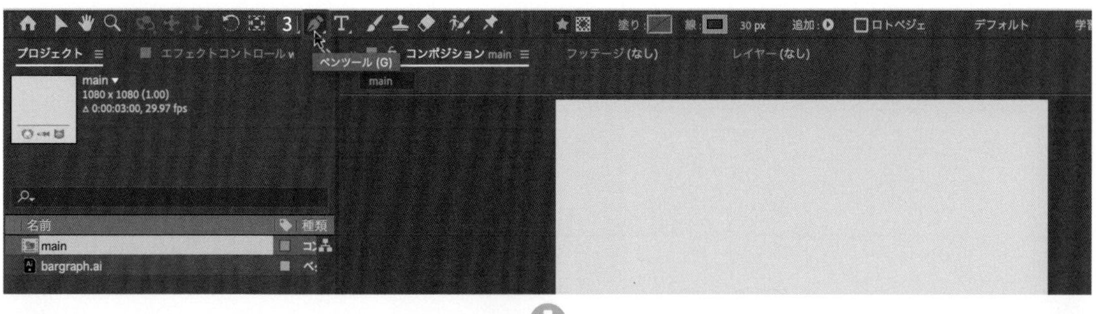

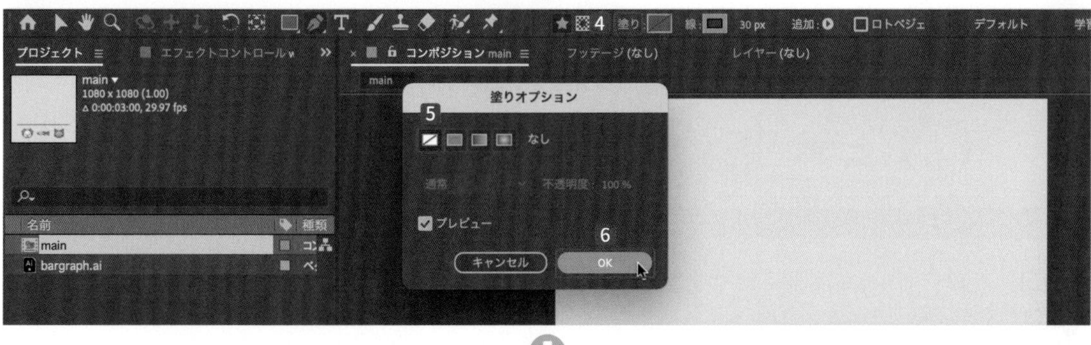

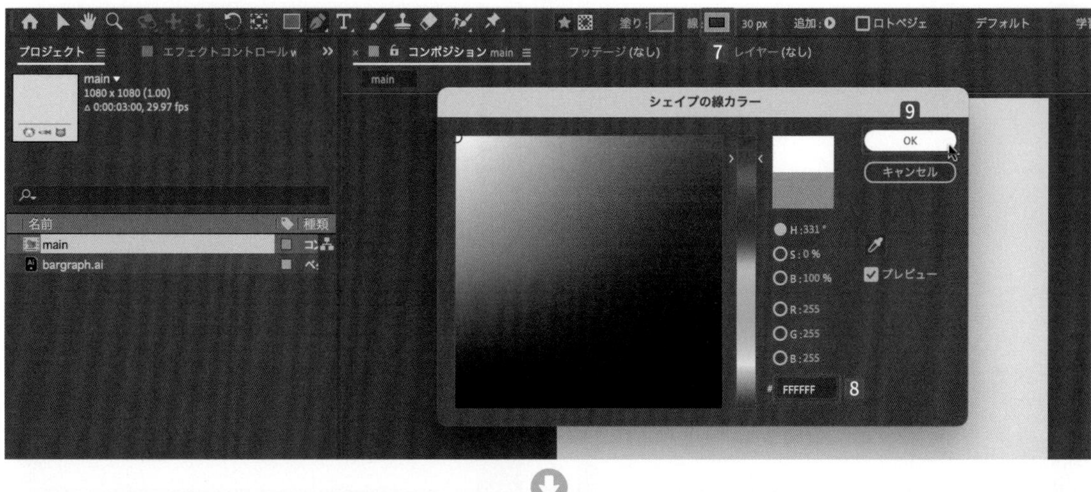

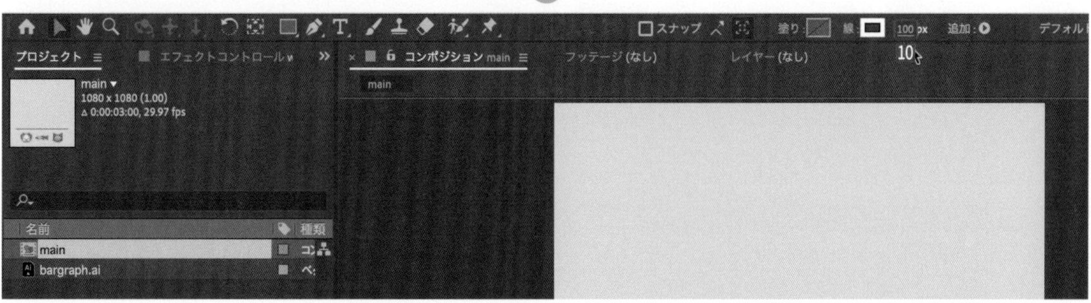

【ペンツール】 11で犬のアイコンの真上あたりの線上でクリックします12。

さらに、Shiftキーを押しながら図のような位置でクリックすると、白い棒グラフが出来上がります13。

【アンカーポイントツール】 を選択し14、中心にある **【アンカーポイント】** 15を作成した棒グラフの下部のポイントに移動します16。command/Ctrlキーを押すと、ポイントで吸着します。

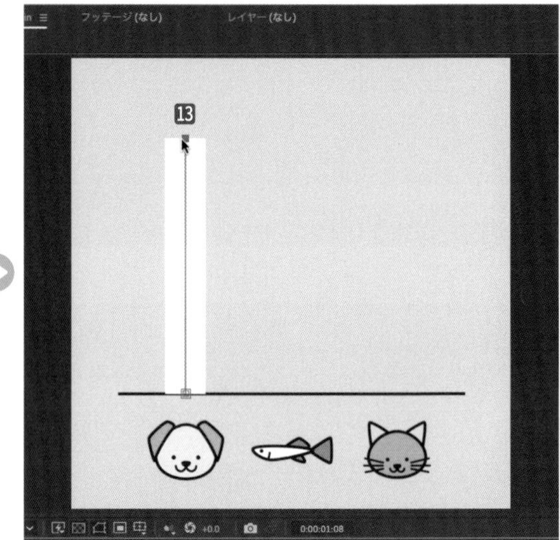

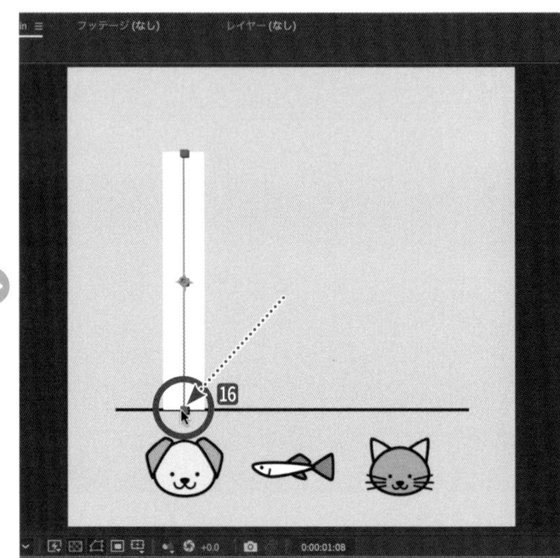

【white_bar01】の【位置】を【280,800】に設定すると17、線上で棒グラフが下揃えになります18。

【グリッドとガイドのオプションを選択】をクリックして19【グリッド】を選択すると20、グリッドが表示されます。

【ペンツール】で【white_bar01】の上部のポイントをドラッグすると伸縮ができます。下図のように、上から11コマ目の箇所までグラフを調整します21。

グリッドをオフにします22。

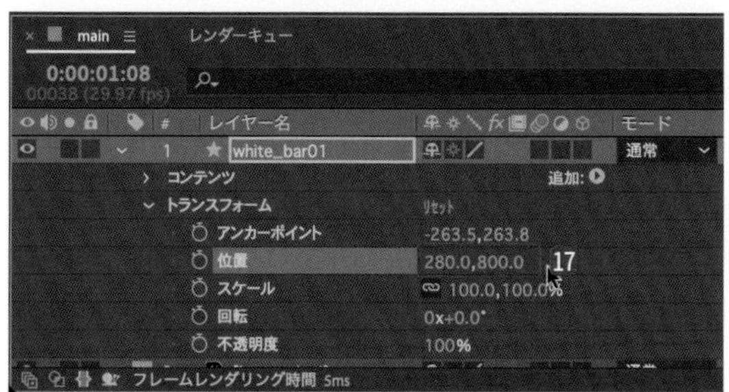

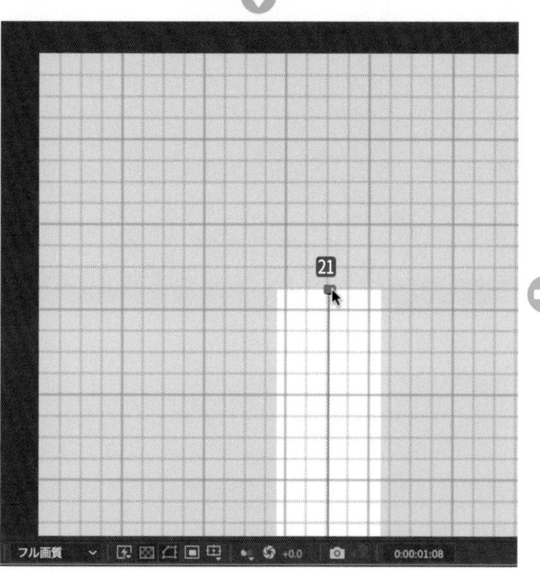

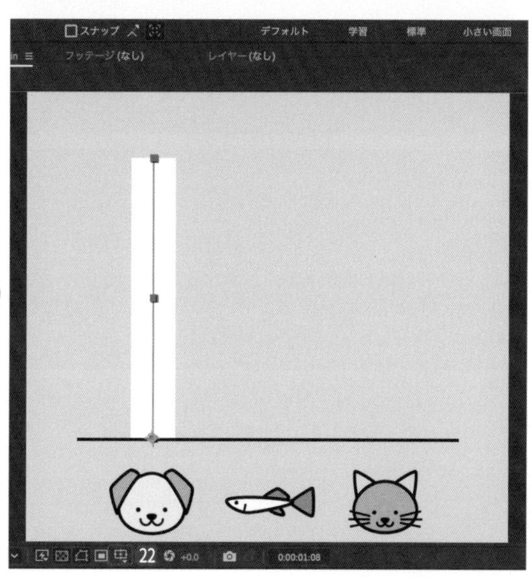

【white_bar01】をコピー＆ペーストします（ command/Ctrl ＋ C ➡ command/Ctrl ＋ V キー）㉓。
コピーされたクリップの名前を【bar1】に変更します㉔。
【bar1】を選択した状態で㉕、**【線のカラー】**㉖を【#F86F8C】に変更すると㉗㉘、ピンク色になります㉙。

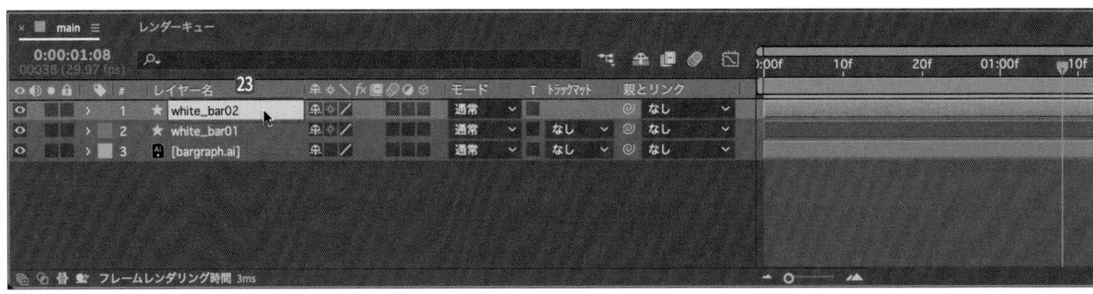

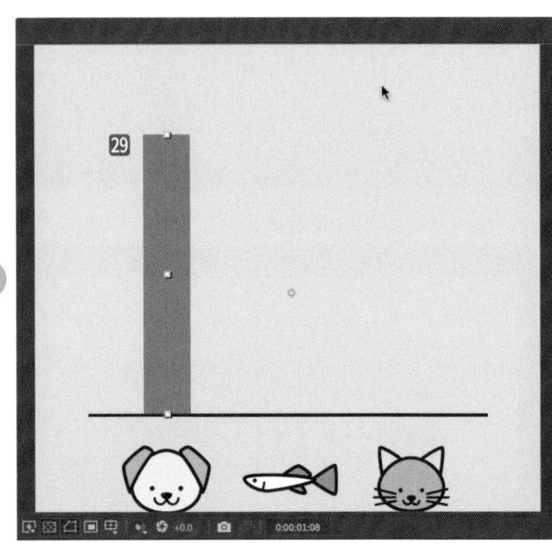

⠿ 棒グラフをアニメーションする

【bar1】を展開して❶、【コンテンツ】の【追加】▶をクリックし❷、【パスのトリミング】を選択します❸。

追加された【パスのトリミング 1】を展開し❹、【0:00:00:00】の位置で❺【終了点】を【0】に設定して❻、【キーフレーム】を作成します❼❽。

【0:00:01:00】の位置❾で【終了点】を【65】に設定します❿。作成された【キーフレーム】に【イージーイーズ】（F9 キー）を適用します⓫。

再生すると、1秒かけてピンクの棒グラフが伸びていきます。

続けて、【white_bar01】と【bar1】を選択して⓬、コピー＆ペースト（command/Ctrl ＋ C ➡ command/Ctrl ＋ V キー）したら、ペーストされた【white_bar02】と【bar2】を選択します⓭。

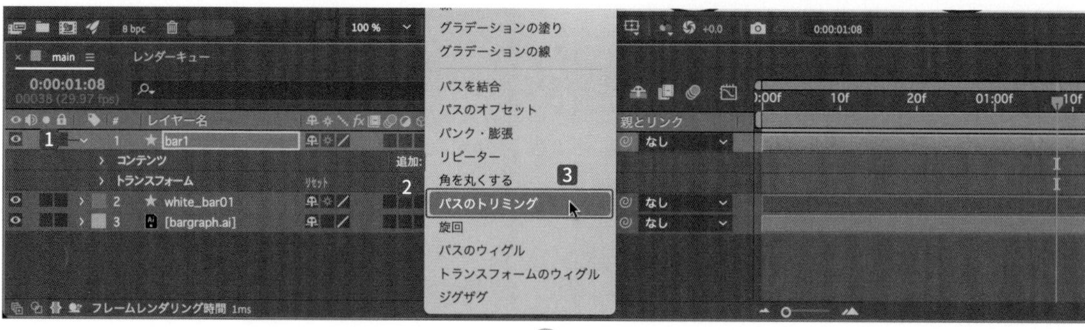

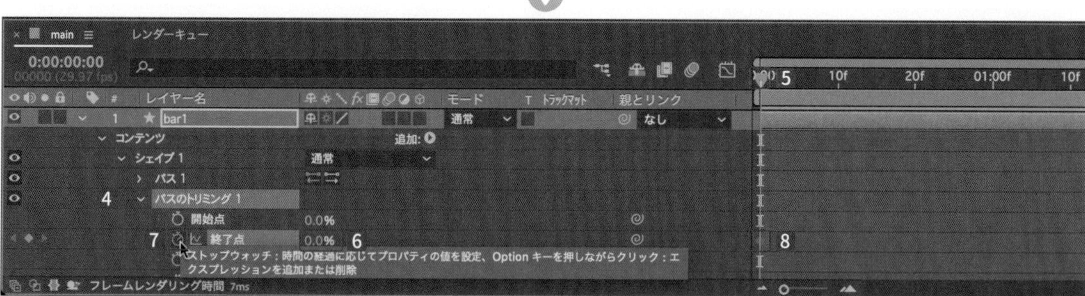

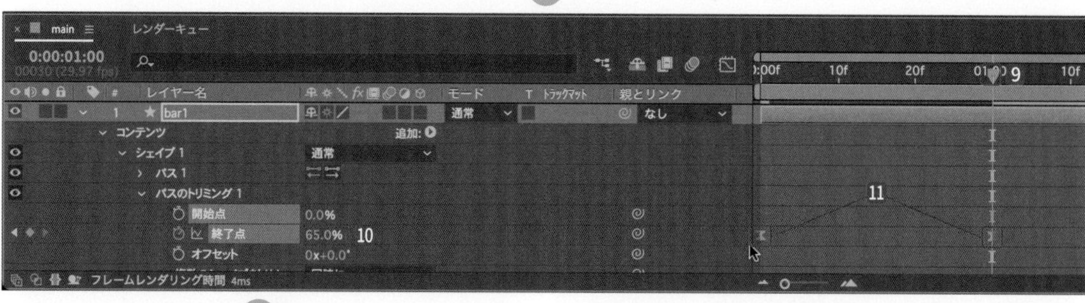

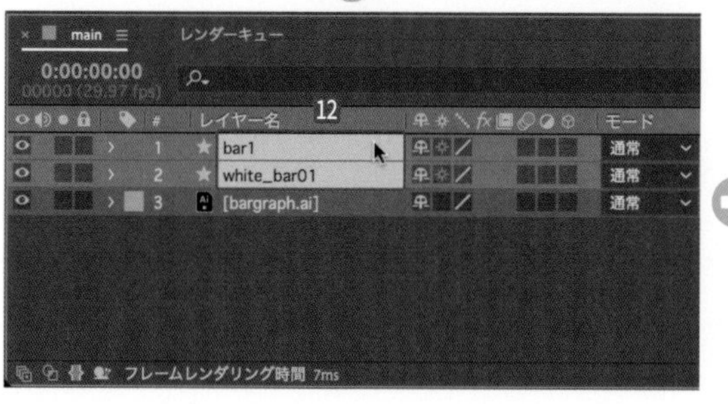

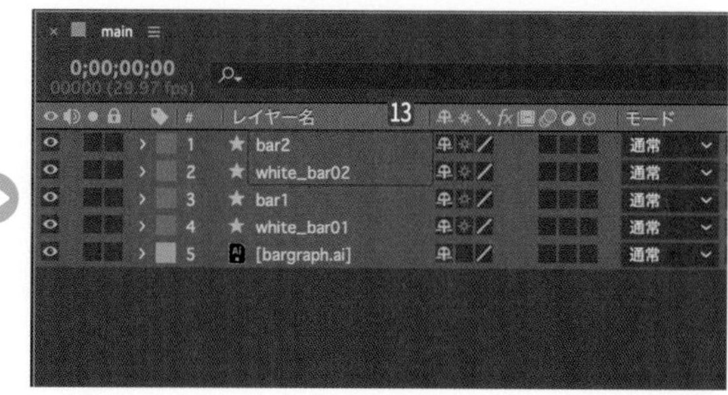

【トランスフォーム】を展開して⑭、**【位置】**のX座標を**【540】**に設定します⑮。
２つのクリップをともに魚のアイコンの上に移動します⑯。
【bar2】を選択して⑰、**【線のカラー】**を**【#FCED04】**に変更すると⑱⑲⑳、黄色になります。
【0:00:01:00】の位置㉑で**【bar2】**の**【パスのトリミング 1】**の**【終了点】**を**【35】**に設定します㉒。

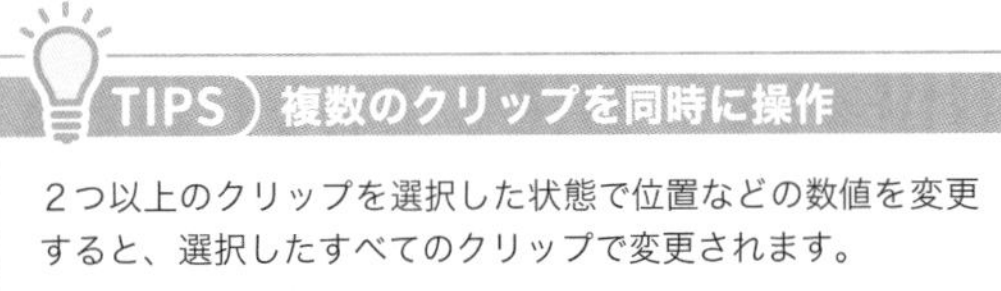

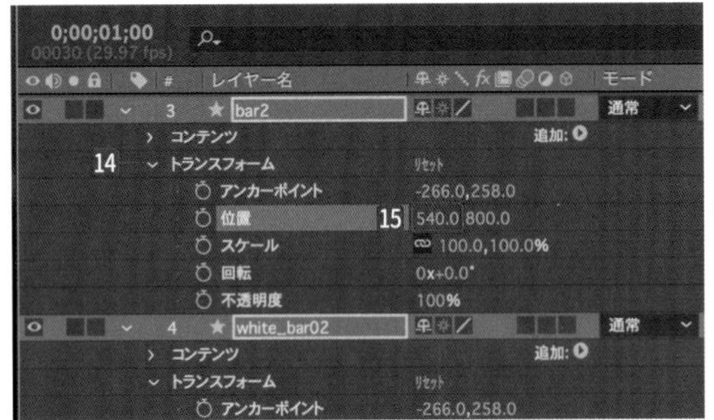

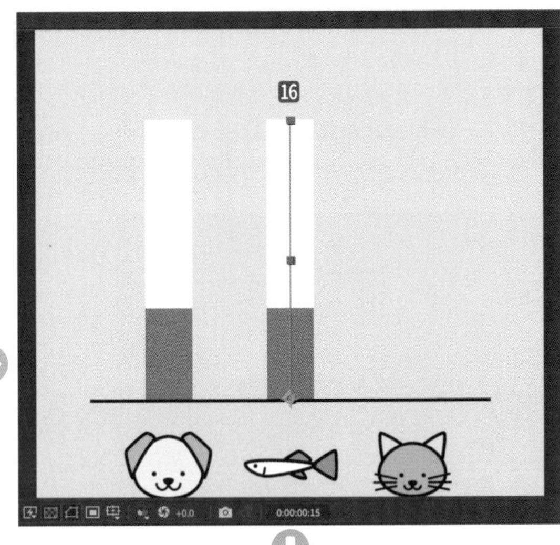

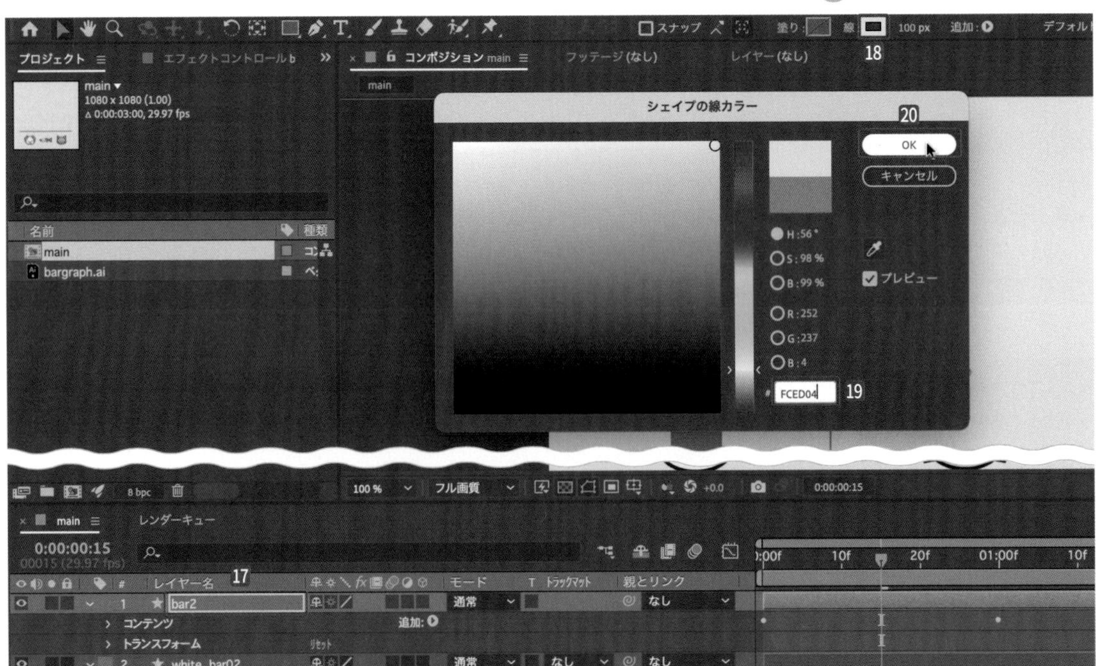

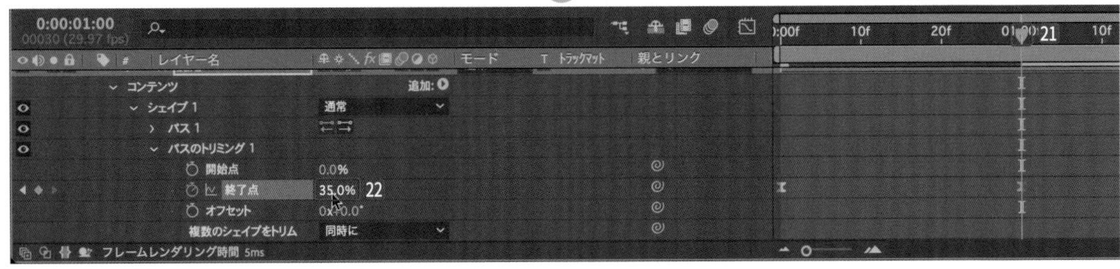

同様に、**【white_bar02】**と**【bar2】**を選択して㉓、コピー＆ペーストし（command / Ctrl ＋ C ➡ command / Ctrl ＋ V キー）、ペーストされた**【white_bar03】**と**【bar3】**を選択します㉔。
【トランスフォーム】を展開して㉕、**【位置】**のX座標を**【800】**に設定します㉖。
２つのクリップをともに猫のアイコンの上に移動します㉗。
【bar3】を選択して㉘、**【線のカラー】**を**【#57C8F0】**に変更すると㉙㉚㉛、青色になります㉜。

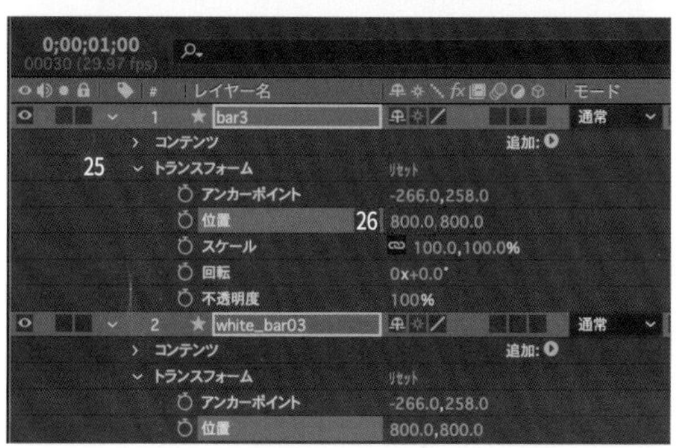

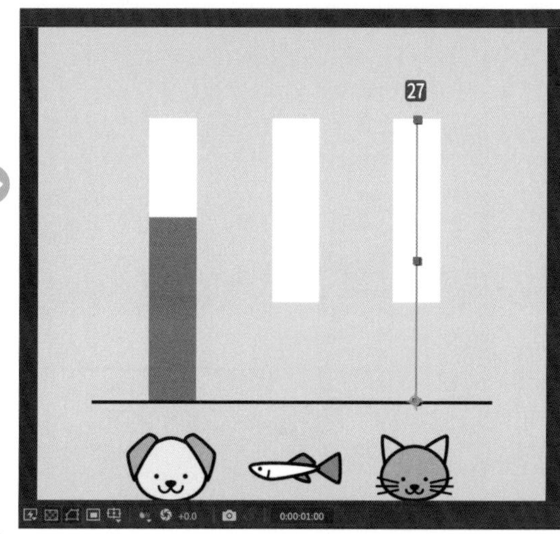

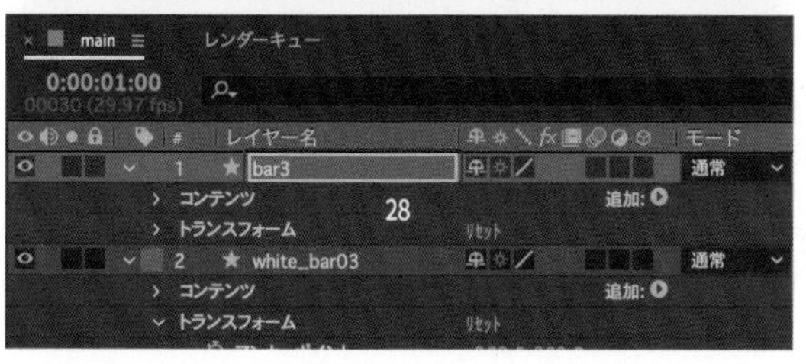

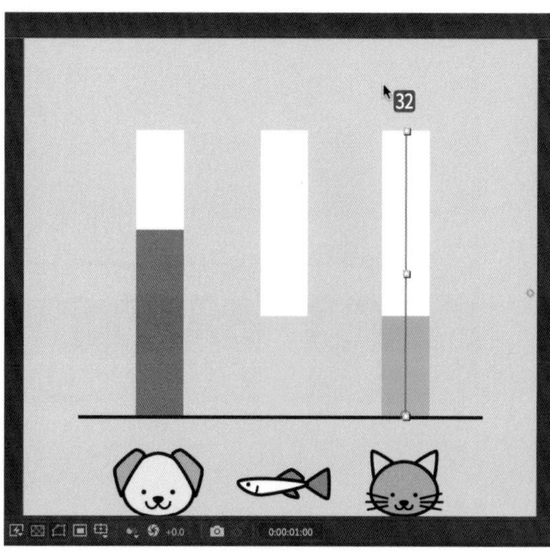

【0:00:01:00】の位置で33、**【bar3】**の**【終了点】**を**【30】**に設定します34。

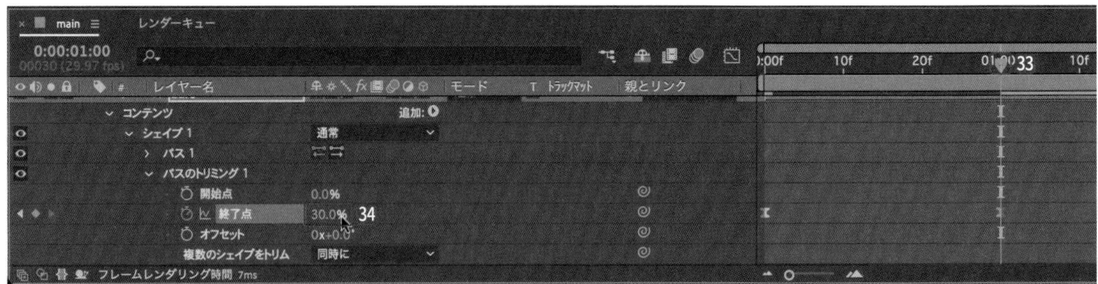

再生すると、3つの色のついた棒グラフが伸びていくアニメーションになります。

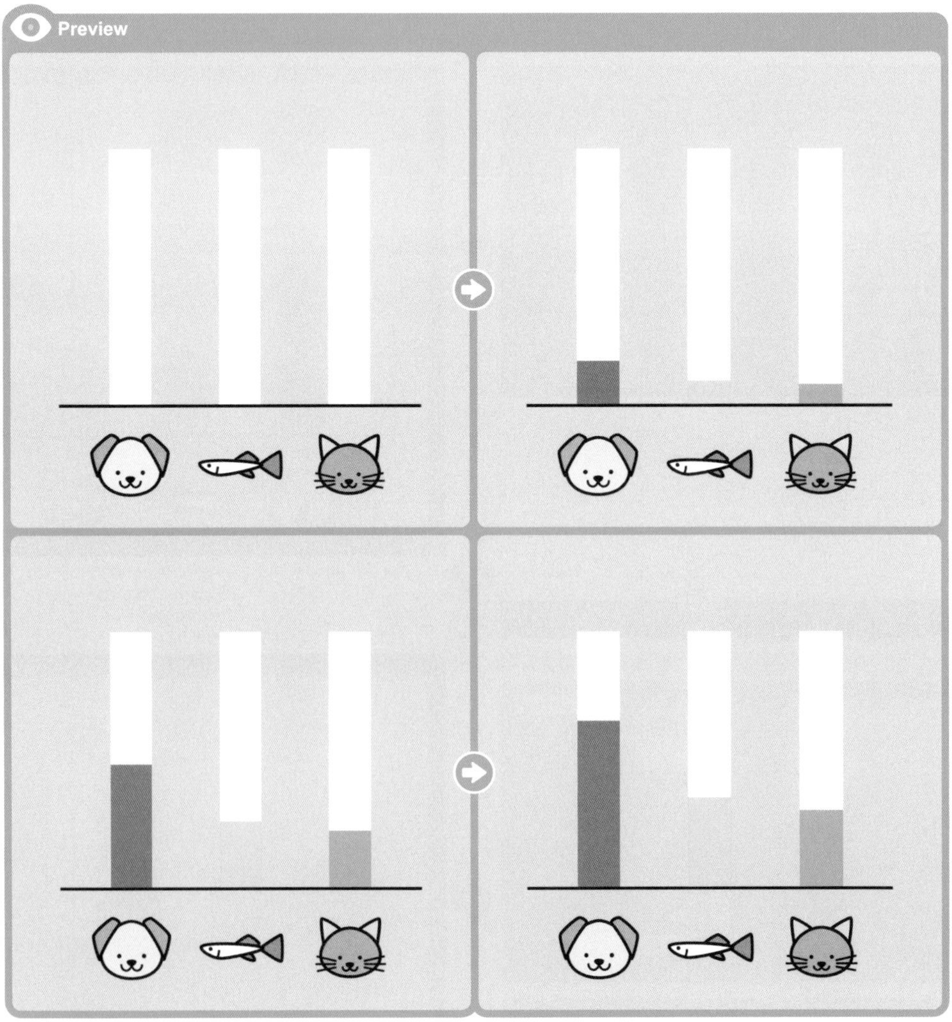

Preview

テロップを作成する

【レイヤー】メニューの**【新規】**から**【テキスト】**（option/Alt＋Shift＋command/Ctrl＋Tキー）を選択します1。

【文字】パネルでテキストのカラーは**【#33280B】**に設定します234。フォントは**【コーポレート・ロゴ ver2 Bold】**5、テキストサイズは**【70】**6、その他は下図のように設定します。

また、**【段落】**パネルでは**【テキストの中央揃え】**を設定します7。

次に、**【65人】**と入力します8。

作成した**【テキスト】**クリップを選択して、Pキーを押します。**【位置】**を**【280,170】**とすると9、左の棒グラフの上に配置されます10。

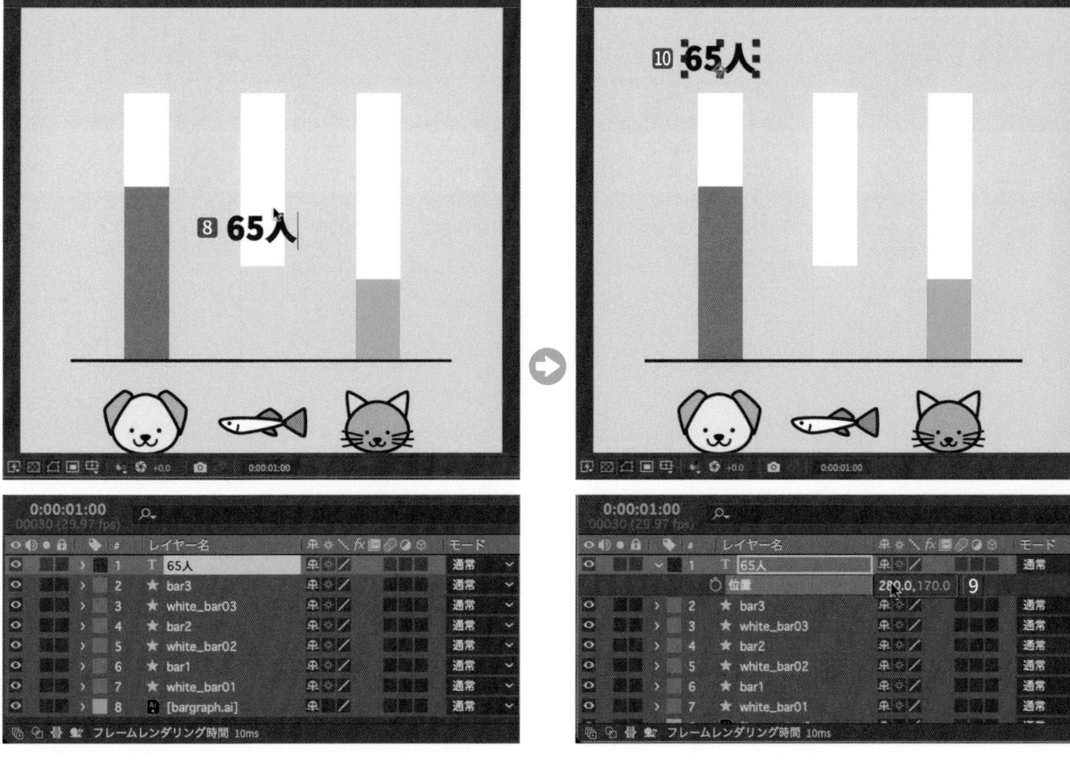

【0:00:01:00】の位置に⓫作成した**【テキスト】**クリップを、[キーを押して頭合わせします⓬。
Shift キーを押しながら T キーを押すと、**【不透明度】**のパラメータも表示されます⓭。
【不透明度】を**【0】**に設定して⓮、**【キーフレーム】**を作成します⓯⓰。
【0:00:01:10】に移動し⓱、**【不透明度】**を**【100】**に設定して⓲、フェードインを適用します。

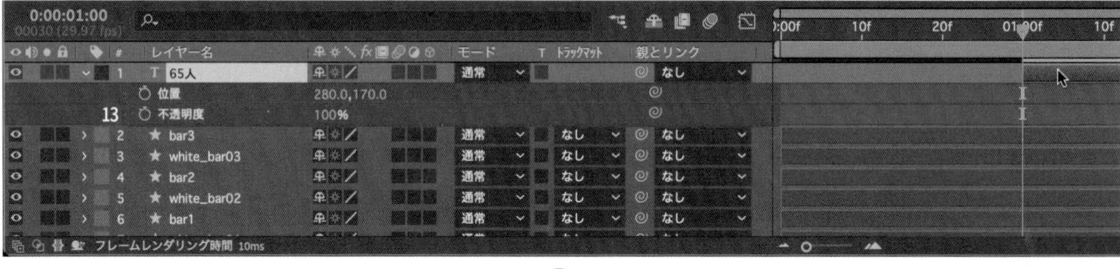

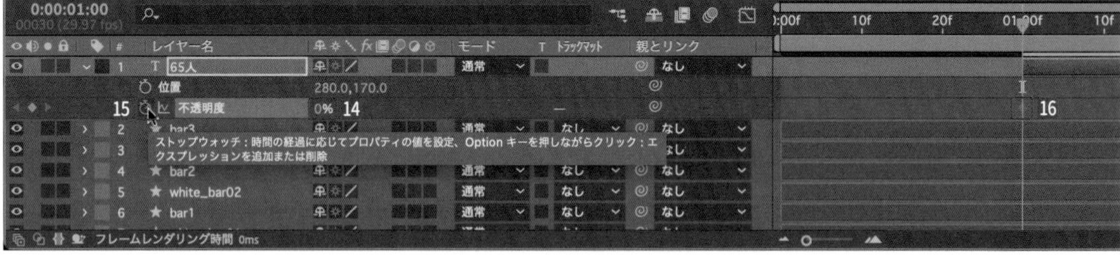

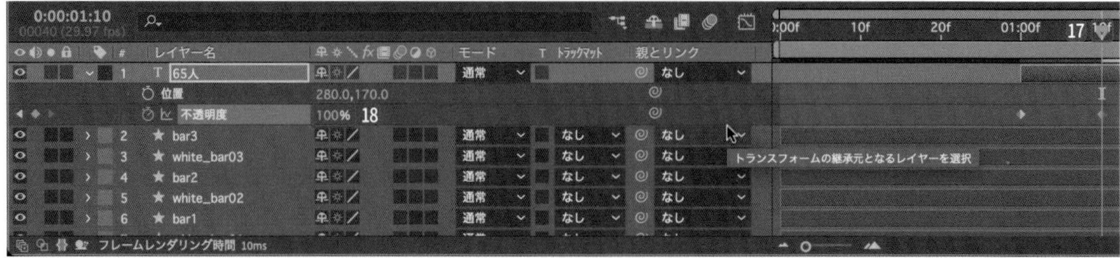

【テキスト】クリップをコピー＆ペーストします（command/Ctrl＋C ➡ command/Ctrl＋Vキー）19。
ペーストされた**【テキスト】**クリップの**【位置】**のX座標を**【540】**に変更すると20、真ん中に移動します21。
クリップをダブルクリックするとテキストを変更できるようになるので、**【35人】**と入力します22。
同様に、**【テキスト】**クリップをコピー＆ペーストします（command/Ctrl＋C ➡ command/Ctrl＋Vキー）23。
ペーストされた**【テキスト】**クリップの**【位置】**のX座標を**【800】**に変更すると24、右端に移動します25。
クリップをダブルクリックして、**【30人】**と入力します26。

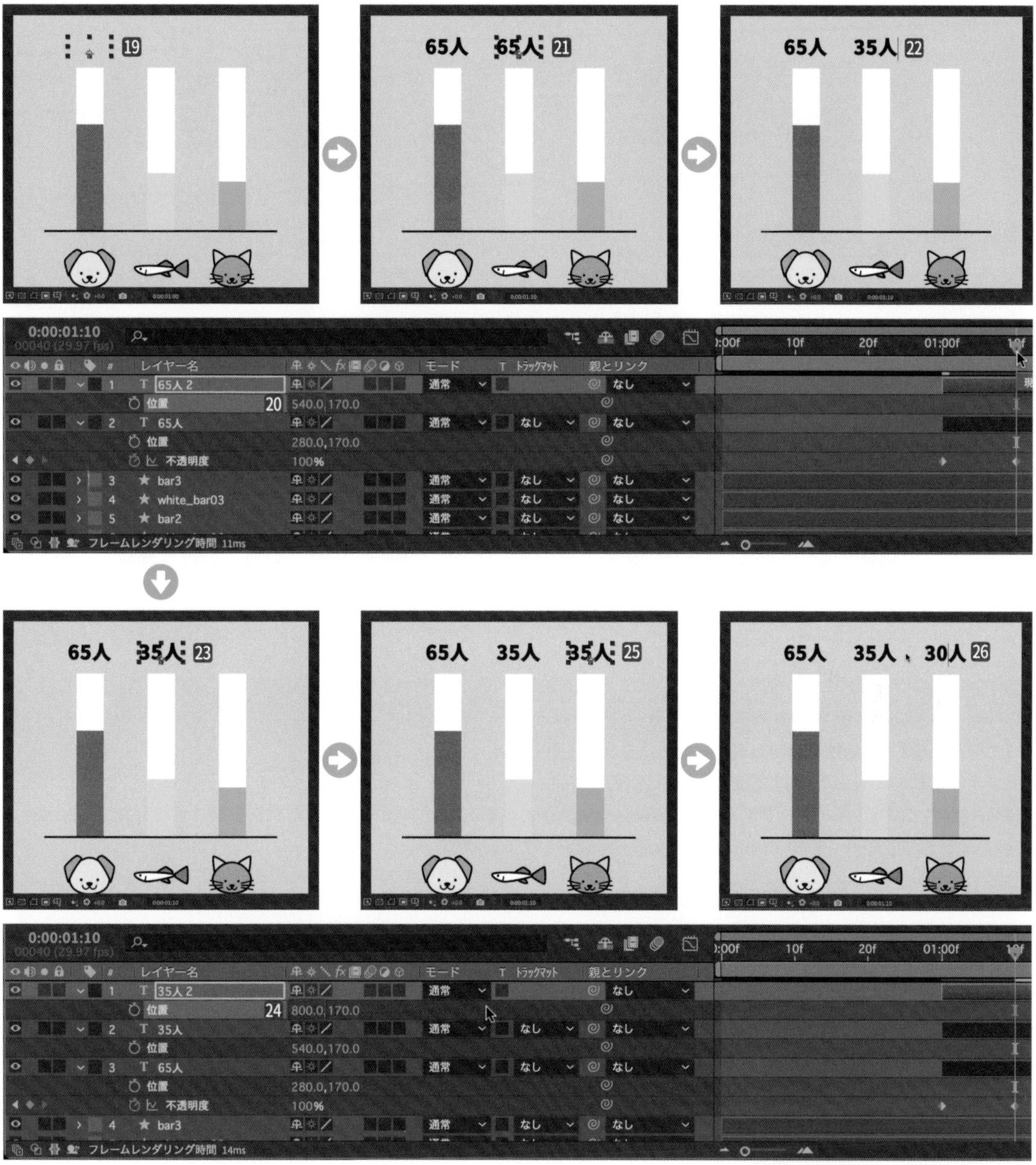

再生すると、棒グラフが伸びながら、テロップがフェードインで出現するアニメーションになります。
これで完成です。

Section 4
5

プレゼンに使える折れ線グラフアニメーションを作ろう！

ここでは、ヌルオブジェクトと親子関係を使って、「折れ線グラフアニメーション」を作っていきます。折れ線グラフのグラフィックもAfter Effectsで作成します。

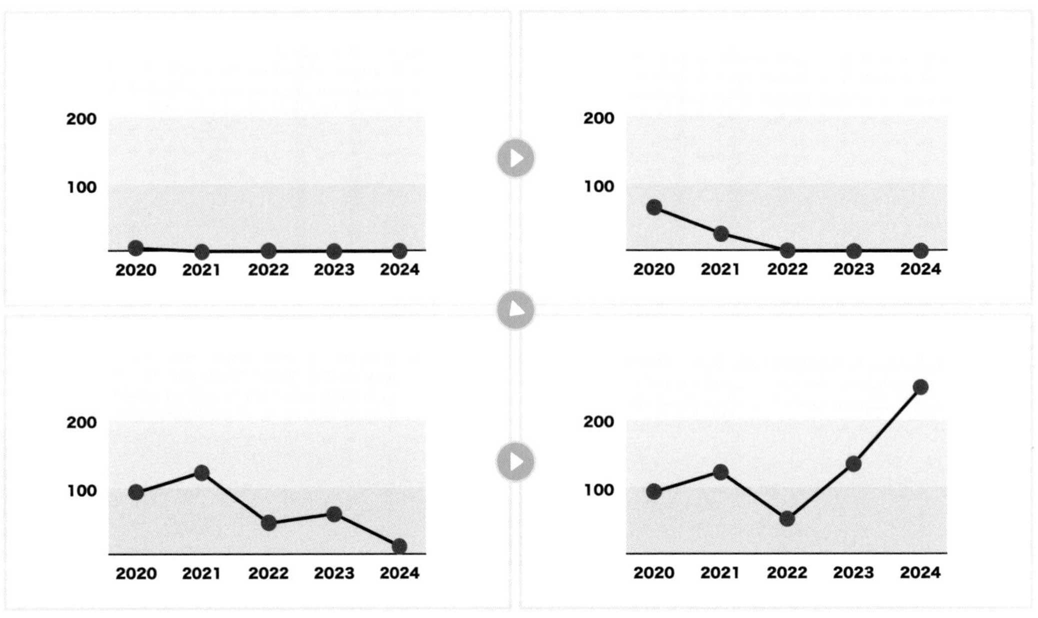

新規プロジェクトを作る

【ホーム画面】で**【新規プロジェクト】**ボタンをクリックします（15ページ参照）。

【ファイル】メニューの**【別名で保存】**から**【別名で保存...】**（Shift＋command/Ctrl＋Sキー）を選択して（25ページ参照）、**【別名で保存】**ダイアログボックスで**【linegraph】**と名前をつけて❶、**【保存】**ボタンをクリックします❷。

保存先は作業するハードディスクとフォルダーを選択してください。

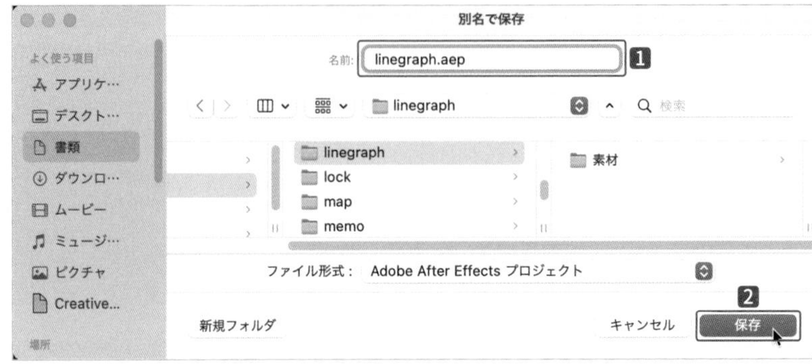

⁝⁝ 新規コンポジションを作る

【コンポジション】メニューから**【新規コンポジション...】**（command / Ctrl ＋ N キー）を選択して、**【コンポジション設定】**ダイアログボックスを表示します（29ページ参照）❶。

【コンポジション名】は**【main】**❷、**【プリセット】**は**【HDTV 1080 29.97】**を選択します❸。

【デュレーション】を**【0:00:03:00】**に設定して❹、**【OK】**ボタンをクリックします❺。

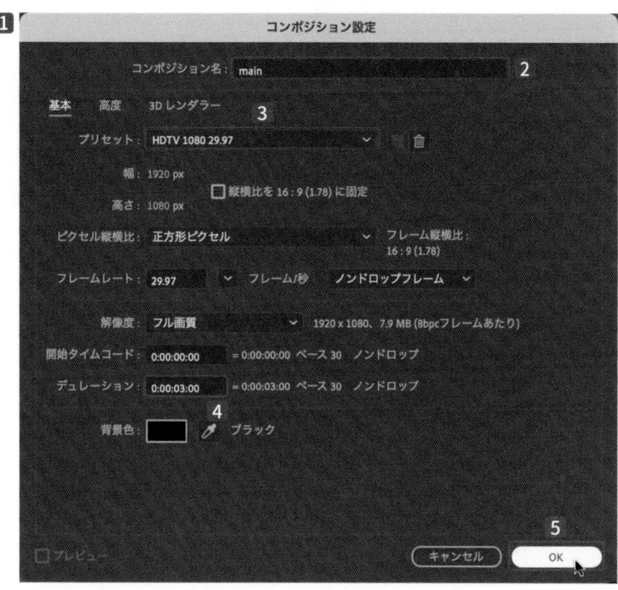

⁝⁝ ファイルを読み込む

【ファイル】メニューの**【読み込み】**から**【ファイル...】**（command / Ctrl ＋ I キー）を選択して、**【ファイルの読み込み】**ダイアログボックスを表示します❶。

【素材】から**【linegraph.ai】**を選択し❷、**【読み込みの種類】**で**【フッテージ】**を選択して❸、**【開く】**ボタンをクリックします❹。

表示されるダイアログボックスの**【レイヤーオプション】**で**【レイヤーを統合】**を選択して❺、**【OK】**ボタンをクリックします❻。

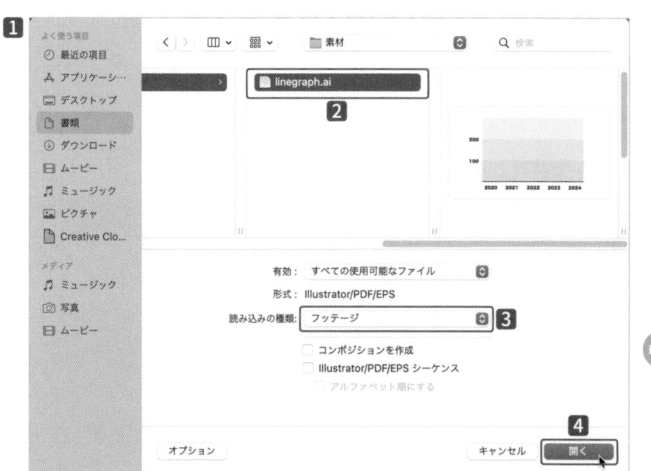

⠿ 素材を配置する

【プロジェクト】パネルから**【linegraph.ai】**を選択して❶、**【タイムライン】**パネルに配置します❷。

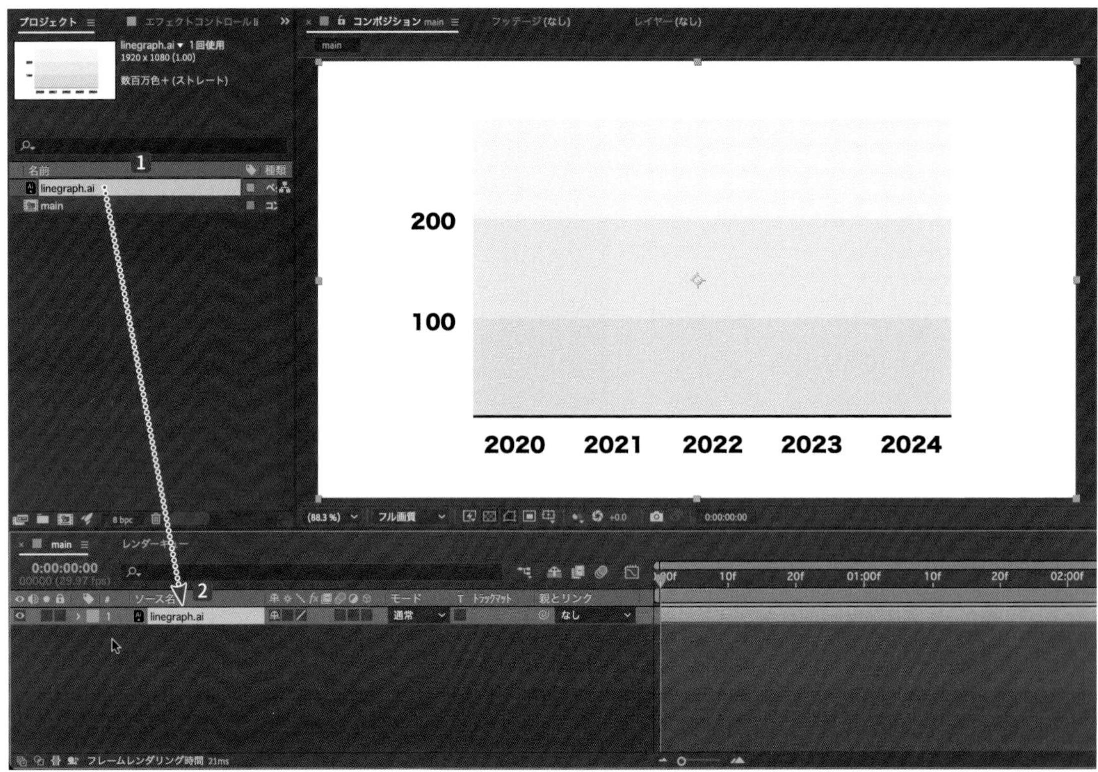

⠿ ポイントを作成する

【レイヤー】メニューから**【シェイプレイヤー】**を選択します❶。
【タイムライン】パネルに追加された**【シェイプレイヤー1】**をクリックして、名前を**【point01】**にします❷。

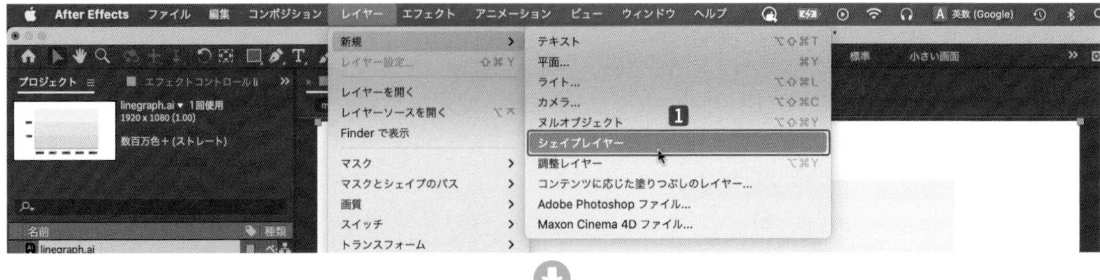

【長方形ツール】を長押しして3、**【楕円形ツール】**を選択します4。
【塗りのカラー】5を**【#2418FF】**に設定します67。
【線オプション】をクリックして8、**【なし】**に設定します910。
画面上で Shift キーを押しながらドラッグして、正円を作ります11。ここでは、適当な大きさでかまいません。

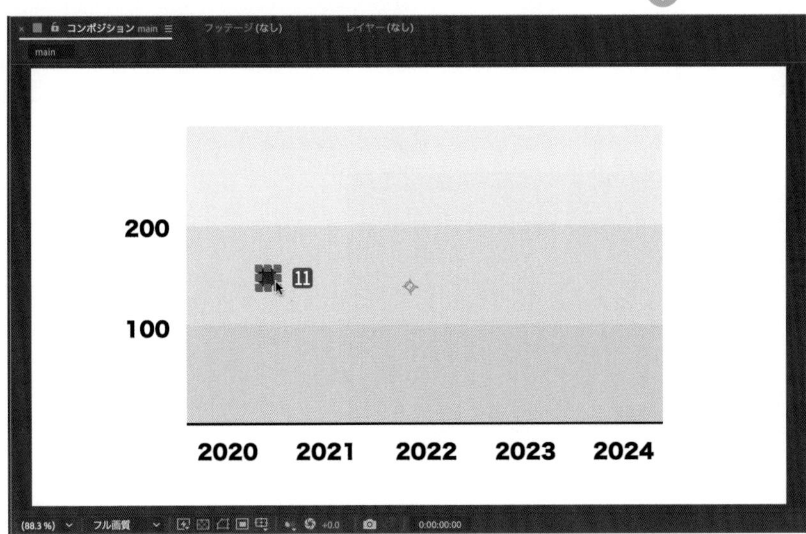

POINT

Shift キーを押しながらドラッグすると、正円を描けます。
Shift キーを押さないと自由な楕円を描画できます。

Chapter 4

【point01】を選択して⑫、**【レイヤー】**メニューの**【トランスフォーム】**から**【アンカーポイントをレイヤーコンテンツの中央に配置】**（ option/Alt ＋ command/Ctrl ＋ fn/Home ＋←キー：macOSは fn キーをオンにしてください）を選択すると⑬、アンカーポイントが円の中央に移動します。

【point01】の**【コンテンツ】**を展開して⑭、**【楕円形 1】**の**【楕円形パス 1】**にある**【サイズ】**を**【60,60】**に設定します⑮。

【point01】の**【トランスフォーム】**を展開して⑯、**【位置】**を**【500,650】**に設定します⑰。

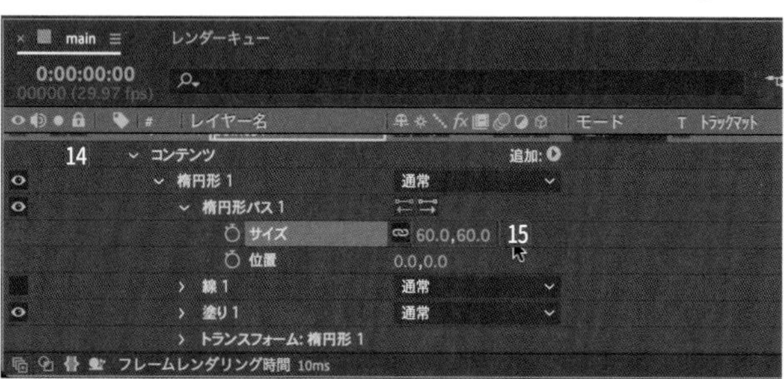

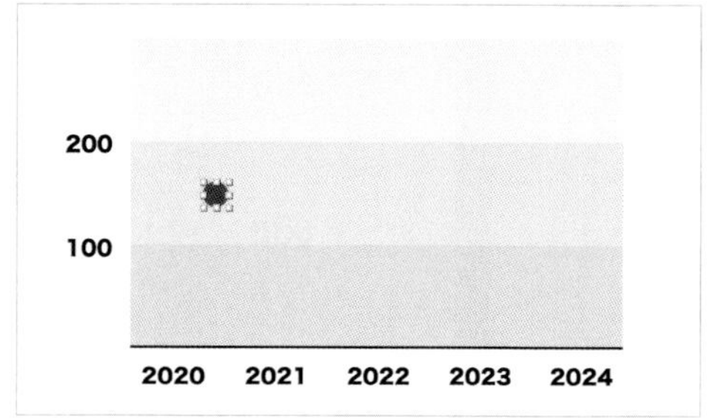

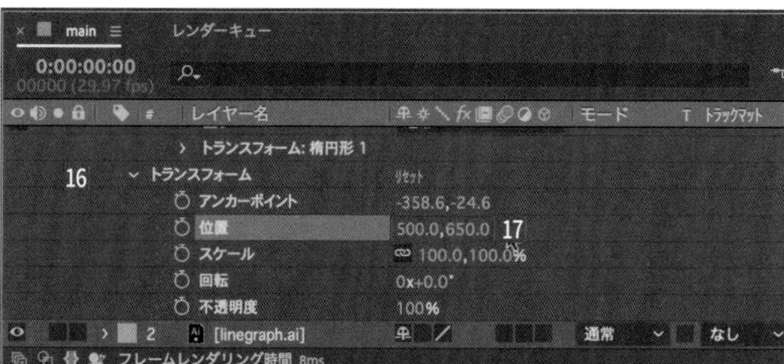

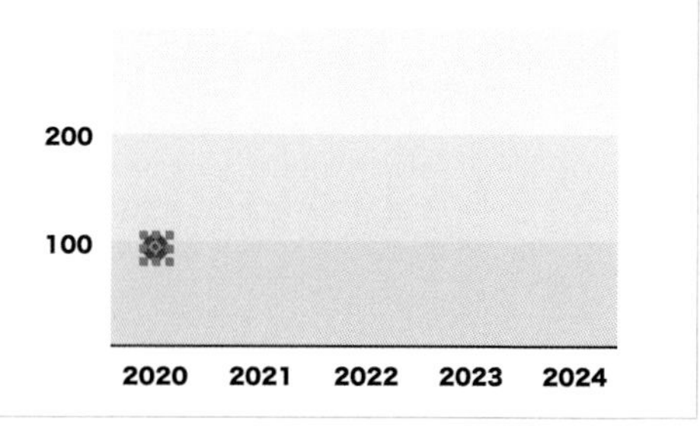

【point01】をコピー＆ペーストすると（command/Ctrl＋C ➡ command/Ctrl＋V キー）、【point02】が複製されます⓲。【point02】の【位置】を【750,580】に設定します⓳。

同様に、【point02】をコピー＆ペーストすると（command/Ctrl＋C ➡ command/Ctrl＋V キー）、【point03】が複製されるので⓴、【位置】を【1000,750】に設定します㉑。

【point03】をコピー＆ペーストすると（command/Ctrl＋C ➡ command/Ctrl＋V キー）、【point04】が複製されるので㉒、【位置】を【1250,550】に設定します㉓。

【point04】をコピー＆ペーストすると（command/Ctrl＋C ➡ command/Ctrl＋V キー）、【point05】が複製されるので㉔、【位置】を【1500,270】に設定します㉕。

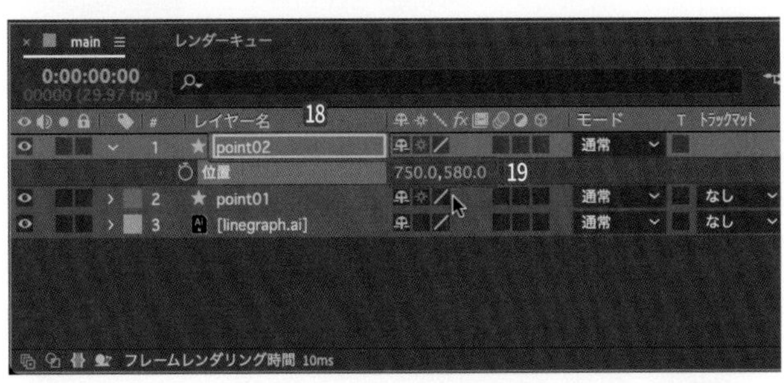

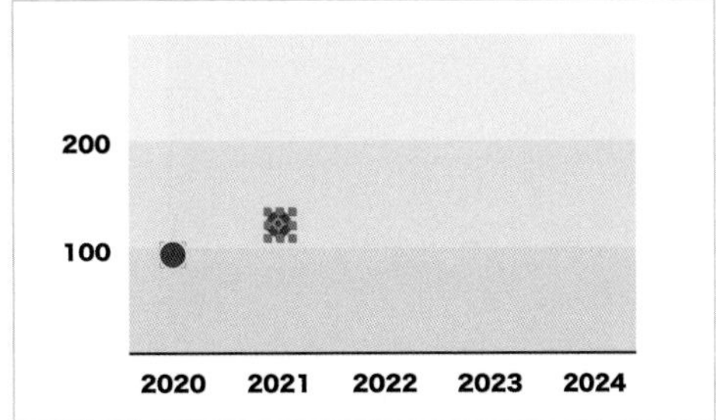

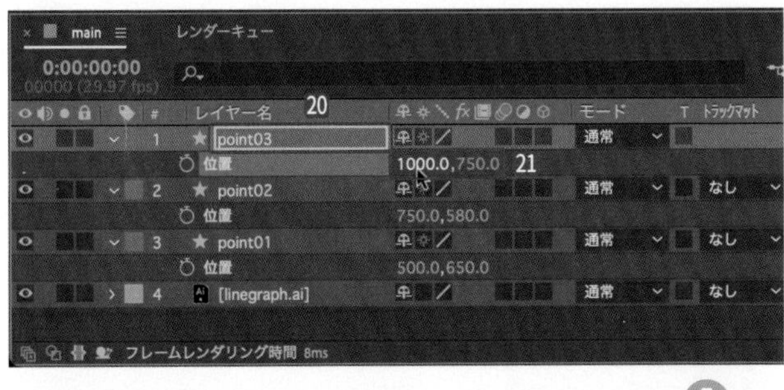

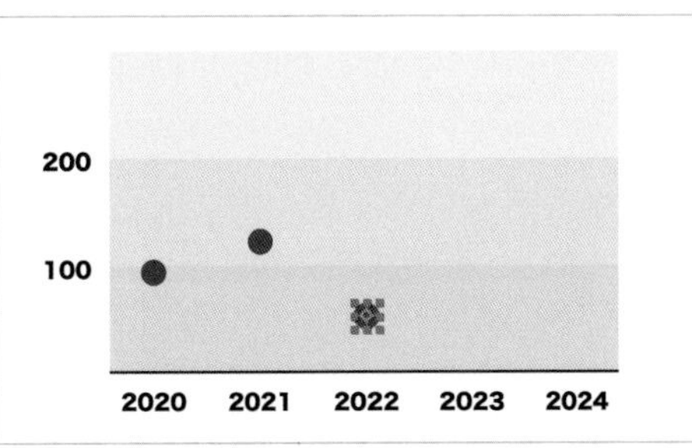

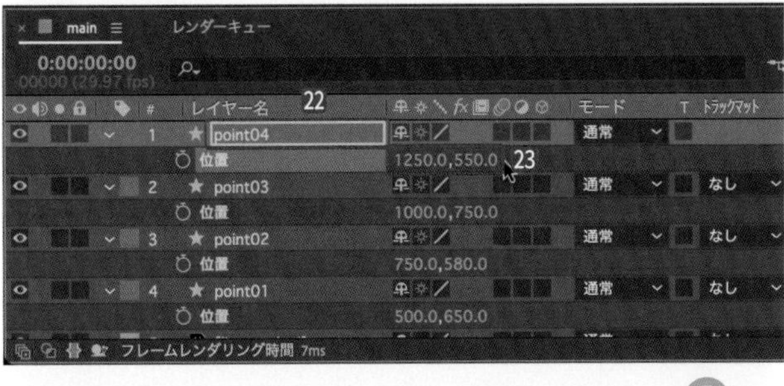

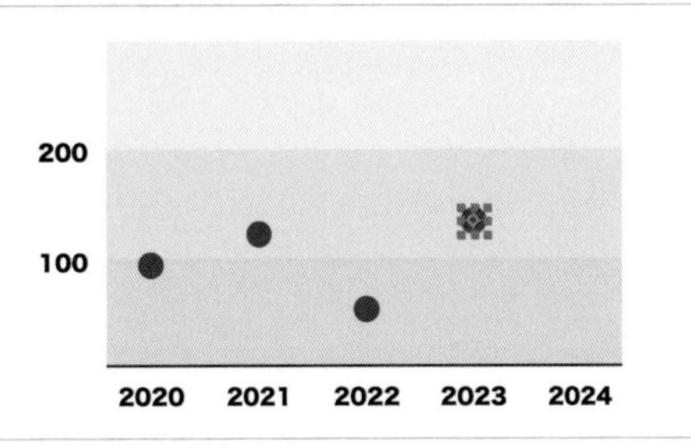

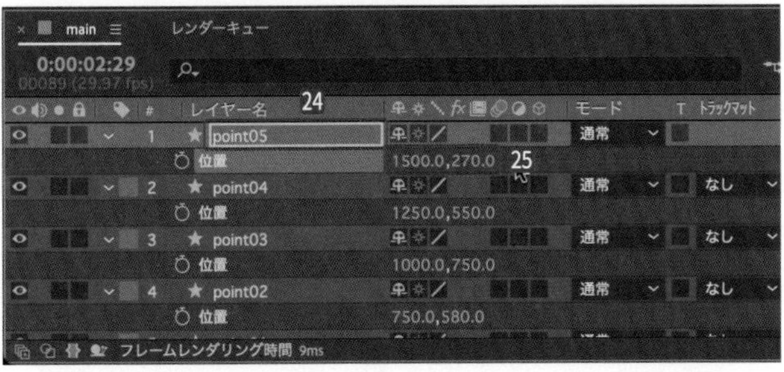

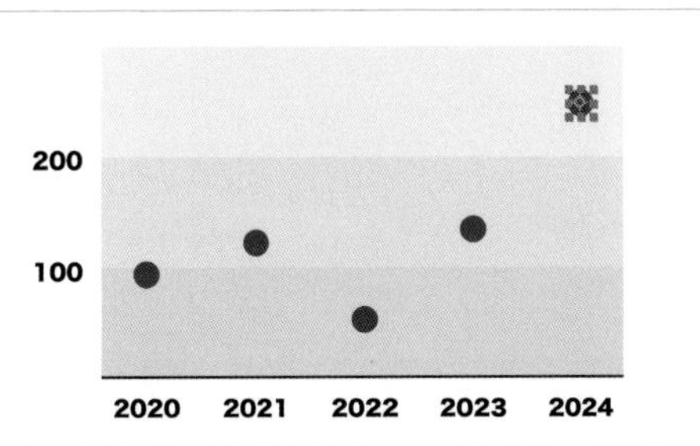

【linegraph.ai】を選択した状態で26、**【レイヤー】**メニューの**【新規】**から**【シェイプレイヤー】**を選択すると27、**【linegraph.ai】**の上に**【シェイプレイヤー 1】**が作成されるので、名前を**【line】**にします28。

【line】の**【塗りオプション】**29を**【なし】**30 31、**【線のカラー】**32を**【#000000】**（ブラック）33 34、**【線幅】**は**【12】**に設定します35。

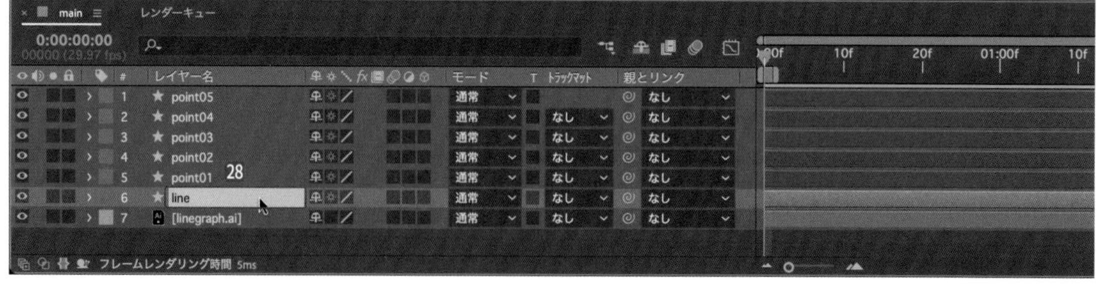

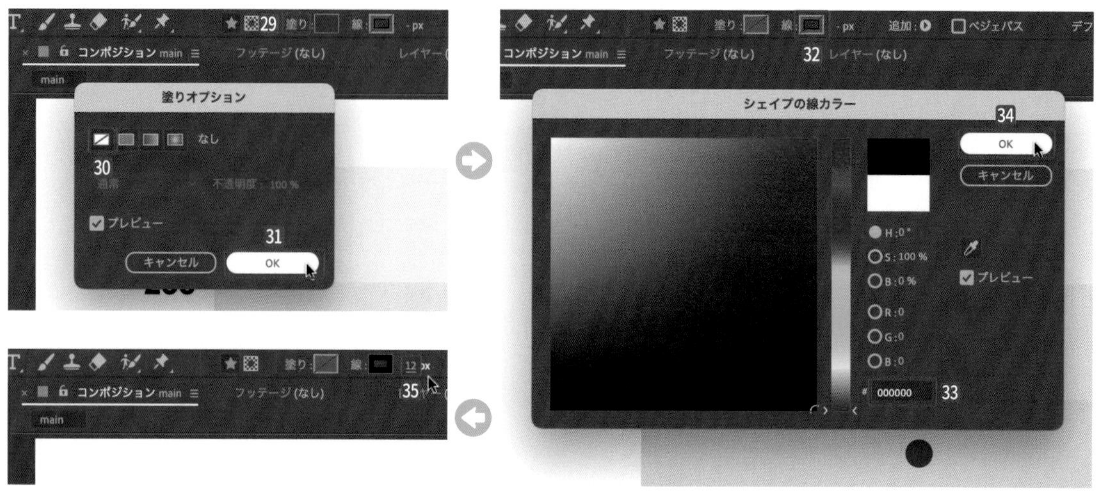

【line】クリップを選択した状態にして、【ペンツール】 36 で【point01】の真ん中をクリックします 37。同様に、左側から順番にポイントの中心をクリックしていくと、図のようになります 38。

【line】の【コンテンツ】を展開して 39、【シェイプ 1】から【パス 1】の【パス】を選択し 40、【ウィンドウ】メニューから【Create Nulls From Paths.jsx】を選択します 41。

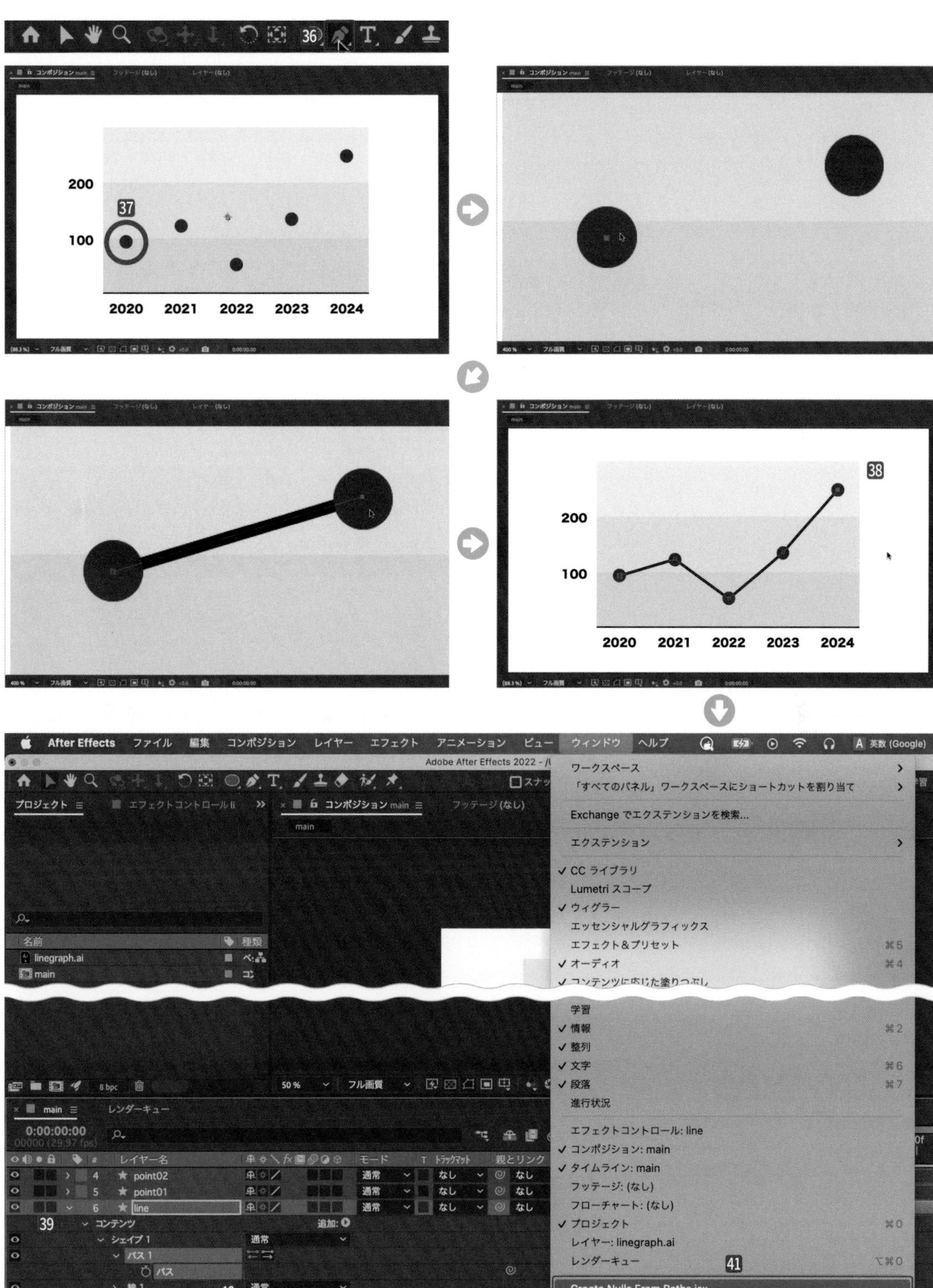

【ポイントはヌルに従う】を選択して42、メニューを閉じると、各ポイントに**【ヌル】**クリップが作成されます43。

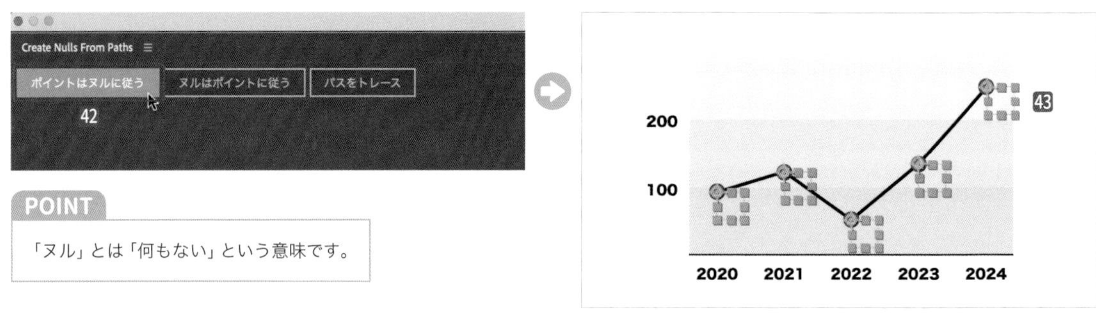

POINT

「ヌル」とは「何もない」という意味です。

各ポイントと各ヌルクリップを親子関係にして、動きをリンクさせていきます。

【point01】の**【親とリンク】**44のプルダウンメニューから**【line: パス 1 [1.1.0]】**を選択すると45、**【point01】**と**【line: パス 1 [1.1.0]】**は親子関係になります。

同様に、他のポイントも親子関係にします。

【point02】は**【line: パス 1 [1.1.1]】**46　**【point03】**は**【line: パス 1 [1.1.2]】**47

【point04】は**【line: パス 1 [1.1.3]】**48　**【point05】**は**【line: パス 1 [1.1.4]】**49

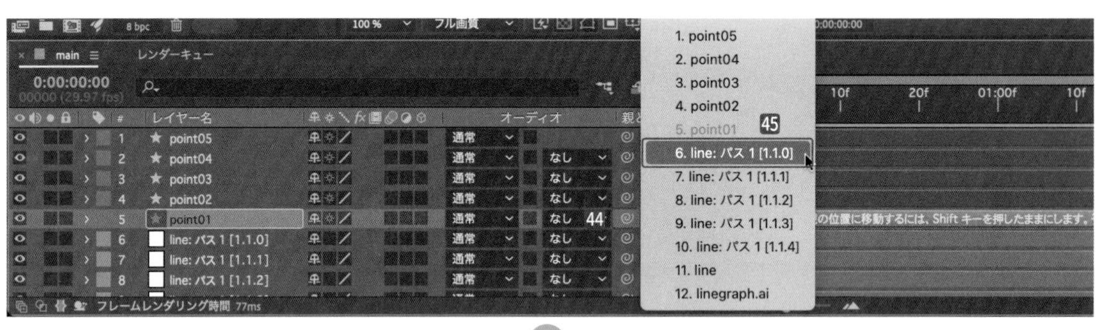

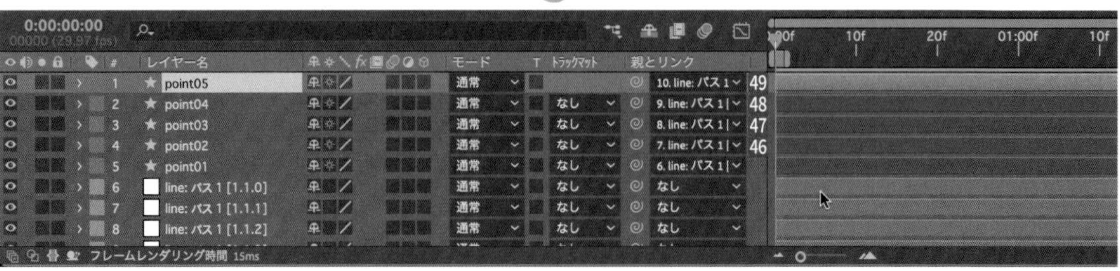

TIPS 親子関係のつけかた

【親とリンク】のプルダウンメニューから対応するクリップを選択する方法と、**【親ピックウィップ】**をドラッグして対応するクリップと親子関係させる方法があります。

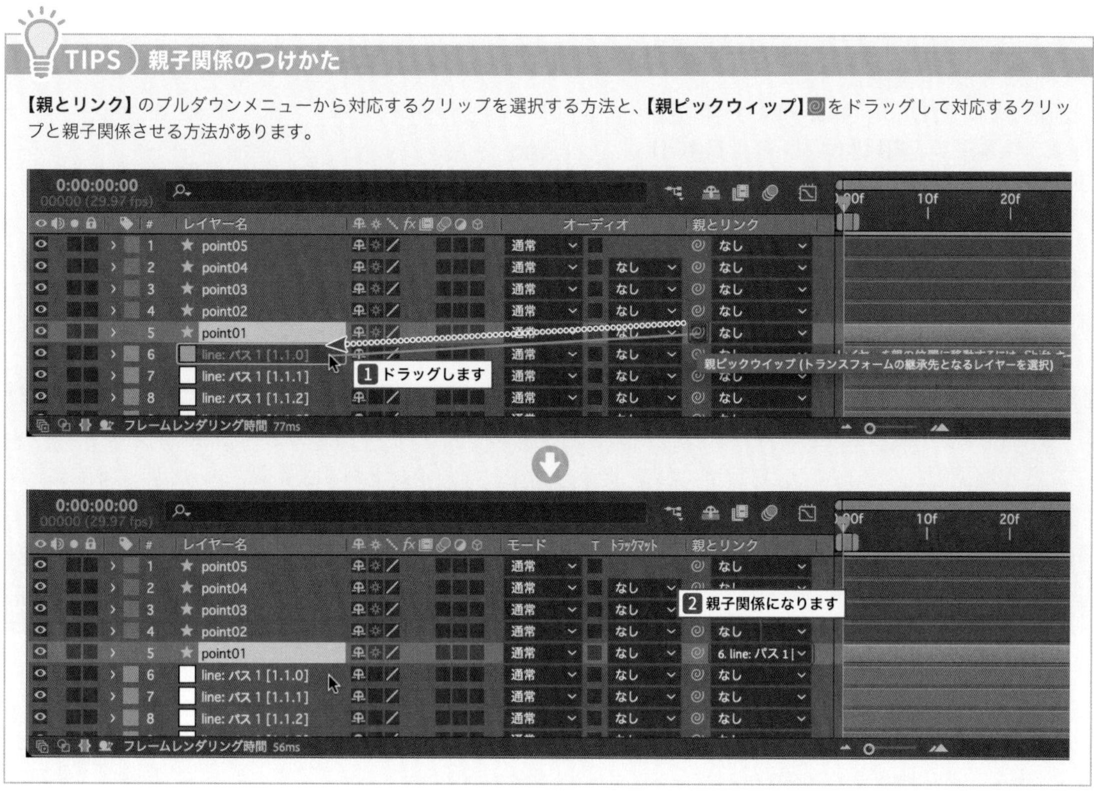

作成した**【line: パス 1 [1.1.0]】**～**【line: パス 1 [1.1.4]】**すべてを選択し50、**【0:00:01:00】**51に移動して、**【位置】**に**【キーフレーム】**を作成します52。

【位置】はPキーを押すと表示されます。

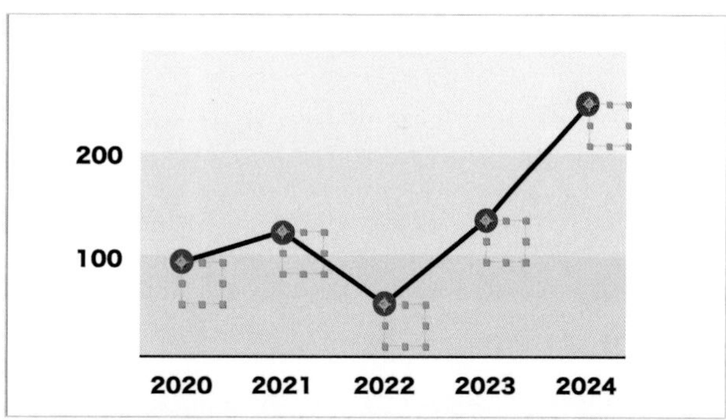

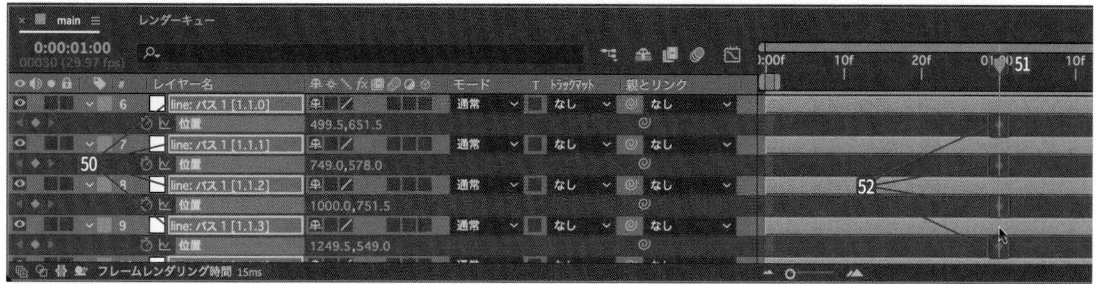

次は、**【0:00:00:00】** 53 に移動して、**1つずつ**クリップのY座標を調整します。

【line: パス 1 [1.1.0]】【line: パス 1 [1.1.1]】【line: パス 1 [1.1.2]】【line: パス 1 [1.1.3]】【line: パス 1 [1.1.4]】にある**【位置】**のY座標をすべて**【880】**に設定すると 54、開始時のポイントがすべて線上になります 55。

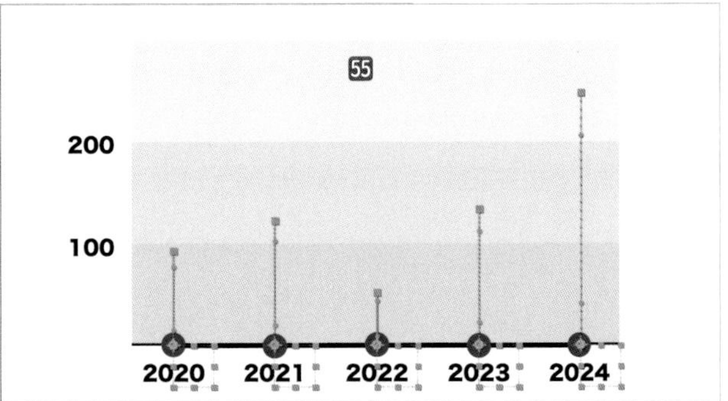

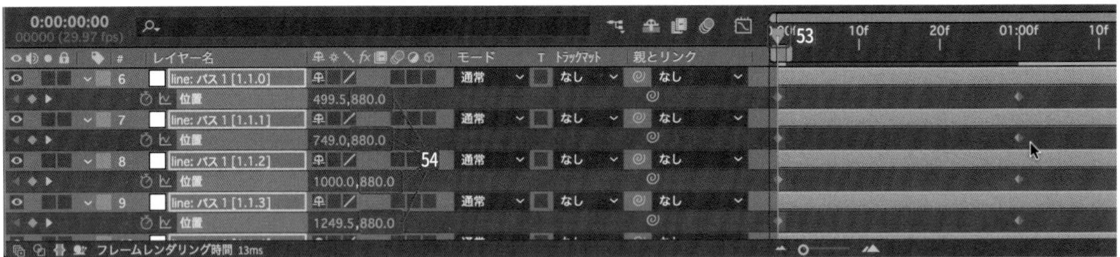

【キーフレーム】をすべて選択して、**【イージーイーズ】** 56（F9 キー）を適用します 57。

【line: パス 1 [1.1.1]】の**【キーフレーム】**を2つともドラッグして選択します 58。Shift ＋ option/Alt ＋ → キーを押すと、キーフレームが10フレーム進みます 59。

アニメーションの開始点が**【0:00:00:10】**、終了点が**【0:00:01:10】**になります。

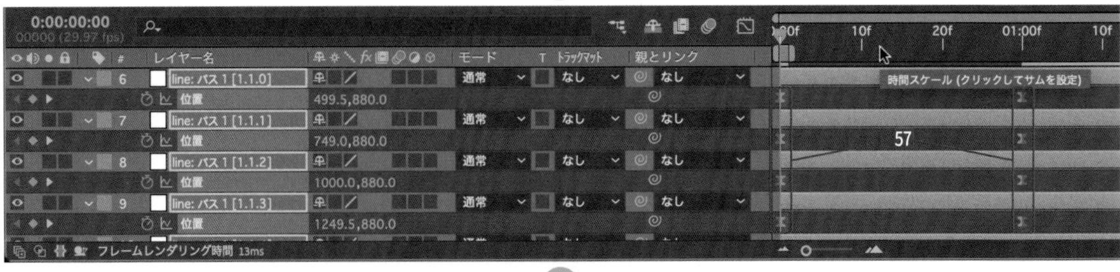

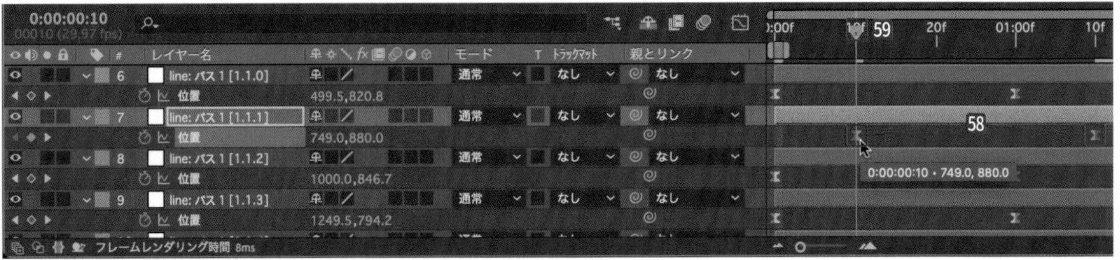

同様に、下記クリップの開始点を変更します。
【line: パス 1 [1.1.2]】 はアニメーションの開始点を **【0:00:00:20】**、終了点を **【0:00:01:20】** に設定します。
【line: パス 1 [1.1.3]】 はアニメーションの開始点を **【0:00:01:00】**、終了点を **【0:00:02:00】** に設定します。
【line: パス 1 [1.1.4]】 はアニメーションの開始点を **【0:00:01:10】**、終了点を **【0:00:02:10】** に設定します。
設定が終了すると、下図のような階段状の **【キーフレーム】** になります60。

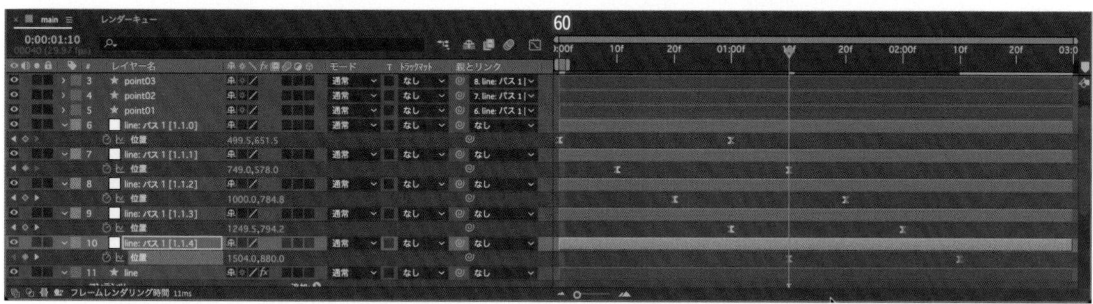

再生すると、左から順に折れ線グラフがアニメーションします。

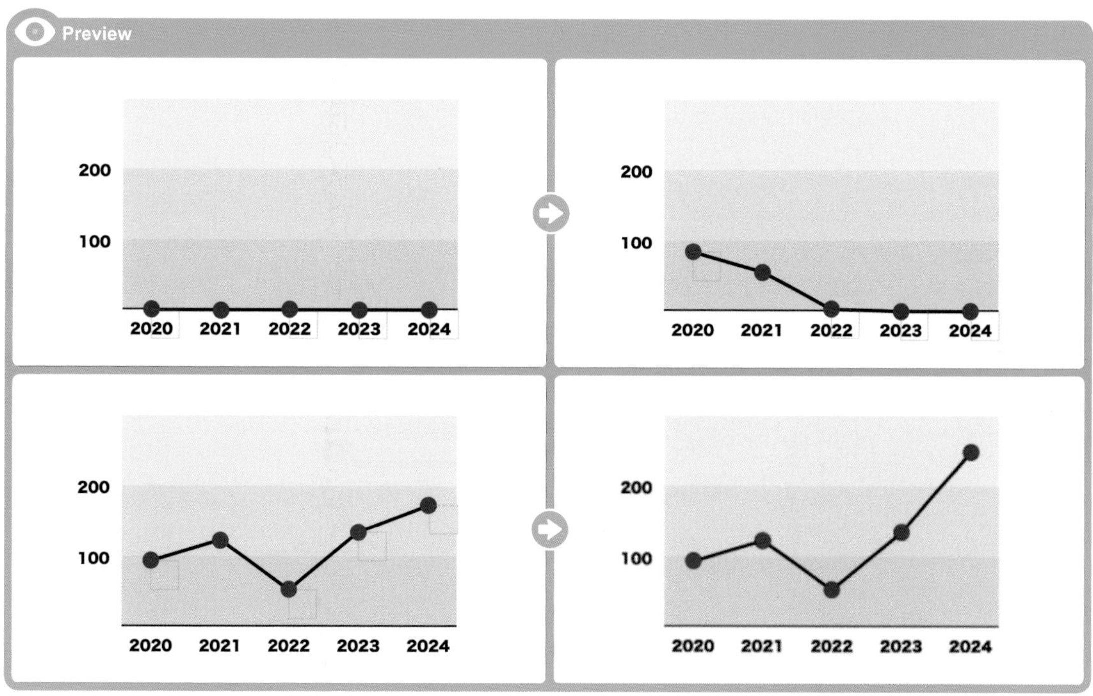

これで完成です。

プレゼンに使える円グラフアニメーションを作ろう！

ここでは、放射能ワイプを使った「円グラフアニメーション」の作り方を解説します。円グラフも、After Effectsで作成します。

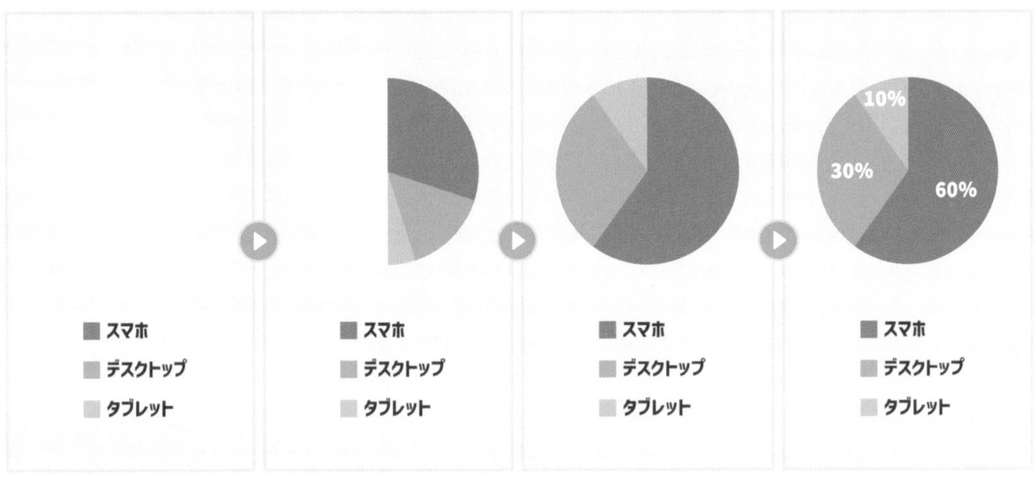

新規プロジェクトを作る

【ホーム画面】で**【新規プロジェクト】**ボタンをクリックします（15ページ参照）。

【ファイル】メニューの**【別名で保存】**から**【別名で保存...】**（Shift＋command/Ctrl＋Sキー）を選択して（25ページ参照）、**【別名で保存】**ダイアログボックスで**【piechart】**と名前をつけて1、**【保存】**ボタンをクリックします2。

保存先は作業するハードディスクとフォルダーを選択してください。

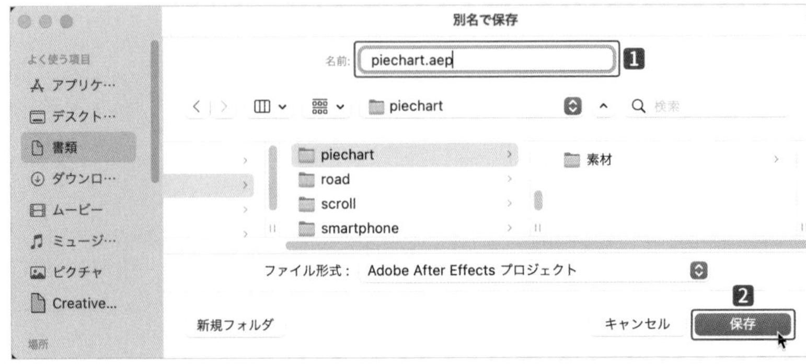

∷ 新規コンポジションを作る

【コンポジション】メニューから**【新規コンポジション…】**（command/Ctrl＋Nキー）を選択して、**【コンポジション設定】**ダイアログボックスを表示します（29ページ参照）❶。

【コンポジション名】は**【main】**❷、**【プリセット】**は**【カスタム】**を選択します❸。

今回は縦型動画なので、**【幅：1080px】【高さ：1920px】**と入力します❹。**【デュレーション】**を**【0:00:03:00】**に設定して❺、**【OK】**ボタンをクリックします❻。

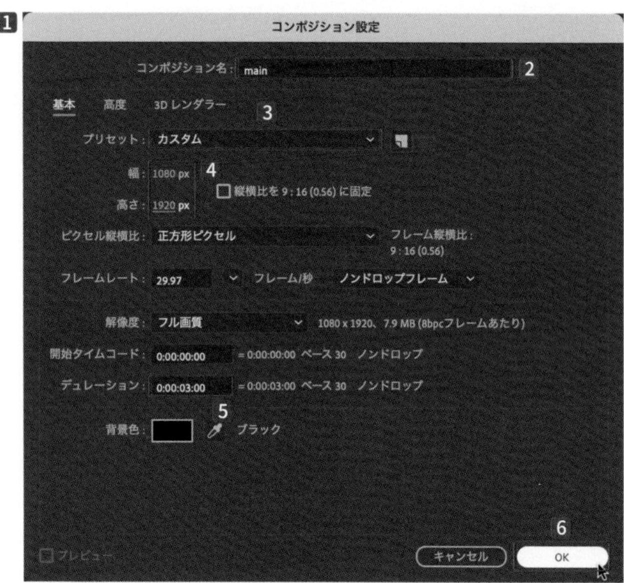

∷ ファイルを読み込む

【ファイル】メニューの**【読み込み】**から**【ファイル…】**（command/Ctrl＋Iキー）を選択して、**【ファイルの読み込み】**ダイアログボックスを表示します❶。

【素材】から**【piechart.ai】**を選択し❷、**【読み込みの種類】**で**【フッテージ】**を選択して❸、**【開く】**ボタンをクリックします❹。

表示されるダイアログボックスの**【レイヤーオプション】**で**【レイヤーを統合】**を選択して❺、**【OK】**ボタンをクリックします❻。

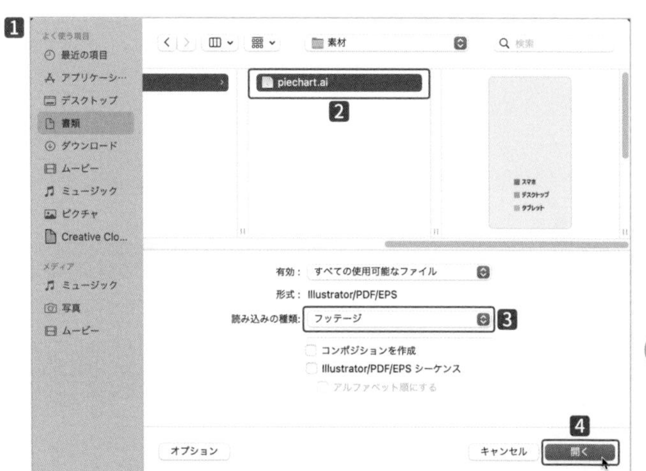

⠿ 素材を配置する

【プロジェクト】パネルから**【piechart.ai】**を選択して**1**、**【タイムライン】**パネルに配置します**2**。

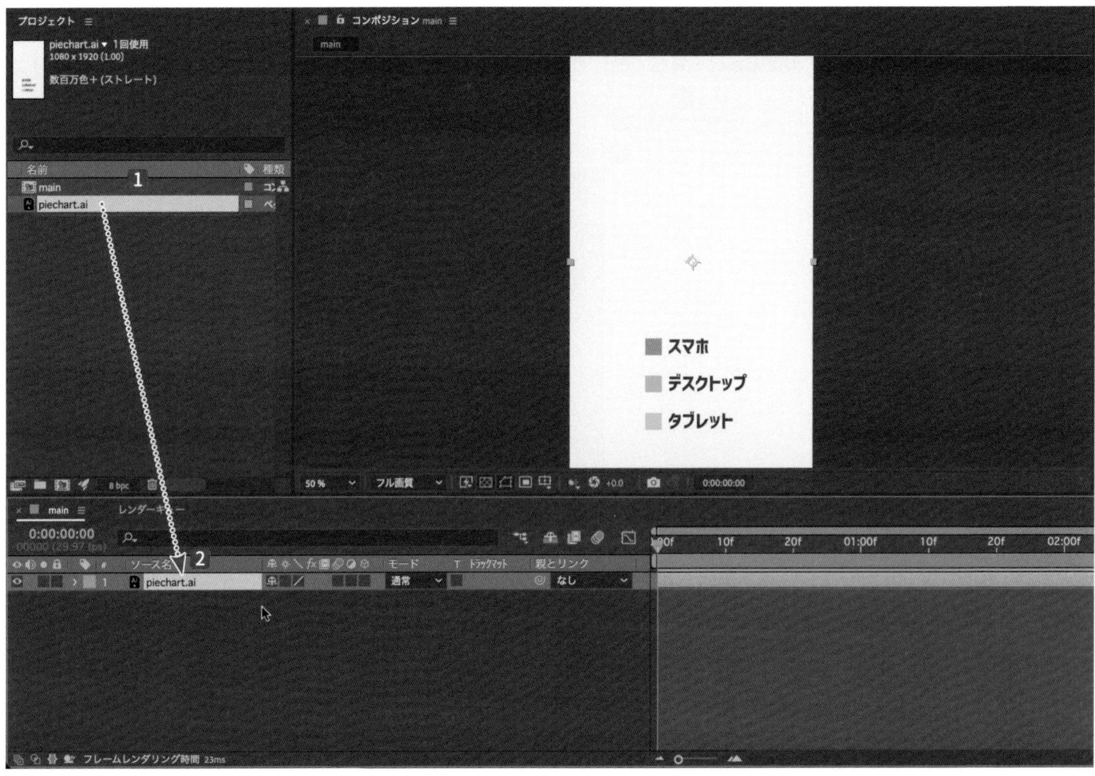

⠿ 円グラフを作成する

【レイヤー】メニューから**【シェイプレイヤー】**を選択します**1**。
【タイムライン】パネルに表示された**【シェイプレイヤー1】**をクリックして、名前を**【circle01】**にします**2**。

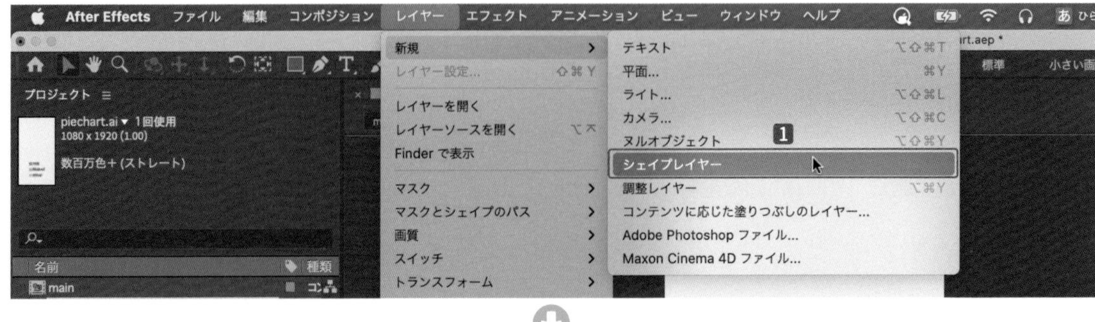

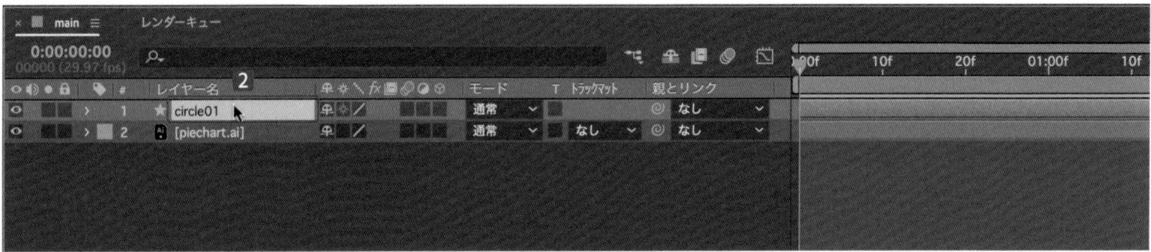

【塗りのカラー】3を**【#FFFFFF】**（ホワイト）に設定します45。
【線オプション】6をクリックして、**【なし】**に設定します78。
【長方形ツール】9を長押しして、**【楕円形ツール】**を選択します10。
画面上で Shift キーを押しながらドラッグして、正円を作ります11。ここでは適当な大きさでかまいません。

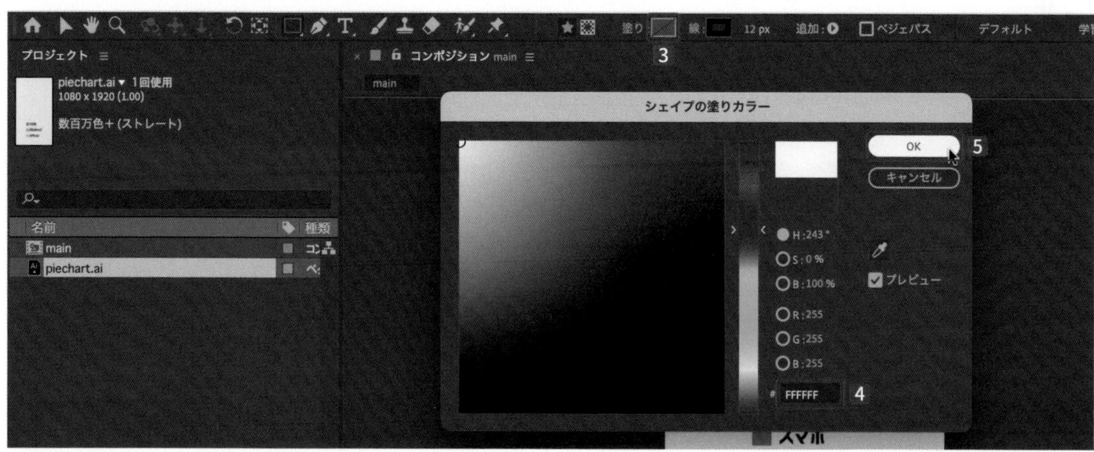

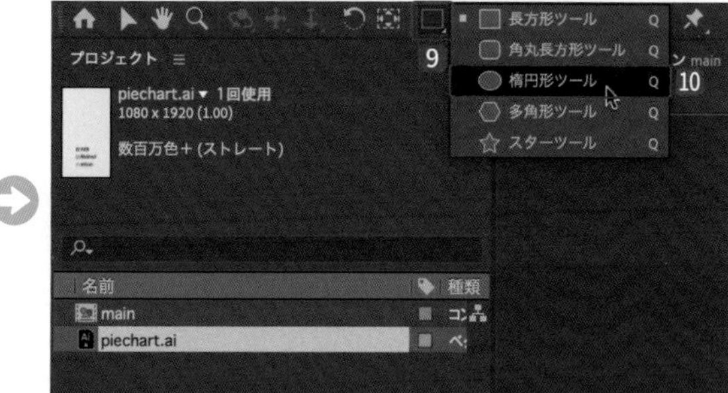

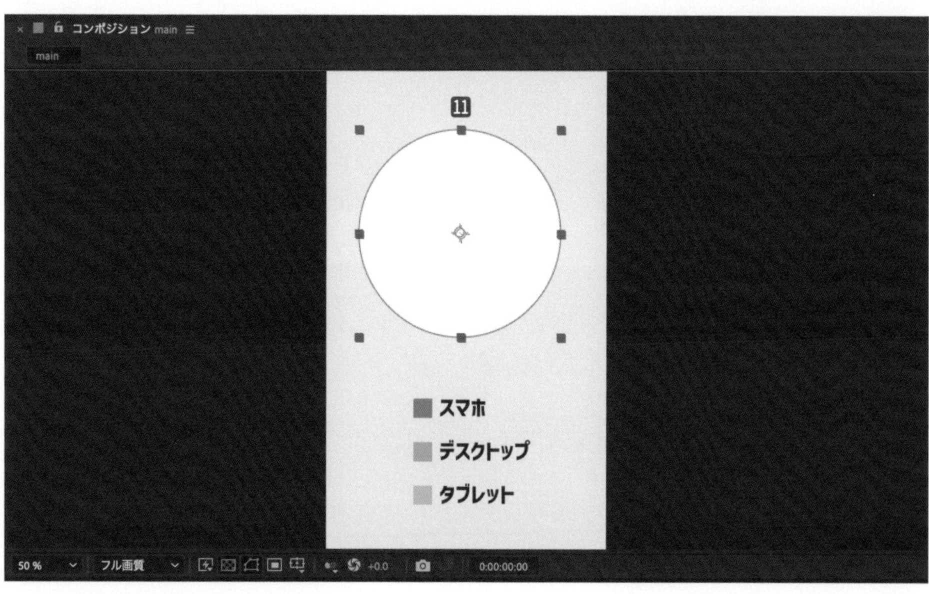

【circle01】を選択して⑫、**【レイヤー】**メニューの**【トランスフォーム】**から**【アンカーポイントをレイヤーコンテンツの中央に配置】**（ option/Alt ＋ command/Ctrl ＋ fn/Home ＋ ← キー：macOSは fn キーをオンにしてください）を選択すると⑬、アンカーポイントが円の中央に移動します。

【circle01】の**【コンテンツ】**を展開して⑭、**【楕円形 1】**の**【楕円形パス 1】**にある**【サイズ】**を**【780,780】**に設定します⑮。

【circle01】の**【トランスフォーム】**を展開して⑯、**【位置】**を**【540,670】**とします⑰。

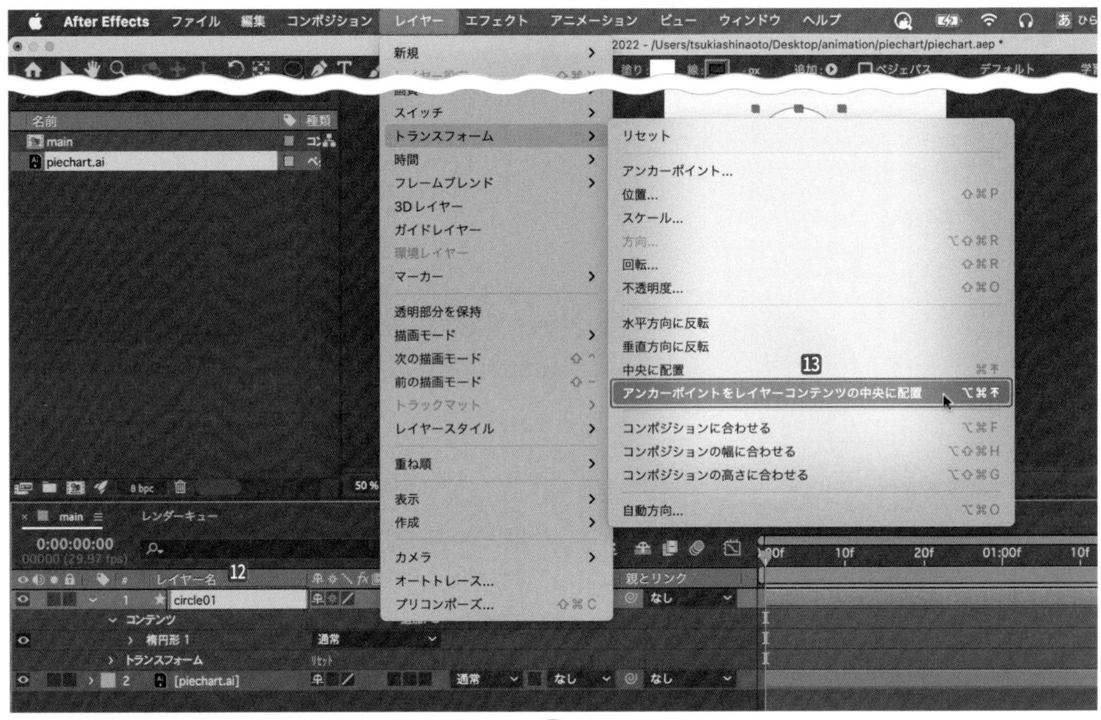

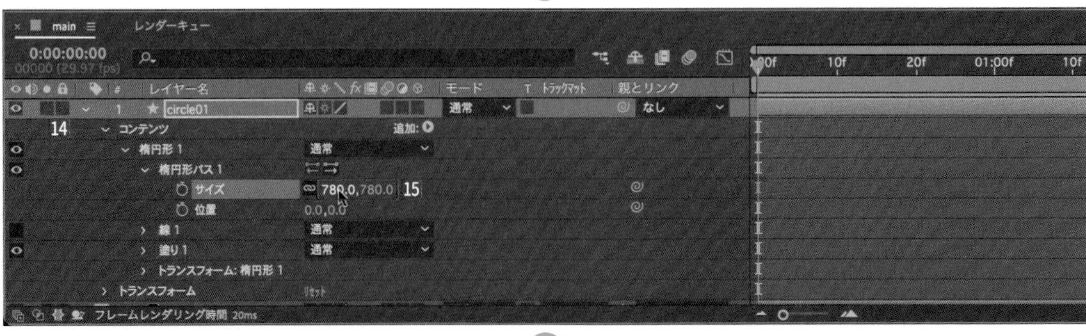

【circle01】をコピー＆ペーストすると（command / Ctrl ＋ C ➡ command / Ctrl ＋ V キー）、【circle02】が作成されます⑱。【塗りのカラー】⑲を【#98CF8C】に設定します⑳㉑。

【circle02】を選択して㉒、【エフェクト】メニューの【トランジション】から【放射状ワイプ】を選択します㉓。

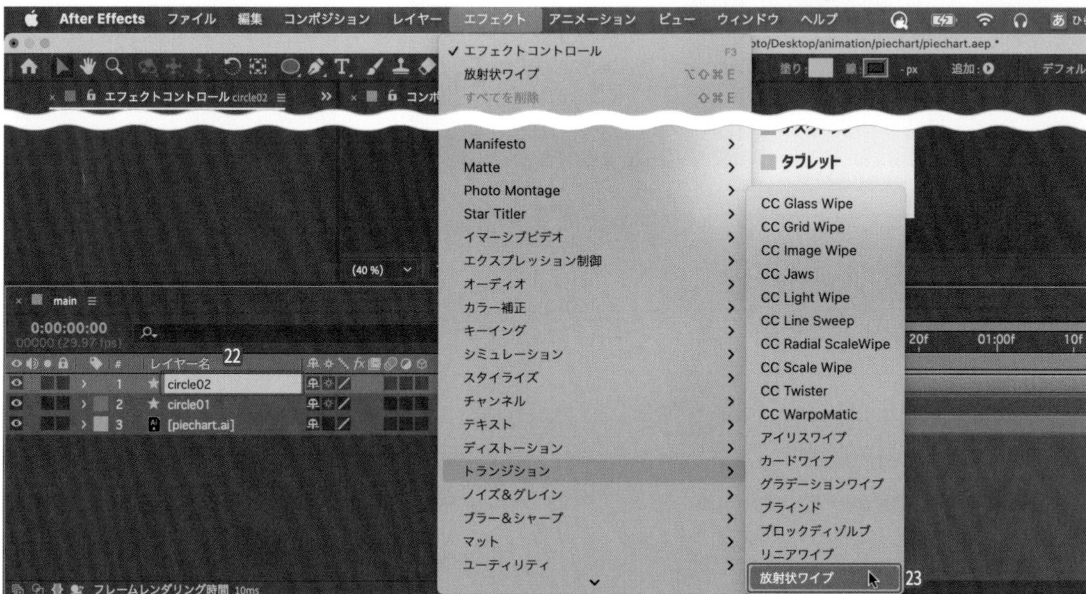

次に、【エフェクトコントロール】パネルを操作します。

【エフェクトコントロール】パネルが表示されていない場合には、【ウィンドウ】メニューから【エフェクトコントロール】を選択してオンにします㉔。

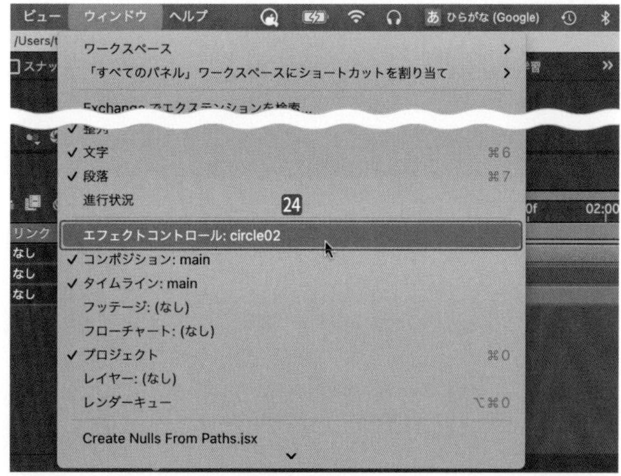

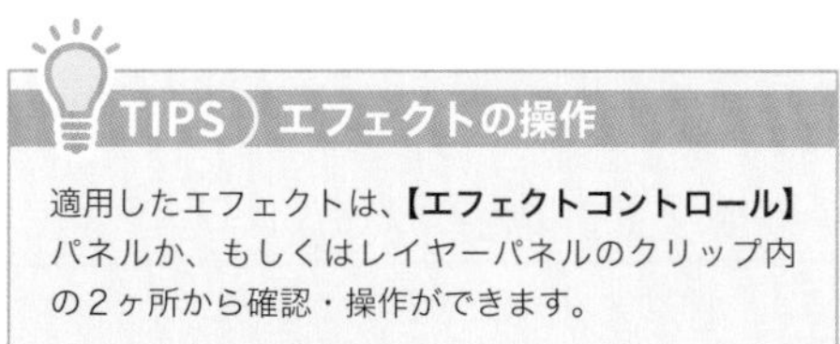

TIPS　エフェクトの操作

適用したエフェクトは、【エフェクトコントロール】パネルか、もしくはレイヤーパネルのクリップ内の２ヶ所から確認・操作ができます。

【エフェクトコントロール】パネルにある**【放射状ワイプ】**を展開し、**【ワイプの中心】**を**【540,670】**に設定して㉕、円の中心に移動します。

【ワイプ】を**【反時計廻り】**に設定します㉖。

【0:00:00:00】に移動します㉗。

【circle02】の**【エフェクト】**を展開すると㉘、**【放射能ワイプ】**があるので、その中の**【変換終了】**を**【100】**に設定し㉙、**【キーフレーム】**を作成します㉚㉛。

【0:00:01:00】に移動して㉜、**【変換終了】**を**【0】**に設定します㉝㉞。

2つのキーフレームに**【イージーイーズ】**（F9 キー）を適用します㉟。

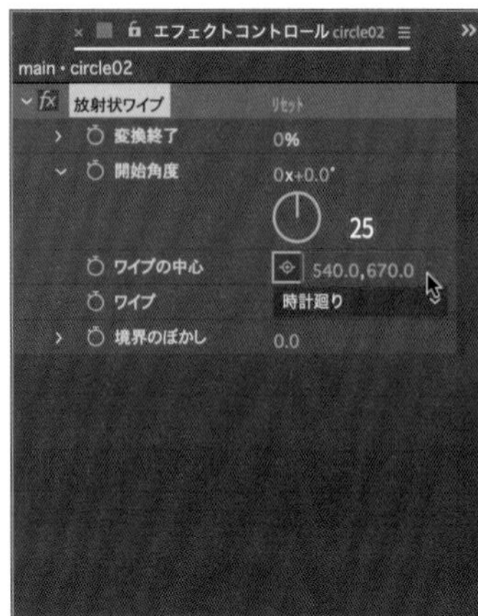

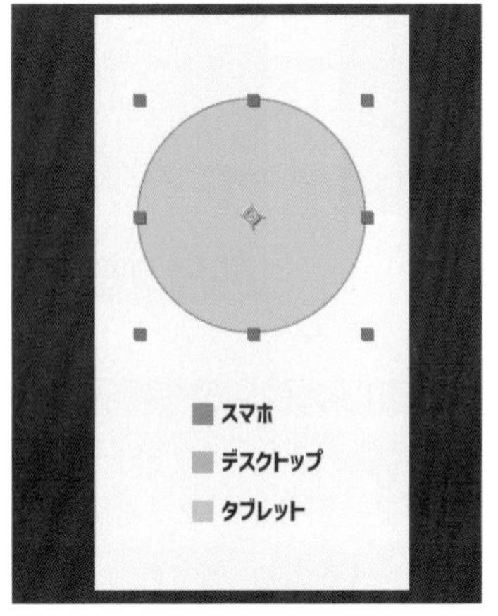

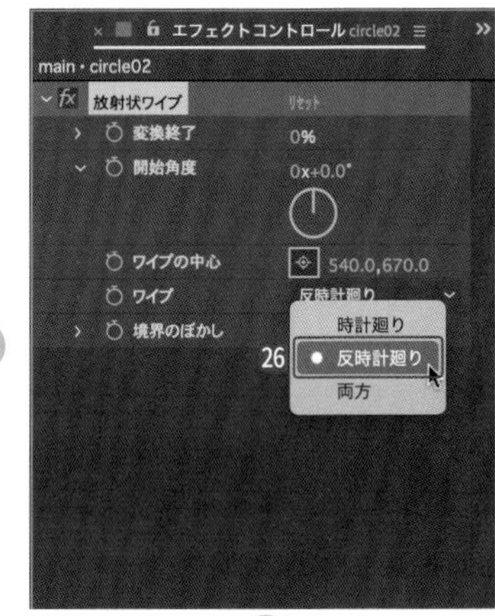

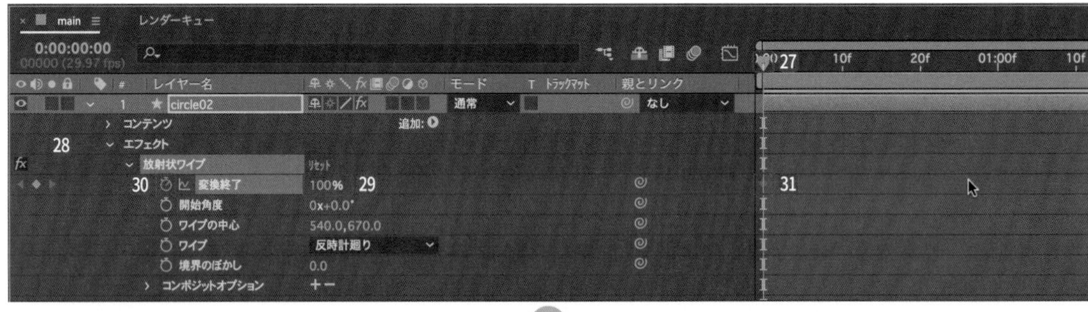

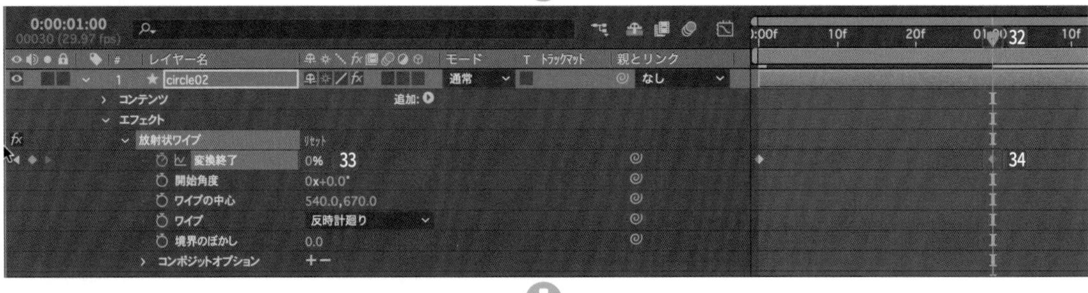

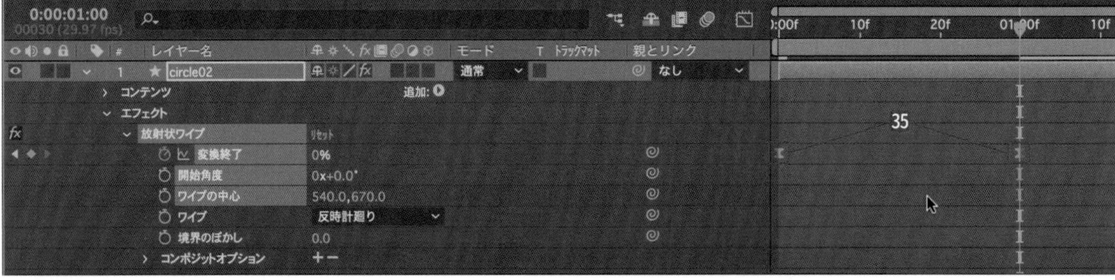

【circle02】をコピー&ペーストすると（command / Ctrl ＋ C ➡ command / Ctrl ＋ V キー）、【circle03】が複製されます36。【塗りのカラー】37を【#62BA6B】に設定します38 39。

【0:00:01:00】に移動して40、【circle03】の【変換終了】を【10】に設定します41。

【circle03】をコピー&ペーストすると（command / Ctrl ＋ C ➡ command / Ctrl ＋ V キー）、【circle04】が複製されます42。【塗りのカラー】43を【#129456】に設定します44 45。

【0:00:01:00】に移動して46、【circle04】の【変換終了】を【40】に設定します47。

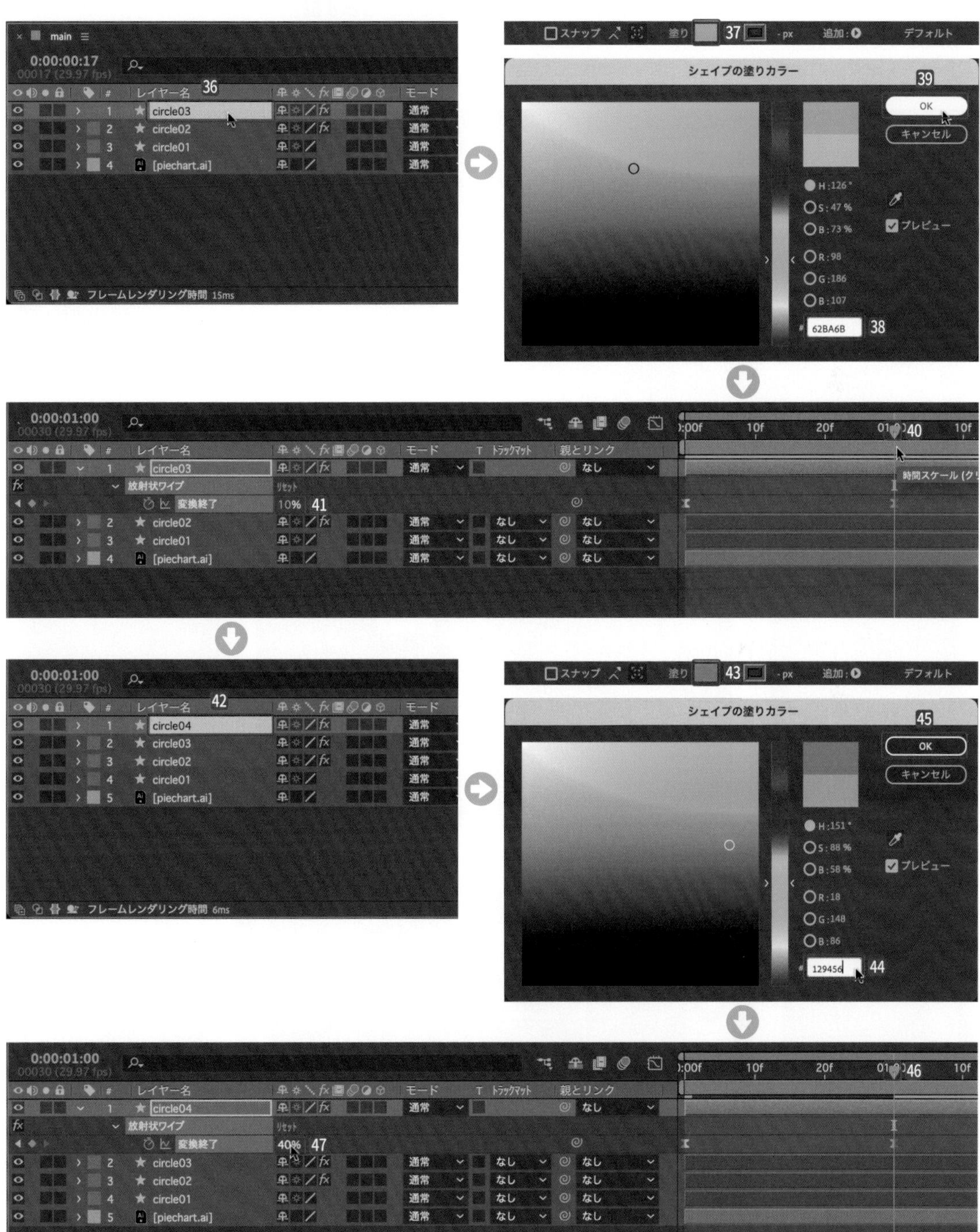

再生すると、3つの色に分けられた円グラフアニメーションになります。

テキストを作成する

【レイヤー】メニューの**【新規】**から**【テキスト】**（option/Alt＋Shift＋command/Ctrl＋Tキー）を選択します1。

【文字】パネルで**【塗りのカラー】**をクリックして2、**【テキストカラー】**ダイアログボックスで**【#FFFFFF】**（ホワイト）に設定します34。テキストサイズを**【80】**5、フォントは**【コーポレート・ロゴ ver2】**の**【Bold】**に設定します6。

【段落】パネルでは、**【テキストの中央揃え】**を選択します7。

【タイムライン】パネルでは、半角文字で**【10】**、全角文字で**【%】**と入力します8。

【位置】を**【440,400】**に設定すると移動します910。

Pキーを押すと、**【位置】**だけのパラメータが表示されます。

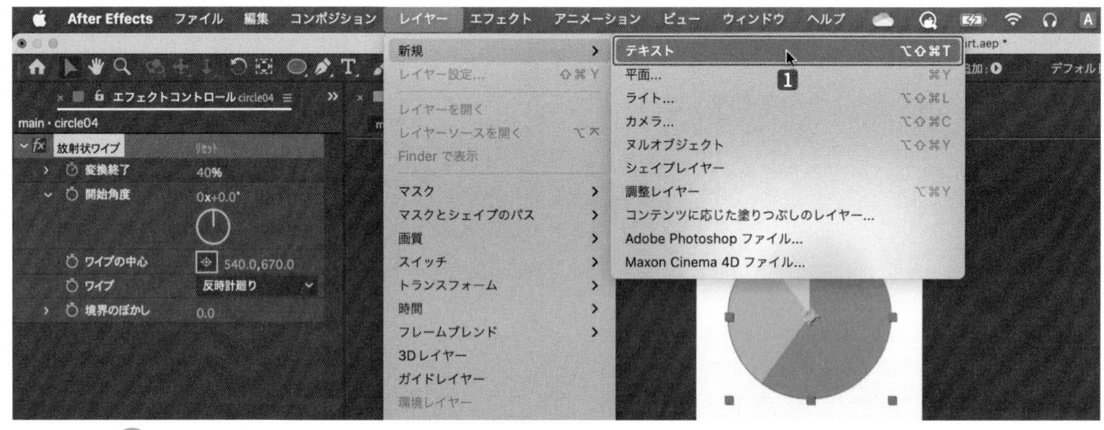

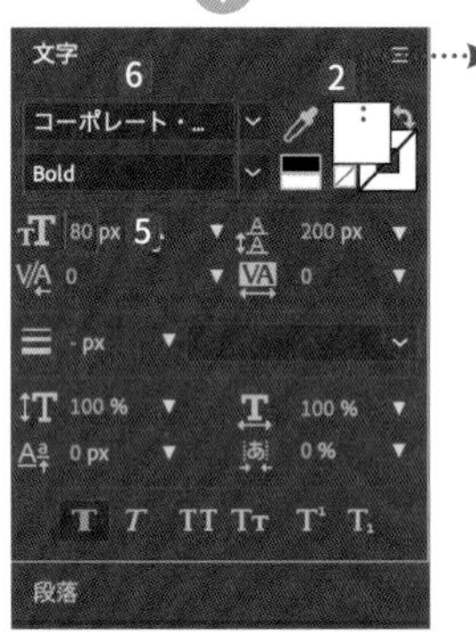

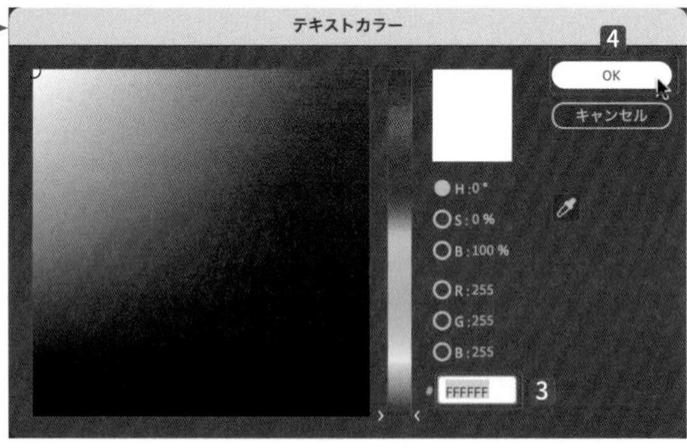

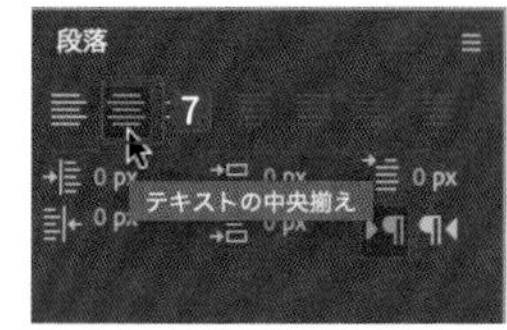

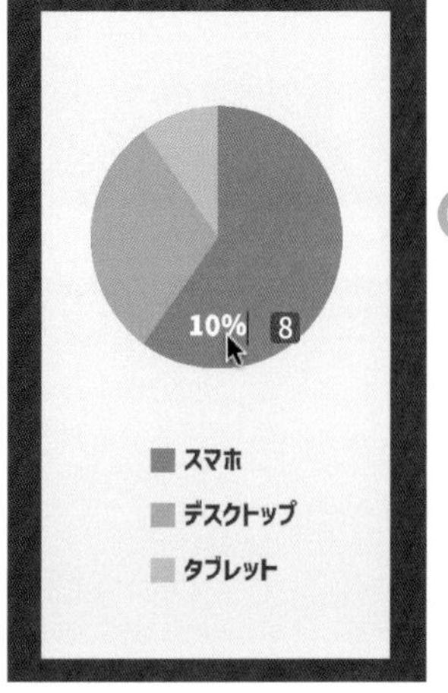

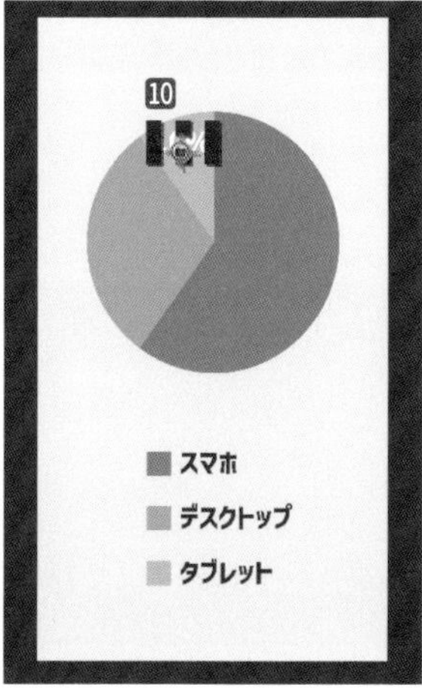

【テキスト】クリップを**【0:00:01:00】**の頭合わせにします⑪。
【0:00:01:00】の位置で⑫**【不透明度】**を**【0】**に設定して⑬、**【キーフレーム】**を作成します⑭⑮。
Shift＋Tキーで下図のように**【不透明度】**のパラメータも表示されます。
【0:00:01:10】の位置で⑯**【不透明度】**を**【100】**に設定します⑰⑱。
【10%】クリップをコピー&ペーストします（command/Ctrl＋C ➡ command/Ctrl＋Vキー）。
複製されたクリップをダブルクリックして**【30%】**に設定し⑲、**【位置】**を**【300,700】**に設定します⑳㉑。

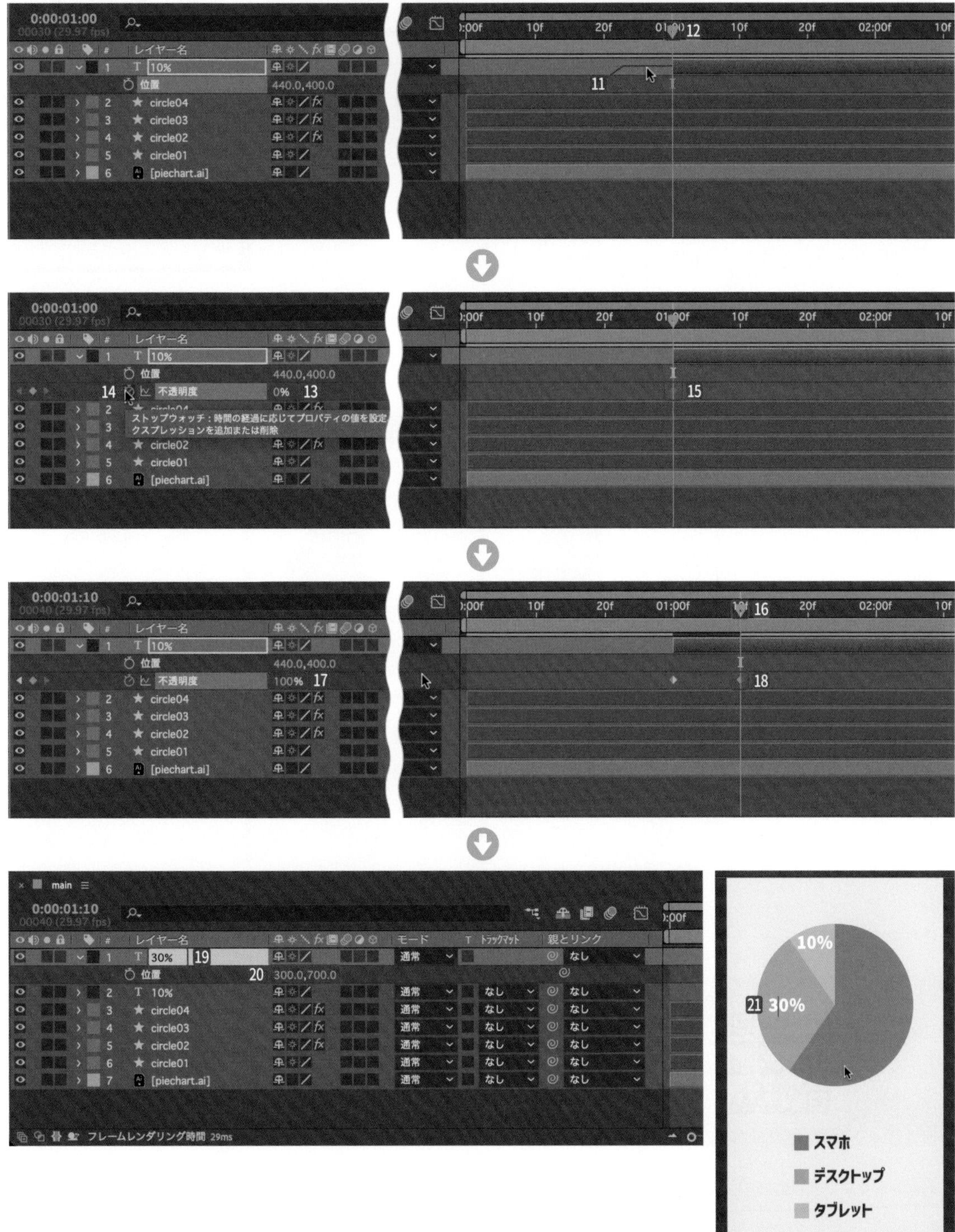

さらに、【30%】クリップをコピー＆ペーストします（command/Ctrl ＋ C ➡ command/Ctrl ＋ V キー）。
ペーストされたクリップをダブルクリックして【60%】に設定し㉒、【位置】を【750,780】に設定します㉓㉔。

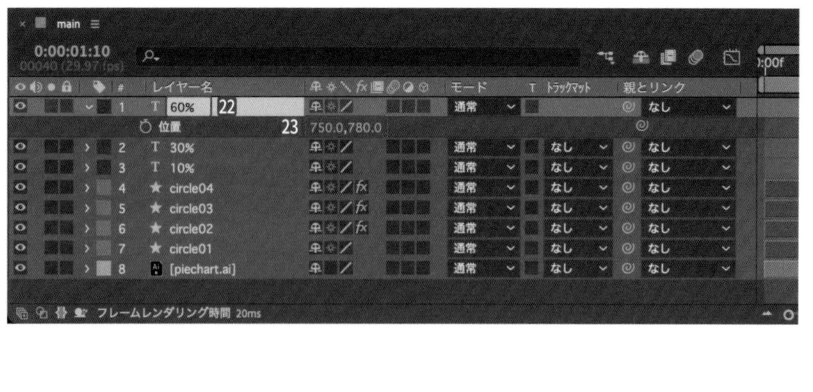

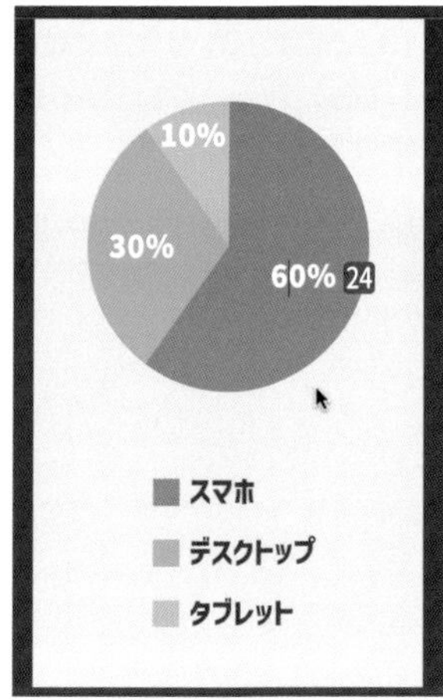

再生すると、ワイプ出現しながら円グラフが出来上がるアニメーションになります。

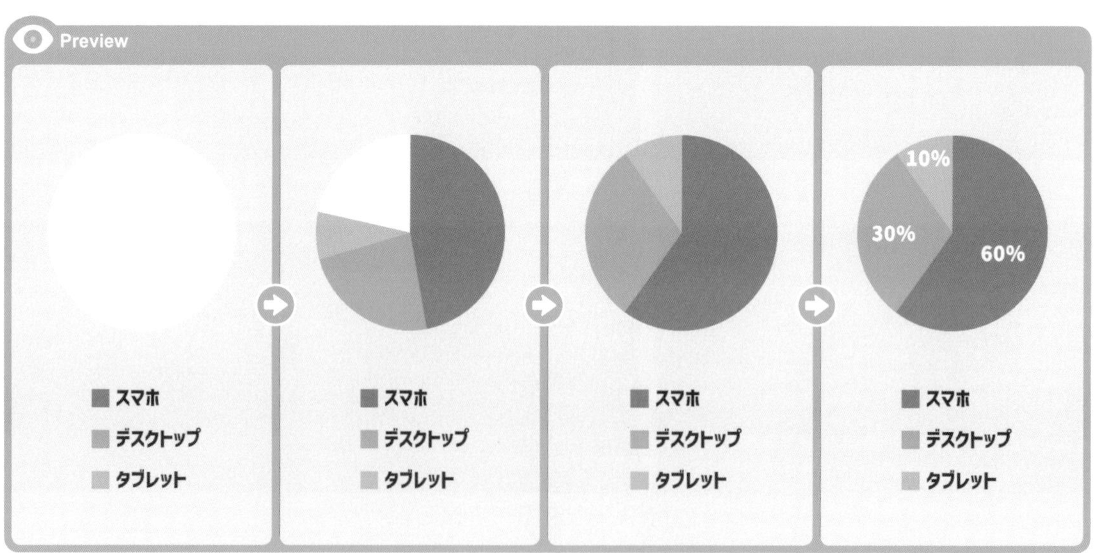

これで完成です。

Section 4

7

プレゼンに使える3D棒グラフアニメーションを作ろう！

ここでは、3D機能を使った「3D棒グラフアニメーション」の作り方を解説します。3Dによる棒グラフも、After Effects上ですべて作成します。

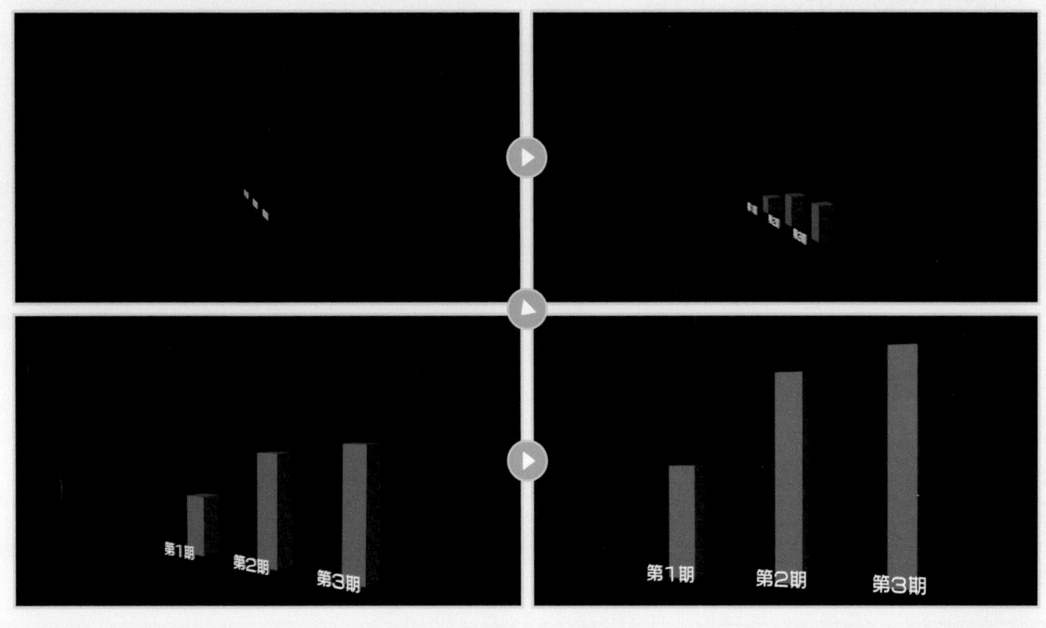

新規プロジェクトを作る

【ホーム画面】で**【新規プロジェクト】**ボタンをクリックします（15ページ参照）。

【ファイル】メニューの**【別名で保存】**から**【別名で保存...】**（Shift＋command/Ctrl＋Sキー）を選択して（25ページ参照）、**【別名で保存】**ダイアログボックスで**【3Dgraph】**と名前をつけて❶、**【保存】**ボタンをクリックします❷。

保存先は作業するハードディスクとフォルダーを選択してください。

新規コンポジションを作る

【コンポジション】メニューから【新規コンポジション...】（command/Ctrl ＋ N キー）を選択して、【コンポジション設定】ダイアログボックスを表示します（29ページ参照）1。

【コンポジション名】は【main】2、【プリセット】は【HDTV 1080 29.97】を選択します3。

【デュレーション】を【0:00:03:00】に設定して4、【OK】ボタンをクリックします5。

空間を作成する

【レイヤー】メニューの【新規】から【平面...】（command/Ctrl ＋ Y キー）を選択します1。

【カラー】を【#052033】（暗いシアン）に設定して23、【名前】を【wall】とします4。これは空間の背景の壁として使用します。【wall】をコピー＆ペーストして（command/Ctrl ＋ C ➡ command/Ctrl ＋ V キー）、名前を【floor】に変更し5、【3Dレイヤー】をオンにします6。

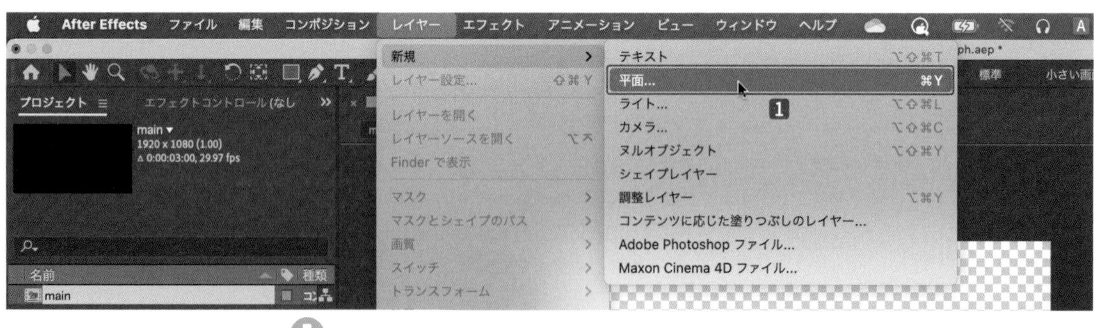

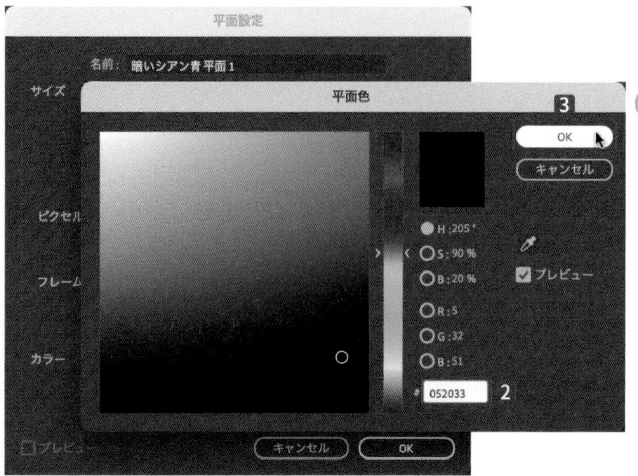

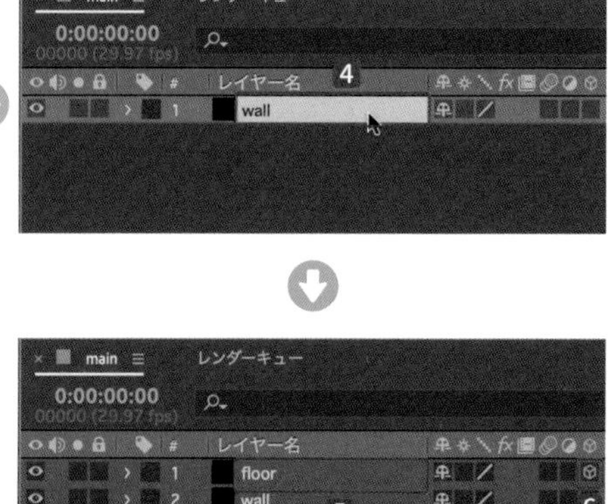

【floor】の**【トランスフォーム】**を展開すると、3D用になっています。**【X回転】**を**【90】**に設定すると7、空間のX座標方向に平行になります8。これを空間の床にします。

【floor】の**【位置】**のY座標を**【960】**に設定します9。

【スケール】を**【350】**に設定します10。ここまで大きくしているのは、このあとカメラ機能で奥行きを見せる際、床が切れないようにするためです。

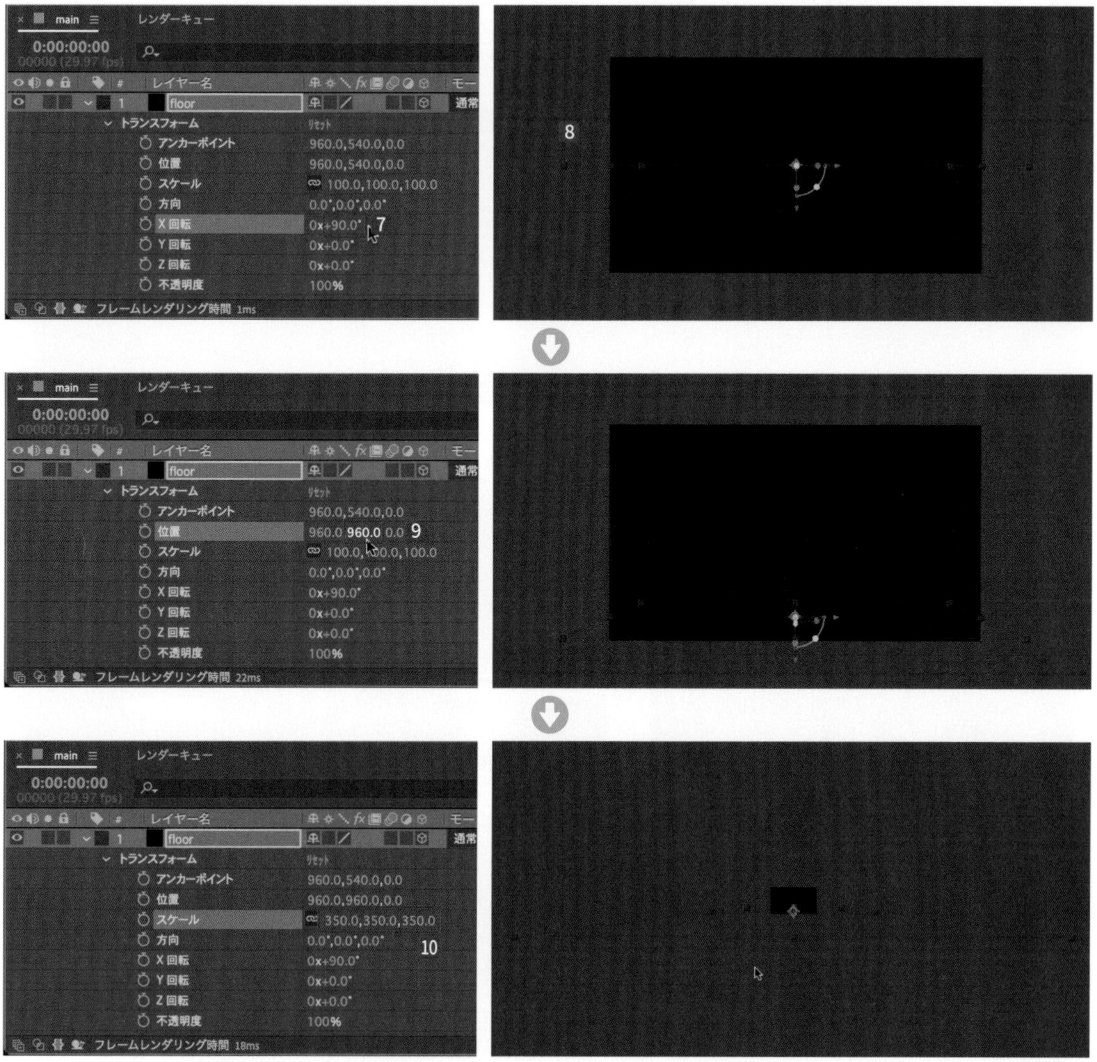

TIPS　3Dのトランスフォーム

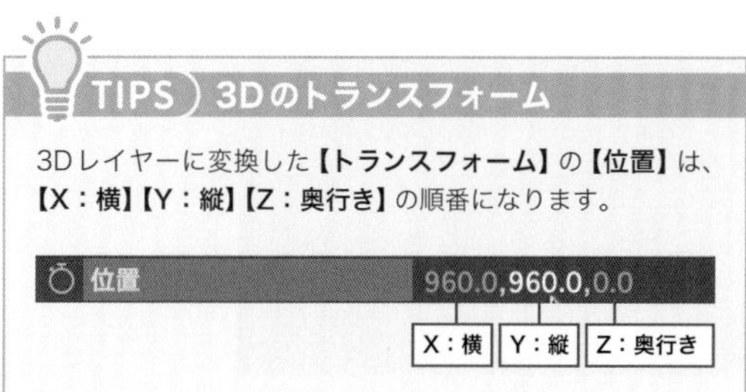

3Dレイヤーに変換した**【トランスフォーム】**の**【位置】**は、**【X：横】【Y：縦】【Z：奥行き】**の順番になります。

⠿ 棒グラフを作る

【レイヤー】メニューの**【新規】**から**【シェイプレイヤー】**を選択します❶。
【名前】を**【bar01】**にします❷。
【ペンツール】を選択します❸。
【塗りオプション】を**【なし】**に設定します❹❺❻。
【シェイプの線のカラー】❼を**【#0D6BB3】**に設定します❽❾。
【線幅】を**【100】**に設定します❿。

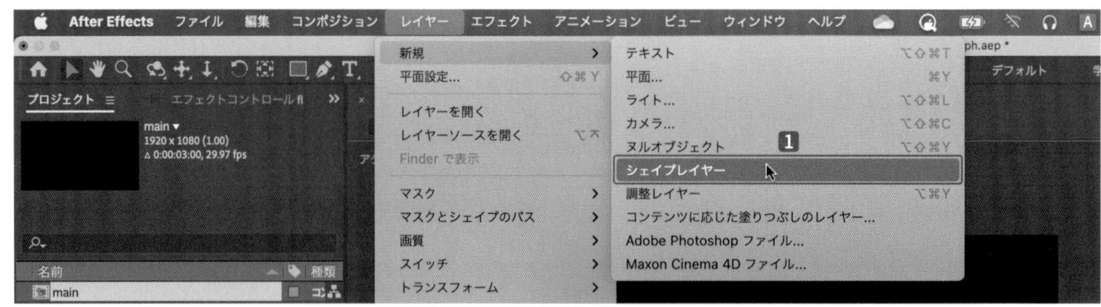

下から上に Shift キーを押しながら２ヶ所クリックすると11 12、直線のシェイプが作成されます。こちらの長さは適当でかまいません。

【アンカーポイント】が画面中央にあるので、**【アンカーポイントツール】**に切り替えて13、 command / Ctrl キーを押しながらシェイプの下部ポイントに移動させます（ command / Ctrl キーを押したままにすると、ポイントで吸着します）14。

【トランスフォーム】で**【位置】**を**【560,960】**に設定します15。**【グリッド】**を画面に表示させます16 17。

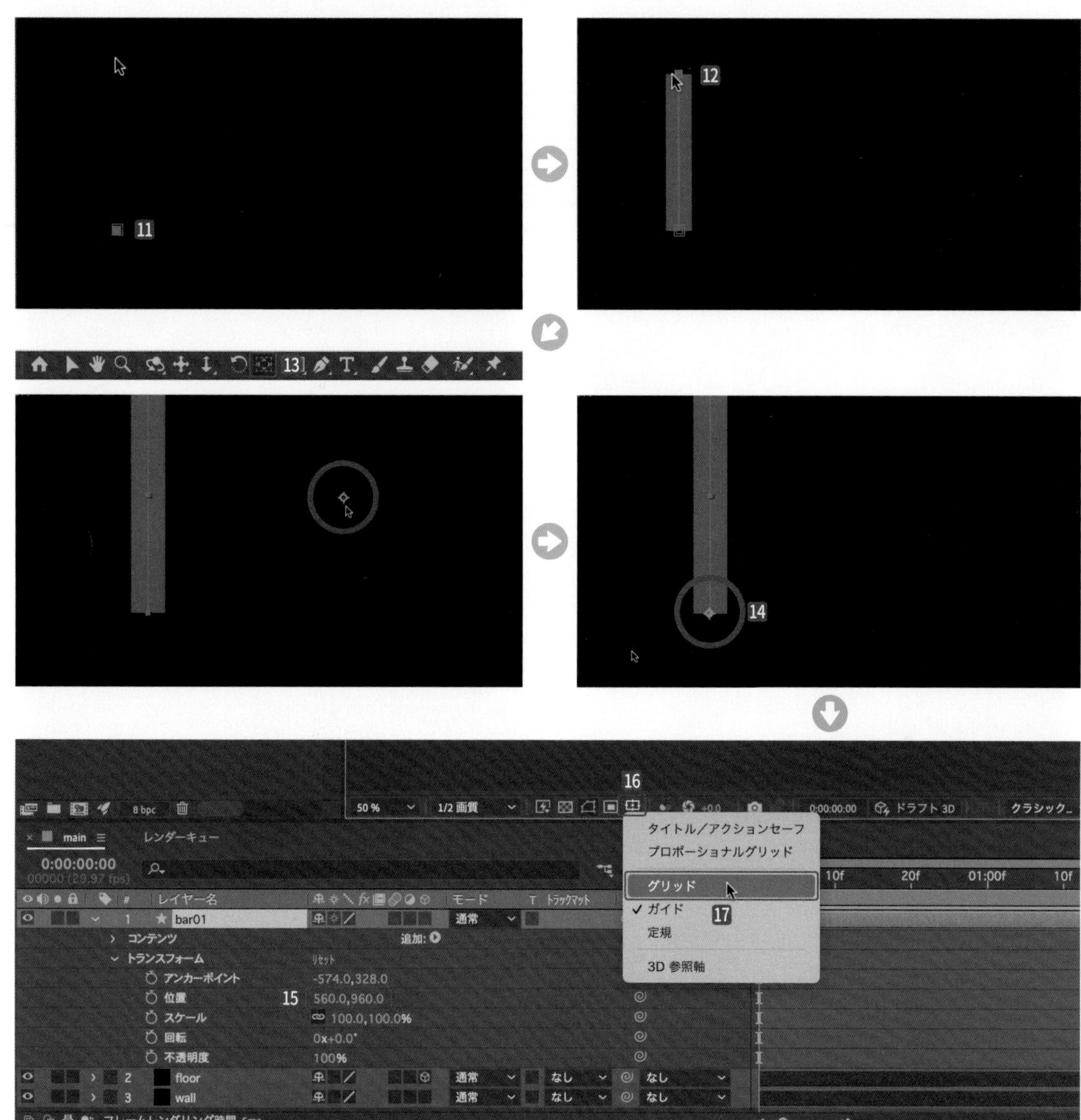

【ペンツール】に切り替えて18上部のポイントをドラッグし、上から８コマ目まで伸ばします19。
【グリッド】を解除します。【0:00:00:00】の位置20で【追加】をクリックして21、【パスのトリミング】を追加します22。
【終了点】を【0】に設定して23、【キーフレーム】を作成します24 25。

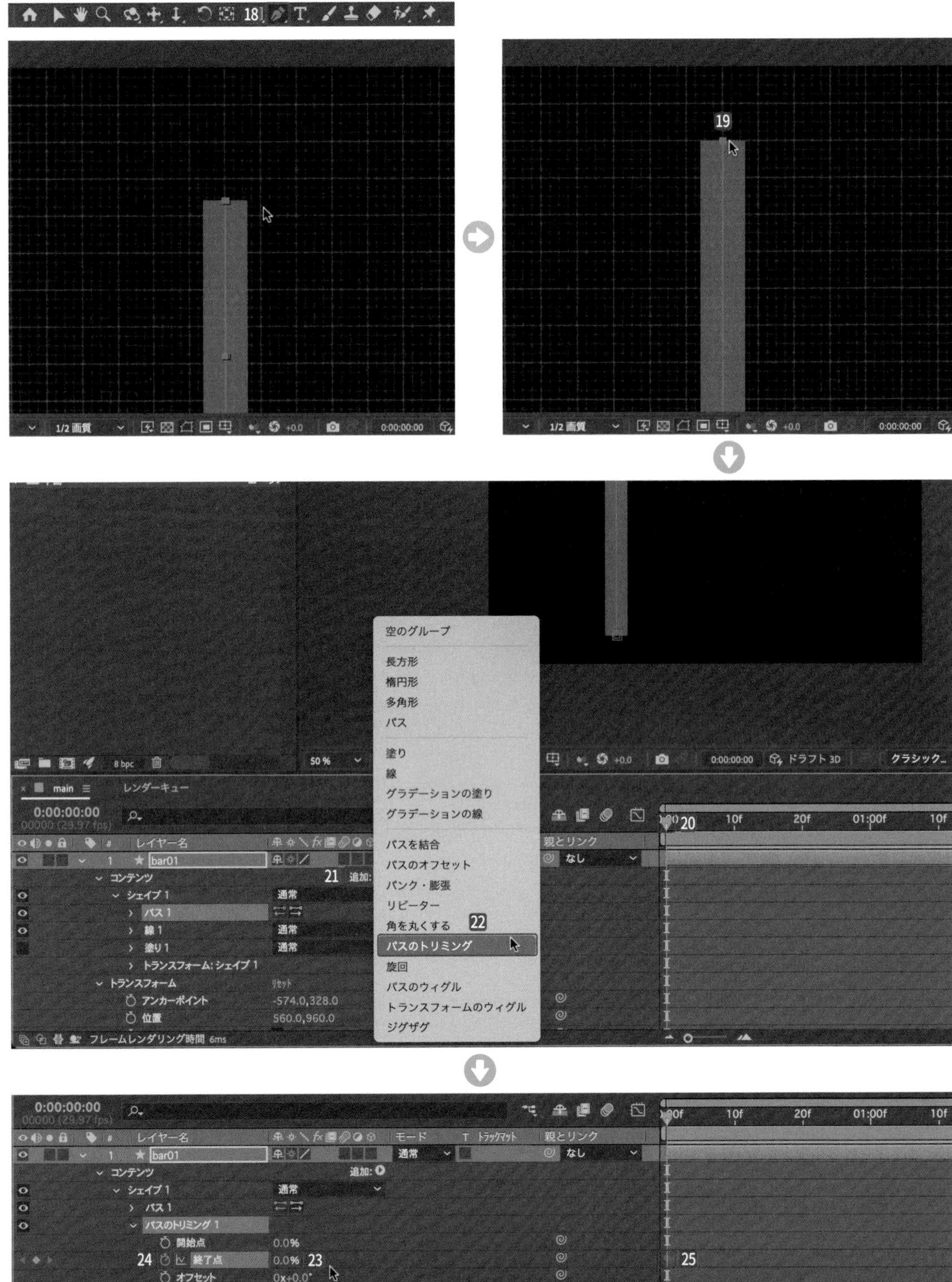

【0:00:02:00】に移動して㉖、**【終了点】**を**【50】**に設定します㉗。
【キーフレーム】に**【イージーイーズ】**（F9キー）を適用します㉘。
再生すると、2秒かけて棒が伸びていきます。

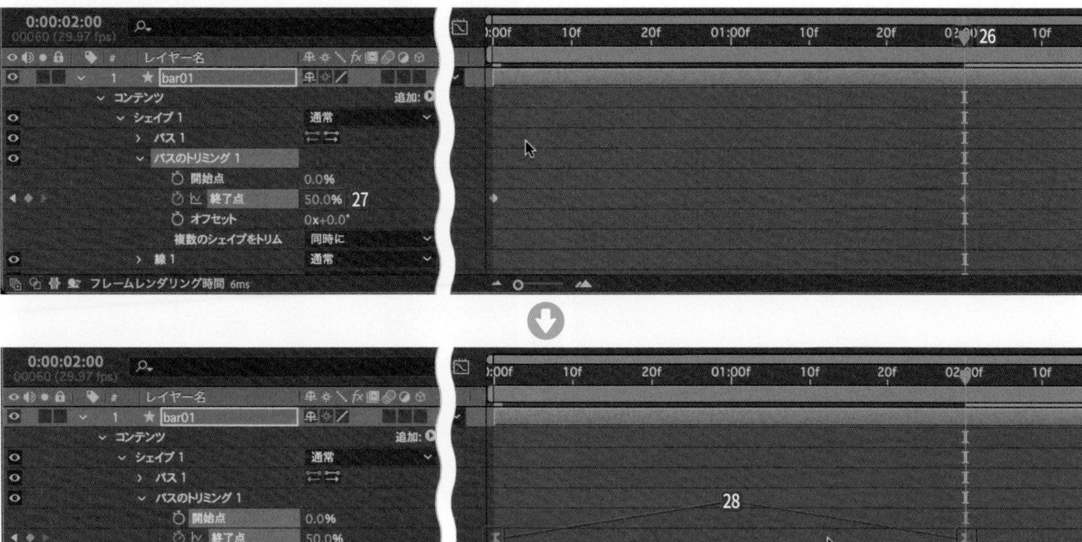

⁞⁞ 棒グラフを3Dにする

【bar01】の**【3Dレイヤー】**をオンにして❶展開し❷、**【レンダラーを変更】**をクリックします❸。
【レンダラー】を**【Cinema 4D】**に変更して❹、**【OK】**ボタンをクリックします❺。
すでに**【形状オプション】**を展開できている場合、レンダラーの変更は不要です。

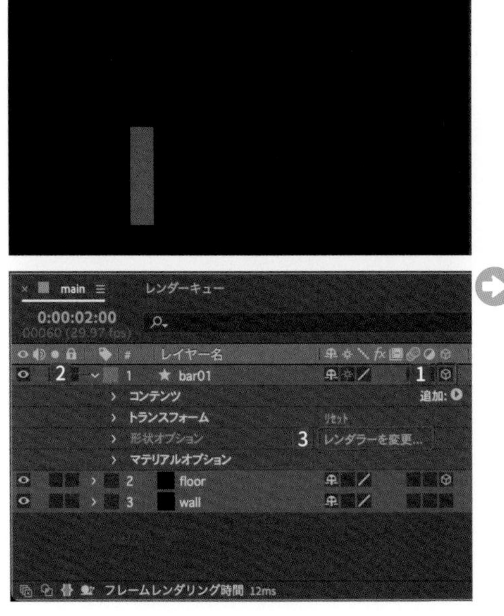

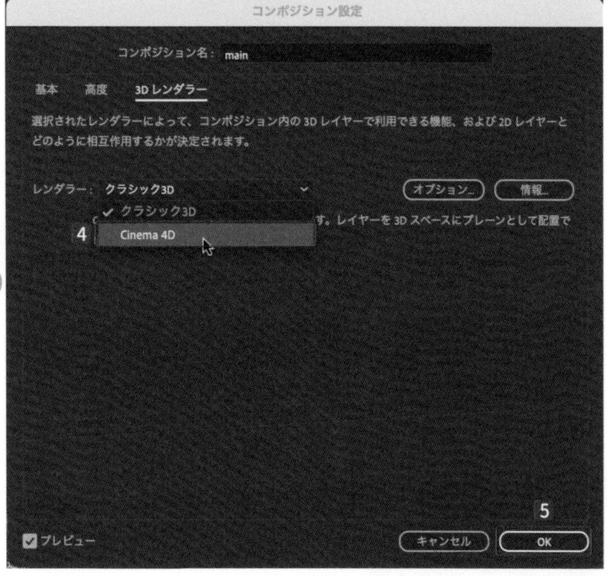

Chapter 4

【形状オプション】を展開できるようになるので、**【押し出す深さ】**を**【100】**に設定すると❻、奥行きが出ます。

【マテリアルオプション】で**【シャドウを落とす】**をオンにすると❼、**【ライト】**をつけたときに3D棒グラフにシャドウを適用することができます。

これで、ベースの完成です。

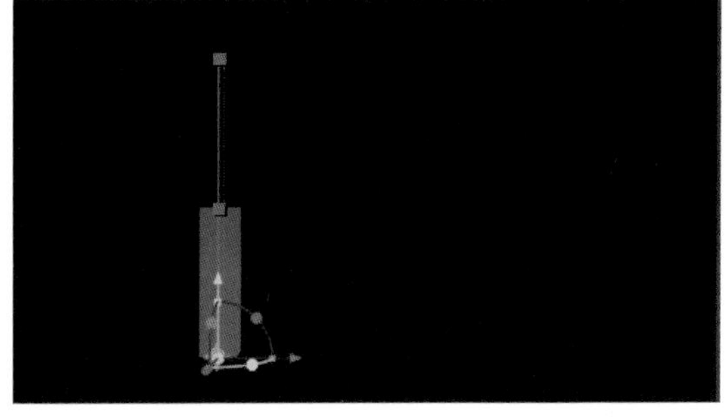

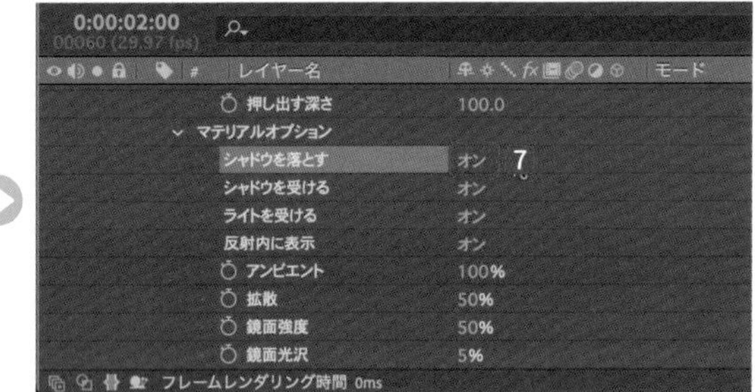

⠿ テキストを作る

【レイヤー】メニューの**【新規】**から**【テキスト】**（option / Alt ＋ Shift ＋ command / Ctrl ＋ T キー）を選択します❶。

【文字】パネルでフォントは**【VDL ロゴG】**❷、サイズは**【60】**❸、カラーは**【#FFFFFF】**（ホワイト）❹、**【段落】**パネルで**【テキストの中央揃え】**❺に設定します。

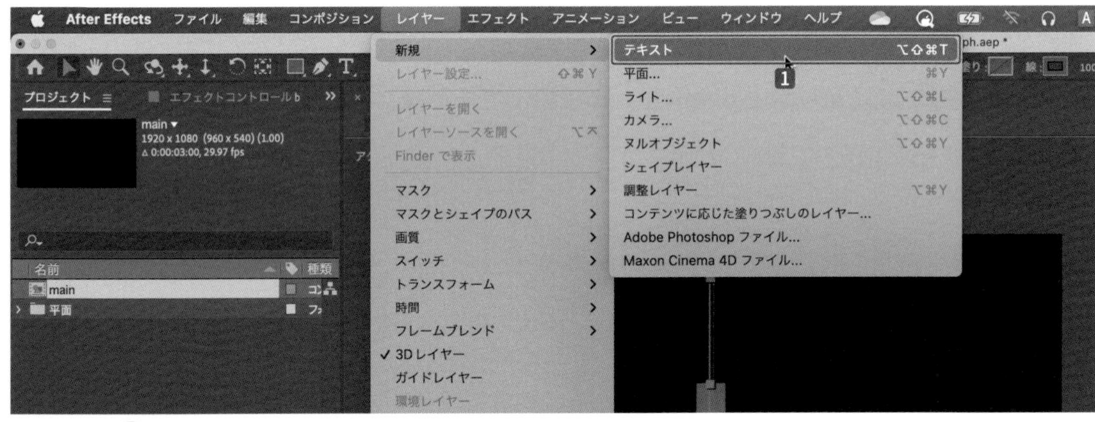

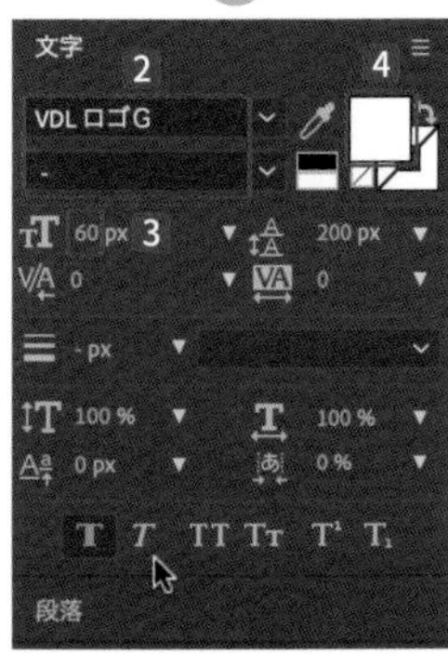

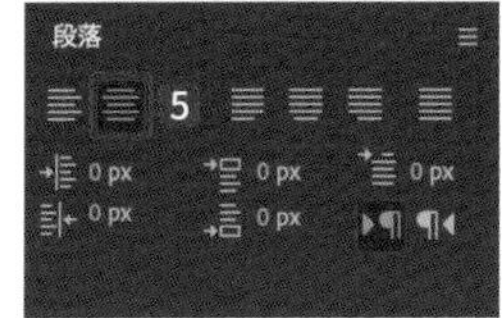

テキストを【**第１期**】とします❻。「１」は全角です。

テキストの【**3Dレイヤー**】❼をオンにします。【**位置**】を【**560,950,-100**】に設定します❽。

【**形状オプション**】の【**押し出す深さ**】を【**10**】に設定します❾。

【**マテリアルオプション**】の【**シャドウを落とす**】はオフのままにします（今回は視認性が悪くなるため、テキストに影は落としません）❿。

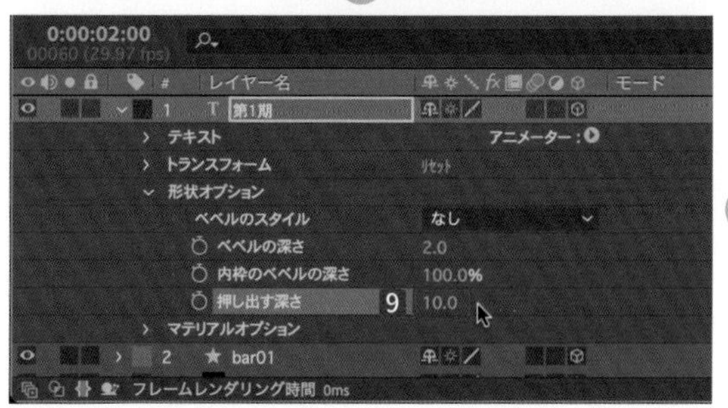

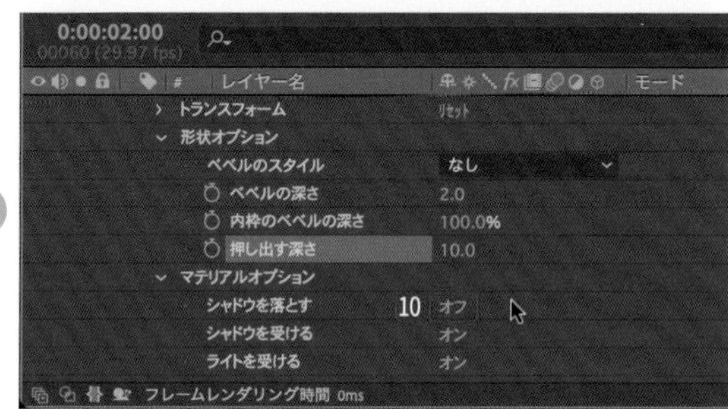

Chapter 4

ほかの3D棒グラフを作る

【第１期】と**【bar01】**クリップをコピー＆ペーストします（ command/Ctrl ＋ C ➡ command/Ctrl ＋ V キー）**1**。
ペーストされた**【bar02】**の**【位置】**のX座標を**【960】**に設定します**2**。
【0:00:02:00】の位置で**【パスのトリミング】**の**【終了点】**を**【90】**に設定します**3**。
ペーストされた**【テキスト】**クリップの**【位置】**のX座標を**【960】**に設定します**4**。
テキストは**【第２期】**と変更します**5**。

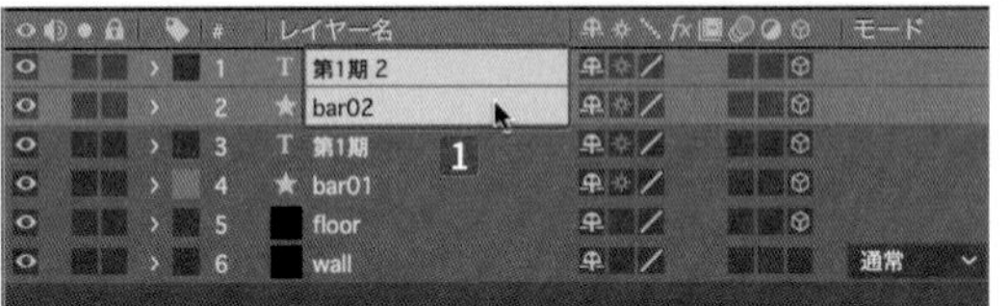

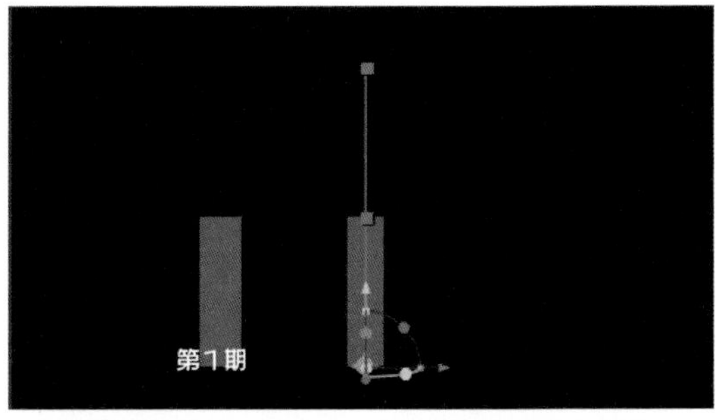

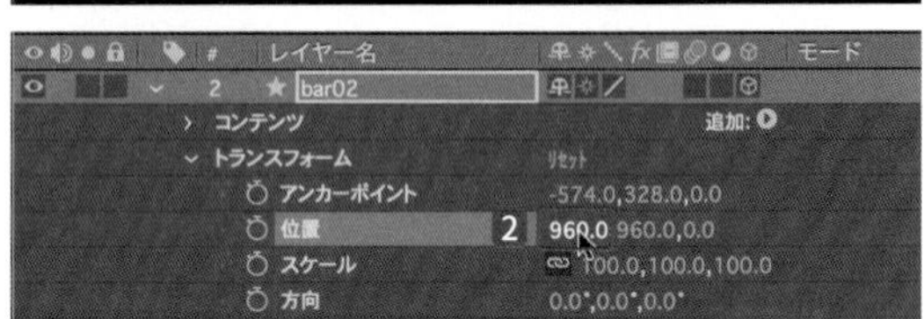

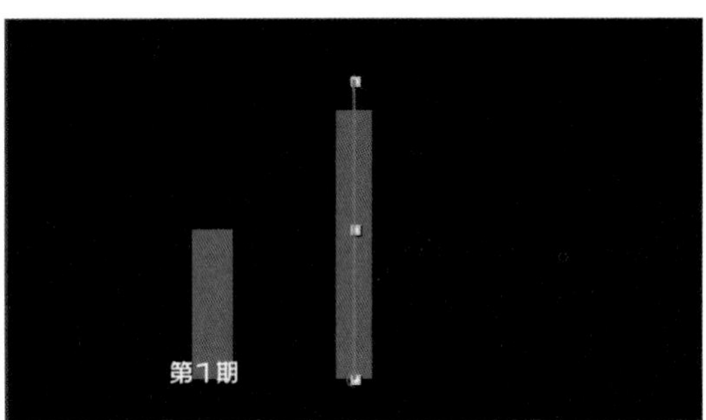

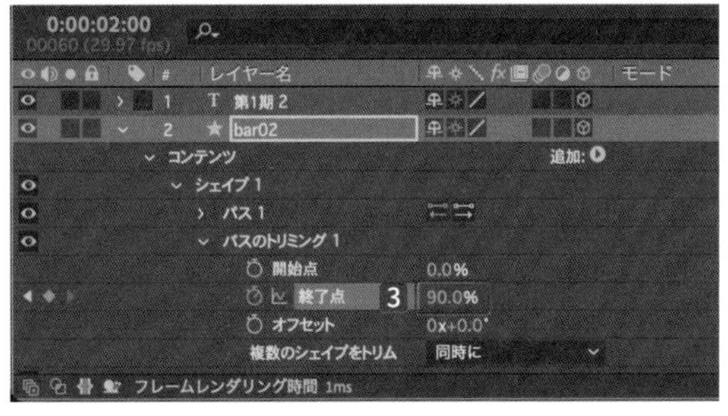

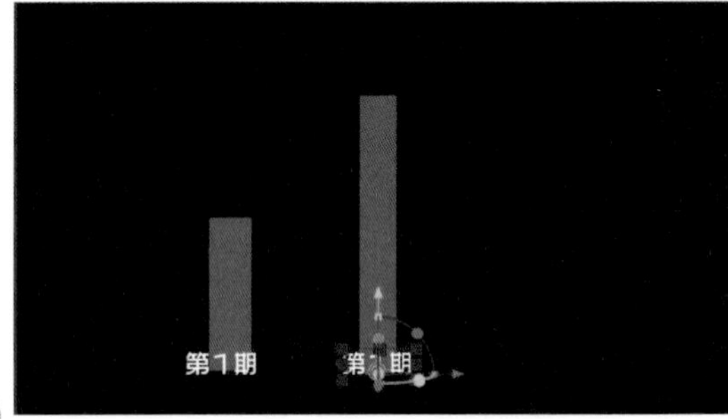

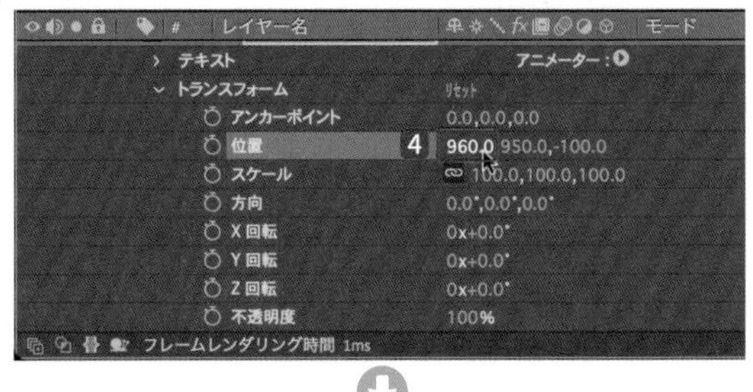

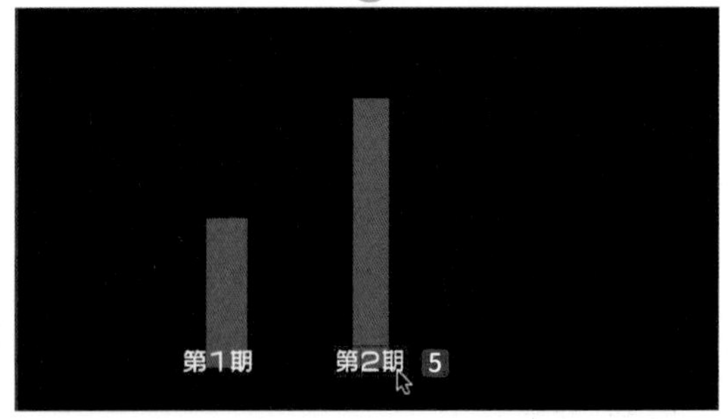

同様に、【第２期】と【bar02】クリップをコピー&ペーストします（command/Ctrl + C ➡ command/Ctrl + V キー）6。ペーストされた【bar03】の【位置】のX座標を【1360】に設定します7。

【0:00:02:00】の位置で【パスのトリミング】の【終了点】を【100】に設定します8。

ペーストされた【テキスト】クリップの【位置】のX座標を【1360】に設定します9。

テキストは【第３期】と変更します10。

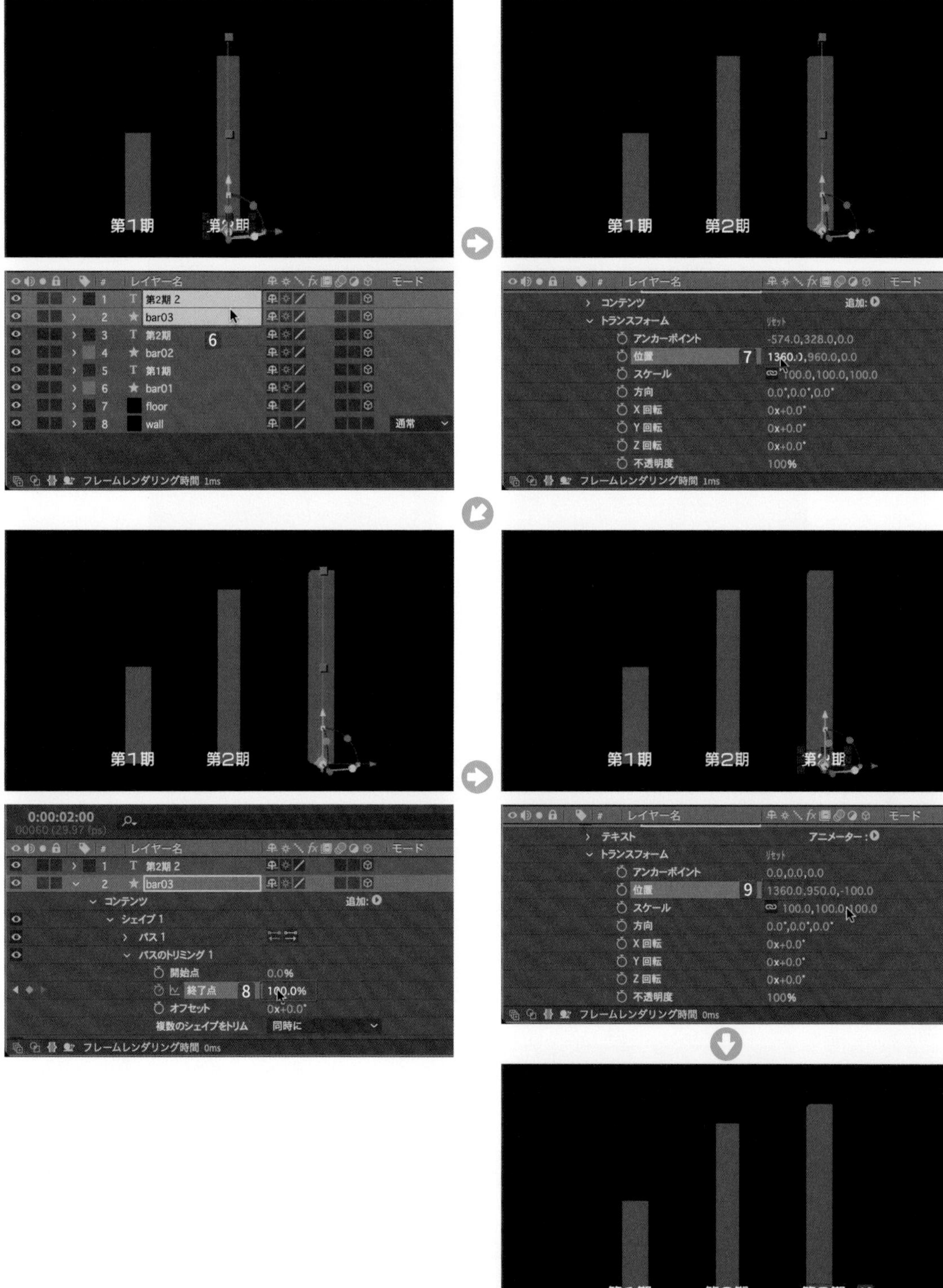

⁞⁞ カメラで動きをつける

【レイヤー】メニューの**【新規】**から**【カメラ...】**（option/Alt ＋ Shift ＋ command/Ctrl ＋ C キー）を選択します1。
【カメラ設定】ダイアログボックスで**【2 ノードカメラ】**2の**【50mm】**3を選択します4。
【カメラ 1】レイヤーを一番上に配置します5。
【トランスフォーム】を展開して6、**【位置】**を**【6800,-400,-1300】**に設定します7。

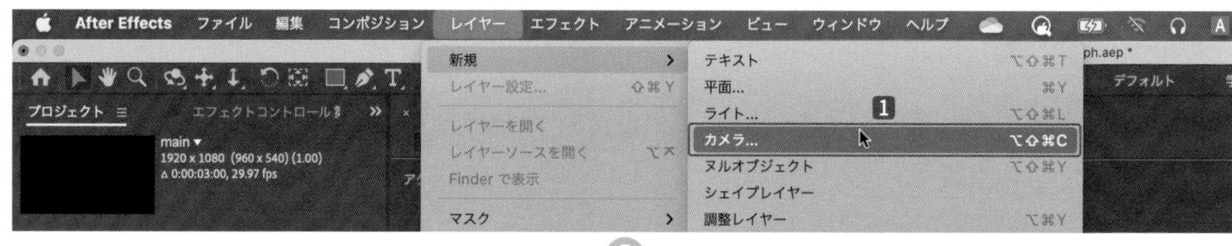

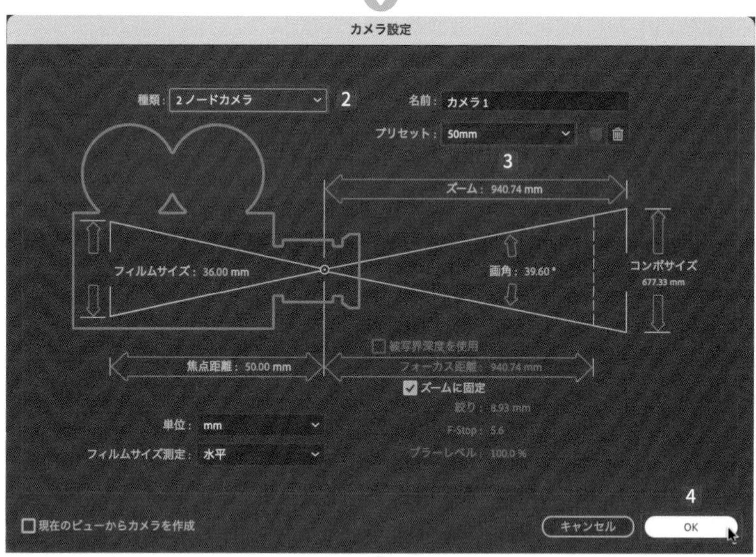

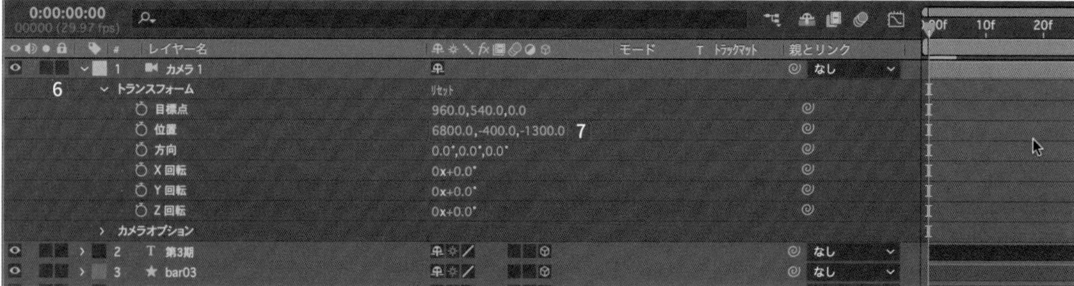

グラフを右上から下を見下ろしているカメラ位置になります8。

【0:00:00:00】に移動して9、【位置】に【キーフレーム】を作成します10 11。

【0:00:01:20】に移動して12、【位置】を【1600,500,-2400】に設定します13。

【キーフレーム】に【イージーイーズ】（F9 キー）を適用します14。

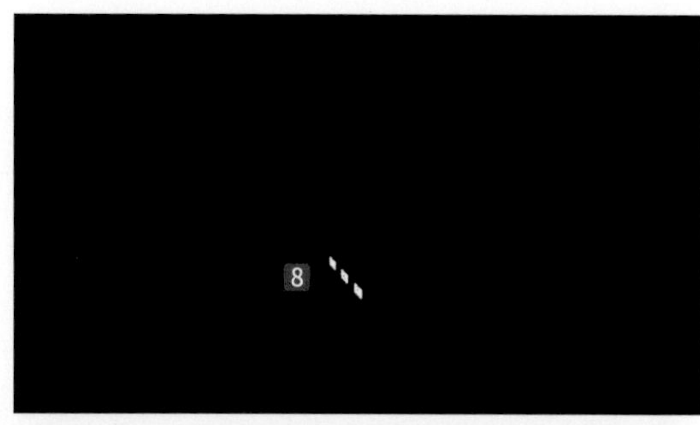

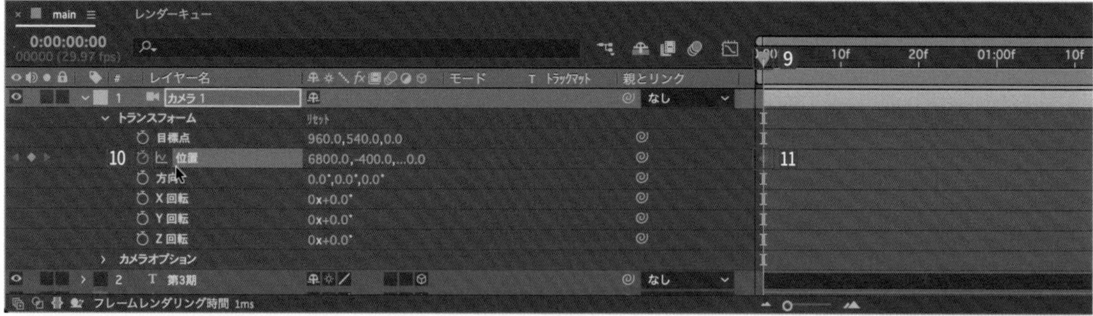

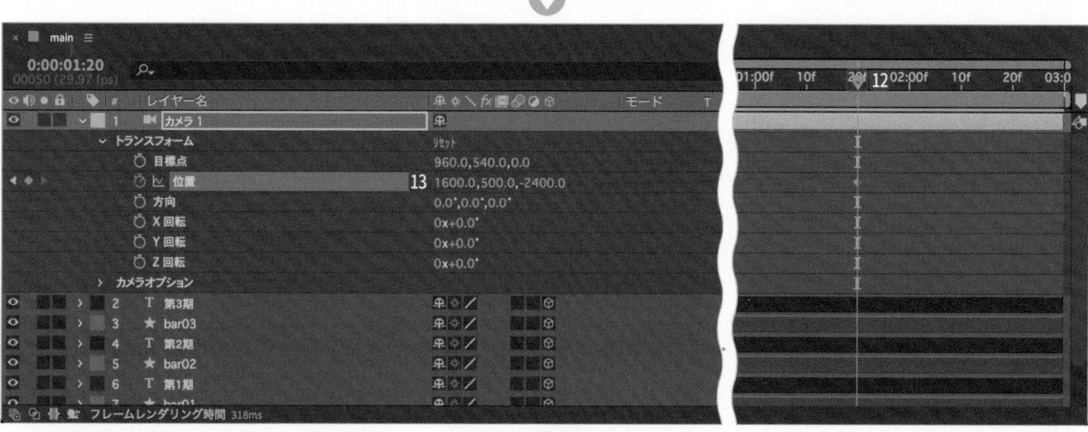

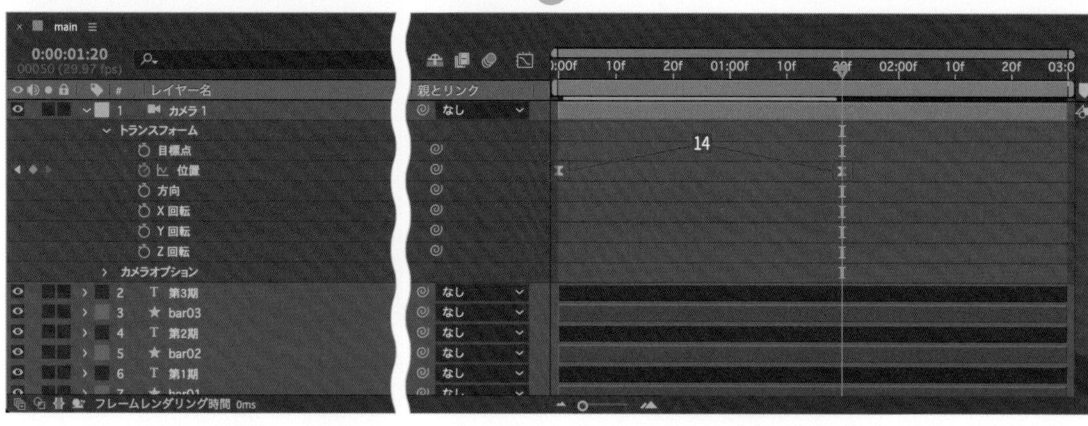

再生すると、右上から真正面に移動するカメラアニメーションになります。

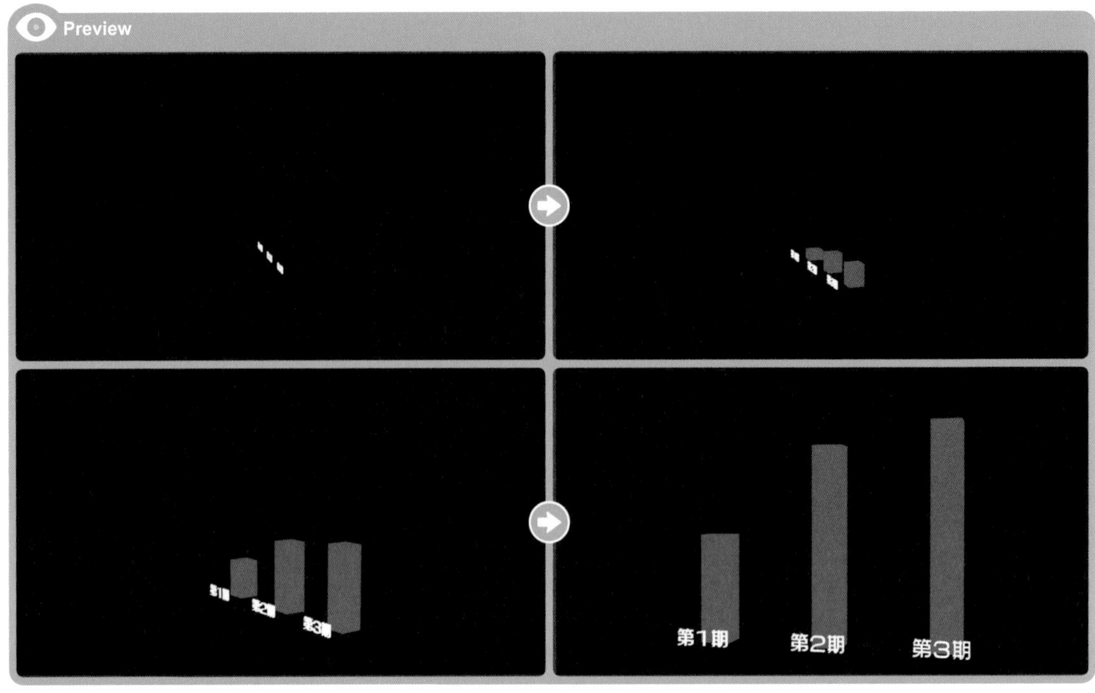

ライトでコントラストをつける

【レイヤー】メニューの【新規】から【ライト…】（option/Alt＋Shift＋command/Ctrl＋Lキー）を選択します1。

【ライト設定】ダイアログボックスで【ライトの種類】を【平行】2、【カラー】を【#FFFFFF】（ホワイト）3に設定します。また、【シャドウを落とす】にチェックを入れて4、【OK】ボタンをクリックします5。

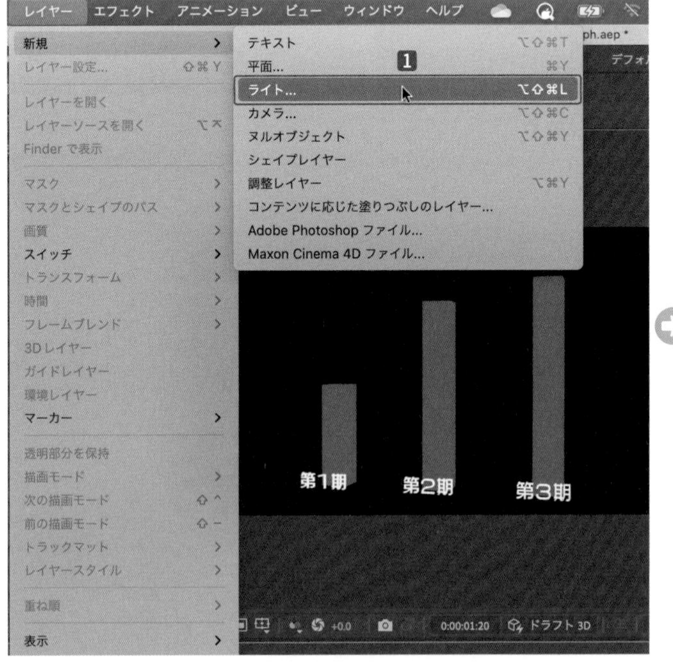

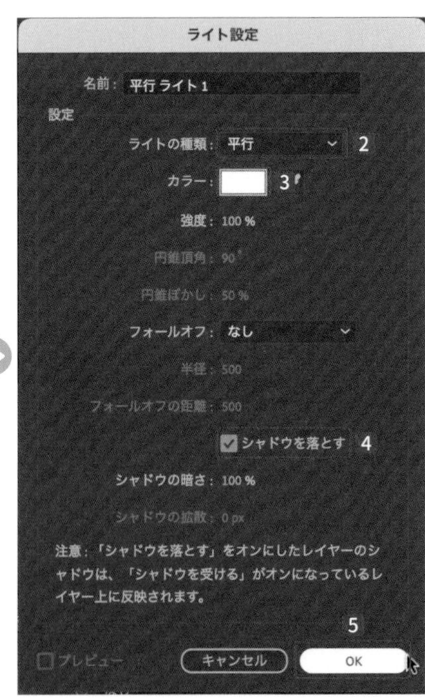

【平行ライト 1】を一番上に配置して❻、**【トランスフォーム】**の**【位置】**を**【700,40,-600】**に設定します❼。

平行ライトは一方向に当たるライトです。立体感のある被写体に当てると、奥行きが強調されてメリハリが出ます。

まだ床が暗いので、全体を明るくするために、もう１つライトを追加します。再度**【レイヤー】**メニューの**【新規】**から**【ライト…】**を選択して、**【ライト設定】**ダイアログボックスの**【ライトの種類】**で**【アンビエント】**を選択し❽、**【カラー】**を**【#FFFFFF】**（ホワイト）に設定します❾。アンビエントは全体を明るくします。

【アンビエント ライト 1】を一番上に配置します❿。明るくなりすぎたので、**【ライトオプション】**を展開し⓫、**【強度】**を**【50】**に設定します⓬。

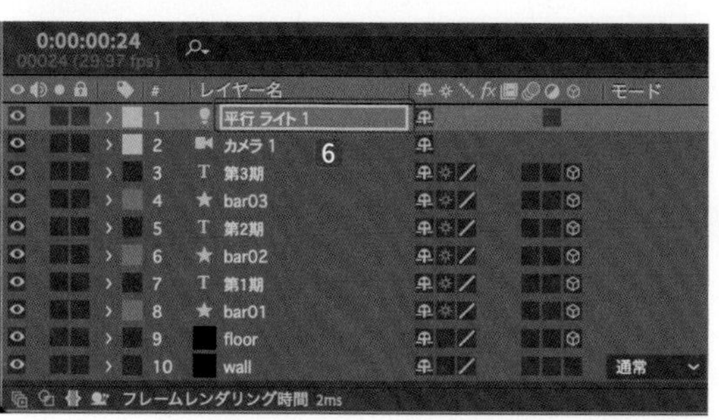

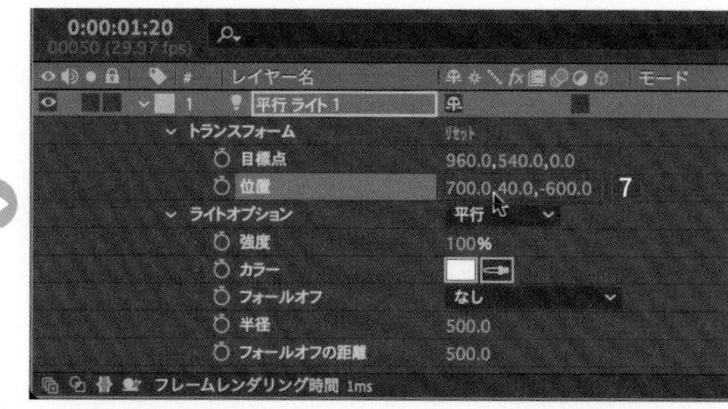

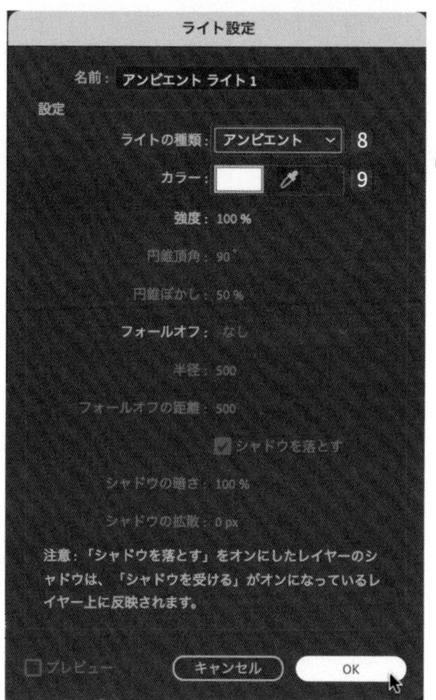

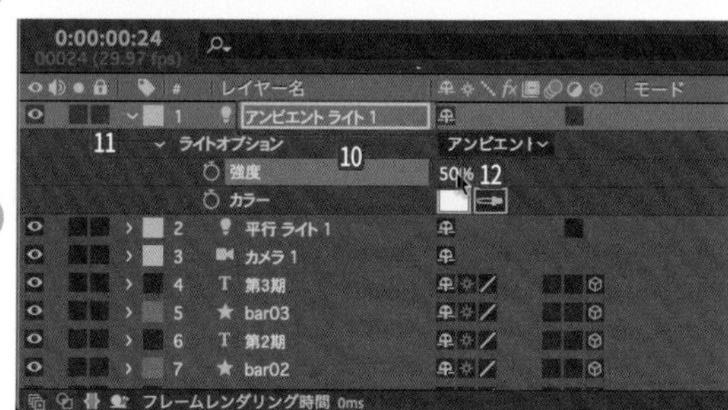

再生すると、3D空間の奥行き感のある棒グラフアニメーションが出来上がりました。

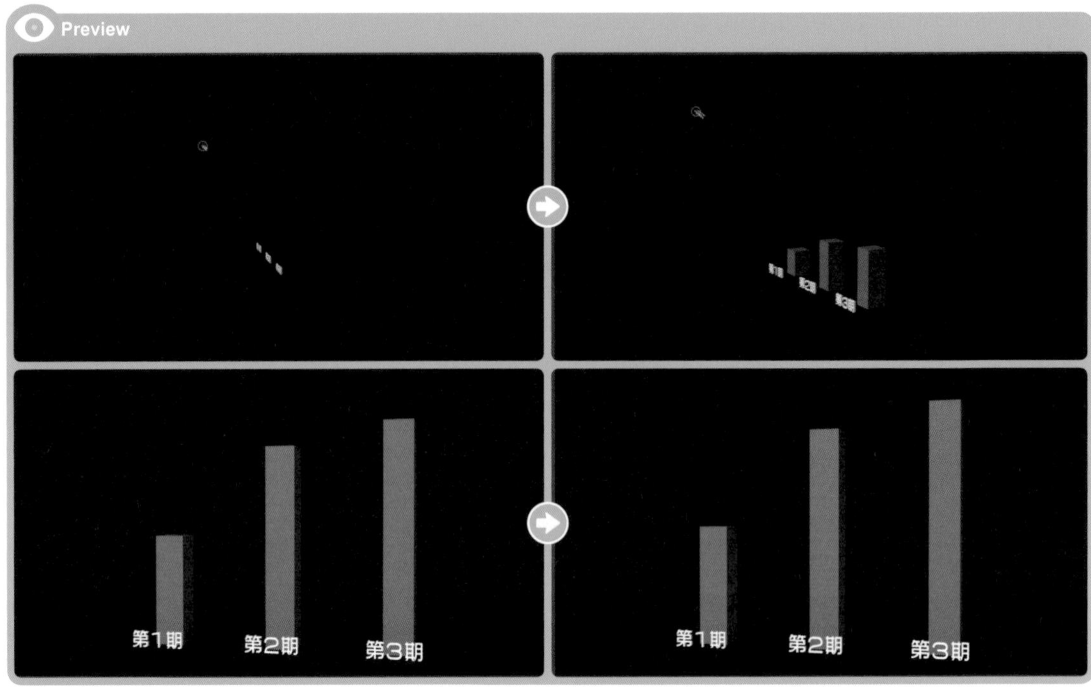

これで完成です。

TIPS タイトルアニメーション

本書はイラストのアニメーション方法を主体に解説しているため、タイトルアニメーションはあまり触れていませんが、After Effectsには数多くのアニメーションプリセットが搭載されています。
【ウィンドウ】メニューから**【エフェクト＆プリセット】**（command/Ctrl＋5キー）をオンにします。

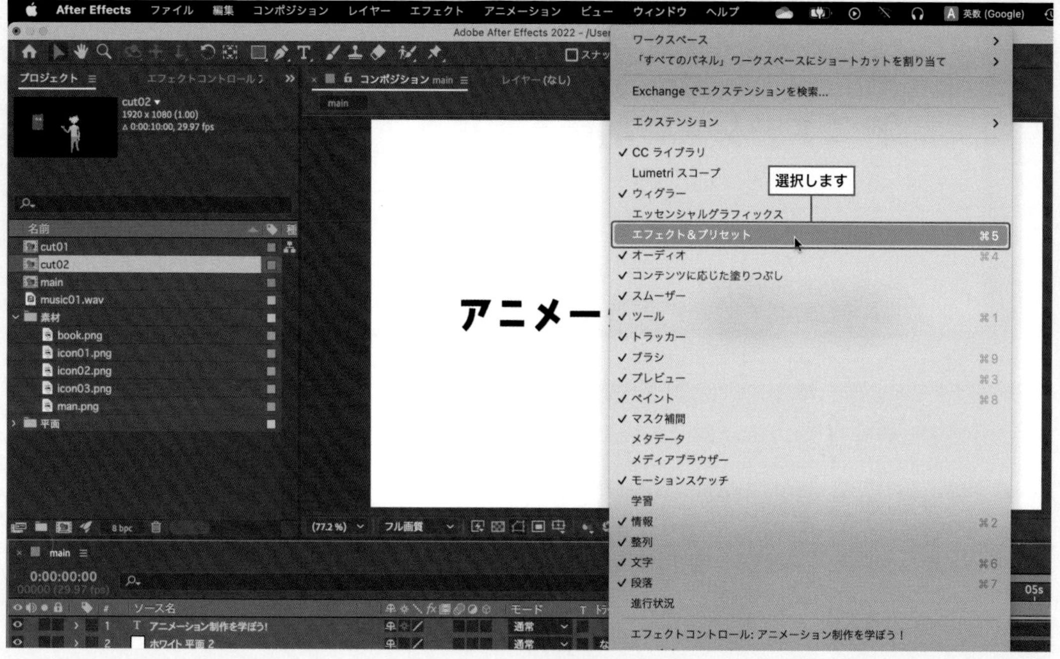

【エフェクト＆プリセット】パネルが表示され、展開すると**【アニメーションプリセット】**があります。
その中の**【Text】**を展開すると、タイトルアニメーションのプリセットが用意されています。

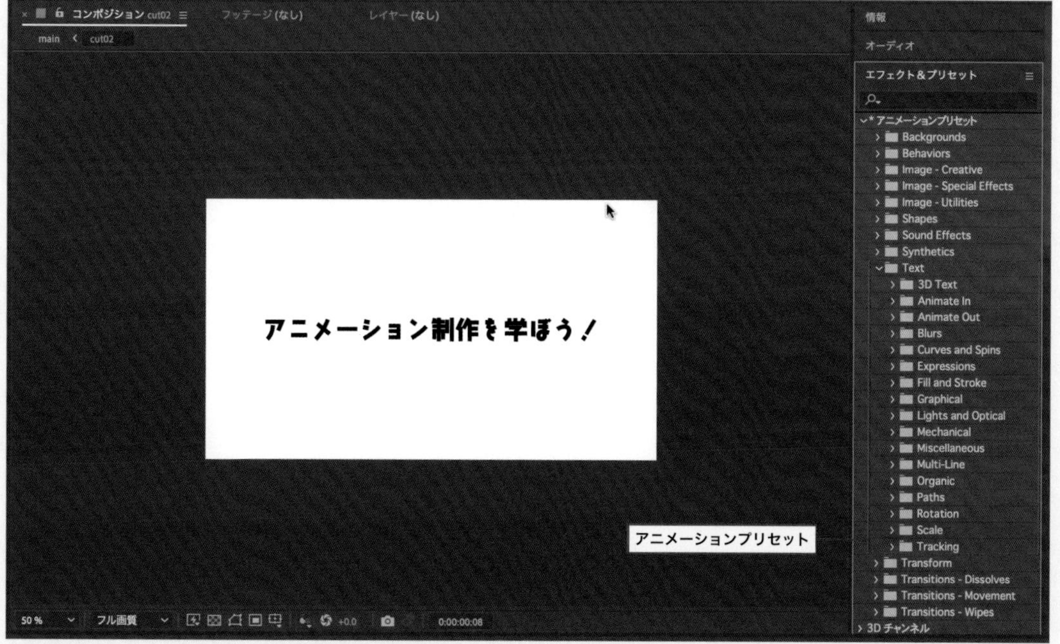

次ページへつづく

使いたい項目を【テキスト】クリップにドラッグ、またはクリップを選択した状態でダブルクリックすると適用されます。

さまざまな用途で使用できますので、ぜひ試してみましょう。

Chapter

5

― 上級編 ―

キャラクターアニメーションを作ろう！

これまではトランスフォームアニメーションを軸としたアニメーション制作でしたが、この章ではキャラクターの表情や背景の作り方、イラストにひと工夫加えるエフェクトなどを解説していきます。

Section 5 1

キャラクターの表情の作り方

ここでは笑顔や驚き、困った表情の変化を、パスアニメーションを使って作っていきます。

新規プロジェクトを作る

【ホーム画面】で**【新規プロジェクト】**ボタンをクリックします（15ページ参照）。

【ファイル】メニューの**【別名で保存】**から**【別名で保存...】**（Shift＋command/Ctrl＋Sキー）を選択して（25ページ参照）、**【別名で保存】**ダイアログボックスで**【face】**と名前をつけて❶、**【保存】**ボタンをクリックします❷。

保存先は作業するハードディスクとフォルダーを選択してください。

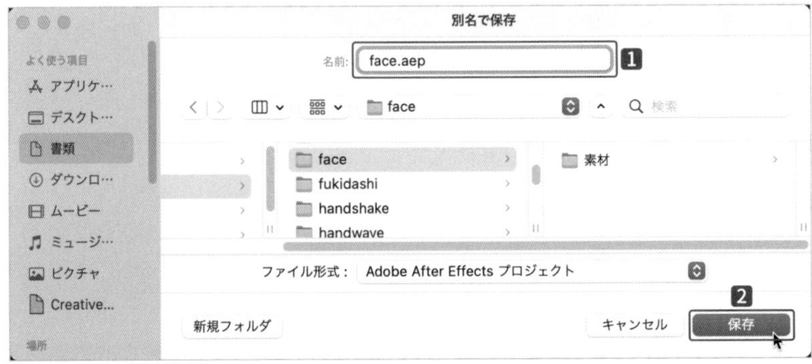

新規コンポジションを作る

【コンポジション】メニューから**【新規コンポジション...】**（command/Ctrl＋Nキー）を選択して、**【コンポジション設定】**ダイアログボックスを表示します（29ページ参照）1。

【コンポジション名】は**【main】**2、**【プリセット】**は**【カスタム】**3を選択します。

今回は正方形の動画なので、**【幅：1080px】【高さ：1080px】**と入力します4。

【デュレーション】を**【0:00:10:00】**に設定して5、**【OK】**ボタンをクリックします6。

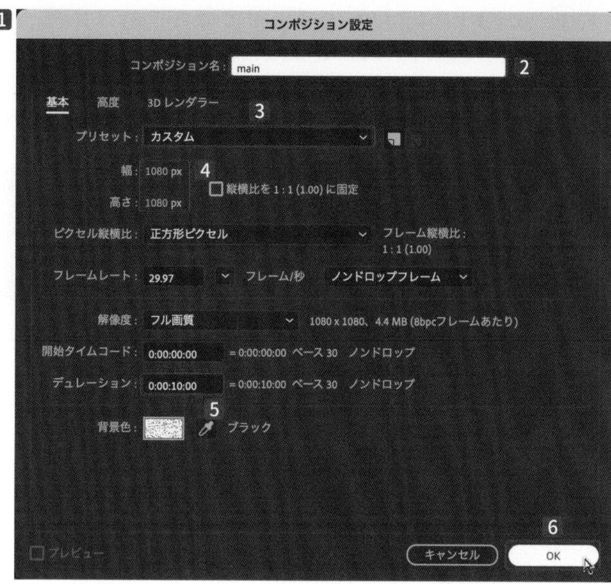

ファイルを読み込む

【ファイル】メニューの**【読み込み】**から**【ファイル...】**（command/Ctrl＋Iキー）を選択して**【ファイルの読み込み】**ダイアログボックスを表示します1

【素材】フォルダーから**【face.ai】**を選択し2、**【読み込みの種類】**で**【コンポジション】**を選択して3、**【開く】**ボタンをクリックします4。

読み込んだときに自動作成された**【face】**のコンポジションは使用しないので、Deleteキーで削除します（94ページ参照）5。

∷ 素材を配置する

【プロジェクト】パネルから【faceレイヤー】を展開します❶。

すべて選択して❷、【タイムライン】パネルに配置します❸。

顔のパーツのように、上から【eyebrow_left/face.ai】【eyebrow_right/face.ai】【eye_left/face.ai】【eye_right/face.ai】【nose/face.ai】【mouth/face.ai】【face/face.ai】の順番に設定します❹。

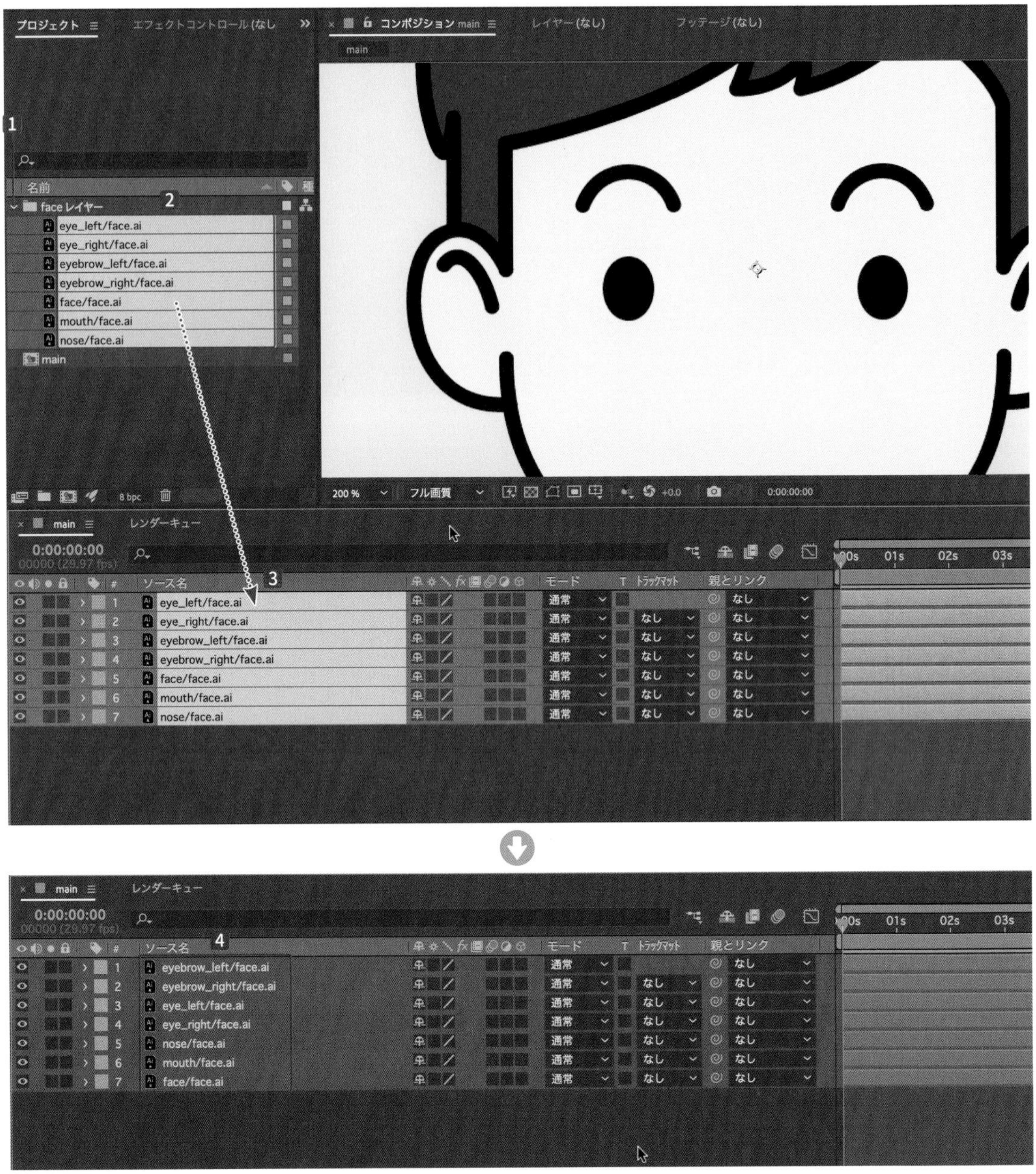

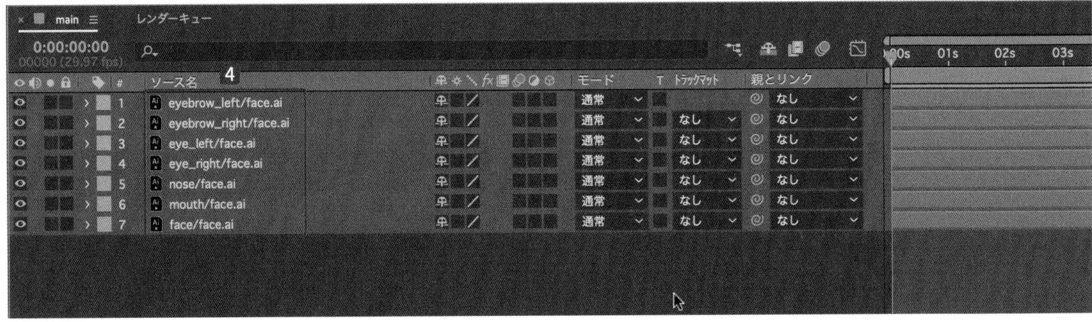

シェイプ化する

【face/face.ai】以外のクリップを選択して1、右クリックしてショートカットメニューの【作成】から【ベクトルレイヤーからシェイプを作成】を選択します2。

アウトライン化されたクリップが選択された状態になっているので、【レイヤー】メニューの【トランスフォーム】から【アンカーポイントをレイヤーコンテンツの中央に配置】（option/Alt＋command/Ctrl＋fn/Home＋←キー：macOSはfnキーをオンにしてください）を選択すると3、各々のアンカーポイントがレイヤーの中心に移動します。

【face/face.ai】以外のaiクリップを削除します4。

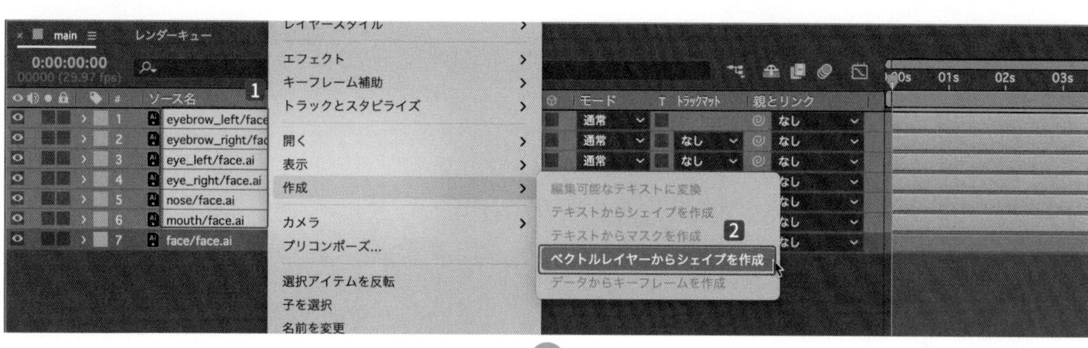

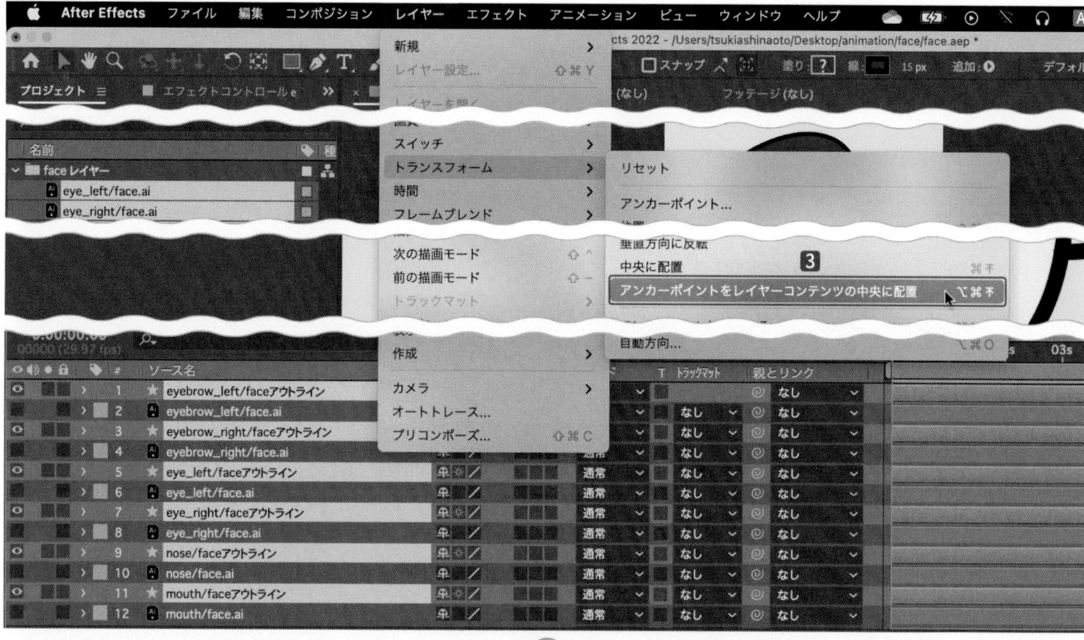

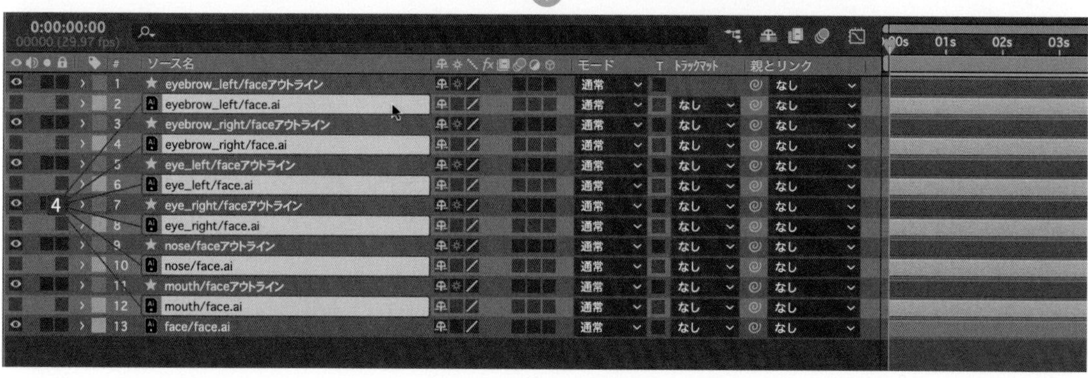

【レイヤー】メニューの**【新規】**から**【ヌルオブジェクト】**（option/Alt＋Shift＋command/Ctrl＋Yキー）を選択します5。**【ヌル 1】**を一番上に配置します。

下図のように**【mouth/faceアウトライン】**と**【face/face.ai】**クリップ以外を選択して6、**【ヌル 1】**を親に設定します7。**【ヌル 1】**を動かすと、眉・目・鼻が一緒に動きます。

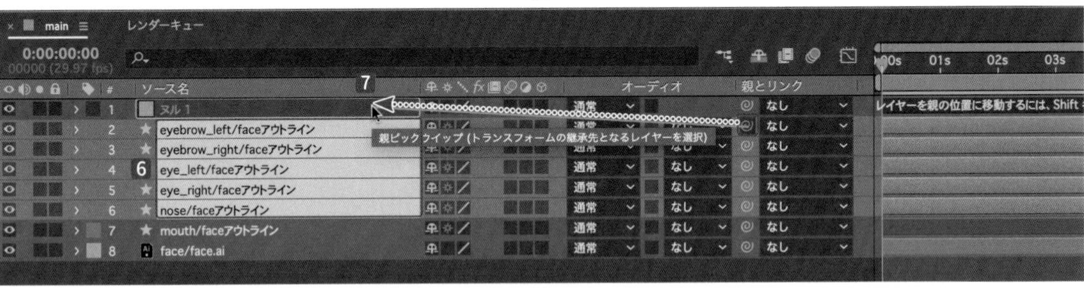

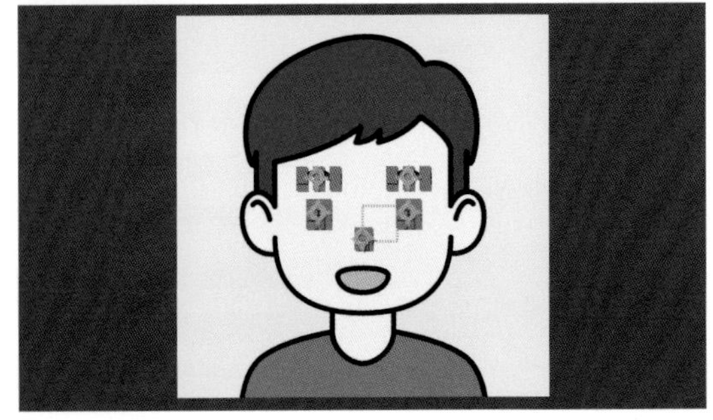

ロパクアニメーションを作る

【グリッド】表示に変更します❶❷。

【0:00:00:13】の位置に移動して❸、【mouth/faceアウトライン】を展開します❹。【コンテンツ】の【グループ1】を開いて【パス1】を展開し❺、【パス】に【キーフレーム】を作成します❻。

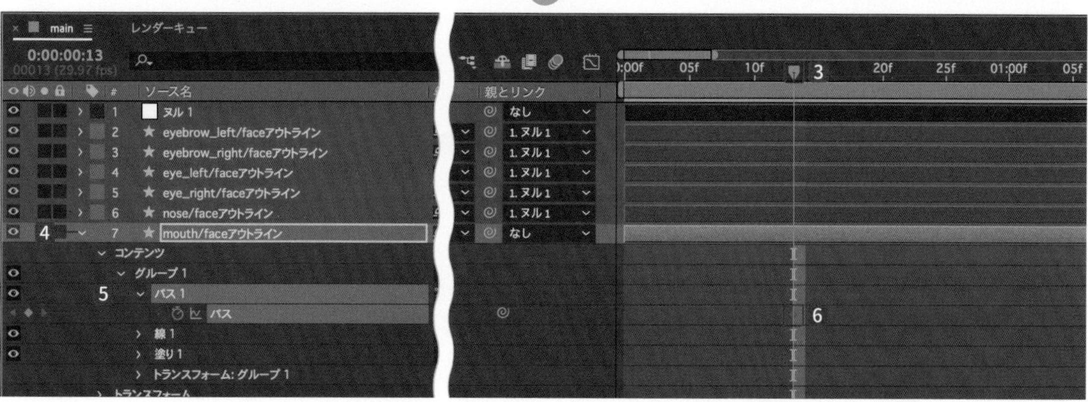

【0:00:00:10】の位置に移動します7。【パス１】だけを選択した状態で8、【選択ツール】9で唇の上にあるポイントをドラッグして選択すると10、ポイントが青くなります。

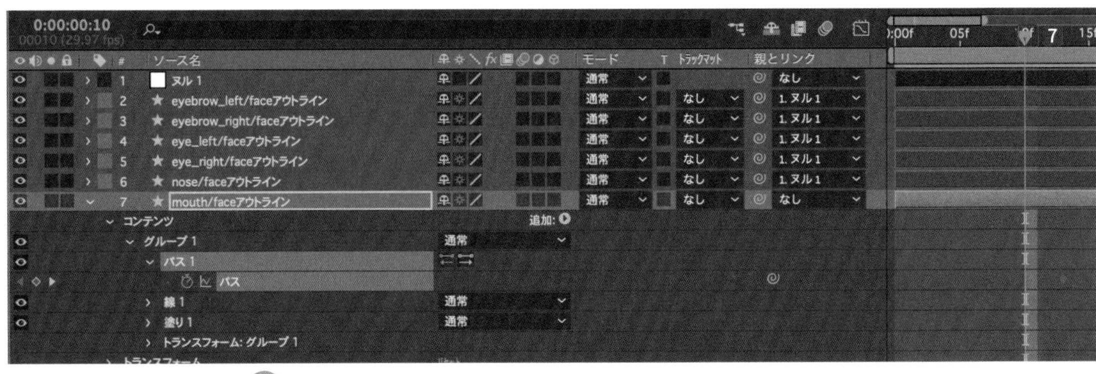

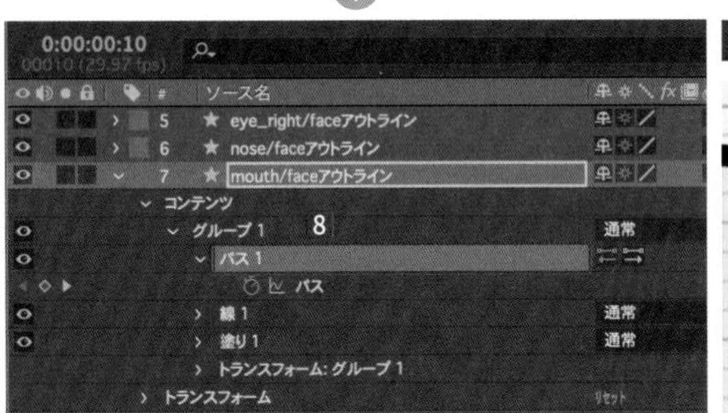

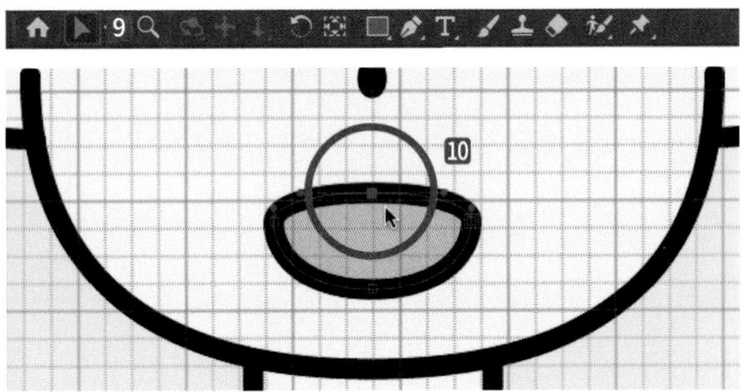

【選択ツール】でポイントを選択したら、下図の位置を参考にして、Shift キーを押しながらドラッグして下げます11。
唇の下にあるポイントをドラッグして選択します12。
下図の位置を参考にして、Shift キーを押しながらポイントをドラッグして上げます13。
さきほど調整した上の唇のポイントと重ねます14。

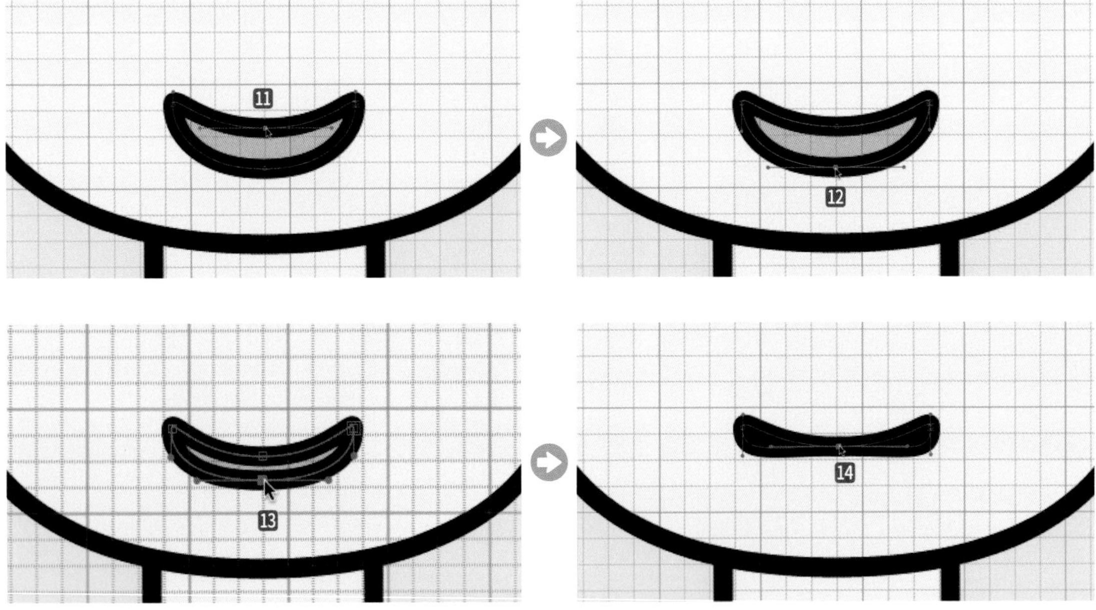

【ペンツール】を長押しして、【頂点を切り替えツール】を選択します15。

唇の右のポイントをクリックすると16、ポイントのハンドルが消えます17。

同様に唇の左のポイントをクリックすると18、ポイントのハンドルが消えます。これで閉じた口ができます19。

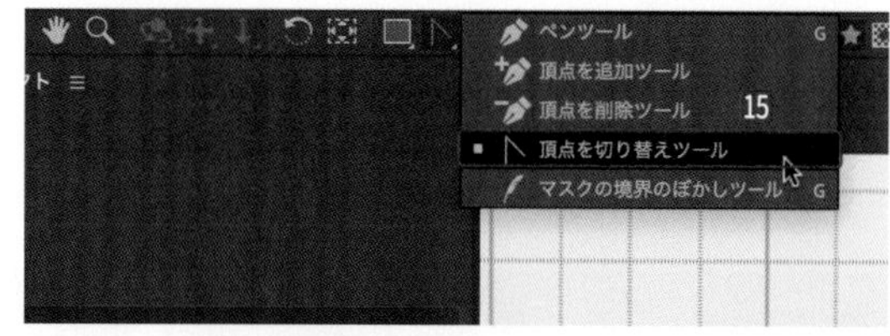

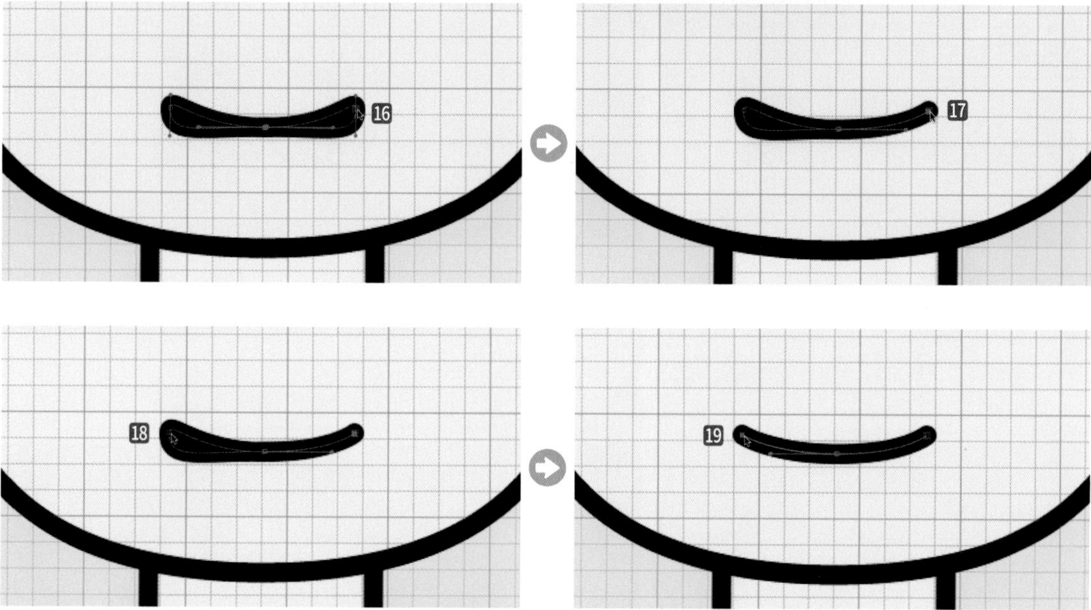

【0:00:00:16】の位置に移動して20、【キーフレーム】を作成します21 22。
ここは、口が開いた状態の「タメ」を作っています。

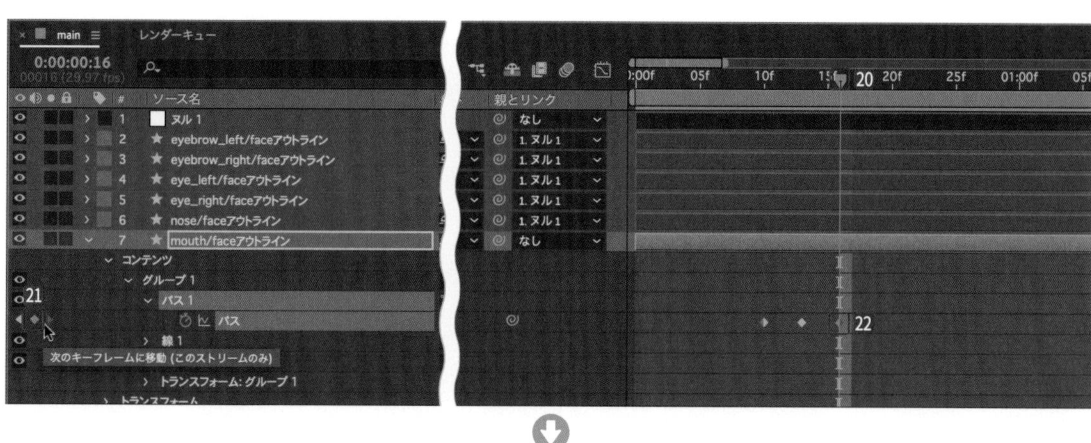

【0:00:00:19】の位置に移動して㉓、【0:00:00:10】の口が閉じた【キーフレーム】㉔をコピー&ペーストします（command/Ctrl ＋ C ➡ command/Ctrl ＋ V キー）㉕。

【0:00:00:22】の位置に移動して㉖、【0:00:00:13】と【0:00:00:16】の口が開いた【キーフレーム】をコピー（command/Ctrl ＋ C キー）㉗&ペーストします（command/Ctrl ＋ V キー）㉘。

【0:00:00:28】の位置に移動します㉙。【0:00:00:10】の口が閉じた【キーフレーム】をコピー&ペーストします（command/Ctrl ＋ C ➡ command/Ctrl ＋ V キー）㉚㉛。

再生すると、口パクのアニメーションになります。

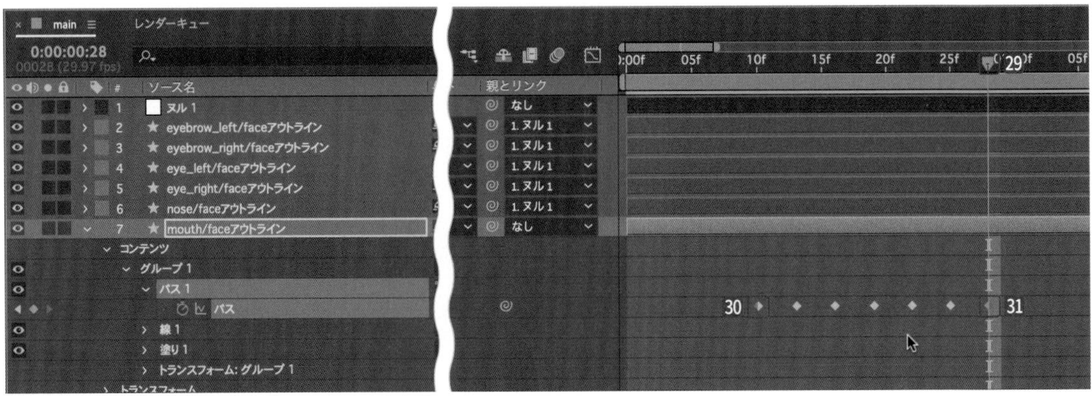

∷ 驚きの口を作る

【0:00:02:00】の位置に移動して❶、【mouth/faceアウトライン】の【パス】に【キーフレーム】を作成します❷❸。

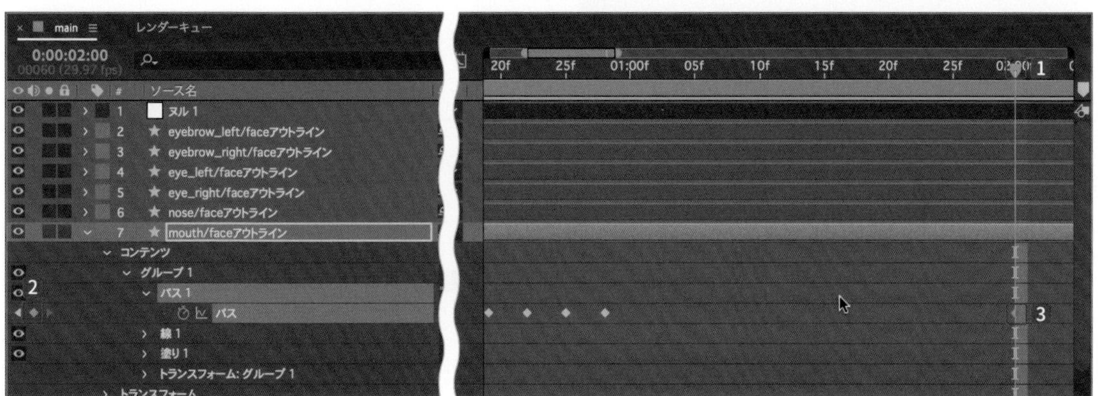

【0:00:02:03】の位置に移動して❹、【0:00:00:13】の口が開いた【キーフレーム】をコピー&ペーストします（command / Ctrl + C ➡ command / Ctrl + V キー）❺❻。

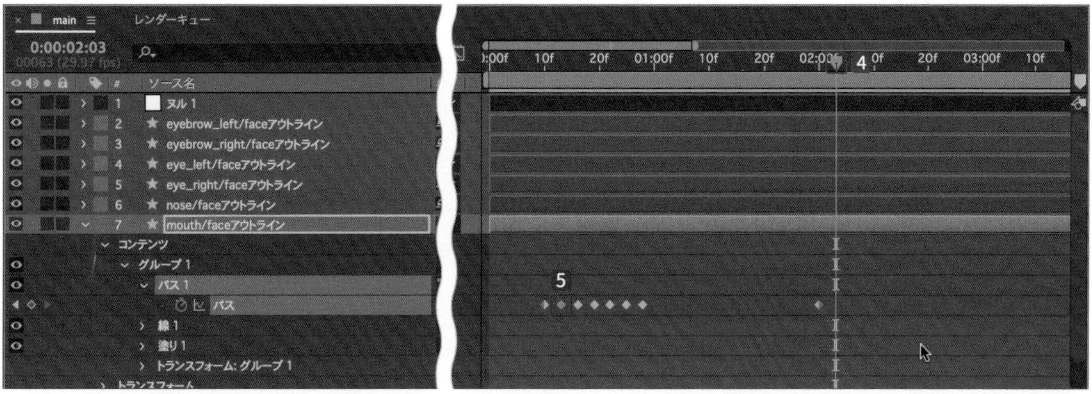

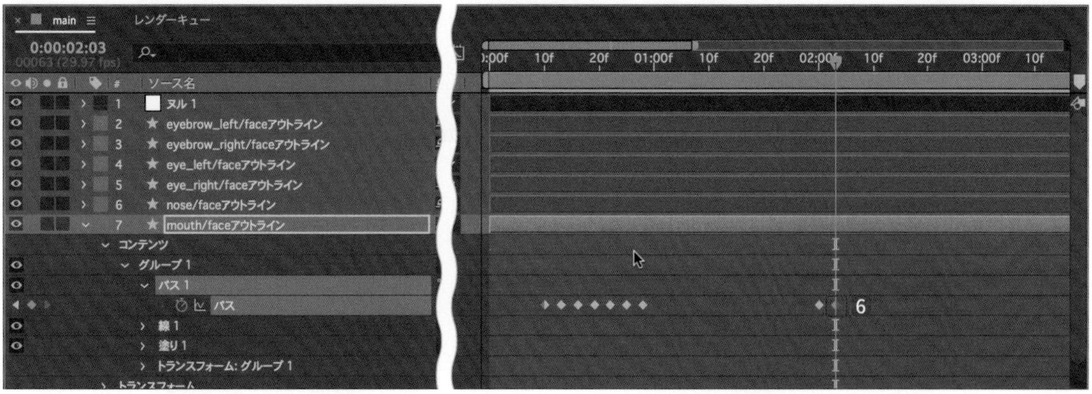

【0:00:02:03】の位置のまま**【パス 1】**を選択し、下図の位置を参考にして、**【選択ツール】**7で Shift キーを押しながら唇の上のポイントをドラッグして上げます8。

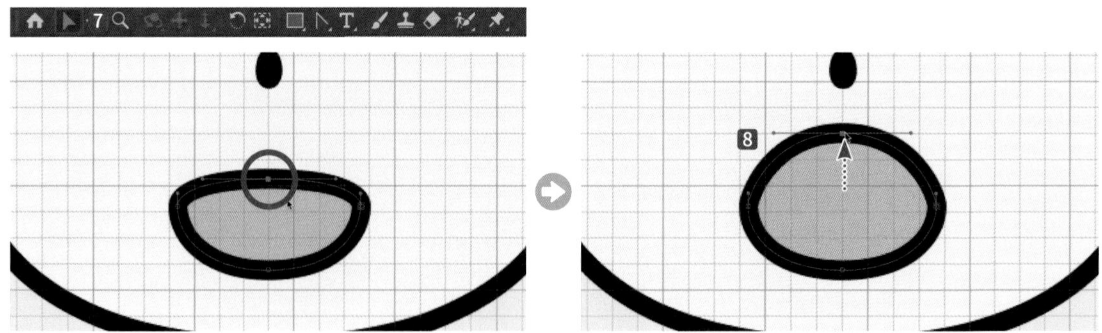

下図の位置を参考にして、**【選択ツール】**で Shift キーを押しながら唇の下のポイントをドラッグして下げます9。

同様に、唇の左のポイントの上のハンドルをドラッグして上げ、なめらかに丸くなるようにします10。

さらに、唇の右のポイントの上のハンドルをドラッグして上げ、なめらかに丸くなるようにします。できるだけ左右対称になるようにしましょう。これは、驚いた表情の口になります11。

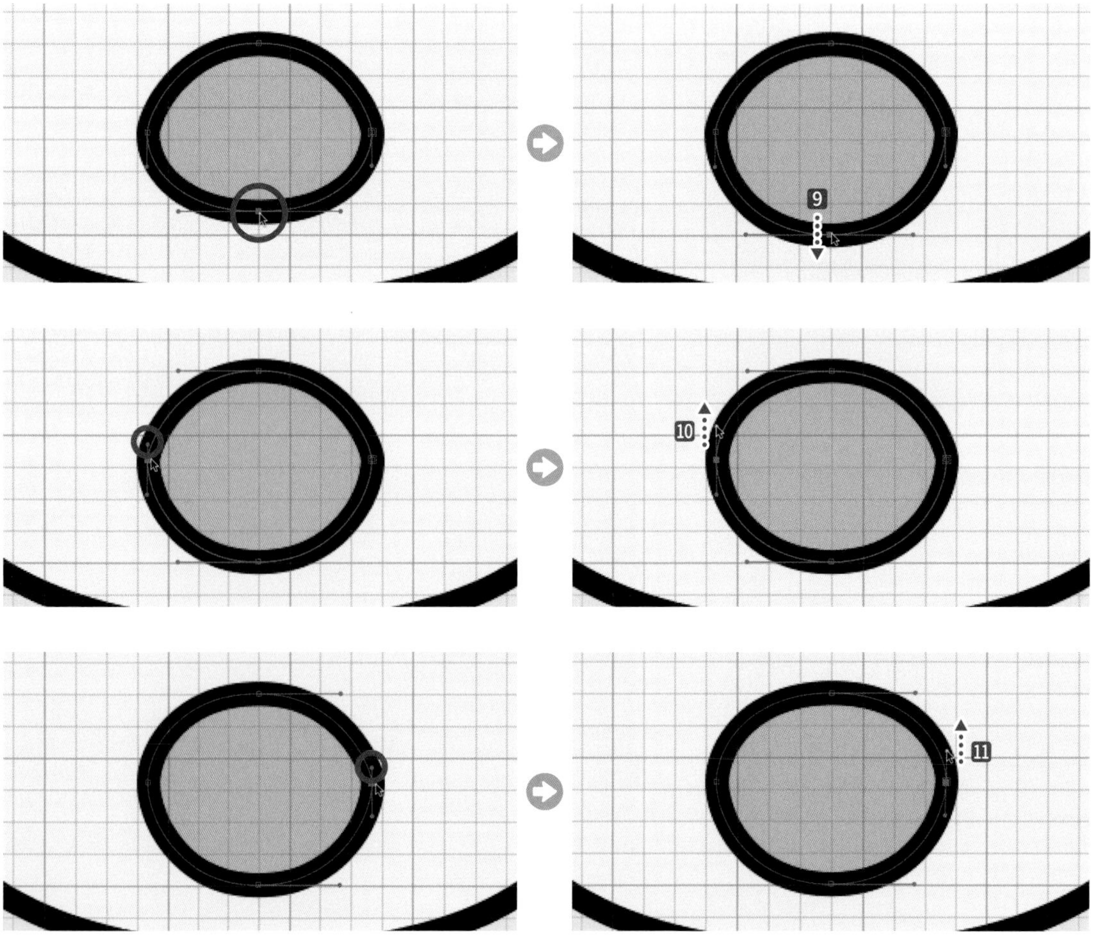

∷ 驚きの表情を作る

【0:00:02:00】の位置に移動します❶。【ヌル 1】の【位置】に【キーフレーム】を作成します❷❸。

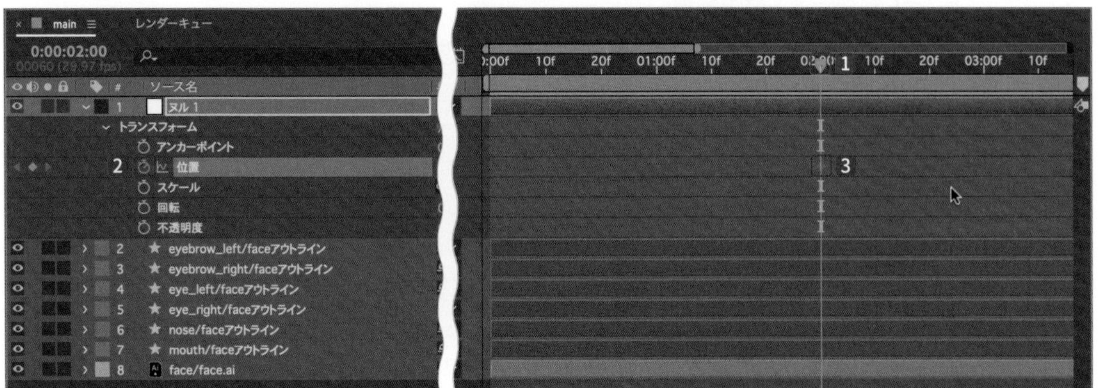

【0:00:02:03】の位置に移動して❹、【位置】のY座標を【520】に設定すると❺、口以外が上がります。

⠿ 驚きの目の瞬きを作る

【0:00:03:00】の位置に移動します❶。【eye_left/faceアウトライン】と【eye_right/faceアウトライン】の【パス】に【キーフレーム】を作成します❷❸❹❺。

【0:00:03:03】の位置に移動して❻。【eye_left/faceアウトライン】の【パス 1】を選択します❼。

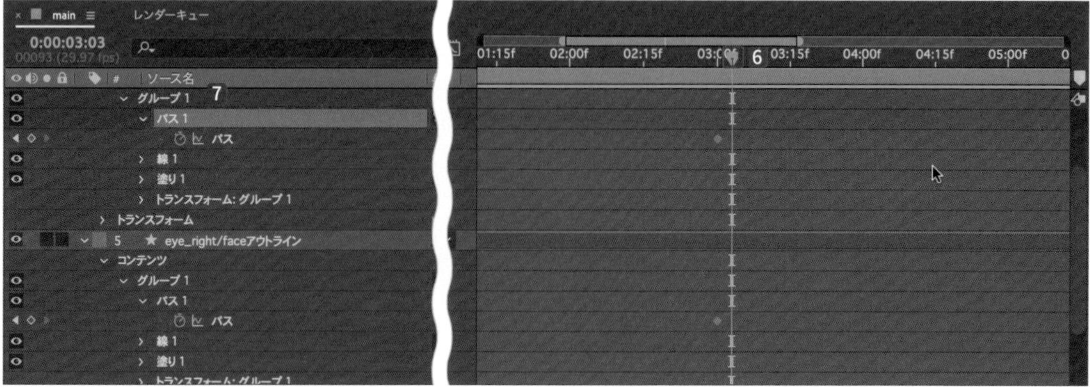

下図の位置を参考にして、**【選択ツール】** 8で Shift キーを押しながら目の上のポイントをドラッグして下げます9。同様に、Shift キーを押しながら目の下のポイントをドラッグして上げて10、さきほど調整した上のポイントと重ねるようにします。**【頂点を切り替えツール】** を選択して11、唇の右のポイント12と左のポイント13をクリックすると、下図のようになります。

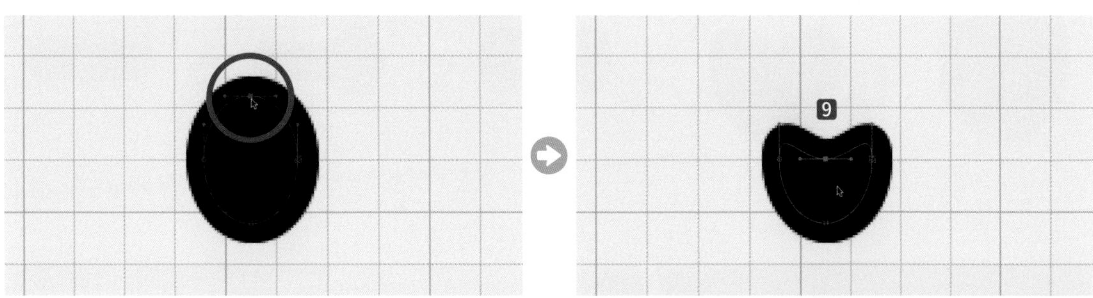

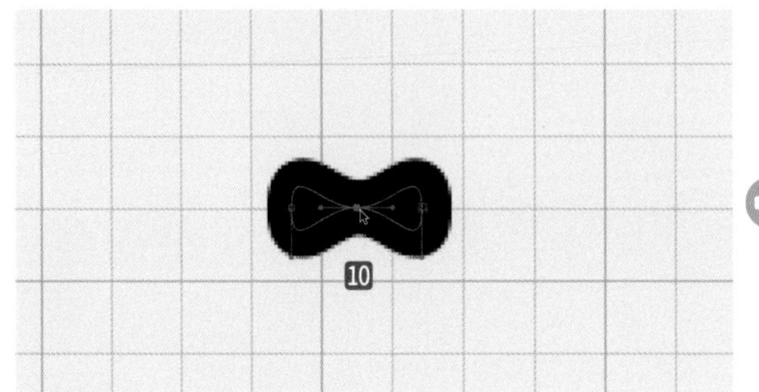

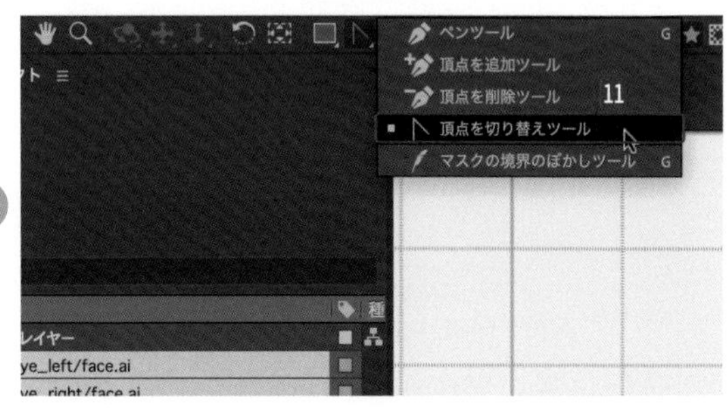

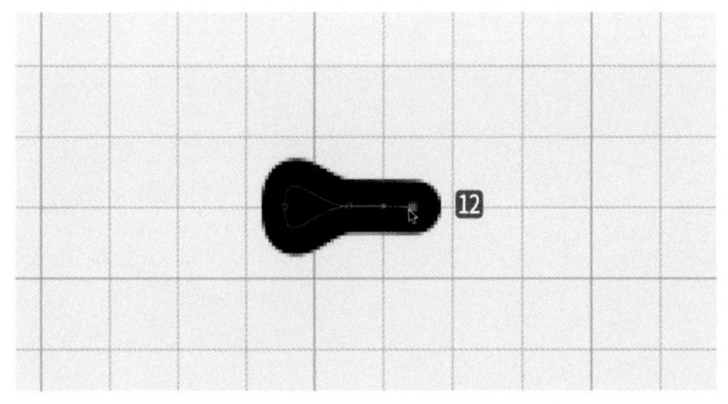

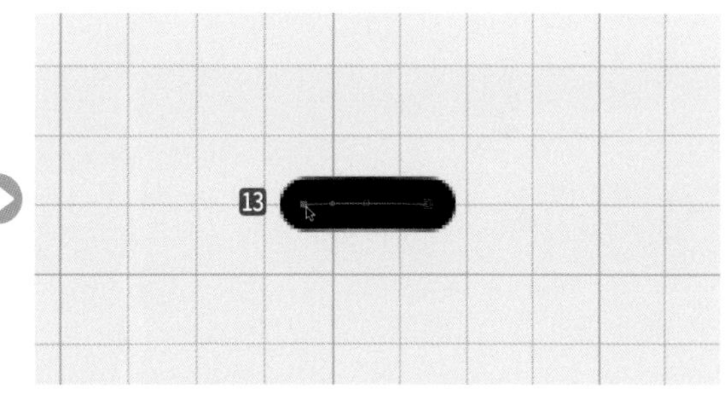

TIPS 複数パスの選択

パスのポイントは複数選択することができます。右図の画像では、ドラッグして重なった2つのポイントを選択しています。そのまま2つ同時に調整できます。

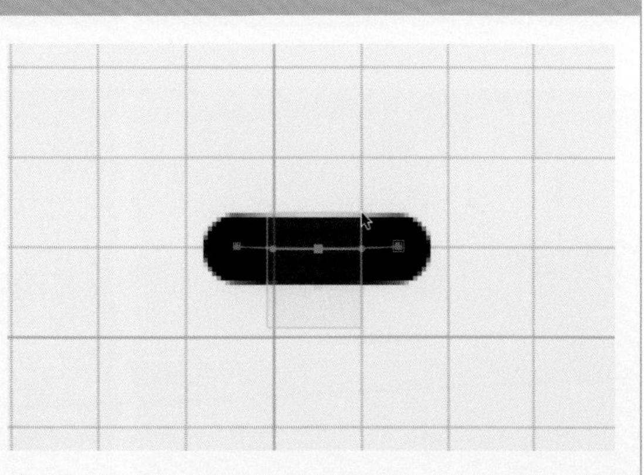

さきほどと同様に、**【eye_right/faceアウトライン】**も閉じる目にします⑭。

同様に**【0:00:03:06】**の位置に移動します⑮。**【eye_left/faceアウトライン】**と**【eye_right/faceアウトライン】**ともに、**【0:00:03:00】**の開いている目の**【キーフレーム】**⑯⑱をコピー＆ペーストします（command / Ctrl ＋ C ➡ command / Ctrl ＋ V キー）⑰⑲。

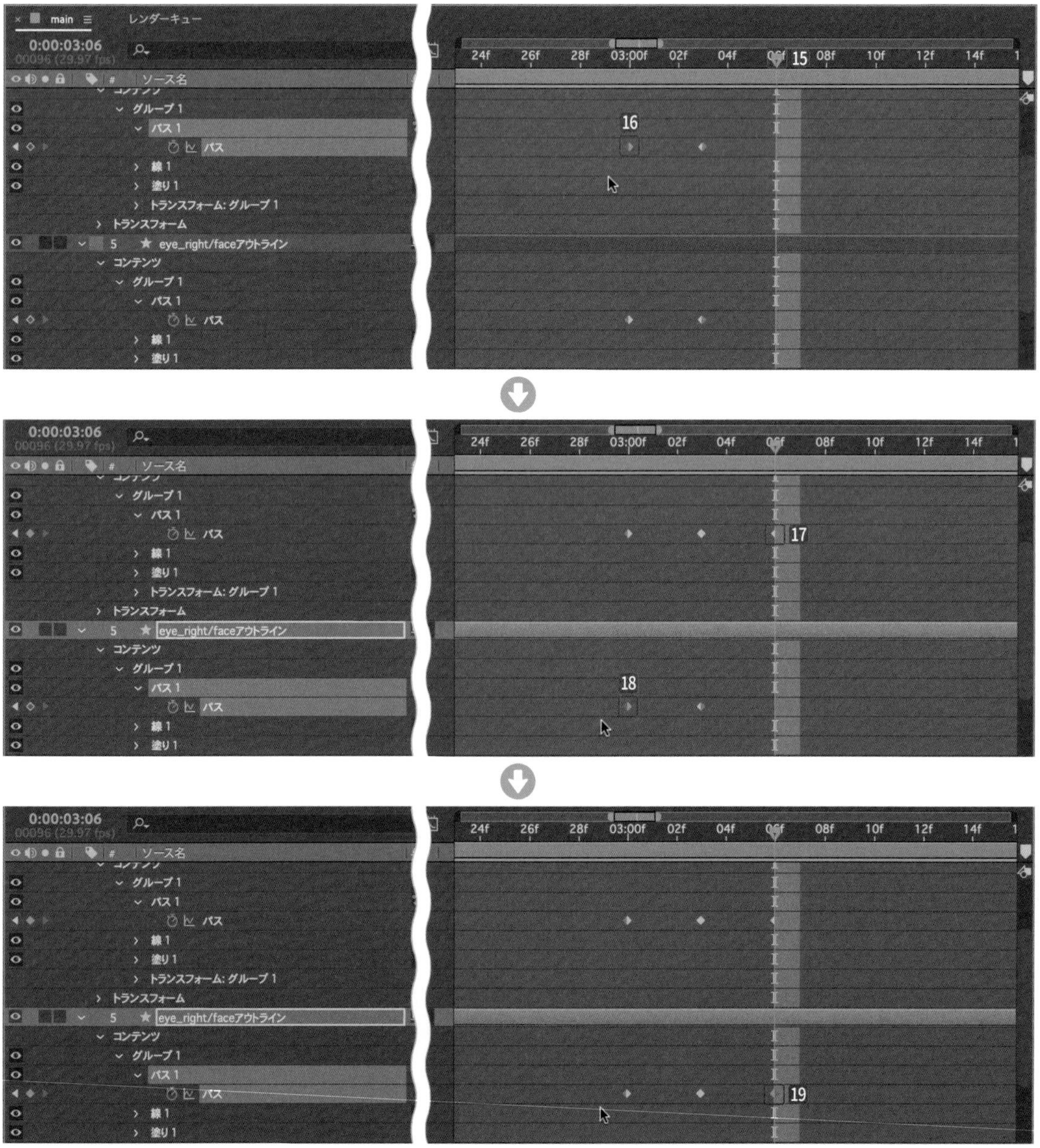

【0:00:03:10】の位置に移動します20。【eye_left/faceアウトライン】と【eye_right/faceアウトライン】ともに作成した3つの【キーフレーム】21 23をコピー＆ペーストします（command/Ctrl＋C ➡ command/Ctrl＋Vキー）22 24。

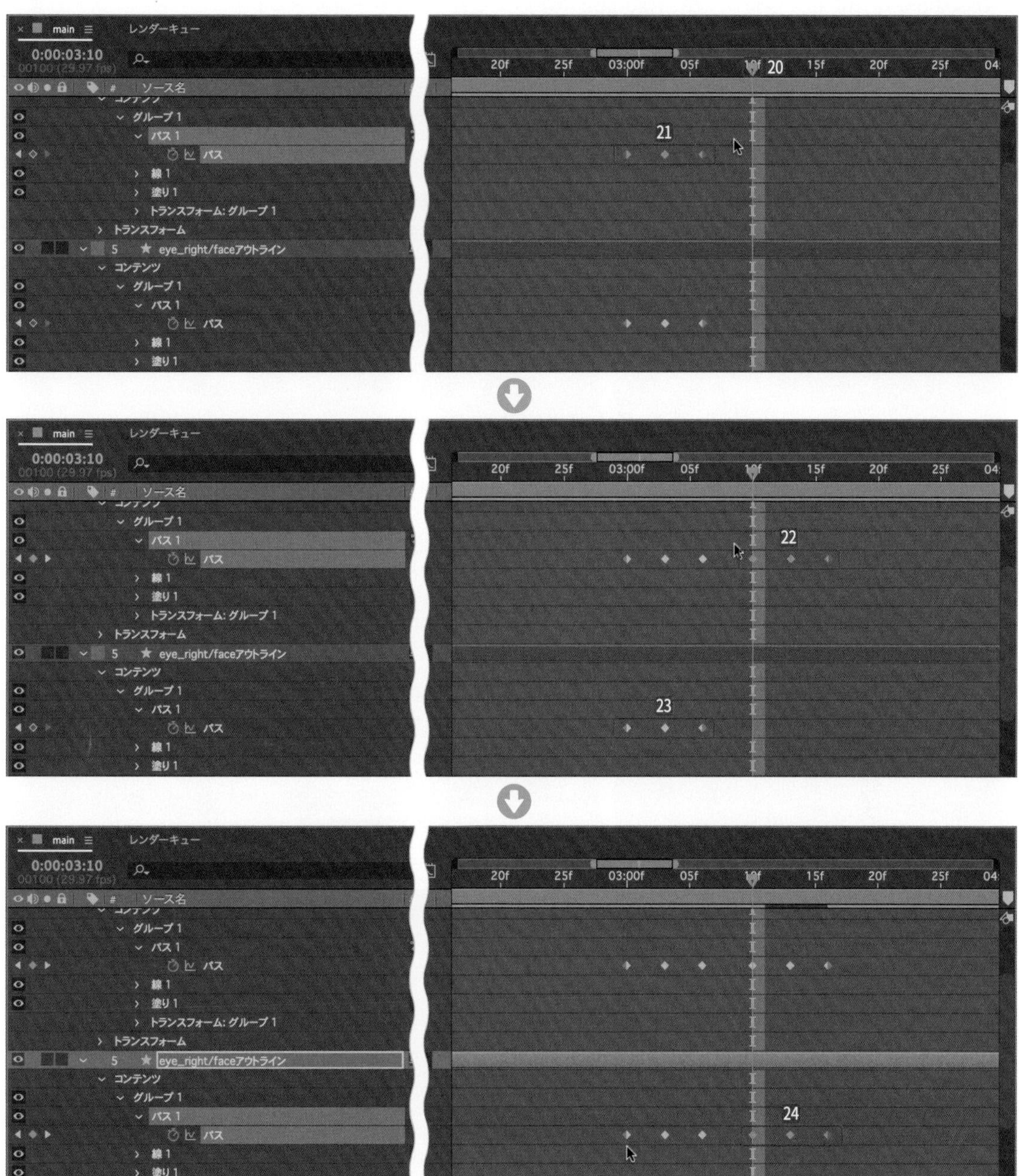

∷ 悩む口を作る

【0:00:05:00】の位置に移動して❶、**【mouth/faceアウトライン】**の**【パス】**に**【キーフレーム】**を作成します❷❸。

【0:00:05:03】の位置に移動して❹、**【0:00:02:00】**の閉じた口の**【キーフレーム】**をコピー&ペーストします（command / Ctrl ＋ C ➡ command / Ctrl ＋ V キー）❺❻。

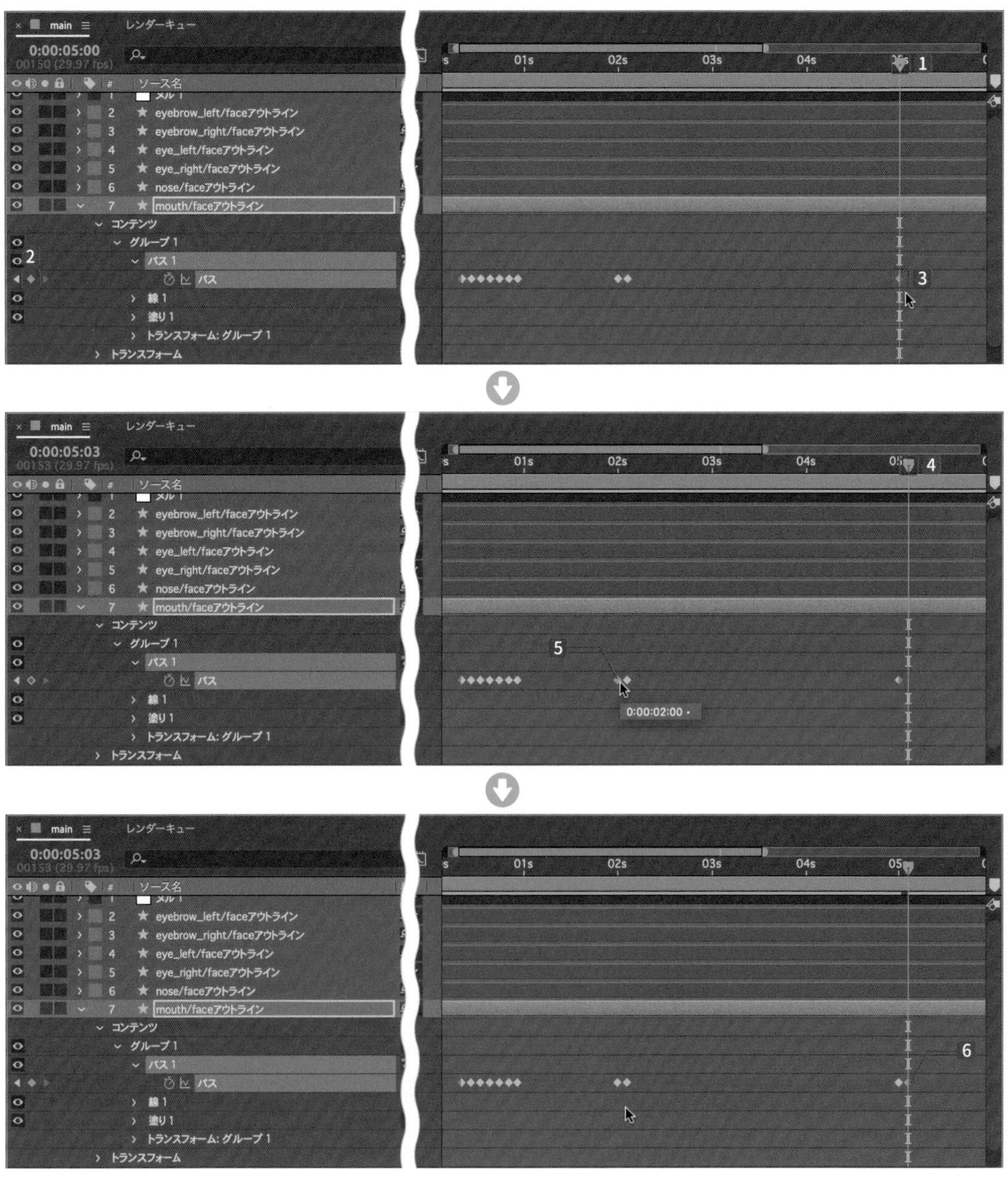

【パス 1】を選択して7、**【0:00:05:03】**の位置のまま、**【選択ツール】**8で唇の真ん中2つの重なったポイントを両方とも選択し、下図の位置を参考にして、Shift キーを押しながらポイントをドラッグして上げます9。困った表情の口になります10。

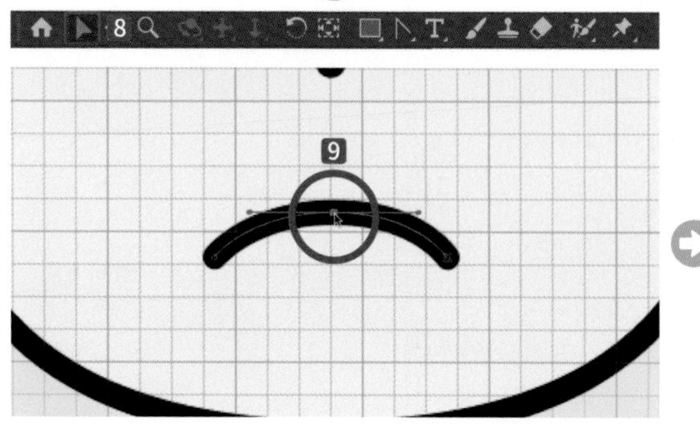

困った表情を作る

【0:00:05:00】の位置に移動して1、**【ヌル 1】**の**【位置】**に**【キーフレーム】**を作成します2 3。

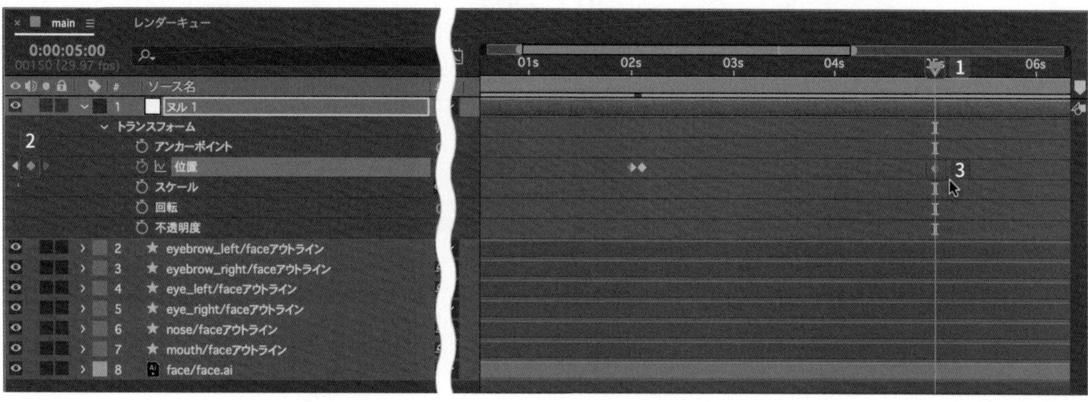

【0:00:05:03】の位置に移動して4、【0:00:02:00】の【キーフレーム】をコピー＆ペーストすると（ command / Ctrl ＋ C ➡ command / Ctrl ＋ V キー）56、口以外が下がります7。

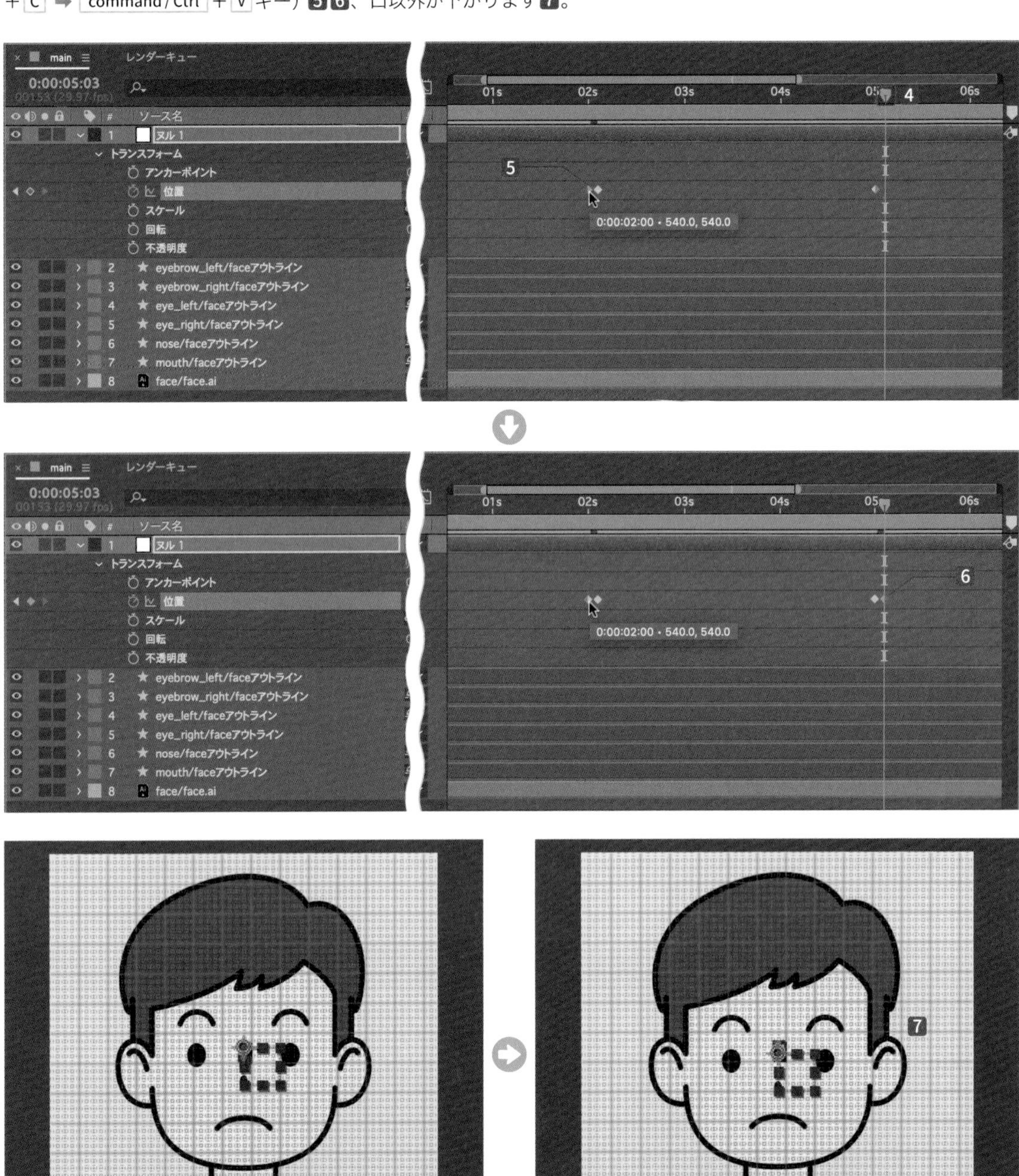

⁝⁝ 困った表情の眉を作る

【0:00:05:00】の位置に移動して❶、**【eyebrow_left/faceアウトライン】**と**【eyebrow_right/faceアウトライン】**の**【パス】**に**【キーフレーム】**を作成します❷❸。

【0:00:05:03】の位置に移動して❹、**【eyebrow_left/faceアウトライン】**の**【パス 1】**を選択します❺。

下図の位置を参考にして、**【選択ツール】**❻で眉の左のポイントを Shift キーを押しながらドラッグして下げます❼。

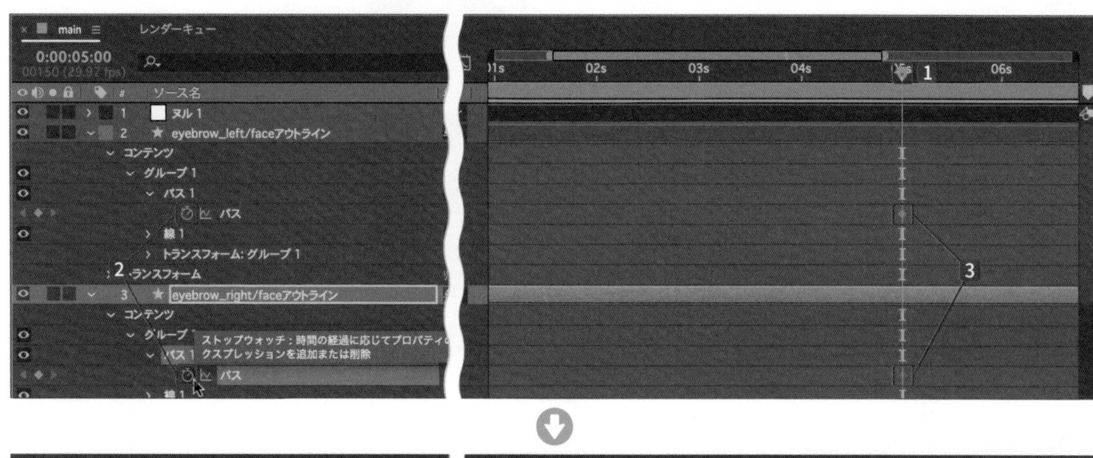

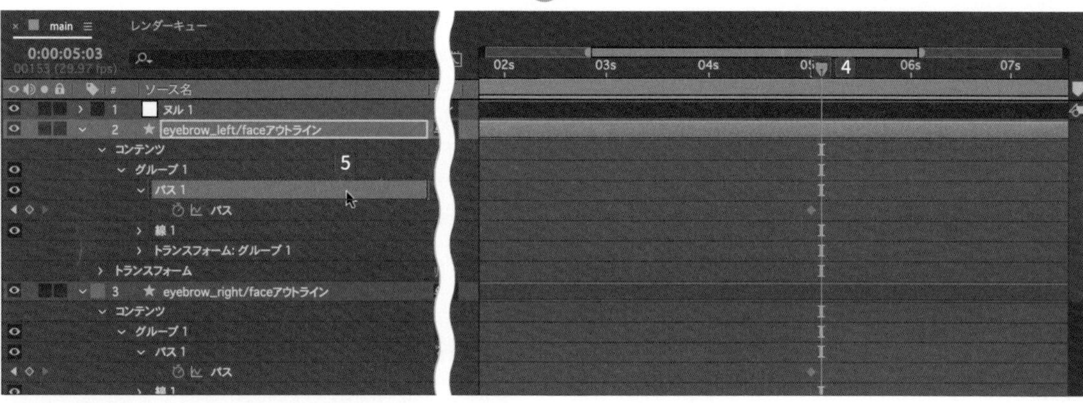

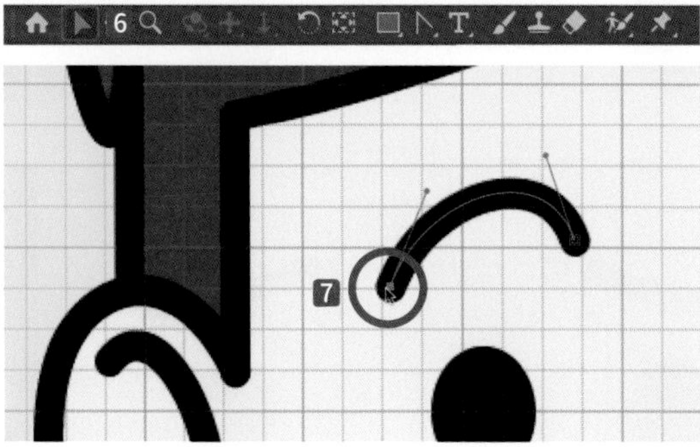

右図の位置を参考にして、左のポイントを選択して表示されるハンドルをドラッグして下げます8。

同様に下図の位置を参考にして、右のポイントを選択して表示されるハンドルをドラッグして下げます9。

左右のハンドルの位置を微調整して、カーブをなめらかにします10。

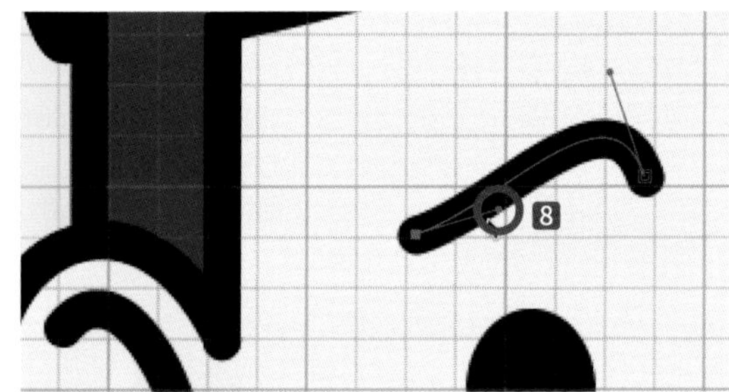

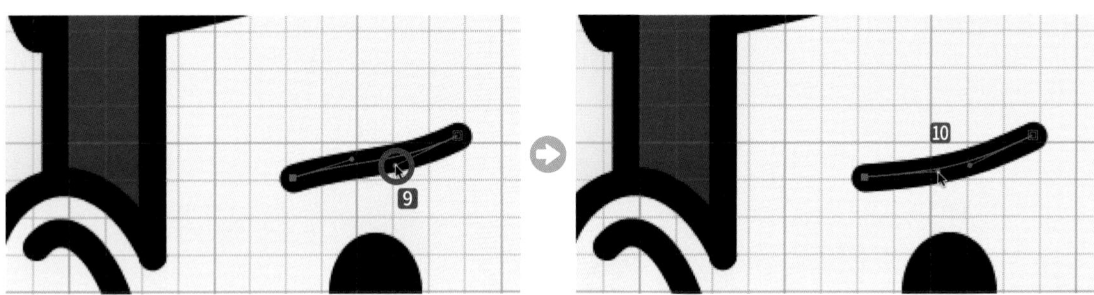

同様に右の眉も調整します。**【eyebrow_right/faceアウトライン】**の**【パス 1】**を選択し、下図の位置を参考にして、**【選択ツール】**で Shift キーを押しながら眉の右のポイントをドラッグして下げます11。

下図の位置を参考にして、右のポイントを選択して表示されるハンドルをドラッグして下げます12。

同様に、左のポイントを選択して表示されるハンドルをドラッグして下げます13。

左右のハンドルの位置を微調整して、なめらかにします。左右の眉が対称になるように調整してください14。

これで、困った表情の眉になります。

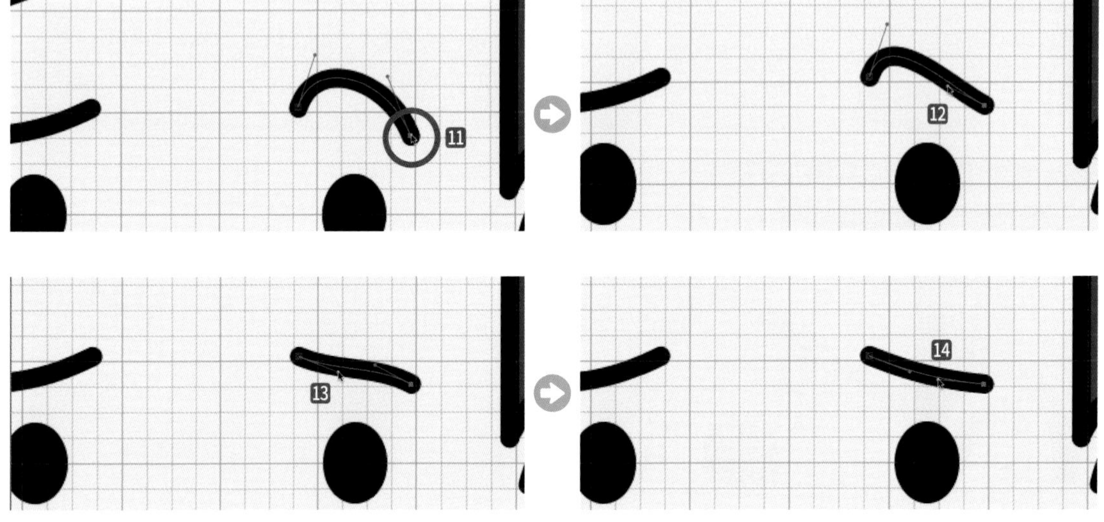

⠿ 笑顔の口を作る

【0:00:07:00】の位置に移動して❶、**【mouth/faceアウトライン】**の**【パス】**に**【キーフレーム】**を作成します❷❸。

【0:00:07:03】の位置に移動して❹、**【0:00:00:10】**の閉じた口の**【キーフレーム】**をコピー＆ペーストします（command / Ctrl ＋ C ➡ command / Ctrl ＋ V キー）❺❻。

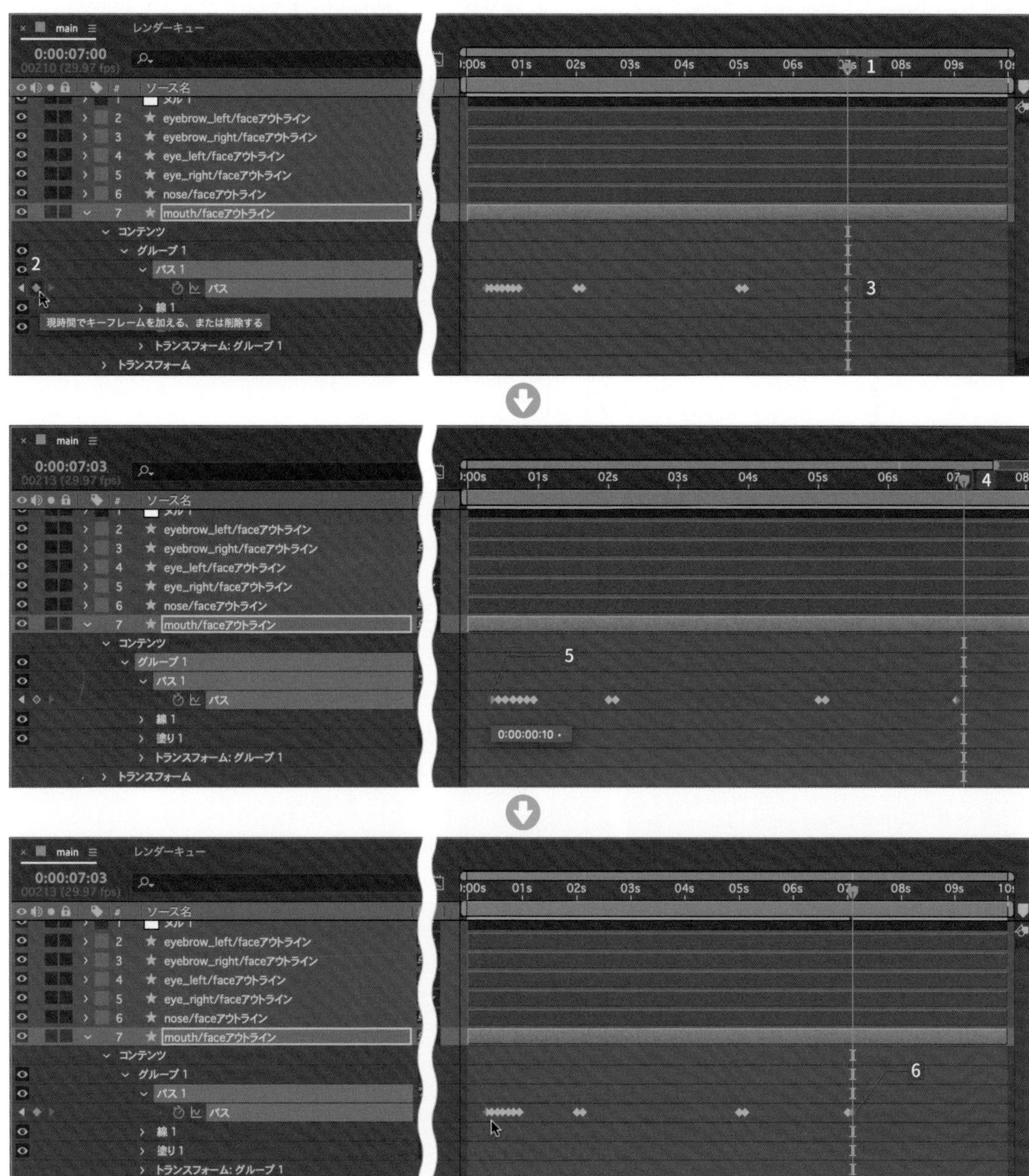

笑顔の眉を作る

【0:00:07:00】の位置に移動して1、【eyebrow_left/faceアウトライン】と【eyebrow_right/faceアウトライン】の【パス】に【キーフレーム】を作成します23。

【0:00:07:03】の位置に移動して4、【eyebrow_left/faceアウトライン】と【eyebrow_right/faceアウトライン】ともに、【0:00:05:00】の【キーフレーム】をコピー57（command/Ctrl＋Cキー）＆ペースト（command/Ctrl＋Vキー）68します。元の眉毛に戻ります。

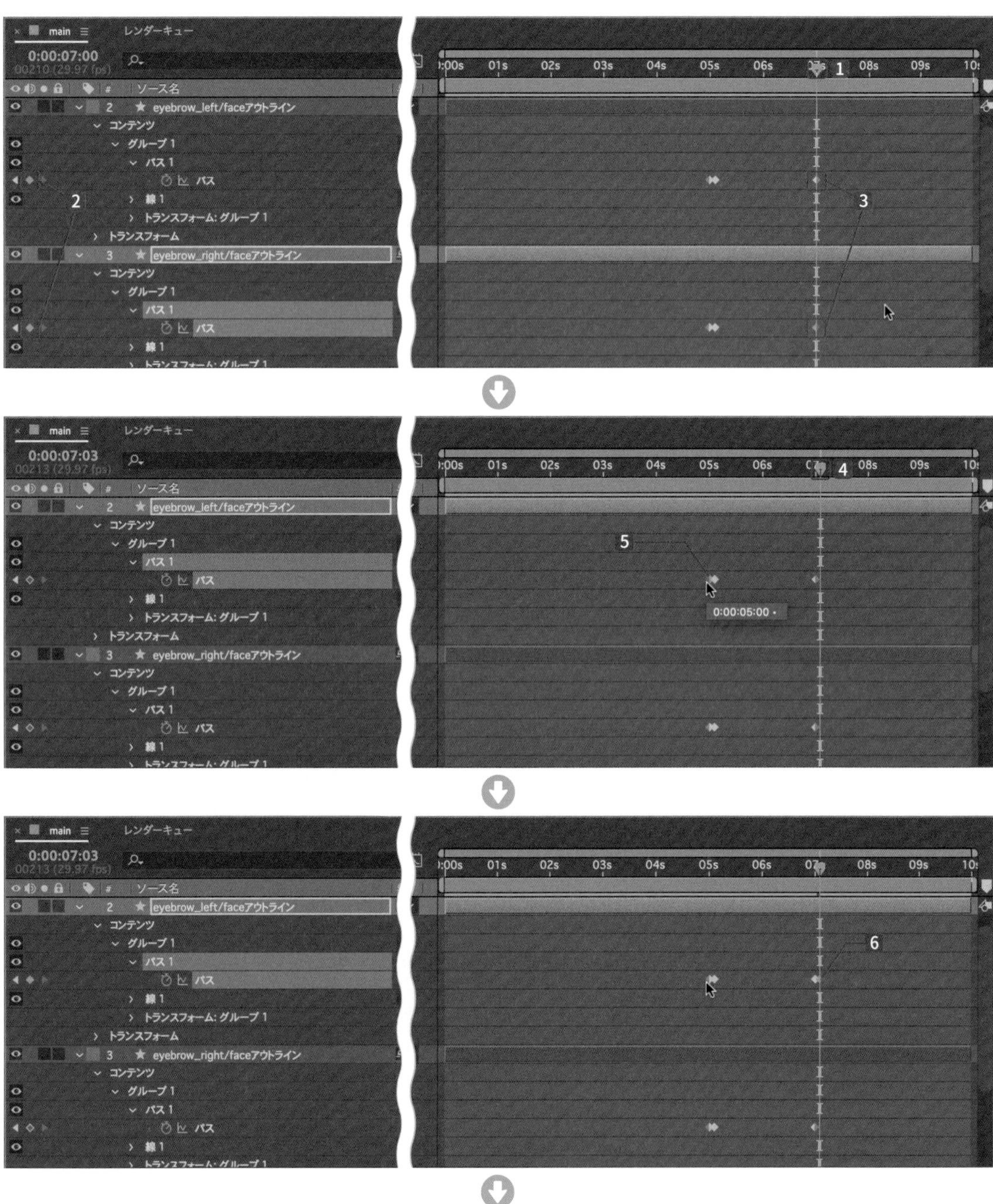

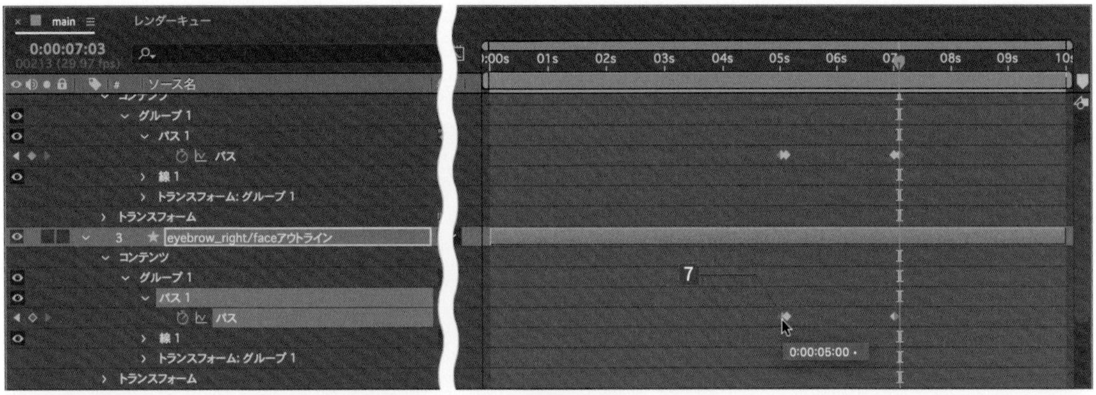

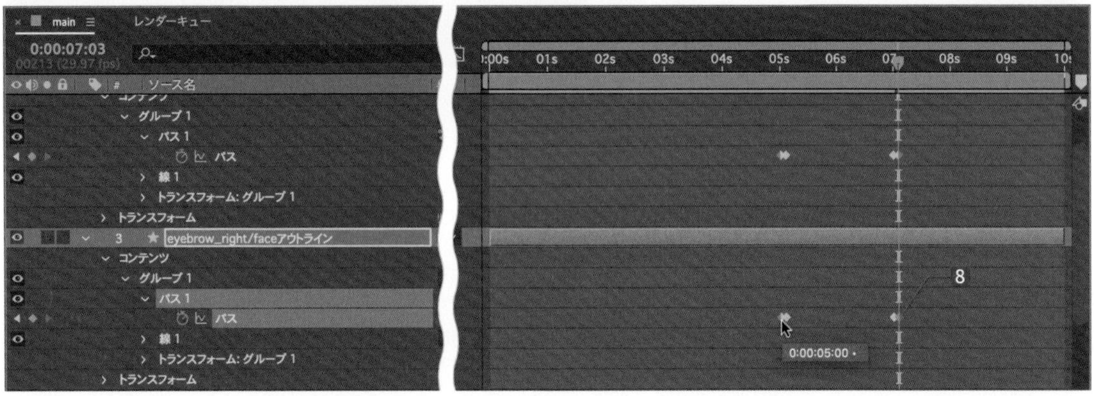

∷ 笑顔の目を作る

【0:00:08:00】の位置に移動して❶、【eye_left/faceアウトライン】と【eye_right/faceアウトライン】の【パス】に【キーフレーム】を作成します❷❸。

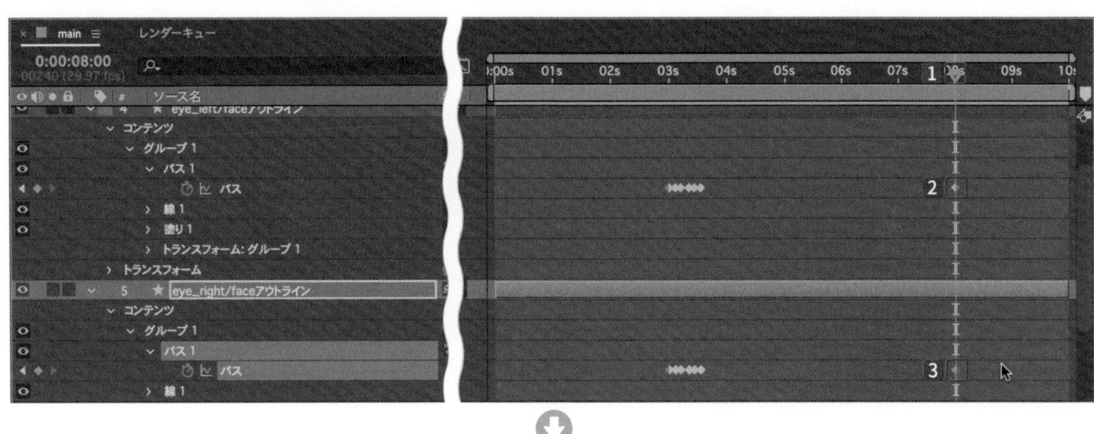

【0:00:08:03】の位置に移動して4、【eye_left/faceアウトライン】と【eye_right/faceアウトライン】ともに、【0:00:03:03】の閉じた目の【キーフレーム】5をコピー＆ペーストします（command / Ctrl ＋ C ➡ command / Ctrl ＋ V キー）6。

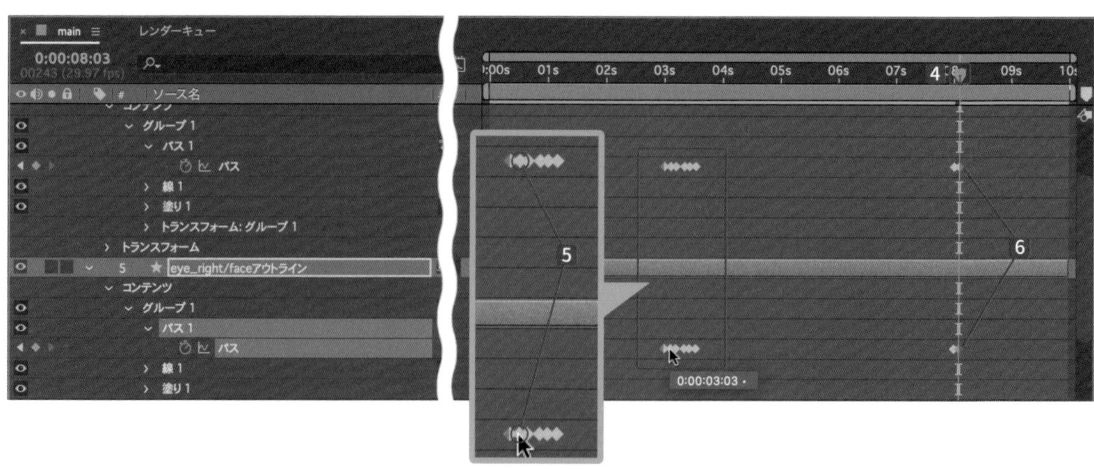

【0:00:08:03】の位置のまま、【eye_left/faceアウトライン】の【パス 1】を選択します7。
【選択ツール】で目の真ん中の重なっている２つのポイントをドラッグして選択します8。下図の位置を参考にして、Shift キーを押しながらポイントをドラッグして上げます9。

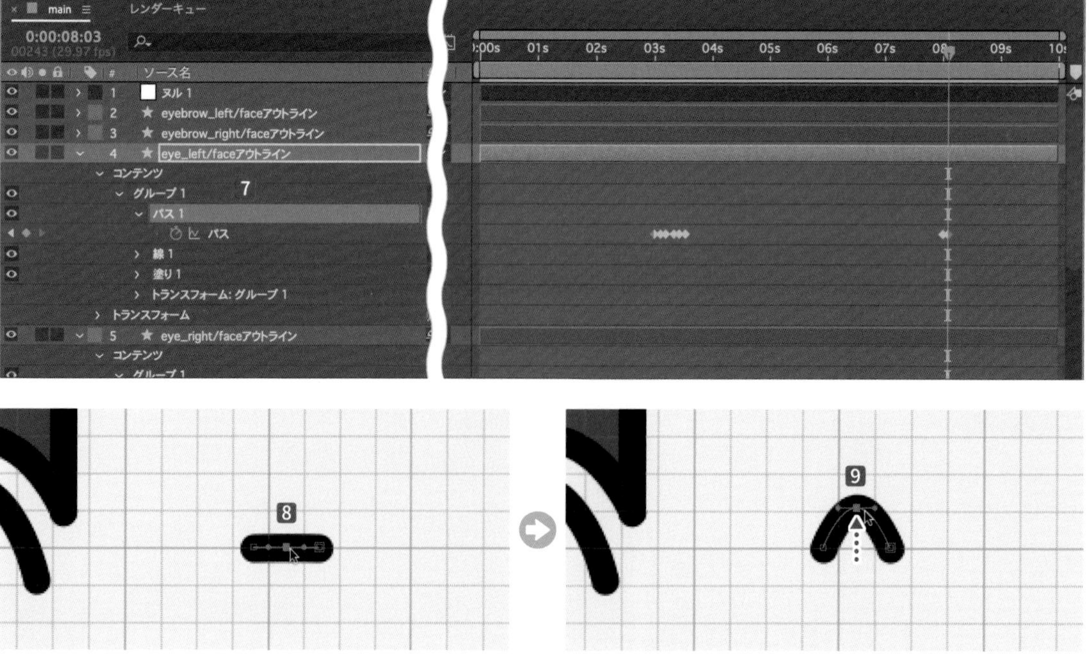

下図の位置を参考にして、右のポイントを選択して、Shift キーを押しながらポイントをドラッグし、右に少しずらします10。

同様に、左のポイントを選択して、Shift キーを押しながらポイントをドラッグし、左に少しずらします11。

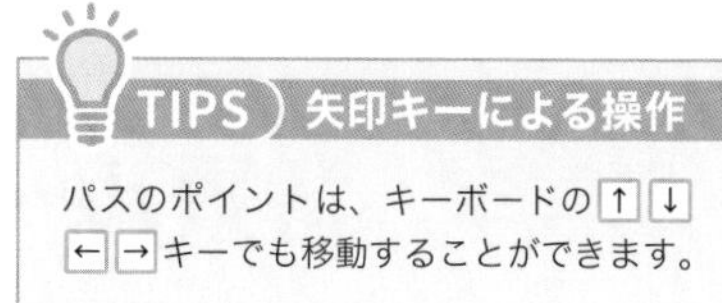

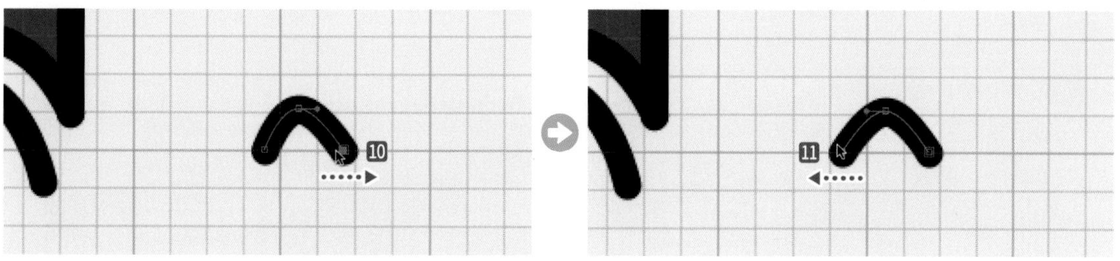

真ん中の重なっている２つのポイントをドラッグして選択します12。

ハンドルが表示されるので、最初に右のハンドルを伸ばします13。重なった２つのポイントのハンドルを、それぞれ図の位置まで伸ばします14。

同様に、左のハンドルを２つとも伸ばします15 16。

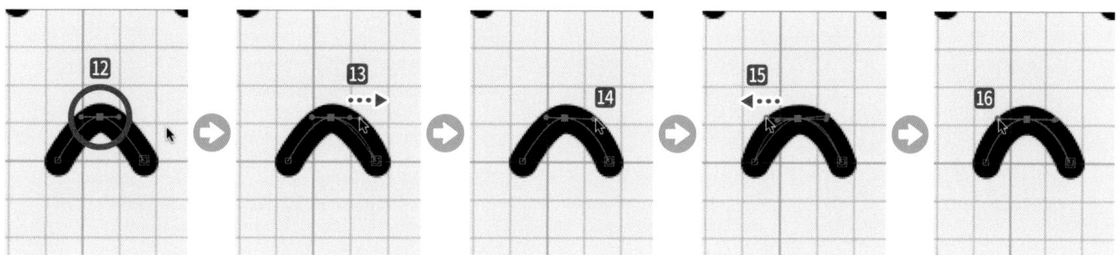

次に、右の目【eye_right/faceアウトライン】の【パス 1】を選択して17、同様の操作で笑顔の目にしていきます。

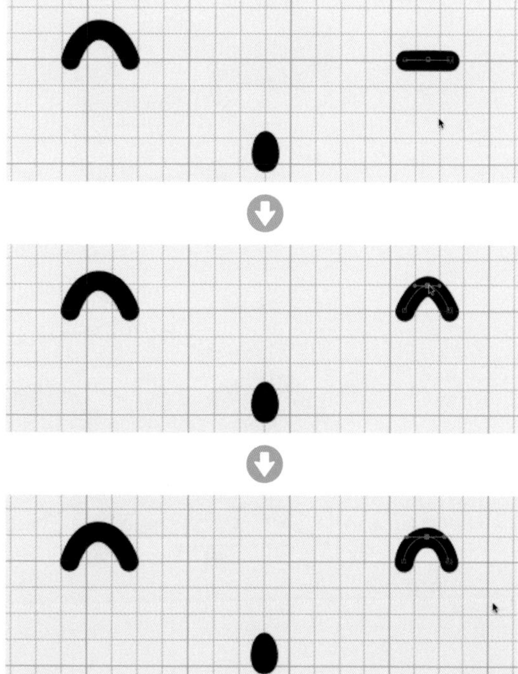

再生すると、**「笑顔で話している表情→驚いた表情→困った表情→笑顔」**になるアニメーションの完成です。

Section 5
2

背景ループアニメーション

ここでは、イラスト背景をループさせるアニメーションの作り方を解説します。横方向の背景のループアニメーションと前後に奥行きを感じる背景のループアニメーションを作ります。

1 横方向のアニメーション

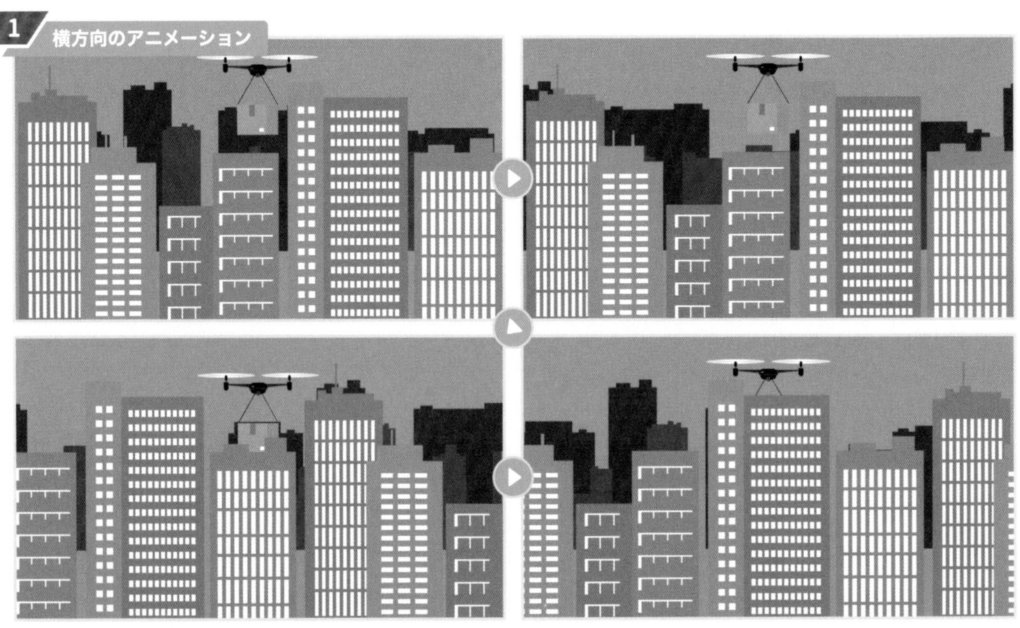

2 奥行きのあるアニメーション

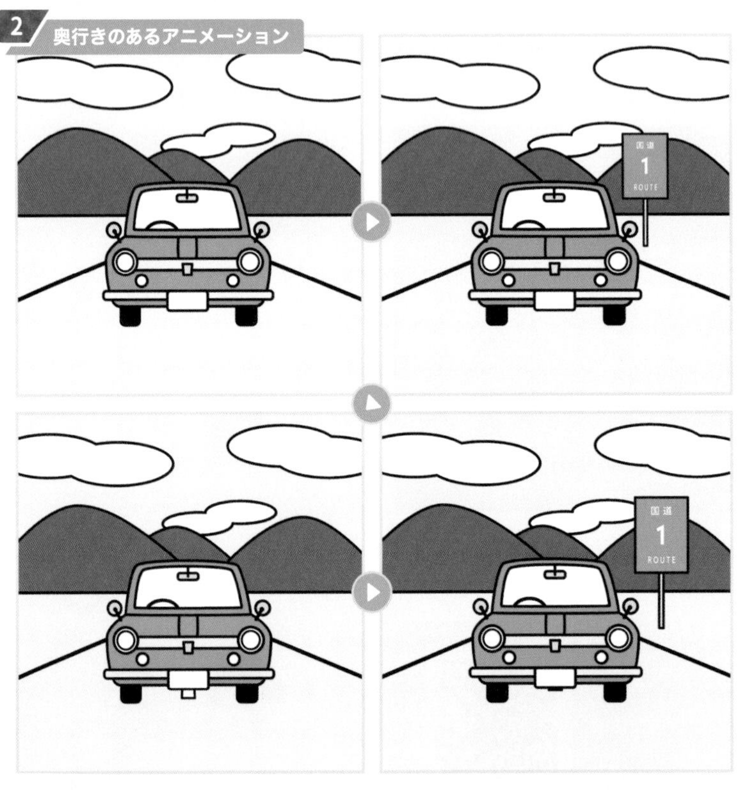

1 横方向の背景ループアニメーション

⠿ 新規プロジェクトを作る

【ホーム画面】で**【新規プロジェクト】**ボタンをクリックします（15ページ参照）。

【ファイル】メニューの**【別名で保存】**から**【別名で保存...】**（Shift ＋ command/Ctrl ＋ S キー）を選択して（25ページ参照）、**【別名で保存】**ダイアログボックスで**【drone】**と名前をつけて1、**【保存】**ボタンをクリックします2。

保存先は作業するハードディスクとフォルダーを選択してください。

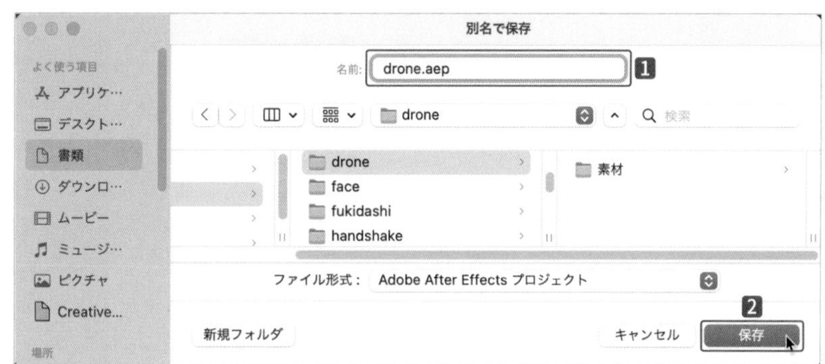

⠿ 新規コンポジションを作る

【コンポジション】メニューから**【新規コンポジション...】**（command/Ctrl ＋ N キー）を選択して、**【コンポジション設定】**ダイアログボックスを表示します（29ページ参照）1。

【コンポジション名】は**【main】**2、**【プリセット】**は**【HDTV 1080 29.97】**を選択します3。**【デュレーション】**を**【0:00:10:00】**に設定して4、**【OK】**ボタンをクリックします5。

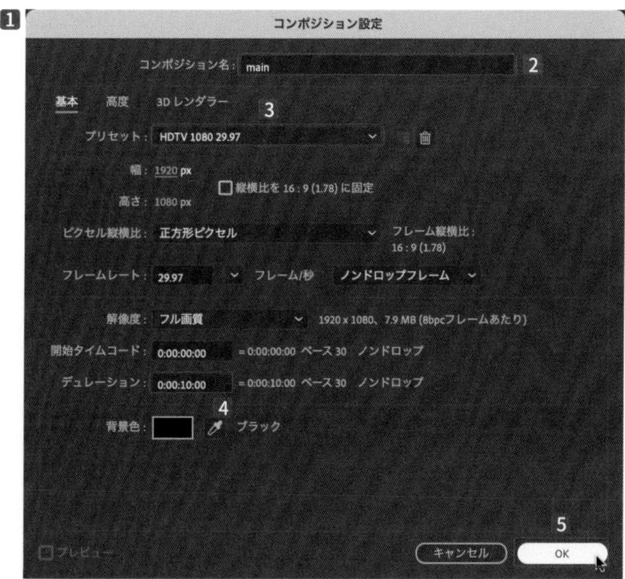

⠿ 背景を作る

【レイヤー】メニューの**【新規】**から**【平面...】**（command/Ctrl ＋ Y キー）を選択して、**【平面設定】**ダイアログボックスを表示します1。

【カラー】をクリックして**【#819198】**（淡いグレー系シアン青）に設定し2、**【OK】**ボタンをクリックします3。

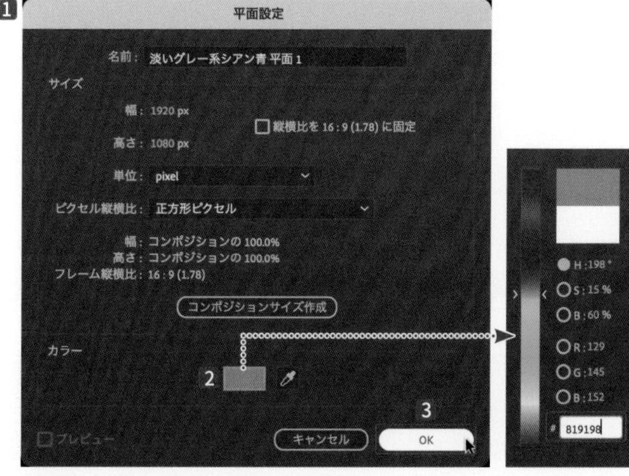

ファイルを読み込む

【ファイル】メニューの【読み込み】から【ファイル...】（command/Ctrl ＋ I キー）を選択して、【ファイルの読み込み】ダイアログボックスを表示します1。【素材】フォルダーから【drone.ai】を選択し2、【読み込みの種類】で【コンポジション】を選択して3、【開く】ボタンをクリックします4。読み込んだときに自動作成された【drone】のコンポジションは使用しないので、 Delete キーで削除します（94ページ参照）5。

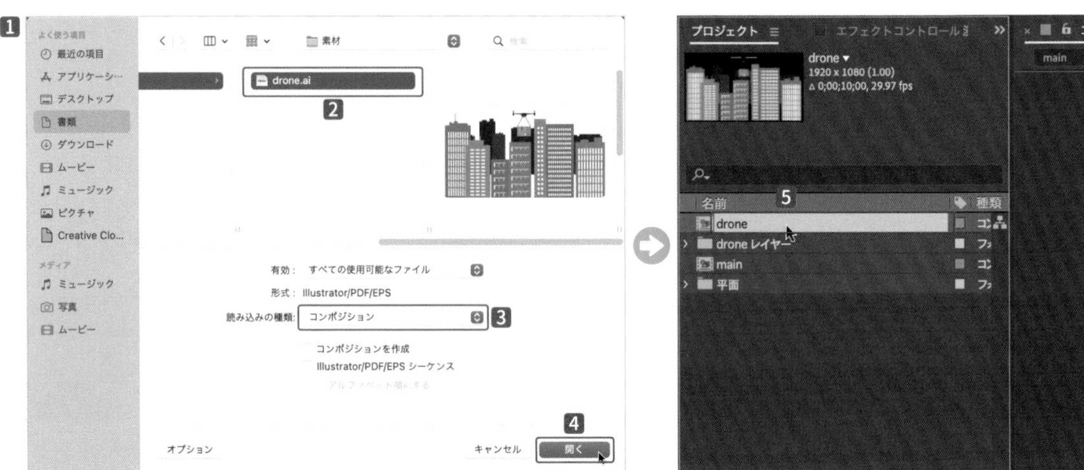

素材を配置する

【プロジェクト】パネルから【drone レイヤー】を展開します1。すべてを選択して2、【タイムライン】パネルに配置します3。

上から、【town_front/drone.ai】【drone/drone.ai】【town_back/drone.ai】の順番に設定します4。

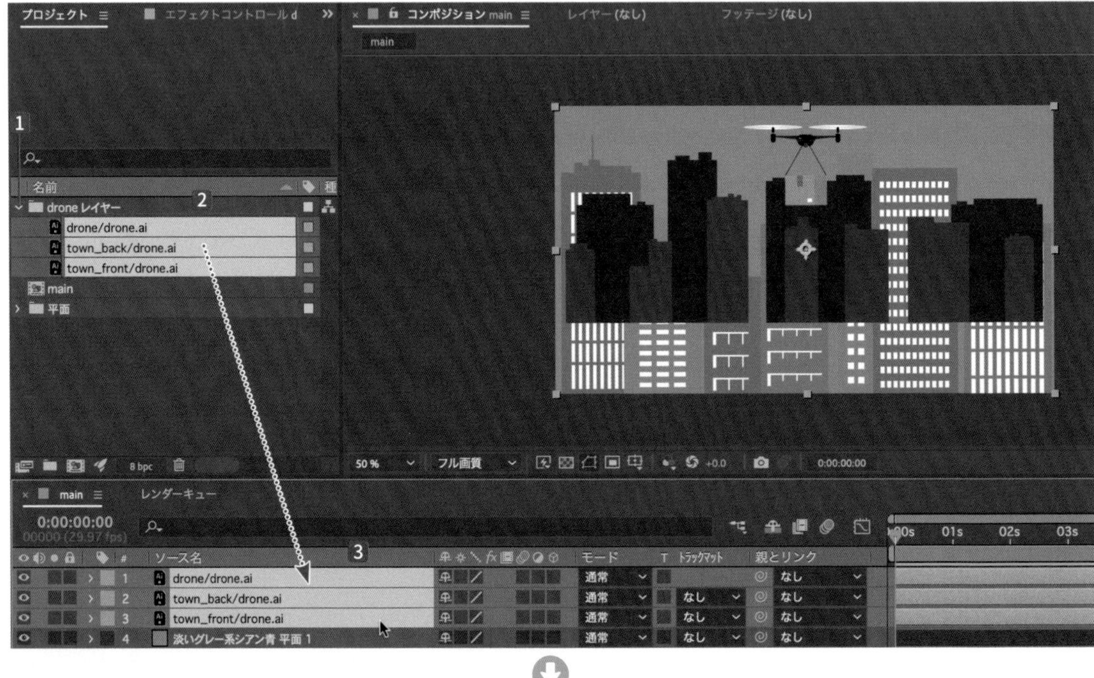

ドローンを動かす

【0:00:00:00】の位置に移動します❶。【drone/drone.ai】を展開し❷、【位置】に【キーフレーム】を作成します❸❹。【0:00:01:00】の位置に移動します❺。Y座標を【620】に設定すると❻、ドローンが下ります❼。

【0:00:02:00】の位置に移動します❽。【0:00:00:00】の【キーフレーム】をコピー（command/Ctrl＋Cキー）❾&ペースト（command/Ctrl＋Vキー）❿します。

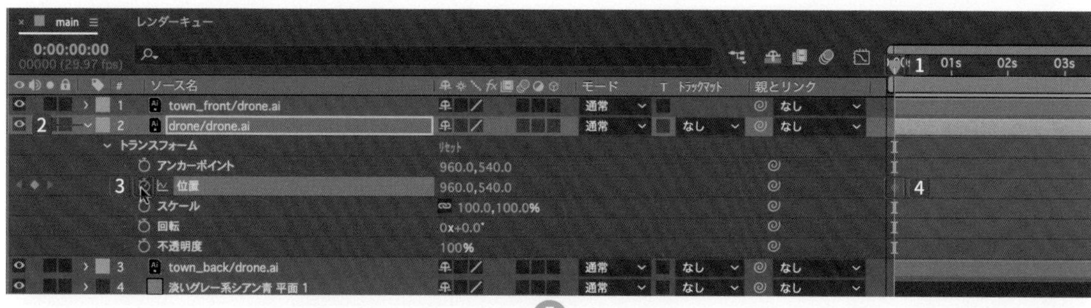

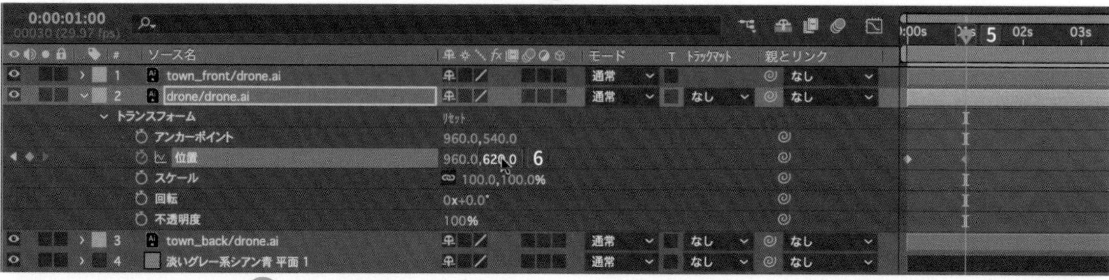

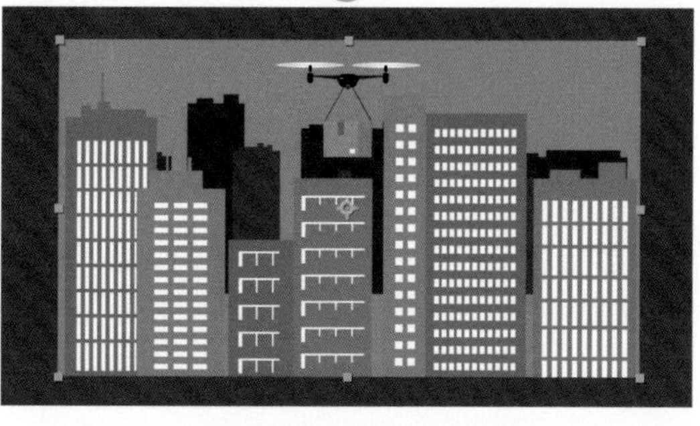

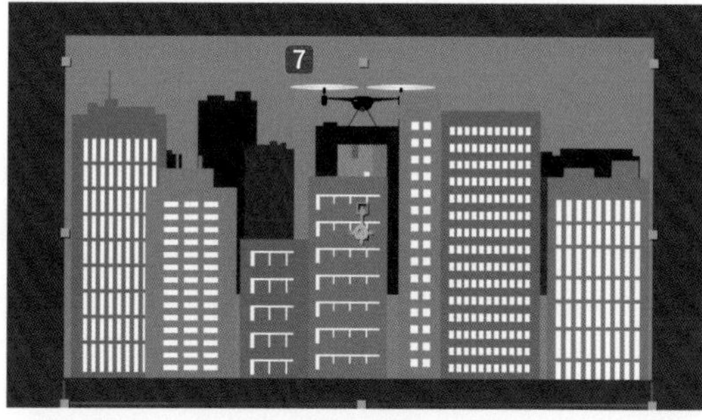

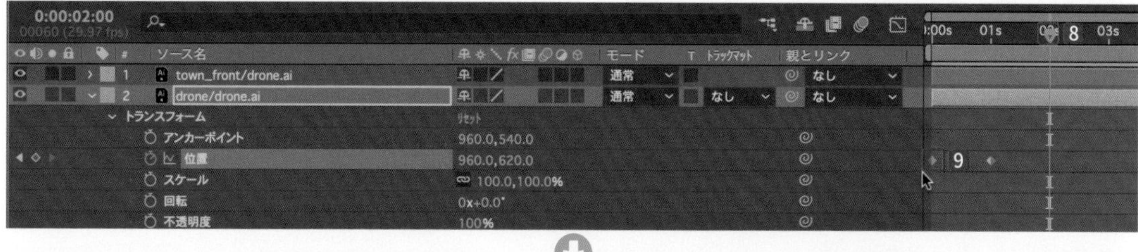

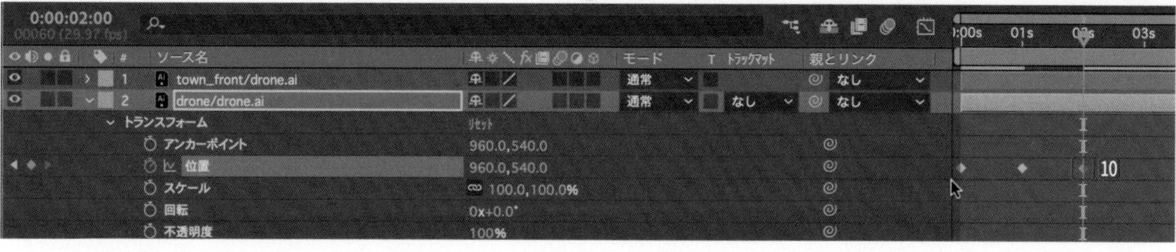

【イージーイーズ】（F9 キー）を適用します⑪。

【drone/drone.ai】の【位置】にある【ストップウォッチ】⑫を option/Alt キーを押しながらクリックします。

【エクスプレッション言語メニュー】⑬をクリックして、【Property】の【loopOut (type = “cycle”, numKeyframes = 0)】⑭を選択すると、ドローンが上下に浮遊するループアニメーションになります。

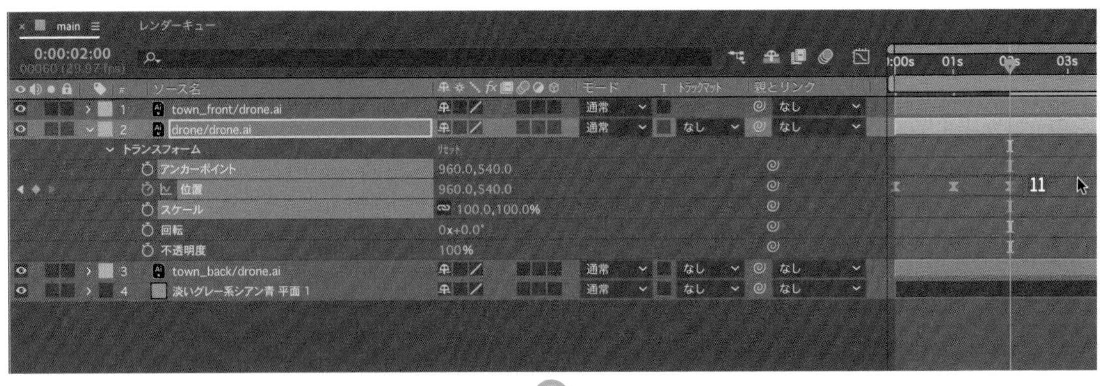

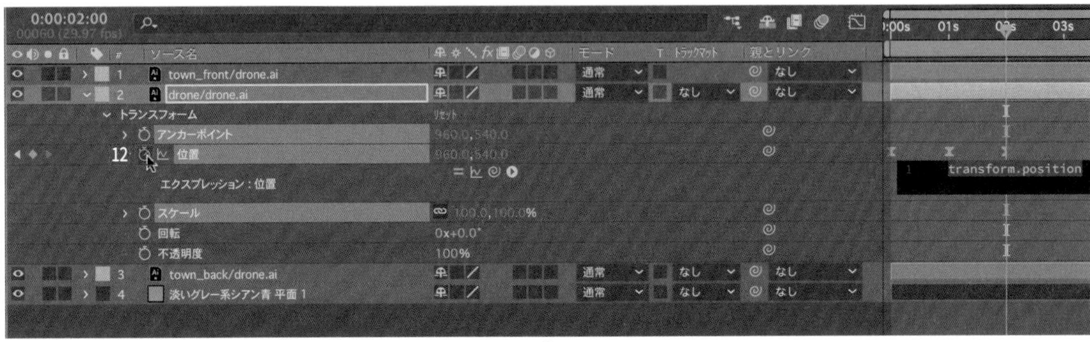

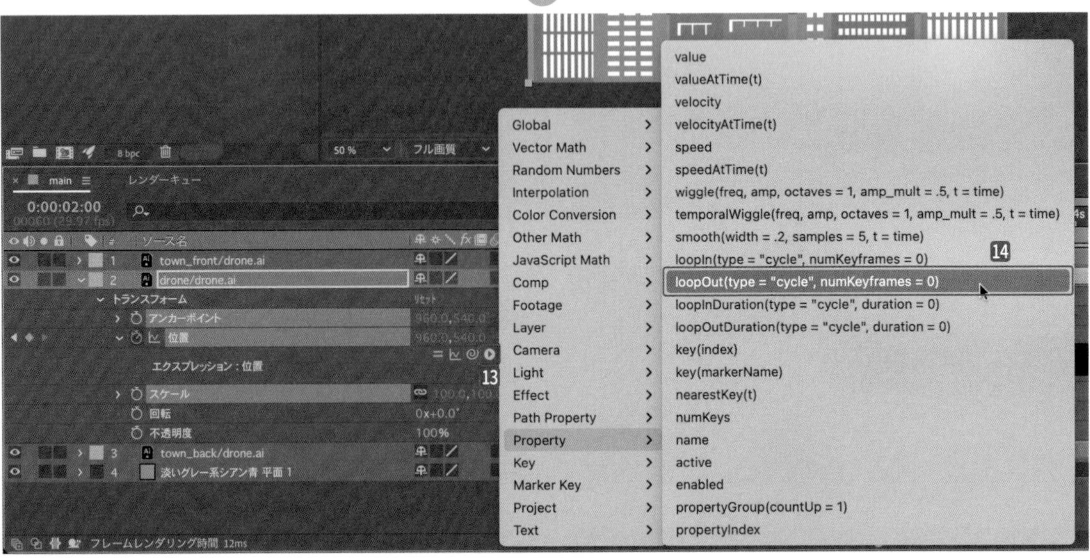

⁝⁝ 後ろのビル群をループアニメーションで動かす

【town_back/drone.ai】をコピー（command/Ctrl＋Cキー）❶＆ペースト（command/Ctrl＋Vキー）❷します。

同じクリップが2つできるので、上から順に名前を【1_town_back/drone.ai】【2_town_back/drone.ai】に変更します❸。

【1_town_back/drone.ai】の【位置】のX座標をクリックして、【960】の数字の後ろに【+1920】と入力します❹。コンポジションサイズの横幅が【1920px】なので、画面ギリギリの右外へと移動します。数値は【2880】❺になります。

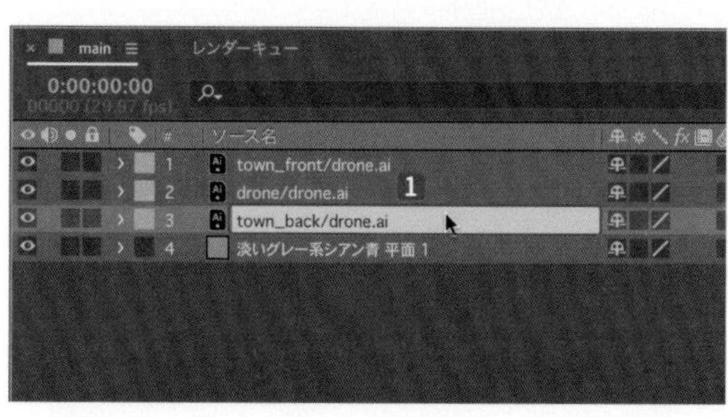

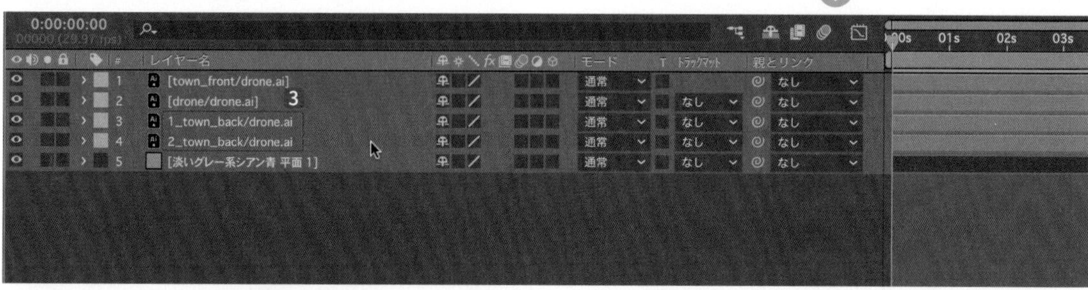

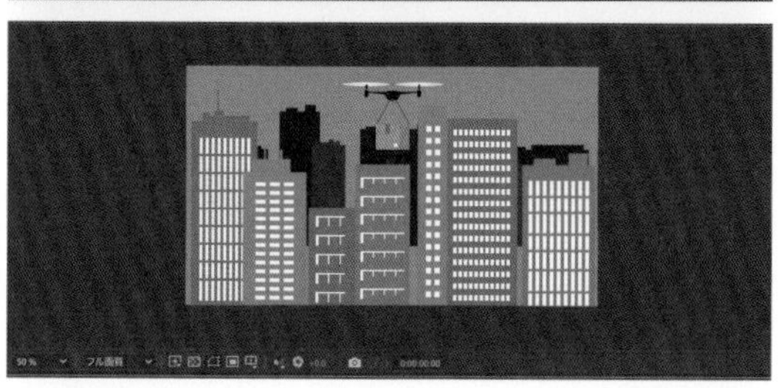

【1_town_back/drone.ai】の親を【2_town_back/drone.ai】に設定します❻❼。

【0:00:00:00】の位置に移動します❽。【2_town_back/drone.ai】を展開し❾、【位置】に【キーフレーム】を作成します❿⓫。

【0:00:08:00】に移動します⓬。【位置】のX座標をクリックして、【960】の数字の後ろに【-1920】⓭と入力します。コンポジションサイズの横幅が【1920px】なので、画面ギリギリの左外へと移動します。数値は【-960】になります⓮。

再生すると、8秒かけて後ろの背景が動きます。

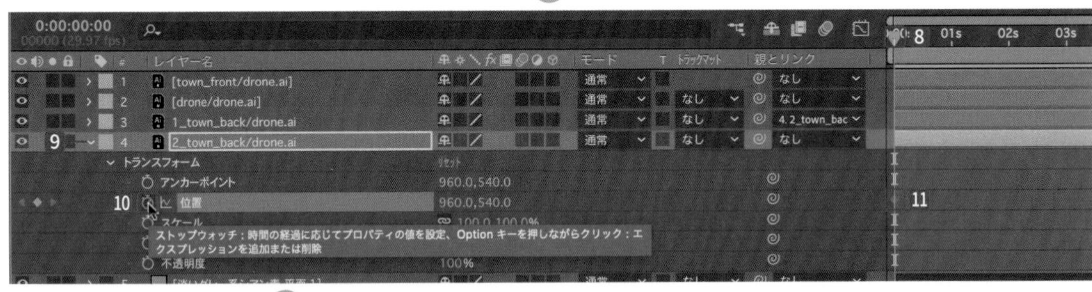

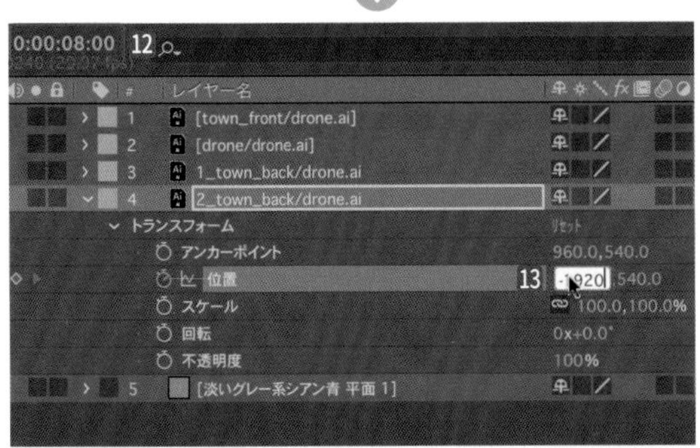

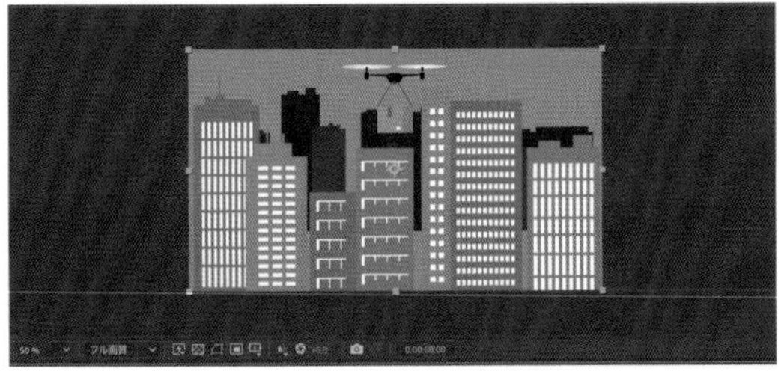

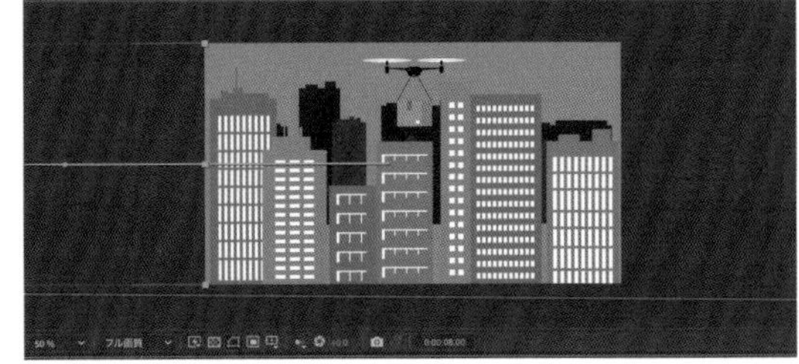

【2_town_back/drone.ai】の**【位置】**にある**【ストップウォッチ】**15を option/Alt キーを押しながらクリックします。**【エクスプレッション言語メニュー】**16をクリックして、**【Property】**の**【loopOut (type = "cycle", numKeyframes = 0)】**を選択すると17、後ろのビル群が常に動くループアニメーションになります。

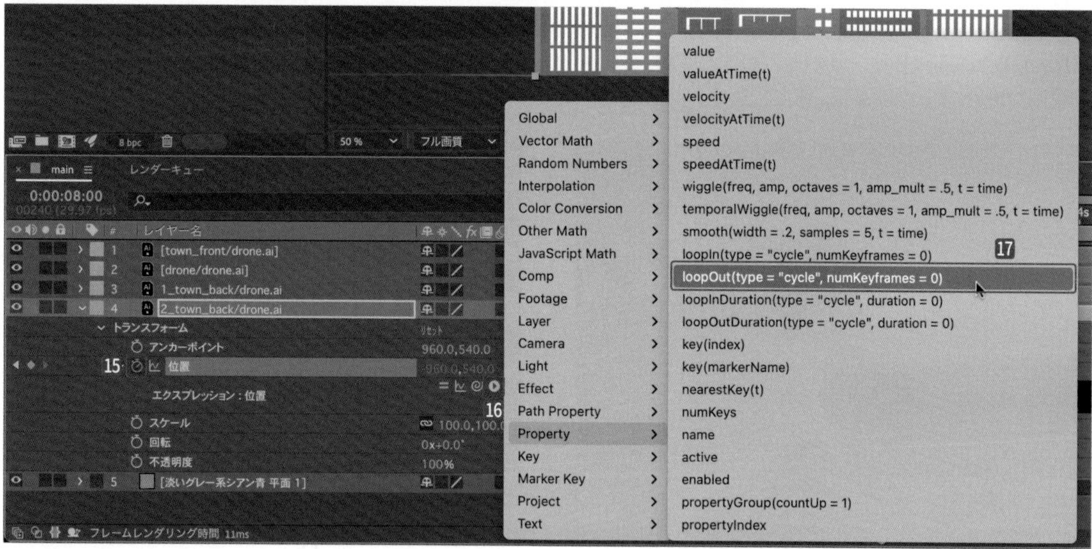

前面のビル群をループアニメーションで動かす

【town_front/drone.ai】をコピー（ command/Ctrl ＋ C キー）1＆ペースト（ command/Ctrl ＋ V キー）2します。同じクリップが2つできるので、上から名前を**【1_town_front/drone.ai】【2_town_front/drone.ai】**に変更します3。

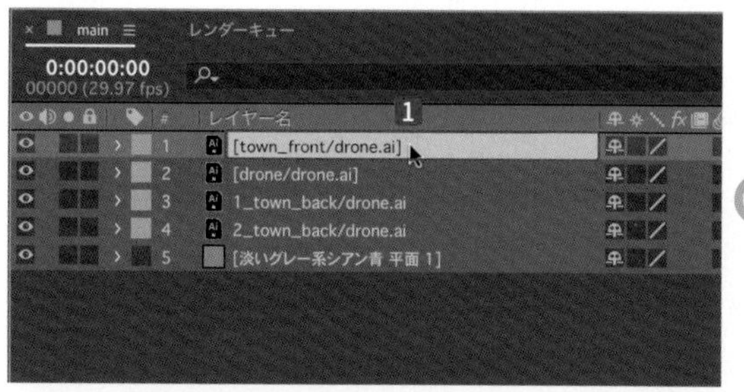

【1_town_front/drone.ai】の【位置】のX座標をクリックして、【960】の数字の後ろに【+1920】と入力します❹。数値は【2880】になります❺。

【1_town_front/drone.ai】の親を【2_town_front/drone.ai】に設定します❻。

【0:00:00:00】の位置に移動します❼。【2_town_front/drone.ai】を展開し❽、【位置】に【キーフレーム】を作成します❾❿。

【0:00:02:00】に移動します⓫。【位置】のX座標をクリックして、【960】の数字の後ろに【-1920】と入力します⓬。数値は【-960】⓭になります。再生すると、2秒かけて前面の背景が動きます。

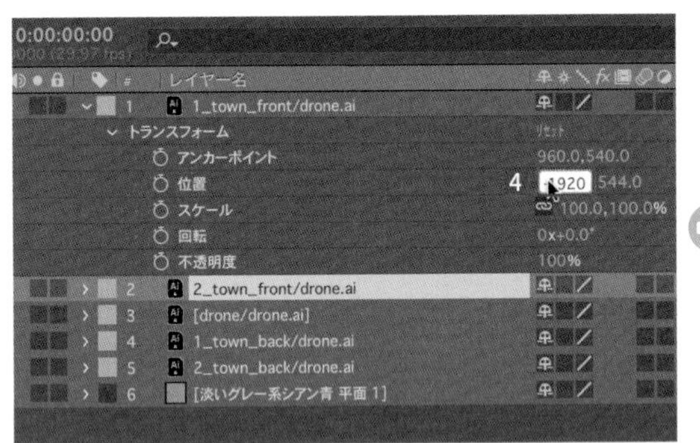

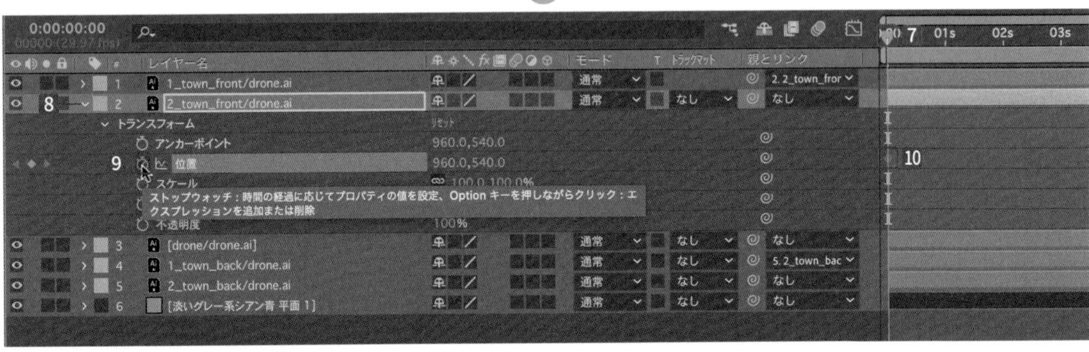

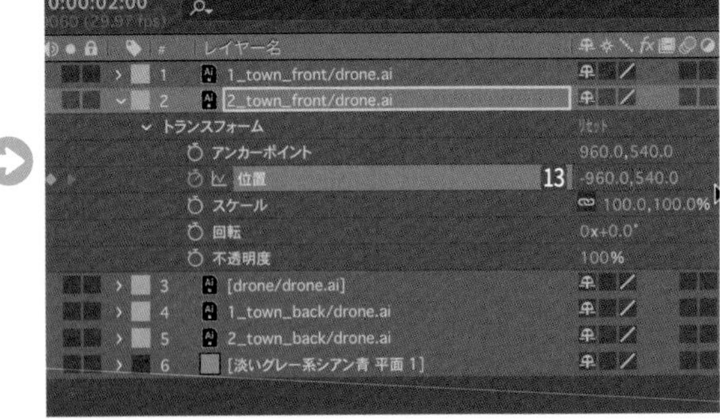

【2_town_front/drone.ai】の**【位置】**の**【ストップウォッチ】**⑭を option/Alt キーを押しながらクリックします。**【エクスプレッション言語メニュー】**⑮をクリックして、**【Property】**の**【loopOut (type = "cycle", numKeyframes = 0)】**を選択すると⑯、前面のビル群が常に動くループアニメーションになります。

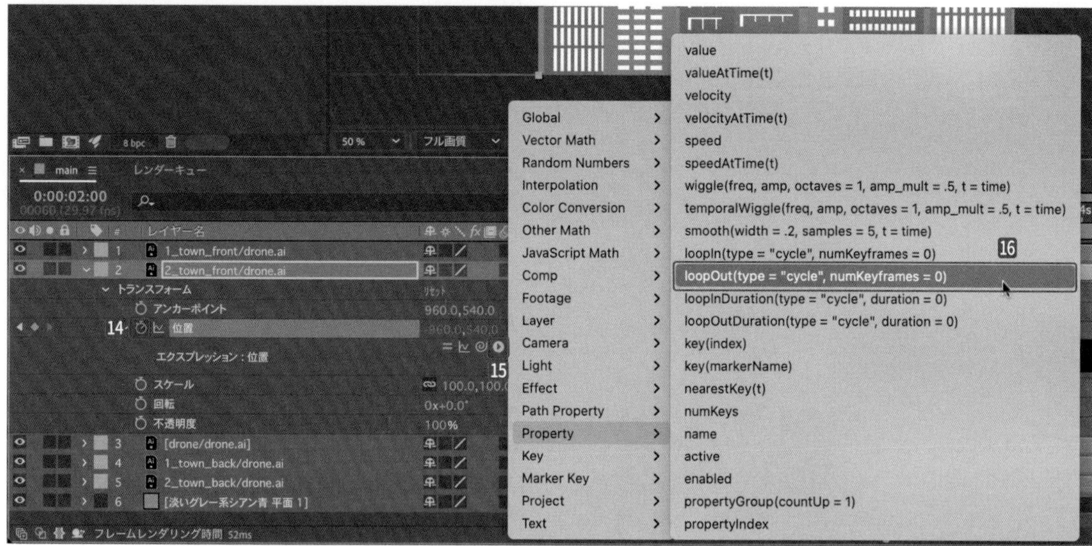

再生すると、ドローンが町中を飛び続けるアニメーションになります。

2 奥行きのある背景ループアニメーション

⠿ 新規プロジェクトを作る

【ホーム画面】で【新規プロジェクト】ボタンをクリックします（15ページ参照）。

【ファイル】メニューの【別名で保存】から【別名で保存...】（Shift＋command/Ctrl＋Sキー）を選択して（25ページ参照）、【別名で保存】ダイアログボックスで【road】と名前をつけて❶、【保存】ボタンをクリックします❷。

保存先は作業するハードディスクとフォルダーを選択してください。

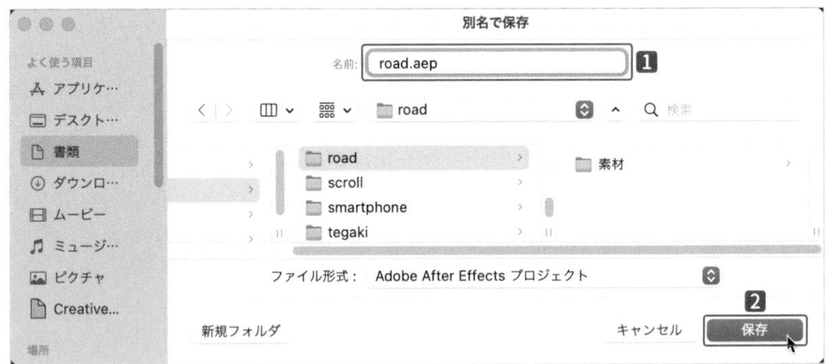

⠿ 新規コンポジションを作る

【コンポジション】メニューから【新規コンポジション...】（command/Ctrl＋Nキー）を選択して、【コンポジション設定】ダイアログボックスを表示します（29ページ参照）❶。

【コンポジション名】は【main】❷、【プリセット】は【カスタム】を選択します❸。

今回は正方形の動画なので、【幅：1080px】【高さ：1080px】と入力します❹。

【デュレーション】を【0:00:10:00】に設定して❺、【OK】ボタンをクリックします❻。

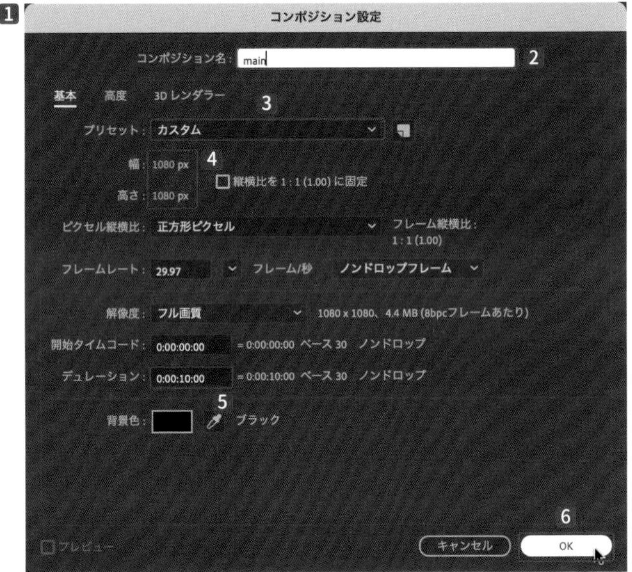

⠿ ファイルを読み込む

【ファイル】メニューの【読み込み】から【ファイル...】（command/Ctrl＋Iキー）を選択して、【ファイルの読み込み】ダイアログボックスを表示します❶。

【素材】から【road.ai】を選択し❷、【読み込みの種類】で【コンポジション】を選択して❸、【開く】ボタンをクリックします❹。

読み込んだときに自動作成された【road】のコンポジションは使用しないので、Deleteキーで削除します（94ページ参照）。

素材を配置する

【プロジェクト】パネルから【roadレイヤー】を展開します1。
すべて選択して2、【タイムライン】パネルに配置します3。
上から、【car/road.ai】【tire/road.ai】【sign/road.ai】【line/road.ai】【back/road.ai】の順番に設定します4。

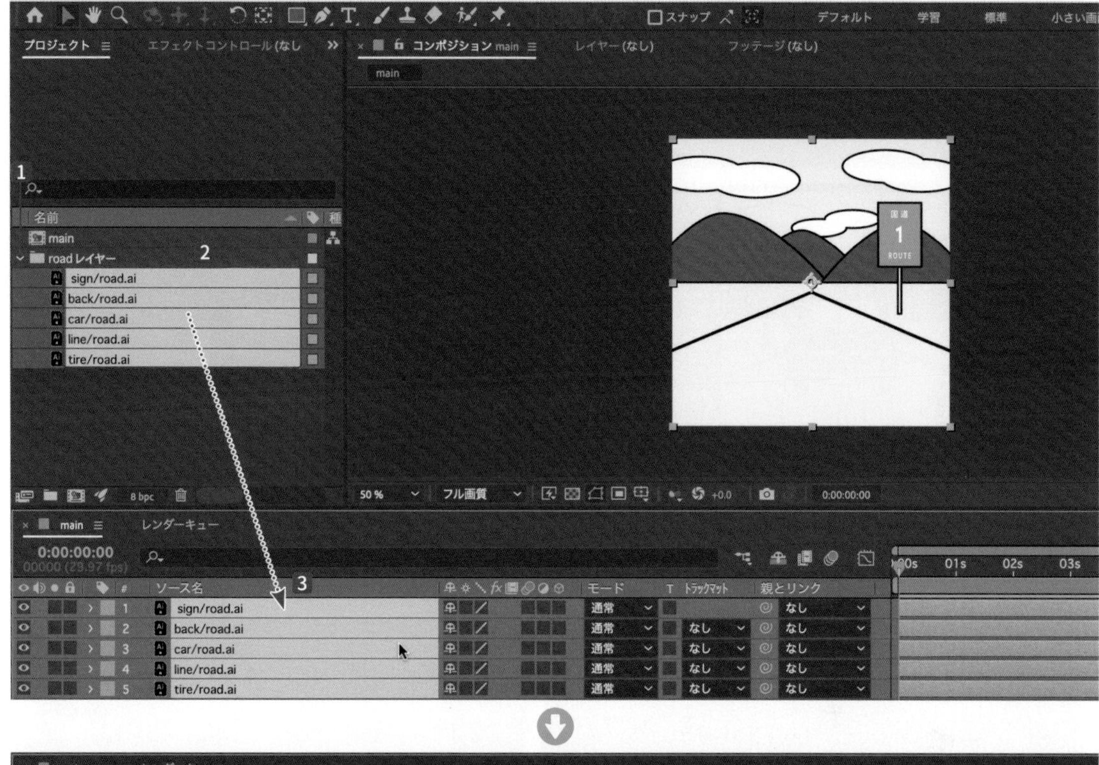

車に動きをつける

【0:00:00:00】の位置に移動します1。【car/road.ai】を展開し2、【位置】に【キーフレーム】を作成します34。

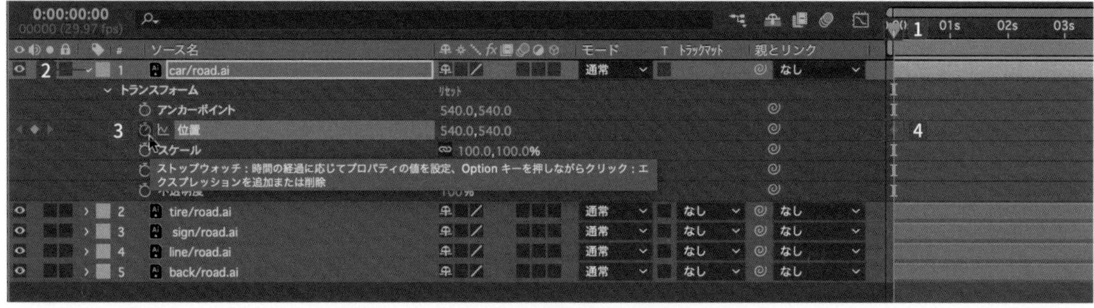

【0:00:00:05】の位置に移動します5。Y座標を【550】に設定すると6、車が沈みます7。

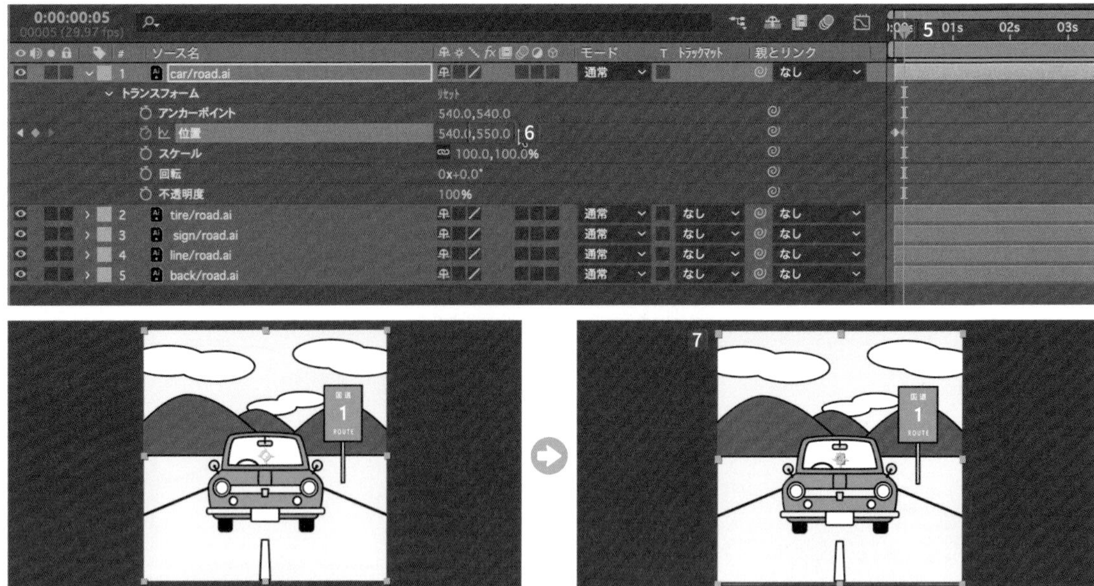

【0:00:00:10】の位置に移動して8、【0:00:00:00】の【キーフレーム】9をコピー＆ペーストし（command/Ctrl＋C ➡ command/Ctrl＋Vキー）10、【イージーイーズ】（F9キー）を適用します11。

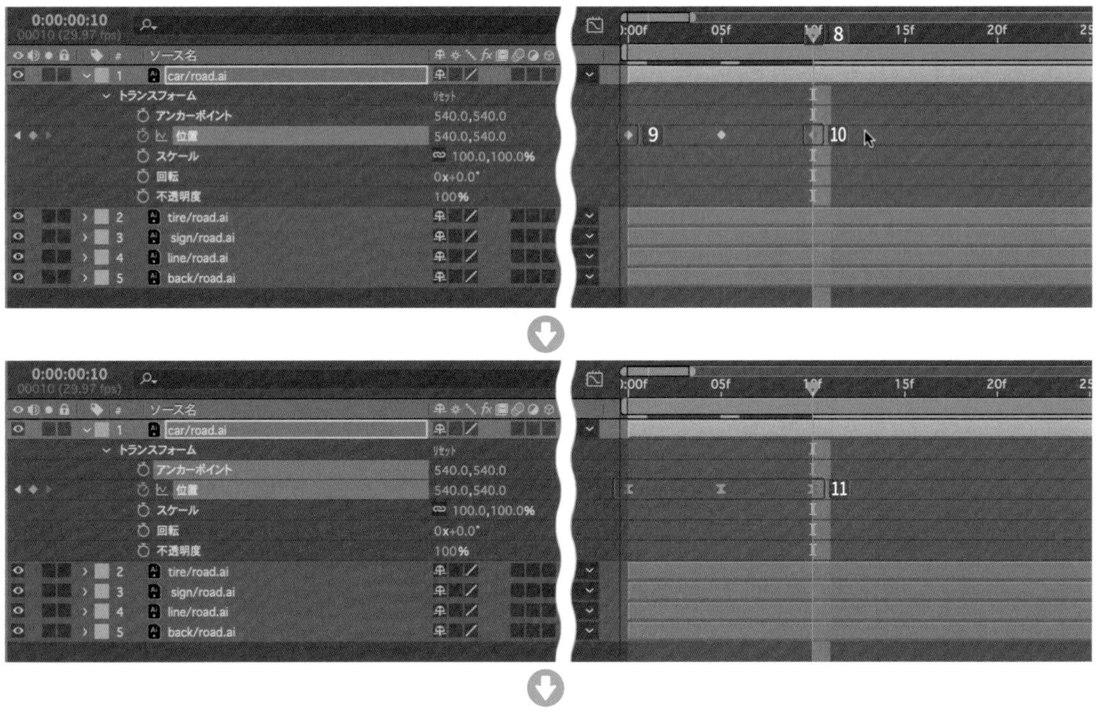

【car/road.ai】の【位置】▶⓬に【エクスプレッション】の【loopOut (type = “cycle”, numKeyframes = 0)】⓭を適用すると、車が上下に揺れるループアニメーションになります。

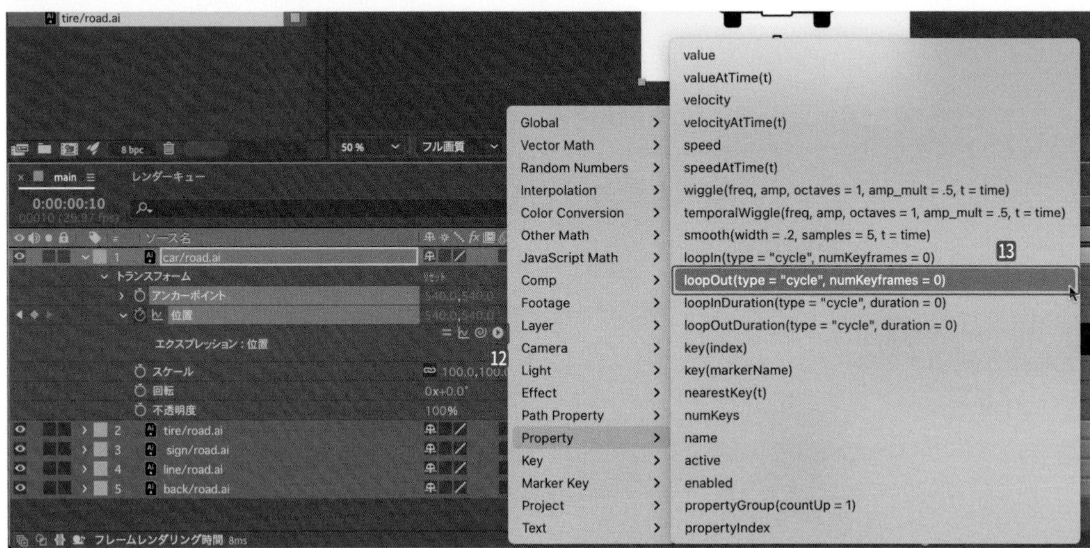

⁝⁝ 標識をループさせる

【0:00:00:00】の位置に移動して❶、【sign/road.ai】を展開します❷。【スケール】の値を【220】に変更して❸、標識を画面外に出し、【キーフレーム】を作成します❹❺。

【0:00:01:00】の位置に移動して❻、【スケール】を【20】に設定すると❼、標識が車の後ろに移動します。

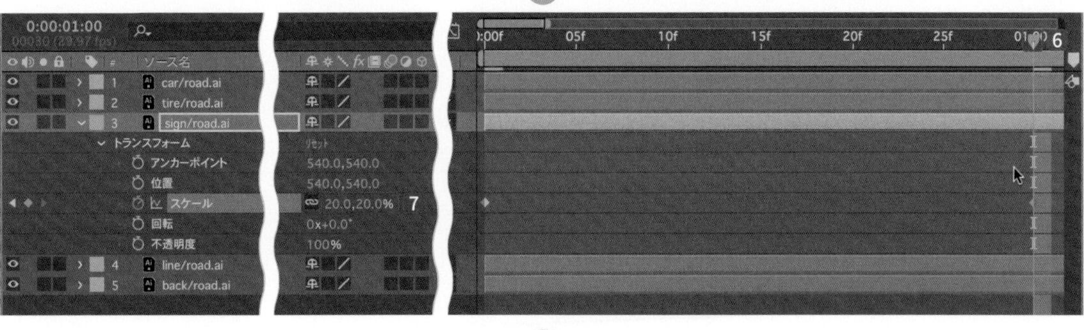

【0:00:02:00】の位置に移動して8、**【スケール】**に**【キーフレーム】**を作成します9 10。

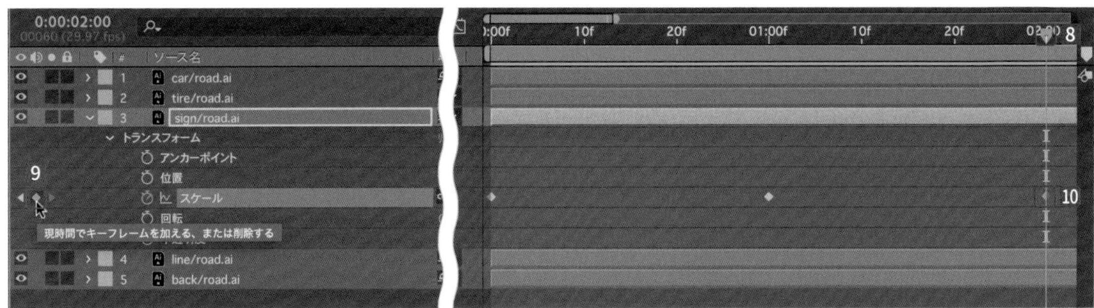

【sign/road.ai】の**【スケール】**に**【エクスプレッション】**の**【loopOut (type = “cycle”, numKeyframes = 0)】**を適用すると11 12、標識が消えて現れるループアニメーションになります。

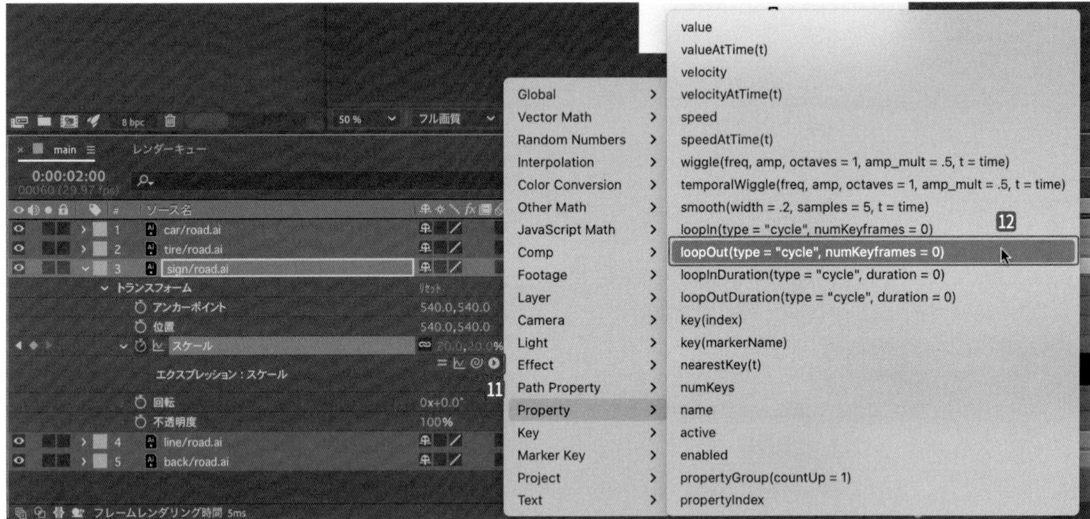

⠿ 道をループさせる

【0:00:00:00】の位置に移動して❶、【line/road.ai】を展開します❷。【位置】のＹ座標の値を【720】に変更して❸、道のラインを画面外に出し、【キーフレーム】を作成します❹❺。

【0:00:01:00】の位置に移動して❻、Ｙ座標を【160】に設定します❼。

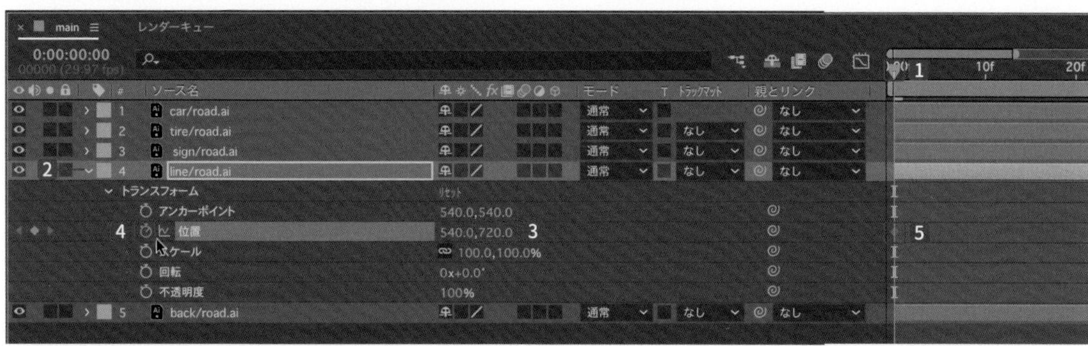

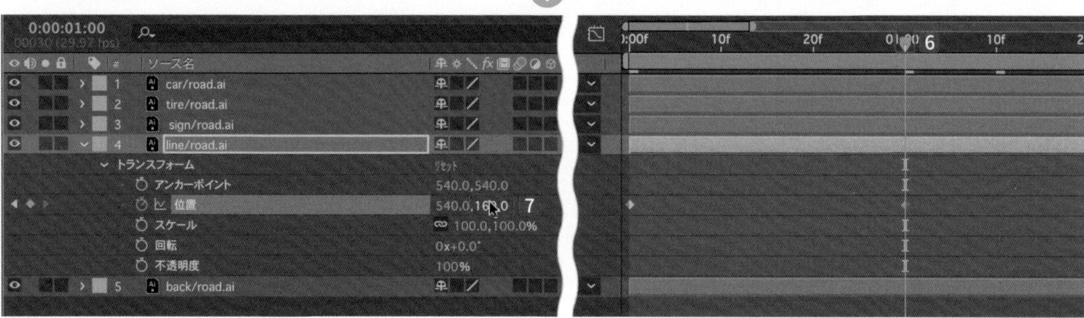

【0:00:00:00】の位置に移動して❽、【スケール】に【キーフレーム】を作成します❾❿。

【0:00:01:00】の位置に移動して⓫、【スケール】を【80】に設定します⓬。

【位置】13と**【スケール】**15それぞれに**【エクスプレッション】**の**【loopOut (type = “cycle”, numKeyframes = 0)】**を適用します14 16。

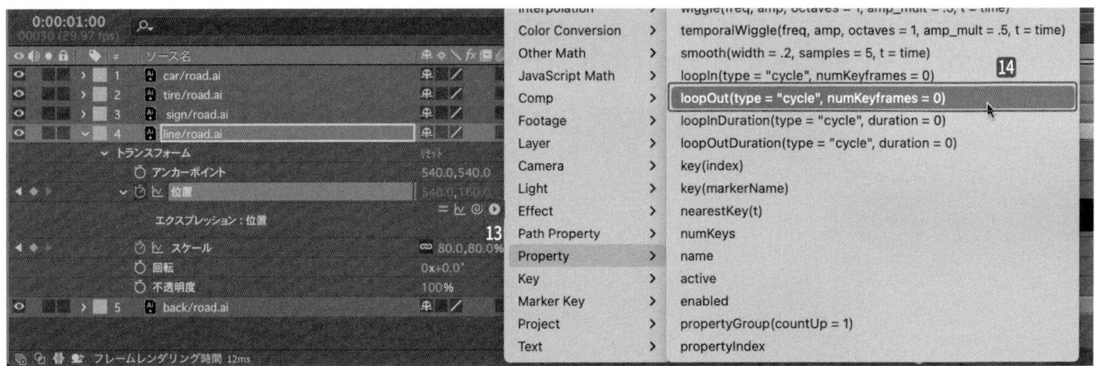

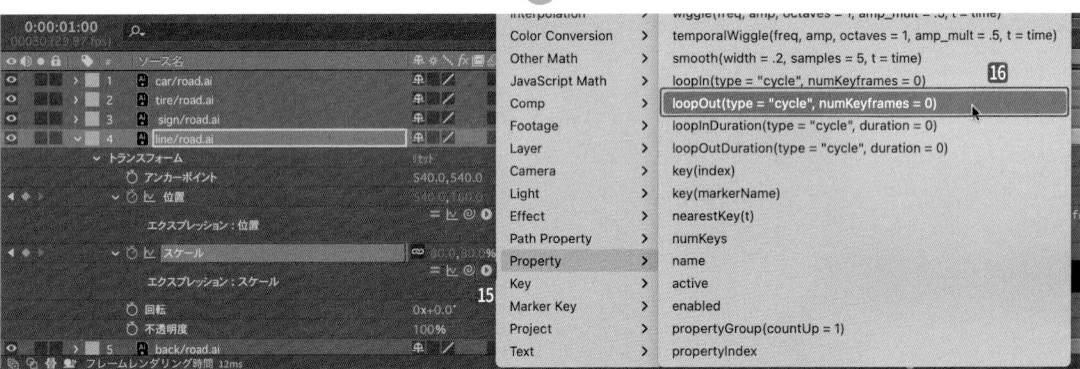

これで完成です。

Section 5

3 ライティングアニメーション

ここでは、After Effectsのエフェクト機能を活用して、カットに情緒感を加える光の演出方法について解説します。

新規プロジェクトを作る

【ホーム画面】で**【新規プロジェクト】**ボタンをクリックします（15ページ参照）。

【ファイル】メニューの**【別名で保存】**から**【別名で保存...】**（Shift＋command/Ctrl＋Sキー）を選択して（25ページ参照）、**【別名で保存】**ダイアログボックスで**【lighting】**と名前をつけて**1**、**【保存】**ボタンをクリックします**2**。

保存先は作業するハードディスクとフォルダーを選択してください。

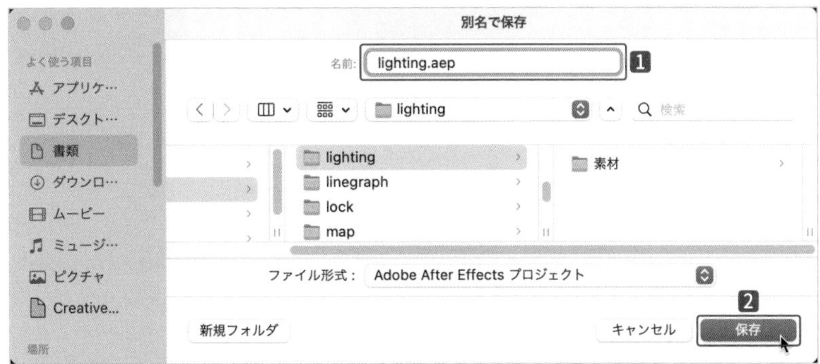

∷ 新規コンポジションを作る

【コンポジション】メニューから**【新規コンポジション…】**（command/Ctrl＋Nキー）を選択して、**【コンポジション設定】**ダイアログボックスを表示します（29ページ参照）❶。

【コンポジション名】は**【main】**❷、**【プリセット】**は**【HDTV 1080 29.97】**を選択します❸。**【デュレーション】**を**【0:00:05:00】**に設定して❹、**【OK】**ボタンをクリックします❺。

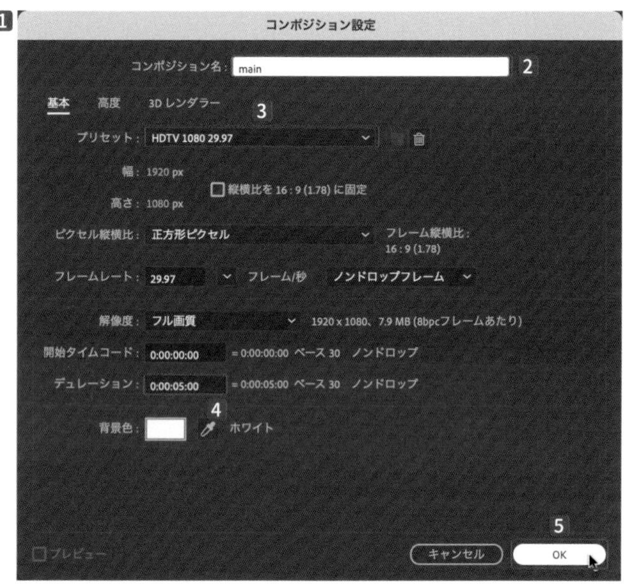

∷ ファイルを読み込む

【ファイル】メニューの**【読み込み】**から**【ファイル…】**（command/Ctrl＋Iキー）を選択して**【ファイルの読み込み】**ダイアログボックスを表示します❶

【素材】から読み込んだ３つのファイルを選択して❷、**【開く】**ボタンをクリックします❸。

素材を配置する

【プロジェクト】パネルから読み込んだ3つのファイルを選択して❶、**【タイムライン】**パネルに配置します❷。
上から、**【man.png】【woman.png】【back.jpg】**の順番に設定します❸。

⁝⁝ 男性のイラストをぼかす

【man.png】を選択して**1**、**【エフェクト】**メニューの**【ブラー＆シャープ】**から**【ブラー（カメラレンズ）】**を選択します**2**。

【プロジェクト】パネルの右に**【エフェクトコントロール】**パネルのタブが表示されます**3**。

表示されない場合は、**【ウィンドウ】**メニューから**【エフェクトコントロール:man.png】**を選択してください**4**。

【ブラー（カメラレンズ）】5を適用すると男性のイラストが若干ぼやけているので、さらに調整します。**【ブラーの半径】**を**【15】6**に設定すると、さらにボケて撮影しているようになります**7**。

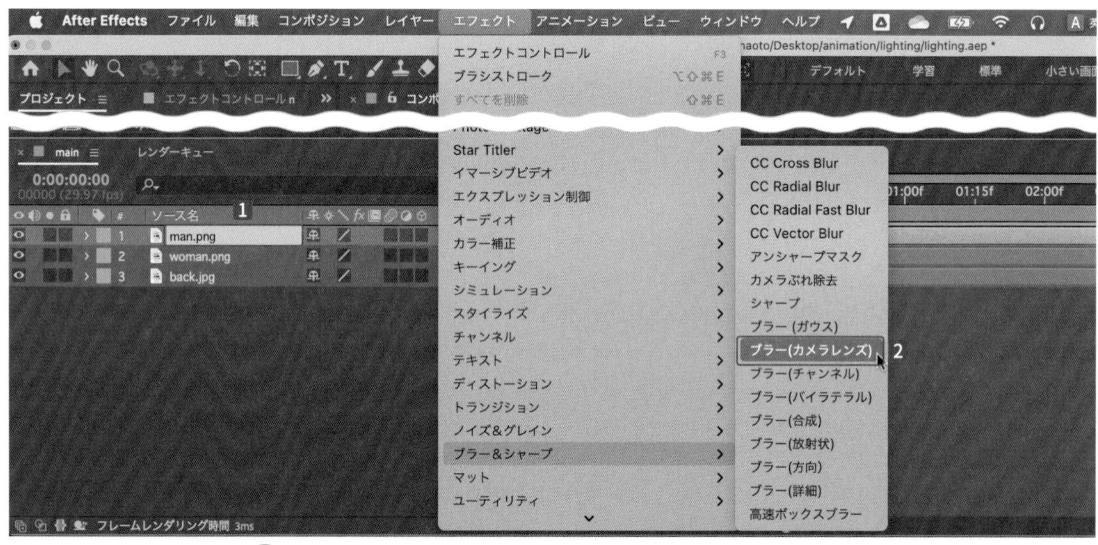

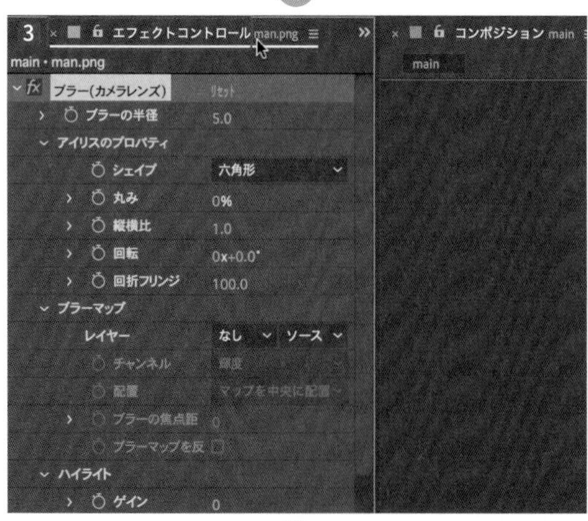

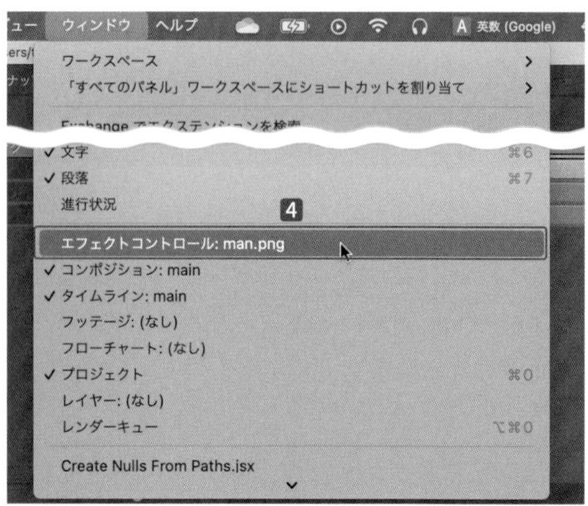

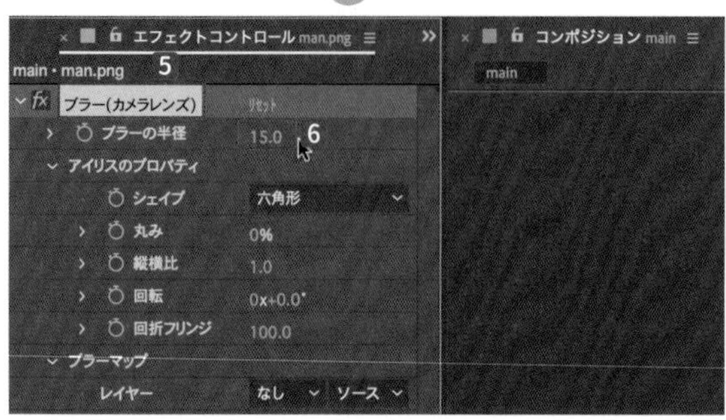

拡大して男性イラストのエッジがぼやけて背景が透けている場合8、調整します。

【エッジピクセルを繰り】をオンにすると、きれいになります9。

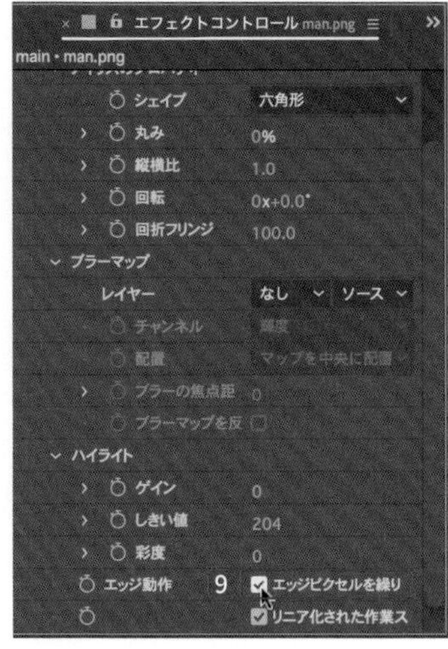

ライティングする

【woman.png】を選択した状態で1、**【レイヤー】**メニューの**【新規】**から**【調整レイヤー】**（option / Alt ＋ command / Ctrl ＋ Y キー）を選択すると2、**【woman.png】**の上に**【調整レイヤー 1】**が作成されます3。

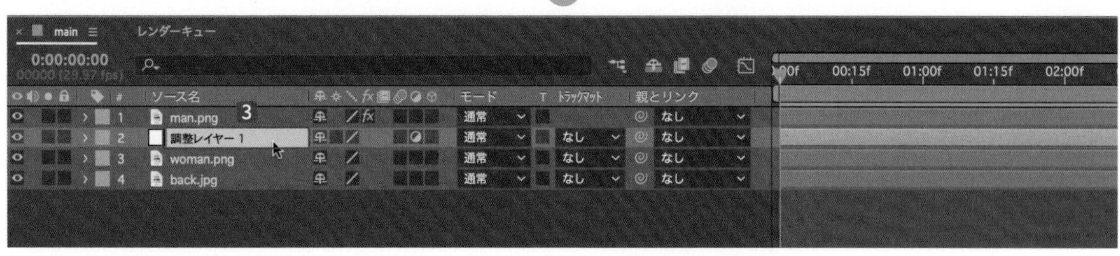

この調整レイヤーにライティングを施します。**【調整レイヤー 1】**を選択して4、**【エフェクト】**メニューの**【描画】**から**【CC Light Sweep】**を選択します5。

画面上から右下への光の線が入ります6 。**【エフェクトコントロール】**パネルに**【CC Light Sweep】**が表示されます7。

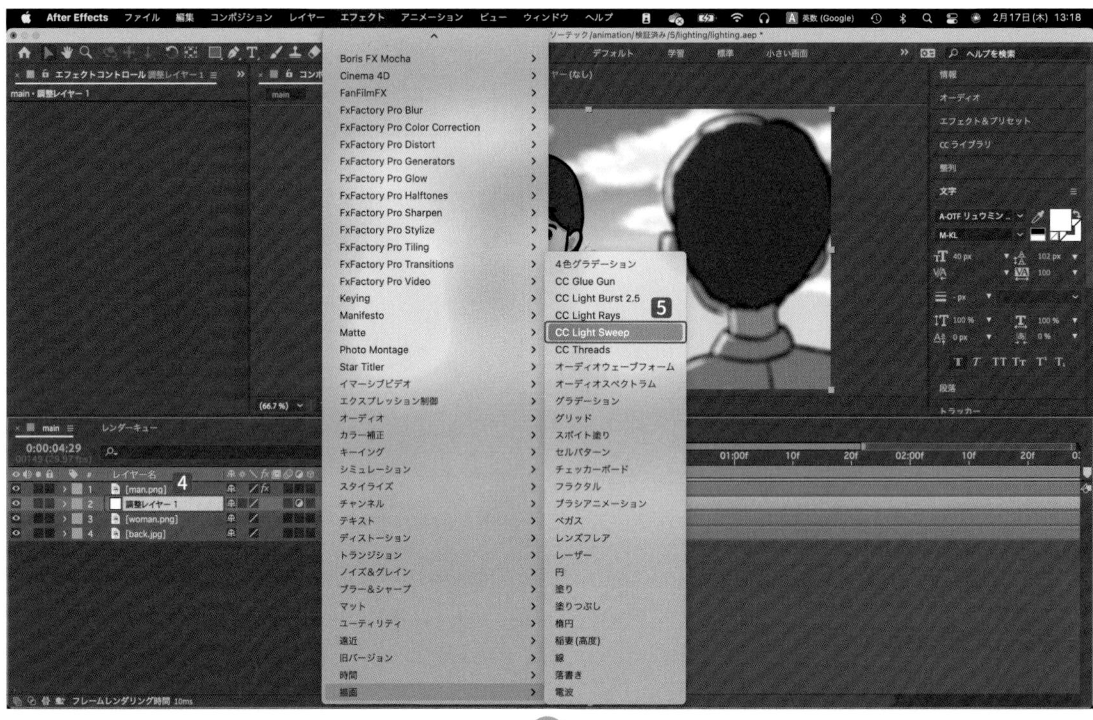

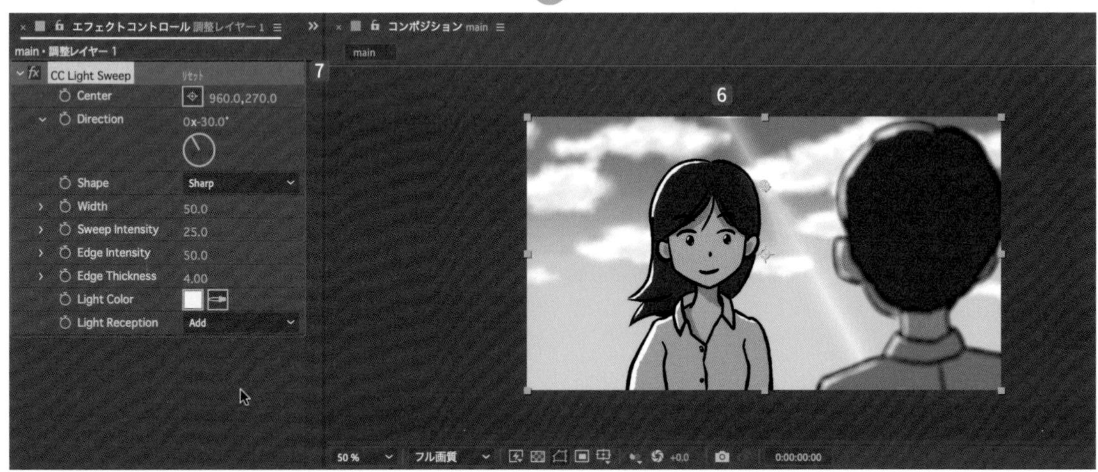

TIPS 調整レイヤー

調整レイヤーに設定した色調整などのエフェクトを、調整レイヤーより下にあるすべてのレイヤーに反映させることができます。一度に多くのレイヤーにエフェクトを適用するのに便利です。

そのパネルの中の【Center】を【470,340】に設定すると❽、線が左に移動します❾。
【Direction】を【70】に設定すると❿、線が回転します⓫。
【Width】を【25】に設定すると⓬、線が細くなります⓭。

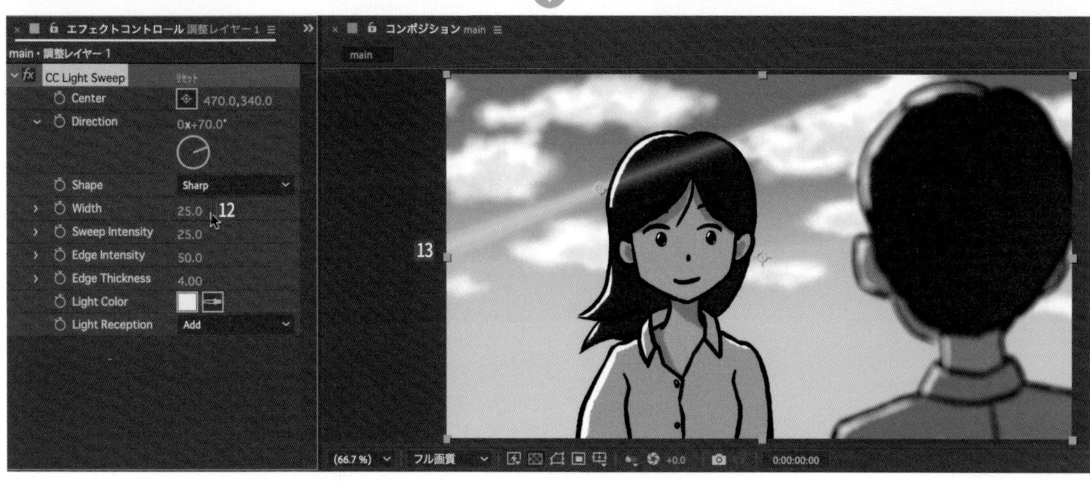

【Sweep Intensity】を**【40】**に設定すると⓮、中の光が強くなります⓯。
さらに**【エフェクト】**メニューの**【描画】**から**【CC Light Rays】**を選択します⓰。これは光線を作るエフェクトです。
【エフェクトコントロール】パネルに**【CC Light Rays】**が表示されます⓱。

【Center】を**【470,340】**に設定すると⑱、光線が移動します⑲。
さらに、**【エフェクト】**メニューの**【描画】**から**【レンズフレア】**を選択します⑳。
【エフェクトコントロール】パネルに**【レンズフレア】**㉑が表示され、カメラレンズに入るレンズフレアが表示されます㉒。

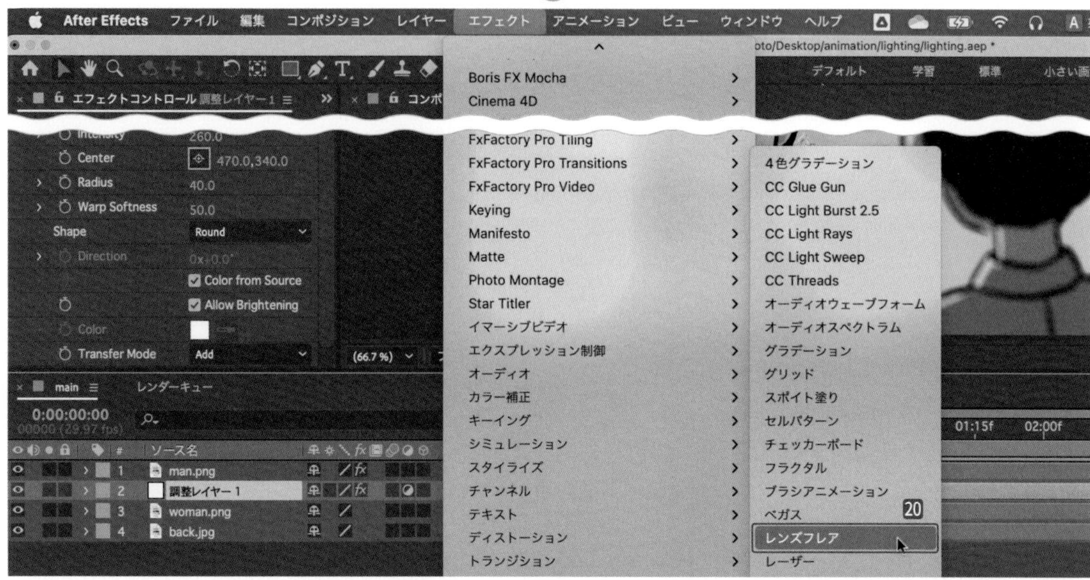

【光源の位置】を【140,480】に設定すると㉓、左に移動します㉔。これは後ほど、アニメーションで動かします。

⠿ 女性のイラストをぼかす

【調整レイヤー 1】を選択したまま❶、【エフェクト】メニューの【ブラー＆シャープ】から【ブラー（カメラレンズ）】❷を選択します。

【ブラーの半径】を【2】に設定すると❸、女性のイラストが少しボケます❹。

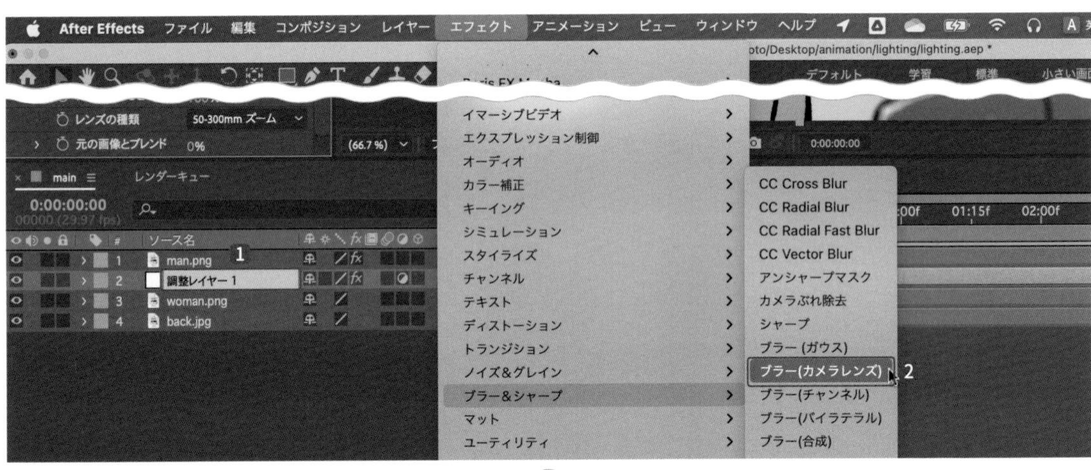

⠿ 背景もライティングする

【調整レイヤー 1】❶の**【エフェクトコントロール】**パネルにある**【CC Light Rays】**❷を選択してコピーします（command / Ctrl ＋ C キー）。

【back.png】❸を選択してペーストすると（command / Ctrl ＋ V キー）、**【調整レイヤー 1】**に適用した**【CC Light Rays】**が表示されます❹。

【Intensity】を**【1200】**に設定すると光が強くなり**5**、逆光のようになります**6**。
【Radius】を**【100】**に設定すると**7**、光源の半径が大きくなります**8**。

アニメーションを付ける

【タイムライン】パネルの**【調整レイヤー 1】**を展開し**1**、さらに**【ブラー（カメラレンズ）】**を展開します**2**。
【0:00:03:00】の位置に移動して**3**、**【ブラーの半径】**に**【キーフレーム】**を作成します**4** **5**。
【0:00:02:00】の位置に移動して**6**、**【ブラーの半径】**を**【20】**に設定します**7**。
再生すると、ボケからフォーカスが合うようになります**8**。
さらに**【レンズフレア】**を展開して**9**、**【0:00:02:10】**の位置に移動し**10**、**【光源の位置】**に**【キーフレーム】**を作成します**11** **12**。

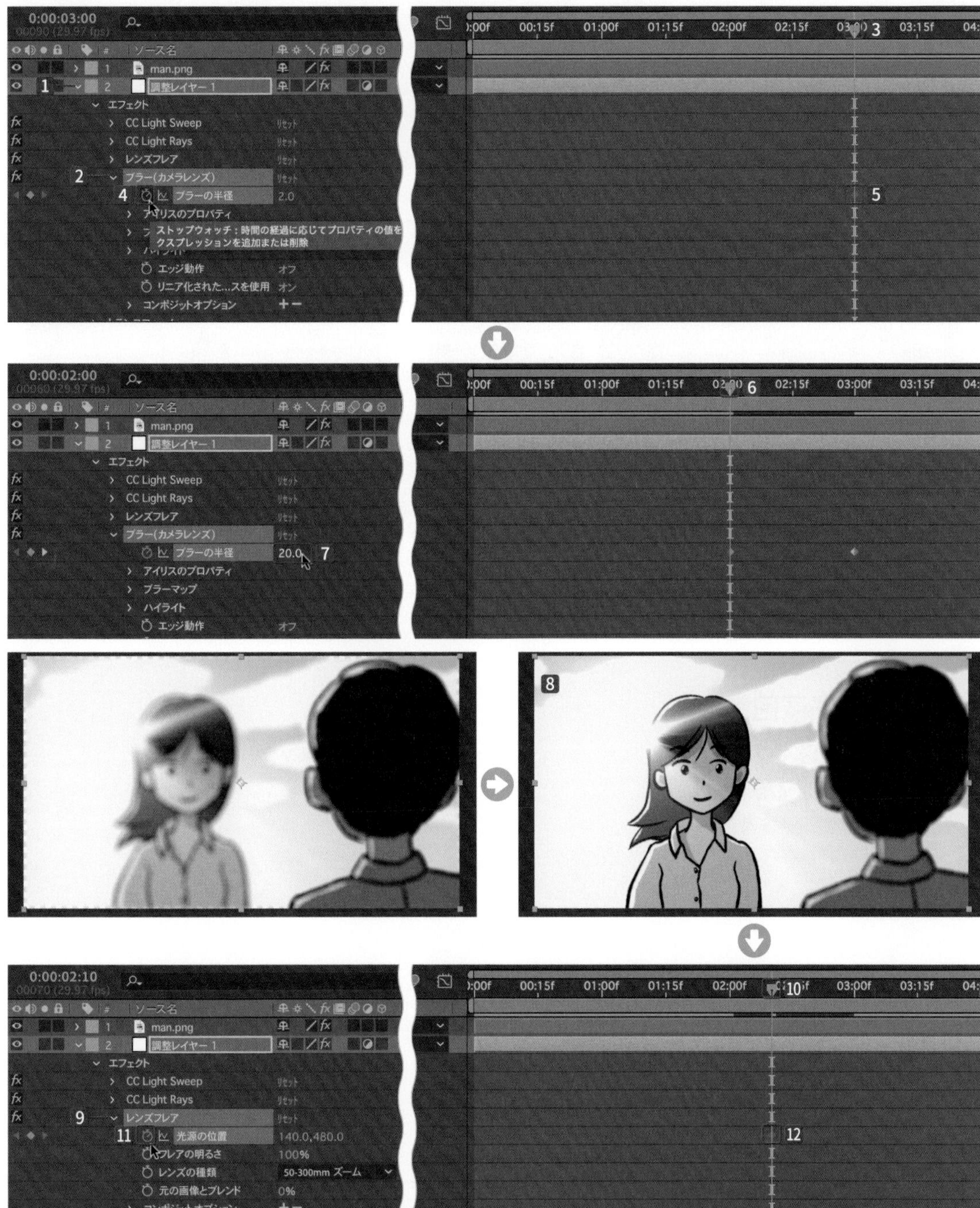

【0:00:03:00】に位置に移動して⓭、**【光源の位置】**を**【1500,-500】**に設定すると⓮、レンズフレアが動くアニメーションになります。

作成した**【キーフレーム】**に**【イージーイーズ】**（F9 キー）を適用します⓯。

これで完成です。

Section 5
4

手書き風の線画アニメーション

ここでは、作成したデジタルテイストのイラストにエフェクトを加えて手書き風のタッチにします。さらに線にうねりをつけて、手書きアニメーションの情緒を演出します。

⁝⁝ 新規プロジェクトを作る

【ホーム画面】で**【新規プロジェクト】**ボタンをクリックします（15ページ参照）。

【ファイル】メニューの**【別名で保存】**から**【別名で保存...】**（Shift＋command/Ctrl＋Sキー）を選択して（25ページ参照）、**【別名で保存】**ダイアログボックスで**【tegaki】**と名前をつけて❶、**【保存】**ボタンをクリックします❷。

保存先は作業するハードディスクとフォルダーを選択してください。

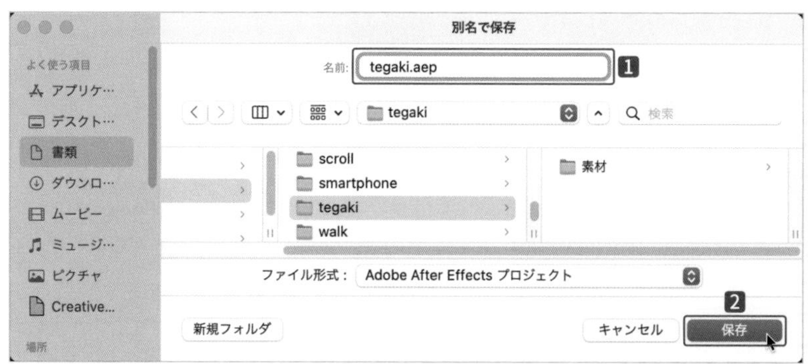

新規コンポジションを作る

カットをまとめるコンポジションを作ります。

【コンポジション】メニューから【新規コンポジション...】（command/Ctrl＋Nキー）を選択して、【コンポジション設定】ダイアログボックスを表示します（29ページ参照）1。

【コンポジション名】は【main】2、【プリセット】は【カスタム】3を選択します。

今回は正方形の動画なので、【幅：1080px】【高さ：1080px】と入力します4。

【デュレーション】を【0:00:05:00】に設定して5、【OK】ボタンをクリックします6。

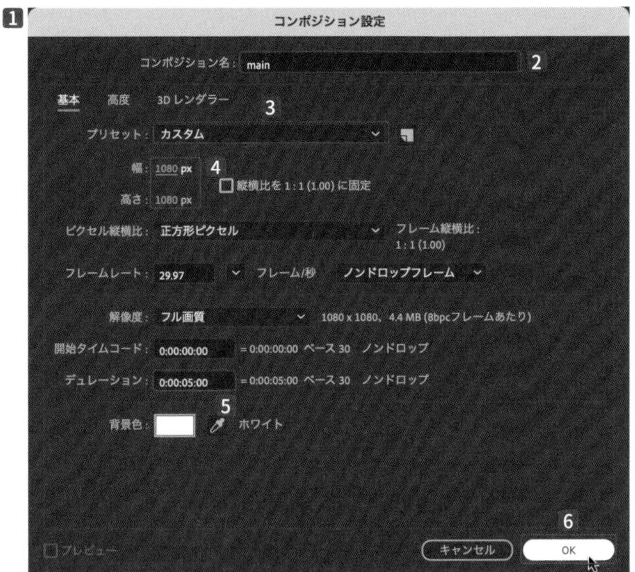

背景を作る

【レイヤー】メニューの【新規】から【平面...】（command/Ctrl＋Yキー）を選択して、【平面設定】ダイアログボックスを表示します1。

【カラー】をクリックして【#F4DF7F】（中間色のイエロー）に設定し2、【OK】ボタンをクリックします3。

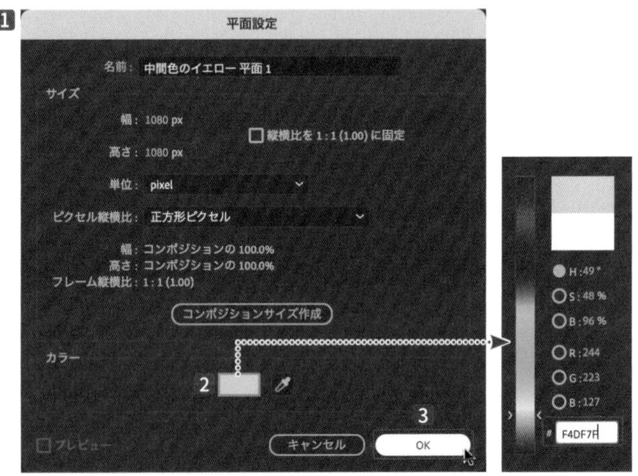

ファイルを読み込む

【ファイル】メニューの【読み込み】から【ファイル...】（command/Ctrl＋Iキー）を選択して、【ファイルの読み込み】ダイアログボックスを表示します1。

【素材】から【tegaki.ai】を選択し2、【読み込みの種類】で【フッテージ】を選択して3、【開く】ボタンをクリックします4。

今回レイヤーは1つしかないので、【レイヤーを統合】を選択して5、【OK】ボタンをクリックします6。

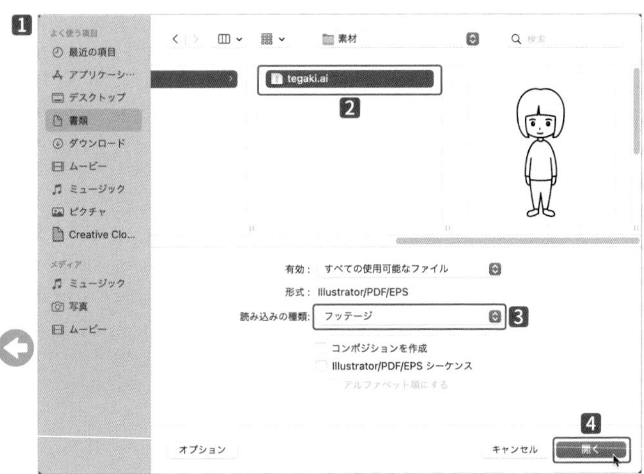

∷ 素材を配置する

【プロジェクト】パネルから**【tegaki.ai】**を選択して**1**、**【タイムライン】**パネルに配置します**2**。

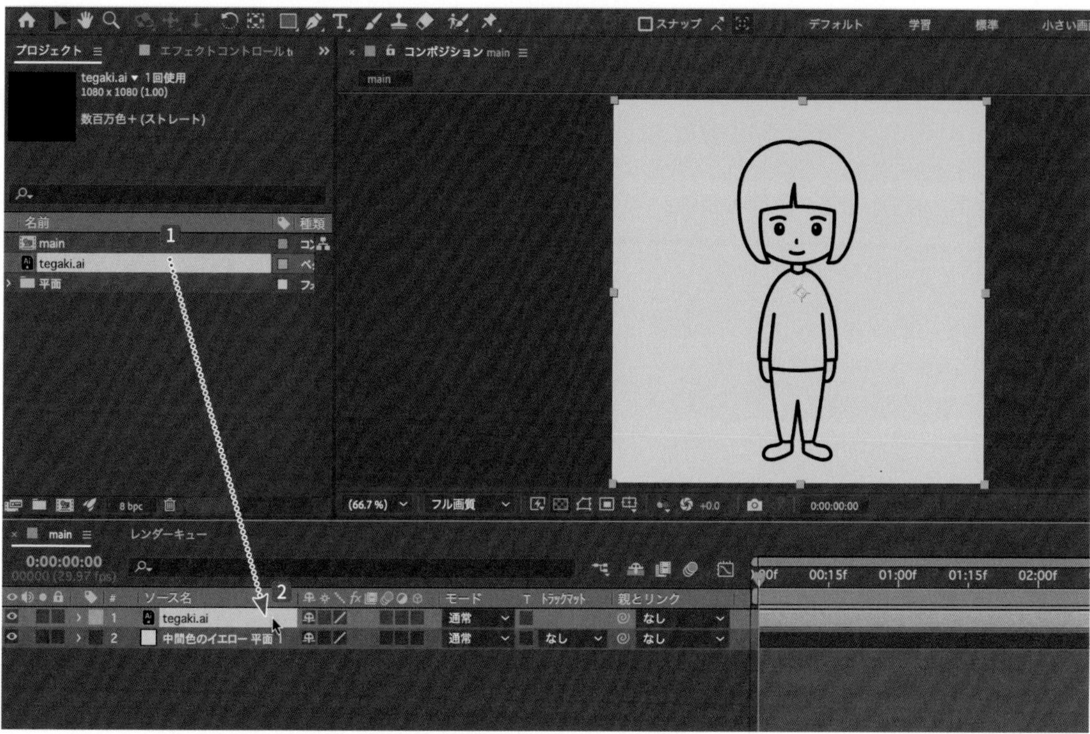

∷ 手書き風にする

【レイヤー】メニューの**【新規】**から**【調整レイヤー】**（option / Alt ＋ command / Ctrl ＋ Y キー）を選択します**1**。

【調整レイヤー 1】を選択して❷、**【エフェクト】**メニューの**【ディストーション】**から**【タービュレントディスプレイス】**を選択すると❸、画像に歪みが出ます❹。

【エフェクトコントロール】パネルの**【タービュレントディスプレイス】**にある**【量】**を**【10】**❺、**【サイズ】**を**【20】**❻に設定します。

また、**【複雑度】**を**【5】**❼に設定します。これで、手書き風の線画になります❽。

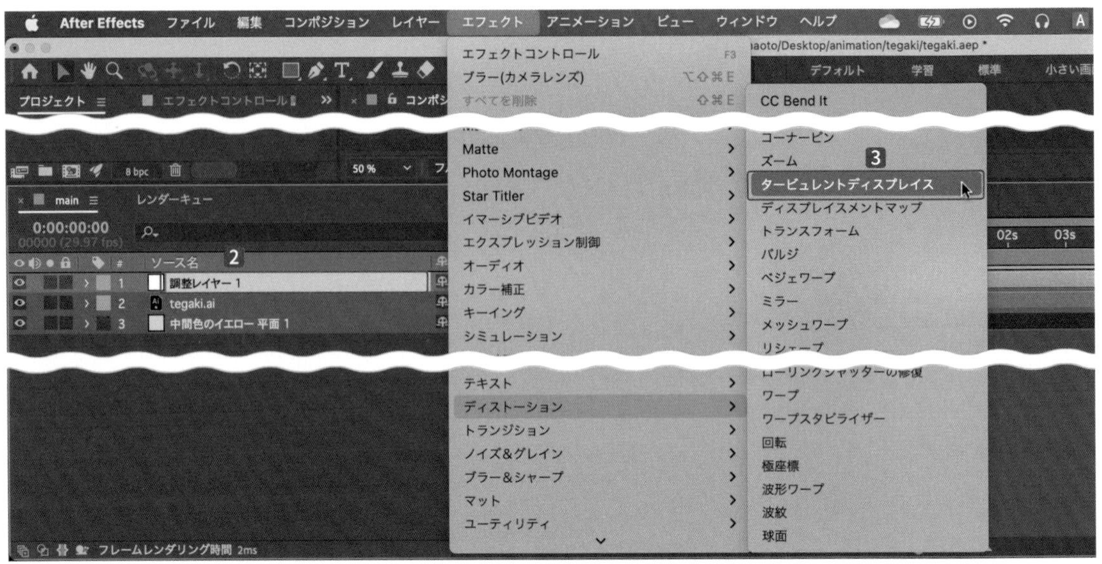

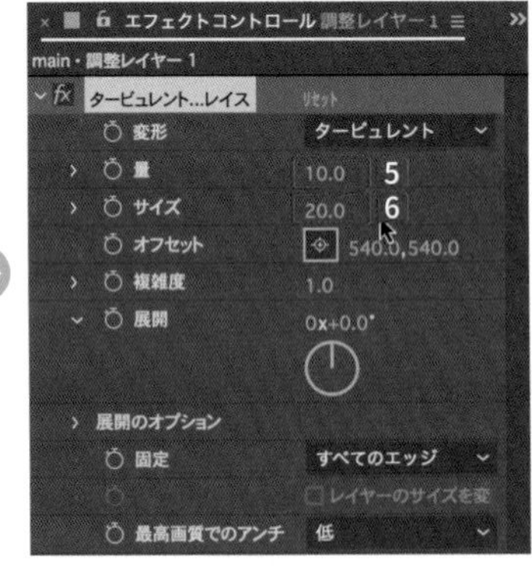

アニメーションをつける

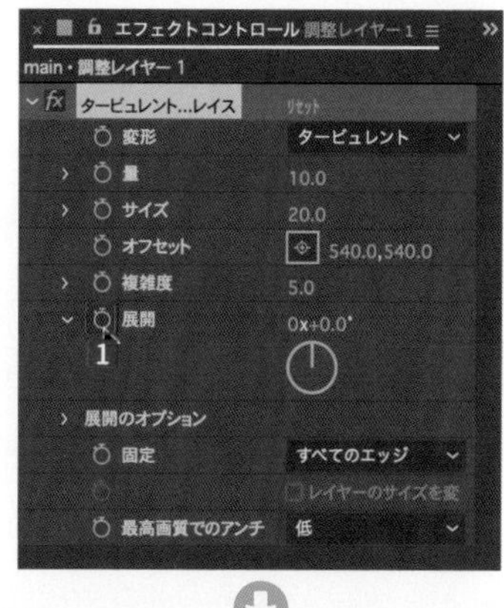

【エフェクトコントロール】パネルの【タービュレントディスプレイス】にある【展開】の【ストップウォッチ】を option / Alt キーを押しながらクリックします❶。

【タイムライン】パネルの【調整レイヤー 1】が展開し❷、エクスプレッションを記入する欄が表示されます❸。

記載されているエクスプレッションの文字を一度削除します❹。

【time*360】と入力すると❺、常にうねうねするアニメーションになります。次に、うねうねした動きを時間の経過とともに軽減していきます。

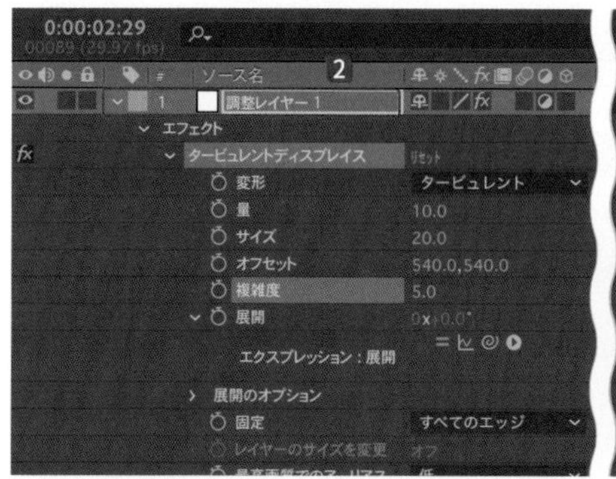

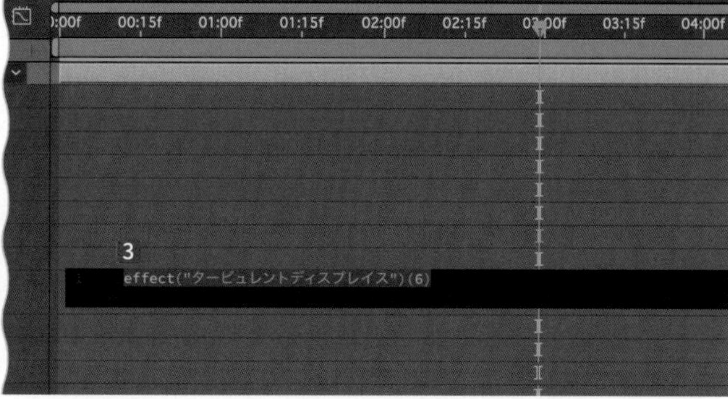

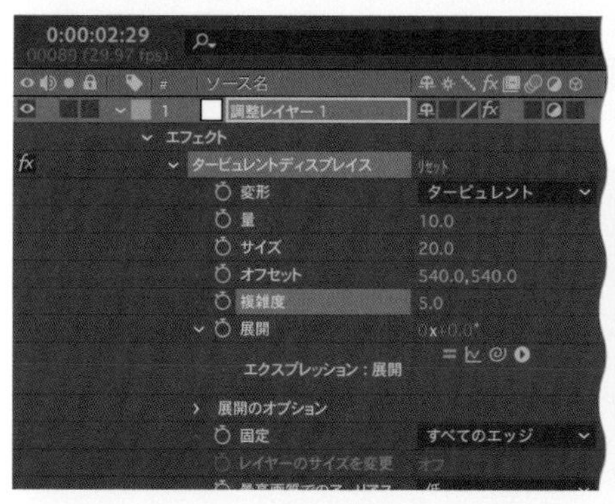

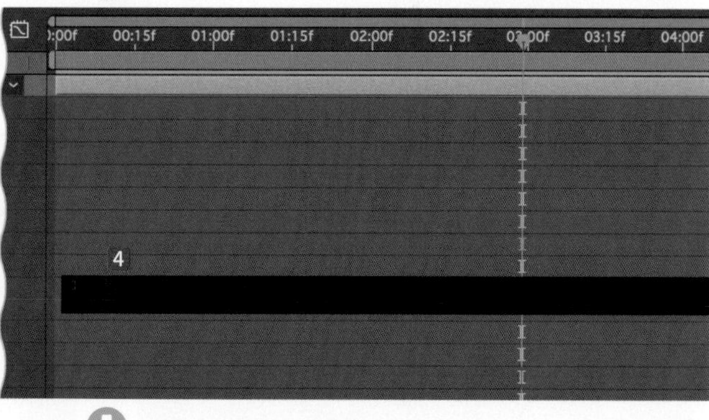

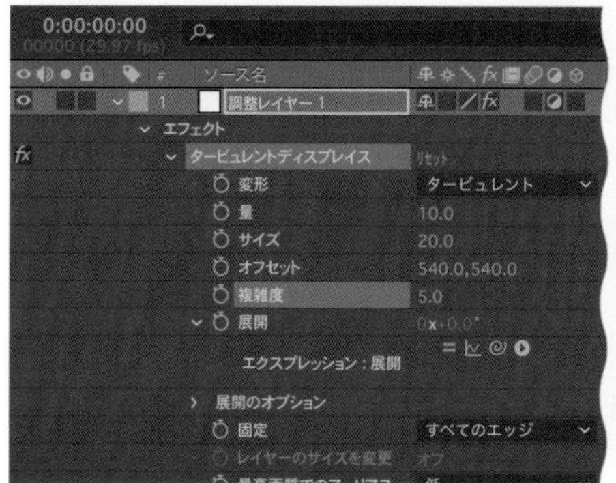

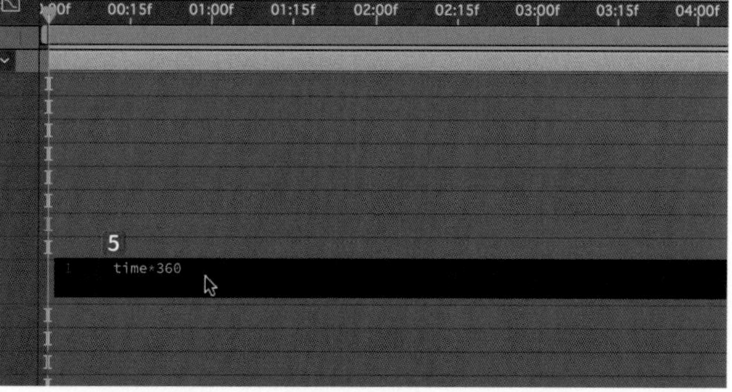

【time*360】の先頭にカーソルを移動して❻ Enter キーで改行し、２行目に移動します。

１行目をクリックして❼、**【エクスプレッション言語メニュー】**▶❽をクリックし、**【Global】**の**【posterizeTime(framesPerSecond)】**を選択すると❾、１行目に追加されます❿。

( ) 内に**【5】**と入力すると⓫、５コマおきにうねうねする線画アニメーションになります。

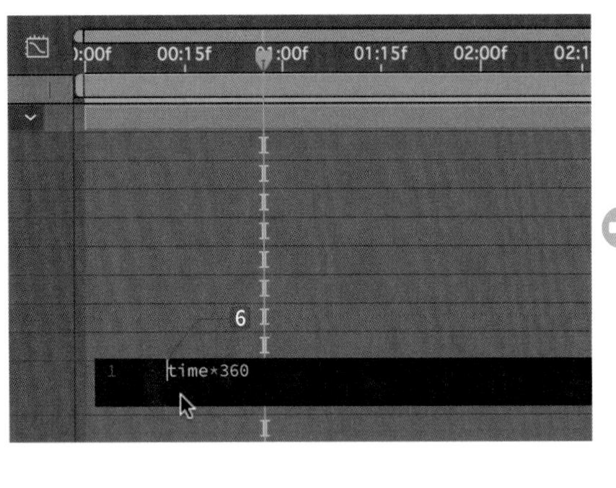

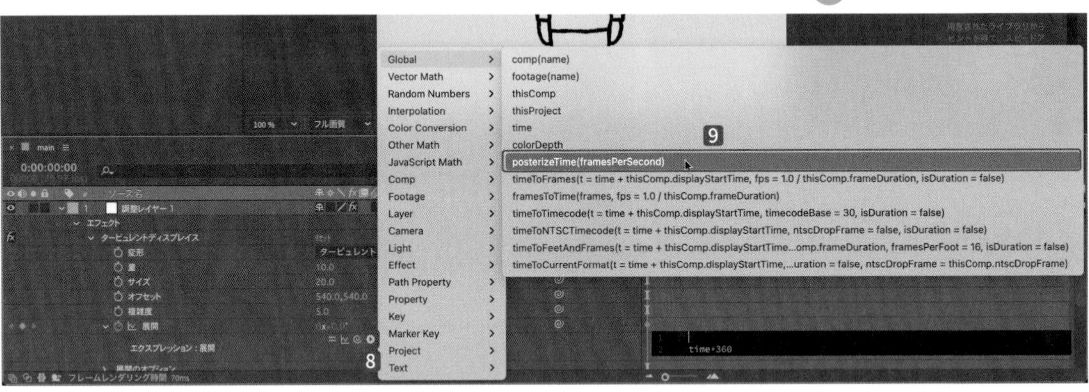

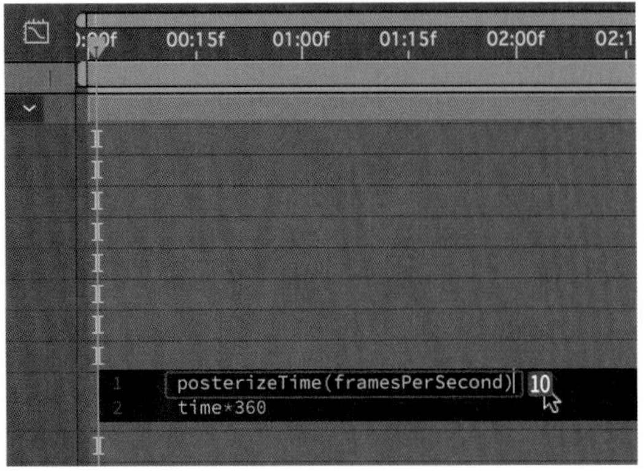

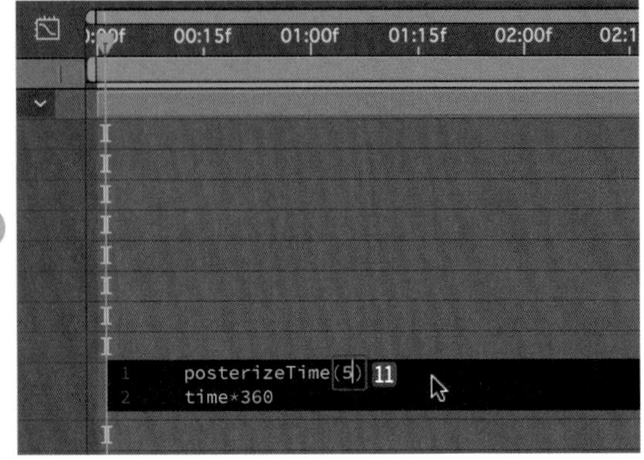

これで完成です。

TIPS 透過データの書き出し

背景が透過された動画の書き出しは、After Effectsで行います。

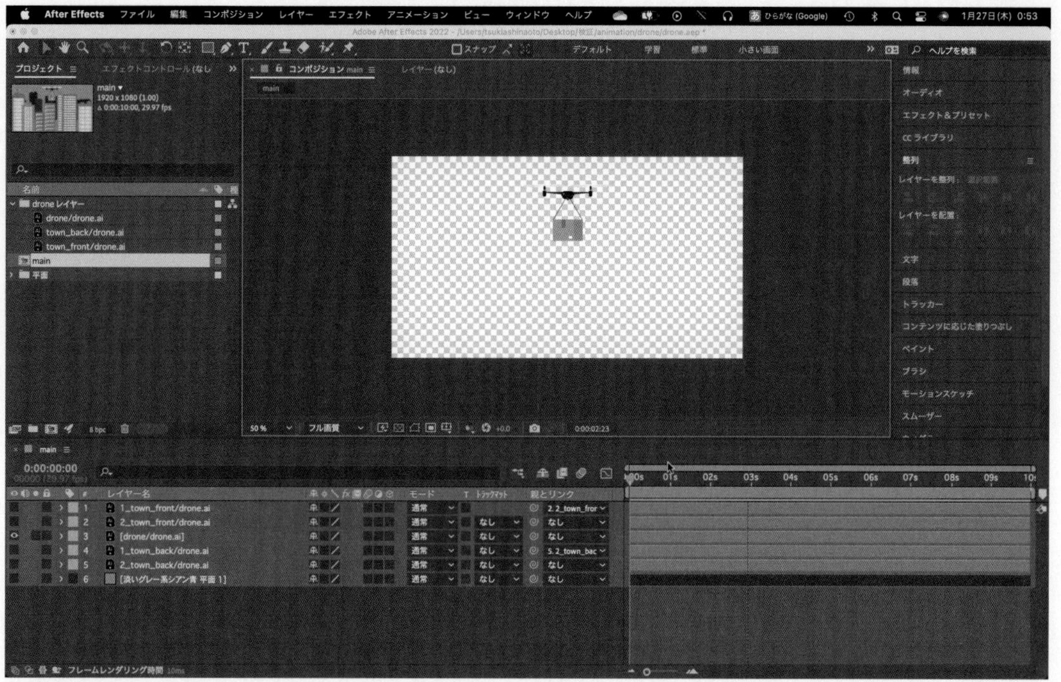

【コンポジション】メニューから【レンダーキューに追加】を選択します。

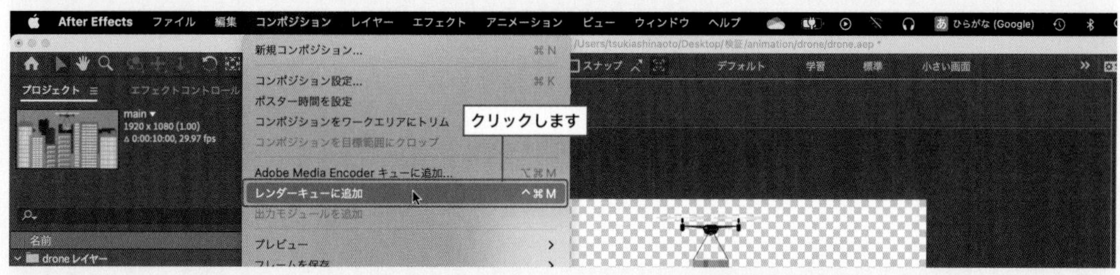

【レンダーキュー】パネルが表示されるので、【ロスレス圧縮】をクリックします。

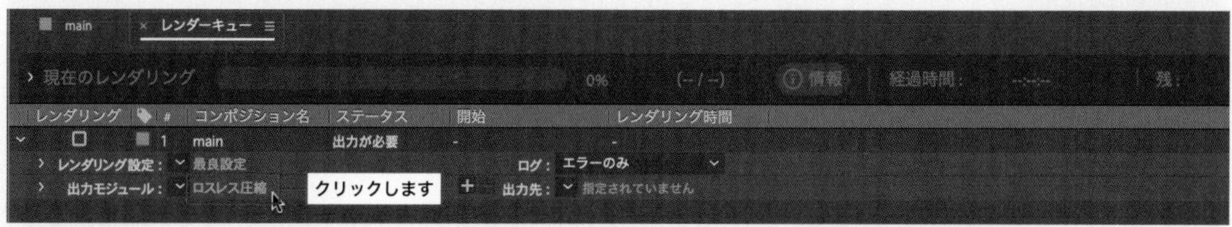

表示されていない場合は、【出力モジュール】のプルダウンメニューから選択します。

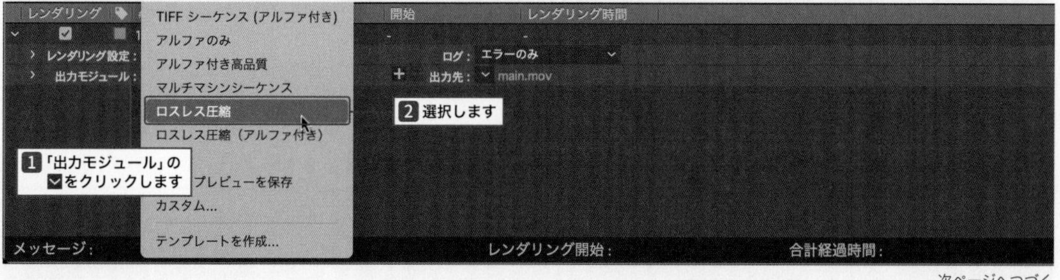

次ページへつづく

【出力モジュール設定】ダイアログボックスで**【形式】**は**【QuickTime】**のままで、**【チャンネル】**を**【RGB＋アルファ】**を選択し、**【OK】**ボタンをクリックします。

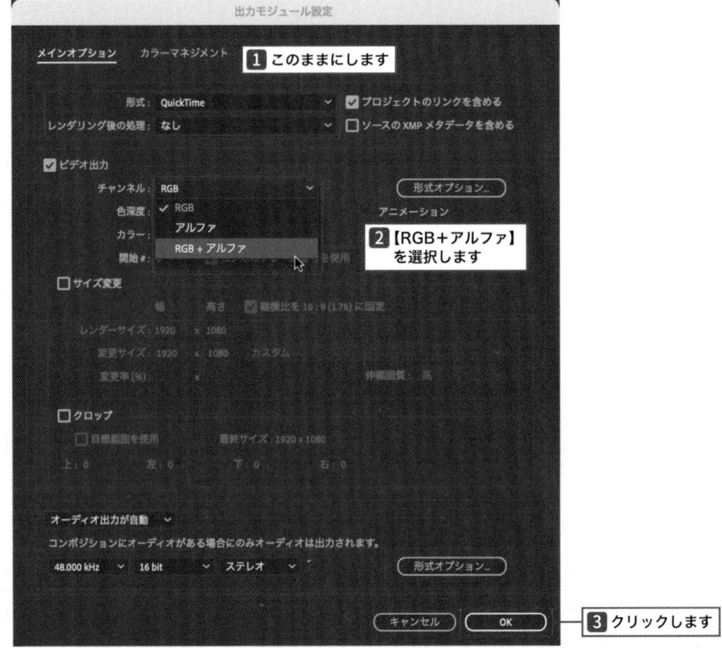

最後に、**【タイムライン】**パネルの右上にある**【レンダリング】**ボタンをクリックして書き出します。

出力した素材をAfter EffectsやPremiere Proで読み込むと背景が透過され、合成できます。

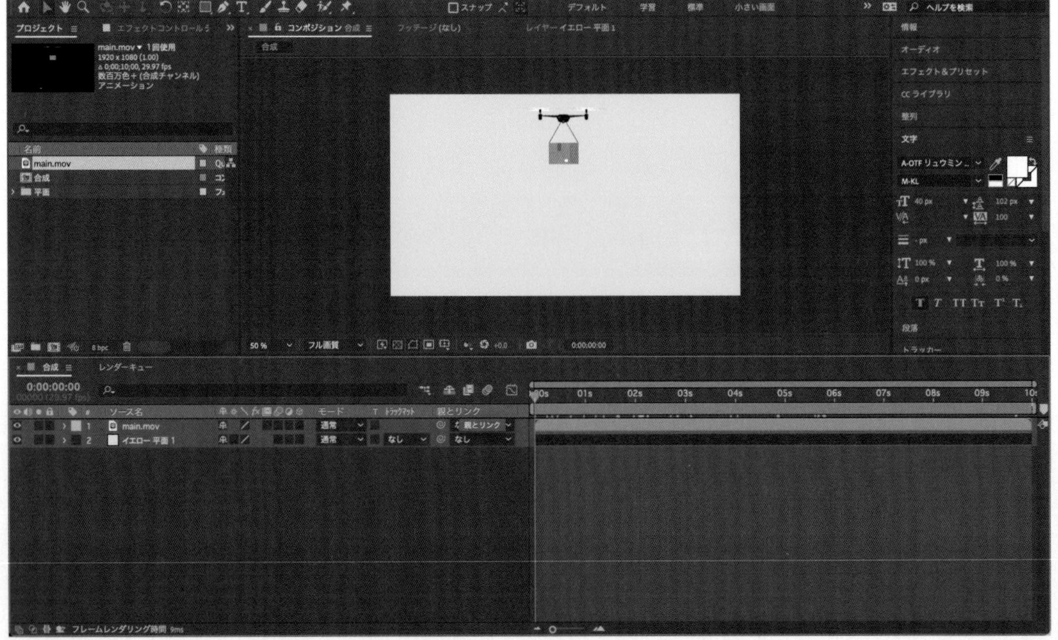

Chapter

6

― 総集編 ―
「通販アプリ紹介」アニメーション

これまで学んだことを活かして、15秒の「通販アプリ紹介」アニメーションを作ります。最初はマネして作ることから始まりますが、何回か繰り返し作ってみて、「なぜ、このような操作になっているのか？」「他に方法はないか？」など探求してみることをおすすめします。

Section 6 1

アプリ紹介動画を作ろう！

ここでは、ビジネスアニメーション動画では欠かすことのできない「スマホアプリ紹介」アニメを制作します。
画面遷移の切り替えや、画面タップの際のアクションなどを学んでいきます。

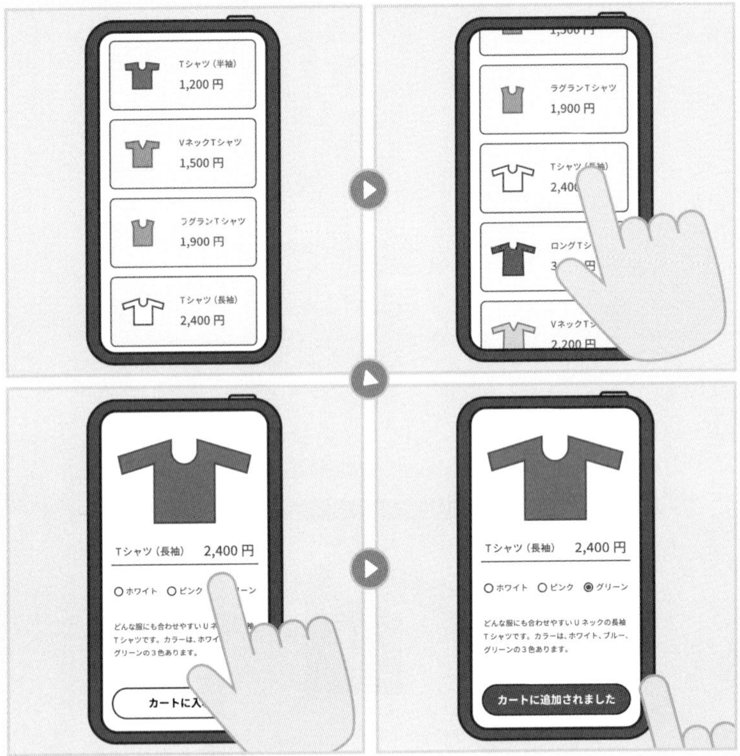

⁝⁝ 新規プロジェクトを作る

【ホーム画面】で**【新規プロジェクト】**ボタンをクリックします（15ページ参照）。

【ファイル】メニューの**【別名で保存】**から**【別名で保存…】**（Shift ＋ command/Ctrl ＋ S キー）を選択して（25ページ参照）、**【別名で保存】**ダイアログボックスで**【smartphone】**と名前をつけて❶、**【保存】**ボタンをクリックします❷。

保存先は作業するハードディスクとフォルダーを選択してください。

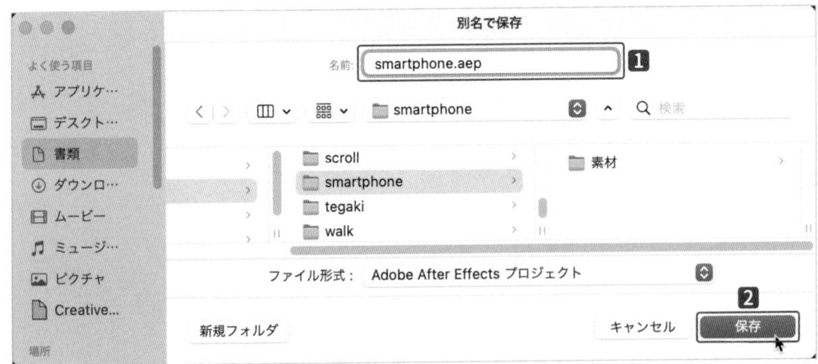

⠿ 新規コンポジションを作る

【コンポジション】メニューから**【新規コンポジション...】**（command/Ctrl ＋ N キー）を選択して、**【コンポジション設定】**ダイアログボックスを表示します（29ページ参照）❶。

【コンポジション名】は**【main】**❷、**【プリセット】**は**【カスタム】**❸を選択します。

今回は正方形の動画なので、**【幅：1080px】【高さ：1080px】**と入力します❹。

【デュレーション】を**【0:00:15:00】**に設定して❺、**【OK】**ボタンをクリックします❻。

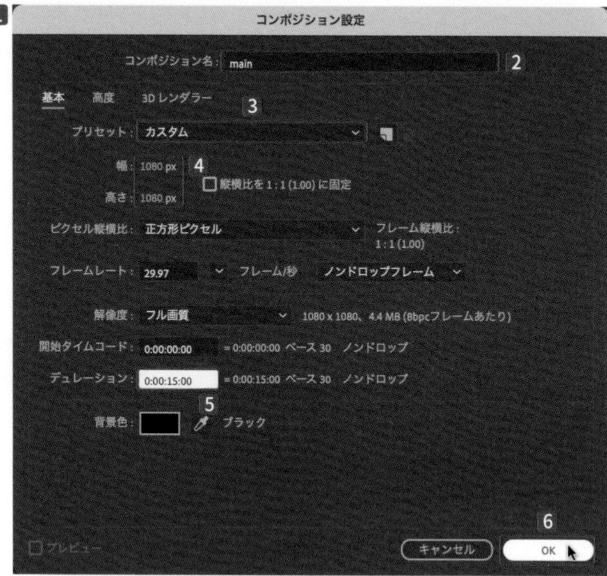

⠿ 背景を作る

【レイヤー】メニューの**【新規】**から**【平面...】**（command/Ctrl ＋ Y キー）を選択して、**【平面設定】**ダイアログボックスを表示します❶。

【カラー】をクリックして**【#E7E7E7】**（薄いグレー）に設定し❷、**【OK】**ボタンをクリックすると❸、**【タイムライン】**パネルに配置されます（40〜41ページ参照）。

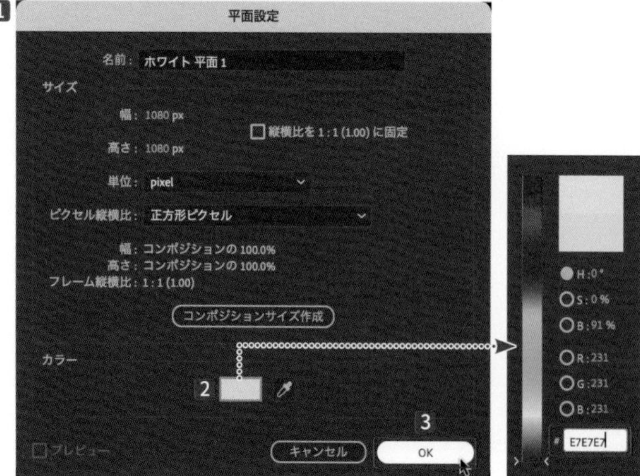

⠿ ファイルを読み込む

【ファイル】メニューの**【読み込み】**から**【ファイル...】**（command/Ctrl ＋ I キー）を選択して**【ファイルの読み込み】**ダイアログボックスを表示します❶。

【素材】フォルダーから**【smartphone.ai】**を選択します❷。

【読み込みの種類】で**【コンポジション】**を選択して❸、**【開く】**ボタンをクリックします❹。

⠿ 素材を配置する

【プロジェクト】パネルに自動で作成される**【smartphone】**のコンポジションは使用しないので、Deleteキーで削除します（94ページ参照）**1**。

【smartphoneレイヤー】のフォルダーを展開し、**【monitor_frame/smartphone.ai】【monitor/smartphone.ai】【hand/smartphone.ai】【smartphone/smartphone.ai】**を選択して、**【タイムライン】**パネルに配置します**2**。

上から、**【hand/smartphone.ai】【monitor_frame/smartphone.ai】【monitor/smartphone.ai】【smartphone/smartphone.ai】**の順番にレイヤーを配置します**3**。

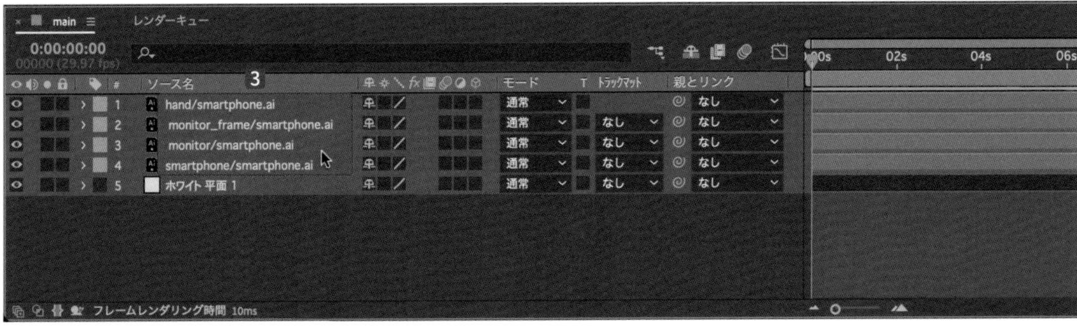

パスを作成する

【hand/smartphone.ai】を選択して❶、右クリックしてショートカットメニューの**【作成】**から**【ベクトルレイヤーからシェイプを作成】**を選択すると❷、**【hand/smartphoneアウトライン】**クリップが作成されます❸。

【hand/smartphone.ai】は使用しないので、 Delete キーで削除します（94ページ参照）❹。

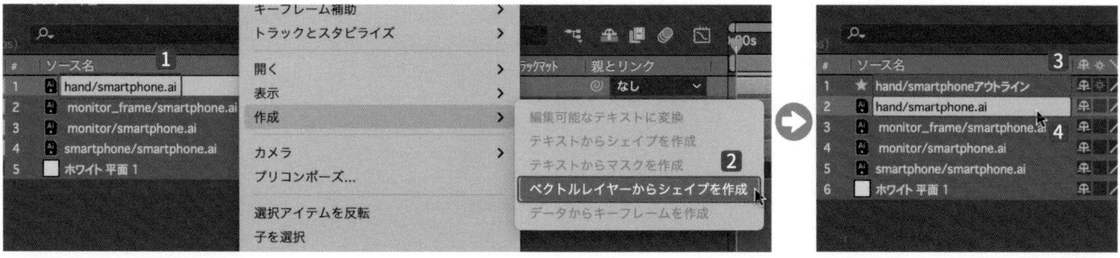

cut01を準備する

【プロジェクト】パネルで名前の先頭に**【cut01】**とある７つのクリップをすべて選択して❶、**【タイムライン】**パネルの**【monitor/smartphone.ai】**の下に配置します❷。

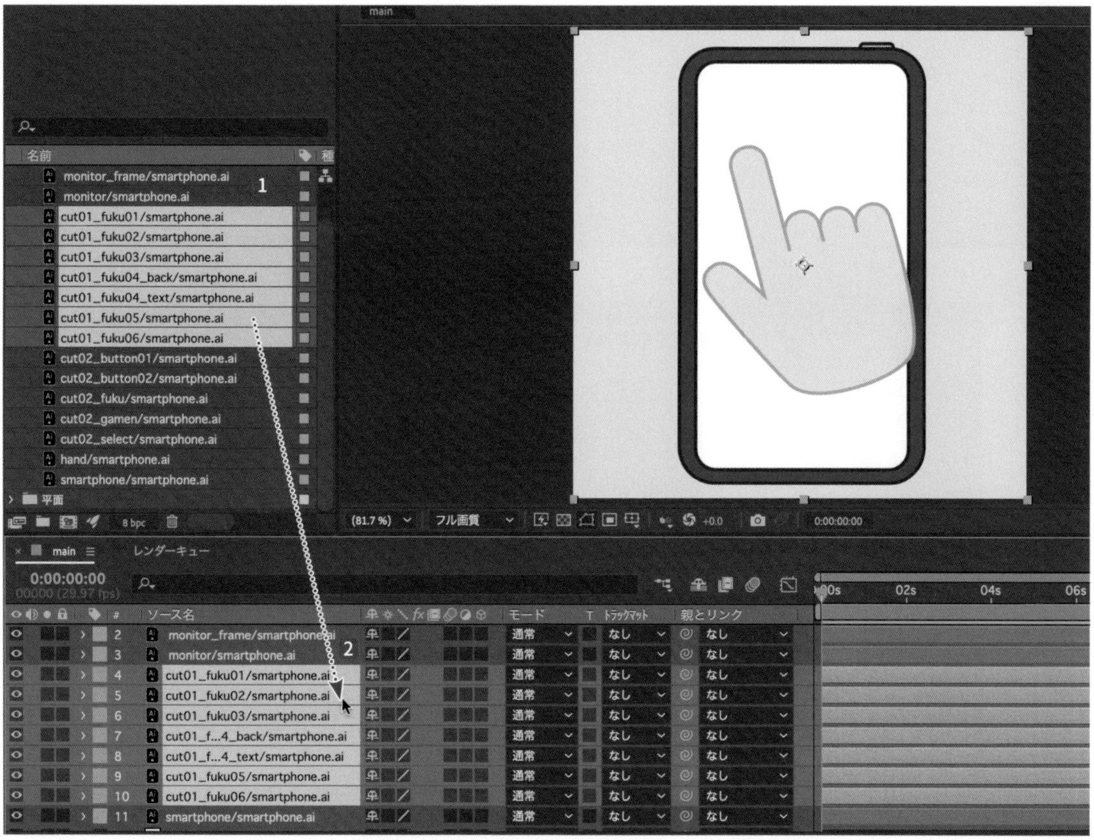

先頭に**【cut01】**とあるクリップをすべて選択し❸、右クリックして表示されるショートカットメニューから**【プリコンポーズ...】**を選択します❹。**【新規コンポジション名】**を**【cut01】**に設定すると❺❻、**【cut01】**クリップにまとまります。

【cut01】の**【トラックマット】**を**【アルファマット "monitor/smartphone.ai"】**に設定すると❼、さきほどまで映っていなかったモニター内の画面が表示されます。**【monitor/smartphone.ai】**の範囲内だけ**【cut01】**が表示されます❽。

【cut01】をダブルクリックすると❾、**【cut01】**の**【タイムライン】**パネルが表示されます。

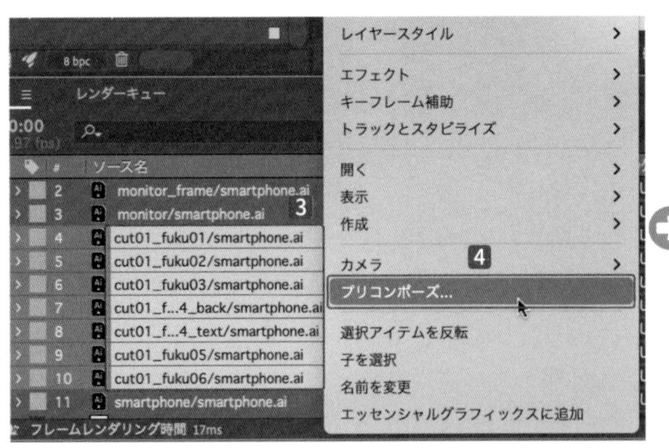

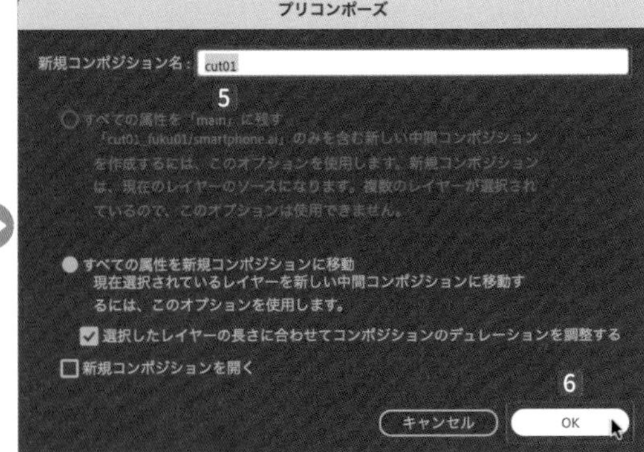

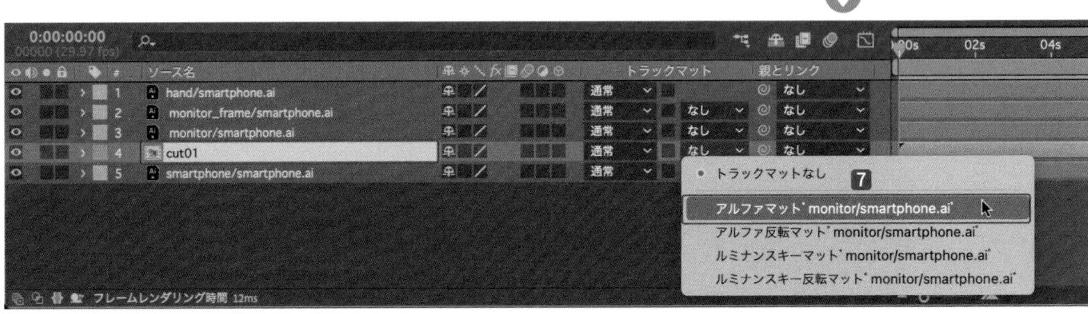

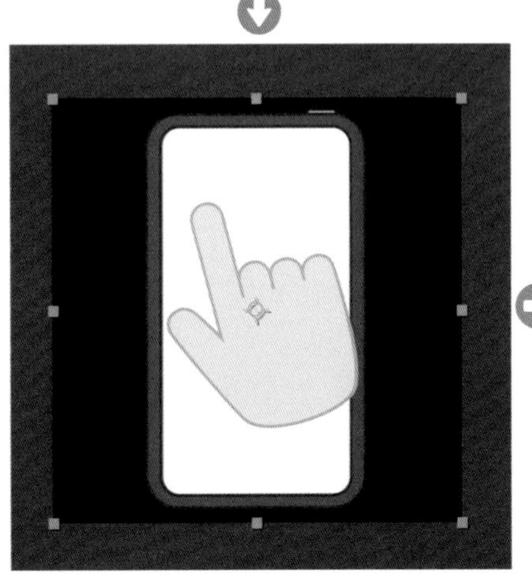

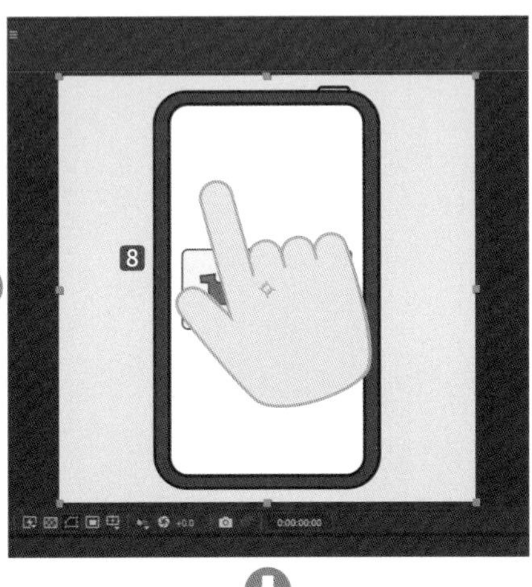

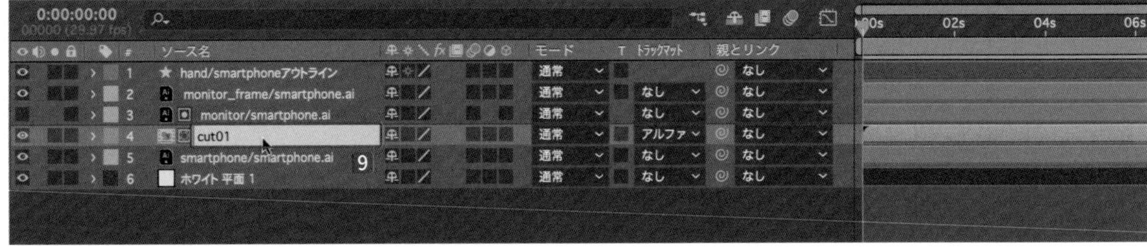

cut01コンポジション

【プロジェクト】パネルにある**【monitor/smartphone.ai】**⑩を、**【タイムライン】**パネルにある**【cut01】**コンポジション内の一番下に配置します⑪。これは、モニターがどこにあるか見やすくするためです。

【monitor/smartphone.ai】以外のクリップを選択し⑫、右クリックして表示されるショートカットメニューの**【作成】**から**【ベクトルレイヤーからシェイプを作成】**を選択すると⑬、アウトラインクリップが作成されます。

aiクリップは使用しないので、Delete キーで削除します（94ページ参照）⑭。

クリップの順番を上から**【cut01_fuku01/smartphoneアウトライン】【cut01_fuku02/smartphoneアウトライン】【cut01_fuku03/smartphoneアウトライン】【cut01_fuku04_text/smartphoneアウトライン】【cut01_fuku04_back/smartphoneアウトライン】【cut01_fuku05/smartphoneアウトライン】【cut01_fuku06/smartphoneアウトライン】【monitor/smartphone.ai】**に並び替えます⑮。

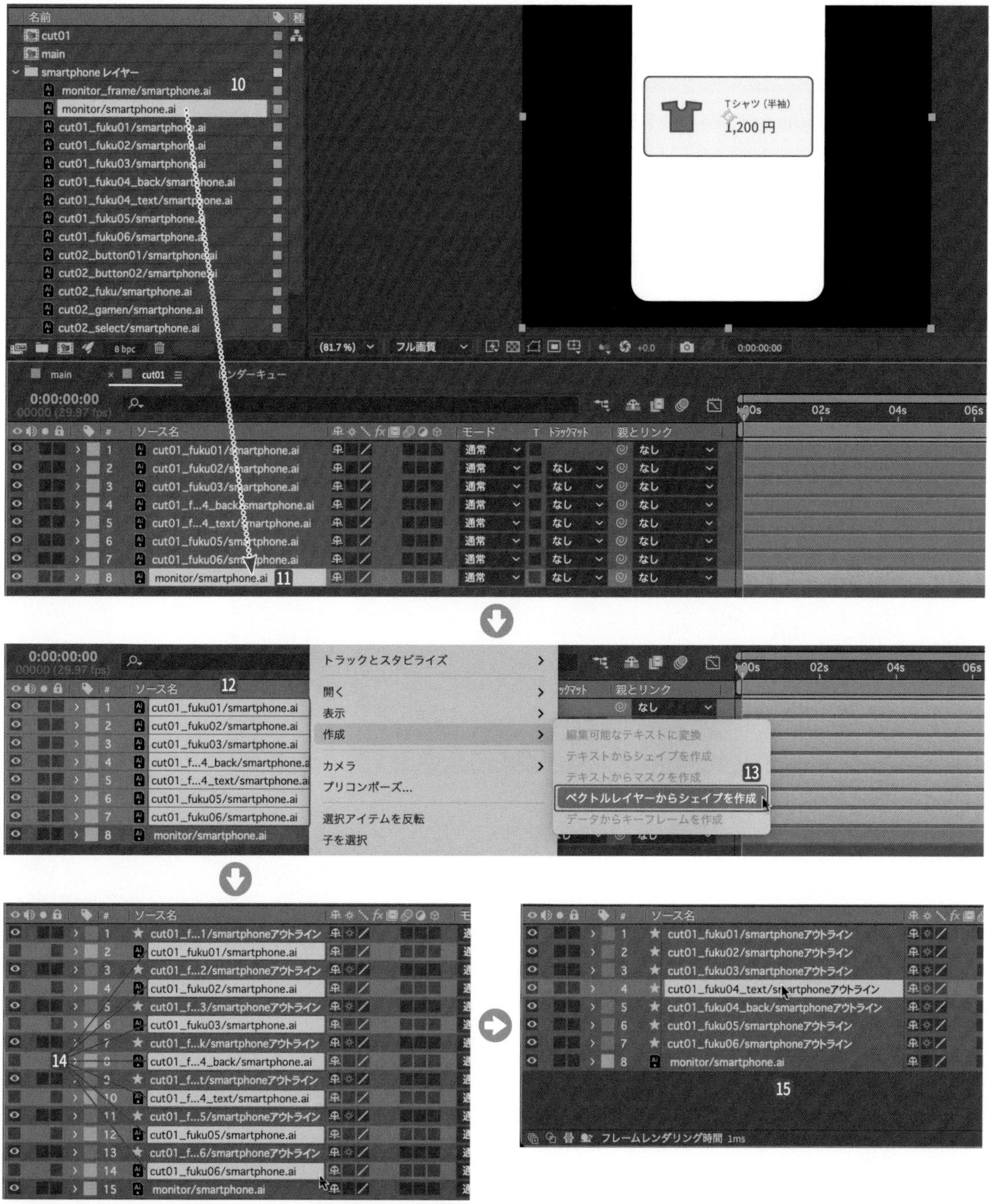

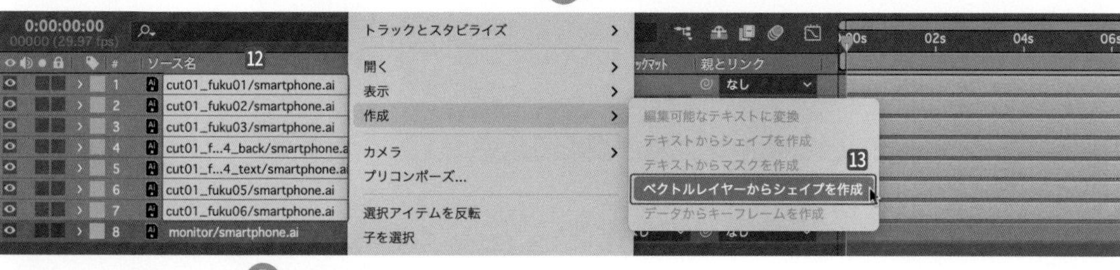

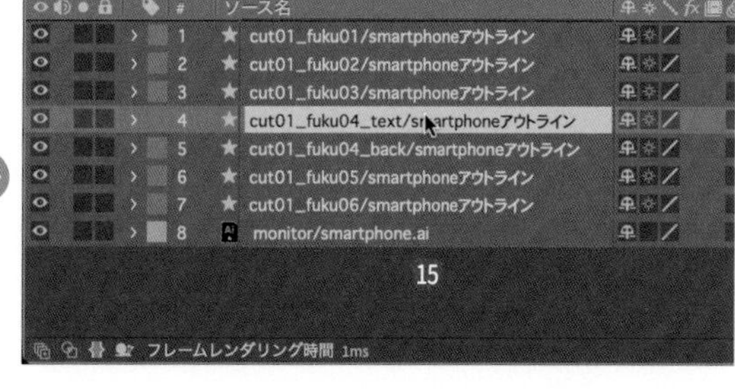

【cut01_fuku04_text/smartphoneアウトライン】16の親を【cut01_fuku04_back/smartphoneアウトライン】17に設定します。

服のイラストを整列する

【cut01_fuku01/smartphoneアウトライン】の【位置】を【540,200】に設定します1。
【cut01_fuku06/smartphoneアウトライン】の【位置】を【540,1350】に設定します2。

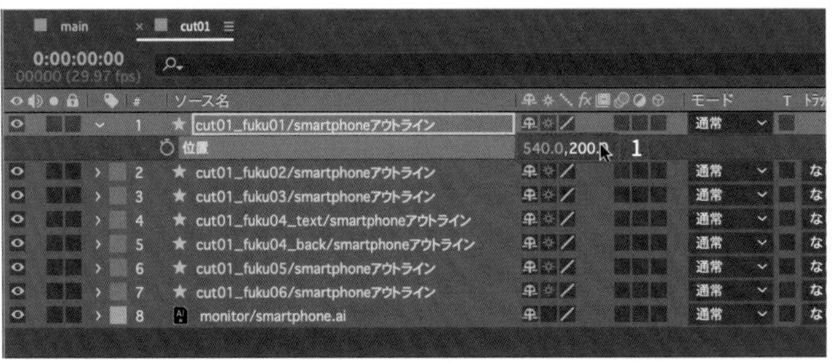

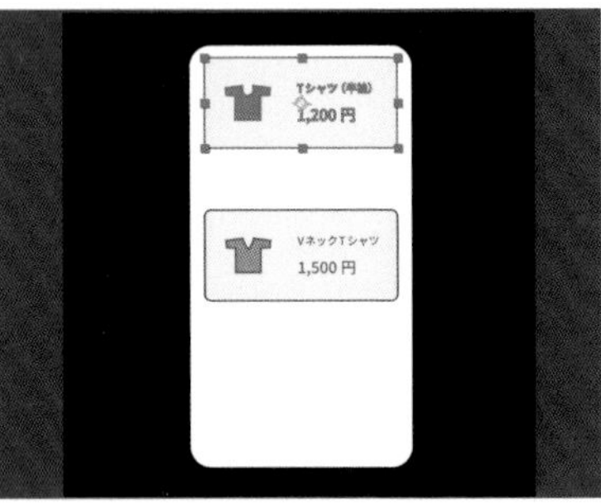

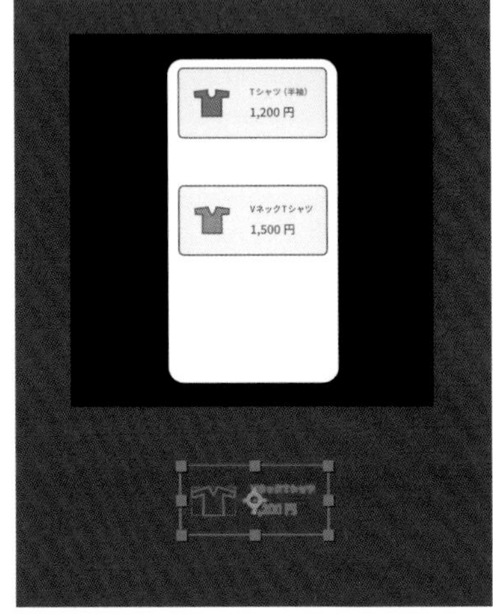

【cut01_fuku04_text/smartphone02.ai】 と **【monitor/smartphone01.ai】** 以外のクリップを command/Ctrl キーを押しながら選択します**3**。

【整列】 パネルの **【垂直方向に均等配置】** **4** をクリックすると、選択したファイルが均等な間隔で配置されます**5**。

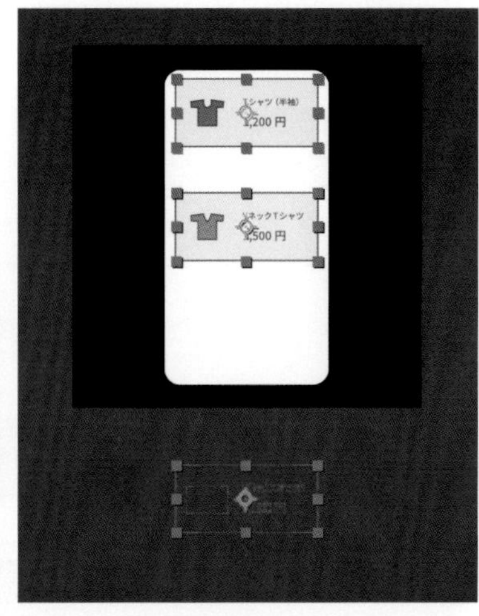

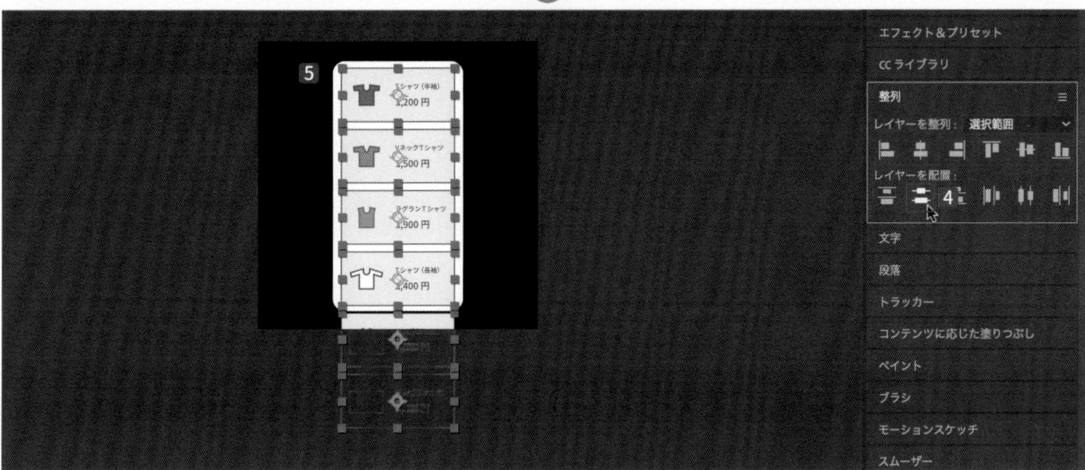

ヌルで画面を動かす準備する

【レイヤー】 メニューの **【新規】** から **【ヌルオブジェクト】**（option/Alt ＋ Shift ＋ command/Ctrl ＋ Y キー）を選択します**1**。作成された **【ヌル1】** クリップは、一番上に配置します。

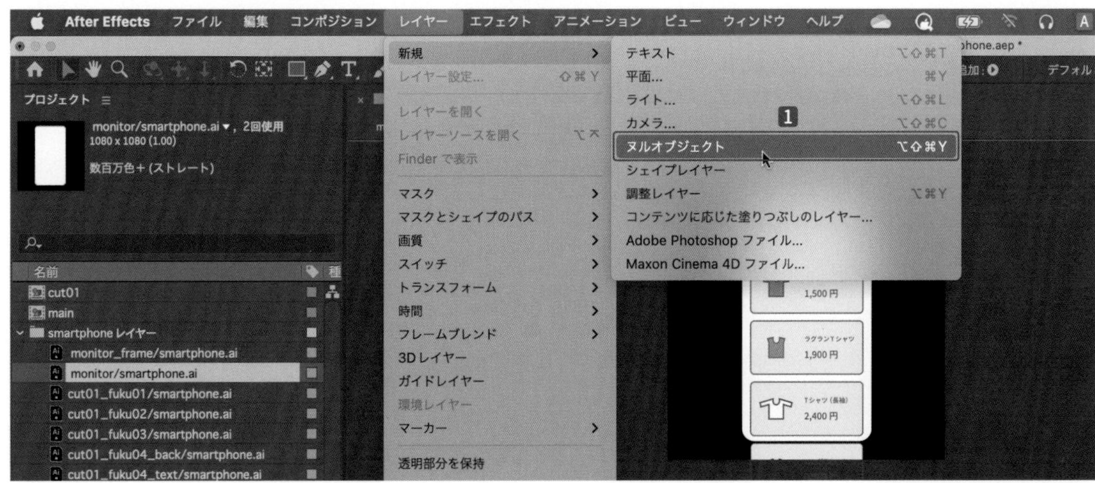

【cut01_fuku04_text/smartphone02.ai】と**【monitor/smartphone01.ai】**以外のクリップの親を**【ヌル 1】**に設定します**2** **3**。

mainコンポジション

【main】タブをクリックすると、**【main】**のコンポジションに戻ります**1**。以降、**【main】**と**【cut01】**の**コンポジションの切り替えが多くなるので**、注意してください。

【main】内の**【hand/smartphoneアウトライン】**の**【位置】**を**【1080,1400】**に設定します**2**。**【0:00:00:00】** **3** で**【キーフレーム】**を作成します**4** **5**。

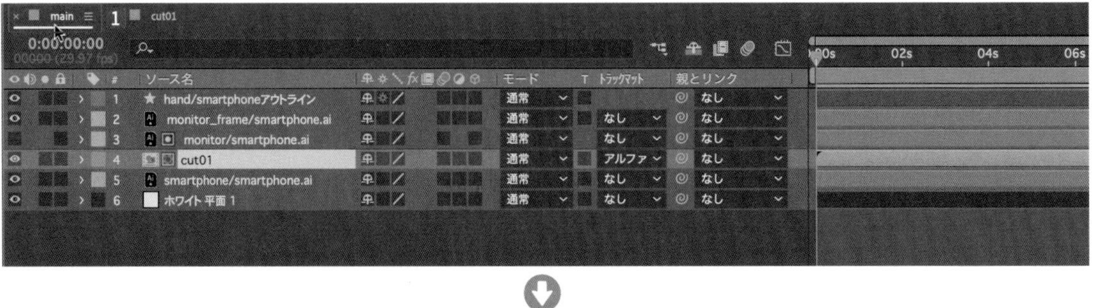

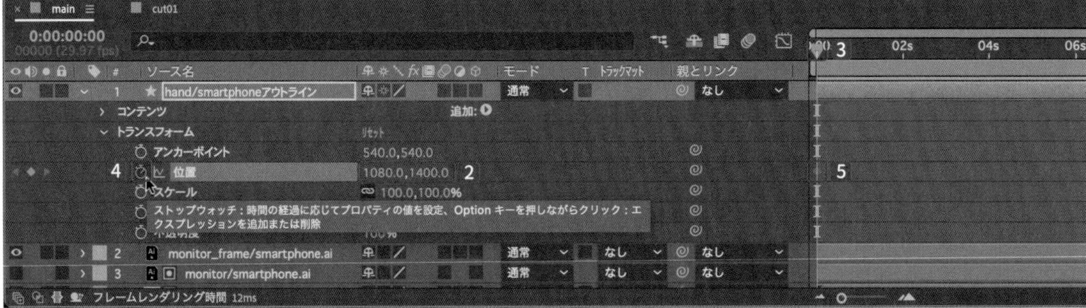

【0:00:00:20】6で【位置】を【780,1000】に設定します7。
【0:00:01:00】8で【位置】に【キーフレーム】を作成します9 10。

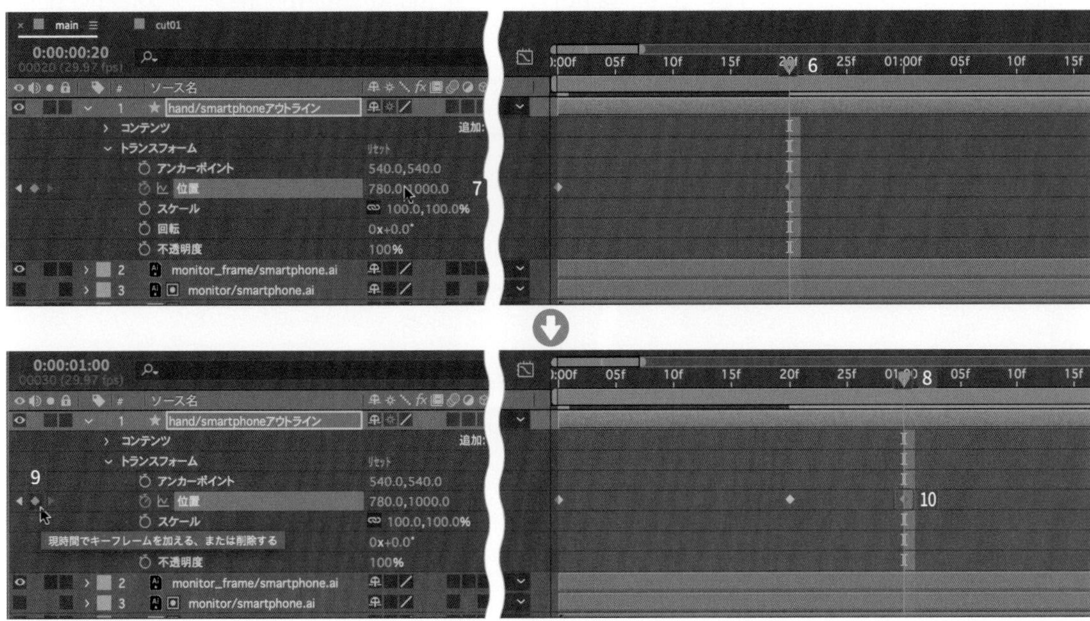

cut01コンポジション

【cut01】タブをクリックすると、【cut01】のコンポジションに戻ります1。【cut01】内の【0:00:01:00】の位置に【現在の時間インジケーター】があります2。

【ヌル 1】の【位置】に【キーフレーム】を作成します3 4。

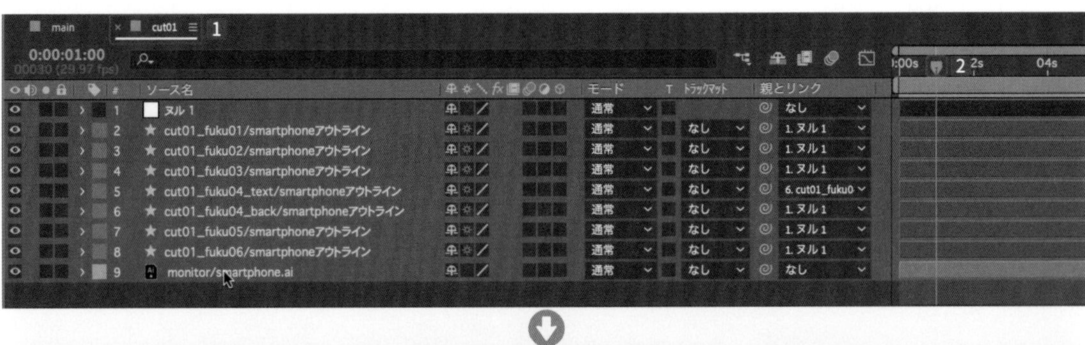

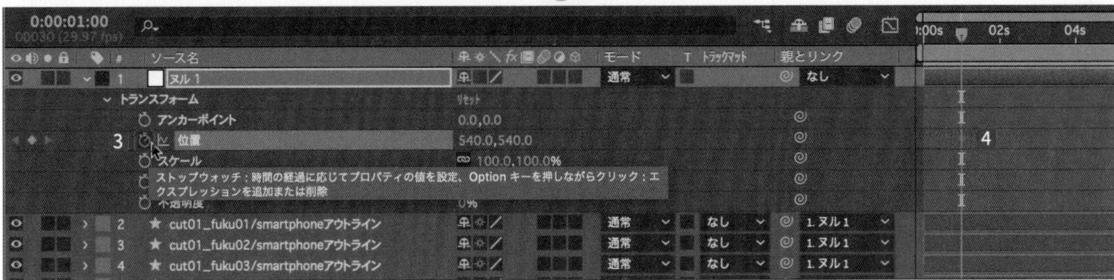

TIPS 【現在の時間インジケーター】の位置

【タイムライン】パネルで【現在の時間インジケーター】を停止して、そのコンポジションより下層のコンポジションを開くと、リンクした時間で【現在の時間インジケーター】が止まっています。

mainコンポジション

【main】のコンポジションに戻ります❶。**【0:00:02:00】**の位置で❷**【hand/smartphoneアウトライン】**の**【位置】**を**【780,560】**に設定すると❸、手が上がります❹。

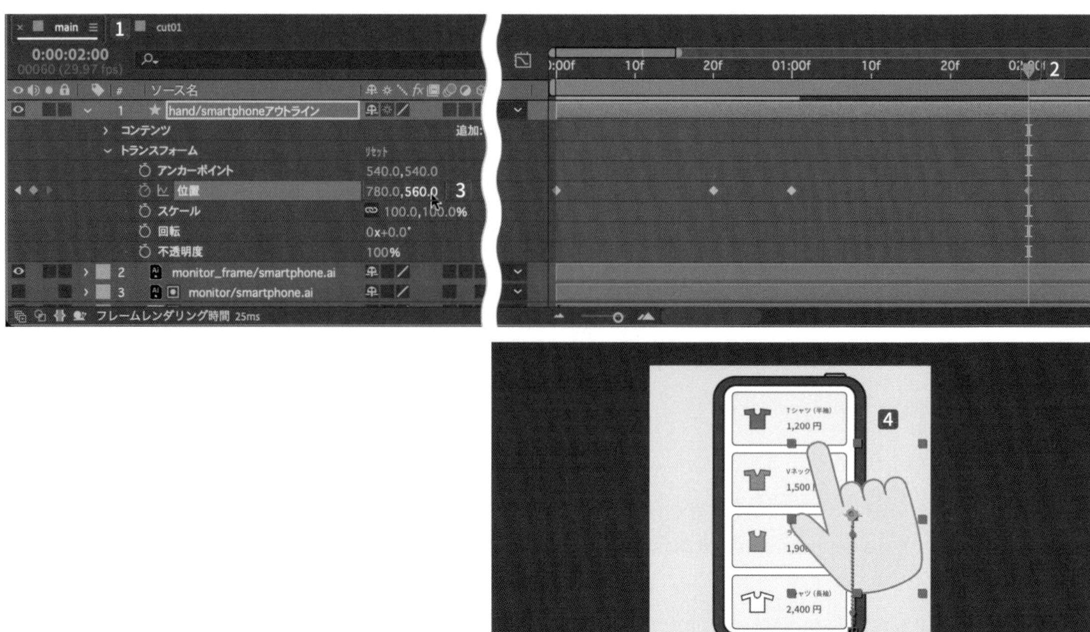

cut01コンポジション

【cut01】のコンポジションに戻ると❶、**【0:00:02:00】**の位置に**【現在の時間インジケーター】**があります❷。

【ヌル 1】の**【位置】**を**【540,80】**に設定すると❸、スマホの画面が上に移動します❹。これは、手の動きと画面の動きをリンクさせる作業になります。

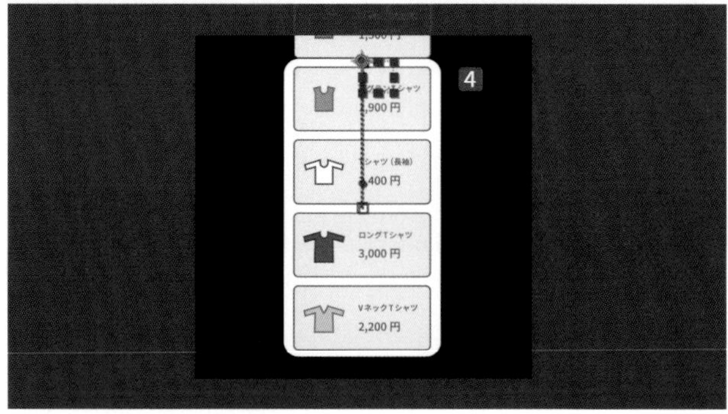

mainコンポジション

【main】のコンポジションに戻ります❶。【0:00:02:20】の位置で❷、【hand/smartphoneアウトライン】の【位置】に【キーフレーム】を作成します❸❹。

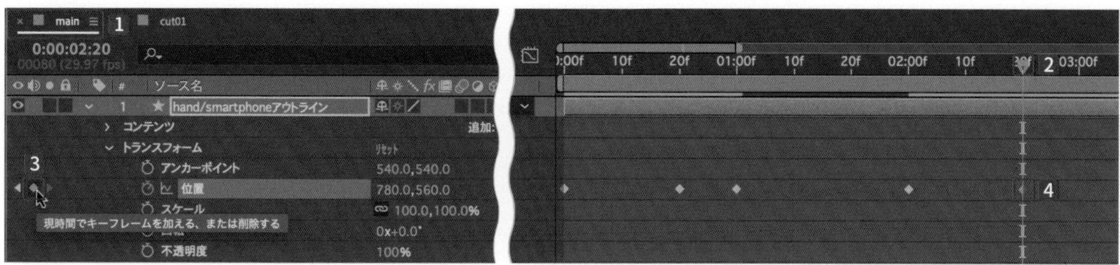

cut01コンポジション

【cut01】のコンポジションに戻ると❶、【0:00:02:20】の位置に【現在の時間インジケーター】があります❷。
【ヌル 1】の【位置】に【キーフレーム】を作成します❸❹。

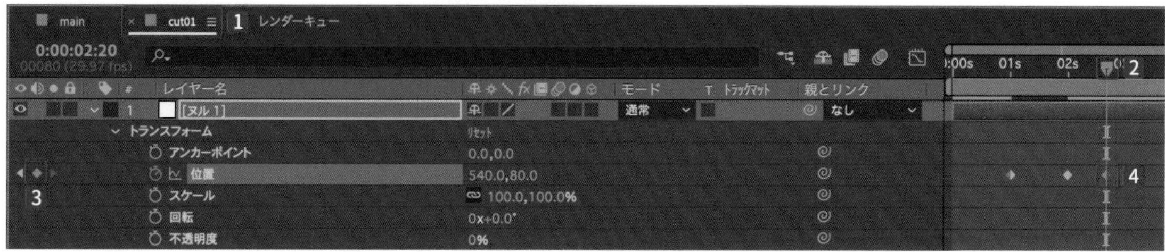

mainコンポジション

【main】のコンポジションに戻ります❶。
【0:00:03:10】の位置で❷【hand/smartphoneアウトライン】の【位置】を【780,750】に設定すると❸、手が下に移動します❹。

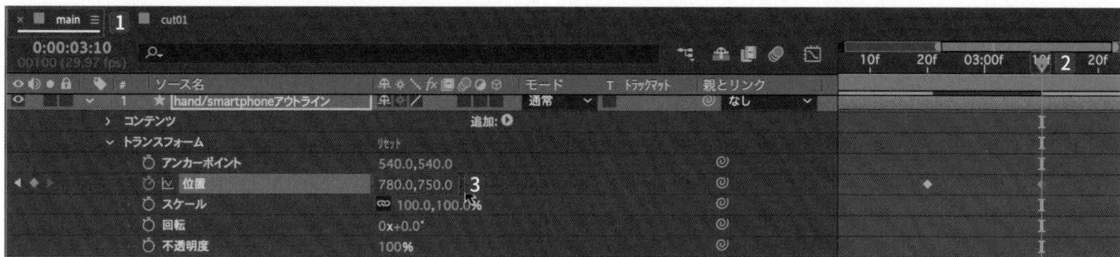

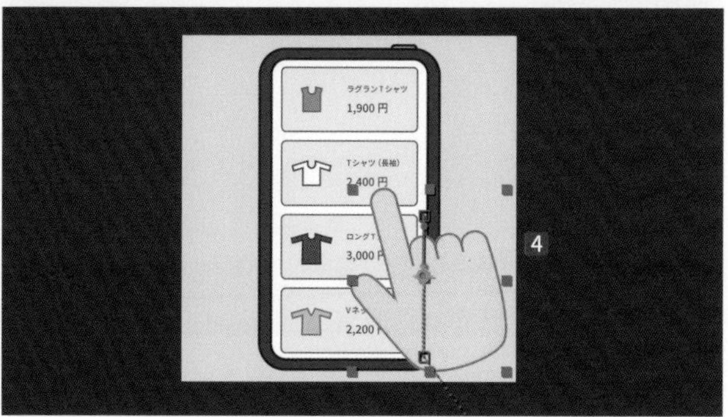

cut01コンポジション

【cut01】のコンポジションに戻ります**1**。**【0:00:03:10】**に**【現在の時間インジケーター】**があります**2**。
【ヌル 1】の**【位置】**を**【540,160】**に設定すると**3**、スマホの画面が下に移動します**4**。

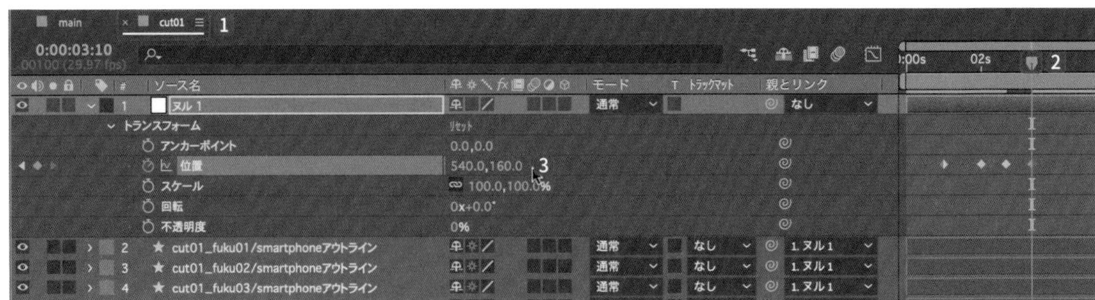

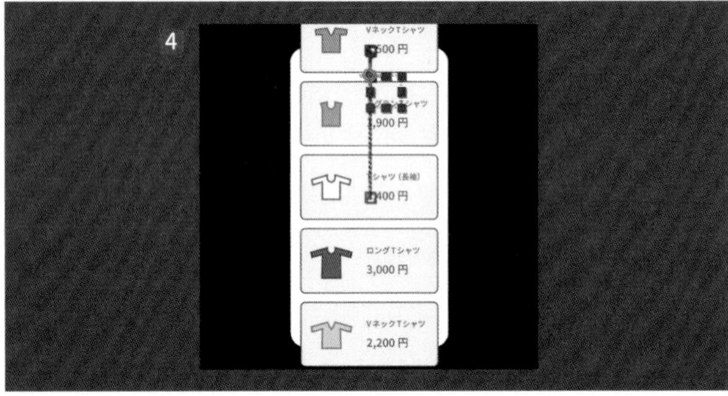

【ヌル 1】の**【キーフレーム】**をすべて選択して、**【イージーイーズ】**（F9キー）を適用します**5**。

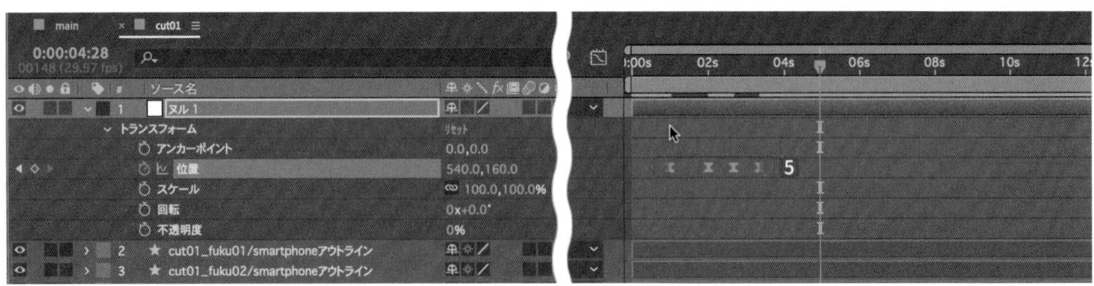

mainコンポジション

【main】のコンポジションに戻ります**1**。**【hand/smartphoneアウトライン】**の**【キーフレーム】**をすべて選択して、**【イージーイーズ】**（F9キー）を適用します**2**。

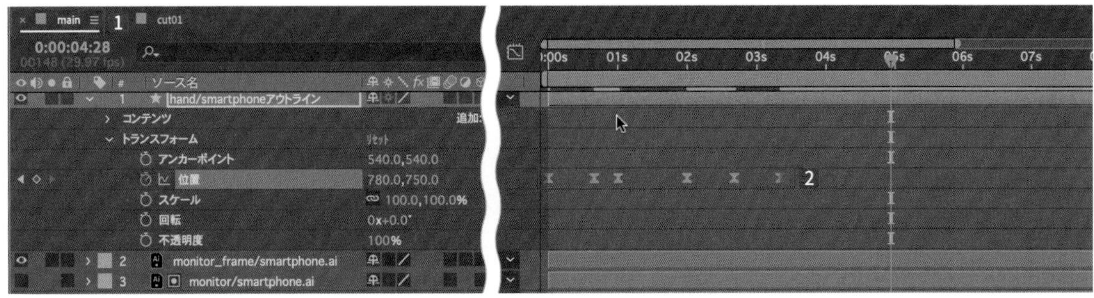

再生すると、手の動きに合わせて画面が上下します。

⠿ 画面をタップする手のアニメーションをつける

【0:00:04:05】に移動して1、【hand/smartphoneアウトライン】の【スケール】に【キーフレーム】を作成します23。

【0:00:04:10】に移動して4、【スケール】を【110】に設定します5。

【0:00:04:15】に移動して6、【スケール】に【キーフレーム】を作成します78。

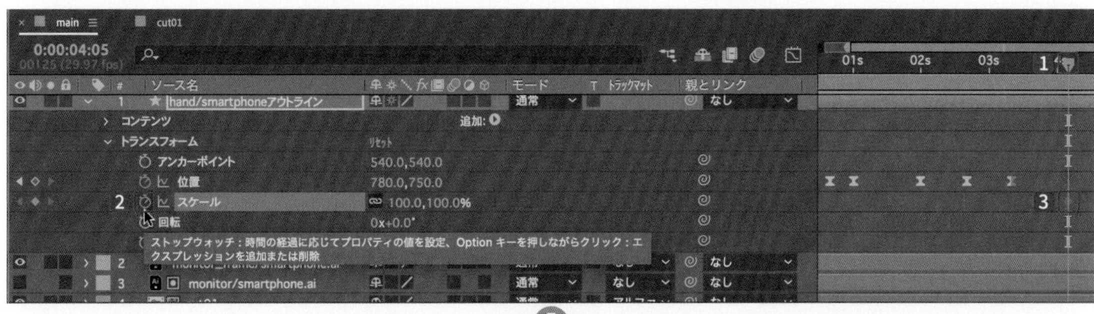

【0:00:04:20】に移動して9、**【スケール】**を**【90】**に設定します10。
【0:00:04:25】に移動して11、**【スケール】**を**【100】**に設定します12。
作成した**【キーフレーム】**に**【イージーイーズ】**（F9キー）を適用します13。
再生すると、少し反動をつけてタップする動きになります。

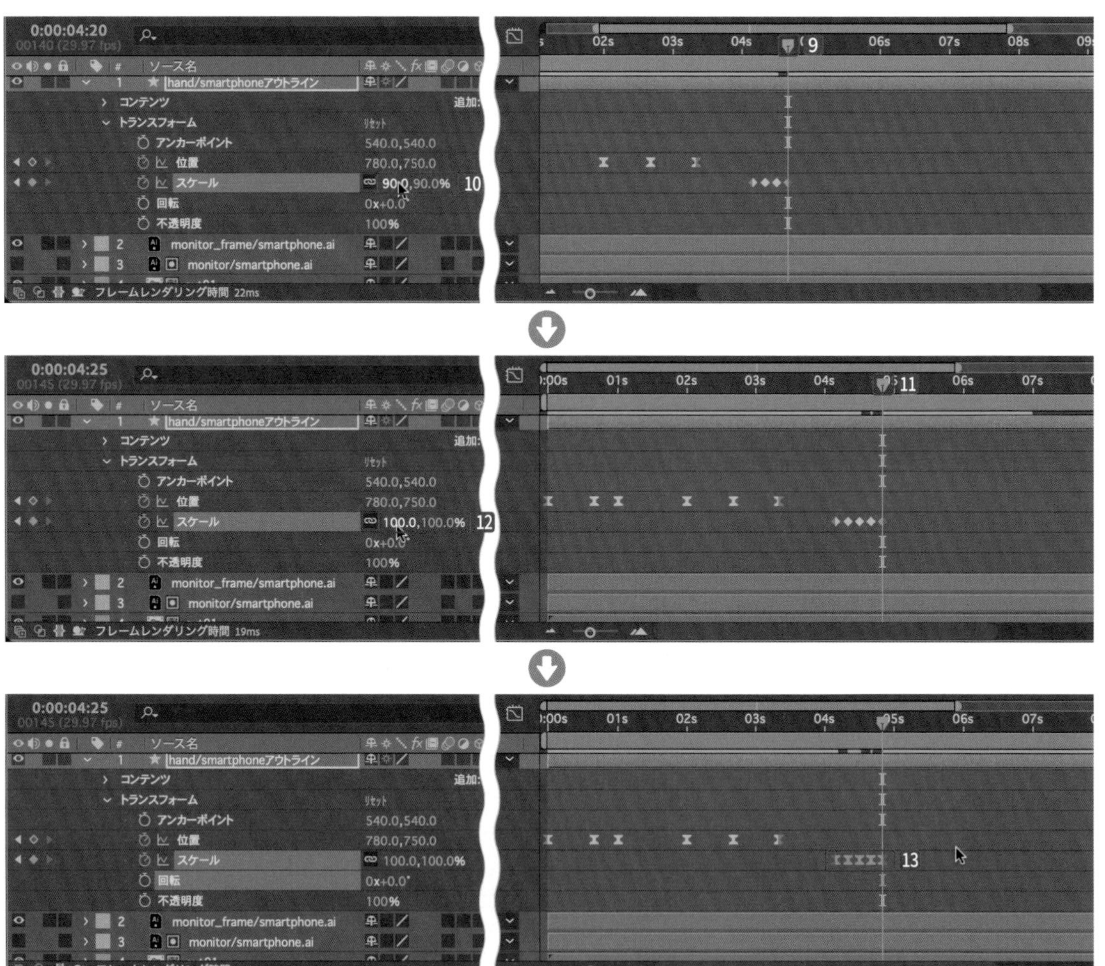

タップした際のアイコンを作る

【monitor_frame/smartphone.ai】を選択した状態にします1。【レイヤー】メニューの【新規】から【シェイプレイヤー】を選択します2。名前を【click】に設定します3。

【ペンツール】4を選択して、【線のカラー】5を【#FFE000】に設定します67。【線幅】は【20】8、【塗り】は【なし】に設定します。

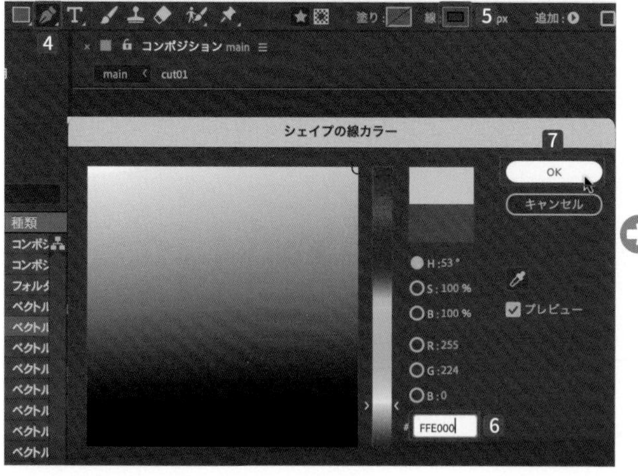

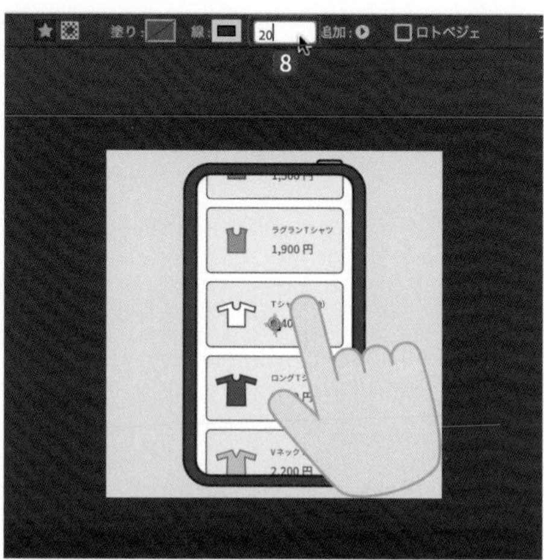

画面に【グリッド】を適用します 9 10。

【click】と【ホワイト 平面 1】だけ【ソロ】をオンにすると 11、【click】と【ホワイト 平面 1】のみ表示されます。現在、アンカーポイントが画面中央にあります 12。

アンカーポイント 13 より上の 3コマでクリックし 14、そこから上に 6コマで Shift キーを押しながらクリックして、直線を引きます 15。

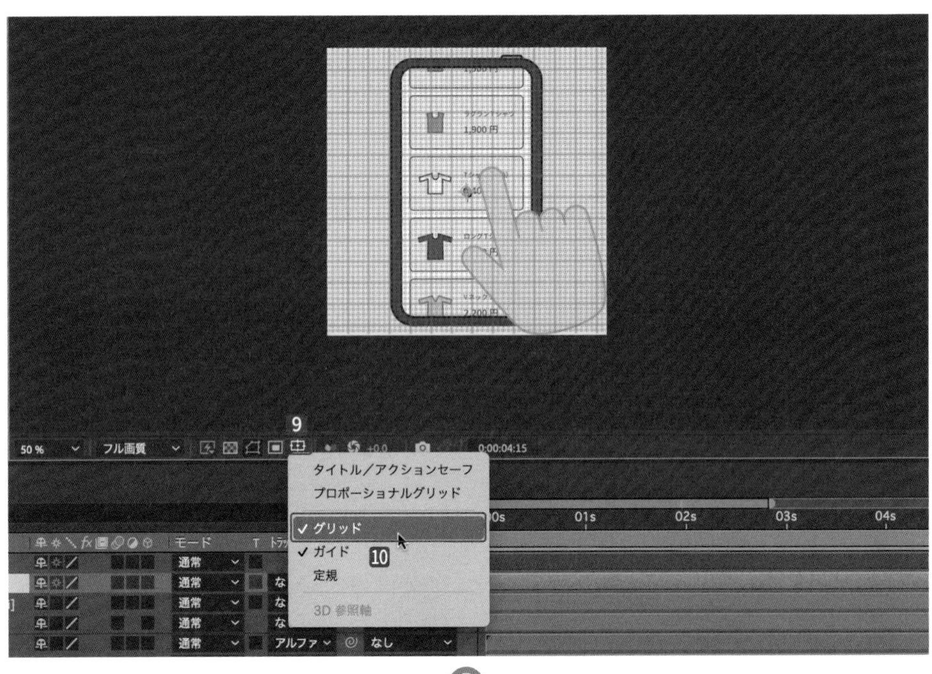

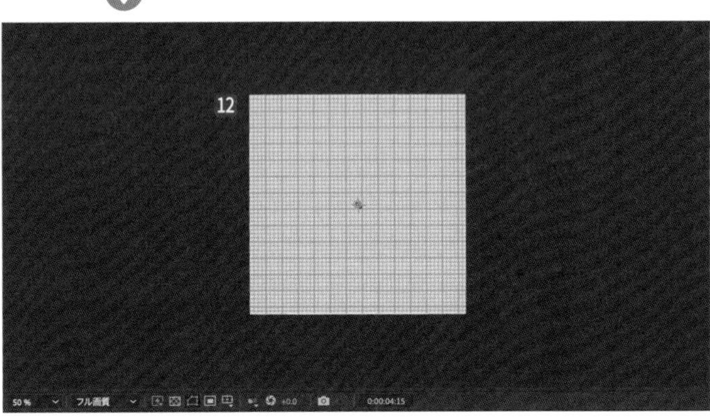

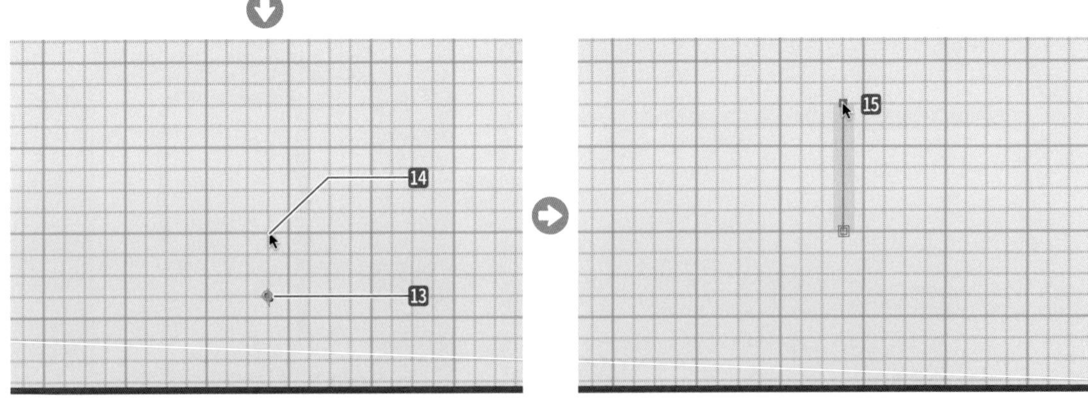

【click】の【コンテンツ】を展開して⑯、【シェイプ 1】から【線 1】を開き⑰、【線端】を【丸型】に設定して丸みを付けます⑱。【click】内の【追加】▶⑲から【リピーター】を選択します⑳。

【リピーター 1】を展開し㉑、【コピー数】は【3】㉒のままで【トランスフォーム：リピーター 1】を展開し㉓、【位置】のX座標を【0】に設定します㉔。また、【回転】を【30】に設定します㉕㉖。

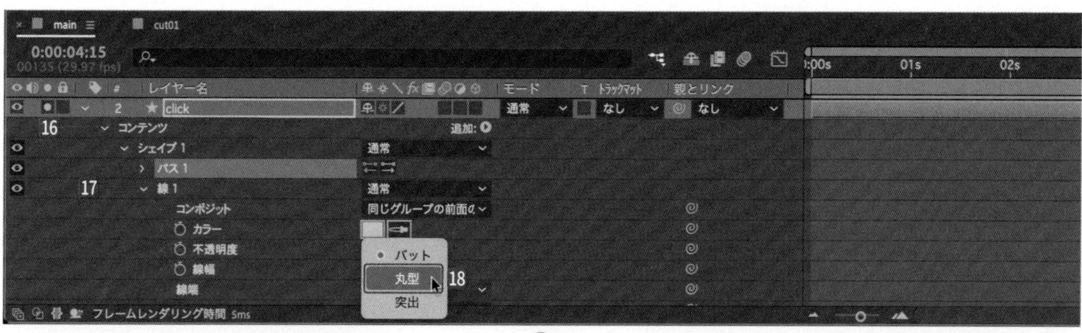

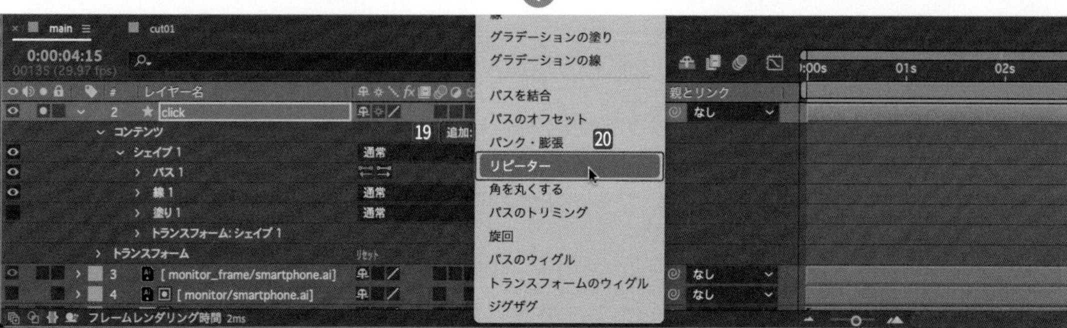

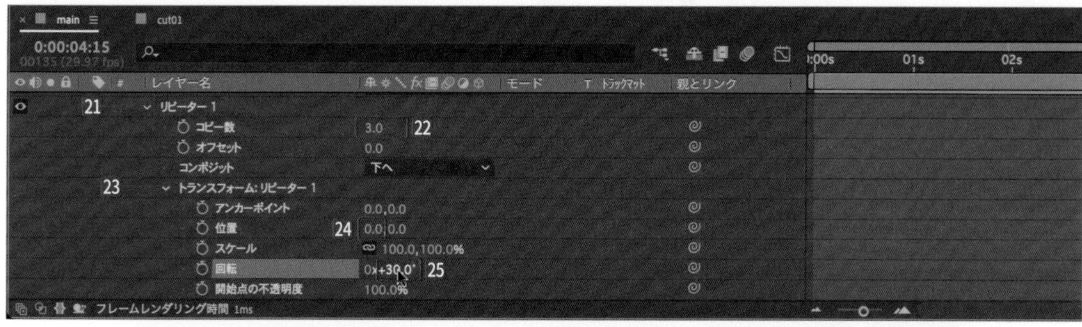

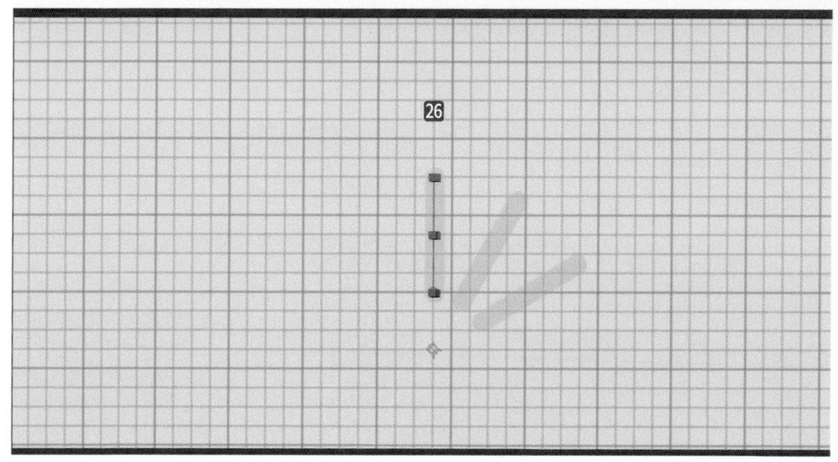

⠿ アイコンにアニメーションをつける

【click】内の**【追加】**▶❶から**【パスのトリミング】**を選択します❷。

【パスのトリミング1】を展開し、**【0:00:00:00】**で**【終了点】**を**【0】**に設定して、**【キーフレーム】**を作成します。**【0:00:00:05】**で**【終了点】**を**【100】**に設定します。同じ位置で**【開始点】**を**【0】**にして**【キーフレーム】**を作成します。**【0:00:00:10】**❸で**【開始点】**を**【100】**に設定して❹、すべてに**【イージーイーズ】**（F9キー）を適用します❺。

これで、アイコンが伸びて縮んでいくアニメーションになります。

【0:00:00:10】の位置❻で**【click】**を選択して❼、**【編集】**メニューから**【レイヤーを分割】**（Shift＋command / Ctrl＋Dキー）を選択すると❽、**【click】**クリップが分割されます。

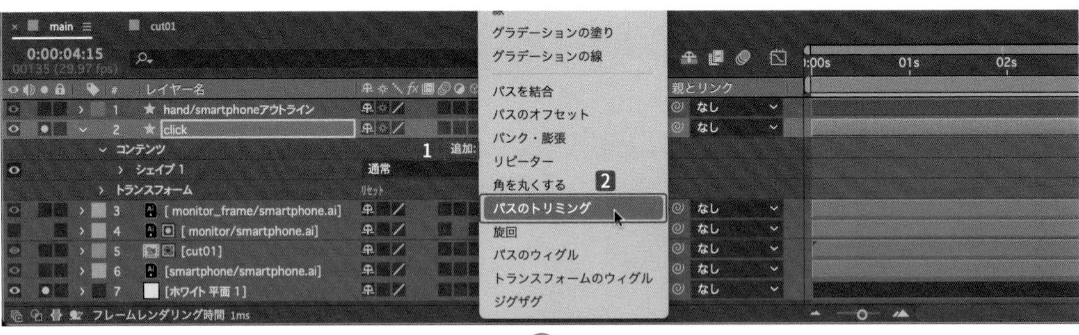

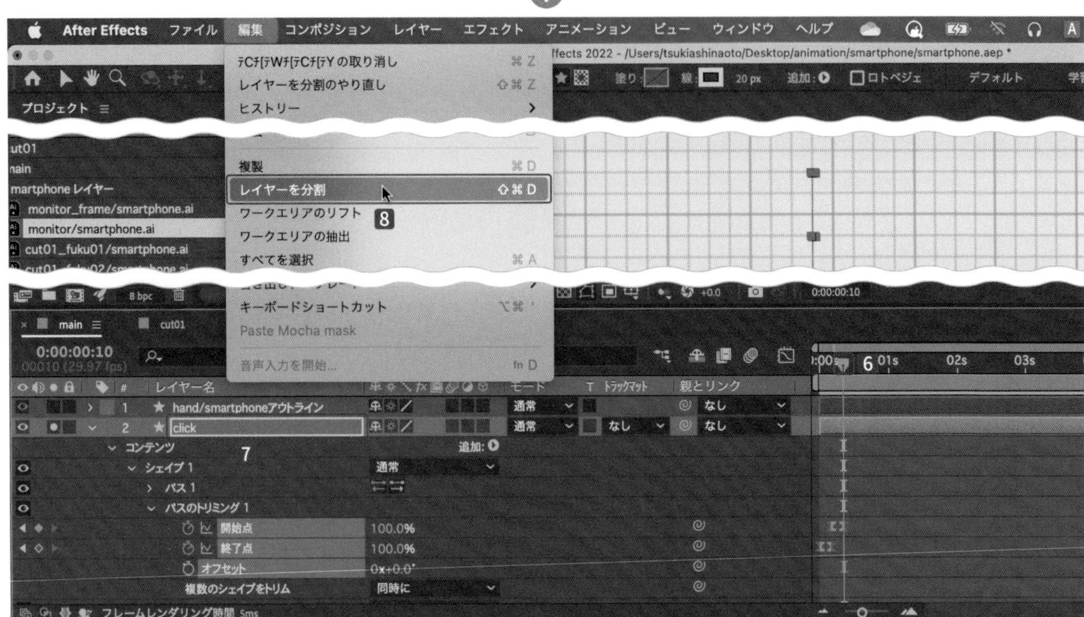

分割された後ろのクリップは使用しないので、Delete キーで削除します（94ページ参照）❾。これで、見やすくなり操作性も上がります。**【グリッド】**と**【ソロ】**を解除します❿⓫。

指でタップしてアイコンが押し込まれる⓬**【0:00:04:20】**の位置に⓭、**【click】**を頭合わせにします⓮。

【click】の**【位置】**を**【660,500】**に設定します⓯。これでタップする指の位置に合わせて、アイコンがアニメーションします。

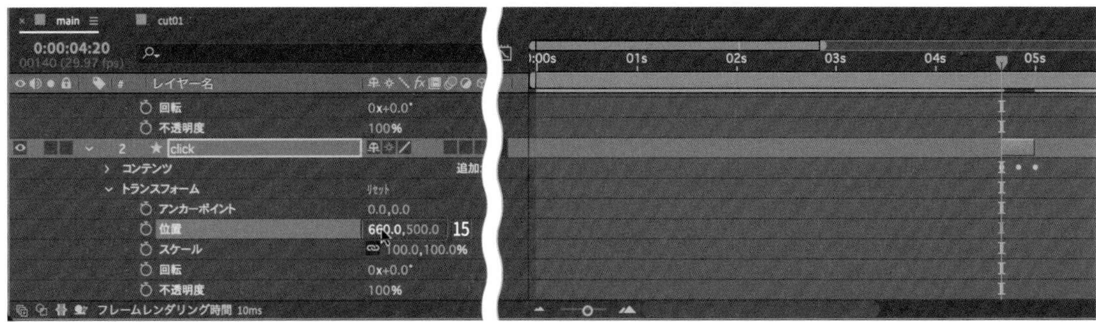

ボタンのイラストにアニメーションをつける

cut01コンポジション

【cut01】のコンポジションに戻ります❶。**【0:00:04:20】**の位置に**【現在の時間インジケーター】**を合わせます❷。

【cut01_fuku04_back/smartphoneアウトライン】の**【トランスフォーム】**の**【スケール】**❸と**【塗り1】**の**【カラー】**❺に**【キーフレーム】**を作成します❹❻。

【0:00:04:25】に移動します7。**【スケール】**を**【90】**に設定します8。

【塗り1】の**【カラー】**9を**【#D8D8D8】**に設定します10 11。タップすると、ボタンの色が変化するアニメーションになります。

【0:00:05:00】に移動して12**【スケール】**を**【100】**に設定すると13、元のサイズに戻ります。

【スケール】の**【キーフレーム】**のみ選択して、**【イージーイーズ】**（F9キー）を適用します14。

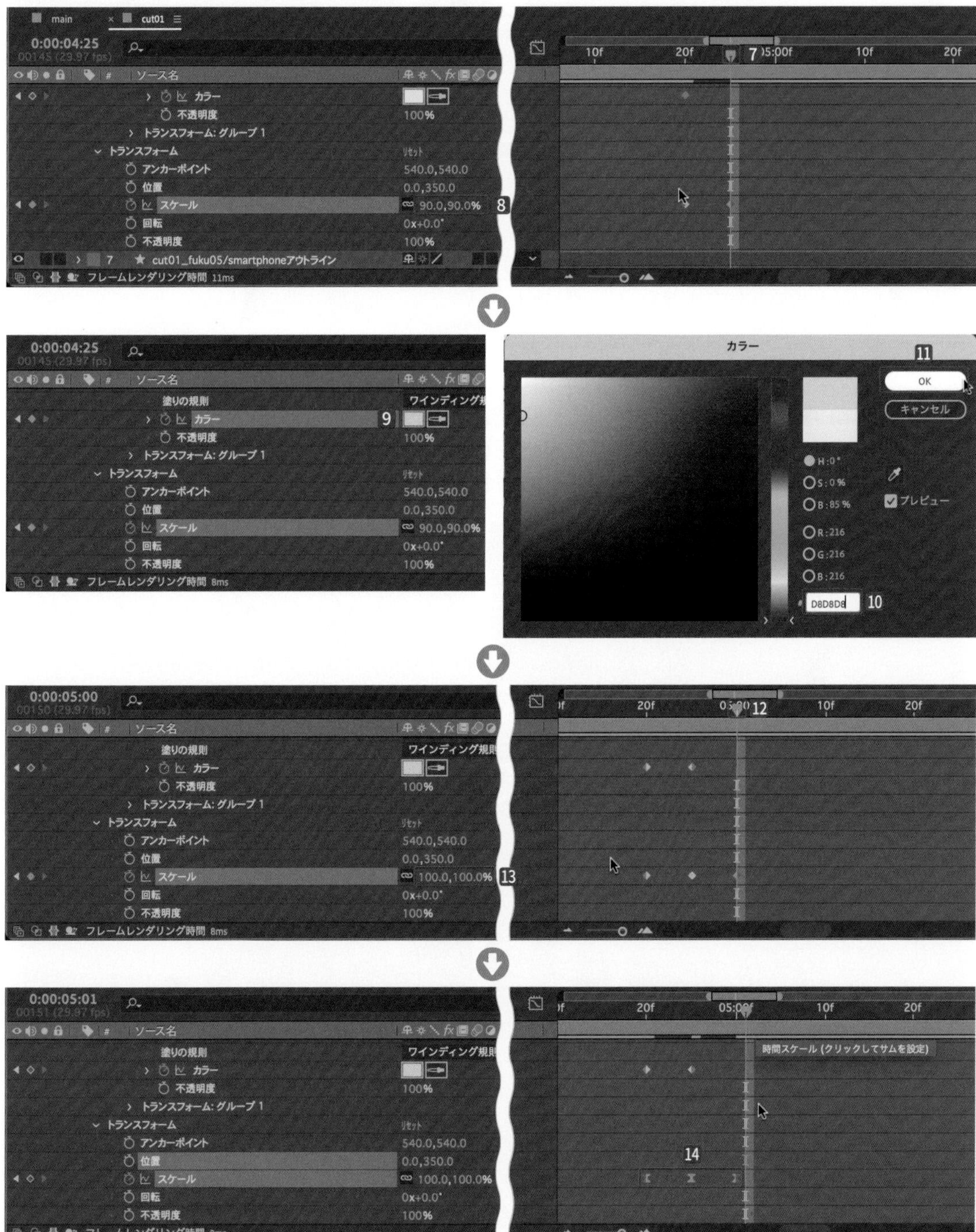

mainコンポジション

【main】のコンポジションに戻って再生すると、タップするとボタンの色とサイズが共に変化するアニメーションになりました。

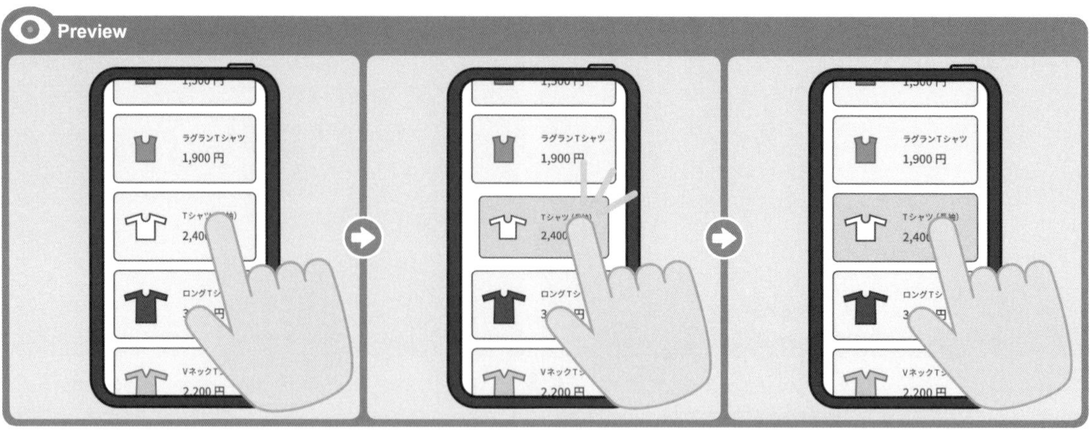

画面遷移のアニメーションを作る

【0:00:04:25】に移動して❶、**【cut01】**の**【不透明度】**に**【キーフレーム】**を作成します❷。
【0:00:05:00】に移動して❸、**【cut01】**の**【不透明度】**を**【0】**に設定すると❹、画面が消えていきます❺。

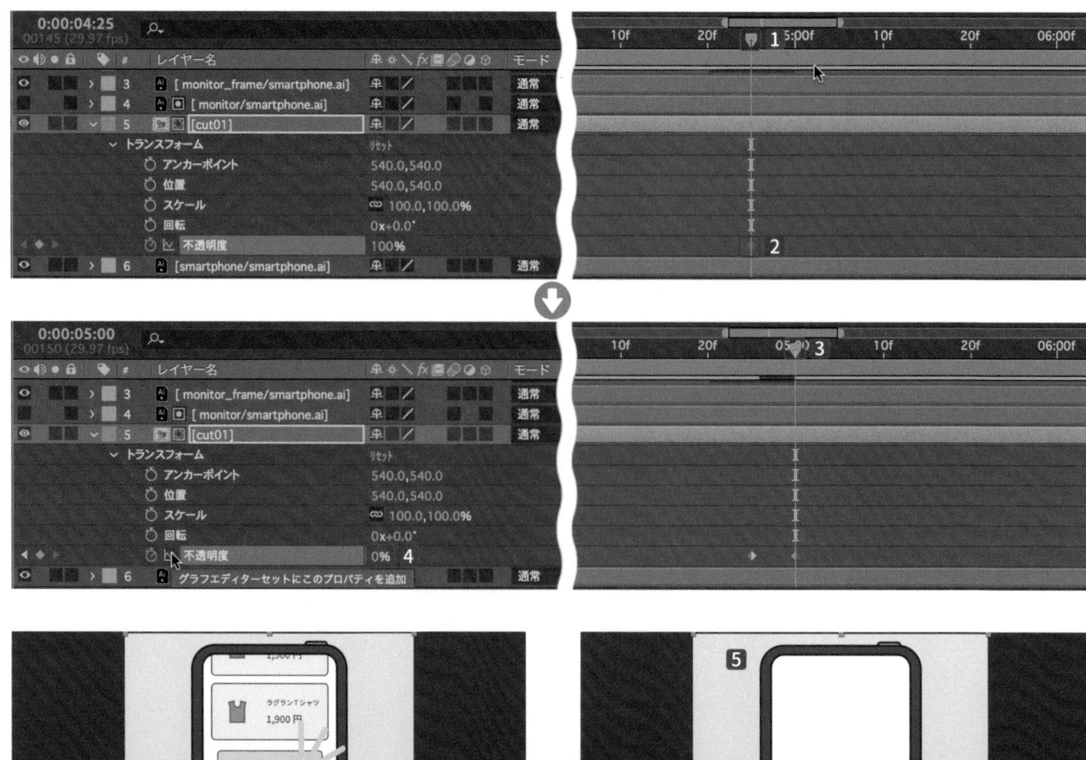

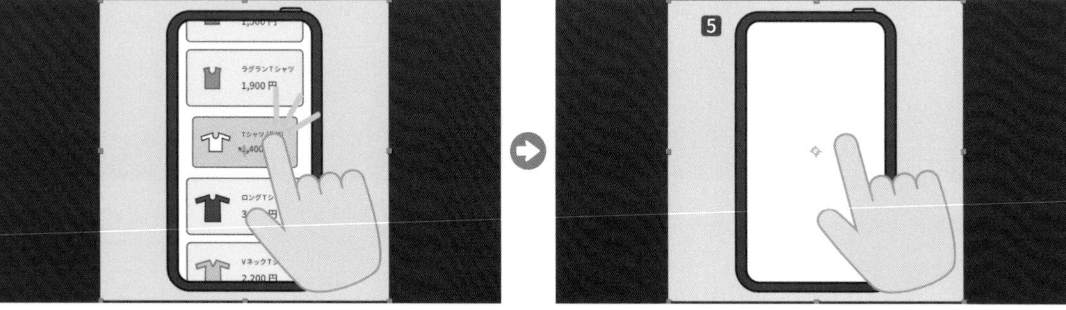

⁝⁝ cut02の素材を準備する

【プロジェクト】パネルから**【cut02_button02/smartphone.ai】**以外の先頭に**【cut02】**とある4つのクリップをすべて選択して❶、**【タイムライン】**パネルの**【monitor_frame/smartphone.ai】**の下に配置し❷、**【プリコンポーズ】**します❸。**【プリコンポーズ】**ダイアログボックスで**【新規コンポジション名】**を**【cut02】**とします❹❺。

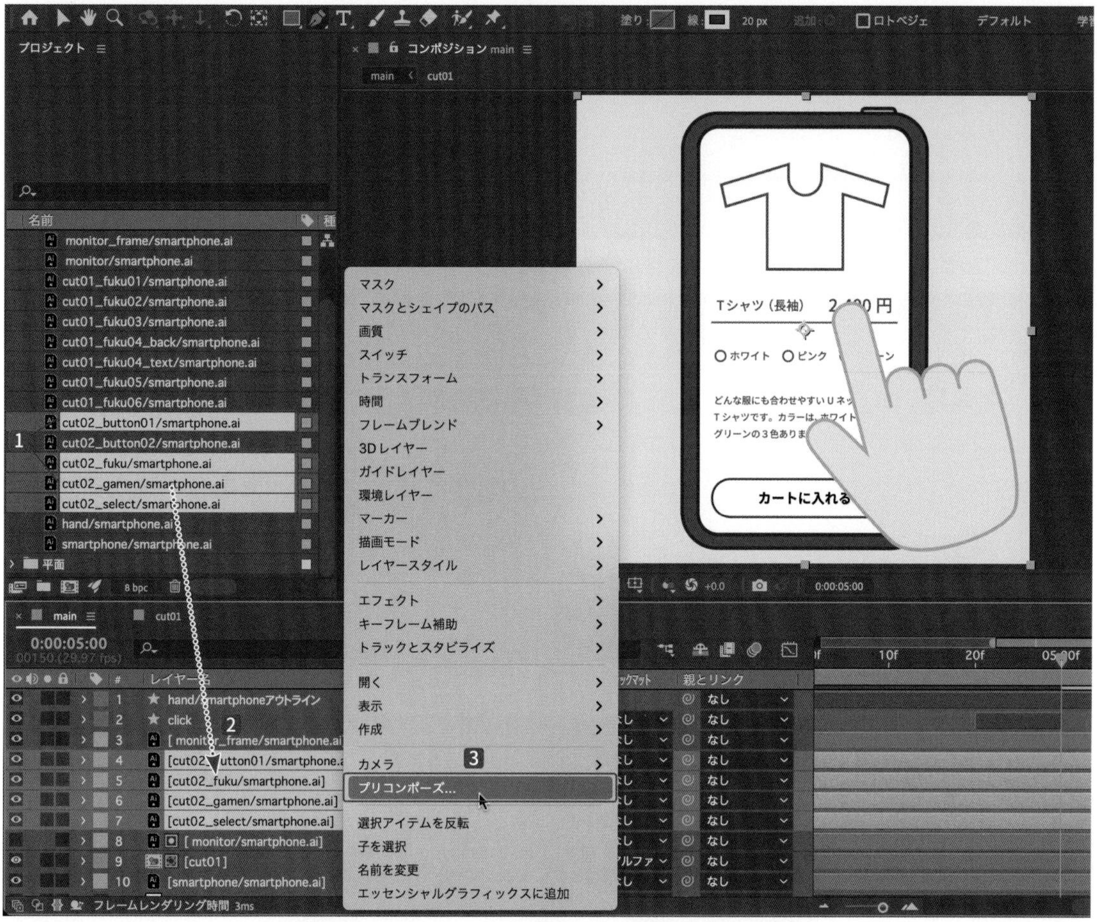

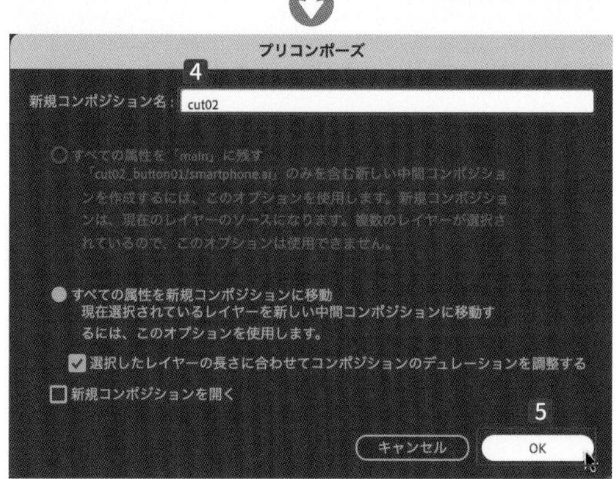

【cut02】を【0:00:05:00】の位置に頭合わせにします❻。この位置は、【cut01】との画面遷移の切り替えになります。

【0:00:05:00】の位置で❼、【不透明度】を【0】に設定して❽、【キーフレーム】を作成します❾。

【0:00:05:05】の位置で❿、【不透明度】を【100】に設定します⓫。

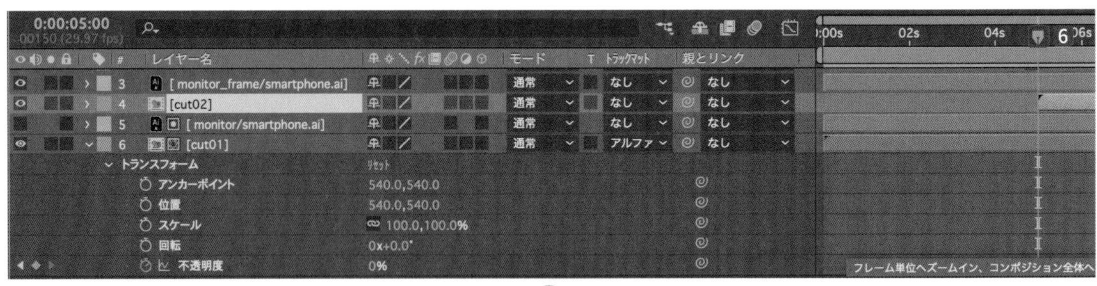

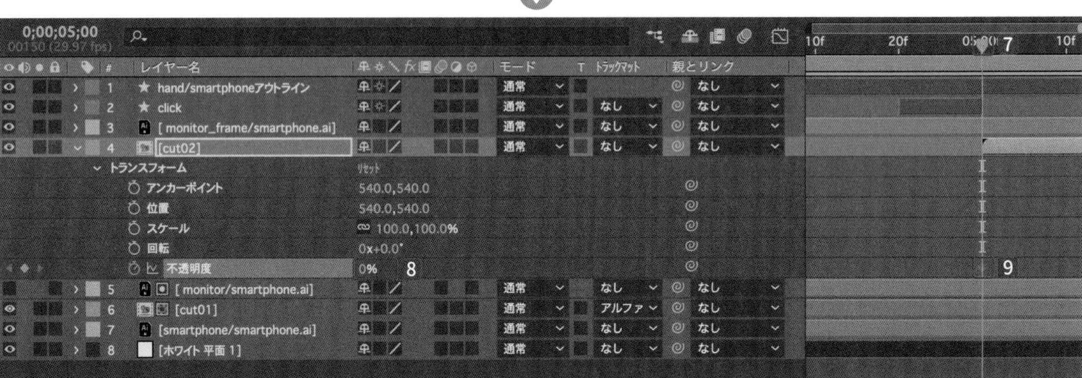

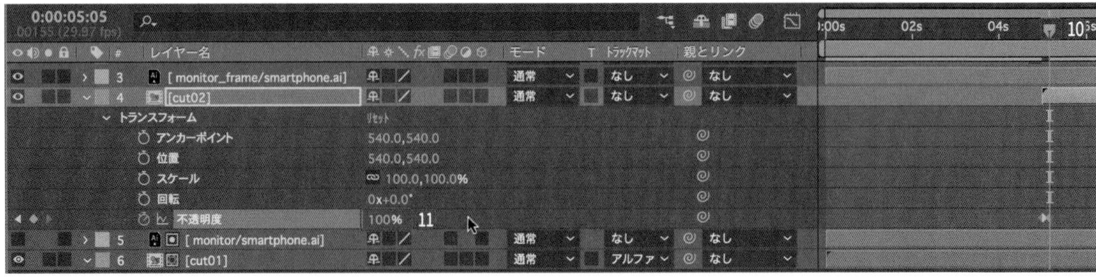

cut02コンポジション

【cut02】をダブルクリックして、**【cut02】**の**【タイムライン】**パネルを開きます。
【プロジェクト】パネルから**【monitor/smartphone.ai】**を選択して❶、一番下に配置します❷。

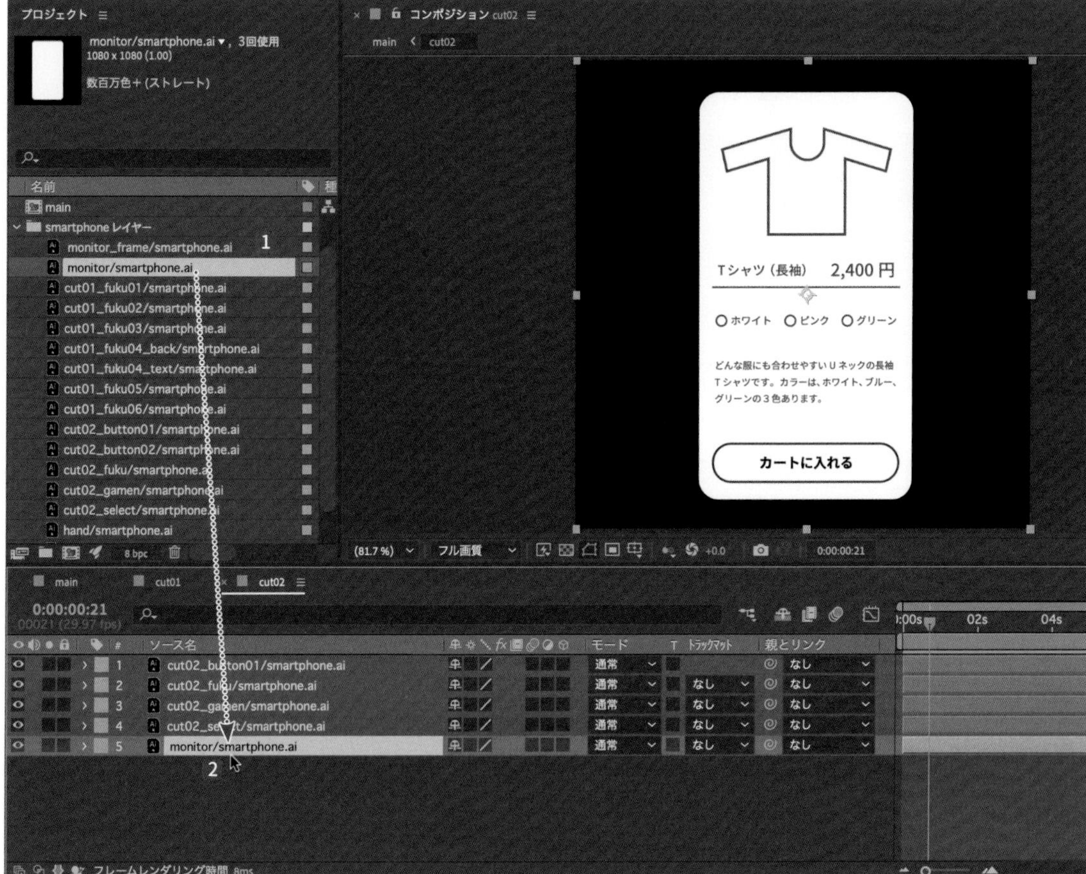

上から、【cut02_fuku/smartphone.ai】【cut02_select/smartphone.ai】【cut02_gamen/smartphone.ai】【cut02_button01/smartphone.ai】の順番にします。【cut02_fuku/smartphone.ai】と【cut02_select/smartphone.ai】を選択して❸、右クリックしてショートカットメニューの【作成】から【ベクトルレイヤーからシェイプを作成】を選択します❹。

使用しない【cut02_fuku/smartphone.ai】と【cut02_select/smartphone.ai】は削除します❺。

【cut02_select/smartphoneアウトライン】を選択して❻、【レイヤー】➡【トランスフォーム】➡【アンカーポイントをレイヤーコンテンツの中央に配置】（option/Alt＋command/Ctrl＋fn/Home＋←キー：macOSはfnキーをオンにしてください）を選択すると❼、【アンカーポイント】が画像の中央になります❽。

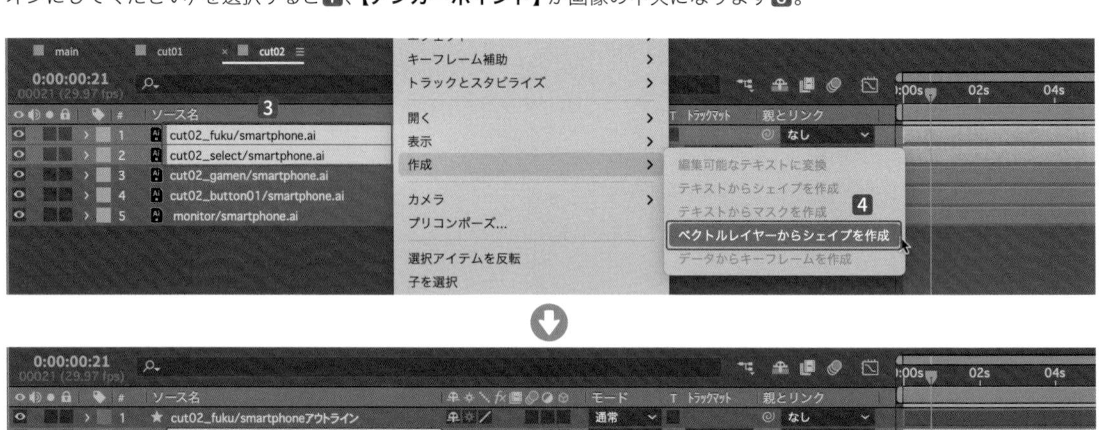

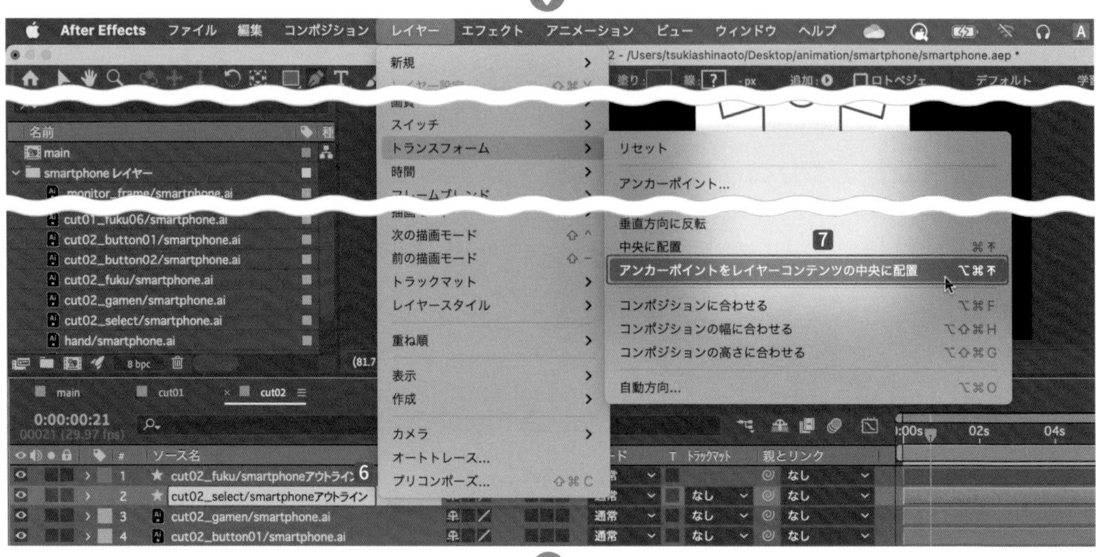

ボタンを選択するアニメーションを作る

mainコンポジション

【main】のコンポジションに戻って1、【0:00:06:00】の位置で2【hand/smartphoneアウトライン】の【位置】に【キーフレーム】を作成します34。

【0:00:06:20】の位置で5【hand/smartphoneアウトライン】の【位置】を【640,820】に設定します6。

【0:00:06:25】の位置で7【hand/smartphoneアウトライン】の【スケール】に【キーフレーム】を作成します89。

【0:00:07:00】の位置で10【hand/smartphoneアウトライン】の【スケール】を【90】に設定します11。

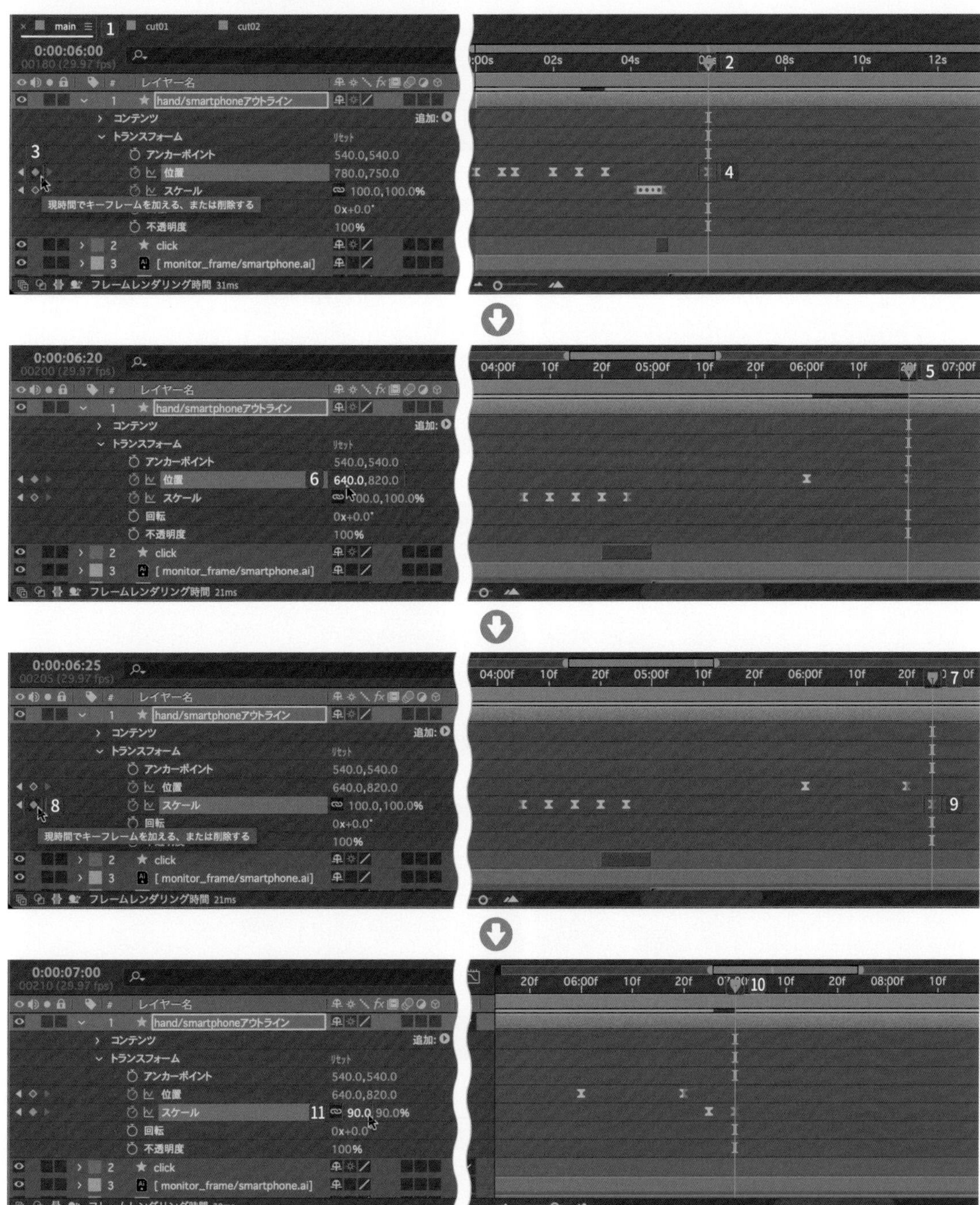

【0:00:07:05】の位置で⓬【hand/smartphoneアウトライン】の【スケール】を【100】に設定します⓭。

【click】をコピー＆ペーストして（command/Ctrl＋C ➡ command/Ctrl＋V キー）⓮、複製された【click2】を一番深くタップする【0:00:07:00】の位置に頭合わせにします⓯。

【click2】の【位置】を【520,580】に設定します⓰。

【現在のインジケーター】を【0:00:07:00】に移動します⓱。

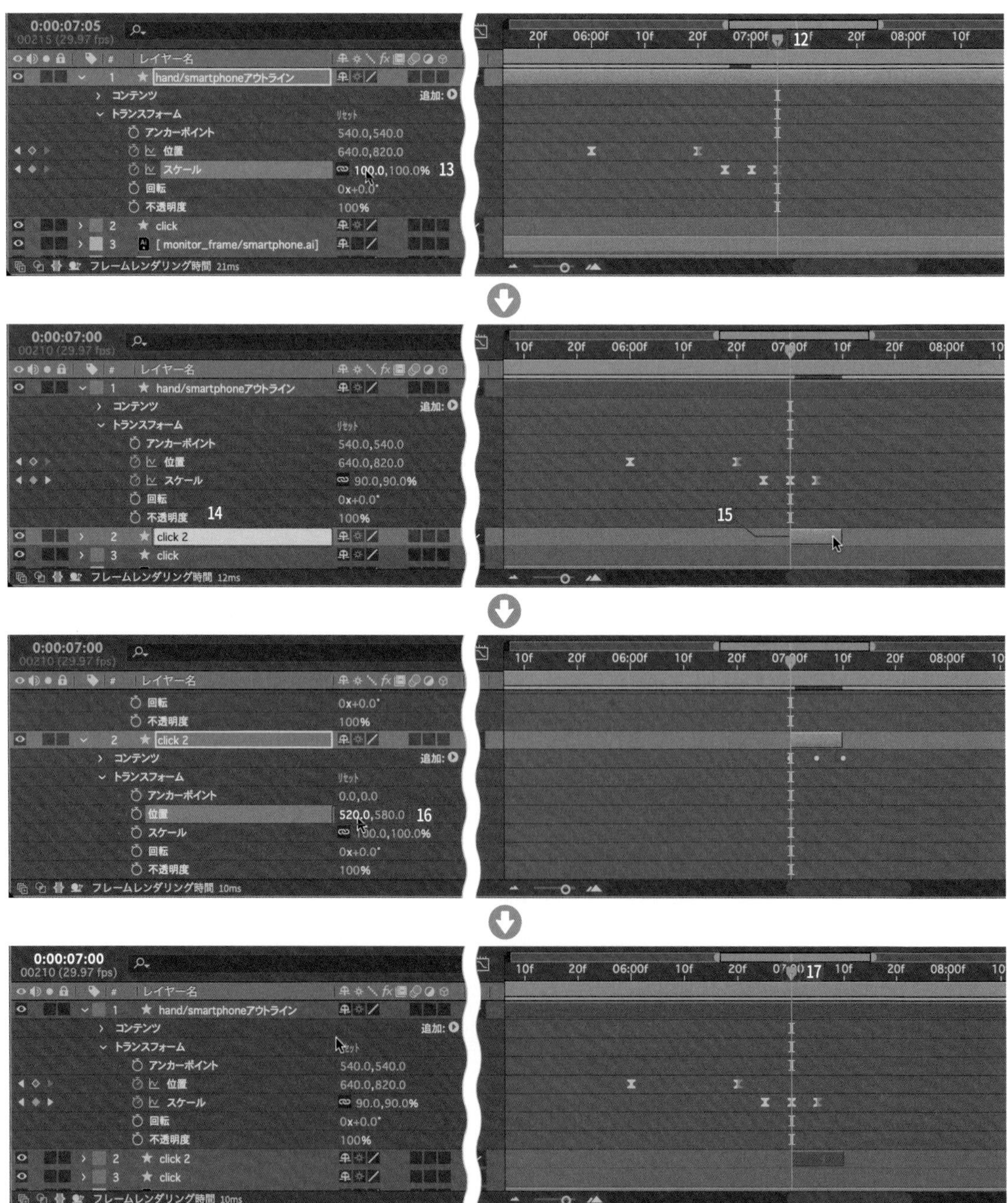

イラストの色を変更する

cut02コンポジション

【cut02】のコンポジションに移動します。**【0:00:02:00】**の位置に**【現在の時間インジケーター】**があります**1**。**【cut02_select/smartphoneアウトライン】2**の**【レイヤーを分割】**（Shift＋command/Ctrl＋Dキー）します**3**。

分割されてできた**【cut02_select/smartphoneアウトライン 2】**の**【位置】**を**【500,600】**に設定すると**4**、ピンクのセレクトボタンに移動します**5**。

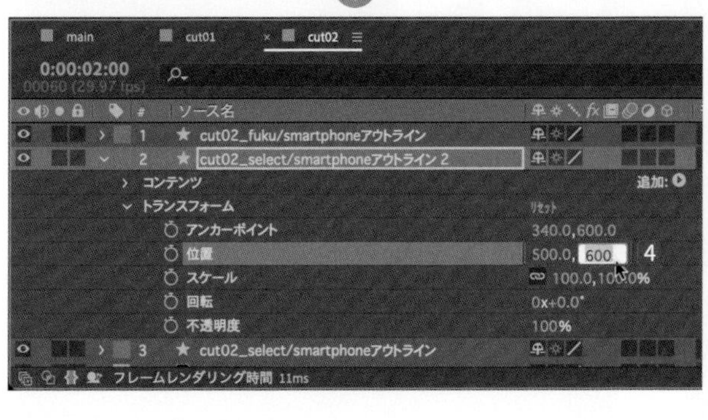

【0:00:01:29】に移動します❻。【cut02_fuku/smartphoneアウトライン】の【線 1】と【塗り 1】の【カラー】❼❾に【キーフレーム】を作成します❽❿。

【0:00:02:00】に移動して、【線 1】の【カラー】⓫を【#A55AA8】⓬⓭、【塗り 1】の【カラー】⓮を【#D189D3】に設定します⓯⓰。

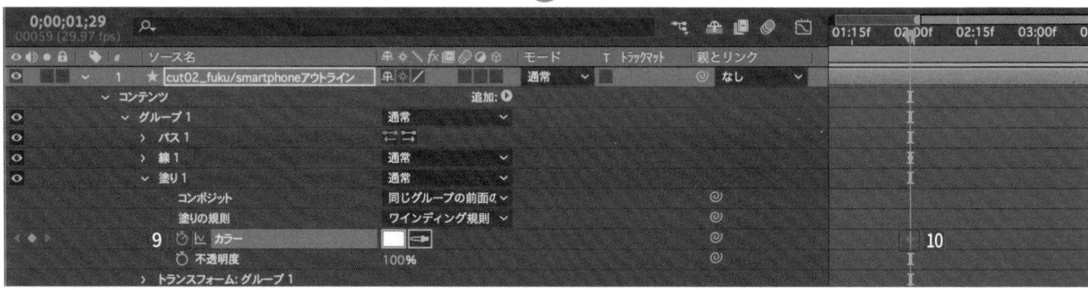

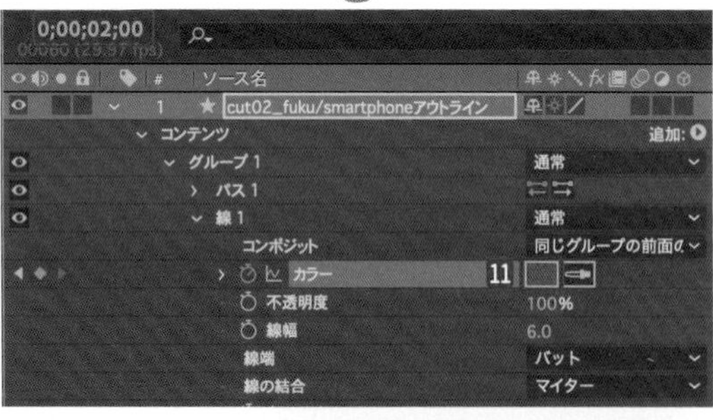

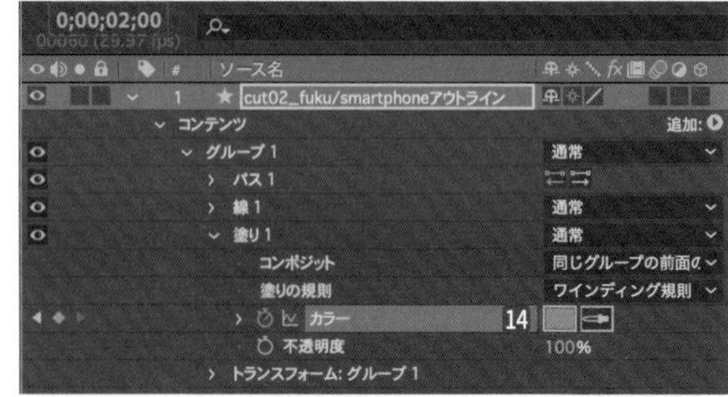

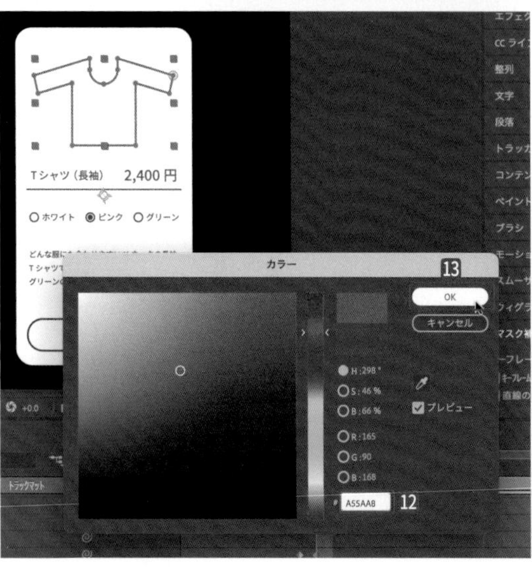

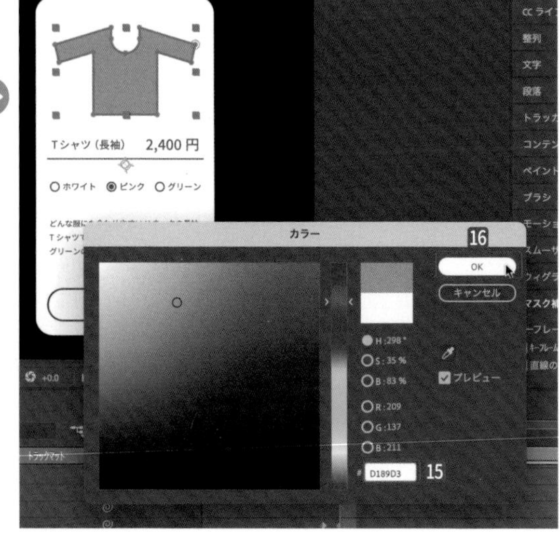

⠿ 右のボタンを選択するアニメーションを作る

mainコンポジション

【main】のコンポジションに戻ります❶。【0:00:07:20】の位置で❷、【hand/smartphoneアウトライン】の【位置】に【キーフレーム】を作成します❸❹。

【0:00:08:10】❺で【hand/smartphoneアウトライン】の【位置】を【780,820】に設定します❻。

【0:00:06:25】から作成した【スケール】の【キーフレーム】3つをコピーして（command/Ctrl＋C）❼、【0:00:09:00】の位置でペーストします（command/Ctrl＋Vキー）❽。

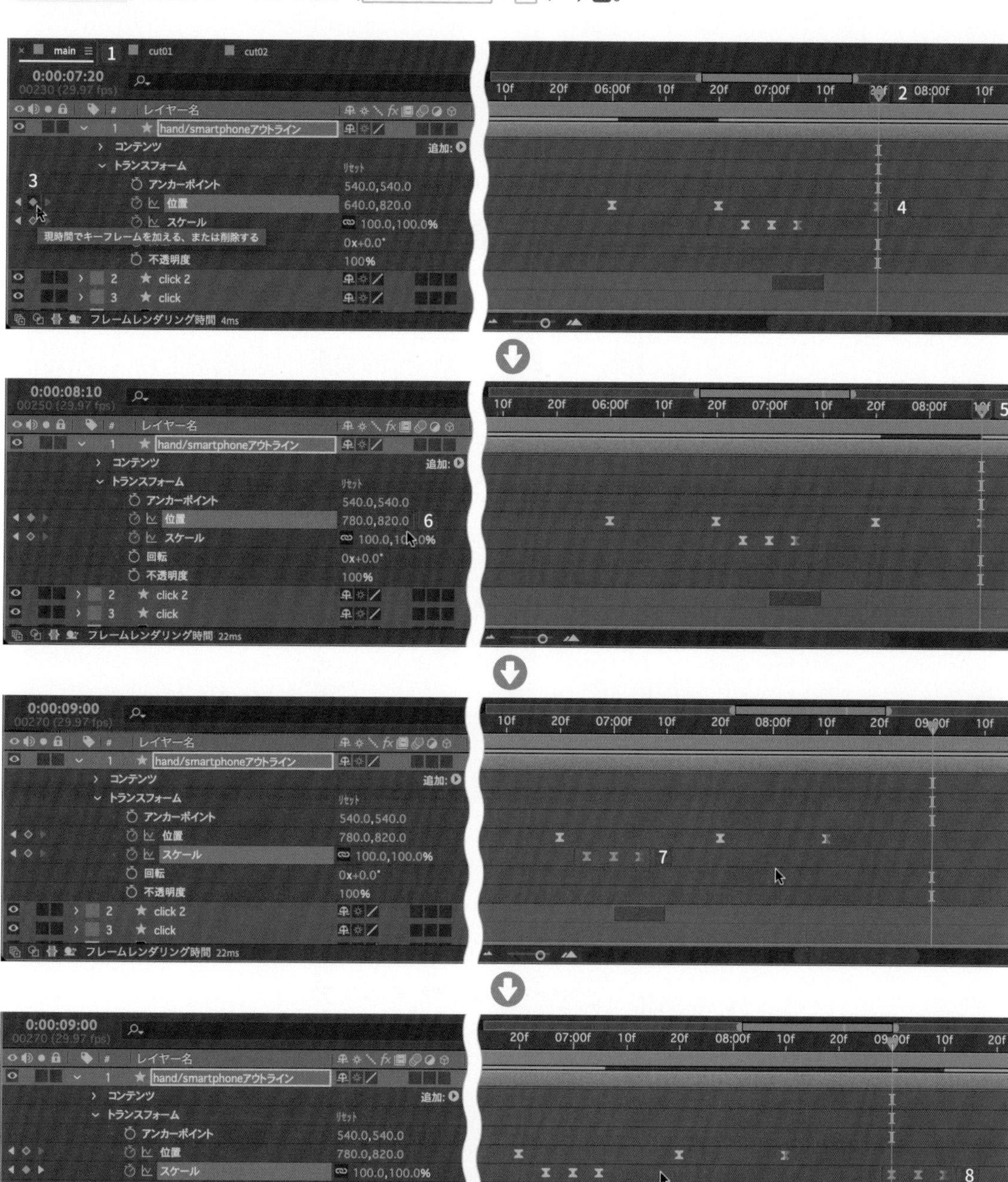

【click2】をコピー＆ペーストします（command / Ctrl ＋ C ➡ command / Ctrl ＋ V キー）9。
複製された【click3】を一番深くタップする【0:00:09:05】の位置に頭合わせにします10。
【click3】の【位置】を【660,580】に設定します11。
【現在のインジケーター】を【0:00:09:05】に移動します12。

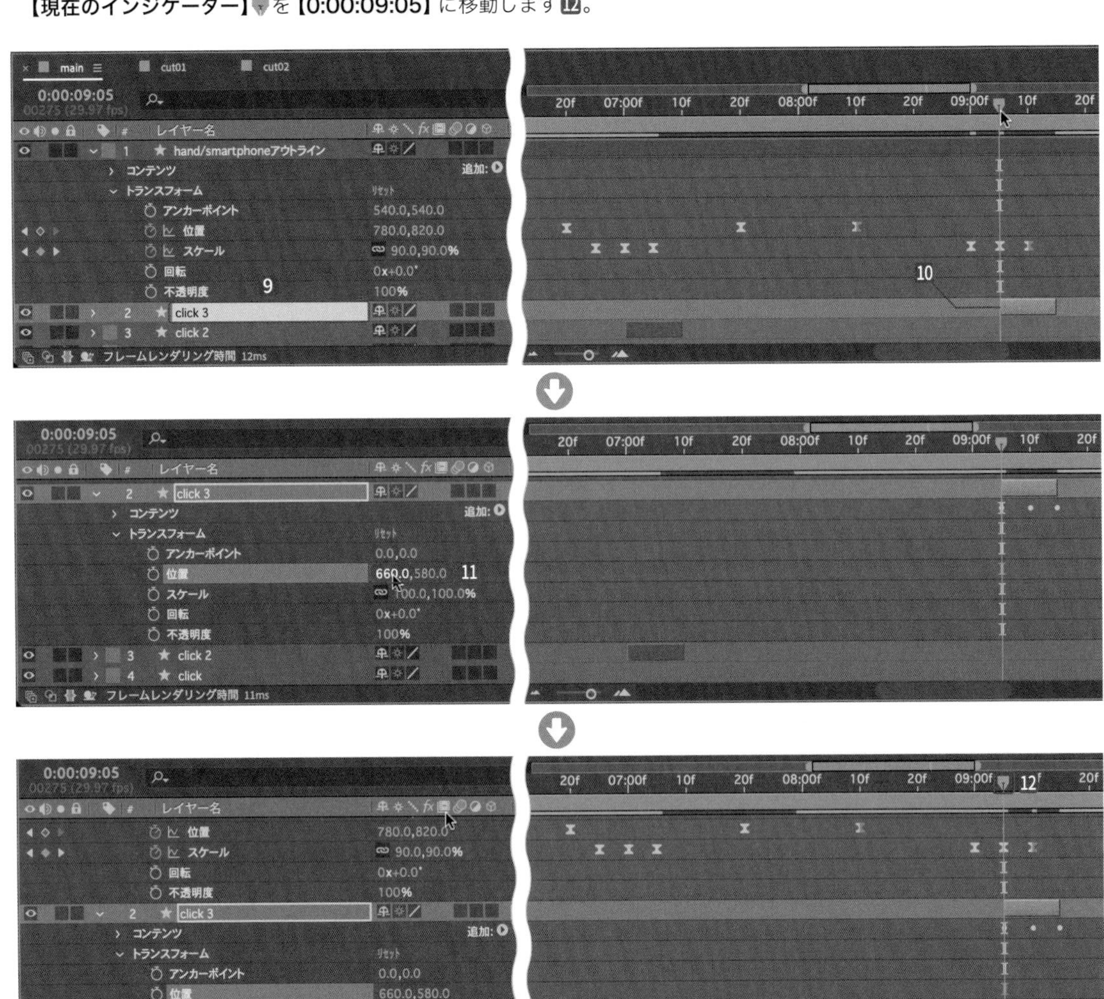

イラストの色を変更する

cut02コンポジション

【cut02】のコンポジションに移動すると、【0:00:04:05】1の位置に【現在の時間インジケーター】があります。【cut02_select/smartphoneアウトライン 2】2を【レイヤーを分割】（Shift＋command/Ctrl＋Dキー）します3。分割して作成された【cut02_select/smartphoneアウトライン 3】の【位置】を【637,600】に設定します4。グリーンのセレクトボタンに移動します5。

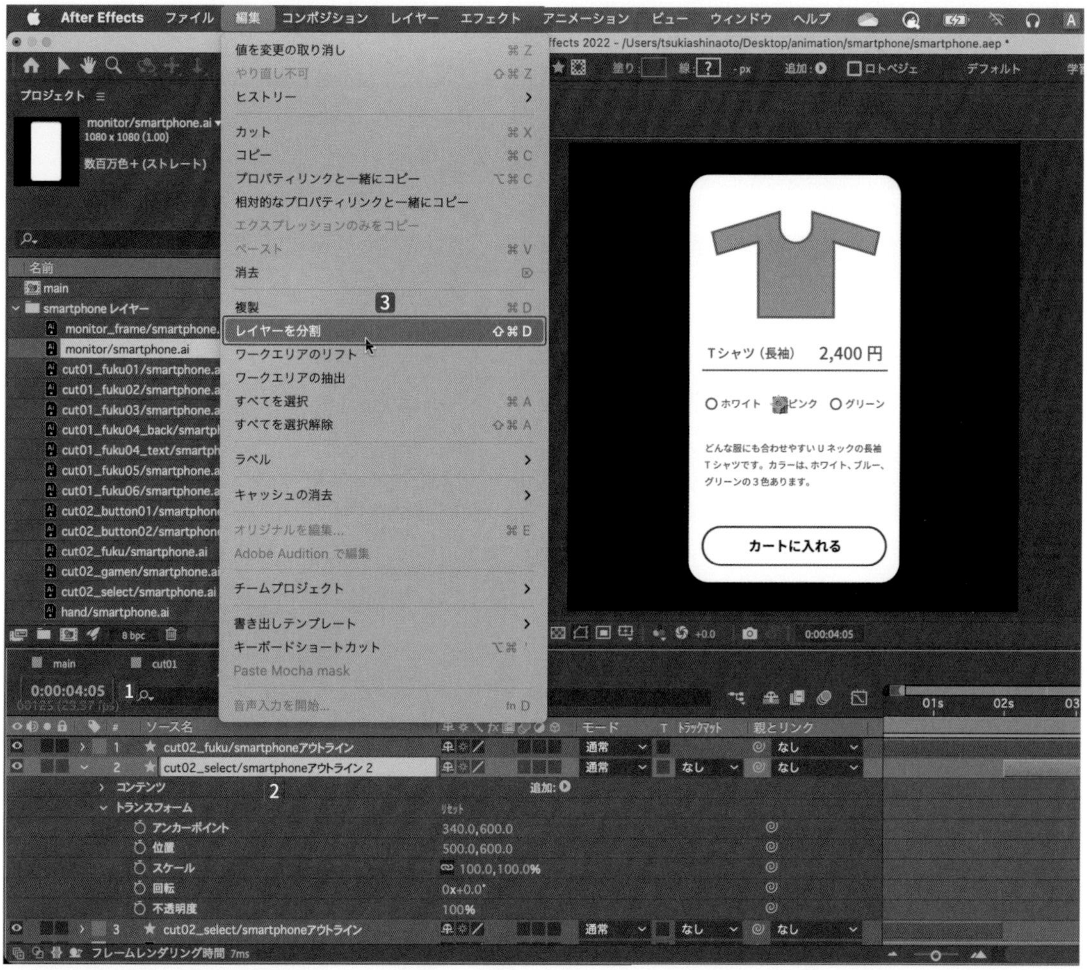

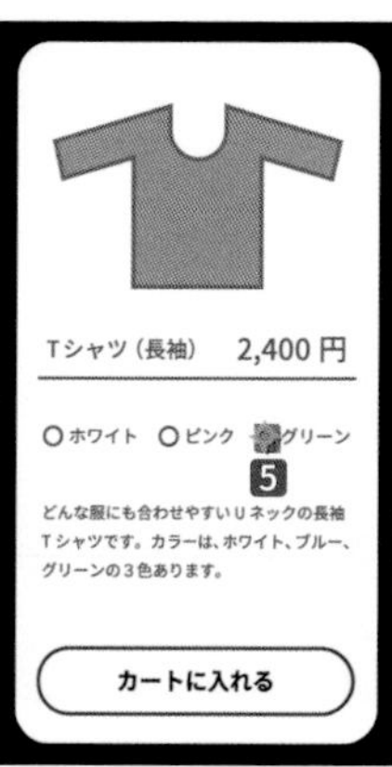

【0:00:04:04】に移動します6。【cut02_fuku/smartphoneアウトライン】の【線 1】と、【塗り 1】の【カラー】に【キーフレーム】を作成します78910。

【0:00:04:05】に移動します。【線 1】の【カラー】11を【#016166】12に設定します13。

【塗り 1】14の【カラー】を【#018086】15に設定します16。

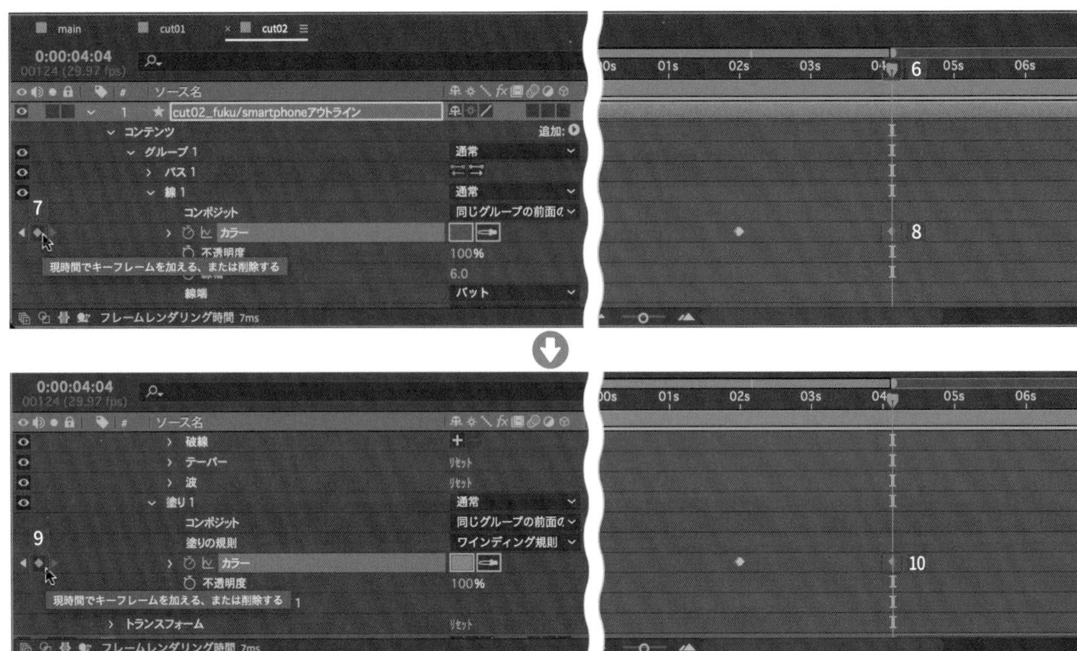

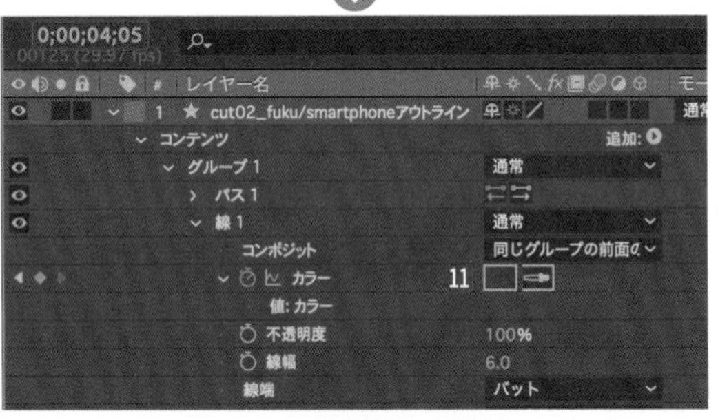

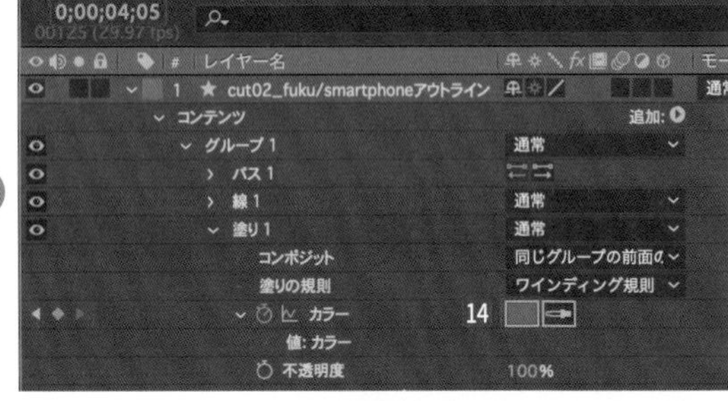

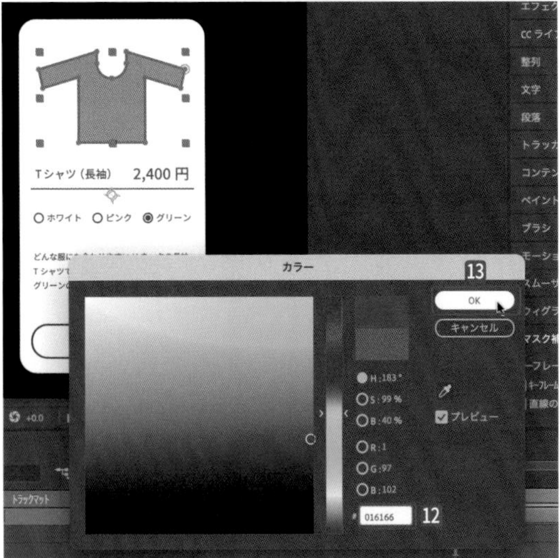

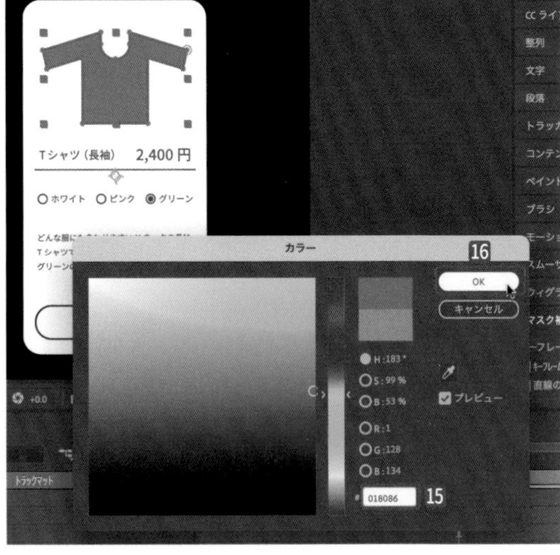

注文するアニメーションを作る

mainコンポジション

【main】のコンポジションに戻ります❶。【0:00:09:20】に移動して❷、【hand/smartphoneアウトライン】の【位置】に【キーフレーム】を作成します❸❹。

【0:00:10:10】❺で【位置】を【940,880】に設定します❻。

【0:00:11:00】❼で【位置】に【キーフレーム】を作成します❽❾。

【0:00:12:00】❿で【位置】を【820,1150】に設定します⓫。

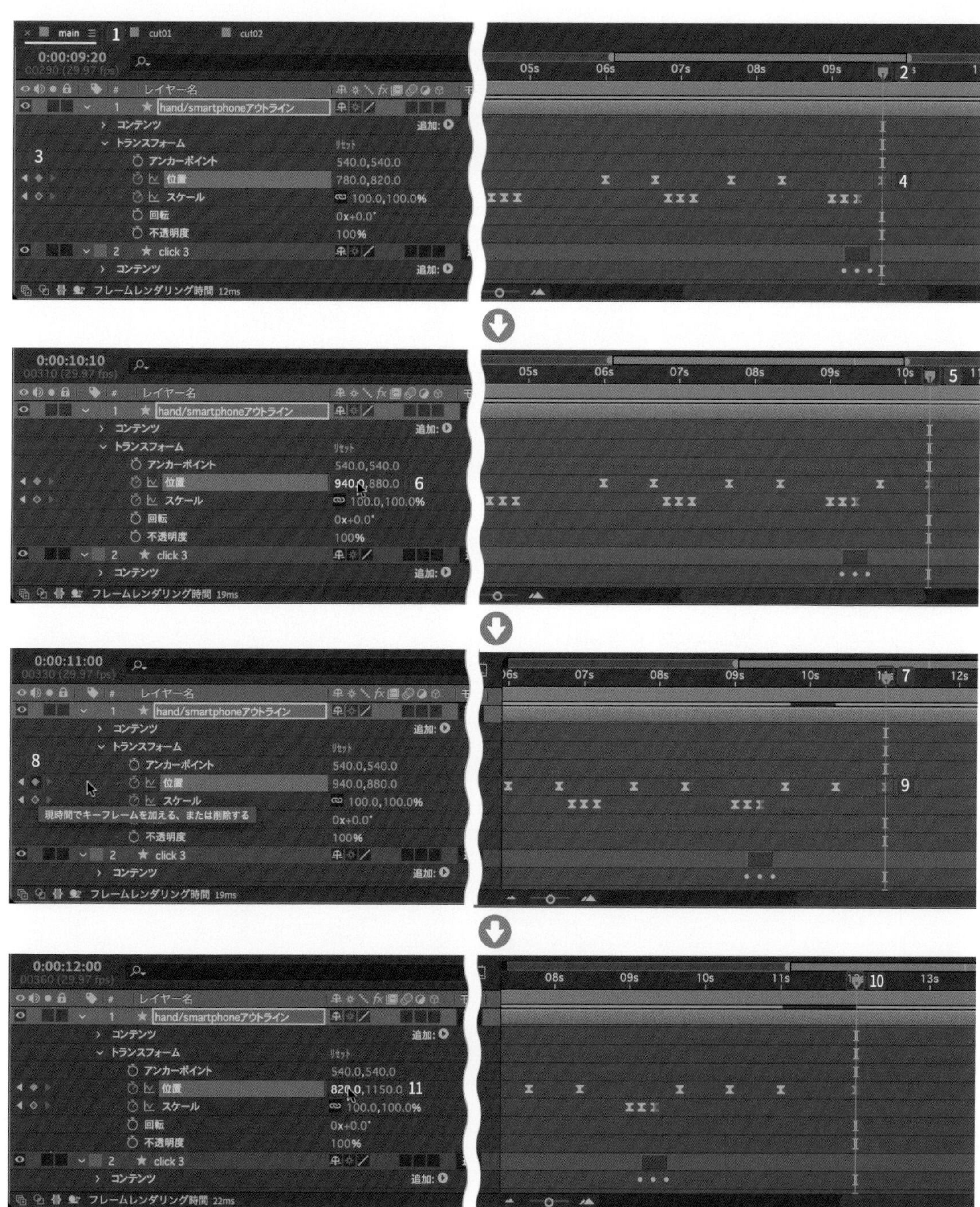

【スケール】の**【0:00:04:05】**の位置にある５つの**【キーフレーム】**をコピーして（ command / Ctrl ＋ C ）12、**【0:00:12:10】**の位置でペーストします（ command / Ctrl ＋ V キー）13。

【click3】をコピー＆ペーストします（ command / Ctrl ＋ C ➡ command / Ctrl ＋ V キー）14。複製された**【click4】**を一番深くタップする**【0:00:12:25】**15の位置に頭合わせにします16。

【click4】の**【位置】**を**【700,900】**に設定します17。

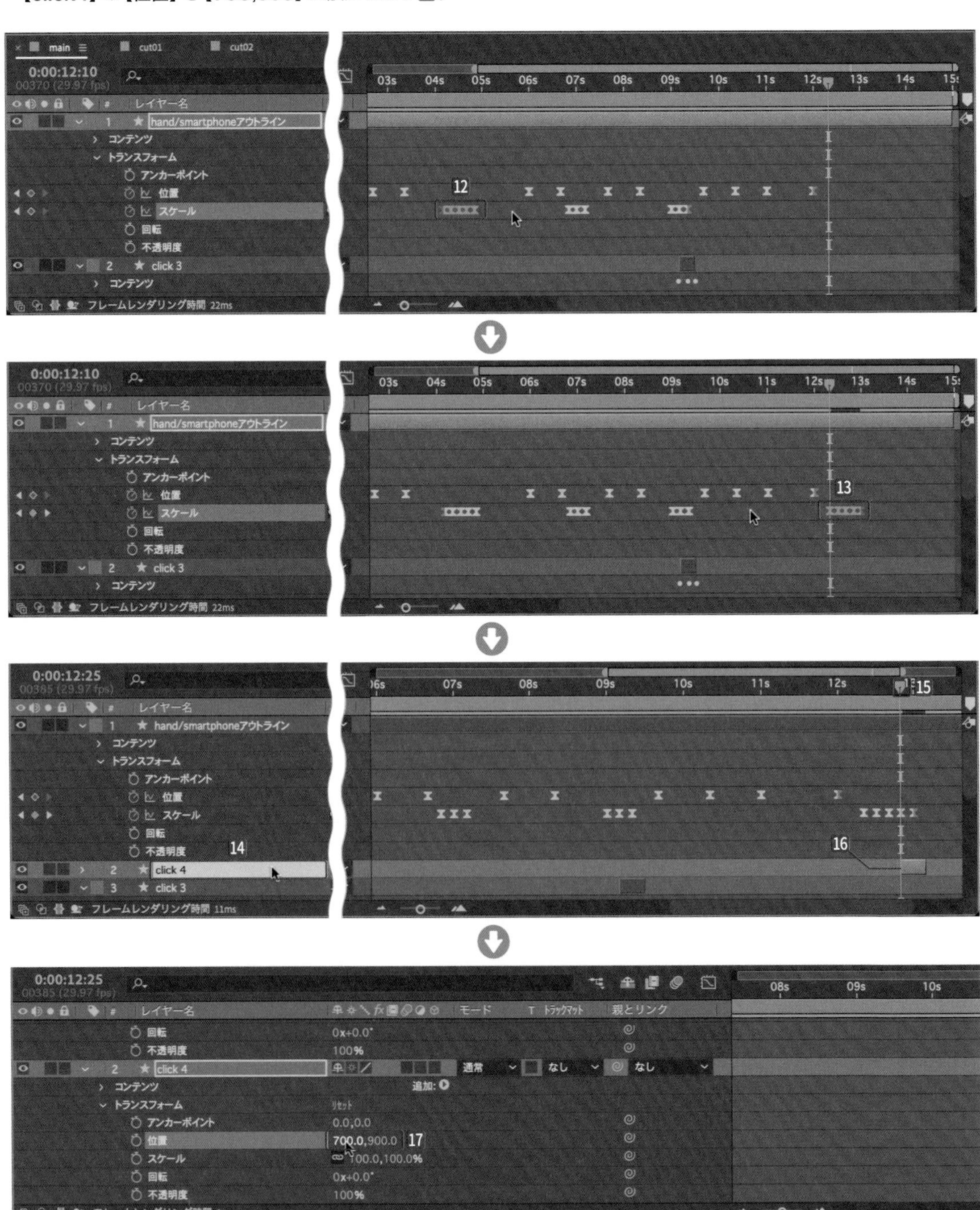

【現在のインジケーター】を**【0:00:12:25】**に移動します**18**。

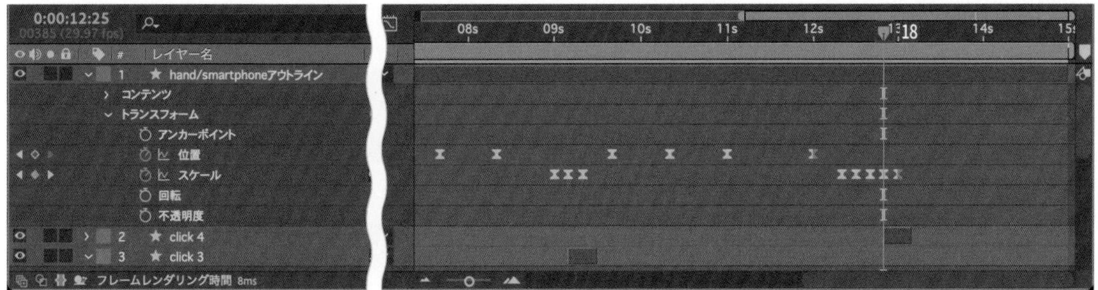

⁞⁞ ボタンが変わるアニメーションを作る

cut02コンポジション

【cut02】のコンポジションに移動すると、**【現在の時間インジケーター】**が**【0:00:07:25】**の位置にあります**1**。

その位置で**【編集】**メニューの**【レイヤーを分割】**（Shift ＋ command / Ctrl ＋ D キー）を選択して**2**、**【cut02_button01/smartphone.ai】**のレイヤーを分割します**3**。分割した後ろの部分は削除します**4**。

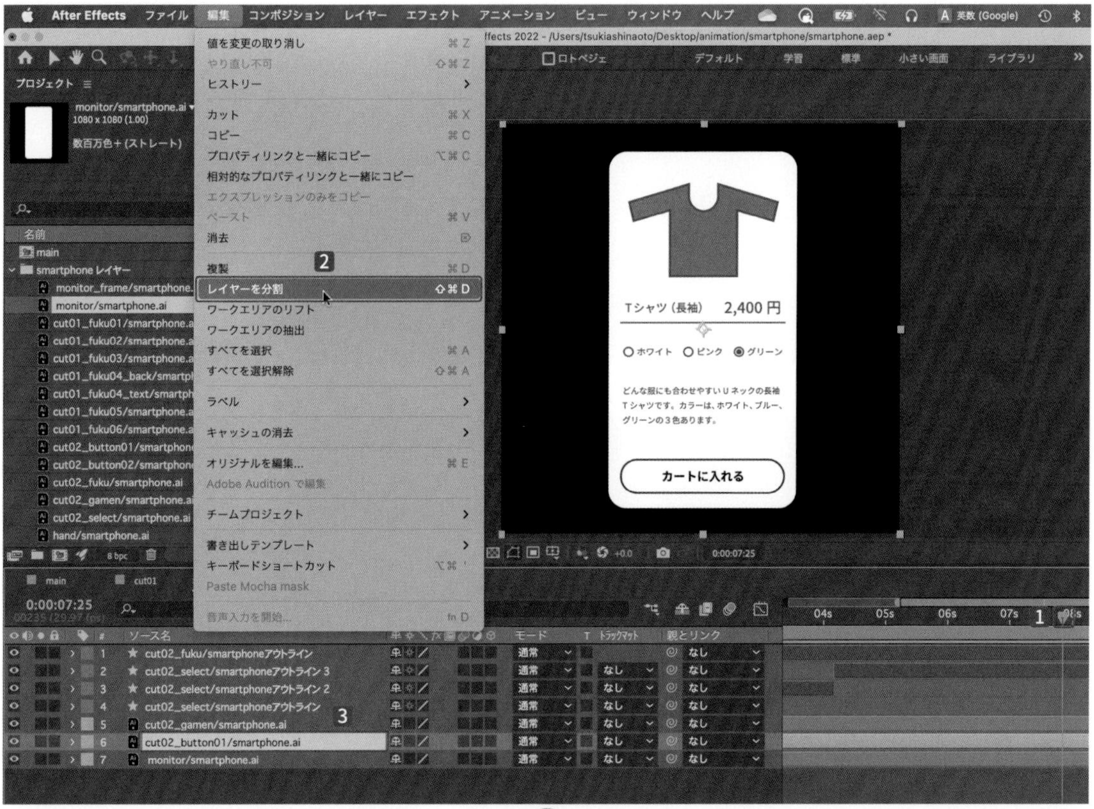

【プロジェクト】パネルから**【cut02_button02/smartphone.ai】**を選択して5、**【cut02_button01/smartphone.ai】**の上に配置します6。

【0:00:07:25】の位置7で頭合わせにします8。

⠿ ボタンから指を離すアニメーションを作る

mainコンポジション

【main】のコンポジションに戻ります**1**。**【0:00:13:10】2**で**【hand/smartphoneアウトライン】**の**【位置】**に**【キーフレーム】**を作成します**3 4**。

【0:00:14:00】に移動します**5**。**【位置】**を**【960,1130】**に設定すると**6**、指が離れます。

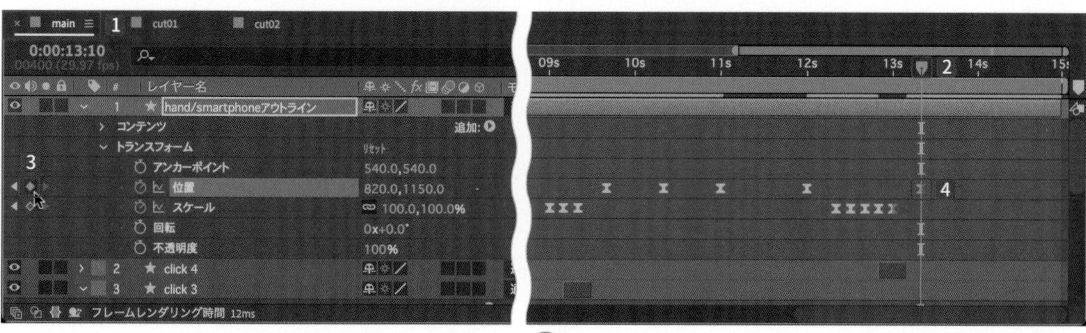

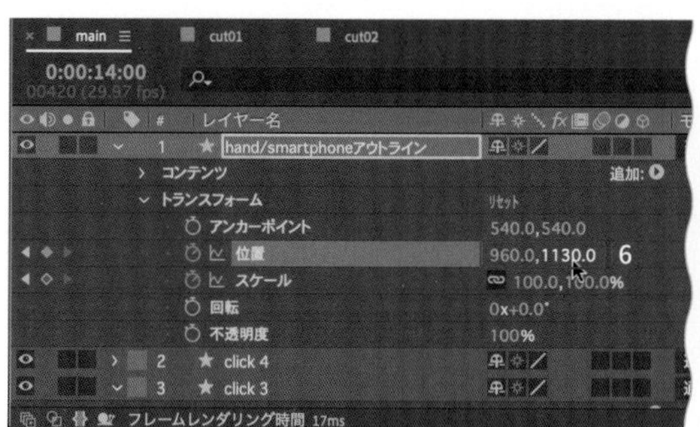

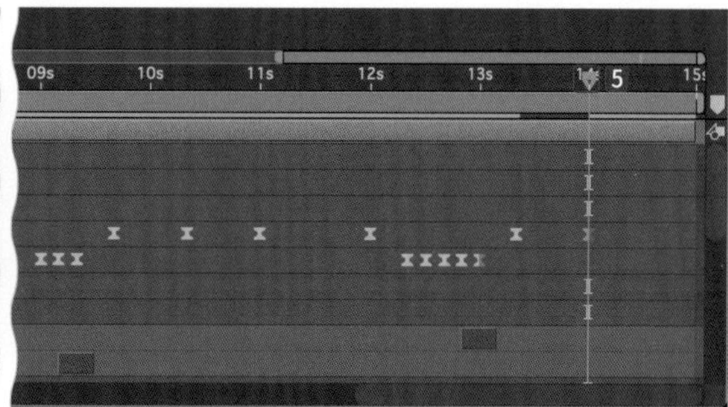

再生すると、アプリで服を選ぶアニメーションになりました。
これで完成です。

主に使用するショートカットキー

よく使うショートカット	mac / Windows
新規コンポジションの作成	command/Ctrl ＋ N キー
コンポジション設定	command/Ctrl ＋ K キー
新規平面レイヤーの作成	command/Ctrl ＋ Y キー
選択ツール	V キー
手のひらツール	H キー
手のひらツールの一時使用	Space キー
ズームツール(拡大)	Z キー
ズームツール(縮小)	ズームツール(拡大)時に option/Alt キー
回転ツール	W キー
カメラツール	C キー
アンカーポイントツール	Y キー
マスクツールとシェイプツール	Q キー
ペンツール	G キー
文字ツール	command/Ctrl ＋ T キー
レイヤーの位置を開く	P キー
レイヤーのスケールを開く	S キー
レイヤーの回転を開く	R キー
レイヤーのアンカーポイントを開く	A キー
レイヤーの不透明度を開く	T キー
レイヤーのキーフレーム(全体)を開く	U キー
レイヤーのエフェクトを開く	E キー
レイヤーのマスクを開く	M
レイヤーの「マスク」プロパティグループのみを開く	M キーを2回押す
レイヤーのエクスプレッションを開く	E キーを2回押す
オーディオウェーブフォームのみを表示	L キーを2回押す
再生	Space キー

よく使うショートカット	mac / Windows
コンポジションの開始点に移動	Home キー(macOSは拡張キーボード使用時)
コンポジションの終了点に移動	End キー(macOSは拡張キーボード使用時)
1フレーム先に進む	command/Ctrl ＋ → キー
1フレーム前に戻る	command/Ctrl ＋ ← キー
10フレーム先に進む	command/Ctrl ＋ Shift ＋ → キー
10フレーム前に戻る	command/Ctrl ＋ Shift ＋ ← キー
1つ先のキーフレームに移動する	K キー
1つ前のキーフレームに移動する	J キー
レイヤーのインポイントに移動する	I キー
レイヤーのアウトポイントに移動する	O キー
選択したレイヤーのインポイントを現在の時間インジケーターに移動する	[キー(左角括弧)
選択したレイヤーのアウトポイントを現在の時間インジケーターに移動する	] キー(右角括弧)
選択したレイヤーのインポイントを現在の時間インジケーターにトリムする	option/Alt ＋ [キー(左角括弧)
選択したレイヤーのアウトポイントを現在の時間インジケーターにトリムする	option/Alt ＋] キー(右角括弧)
レイヤーを複製する	command/Ctrl ＋ D キー
レイヤーを現在の時間インジケーターの箇所で分割する	command/Ctrl ＋ Shift ＋ D キー
操作を取り消す	command/Ctrl ＋ Z キー
操作をやり直す	command/Ctrl ＋ Shift ＋ Z キー
ワークエリアの開始点を現在の時間に設定	B キー
ワークエリアの終了点を現在の時間に設定	N キー

サンプルファイルについて

本書の解説で使用しているファイルは、弊社のサポートページからダウンロードすることができます。

本書の内容をより理解していただくために、作例で使用するAfter Effects CCのプロジェクトファイル（.aep）や各種の素材データなどを収録しています。本書の学習用として、本文の内容と合わせてご利用ください。

なお、権利関係上、配付できないファイルがある場合がございます。あらかじめ、ご了承ください。

詳細は、弊社Webページから本書のサポートページをご参照ください。

本書のサポートページ

http://www.sotechsha.co.jp/sp/1300/

解凍のパスワード（英数字モードで入力してください）

AE2022anime

●サンプルファイルの著作権は制作者に帰属し、この著作権は法律によって保護されています。これらのデータは、本書を購入された読者が本書の内容を理解する目的に限り使用することを許可します。営利・非営利にかかわらず、データをそのまま、あるいは加工して配付（インターネットによる公開も含む）、譲渡、貸与することを禁止します。

●サンプルファイルについて、サポートは一切行っておりません。また、収録されているサンプルファイルを使用したことによって、直接もしくは間接的な損害が生じても、ソフトウェアの開発元、サンプルファイルの制作者、著者および株式会社ソーテック社は一切の責任を負いません。あらかじめご了承ください。

INDEX

拡張子

数字

アルファベット

あ行

か行

さ行

た行

な行

は行

ま行

や行

ら行

わ行

著者紹介

月足 直人（つきあし なおと）

映像作家 /映画監督・1981年生まれ・神戸出身。
フリーランスでCM・ハウツー動画の企画演出を行う。『おもしろくてタメになる』をコンセプトにオリジナルで様々なジャンルの映像コンテンツを制作・配信中。
また、オリジナルショートムービーが国内外の映画祭で受賞。代表作に『こんがり』『のぞみ』などがある。
さらに、『iPhoneで撮影・編集・投稿 YouTube動画編集 養成講座』『YouTube・Instagram・TikTokで大人気になる！動画クリエイター 養成講座』『プロが教える！ Final Cut Pro X デジタル映像 編集講座』『プロが教える！ Premiere Pro デジタル映像 編集講座 CC対応』『プロが教える！ After Effects デジタル映像制作講座 CC/CS6対応』『プロが教える！ iPhone 動画撮影 & iMovie 編集講座』（すべてソーテック社）など、映像ソフトの参考書も多数執筆。

YOUGOOD!!
https://www.eizouzakka.com/

田邊 裕貴（たなべ ひろたか）

キャラクターやイラストを使ったアニメーションが得意なモーションデザイナー。「アニメーション制作の『なべデザイン』」として活動しています。
台湾留学の経験から台湾事情に精通しており、Instagram「もっとオモシロイ！日本と台湾(@jtmoremedia)」でアニメーションコンテンツを発信しています。

なべデザイン
https://nabe-design.jp/

○スペシャルサンクス
音楽提供：フジイ マサクニ

プロが教える！After Effects アニメーション制作講座 CC対応

2022年3月31日　初版　第1刷発行

著　者　　月足直人（YOUGOOD）、田邉裕貴（なべデザイン）
装　幀　　広田正康
発行人　　柳澤淳一
編集人　　久保田賢二
発行所　　株式会社ソーテック社
〒102-0072　東京都千代田区飯田橋4-9-5　スギタビル4F
電話（注文専用）03-3262-5320　FAX03-3262-5326
印刷所　　大日本印刷株式会社

Printed in Japan
ISBN978-4-8007-1300-1